Springer-Lehrbuch

Reinhold Paul

Elektrotechnik 1

Grundlagenlehrbuch

Felder und einfache Stromkreise

Zweite, neubearbeitete und erweiterte Auflage

Mit 212 Abbildungen und 32 Tafeln

Springer-Verlag Berlin Heidelberg New York
London Paris Tokyo Hong Kong Barcelona

Dr.-Ing. habil. Reinhold Paul

Universitätsprofessor
Technische Universität Hamburg-Harburg
Bereich Technische Elektronik
2100 Hamburg 90

ISBN 3-540-51412-0 Springer-Verlag Berlin Heidelberg NewYork
ISBN 0-387-51412-0 Springer-Verlag NewYork Berlin Heidelberg

CIP-Kurztitelaufnahme der Deutschen Bibliothek:
Paul, Reinhold: Elektrotechnik: Grundlagenlehrbuch/R. Paul. — Berlin; Heidelberg; NewYork; London; Paris; Tokyo; Hong Kong: Springer.
Bd. 1. Felder und einfache Stromkreise. — 2., neubearb. u. erw. Aufl. — 1990
ISBN 3-540-51412-0 (Berlin ...)
ISBN 0-387-51412-0 (NewYork ...)

Satz: Macmillan India Ltd., Bangalore 25;
Druck: Color-Druck Dorfi, Berlin; Bindearbeiten: Lüderitz & Bauer, Berlin.
2362/3020-543210-Gedruckt auf säurefreiem Papier.

Vorwort zur zweiten Auflage

Aus der Erkenntnis, daß die Neuauflage eines Buches nicht nur Anlaß zu Verbesserungen bietet, sondern sich der Autor auch Erwartungen und Wünschen der Leser verpflichtet fühlt, wurde die vorliegende Ausgabe durchgängig aktualisiert, ohne jedoch das Grundkonzept zu ändern.

Die Leser wirkten dabei durch eine Reihe von wertvollen Hinweisen mit, wofür ich herzlich danke. Ich schließe zugleich die Bitte vor allem an die Lernenden ein, auch weiterhin mit ideenreichen Vorschlägen nicht zu sparen, schließlich kommen sie dem Leserkreis doch selbst am besten zugute.

Mein besonderer Dank gilt dem Springer-Verlag für die sehr gute Zusammenarbeit und das großzügige Entgegenkommen bezüglich meiner Wünsche.

Hamburg, im Sommer 1989 R. Paul

Vorwort zur ersten Auflage

Zu denjenigen Gebieten von Wissenschaft und Technik, die sich während der verflossenen beiden Jahrzehnte besonders rasch entwickelten, zählt unbestritten die Informationstechnik mit der Mikroelektronik als ihrer technischen Basis. Aus der Sicht des Elektrotechnikers gehören dazu extrem miniaturisierte Halbleiterbauelemente und Schaltkreise, die mit der Entwicklung des Mikrorechners eine neue Ära der Informationsverarbeitung einleiteten. Es steht heute außer Zweifel, daß die Bedeutung der Informationstechnik für viele Bereiche der Wirtschaft weiter steigen wird, sind doch die derzeit vorsichtig absteckbaren wissenschaftlichen Grenzen und Anwendungsmöglichkeiten noch nicht annähernd erreicht.

An dieser Entwicklung hat der Elektrotechniker in ganz besonderem Maße Anteil, da die Informationstechnik sehr große Teile seines Tätigkeitsfeldes umfaßt. Eine ständige Aktualisierung seiner Fach- und Grundausbildung ist daher zwingende Notwendigkeit. Das gilt insbesondere für die mathematisch-physikalische Seite und vor allem für den ingenieurtechnischen Anteil: die Grundlagen der Elektrotechnik, ihre Bauelemente, Netzwerke, Schaltungen und die Anwendung von Schaltkreisen in den wichtigsten Vertiefungsrichtungen der Elektrotechnik. Vor einem solchen Hintergrund ein Ausbildungskonzept „Grundlagen der Elektrotechnik“ zu schaffen, war der Ausgangspunkt dieses Lehrbuches um die Mitte der 70er Jahre, wohl wissend, daß gerade die inhaltliche Gestaltung, die pädagogisch-methodische Durcharbeitung sowie eine übergreifende Vorbereitung nachfolgender Lehrveranstaltungen die Motivation des angehenden Elektroingenieurs zu seinem Fachgebiet ganz entscheidend bestimmen.

Aufbauend auf physikalische und mathematische Kenntnisse der höheren Schulausbildung, ist es das besondere Ziel des Lehrbuches, die Gesetzmäßigkeiten des elektromagnetischen Feldes und seiner Anwendungen, die Bedeutung des Energiebegriffes, den Übergang zwischen Feldphänomenen und Netzwerkelementen sowie das große Gebiet der Netzwerkanalyseverfahren bei unterschiedlicher Erregung systematisch zu entwickeln. Bedacht wurde dabei, die Grundausbildung nicht als etwas Abgeschlossenes, Selbständiges aufzufassen, sondern als das, was sie ist: die erste Stufe nachfolgender Lehrgebiete.

Methodisch ist der Inhalt so angelegt, daß der Stoff nicht nur selbständig erarbeitet werden kann, sondern daß der Lernende systematisch durch Lehrsätze, Lösungsstrategien, Zielvorgaben und Wiederholungsfragen in den ständigen Dialog mit dem Lehrbuch einbezogen und so immer wieder auf die Schwerpunkte hingewiesen wird.

Der Stoffumfang gebot, das Gesamtgebiet auf zwei Bände zu verteilen. Der erste Band behandelt nach einer kurzen Einführung in Einheiten, Einheitssysteme und Gleichungen, die physikalische Interpretation der Richtungsdefinitionen von Vektoren und Zählpfeilen vor allem elementare elektrische Erscheinungen: das elektromagnetische Feld, die Grundbauelemente, Stromkreise und den Energiebegriff. Aus didaktischen Gründen stehen die ruhende und bewegte elektrische Ladung am Anfang, bilden sie doch die Grundlage der Begriffe elektrisches Feld und Trägerströmung. Zur Erleichterung des Verständnisses wird das elektromagnetische Feld zunächst in seinen Bestandteilen getrennt betrachtet: Strömungsfeld, elektrostatisches und magnetisches Feld. Erst später erfolgt die Berücksichtigung der wechselseitigen Feldkopplung. Schwierigkeiten bereitet in einer Einführungsvorlesung immer die Verbindung zwischen Feldgrößen und solch globalen Begriffen wie Strom, Spannung, Widerstand u. a., die als Schulwissen meist verfügbar sind. Deshalb wird dem gegenseitigen Zusammenhang dieser Größenarten besondere Aufmerksamkeit gewidmet. Der zweite Band hat Netzwerkelemente und Netzwerkanalyseverfahren bei verschiedenartigster Netzwerkanregung zum Inhalt.

Dem Buch liegen langjährig durchgeführte Vorlesungen zugrunde. Die Motivation dazu für den Autor entsprang der Erkenntnis, daß auch die Grundlagen eines Fachgebietes nie abgeschlossen sein können, sondern von Zeit zu Zeit immer wieder einmal neu formuliert werden müssen. Das bestätigte sich auch in zahlreichen Diskussionen mit Fachkollegen, wodurch das Vorhaben sehr gefördert wurde. Fast erscheint es als Ironie des Schicksals, daß gerade sie durch Umstände, die den Betroffenen in allen Einzelheiten bekannt sind, am wenigsten von ihren Anregungen werden profitieren können. Nicht übersehen werden sollen manche Anregungen, die sich aus Diskussionen mit Herrn Prof. Dr. R. S. Muller während eines längeren Aufenthaltes an der University of California Berkeley ergaben.

Während der praktischen Bearbeitungsphase des Manuskriptes hat sich Herr Dr.-Ing. sc. techn. H. G. Schulz sehr verdient gemacht. Frau R. Schmidt besorgte mit vielen fleißigen Helferinnen die Reinzeichnungen. Ihnen gilt mein besonderer Dank. Dem Springer-Verlag danke ich für die gute Zusammenarbeit, sorgfältige Drucklegung des Buches sowie dafür, daß meinen Wünschen weitgehend entsprochen worden ist. Ein persönlicher Dank gilt auch meiner Frau, die mit großer Geduld — wie so oft — ein schwer lesbares Manuskript schrieb, sowie meinem Sohn, der als erster studentischer Leser mit fördernder Kritik nicht sparte.

München, im Herbst 1984

R. Paul

Inhaltsverzeichnis

Verzeichnis der wichtigsten Symbole XV

0 Einführung 1
0.1 Das Lehrgebiet Elektrotechnik — Elektronik 1
0.2 Physikalische Größen und Gleichungen 5
0.2.1 Physikalische Größen und Größenarten. Physikalische Gleichungen 5
0.2.2 Dimensionen. Einheiten 8
0.2.3 Arten physikalischer Gleichungen 14
0.2.4 Arten physikalischer Größen. Vorzeichen- und Richtungsregeln . . . 15

1 Beschreibung elektrischer Erscheinungen 23
1.1 Teilchenmodell. Grundvorstellungen 23
1.2 Feldmodell 24
1.3 Teilchenmodell. Elektrische Ladung Q 26
1.3.1 Eigenschaften der elektrischen Ladung 26
1.3.2 Ladungsverteilungen 30
1.3.3 Erhaltungssatz der Ladung 35
1.4 Bewegte Ladung. Elektrische Stromstärke I 35
1.4.1 Wesen einer Strömung. Strombegriff 35
1.4.2 Elektrische Stromstärke I 38
1.4.3 Zusammenhang Strom — Ladung 44
1.4.4 Strommessung 45

2 Das elektrische Feld und seine Anwendungen 47
2.1 Feldbegriffe 47
2.1.1 Wesen und Feldeigenschaften 47
2.1.2 Feldgrößen und Koordinatensysteme 51
2.1.3 Lokale Felddarstellung. Integrale Größen 51
2.2 Feldstärke $\boldsymbol{E}$ und Potential φ 52
2.2.1 Feldstärke $\boldsymbol{E}$ 52
2.2.2 Potential φ 58
2.2.3 Bestimmung der Feldstärke aus dem Potential 65
2.2.4 Potentialüberlagerung 67
2.2.5 Potential φ und Spannung U 68
2.3 Elektrisches Strömungsfeld 71
2.3.1 Stromdichte $\boldsymbol{S}$ 71

2.3.2 Verknüpfung von Stromdichte $\boldsymbol{S}$ und Feldstärke $\boldsymbol{E}$. Leitfähigkeit $\varkappa$ . . . 78
2.3.3 Eigenschaften des Strömungsfeldes im Raum und an Grenzflächen . . . 84
2.3.3.1 Strömungsfelder wichtiger Leiteranordnungen . . . 84
2.3.3.2 Bestimmung des Feldbildes. . . . 87
2.3.3.3 Kontinuitätsgleichung im Strömungsfeld. . . . 89
2.3.3.4 Verhalten an Grenzflächen . . . 92
2.4 Integralgrößen des stationären Strömungsfeldes: Strom I, Spannung U, Widerstand R. Gleichstromkreis . . . 95
2.4.1 Spannungsquelle. Quellenspannung U_Q . . . 98
2.4.2 Widerstand R. Leitwert G . . . 101
2.4.2.1 Widerstandsbegriff. . . . 101
2.4.2.2 Zusammenschaltungen von Widerständen und Leitwerten . . . 106
2.4.2.3 Lineare und nichtlineare Strom-Spannungs-Relation. . . . 112
2.4.2.4 Widerstand als Bauelement. . . . 113
2.4.3 Aktive und passive Zweipole. Grundstromkreis. . . . 117
2.4.3.1 Energie und Leistungsumsatz in Zweipolen . . . 117
2.4.3.2 Zweipolgleichungen. Kennlinien und Kenngrößen linearer Zweipole . . . 120
2.4.3.3 Grundstromkreis. . . . 128
2.4.3.4 Anwendungsbeispiele des Grundstromkreises . . . 131
2.4.3.5 Leistungsumsatz im Grundstromkreis . . . 136
2.4.3.6 Nichtlinerare Zweipole im Grundstromkreis . . . 140
2.4.4 Analyse von Gleichstromkreisen. . . . 145
2.4.4.1 Zweigstromanalyse. . . . 145
2.4.4.2 Hilfsverfahren für die Netzwerkanalyse. . . . 151
2.4.4.3 Zweipoltheorie . . . 154
2.5 Elektrostatisches Feld: Elektrische Erscheinungen in Nichtleitern . . 159
2.5.1 Feldstärke- und Potentialfeld . . . 160
2.5.2 Verschiebungsflußdichte $\boldsymbol{D}$ . . . 163
2.5.3 Verknüpfung der Verschiebungsflußdichte $\boldsymbol{D}$ und der Feldstärke $\boldsymbol{E}$ im Dielektrikum . . . 166
2.5.4 Eigenschaften des elektrostatischen Feldes im Raum. . . . 168
2.5.4.1 Felder im Dielektrikum. . . . 168
2.5.4.2 Eigenschaften des elektrostatischen Feldes. . . . 169
2.5.4.3 Eigenschaften an Grenzflächen . . . 175
2.5.5 Die Integralgrößen des elektrostatischen Feldes . . . 181
2.5.5.1 Verschiebungsfluß Ψ . . . 181
2.5.5.2 Kapazität C. . . . 183
2.5.5.3 Beziehung zwischen Widerstand und Kondensator im Strömungs- und elektrostatischen Feld. . . . 190
2.5.6 Elektrisches Feld im Nichtleiter bei zeitveränderlicher Spannung . . 192
2.5.6.1 Strom-Spannungs-Relation des Kondensators. . . . 192
2.5.6.2 Verschiebungsstrom i_v. . . . 197
2.5.6.3 Verschiebungsstromdichte $\boldsymbol{S}_v$. . . . 200

3 Das magnetische Feld und seine Anwendungen 205

3.1 Die vektoriellen Größen des magnetischen Feldes 206
3.1.1 Induktion ***B***. 206
3.1.2 Magnetische Erregung. Magnetische Feldstärke ***H***. 215
3.1.3 Umlaufintegral der magnetischen Feldstärke ***H***. Durchflutung Θ. Wirbelcharakter des magnetischen Feldes. 220
3.1.4 Verknüpfung der Induktion ***B*** und der magnetischen Feldstärke ***H***. Permeabilität μ 228
3.1.5 Eigenschaften des magnetischen Feldes im Raum und an Grenzflächen 232
3.2 Integrale Größen des magnetischen Feldes 235
3.2.1 Magnetischer Fluß Φ 236
3.2.2 Magnetisches Potential ψ. Magnetische Spannung V. Durchflutung Θ 239
3.2.3 Magnetischer Kreis 244
3.2.4 Verkopplung; Magnetischer Fluß Θ — Strom I 250
3.2.4.1 Induktivität L (Selbstinduktivität). 251
3.2.4.2 Gegeninduktivität M 254
3.2.5 Dauermagnetkreis 259
3.3 Induktionsgesetz: Verkopplung magnetischer und elektrischer Größen 261
3.3.1 Gesamterscheinung der Induktion 262
3.3.2 Ruheinduktion 266
3.3.2.1 Induktionsgesetz für Ruheinduktion 266
3.3.2.2 Anwendungen der Ruheinduktion. 273
3.3.3 Bewegungsinduktion 277
3.3.3.1 Induktionsgesetz für Bewegungsinduktion 277
3.3.3.2 Anwendungen der Bewegungsinduktion 280
3.4 Wechselseitige Verkopplung elektrischer und magnetischer Größen 289
3.4.1 Selbstinduktion. 290
3.4.2 Gegeninduktion 297
3.4.3 Transformator 301
3.5 Rückblick bzw. Ausblick zum elektromagnetischen Feld 307

4 Energie und Leistung elektromagnetischer Erscheinungen 319

4.1 Energie und Leistung 322
4.1.1 Elektrische Energie W. Elektrische Leistung P 322
4.1.2 Strömungsfeld 328
4.1.3 Elektrostatisches Feld. 329
4.1.4 Magnetisches Feld. 332
4.2 Energieübertragung 336
4.2.1 Energieströmung. 336
4.2.2 Energietransport Quelle — Verbraucher 340
4.3 Umformung elektrischer in mechanische Energie. 342

4.3.1 Kräfte im elektrischen Feld 342
4.3.1.1 Kraft auf ruhende Ladungen 342
4.3.1.2 Kraft auf Grenzflächen 345
4.3.2 Kräfte im magnetischen Feld 350
4.3.2.1 Kraft auf bewegte Ladungen 351
4.3.2.2 Kraft auf stromdurchflossene Leiter im Magnetfeld 355
4.3.2.3 Kraft auf Grenzflächen 369
4.3.2.4 Mechanisches Drehmoment von Dipolen 375
4.4 Umformung elektrischer Energie in Wärme und umgekehrt 377
4.4.1 Elektrische Energie. Wärme 378
4.4.2 Thermische Ersatzschaltung 385
4.4.3 Anwendungen des Wärmeumsatzes 389

Literaturverzeichnis 394

Sachverzeichnis 395

Inhalt des Bandes 2:
Netzwerke

5 Netzwerke und ihre Elemente

5.1 Netzwerkelemente
5.2 Netzwerkerregung
5.3 Netzwerke

6 Netzwerke bei stationärer harmonischer Erregung

6.1 Analyse im Zeitbereich
6.2 Analyse im Frequenzbereich
6.3 Darstellung von Netzwerkfunktionen durch Ortskurven. Inversion komplexer Größen
6.4 Energie und Leistung im Wechselstromkreis

7 Eigenschaften und Verhalten wichtiger Netzwerke

7.1 Zusammenschaltung von Netzwerkelementen
7.2 Vierpole
7.3 Wichtige Vierpole und deren Anwendung

8 Lineare Netzwerke bei mehrwelliger Erregung

8.1 Darstellung einer periodischen Funktion durch eine Fourier-Reihe
8.2 Mehrwellige Zeitfunktionen und ihre Kenngrößen
8.3 Netzwerke bei mehrwelliger Erregung

9 Dreiphasig erregte Netzwerke

9.1 Drehstromquellen
9.2 Drehstromverbraucher
9.3 Leistung im Drehstromnetzwerk
9.4 Analyse einfacher Drehstromnetzwerke

10 Übergangsverhalten von Netzwerken

10.1 Lösungsmethoden im Zeitbereich
10.2 Zeit- und Frequenzbereich. Komplexe Frequenz
10.3 Laplace-Transformation. Lösungsmethodik im Frequenzbereich

Verzeichnis der wichtigsten Symbole

(Abschnitt des erstmaligen Auftretens in Klammern)

A	Fläche (0.2.4)
A	Kurzschlußstromverstärkung, Stromübersetzung (5.1.1.2)
B	Blindleitwert (6.1.2.1)
$\boldsymbol{B}$	Induktion (3.1.1)
$\boldsymbol{B}_r$	Remanenzinduktion (3.1.4)
b_ω	Bandbreite (7.1.3.2)
C	Kapazität (2.5.5.2)
C_{th}	Wärmekapazität (4.2.2)
c	spezifische Wärme (4.4.1)
D	Durchgriff (7.3.6)
$\boldsymbol{D}$	Verschiebungsdichte (2.5.2)
d	Dämpfung (10.1.4.1)
d_c	Verlustfaktor (7.1.2)
$\boldsymbol{E}$	elektrische Feldstärke (2.2.1)
E	elektromotorische Kraft, Urspannung (2.4.1)
$\boldsymbol{E}_i$	fiktive Feldstärke (2.4.1)
e	Elementarladung (1.3.1)
F	Formfaktor (5.2.3)
$\boldsymbol{F}$	Kraft (0.2.1)
$\underline{F}$	komplexer Frequenzgang (6.2.2.1)
$\lvert\underline{F}\rvert$	Amplitudengang (6.2.4)
f	Frequenz (3.3.3.2)
f_g	Grenzfrequenz (7.1.3)
G	Leitwert (2.4.2.1)
G_m	magnetischer Leitwert (3.2.3)
g	differentieller Leitwert (5.1.2.1)
$\boldsymbol{H}$	magnetische Erregung, Feldstärke (3.1.2)
$\boldsymbol{H}_c$	Koerzitivfeldstärke (3.1.4)
I	Stromstärke (0.2.3)
I_B	Blindstrom (6.2.2.2.1)
I_k	Kurzschlußstromstärke (2.4.3.2)
I_Q	Quellenstromstärke (2.4.3.2)
I_V	Verschiebungsstrom (2.5.6.2)
I_W	Energiestrom (4.2.1)
i	zeitveränderlicher Strom, allgemein (1.4)
L	Induktivität (3.2.4.1)
k	Klirrfaktor (8.3)
k	Knotenzahl (5.3.1)
k	Kopplungsfaktor (3.2.4.2)
$\boldsymbol{M}$	Drehmoment (4.3.2.2)
M	Gegeninduktivität (3.2.4.2)
m	Maschenzahl (5.3.1)

P	Leistung, Wirkleistung (2.4.3.1)
P_B	Blindleistung (6.4.2)
P_{Hyst}	Hystereseleistung (4.1.5)
P_S	Scheinleistung (6.4.2)
P_W	Wärmestrom (4.4.1)
P_W	Wirkleistung (6.4.1)
p	Momentanleistung (6.4.1)
p'	Leistungsdichte (4.7.2)
$\bar{p}$	Mittelwert der Leistung (5.2.3)
p_B	Blindleistung, momentane (6.4.2)
p_s	Scheinleistung (6.4.2)
Q	Ladung, Elektrizitätsmenge (1.3.1)
Q	Blindleistung (6.4.2)
$Q(t_0)$	Anfangsladung (1.4.3)
Q_C	Kondensatorgüte (7.1.2)
Q_L	Spulengüte (7.1.2)
q	Elementarladung, allgemein (1.3.1)
R	Widerstand (0.2.3)
R_i	Innenwiderstand (2.4.3.2)
R_m	magnetischer Widerstand (3.2.3)
R_{mi}	magnetischer Innenwiderstand (3.2.5)
R_{th}	Wärmewiderstand (4.2.1)
r	differentieller Widerstand (5.1.2.1)
$\boldsymbol{r}$	Ortsvektor (1.3.2)
$\boldsymbol{S}$	Stromdichte (2.3.1)
S	Scheinleistung (6.4.2)
S	Transferleitwert, Steilheit (5.1.1.2)
$\boldsymbol{S}_K$	Konvektionsstromdichte (2.3.1)
$\boldsymbol{S}_V$	Verschiebungsstromdichte (2.5.6.3)
$\boldsymbol{S}_W$	Energiestromdichte, Poynting-Vektor (4.2.1)
T	Periodendauer (3.3.3.2)
T	Temperatur (2.4.2)
t	Zeit (0.2.2)
t_H	Halbwertzeit (3.4.1)
U	Spannung (0.2.3)
$\hat{U}$	Spitzenspannung (3.4.3)
U_D	Differenzspannung (7.3.6)
U_H	Hallspannung (4.3.2.1)
U_l	Leerlaufspannung (2.4.3.2)
U_Q	Quellenspannung (2.4.3.2)
u	zeitveränderliche Spannung (3.4.3)
$\bar{u}$	Gleichspannung, Gleichwert (5.2.3)
$\lvert\bar{u}\rvert$	Gleichrichtwert (5.2.3)
$\tilde{u}$	Effektivwert der Spannung (5.2.3)
u_i	induzierte Spannung (3.3.1)
$\ddot{u}$	Übersetzungsverhältnis (3.4.3)
V	magnetische Spannung (3.2.2)
V	Volumen (1.3.2)
V_m	magnetische Randspannung (3.2.2)
v	Verstärkung (7.3.6)

v	Verstimmung (7.1.3.2)
$\underline{v}_i$	Kurzschlußstromübersetzung (7.2.3.2)
$\underline{v}_u$	Spannungsübertragungsfaktor (7.2.3.2)
W	Arbeit, Energie (0.2.4)
W_{Hyst}	Hysteresearbeit (4.1.5)
W_m	magnetische Energie (4.1.5)
w	Energiedichte (4.1.1)
w	Windungszahl (3.2.3)
w_m	magnetische Energiedichte (4.1.5)
X	Blindwiderstand (6.1.1)
Y	Scheinleitwert (6.1.2.1)
$\underline{Y}$	komplexer Leitwertoperator (6.2.1.1)
$\underline{Y}_m$	Übertragungsadmittanz (7.2.3.2)
Z	Scheinwiderstand (6.1.1)
$\underline{Z}$	komplexer Widerstandsoperator (6.2.1.1)
Z_m	Transferimpedanz (5.1.1.2)
$\underline{Z}_w$	Wellenwiderstand (7.2.3.1)
z	Zweigzahl (5.3.1)
α	Abklingkonstante (10.1.4.1)
α	Temperaturkoeffizient, Temperaturbeiwert (2.3.2)
α	Winkel (2.3.3.4)
α_k	Wärmeübergangszahl (4.2.1)
δ	Fehlwinkel (7.1.2)
ε	Dielektrizitätskonstante (2.5.3)
ε_0	Dielektrizitätskonstante im Vakuum (2.5.3)
ε_r	relative Dielektrizitätskonstante (2.5.3)
η	Wirkungsgrad, Energieübertragungsgrad (2.4.3.5)
θ	Durchflutung (3.1.3)
$\varkappa$	Leitfähigkeit (2.3.2)
$\varkappa_W$	Wärmeleitfähigkeit (4.2.1)
λ	Linienladungsdichte (1.3.2)
μ	Beweglichkeit (2.3.2)
μ	Permeabilität (3.1.4)
μ	Steuerfaktor (5.1.1.2)
μ_0	Permeabilitätskonstante im Vakuum (3.1.4)
μ_r	relative Permeabilität (3.1.4)
ϱ	Kreisgüte, Resonanzschärfe (7.1.4.1)
ϱ	Länge, Radius (2.3.3.1)
ϱ	spezifischer Widerstand (2.3.2)
ϱ	Raumladungsdichte (1.3.2)
σ	mechanische Spannung (4.3.1.2)
σ	Flächenladungsdichte (1.3.2)
σ	Strahlungskonstante (4.2.1)
σ	Streugrad (7.3.5.1)
τ	Dämpfungsmaß (10.2.1)
τ	Zeitkonstante (10.1.2)
Φ	magnetischer Fluß (3.2.1)
φ	elektrisches Potential (2.2.2)
φ	Nullphasenwinkel (5.2.1)
φ_u	Nullphasenwinkel der Spannung (6.1.1)

φ_i	Nullphasenwinkel des Stromes (6.1.1)
φ_z	Phasenwinkel des komplexen Widerstandsoperators (6.1.1)
φ_y	Phasenwinkel des komplexen Leitwertoperatos (6.1.1)
Ψ	Fluß eines Vektors (0.2.4), Windungsfluß (3.2.4.2)
Ψ	Verschiebungsfluß (2.5.1)
ψ	skalares magnetisches Potential (3.2.2)
ψ	Phasenwinkel
ω	Kreisfrequenz (3.3.3.2)
ω_0	Eigenfrequenz (7.1.4.1)
ω_0	Resonanzfrequenz (7.1.3.2)

Wichtige physikalische Konstanten

Boltzmannkonstante	k	$= 1{,}38066 \,.\, 10^{-23}$ J/K
Elementarladung	e	$= 1{,}6021892 \,.\, 10^{-19}$ As
Elektronenruhemasse	m_o	$= 0{,}91095 \,.\, 10^{-30}$ kg
Elektronenvolt	eV	$= 1{,}6021892 \,.\, 10^{-19}$ J
magnetische Feldkonstante	μ_o	$= 1{,}25663 \,.\, 10^{-8}$ H/cm $(4\pi \,.\, 10^{-9})$
elektrische Feldkonstante	ε_o	$= 8{,}85418 \,.\, 10^{-14}$ F/cm $(1/\mu_o c^2)$
Lichtgeschwindigkeit (Vakuum)	c	$= 2{,}99792 \,.\, 10^{8}$ m/s
Temperaturspannung bei 300 K	kT/q	$= 25{,}852003$ mV

Wichtige Materialdaten

Leitfähigkeit	Tafel 2.2 (S. 82)
relative Dielektrizitätszahl	Tafel 2.7 (S. 168)
relative Permeabilität	Tafel 3.3 (S. 233)

0 Einführung

0.1 Das Lehrgebiet Elektrotechnik — Elektronik

Grundaufgaben. Seit alters her beschäftigten den Menschen die Probleme der Nachrichtenübermittlung sowie derUmformung von Energie und ihre Übertragung auf möglichst große Entfernungen. Vielfältige Methoden wurden ersonnen: z. B. Signalübertragung durch Feuer, Rauch, optische Telegrafen, Buschtrommeln, Signalhörner, also mit optischen und akustischen Mitteln. Jahrhundertelang waren das Mühlenrad und später die Dampfmaschine bekannte Umformeinrichtungen für Energie. Stets konnten dabei Signale und Energien nur über sehr kurze Entfernungen und z. T. nur mit erheblichen Übertragungszeiten — etwa über eine Kette optischer Signalstationen — übermittelt werden.

Eine durchgreifende Verbesserung brachte erst die Entdeckung und bewußte Anwendung der Elektrizität. Sie ermöglichte in nahezu idealer Weise die Signalübertragung über größte Entfernungen (heute bis zum Mond und weiter) mit der Lichtgeschwindigkeit $c \approx 300\,000$ km/s. Auch die Übertragung hoher Energien vom Umformort — dem Kohle-, Kern- oder Wasserkraftwerk — bis zum Verbraucher über weite Entfernungen wurde durch die Elektrizität sehr wirtschaftlich möglich. Heute bestimmt die Elektrotechnik das Leben des Menschen in einem nachdenkenswert hohem Maße: Beispielsweise sind je Haushalt etwa 10 Elektromotoren verschiedenster Art im Einsatz, rechnet man in industrialisierten Ländern je Kopf der Bevölkerung einen Durchschnittseinsatz von 20 bis 30 Transistoren und 8 integrierten Schaltungen.

Vielfältig sind die Kontakte des Menschen zur Elektrizität über den Arbeitsprozeß, das Nachrichten- und Verkehrswesen. Stichworte wie Rundfunk, Fernsehen, Tonbandgerät, Taschenrechner und Digitaluhr, elektronische Datenverarbeitung, Mikroprozessor, Steuer-, Meß- und Regelungstechnik, mikroprozessorgesteuerte Maschinensysteme, Fahrzeuge, Nähmaschinen, elektronische Musikinstrumente und Roboter veranschaulichen, daß zu den traditionellen Aufgaben der Informationstechnik durch die Mikroelektronik in den letzten Jahren völlig neuartige Gebiete und Einrichtungen hinzutraten. Gerade ihre Leistungen sind imponierend: Ein Taschenrechner enthält auf einem Silizium-Kristall einer Fläche von einigen Quadratmillimetern einige zehntausend Transistoren. Noch bis zur Jahrtausendwende rechnet man mit 10^8 Transistoren auf einem Si-Plättchen von einem Quadratzentimeter Fläche!

Diese wenigen Beispiele veranschaulichen schon die drei *Hauptaufgaben*, die Elektrotechnik und Elektronik haben:

1. Umformung und Übertragung großer Energiemengen vom Kraftwerk mit Hilfe des elektrischen Stromes zum Energieverbraucher. Dort wird dann elektrische Energie z. B. in mechanische (Motoren), Wärme (Heizung), chemische (Elektrolyse), sichtbare Strahlung (Beleuchtung) u. a. m. umgeformt. Diesen gesamten Komplex nennen wir elektrische *Energietechnik* (früher Starkstromtechnik). Ein sehr wichtiger Bestandteil davon ist die *Leistungselektronik.* Sie befaßt sich insbesondere mit dem Steuern, Umformen und Schalten großer Energiemengen mit Hilfe von *Halbleiterbauelementen.* (Leistungsgleichrichtern, Thyristoren u. a. m.).

2. Gewinnung, Übertragung und Verarbeitung von *Informationen* — Nachrichten, Meßwerten, Signalen — mit Hilfe elektrischer Ströme (drahtgebunden) und Wellen (drahtlos) von einer Quelle (Mikrofon, Fernsprecher, Meßwertempfänger, Rundfunksender) zu einem Empfänger (Lautsprecher, Rundfunkempfänger, Meßinstrument). Im weiteren Sinne zählen dazu auch die *Datentechnik* (Rechentechnik), *Steuer-* und *Regelungstechnik* sowie *Meßtechnik.* Dieser gesamte Zweig zählt zur *Informationstechnik.*

3. Bauelementetechnik und Mikroelektronik. Energie- und Informationstechnik benötigen betriebssichere Geräte mit hoher Arbeitsgeschwindigkeit, hoher Zuverlässigkeit, kleinem Volumen und geringer Masse. Diese Forderungen können nur durch ständig verbesserte *elektronische Bauelemente* wie Widerstände, Schalter, Kondensatoren, Transistoren, integrierte Schaltungen u. a. m. erfüllt werden. Damit sind die *Physik und Technik elektronischer Bauelemente* das dritte wichtige Teilgebiet der Elektrotechnik und Elektronik im besonderen.

Gerade von diesem Teil gingen in den letzten 40 Jahren mit der Erfindung des Transistors und der integrierten Schaltung tiefgreifende Auswirkungen für die gesamte Elektrotechnik aus. Das zeigt sich nicht nur in einer Fülle neuer elektronischer Bauelemente, sondern in ganz neuen Qualitäten. Wurde z. B. noch vor Jahren eine Schaltung aus einzelnen Bauelementen zusammengesetzt, so kann man heute die gesamte Schaltung mit vielen Tausend-, ja Millionen winzigen Bauelementen in einem Halbleiterplättchen von einigen zehn Quadratmillimetern Fläche mit einem Schlage „integrieren". Diese *Mikroelektronik* ist in der Lage, ganze Elektronenrechner (sog. Mikrorechner), Schaltkreise für elektronische Taschenrechner, Armbanduhren, ganze Rundfunkempfänger auf phantastisch kleiner Fläche zu einem unvorstellbar niedrigen Preis zu realisieren. Wir erkennen aber aus diesen wenigen Bemerkungen schon, daß sich die Fortschritte der Elektrotechnik in den letzten beiden Jahrzehnten hauptsächlich auf zwei *Grenzgebieten* vollzogen haben:

— Zur *Mathematik* hin etwa in Form der elektronischen *Rechentechnik* und der modernen *Informationstechnik;*
— zur *Physik* hin, besonders zu den *elektronischen Eigenschaften* fester Körper, die die Grundlage der modernen Bauelemente und der Mikroelektronik sind.

Deshalb spielt die Aneignung gediegener mathematischer und physikalischer Kenntnisse in der Ausbildung des Elektrotechnikers eine ebenso wichtige Rolle wie die Einarbeitung in das Gebiet der Elektrotechnik selbst.

Grundaufgaben der Elektrotechnik und ihre Widerspiegelung im Studieninhalt. Wir wollen jetzt einen knappen Überblick darüber vermitteln, durch welche Lehrgebiete der Grundausbildung der angehende Elektrotechniker mit seinem

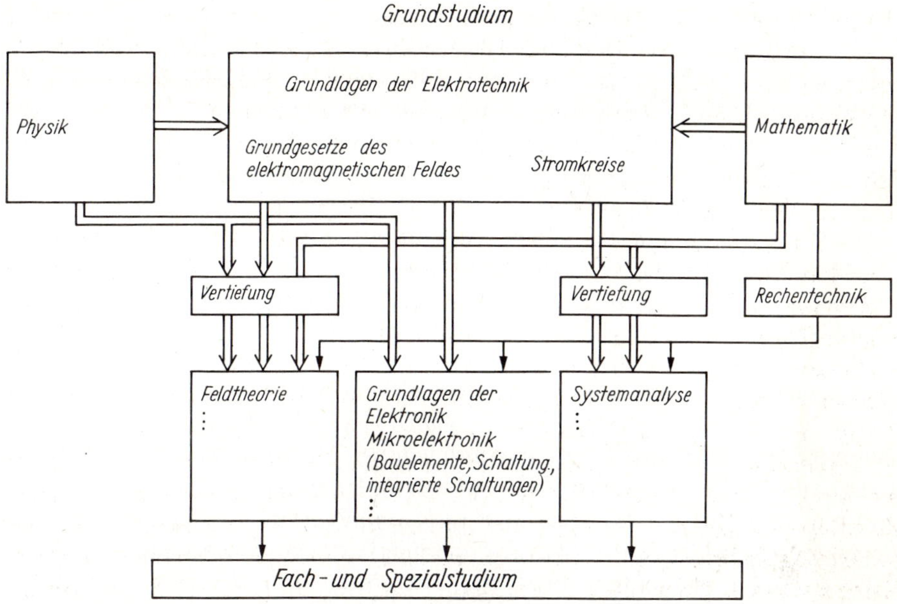

Bild 0.1. Ausschnitt aus der Studienrichtung „Elektroingenieurwesen" zur Veranschaulichung des Folgeablaufes typischer elektrotechnischer Lehrgebiete

Fachgebiet vertraut gemacht wird (Bild 0.1). Die „Grundlagen der Elektrotechnik" enthalten zunächst eine anschauliche Einführung in das elektromagnetische Feld und seine Anwendung, erläutern den Energiebegriff und die Energieumformung. Dabei werden die Grundbauelemente Widerstand, Kondensator, Spule (u. a.), Spannungs- und Stromquelle eingeführt. Einen wichtigen Platz nehmen anschließend die Stromkreise für Gleich- und Wechselströme ein. Dieses Stoffgebiet ist die Grundlage aller aufbauenden elektrotechnischen Lehrveranstaltungen.

Einen tieferen Einblick in elektrophysikalische Erscheinungen in Leitern, Halbleitern und Nichtleitern und ihre Anwendung in elektronischen Bauelementen und integrierten Schaltungen vermittelt das Gebiet „Grundlagen der Elektronik". Wir erfahren hier eine breite Anwendung elektrischer *Felderscheinungen* und einfacher Stromkreise. Weil sich umgekehrt ihre elektrischen Eigenschaften durch sog. Ersatzschaltungen aus Widerständen, Kondensatoren und besonderen Strom-Spannungs-Quellen veranschaulichen lassen, werden wir sie auch im Komplex „Stromkreise" schrittweise einbeziehen: *Elektrotechnik und Elektronik gehören engstens zusammen.*

Auf der Grundlage einer fundierten Mathematikausbildung sind wir später im Komplex „Feldtheorie" in der Lage, das elektromagnetische Feld sehr tiefgreifend zu behandeln. Der physikalische Sachverhalt ist der gleiche, den wir bereits in diesem Grundkurs kennenlernen. Nur erlauben dann die verbesserten mathematischen Methoden in der Aufbaustufe das Verständnis komplizierterer

Vorgänge wie z. B. die Ausbreitung elektromagnetischer Wellen u. a. m. Sicher ist es nicht falsch, an ausgewählten Stellen einen kleinen Ausblick darauf zu geben[1], wie bestimmte Erkenntnisse, die wir mit einfachen Mitteln anschaulich gewonnen haben, später ihre Formulierung in den mathematischen Methoden der Feldbeschreibung — der sog. *Vektoranalysis* — finden werden und wie der gleiche physikalische Sachverhalt von der Feldtheorie erklärt wird.

So, wie die Feldtheorie eine Aufbaustufe zum Feldteil der Grundlagenausbildung ist, findet der Teil „Stromkreise" im Lehrgebiet „Systemtheorie" seine Verallgemeinerung, vor allem durch Anwendung entsprechender mathematischer Methoden. Auch dafür ist die Kenntnis der Gesetze elektrischer Stromkreise eine Voraussetzung.

Zum Inhalt dieses Lehrbuches. Das behandelte Stoffgebiet faßt drei Komplexe:

1. Das elektrische und magnetische Feld. Nach einer kurzen Diskussion des Teilchen- und Feldmodelles ist das anschauliche Verständnis des Feldbegriffes eines der wichtigsten Anliegen der Elektrizitätslehre (Abschnitte 1 bis 3). Dazu gehören Ursachen, Wirkungen und Gesetzmäßigkeiten des elektrischen und magnetischen Feldes sowie seine Beschreibung (örtliche Betrachtungsweise). Das kann für einen Raumpunkt durch sog. Feldgrößen erfolgen, aber auch für ein Raumgebiet durch sog. Integral- oder Globalgrößen, z. B. Strom und Spannung. Über diese Globalgrößen gewinnen wir als wichtigstes Ergebnis die *Grundbauelemente* Widerstand, Kondensator, Spule und Transformator, Spannungs- und Stromquelle.

Die Haupteigenschaft des elektromagnetischen Feldes ist seine Eigenschaft, Energie zu speichern und zu transportieren. Deshalb zählen der *elektrische Energiebegriff* und die *Energieumformung* in Licht, Wärme, chemische und mechanische Energie ebenso zum Kern der Elektrotechnik wie etwa das elektromagnetische Feld und der Stromkreis. Wir behandeln sie im Abschn. 4, der auch eine Fülle von Anwendungen der Elektrotechnik vorstellt. Die Abschnitte 1 bis 4 bilden den Inhalt des Bandes I dieses Lehrbuches.

2. Neben der örtlichen Betrachtungsweise beschreibt die *energetische* Betrachtung des elektrischen und magnetischen Feldes seine Wechselwirkung mit der Umwelt (Abschn. 4). Der Energiebegriff ist allen Gebieten gemeinsam. Gerade die Energieumformung zwischen elektrischer und nichtelektrischer Energie (Wärme, Licht, mechanische, chemische Energie) stellt einen wesentlichen Kern der Elektrotechnik dar. Beispiele solcher Energieumformer sind die Spannungs- und Stromquellen (als Antriebsursache des Stromes in Stromkreis). Damit kennen wir *Quellen* als weitere Netzwerkelemente. Energieumformungen sind in letzter Konsequenz zur Erfüllung der Grundaufgaben stets nötig, weil der Mensch kein Sinnesorgan für die direkte Aufnahme elektrischer Erscheinungen besitzt.

3. Breite Anwendung finden die Ergebnisse der Komplexe 1 und 2 bei der Zusammenschaltung von Bauelementen zu *Stromkreisen*, auch *Netzwerke* oder

---

[1] Diese besonders gekennzeichneten Stellen können fürs erste überlesen werden, sie sollten aber im Verlauf der Zeit zur Vertiefung nachgearbeitet werden

Schaltungen genannt. Mit ihren Elementen, Analysemethoden, Eigenschaften, mit Gleich- und besonders Wechselströmen, physikalischen Phänomenen (wie Resonanz, Energie- und Leistungsbegriffen) und umfangreichen Anwendungen in Schaltungen befassen wir uns im Band II dieses Lehrbuches (Abschnitte 5 bis 10). Dort beziehen wir auch bestimmte elektronische Bauelemente Schritt für Schritt ein.

Zur Studienmethodik. Die Aneignung des Stoffes erfordert ein *intensives Selbststudium.* Dazu gehört neben der Beherrschung der wichtigsten Definitionen und Gesetze, Lösungsmethoden und physikalischen Sachverhalte die *permanente eigenständige Lösung von Übungsaufgaben.* Dadurch wird schnell offenbar, was verstanden wurde und was nicht. Wir haben zur Erleichterung der Lernarbeit für jeden Abschnitt eine Zielsetzung angegeben und Fragen zur Selbstkontrolle angefügt. Sie sollten unbedingt beantwortet werden, um ein eigenes Gefühl für das Verhältnis zum Stoff zu erhalten.

0.2 Physikalische Größen und Gleichungen

Ziel. Nach Durcharbeit dieses Abschnittes sollen beherrscht werden:
- die Erläuterung der physikalischen Größe als Produkt von Zahlenwert und Einheit an Beispielen;
- der Umgang mit den Basisgrößen und Basiseinheiten der Mechanik und Elektrotechnik;
- die Erläuterung und Aufstellung von Größen- und Zahlenwertgleichungen;
- die Durchführung von Dimensionsproben bei Größengleichungen;
- der Umgang mit den Grundlagen der Vektorrechnung (Vektorbegriff, Skalar- und Kreuzprodukt);
- die Erläuterung des Linien- und Flußintegrals.

0.2.1 Physikalische Größen und Größenarten. Physikalische Gleichungen

Physikalische Größe[1]. Die Ausnutzung bestimmter Naturverhaltensweisen in Physik und Technik setzt die Kenntnis der Naturgesetze voraus. Dies wiederum bedarf einer Beschreibung typischer Merkmale durch feste Begriffe. Sie heißen *physikalische Größen* (Bild 0.2):

Eine physikalische Größe erfaßt Merkmale eines physikalischen Objektes (Eigenschaft, Vorgang, Zustand der Natur und der Medien, in denen sich physikalische Prozesse abspielen), die qualitativ gekennzeichnet und quantitativ bestimmt, also gemessen werden können.

Die physikalische Größe wird symbolhaft durch einen Buchstaben gekennzeichnet.

---

[1] DIN 1313 Physikalische Größen und Gleichungen (1978)

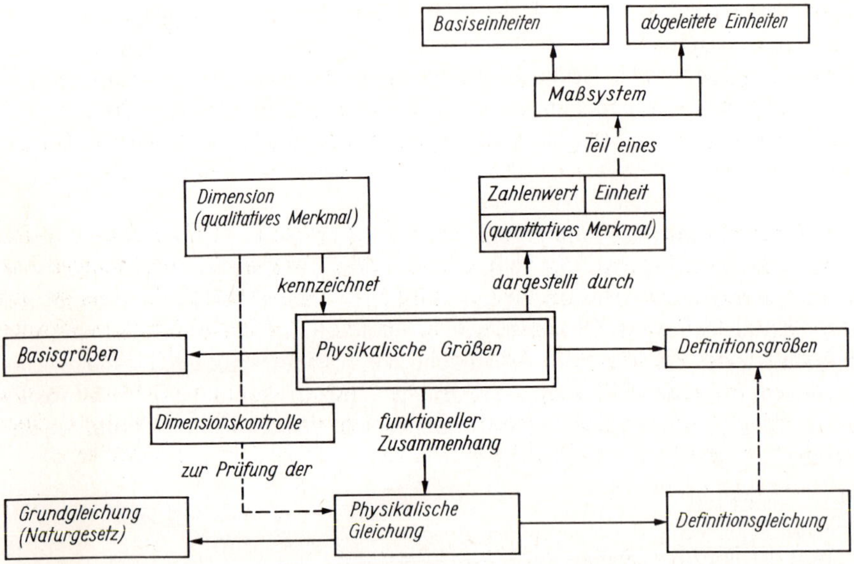

Bild 0.2. Physikalische Größen, physikalische Gleichung, Maßsystem

Da physikalische Größen keine Zahlen in mathematischem Sinne darstellen, sind bei Rechenoperationen mit ihnen einige Hinweise zu beachten:

— Es können nur Größen gleicher Größenart addiert und subtrahiert werden.
— Es können Größen gleicher und verschiedener Größenart multipliziert und dividiert werden.
— Potenzieren und Radizieren, Differenzieren und Integrieren sind zulässig.
— In den Argumenten transzendenter Funktionen oder Exponenten sind nur reine Zahlen zulässig, also entweder Größen mit reinem Zahlencharakter oder solche Produkte physikalischer Größen, die Zahlencharakter haben. Beispielsweise ist cos t (t Symbol der Größe Zeit) nicht zulässig, jedoch cos ωt (ω Winkelgeschwindigkeit mit der Dimension 1/Zeit (s. u.)).

Physikalische Gleichung. Verschiedene physikalische Größen stehen durch Gesetze im Zusammenhang. Ihre mathematische Form heißt *physikalische Gleichung* (Bild 0.2):

Die physikalische Gleichung ist eine funktionelle Verknüpfung zwischen physikalischen Größen.

Physikalische Gleichungen treten als *Grundgleichungen* (für Naturgesetze) und *Definitionsgleichungen* auf. Naturgesetze sind stets reproduzierbare Verkopplungen *artfremder* physikalischer Größen. Nur sie enthalten echte, von der Natur offenbarte physikalische Erkenntnisse. Im Ergebnis von Beobachtungen ergeben sich dabei *Proportionalbeziehungen.*

So üben beispielsweise zwei Massen m_1, m_2 im Abstand l eine Kraft F aufeinander aus: $F \sim m_1 m_2 / l^2$. Dieser Proportionalzusammenhang geht erst durch Einführung einer

Proportionalkonstanten k

$$F = k\frac{m_1 m_2}{l^2}$$

in eine mathematische Gleichung über. Der Faktor k muß folglich dimensionsbehaftet sein und eine unveränderliche physikalische Größe — eine Naturkonstante — darstellen.

Die Erfahrung lehrt, daß es in der Natur nur endlich viele Grundgesetze gibt. Für die Elektrotechnik gehören dazu z. B. die sog. *Maxwellschen Gleichungen*. Die Zahl praktisch benutzter physikalischer Größen ist erheblich größer, als sie aus diesen Grundgleichungen hervorgeht, denn durch *Definitionsgleichungen* können ständig neue Größen vereinbart werden.

Definitionsgleichungen führen (willkürlich) neu vereinbarte physikalische Größen auf mehrere einfach meßbare und bekannte Größen mittels einer eindeutigen Anweisung — eben der Definition — zurück. Beispielsweise ist

$$v = \frac{ds}{dt}$$

eine Definitionsgleichung. Sie faßt die physikalischen Größen „Weg“ und „Zeit“ durch die Vorschrift „differenziere nach“ zur neuen physikalischen Größe „Geschwindigkeit“ zusammen.

Arten physikalischer Größen. Es gibt drei Arten von physikalischen Größen:

1. Grund- oder Basisgrößen. Das sind naturgegebene, nicht weiter zurückführbare Größen. Ihre Wahl erfolgt nach praktischen Gesichtspunkten im Zusammenhang mit einem Maß- und Einheitensystem (s. u.). Für Physik und Technik wurden international 7 Grundgrößen festgelegt. Ihnen sind Grundeinheiten (s. u.) zugeordnet, die entweder durch Normale (Prototypen) oder Meßvorschriften definiert werden. In vielen Wissensgebieten reichen 3 bis 4 Grundgrößen (Tafel 0.1) aus, z. B. in der Mechanik die Länge l, Masse m und Zeit t. Die Wärmelehre benötigt zusätzlich die Temperatur als Grundgröße.

Tafel 0.1. Grundgrößen und Definitionsgrößen für ausgewählte Wissengebiete

Gebiet	Grundgröße	Definitionsgrößen (abgeleitete Größen)
Mechanik	Länge Zeit Masse	Fläche, Volumen, Winkel usw. Geschwindigkeit, Beschleunigung, usw. Kraft, Energie, Leistung, Drehmoment, usw.
Wärmelehre	zusätzlich Temperatur	Wärmemenge, spezifische Wärme, Entropie, usw.
Lichttechnik	zusätzlich Lichtstrom	Lichtstärke, Beleuchtungsstärke, usw.
Elektrotechnik	zusätzlich Ladung	Stromstärke, Spannung Feldstärke (elektrisch, magnetisch) usw.

Die *Grundgrößen der Elektrotechnik* sind *Länge s, Zeit t, Masse m, elektrische Ladung*[1] *Q*.

Die elektrische Ladung tritt als neue Grundgröße gegenüber der Mechanik auf. Sie wird nicht durch andere Größen erklärt, sondern dient selbst zur Erklärung anderer Erscheinungen (z. B. Strom, Feldstärke).

2. Definitionsgrößen (abgeleitete Größenarten). Sie entstehen durch Zusammenfassung mehrerer physikalischer Größen über eine *Definitionsgleichung*.

3. Naturkonstanten.

0.2.2 Dimensionen. Einheiten

Dimension. Jede physikalische Größe hat eine *qualitative* und *quantitative* Seite. Die Qualität einer physikalischen Größe drückt sich in ihrer Dimension aus. Damit liegt in diesem Begriff weit mehr als etwa nur die Abmessung eines Gegenstandes. Wir kennzeichnen Länge, Fläche und Raum durch Angaben einer oder mehrerer Längen und nennen dann die Länge eindimensional, Fläche zweidimensional usw. Deshalb gilt für den Bereich von Physik und Technik:

Die Dimension kennzeichnet die *Qualität* einer physikalischen Größe. Sie ist das aus Grundgrößenarten gebildete Potenzprodukt dieser Größe.

Beispielsweise ist die Qualität „Zeit" unabhängig von ihrem Wert und unabhängig von ihrer Angabe in einer bestimmten Einheit.

In Kurzform schreiben wir für die Dimension der Größenart y

$$\dim(y) = \dim(\text{physikalische Größe}) .$$

So gilt z. B. für

$$F = ma = m\frac{\mathrm{d}v}{\mathrm{d}t} = m\frac{\mathrm{d}^2 s}{\mathrm{d}t^2}$$

$$\dim(\text{Kraft}) = \dim(\text{Masse})\,\dim(\text{Beschleunigung}) = \dim(\text{Masse})\,\frac{\dim(\text{Geschwindigkeit})}{\dim(\text{Zeit})}$$

$$= \dim\left(\frac{\text{Masse}\cdot\text{Länge}}{\text{Zeit}^2}\right),$$

wenn Masse, Länge und Zeit als Grundgrößen gewählt werden.

Bei der Dimensionalbildung werden in physikalischen Gleichungen eventuell vorhandene Zahlenfaktoren, Infinitesimalzeichen (d, $\int$) bei Differentiation und Integration sowie Vektoreigenschaften weggelassen. Größen von gleicher Dimension können daher von unterschiedlicher Art sein, z. B. Arbeit und Drehmoment.

Einheit. Die *Quantität* einer physikalischen Größe wird immer durch das Produkt von *Zahlenwert* und *Einheit* (bei skalaren Größen) beschrieben:

$$\underset{\substack{\text{physikalische}\\ \text{Größe(Quantität)}}}{G} = \underset{\text{Zahlenwert}}{\{G\}} \cdot \underset{\text{Einheit}}{[G]} .$$

---

[1] Man beachte, daß als *Grundeinheit* die der Stromstärke gilt, s. Abschn. 1.4.2

Beispiel: Physikalische Größe $t = 3$ s;
Qualität: Dimension einer Zeit,
Quantität: 3 s, d. h. Einheit der Zeit $[t] = 1$ s.

Der Zahlenwert drückt aus, wie oft die Einheit in der Größe enthalten ist. Die Quantität einer Größe kann in beliebig vielen Einheiten angegeben werden. Es gibt aber nur eine der physikalischen Größe entsprechende Dimension (im gleichen Dimensionssystem). So läßt sich der Wert der physikalischen Größe „Länge" in Kilometern, Metern, Zentimetern usw. angeben, ihre Dimension ist aber stets die „Länge".

Die Einheiten werden-wie die physikalischen Größen- in *Grund-* und *abgeleitete Einheiten* unterteilt. Bestimmte *Grundeinheiten* liegen durch internationale Vereinbarungen auf der Basis von Meßmethoden fest. Da sich diese im Verlaufe der Zeit verfeinern können, werden bisweilen neue gesetzliche Festlegungen erforderlich.

So definierte man früher die Grundeinheit „Meter" für die Grundgröße „Länge" durch das in Paris aufbewahrte Urmeter. Heute wird sie durch die Wellenlänge des zum Leuchten angeregten Gases Krypton bei einer bestimmten Spektrallinie vereinbart.

Auch die in der Elektrotechnik übliche Festlegung der Grundeinheit „Ampére" für die „elektrische Stromstärke" durch Silberausscheidung aus einem Silbernitrat ist durch Bezug auf die Kraftwirkung des Stromes ersetzt worden (s. Abschn. 4.3.2.1).

Für Physik und Technik wurden 7 unabhängige Grundeinheiten durch das *Internationale Einheitensystem*[1] (sog. *SI-Einheiten*[2]) festgelegt (Tafel 0.2). Die Wahl der Grundeinheiten hängt von meßtechnischen Gesichtspunkten ab. Sie müssen nicht die Einheiten der gewählten Grundgrößen sein. So ist für die Elektrotechnik die Ladung Q als *Grundgröße*, aber als *Grundeinheit* die Einheit der Stromstärke I festgelegt worden.

Der Vorteil der Einheiten des Internationalen Systems liegt u. a. darin, daß die Einheiten untereinander nur durch den Zahlenfaktor 1 verknüpft sind (sog. kohärente Einheiten). „Krumme" Umrechnungsfaktoren entfallen. Beispielsweise gilt: $1\ \text{Ws} = \text{Nm} = 1\ \text{kg}\,\text{m}^2\,\text{s}^{-2} = 1\ \text{J}$.

Abgeleitete Einheiten folgen aus Grundeinheiten über Definitionsgleichungen. Sie tragen aus Zweckmäßigkeitsgründen häufig Eigennamen herausragender Naturforscher (z. B. $1\ \text{kgm/s}^2 = 1\ \text{Newton} = 1\ \text{N}$). Für das Gebiet der Elektrotechnik gibt Tafel 0.3 eine Zusammenstellung.

Vorsätze. Um günstige Zahlenwerte zu erhalten, wurden Vorsätze zur Bezeichnung dezimaler Teile und Vielfacher von Einheiten geschaffen und gesetzlich eingeführt (Tafel 0.4). Sie werden vor den Einheitennamen bzw. vor das Kurzzeichen der Größe gesetzt. Vorsätze zur Kennzeichnung positiver Exponenten tragen meist große solche für z. B. negative Exponenten kleine Buchstaben. Eine

---

[1] DIN 1301 Einheiten (1978)

[2] Systeme International d'Unités (1954)

Tafel 0.2. Grundgrößen und Grundeinheiten im SI-System

Grundgröße	Formelzeichen	Name der Grundeinheit und Einheitenzeichen	
Länge	l	Meter	m
Masse	m	Kilogramm	kg
Zeit	t	Sekunde	s
Elektr. Stromstärke	I	Ampere	A
Absolute Temperatur	T	Kelvin	K
Lichtstärke	I_v	Candela	cd
Stoffmenge	n	Mol	mol

Als ergänzende Einheiten kommen hinzu:
-der Radiant (rad) für den ebenen Winkel φ
-der Steradiant (sr) für den räumlichen Winkel Ω.

Auf internationale Empfehlung hin können noch folgende systemfremde Einheiten benutzt werden:

Größe	SI-Einheit	Name	Kurzzeichen	Umrechnungsfaktor zur SI-Einheit
Zeit	s	Minute	min	60
		Stunde	h	$3{,}6 \cdot 10^3$
		Tag	d	$86{,}4 \cdot 10^3$
Ebener Winkel	rad	Grad	°	$\pi/180$
		Minute	′	$\pi/10800$
		Sekunde	″	$\pi/648000$
Geschwindigkeit	m/s	Kilometer je Stunde	km/h	0,277778
Energie	J	Elektronenvolt	eV	$0{,}160219 \cdot 10^{-18}$
		Kilowattstunde	kWh	$3{,}6 \cdot 10^6$

Die vier Grundeinheiten Meter, Kilogramm, Sekunde und Ampere bilden das sog. *MKSA-System* (Abkürzung für Meter, Kilogramm, Sekunde, Ampere), das als Teilsystem des *SI* in der Elektrotechnik ausschließlich verwendet wird.

Ausnahme macht das Kilo (z. B. kg, km). Für die Elektrotechnik sind 3, 6, 9 Zehnerpotenzen zu bevorzugen.

Hinweise. Beispiele. Beim Umgang mit Einheiten beachte man:
1. Die gleichzeitige Verwendung mehrerer Vorsätze ist unzulässig.

richtig	*falsch*
1 nm (Nanometer) = 10^{-9} m	10^{-9} m = 1 mµm
1 µs (Mikrosekunde) = 10^{-6} s	10^{-6} s = 1 mms

2. Einheit, Vorsatz (und Vorsatzkurzzeichen) gelten als ein Symbol. Es kann ohne Verwendung von Klammern in eine Potenz erhoben werden.

Tafel 0.3. Physikalische Größen und deren Einheiten

Physikalische Größen und Formelzeichen		Name der Einheit	Kurz-zeichen	Definition, Beziehung zu anderen SI-Einheiten
Frequenz	f	Hertz	Hz	1 Hz = 1/s
Kraft	F	Newton	N	$1\ \mathrm{N} = 1\ \mathrm{kg \cdot m/s^2}$
Druck	p	Pascal	Pa	$1\ \mathrm{Pa} = 1\ \mathrm{N/m^2}$
Energie	$W(E)$	Joule	J	$1\ \mathrm{J} = 1\ \mathrm{N \cdot m}$
Leistung	P	Watt	W	1 W = 1 J/s
elektrische Spannung	U	Volt	V	1 V = 1 W/A
elektrische Ladung	Q	Coulomb	C	1 C = 1 A/V
elektrischer Widerstand	R	Ohm	Ω	1 Ω = 1 V/A
elektrischer Leitwert	G	Siemens	S	1 S = 1 A/V
elektrische Kapazität	C	Farad	F	$1\ \mathrm{F} = 1\ \mathrm{A \cdot s/V} = 1\ \mathrm{C/V}$
magnetischer Fluß	Φ	Weber	Wb	$1\ \mathrm{Wb} = 1\ \mathrm{V \cdot s}$
magnetische Flußdichte	B	Tesla	T	$1\ \mathrm{T} = 1\ \mathrm{V \cdot s/m^2} = 1\ \mathrm{Wb/m^2}$
Induktivität	L	Henry	H	$1\ \mathrm{H} = 1\ \mathrm{V \cdot s/A} = 1\ \mathrm{Wb/A}$
Lichtstrom	$\Phi_v(\Phi)$	Lumen	lm	$1\ \mathrm{lm} = 1\ \mathrm{cd \cdot sr}$
Beleuchtungs-stärke	$E_v(E)$	Lux	lx	$1\ \mathrm{lx} = 1\ \mathrm{lm/m^2}$
Energiedosis[1]	D	Gray	Gy	1 Gy = 1 J/kg
Aktivität[2]	A	Bequerel	Bq	1 Bq = 1/s

[1] Maß für die einem Körper durch ionisierte Strahlung zugeführte Energie bezogen auf seine Masse.

[2] Eine Radioaktive Strahlungsquelle, bei der sich im Mittel in einer Sekunde ein Atomkern umwandelt, besitzt die Aktivität von 1 Bq.

richtig	*falsch*
$1\ \mathrm{km^3} = (10^3\ \mathrm{m})^3 = 10^9\ \mathrm{m^3}$	$1\ \mathrm{km^3} = 10^3\ \mathrm{m^3}$

3. Einheitenkurzzeichen erhalten keine Indizes, diese stehen beim zugehörigen Formelzeichen.

richtig	*falsch*
$U_{\mathrm{eff}} = 100\ \mathrm{V}$	$U = 100\ \mathrm{V_{eff}}$
$U_{\mathrm{AB}} = 10\ \mathrm{V}$	$U = 10\ \mathrm{V_{AB}}$

4. Verboten sind Kombinationen von Einheitenkurzzeichen und ausgeschriebenem Vorsatz.

richtig	*falsch*
μA (Mikroampere)	Mikro A
kΩ (Kiloohm)	k Ohm, Kilo Ω

Tafel 0.4. Einheitenvorsätze (Vorsätze der Elektrotechnik umrahmt) In Klammern stehende Vorsätze werden nur noch dort verwendet, wo dies bisher üblich war.

Faktor	10^{18}	10^{15}	10^{12}	10^{9}	10^{6}	10^{3}	10^{2}	10^{1}
Name	Exa	Peta	Tera	Giga	Mega	Kilo	(Hekto)	(Deka)
Kurzzeichen	E	P	T	G	M	k	h	da

Faktor	10^{-1}	10^{-2}	10^{-3}	10^{-6}	10^{-9}	10^{-12}	10^{-15}	10^{-18}
Name	(Dezi)	(Zenti)	Milli	Mikro	Nano	Piko	Femto	Atto
Kurzzeichen	d	c	m	µ	n	p	f	a

So schreibt man z. B. 0,00001 A $= 10 \cdot 10^{-6}$ A = 10 µA.

5. In Tabellenköpfen oder an Koordinatenachsen eignen sich die Schreibweisen von Zahlenwerten z. B. $\frac{I}{A}$; $\frac{I}{1 \cdot \mathrm{A}}$; $I/1 \cdot \mathrm{A}$ oder I in A. *Nicht zulässig*: I[A], denn Einheiten dürfen nicht in Klammern verwendet werden.

Weitere Größenarten. Häufig treten noch die folgenden Größenarten auf:
Größenquotient als Quotient zweier physikalischer Größen und gesprochen: „Zählergröße durch Nennergröße". Unüblich sind „je" und „pro".
Verhältnisgröße als Größenquotient zweier Größen gleicher Art und gleicher Dimension, z. B. Wirkungsgrad, Dielektrizitätszahl, Verstärkungsfaktor. Beispiel:

$$\text{Wirkungsgrad } \eta = \frac{P_2}{P_1}; \ \dim \eta = 1 .$$

Spezielle Verhältnisgrößen sind:

$$1\% = 10^{-2} \ (\% - \text{Prozent}),\ 1‰ = 10^{-3} \ (‰ - \text{Promille})$$
$$1 \text{ ppm} = 10^{-6} (\text{ppm} - \text{parts per million, Millionstel})$$
$$1 \text{ ppb} = 10^{-9} (\text{ppb} - \text{parts per billion, Milliardstel}).$$

Funktionen von Größen.
Transzendente Funktionen sind nur für Zahlen definiert. Deshalb dürfen als Argumente solcher Funktionen nur Größen der Dimension 1 auftreten. Beispiel

$$u(t) = U \sin(\omega t); \ \dim \omega t = 1$$
$$i(t) = I \exp(-t/T); \ \dim t/T = 1 .$$

Logarithmische Größenverhältnisse werden häufig dann verwendet, wenn die Größenverhältnisse mehrere Zehnerpotenzen überstreichen, wie dies in der Elektrotechnik häufig der Fall ist. Beispiele: Übertragungs-, Verstärkungs- und Dämpfungsmaß.

Da die beim Logarithmieren entstehende Zahl eine *meßbare* Größe einer Anordnung ist, muß sie als *Größe* aufgefaßt werden.

Für logarithmische Verhältnisgrößen wird eine besondere Kennzeichnung verwendet. Man benutzt Einheiten, die auf die Basis des verwendeten Logarithmus verweisen, entweder *Dezibel* (dB) oder (seltener) *Neper* (Np). So definiert man z. B.

— das Verhältnis der ein- zur ausgangsseitigen Größe (Spannungen U_1, U_2) oder analog Strom) eine Vierpoles als *Dämpfungsmaß* a

$$a_u = 20\lg\frac{U_1}{U_2}\ \mathrm{dB} \quad \text{bzw.} \quad a_u^* = \ln\frac{U_1}{U_2}\ \mathrm{Np}$$

— das Verhältnis der aus- zur eingangsseitigen Größe (z. B. Spannungen U_2, U_1) eines Vierpoles als *Übertragungsmaß* v_u:

$$v_u = 20\lg\frac{U_2}{U_1}\ \mathrm{dB} \quad \text{bzw.} \quad v_u^* = \ln\frac{U_2}{U_1}\ \mathrm{Np}\,.$$

Wegen $P \sim U^2$ kann dies auch für Leistungsverhältnisse definiert werden. Umrechnungen: 1 dB = 0,1151 Np, 1 Np = 8,686 dB. So bedeutet $v_u = 20$ dB = 2,3 Np ein Spannungsverhältnis $U_2/U_1 \approx 10^{v_u/20\,\mathrm{dB}} \approx 10^1$.
Zur Größenvorstellung mögen gelten:

U_1/U_2	P_1/P_2	dB	Np
10^{-1}	10^{-2}	– 20	– 2,3
0,5	0,25	– 6,0	– 0,7
1	1	0	0
$\sqrt{2}$	2	3,0	0,35
2	4	6,0	0,7
10	10^2	20	2,3
10^2	10^4	40	4,6.

Wird die Bezugsgröße im Nenner einer logarithmierten Verhältnisgröße als Festwert gewählt, so spricht man von einem *Pegel*. Beispiele sind:

Größe	Bezugswert	Wert der zum Pegel gehörenden Größe
— elektrischer Leistungspegel	1 mW	$1 \cdot 10^{0,1x}$ mW
— elektrischer Spannungspegel	0,775 V	$0{,}775 \cdot 10^{0,05x}$ V
	(1 mW am Widerstand 600 Ω)	
— elektrischer Strompegel	1,29 mA	$1{,}29 \cdot 10^{0,05x}$ A

Dann gelten folgende absolute Spannungspegel:

Pegel dB	– 100	– 60	– 20	0	+ 10	+ 20
U	7,75 µV	0,775 mV	77,5 mV	0,775 V	2,45 V	7,75 V

0.2.3 Arten physikalischer Gleichungen

Physikalische Gleichungen können als *Größen-* und *zugeschnittene Größengleichungen* aufgestellt werden.

Größengleichung. In einer Größengleichung besteht jede Größe aus dem Produkt von Zahlenwert und Einheit. Zwangsläufig müssen beide Seiten der Gleichung nach Zahlenwert und Einheit übereinstimmen. Das schafft eine Rechenhilfe in Form einer *Dimensionskontrolle* bei komplizierten Gleichungen, auf die nie verzichtet werden sollte[1]. Man ermittelt den resultierenden Zahlenwert und die resultierende Einheit einer physikalischen Größe zweckmäßig in einer getrennten Zahlenwert- und Einheiten-Rechnung.

So kann die Größengleichung

$$v = \frac{s}{t} = \frac{150\,\mathrm{m}}{10\,\mathrm{s}} = 15\,\frac{\mathrm{m}}{\mathrm{s}} = 15\,\frac{10^{-3}\,\mathrm{km}}{\mathrm{h}/3600} = 54\,\frac{\mathrm{km}}{\mathrm{h}}$$

statt in der Maßeinheit m/s auch in der Einheit km/h angegeben werden, wenn die Einheitengleichung $1\,\mathrm{m} = 10^{-3}\,\mathrm{km}$ und $1\,\mathrm{s} = 1\,\mathrm{h}/3600$ beachtet werden.

Größengleichungen bieten folgende Vorteile:
— Die Benutzung beliebiger Einheiten ist möglich.
— Sie gelten unabhängig vom Dimensionssystem.
— Die Dimensionskontrolle verschafft Lösungssicherheit bei komplizierten Gleichungen.
— Mit eingesetzten Abkürzungen für die Einheiten kann wie mit Buchstaben gerechnet werden.

Da bei der Auswertung der Größengleichung stets die Produkte von Zahlenwert und Einheit berücksichtigt werden müssen, entsteht bei häufiger Wiederholung — z. B. bei der Auswertung von Meßreihen — bei denen sich die Einheiten i.a. nicht ändern, ein gewisser Rechenaufwand. Er kann durch die *zugeschnittene Größengleichung* oder *Zahlenwertgleichung* reduziert werden.

Zugeschnittene Größengleichung. Sie entsteht aus der Größengleichung, wenn jede Größe mit der gewünschten Einheit erweitert wird:

$$\text{Größe} = f\left[\left(\frac{\text{Größen}}{\text{Einheiten}}\right)\cdot \text{Einheiten}\right].$$

Man ordnet dabei die im Nenner einer jeden Größe stehende Einheit dieser Größe zu (zweckmäßig durch Schrägstrich) und faßt alle im Zähler stehenden Einheiten zu einem gemeinsamen Einheitenprodukt zusammen. Es kann beliebig umgeformt

[1] Gerade die Zahlenwertberechnung mit Taschenrechnern verleitet dazu, die Dimensionskontrollen zu unterlassen

werden und als Faktor hinter der Gleichung oder als Divisor unter der Ergebnisgröße auftreten.

Beispiel. Gegeben sei $U = IR$. Man stelle daraus eine zugeschnittene Größengleichung her, in der die Spannung U gemessen in kV, der Strom I gemessen in μA und der Widerstand R gemessen in MΩ auftreten.

$$U = IR \quad \frac{U}{\mathrm{kV}}^{1} \cdot \mathrm{kV} = \frac{I}{\mu\mathrm{A}}\,\mu\mathrm{A}\,\frac{R}{\mathrm{M\Omega}}\,\mathrm{M\Omega}$$

oder

$$\frac{U}{\mathrm{kV}} = \frac{\mu\mathrm{A}\cdot\mathrm{M\Omega}}{\mathrm{kV}}\,\frac{I}{\mu\mathrm{A}}\,\frac{R}{\mathrm{M\Omega}} = \frac{10^{-6}\mathrm{A}\cdot 10^{6}\,\mathrm{V}}{10^{3}\,\mathrm{VA}}\,\frac{I}{\mu\mathrm{A}}\,\frac{R}{\mathrm{M\Omega}} = 10^{-3}\,\frac{I}{\mu\mathrm{A}}\,\frac{R}{\mathrm{M\Omega}}$$

$$= 10^{-3}\, I/\mu\mathrm{A}\cdot R/\mathrm{M\Omega}.$$

oder als physikalische Größe

$$U = \underbrace{10^{-3}\, I/\mu\mathrm{A}\cdot R/\mathrm{M\Omega}}_{\text{Zahl}}\cdot\underbrace{\mathrm{kV}}_{\text{Einheit.}}$$

Die zu den Größen gehörenden Einheiten müssen in einer Legende angegeben werden.

Verwendung normierter Größen. Häufig, z. B. bei der Verwendung von Rechnern, ist der Übergang zu normierten Größen vorteilhaft (dimensionslose allgemeine Darstellung, vorteilhaftere Zahlenrechnung, Senkung des Rechenaufwandes).

Normierte Größen sind Zahlenwerte, die durch Division der jeweiligen physikalischen Größe durch eine (vereinbarte) physikalische Normierungsgröße entstehen.

Beispiel. Sind v_0, s_0, t_0 Normierungsgrößen (etwa 5 m/s, 3 m und 10 s), so ergeben die normierten Größen $v_n = v/v_0$, $s_n = s/s_0$ und $t_n = t/t_0$

$$v_n = \frac{v}{v_0} = \frac{s}{t\cdot v_0} = \frac{s_n\cdot s_0}{t_n\cdot t_0}\,\frac{1}{v_0} = \frac{s_n}{t_n}\,\frac{s_0}{t_0 v_0} = \frac{s_n}{t_n}\,\frac{3\,\mathrm{m}}{10\,\mathrm{s}\cdot 5\,\mathrm{m/s}} = \frac{3}{50}\,\frac{s_n}{t_n}.$$

Für die (zweckmäßigere) Normierungsgeschwindigkeit $v_0 = s_0/t_0 = 0{,}3$ m/s verschwindet der Zahlenfaktor rechts.

0.2.4 Arten physikalischer Größen. Vorzeichen- und Richtungsregeln

Außer Zahlenwert und Einheiten erfordern zahlreiche physikalische Größen noch eine *Richtungsangabe.* Sie haben einen *Richtungssinn.* Das gilt für vektorielle physikalische Größen ohnehin. Speziell in der Elektrotechnik haben auch einige skalare physikalische Größen Vorzeichen, die durch den Richtungssinn dieser Größen vereinbart werden.

---

[1] Gelesen „U gemessen in Kilovolt" oder „U in Kilovolt", obwohl es sich um die Division der Größe durch eine Einheit handelt

Vektorielle physikalische Größen. Physikalische Größen mit bestimmter Richtung im Raum heißen *Vektoren* oder *vektorielle physikalische Größen*. Sie sind stets einem Raumpunkt zugeordnet und erfordern zur eindeutigen Kennzeichnung die Angabe des Betrages und der Richtung. Sie werden durch halbfette Symbole oder übergesetzten Pfeil bezeichnet und im Raum durch *gerichtete Strecken* (Pfeile) dargestellt.

Der Betrag eines Vektors ist das Produkt von Maßzahl und Einheit. Er drückt sich z. B. in der Länge des Pfeiles aus[1]. Beispielsweise ist die Geschwindigkeit $\boldsymbol{v}$ ein Vektor. Ihren Betrag schreiben wir entweder mit Betragstrichen oder kursiv $|\boldsymbol{v}| = v$.

Die Richtung eines Vektors wird durch seinen *Einheitsvektor* $\boldsymbol{e}$ (dimensionslos, Betrag 1) gekennzeichnet

$$\boldsymbol{v} = |\boldsymbol{v}|\boldsymbol{e}_v = v \cdot \boldsymbol{e}_v = \{v\} \cdot [v] \cdot \boldsymbol{e}_v .$$

Vektor durch seine Vektorkomponenten $\boldsymbol{v}_x$, $\boldsymbol{v}_y$, $\boldsymbol{v}_z$ in einem x-y-z-Koordinatensystem gegeben:

$$\begin{aligned}\boldsymbol{v} &= \boldsymbol{v}_x + \boldsymbol{v}_y + \boldsymbol{v}_z = v_x\boldsymbol{e}_x + v_y\boldsymbol{e}_y + v_z\boldsymbol{e}_z \\ &= v_x\boldsymbol{i} + v_y\boldsymbol{j} + v_z\boldsymbol{k} .\end{aligned} \tag{0.1}$$

Die Einheitsvektoren $\boldsymbol{e}_x$, $\boldsymbol{e}_y$, $\boldsymbol{e}_z$ stehen senkrecht aufeinander (Bild 0.3a). Sie bilden in dieser Reihenfolge ein *Rechtssystem (Rechtsschraubenregel)*: Die Drehbewegung einer Schraube (auf kürzestem Weg) von $\boldsymbol{e}_x$ nach $\boldsymbol{e}_y$ bewirkt eine Bewegung in $\boldsymbol{e}_z$ Richtung (Bild 0.3b).

Die Komponenten v_x, v_y, v_z des Vektors lauten in karthesischen Koordinaten (Bild 0.3c):

$$v_x = |\boldsymbol{v}| \cos \sphericalangle(\boldsymbol{v}, \boldsymbol{e}_x) , \qquad v_y = |\boldsymbol{v}| \cos \sphericalangle(\boldsymbol{v}, \boldsymbol{e}_y) , \qquad v_z = |\boldsymbol{v}| \cos \sphericalangle(\boldsymbol{v}, \boldsymbol{e}_z) \tag{0.2}$$

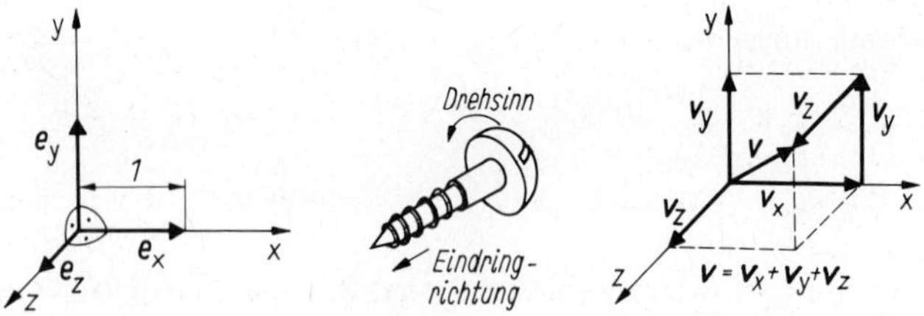

a b c

Bild 0.3a–c. Darstellung eines Vektors. **a** rechtwinkliges Koordinatensystem; **b** Rechtsschraube (Rechtehandregel); **c** Kennzeichnung des Vektors „Geschwindigkeit $\boldsymbol{v}$" durch seine drei Komponenten im rechtwinkligen Koordinatensystem

---

[1] Später werden wir den Betrag besser in der Liniendichte ausdrücken (s. Abschn. 2.1.1)

mit dem Betrag v aus den Komponenten

$$v = \sqrt{v_x^2 + v_y^2 + v_z^2}\,. \tag{0.3}$$

Die Richtung eines Vektors liegt durch seine Definition fest: Der Vektor erhält positives Vorzeichen, wenn diese Richtung mit der geometrischen Orientierung einer festgelegten Linie übereinstimmt. Für das Rechnen mit vektoriellen Größen gilt die Vektorrechnung.

Die wichtigsten Vektoren der Elektrotechnik sind elektrische und magnetische Feldstärke $\boldsymbol{E}$ bzw. $\boldsymbol{H}$, Stromdichte $\boldsymbol{S}$, Verschiebungsflußdichte $\boldsymbol{D}$ und magnetische Induktion $\boldsymbol{B}$. Wir begegnen ihnen bei der Behandlung des elektromagnetischen Feldes (Abschnitte 2 und 3).

Skalare physikalische Größen. Physikalischer Richtungssinn. Physikalische Größen ohne Richtung im Raum (die also in keiner Raumrichtung wirken) heißen skalare physikalische Größen oder *Skalare.* Eine skalare physikalische Größe ist durch Angabe eines Zahlenwertes und der Einheit vollständig bestimmt. Beispiele sind Arbeit W, Masse m, Leistung P, Temperatur ϑ, Zeit t.

Manche skalare Größen bedürfen zusätzlich eines Vorzeichens, wie z. B. die Ladung. „Positiv" und „negativ" drücken wohl unterschiedliche Qualitäten aus, doch besteht kein Zusammenhang zu einer Richtungsaussage.

Einige skalare Größen der Elektrotechnik, wie Strom, Spannung, magnetischer Fluß und magnetische Spannung, können je nach der gegenseitigen Lage der Vektoren, aus denen sie durch *skalare Produkte* und *Integration* gebildet werden, positiv oder negativ sein. Wir erfassen diese (stets notwendige) Vorzeichenvoraussage durch den Begriff *physikalischer Richtungssinn* und seinen Vergleich mit einem *Bezugssinn, Bezugs-* oder *Zählpfeil* (s. u.).

Wichtige Anwendungen findet das *Skalarprodukt* zweier Vektoren im *Linien-* und *Flußintegral.*

1. Linienintegral. Ein Körper M im Punkt A (Bild 0.4a) werde durch die Kraft $\boldsymbol{F}$ längs des Wegstückes $\Delta\boldsymbol{s}$ nach Punkt B verschoben. Dann muß die Kraft $\boldsymbol{F}$ die Arbeit

$$\Delta W = \boldsymbol{F} \cdot \Delta\boldsymbol{s} = F\,\Delta s \cos \sphericalangle (\boldsymbol{F}, \Delta\boldsymbol{s}) \tag{0.4}$$

am Körper leisten. Dies gilt, solange sich die Kraft $\boldsymbol{F}$ längs des zurückgelegten Weges $\Delta\boldsymbol{s}$ nicht ändert. Dann verlaufen alle Kraftlinien parallel und die Kraft hat überall die gleiche Stärke: Das Kraftfeld ist *homogen.*

Gl. (0.4) ist ein *skalares Produkt* (oder Punktprodukt „$\boldsymbol{F}$ Punkt $\Delta\boldsymbol{s}$") der beiden Vektoren $\boldsymbol{F}$ und $\Delta\boldsymbol{s}$.

Ändert sich dagegen die Kraft räumlich stark (Bild 0.4b), so zerlegen wir den Gesamtweg von A nach B in n kleine, gerade Stücke der Länge Δs und definieren die Vektoren $\Delta\boldsymbol{s}_\mathrm{i}$. Innerhalb eines solchen Weges ändert sich die Kraft $\boldsymbol{F}_\mathrm{i}$ praktisch nicht, und wir können wieder Gl. (0.4) verwenden. Damit kann die Gesamtarbeit W_AB als Summe der Teilarbeiten ΔW_i längs der einzelnen Wegstücke angesetzt werden:

$$W_\mathrm{AB} = \sum_{i=1}^{n} \Delta W_\mathrm{i} = \sum_{i=1}^{n} \boldsymbol{F}_\mathrm{i} \cdot \Delta\boldsymbol{s}_\mathrm{i}\,. \tag{0.5}$$

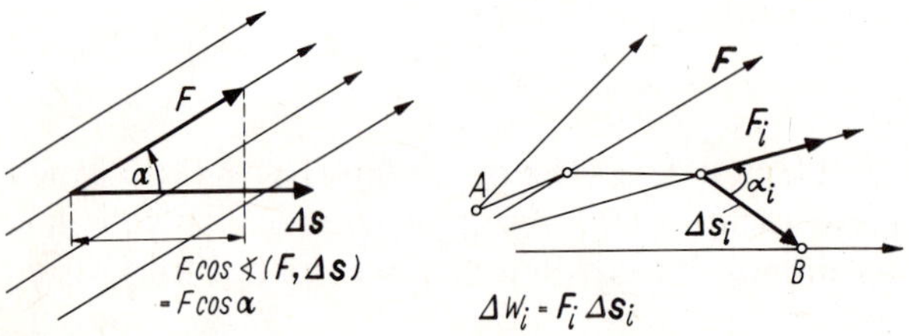

a b

Bild 0.4a, b. Veranschaulichung des Linienintegrals Arbeit $W = \int_A^B \boldsymbol{F} \cdot \mathrm{d}\boldsymbol{s}$ (Gl. (0.6)). **a** homogenes Kraftfeld; **b** inhomogenes Kraftfeld

Die Genauigkeit des Ergebnisses wird sicher um so größer, je feiner der Weg unterteilt wird, je größer also die Zahl n der Wegelemente wird. Im Grenzfall $n \to \infty$, d. h., $\Delta s_i \to 0$, wird dann die Summe zum Integral und aus $\Delta \boldsymbol{s}$ das *vektorielle Wegelement* $\mathrm{d}\boldsymbol{s}$:

$$W_{AB} = \lim_{\Delta s \to 0} \sum_i \boldsymbol{F}_i \cdot \Delta \boldsymbol{s}_i = \int_A^B \boldsymbol{F} \cdot \mathrm{d}\boldsymbol{s} = \int_A^B F \, \mathrm{d}s \cos \sphericalangle (\boldsymbol{F}, \mathrm{d}\boldsymbol{s}) \qquad (0.6)$$

Linienintegral (Definitionsgleichung).

Der *physikalische Richtungssinn* der so definierten Arbeit W stimmt mit der Wegrichtung von der unteren Grenze A zur oberen B überein, wenn das Skalarprodukt von $\boldsymbol{F}$ und $\mathrm{d}\boldsymbol{s}$ positiv ist, also $\sphericalangle (\boldsymbol{F}, \mathrm{d}\boldsymbol{s}) < \pi/2$. Er wird so definitiv festgelegt.

Wir werden später (s. Abschn. 2.2.5) sehen, daß in der Elektrotechnik z. B. die Spannung U (Skalargröße) über ein Linienintegral der elektrishen Feldstärke $\boldsymbol{E}$ definiert ist. *Deshalb hat die Spannung einen physikalischen Richtungssinn.*

2. *Flußintegral oder Fluß.* Von grundsätzlicher Bedeutung ist der Fluß eines Vektors, z. B. der Geschwindigkeit $\boldsymbol{v}$. Er wird stets für eine angenommene oder gegebene offene (Bild 0.5a) oder geschlossene Fläche definiert:

Fluß Ψ des Vektors $\boldsymbol{v}$ = Betrag des Vektors $\boldsymbol{v}$ · Projektion der Fläche A senkrecht zur Richtung von $\boldsymbol{v}$ = const.
$= |\boldsymbol{v}| A' = |\boldsymbol{v}| A \cos \sphericalangle \alpha$.

Er gibt mit Bild 0.5b anschaulich die Anzahl der Feldlinien an, die durch die Fläche $A' = A \cos \alpha$ senkrecht hindurchtreten. Wir führen für die Fläche einen Vektor $\boldsymbol{A}$, den *Flächenvektor*, ein und schreiben

$$\Psi = \boldsymbol{v} \cdot \boldsymbol{A} = |\boldsymbol{v}| \cdot |\boldsymbol{A}| \cos \sphericalangle (\boldsymbol{v}, \boldsymbol{A}) \,. \qquad (0.7)$$

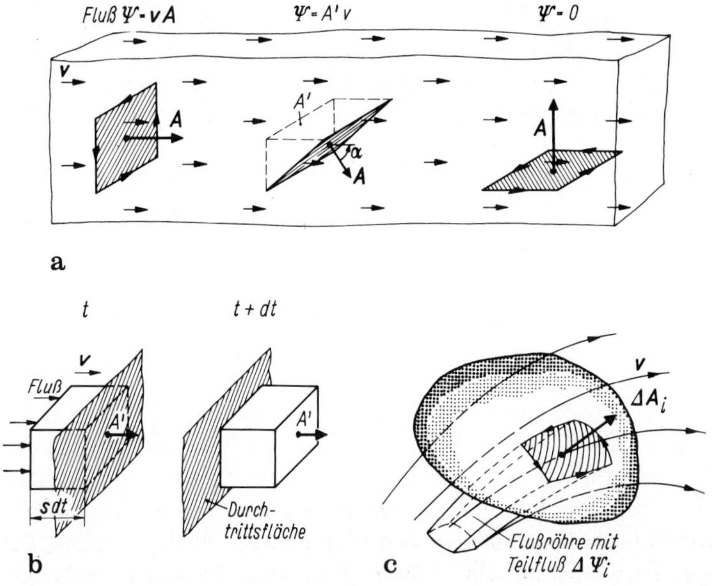

Bild 0.5a–c. Veranschaulichung des Flußbegriffes. **a** der Fluß Ψ durch einen Rahmen mit der Fläche $\boldsymbol{A}$ beträgt $\Psi = \boldsymbol{v} \cdot \boldsymbol{A}$. Der Fluß ist die Flüssigkeitsmenge, die je Zeitspanne durch den Rahmen strömt. Sie hängt von der senkrecht zu $\boldsymbol{v}$ vorhandenen Fläche $\boldsymbol{A}'$ ab; **b** zur Zeit t befinde sich eine Flüssigkeitsmenge $\Psi = \boldsymbol{v} \cdot \boldsymbol{A}$ vor einer gedachten Fläche, zur Zeit $t + \mathrm{d}t$ ist sie durch die Fläche hindurchgeströmt; **c** Teilfluß $\Delta\Psi_i = \boldsymbol{v} \cdot \Delta\boldsymbol{A}_i$ bei inhomogener Geschwindigkeitsverteilung

Der Betrag des Vektors $\boldsymbol{A}$ ist gleich der Fläche A, seine Richtung die der Normalen[1] (Bild 0.5a).

Was bedeutet der Flußbegriff anschaulich? Ist $\boldsymbol{v}$ die Geschwindigkeit einer Flüssigkeit, so stellt Ψ das Flüssigkeitsvolumen dar, das in der Zeiteinheit $\mathrm{d}t$ durch A hindurchtritt (Bild 0.5b). Während der Zeit $\mathrm{d}t$ verschiebt sich dann durch $\boldsymbol{A}$ die Flüssigkeitsmenge $\boldsymbol{A} \cdot \boldsymbol{v}\, \mathrm{d}t$. Bei inhomogenem Geschwindigkeitsfeld $\boldsymbol{v}$ zerlegen wir die Gesamtfläche in n kleine Teilflächen ΔA_i mit den Flächenvektoren $\Delta \boldsymbol{A}_i$ ($i = 1 \ldots n$). Durch jede Teilfläche fließt dann der Teilfluß $\Delta\Psi$. Der Gesamtfluß durch alle Flächen ergibt sich durch Summation:

$$\Psi = \sum_{i=1}^{n} \Delta\Psi_i = \sum_{i=1}^{n} \boldsymbol{v}_i \cdot \Delta\boldsymbol{A}_i\,. \tag{0.8}$$

[1] Beachte: Eine Linie (differentielles Wegstück $\mathrm{d}\boldsymbol{s}$) gilt als orientiert, wenn ein Richtungspfeil eingetragen ist. Eine Fläche $\boldsymbol{A}$ (Flächenelement $\mathrm{d}\boldsymbol{A}$) gilt als orientiert, wenn ein Umlaufsinn eingezeichnet ist. Die Flächennormale (Flächenvektor) einer Fläche bildet mit dem Umlaufsinn eine Rechtsschraube (Bild 0.5a)

Die Größe $\Delta\Psi = \boldsymbol{v}_i \cdot \Delta \boldsymbol{A}_i$ heißt *Flußröhre* des Vektors $\boldsymbol{v}$. Der Gesamtfluß wird für $n \to \infty$ mit der unendlich kleinen Teilfläche $\mathrm{d}\boldsymbol{A}_i$ durch Integration erhalten:

$$\Psi = \lim_{\Delta A \to 0} \sum_i^n \boldsymbol{v}_i \cdot \Delta \boldsymbol{A}_i = \int_{\text{Fläche } A} \boldsymbol{v}_i \cdot \mathrm{d}\boldsymbol{A}_i \tag{0.9}$$

Flußintegral, Gesamtfluß des Vektors $\boldsymbol{v}$ (Definitionsgleichung)
in Worten:
Fluß Ψ eines Vektors $\boldsymbol{v} = \int_{\text{Fläche}}$ Vektor $\boldsymbol{v} \cdot$ Flächenelement $\mathrm{d}\boldsymbol{A}$.

Die Richtung von $\mathrm{d}\boldsymbol{A}$ zeigt bei geschlossener Fläche stets in Normalrichtung nach außen. Bei offener Fläche steht $\mathrm{d}\boldsymbol{A}$ auf der Seite der Fläche, *aus* der ein angenommener Bezugspfeil herauszeigt.

Der physikalische Richtungssinn des Gesamtflusses Ψ stimmt auch hier mit der mittleren Richtung des Vektors $\boldsymbol{v}$ überein, wenn er mit der Flächennormalen des durchströmten Flächenelementes $\mathrm{d}A$ einen spitzen Winkel $\sphericalangle(\boldsymbol{v}, \mathrm{d}\boldsymbol{A}) < \pi/2$ (positives Skalarprodukt beider Größen, s. o.) bildet.

Flußgrößen der Elektrotechnik sind die *Stromstärke I*, der *Verschiebungsfluß* Ψ und der *magnetische Fluß* Φ (s. Abschn. 1.4.2 und 3.2.1). Dort werden wir auch zahlreiche einfache Beispiele für die Anwendung von Linien- und Flußintegralen kennenlernen.

Dem Sprachgebrauch folgend verbindet man mit dem Begriff „Fluß" immer etwas Fließendes, Dahinströmendes. Das ist z. B. bei der Stromstärke der Fall (dahinfließende Ladungsträger), aber nicht beim Verschiebungs- und magnetischen Fluß. Wir merken uns, daß der Fluß eines Vektors eine *mathematische Festlegung* nach Gl. (0.9) ist.

Zusammengefaßt:
Der physikalische Richtungssinn tritt bei einigen skalaren physikalischen Größen (Strom, Spannung, magnetische Spannung, magnetischer Fluß u. a. m.) auf. Er entsteht durch die gegenseitige Lage der beiden Vektoren, aus denen die Größen durch Integration von Linien- oder Flächenintegralen hervorgehen. Bilden beide einen spitzen Winkel, so ist er positiv.

Bezugssinn[1]. Zur Rechenvereinfachung wird in elektrischen Schaltungen zu Beginn einer Untersuchung ein Bezugssinn des Stromes, der Spannung usw, *willkürlich* festgelegt und z. B. durch *Bezugspfeil* oder *Zählpfeil* gekennzeichnet (Bild 0.6). Er kennzeichnet den positiv gewählten Bezugssinn.

Den Zusammenhang zwischen dem frei wählbaren Bezugssinn und dem tatsächlichen physikalischen Richtungssinn (durch die Größe nach Gl. (0.6) oder (0.9) definitiv festliegend) gibt das Vorzeichen der skalaren Größe an: positives Vorzeichen bedeutet, daß physikalischer Richtungssinn und Bezugssinn übereinstimmen, negatives Vorzeichen, daß sie einander entgegenwirken.

---

[1] Häufig auch Zählpfeilrichtung oder Zählrichtung genannt

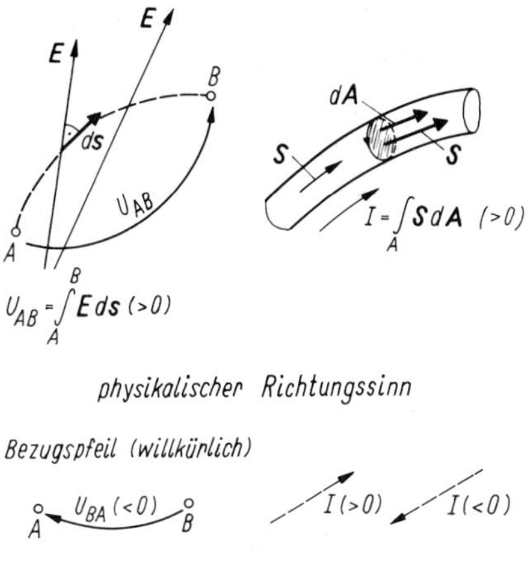

Bild 0.6. Physikalischer Richtungssinn (vorgegeben), Bezugssinn (willkürlich festlegbar)

Bild 0.6 veranschaulicht den Unterschied zwischen dem physikalischen Richtungssinn und dem wählbaren Bezugssinn.

Der Bezugspfeil des Stromes z. B. wird entweder in die Linie gezeichnet, die den stromführenden Leiter darstellt, oder als Pfeil neben sie. Der Bezugspfeil einer Spannung zwischen zwei Punkten wird willkürlich zwischen beiden Punkten gezeichnet. Doppelpfeile sind unzulässig (falsch), da sie den Bezugssinn nicht erkennen lassen. Die Festlegung des Bezugssinns kann nicht nur durch Bezugspfeile, sondern auch durch *Doppelindizes* erfolgen, wobei die Reihenfolge der Indizes mit dem Bezugssinn übereinstimmt.

Bezugspfeilsysteme. In einem Netzwerk kann man zu Beginn einer Analyse, wenn der physikalische Richtungssinn der gesuchten Größe noch unbekannt ist, die Bezugspfeile zunächst willkürlich eintragen, den ersten auf jeden Fall. Allgemeine Gesetze zwischen skalaren Größen (Ohmsches Gesetz, Induktionsgesetz) schränken diese Willkür jedoch erheblich ein, weil sie selbst die Zuordnung der beteiligten Größen (Strom und Spannung) gesetzmäßig festlegen. Dadurch ergibt sich ein *Bezugspfeilsystem.* Wir werden später das Verbraucher- und Erzeugerbezugspfeilsystem kennenlernen (s. Abschn. 2.4.3.1).

Zur Selbstkontrolle: Abschnitt 0

0.1 Wie lauten die Basisgrößen des MKSA-Systems (mit Formelzeichen)? Bilden Sie daraus wenigstens drei abgeleitete Größen.

0.2 Erklären Sie, welche Basisgrößen im Gesetz des freien Falles auftreten!

0.3 Welche Dimension haben die Größen Arbeit, Beschleunigung, Geschwindigkeit, Leistung?

0.4 Prüfen Sie, welche der folgenden Gleichungen eine richtige Größengleichung ist:

a) $v = 10\,t^2$ (t in min, v in m/s); b) $v = 10\,\frac{\mathrm{m}}{\mathrm{s}}\,t$; c) $v = \mathrm{const}$.

0.5 Ist die Stromstärke I eine Basisgröße?

0.6 Wodurch ist ein Vektor bestimmt? (Beispiele angeben.)

0.7 Wie lauten die Skalar- und Vektorprodukte der Vektoren

$$\boldsymbol{A} = 3\boldsymbol{e}_x + 4\boldsymbol{e}_y,$$
$$\boldsymbol{B} = -2\boldsymbol{e}_x + 3\boldsymbol{e}_y?$$

0.8 Erläutern Sie das Linienintegral an Hand der Kraft $\boldsymbol{F}$, die einen Körper längs eines Weges $\boldsymbol{s}$ verschiebt.

0.9 Was versteht man unter dem Fluß eines Vektors, z. B. der Geschwindigkeit $\boldsymbol{v}$?

1 Beschreibung elektrischer Erscheinungen

Ziel. Nach Durcharbeit dieses Abschnittes 1 sollen beherrscht werden
- die Teilchen- und Felddarstellung der Elektrotechnik als sich einander ergänzende Darstellungen zu erkennen;
- die „Erzeugung" elektrischer Ladungen zu beschreiben;
- die Eigenschaften der Ladung anzugeben und den Erhaltungssatz zu erläutern;
- die wichtigsten Ladungsverteilungen anschaulich zu erklären;
- die Definition des Stromes anzugeben und im Zusammenhang mit dem Erhaltungssatz die Ladung zu veranschaulichen;
- den Zusammenhang Ladung — Stromstärke zu veranschaulichen (Formel graphisch und anschaulich, man wiederhole dazu die graphische Erklärung der Differentiation und Integration);
- die wichtigsten Kennzeichen des Stromes zu nennen.

Historisch bildete sich die Lehre von den elektrischen und magnetischen Erscheinungen durch eine große Anzahl entdeckter Einzelphänomene, wie Reibungselektrizität, Magnetismus (Dauermagnet), Blitz als elektrische Entladung u. a. m., heraus. Besonders die Erzeugung elektrischer Ströme auf galvanischem Wege führte zu der Erkenntnis, daß zwischen elektrischen und magnetischen Vorgängen enge Wechselwirkungen bestehen (*Faraday: Induktion, Oersted: Magnetfeld des Stromes*). *Maxwell* formulierte aus diesen Einzelerscheinungen durch geniale Intuition die *Grundgesetze des elektromagnetischen Feldes*, in die wir hier schrittweise eindringen. Die Erkennung dieser Naturgesetze aus vielen komplizierten Einzelerscheinungen und Experimenten wurden wesentlich durch zwei *Modellvorstellungen* erleichtert, das *Teilchen*- und *Feldmodell* (Tafel 1.1).

1.1 Teilchenmodell. Grundvorstellungen

Das Teilchenmodell erklärt die *diskrete Struktur* der Stoffe. Danach bestehen Gase, Flüssigkeiten und Festkörper aus Teilchen (Molekülen, Atomen), letztere aus *Elektronen, Protonen* und *Neutronen.* Spezifisch für diese elektrische Erscheinungen ist die *Ladung* eines Teilchens. Dabei ist es zweckmäßig, die gesamte stoffliche Substanz ebenso wie die Ladung eines Teilchens als in einem Punkt konzentriert aufzufassen: *Punktmasse, Punktladung.*

Makroskopische Körper besitzen natürlich eine Vielzahl von Teilchen, ein sog. *Teilchenkollektiv*. So beträgt z. B. die Zahl der Elektronen in einem Metall rd. 10^{23} je cm^3[1]. Damit lassen sich z. B. die elektrischen Eigenschaften des Metalls schon recht gut erklären. Das findet seinen Ausdruck in *Stoff*- oder *Materialkonstanten*. Wir werden später eine solche als Leitfähigkeit (s. Abschn. 2.3.2) kennenlernen. Das Verhalten des Einzelelektrons in diesem Kollektiv gehört zweifelsohne zu einer mikrophysikalischen Betrachtung der Elektrizitätsleitung[2]. Im Abschn. 1.3 werden wir den Begriff Ladung näher erlernen.

1.2 Feldmodell

Eine Kraftübertragung zwischen zwei Körpern erfordert keinesfalls einen unmittelbaren Kontakt zwischen ihnen. Das wissen wir aus den Gravitationsgesetzen oder auch von der Kraftwirkung des Erdmagnetfeldes auf eine Kompaßnadel. Man vermutet deshalb zunächst eine Fernwirkung zwischen den Körpern. Konsequenterweise müßte sich dann eine Veränderung des einen Körpers sofort, d. h. mit unendlich großer Ausbreitungsgeschwindigkeit im Raum, auf den anderen bemerkbar machen. Dies widerspricht der Tatsache, daß die Lichtgeschwindigkeit die höchste Geschwindigkeit ist. Diese Schwierigkeiten umging *Faraday* mit der Annahme, daß durch die *Anwesenheit eines Körpers der ihn umgebende Raum selbst zum Träger physikalischer Eigenschaften wird*. So erfolgt die Kraftwirkung auf einen Körper durch den *besonderen Zustand*, den der Raum durch die Anwesenheit eines anderen Körpers erfährt. Dieser besondere Raumzustand, der sich durch Kraftwirkung auf andere Körper (Masse, Ladung, Magnetpole) äußert, wird dem Begriff *Feld* zugeordnet.

Das Feldmodell beschreibt die Kraftwirkung auf einen Körper als Folge eines anderen Körpers (Ursache) in einem *Raumpunkt* durch die Einführung des Feldbegriffes (Tafel 1.1).

Das Feldmodell wird durch *Feldgrößen* gekennzeichnet.

Teilchen- und Feldmodell stehen jedoch in engster Wechselwirkung. Nach Tafel 1.1

— erzeugen ruhende und bewegte Ladungen das elektromagnetische Feld, sind also seine *Ursache*, andererseits;
— üben elektromagnetische Felder Kraft*wirkungen* auf ruhende und bewegte Ladungen aus.

Die Veranschaulichung des Feldmodells erfolgt durch *Feldlinien* (Kraftlinien).

Oft interessiert in der Elektrotechnik nicht die genaue Beschreibung des elektromagnetischen Feldes in den einzelnen Punkten eines Raumes, sondern nur sein Gesamt- oder *Globalverhalten* in einem größeren Raum*bereich*. Dazu werden

[1] Zum Vergleich: Ein Sack Weizen mit einer Masse von 50 kg enthält etwa $3 \cdot 10^6$ Weizenkörner. Im Metall vom Volumen eines Kubikzentimeters befinden sich rd. 10^{16} mal soviele Elektronen. Dieses Beispiel vermittelt wohl anschaulich, daß das Geschehen des Einzelelektrons im Leiter weitestgehend im Schicksal der Gesamtmenge untergeht

[2] Sie ist Gegenstand späterer Lehrveranstaltungen

Tafel 1.1. Teilchen- und Feldmodell

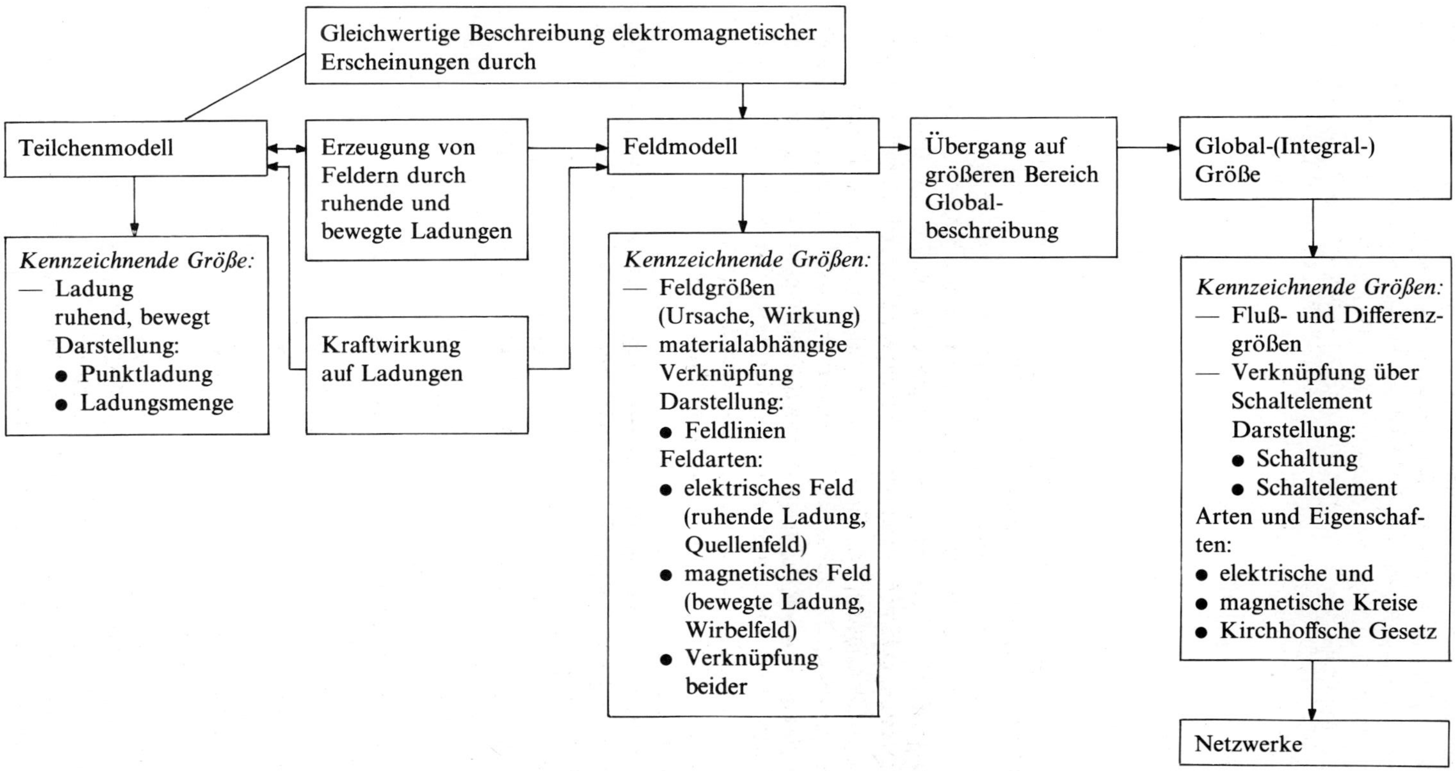

aus den Feldgrößen neue Größen durch *örtliche Integration* über die schon erwähnten (Abschn. 0.2.4) *Linien-* und *Fluß*integrale eingeführt. Die neuen Größen heißen deshalb *integrale* oder *globale Größen* (s. Tafel 1.1). Zu ihnen gehören z. B. Strom und Spannung. Auch der Ursache-Wirkungs-Zusammenhang solcher Größen wird durch neue Begriffe wie Widerstand, Kapazität oder Induktivität beschrieben. Solche globalen Feldverhältnisse liegen in den sog. elektrischen Bauelementen Widerstand, Kondensator und Spule vor. Durch ihre Einführung können ausgedehnte Felderscheinungen (unter bestimmten Voraussetzungen) auf die Zusammenschaltungen von Bauelementen, die sog. Stromkreise, Netzwerke oder Schaltungen zurückgeführt und einfach analysiert werden. Das ist ein wichtiges und praktisches Ergebnis des Feldmodells.

1.3 Teilchenmodell. Elektrische Ladung Q

Allen Darstellungen elektrischer Erscheinungen stellen wir die im Abschnitt 0.2.1. erwähnte vierte Grundgröße der Elektrotechnik — die elektrische Ladung Q — aus pädagogischen Gründen voran.

1.3.1 Eigenschaften der elektrischen Ladung

Ladungsarten. Die experimentelle Erfahrung zeigt, daß zwischen bestimmten materiellen Körpern, die in einen besonderen physikalischen Zustand versetzt wurden (z. B. Bernstein[1] nach Reibung), bestimmte *Kraftwirkungen = Feldwirkungen* auftreten. Sie lassen sich bezüglich ihrer Ursache nicht auf mechanische Gesetze zurückführen. Ihre Erklärung gelingt erst durch Einführung einer neuen physikalischen Größe, der *elektrischen Ladung Q*. Da sich abstoßende und anziehende Kräfte nachweisen lassen, gibt es *positive* ($Q > 0$) und *negative* Ladungen ($Q < 0$). Wir wissen aus Erfahrung:

Ladungen verschiedenen Vorzeichens ziehen einander an, gleichen Vorzeichens stoßen einander ab.

Das geht aus einem einfachen Versuch hervor (Bild 1.1). Wir reiben Glas- und Bernsteinstäbe mit einem trockenen Wolltuch und erkennen:
— Geriebene gleichartige Stäbe (Glas–Glas, Bernstein–Bernstein) stoßen sich ab (Bild 1.1a).
— Verschiedenartige Stäbe (Bernstein–Glas) ziehen sich an (Bild 1.1b).
— Ein mit einem Glasstab berührtes aufgehängtes Metallkügelchen wird vom Glas abgestoßen, vom Bernstein angezogen (Bild 1.1c).

Was Ladung eigentlich bedeutet, wissen wir bis heute noch nicht genau. Nachweisbar ist sie nur durch ihre Wirkung und die Tatsache, daß sie am Aufbau der Materie entscheidend beteiligt ist. Nach dem Bohrschen Atommodell besteht

---

[1] griechisch: Elektron, daher der Begriff Elektrizität

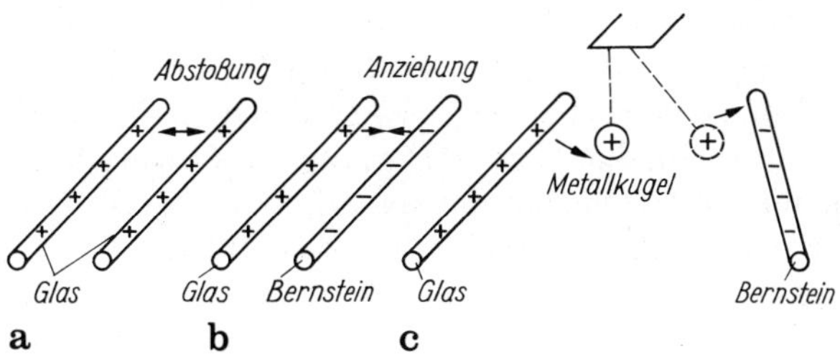

Bild 1.1a–c. Die elektrische Ladung kann anziehende oder abstoßende Kräfte ausüben. **a** Versuch: zwischen zwei geriebenen Glasstäben (Bernsteinstäbe) bestehen abstoßende Kräfte; **b** Versuch: zwischen geriebenen Glas- und Bernsteinstäben bestehen anziehende Kräfte; **c** zwischen einem geladenen Metallkügelchen (durch Berührung mit Glasstab) und einem Glas- oder Bernsteinstab bestehen abstoßende bzw. anziehende Kräfte

jedes Atom aus dem *Kern* (= Anzahl von Protonen und Neutronen) und der *Elektronenhülle.* Dabei ist das *Elektron Träger negativer elektrischer Ladung, der Elementarladung oder des elektrischen Elementarquantums:*

Elektron = Träger der Elementarladung; kleinste, bisher festgestellte und nicht weiter teilbare Elekrizitätsmenge.

Protonen tragen eine gleich große *positive* Elementarladung. Atome zeigen in ihrer Umgebung keine elektrische Wirkung: Die positive Kernladung wird durch eine gleich große Zahl von Hüllelektronen „neutralisiert", die Gesamtladung des Atoms ist Null. Durch Energiezufuhr (Ionisierung) gelingt die Herauslösung von Elektronen aus der Hülle. Dabei verbleibt netto eine positive Überschußladung, ein *positives Ion.* Seine Ladung entspricht der Zahl entfernter Elektronen. Diese können dann als „freie" Elektronen z. B. Kraftwirkungen ausüben oder Kräften unterworfen werden. Besitzt ein Ion im Vergleich zum vorher neutralen Atom zu viel Elektronen (negative Überschußladung), so heißt es negativ oder *Anion.* Ein Ion mit positiver Überschußladung heißt *Kation.* Also:

$$\text{Ion} = \text{neutrale(s) Atom(gruppe)} \pm \text{Elektron(en)}\,.$$

Je nachdem, ob 1, 2 oder 3 Elementarladungen im Überschuß sind, sprechen wir von 1-, 2- oder 3-wertigen Ionen.

Ergebnis: Die (Netto)ladung eines Körpers entsteht durch Trennung gleich großer positiver und negativer Ladungsmengen. Die Summe der getrennten Ladungen entspricht dem Ausgangszustand. Deshalb gilt für die Ladung ein *Erhaltungssatz* (s. Gl. (1.5)). Die elektrische Ladung eines Körpers wird also nicht erzeugt, sondern durch Trennung positiver und negativer Ladungen, d.h. Abtrennung einer oder mehrerer Elementarladungen von vorher neutralen Atomen, verursacht!

Quantitatives. Einheit. Die Ladung erhält allgemein das Symbol Q, die von Ladungsträgern das Symbol q. Die Einheit der Ladung Q ist (s. Tafel 0.2):

$$[Q] = 1 \text{ Couloumb} = 1\,\text{C} = 1\,\text{A}\cdot\text{s}\,.$$

Diese Einheit wird aus meßtechnischen Gründen auf die gesetzliche Grundeinheit der Stromstärke (das Ampere = 1 A) und die Zeit zurückgeführt (s. Abschn. 1.4.2).

Alle Ladungen lassen sich auf die

$$\text{Elementarladung } e = 1{,}6021892 \cdot 10^{-19}\,\text{As}$$

zurückführen. Dann folgt[1,2]:

Elektron	Defektelektron oder Loch
(negative Elementarladung)	(positive Elementarladung)
$q_- = -e \approx -1{,}602 \cdot 10^{-19}\,\text{A}\cdot\text{s}$	$q_+ = +e \approx +1{,}602 \cdot 10^{-19}\,\text{A}\cdot\text{s}\,.$

Eine Reihe weiterer Eigenschaften des Elektrons sowie der Protonen und Neutronen wurden in Tafel 1.2 zusammengestellt.

Tafel 1.2. Eigenschaften von Elektron, Proton und Neutron

Elementarladung	$e = 1{,}6021892 \cdot 10^{-19}\,\text{A}\cdot\text{s}$	Ladung ist gequantelt; d. h., eine kleinere Ladungsmenge als e gibt es nicht
Elektronenladung	$q_- = -e$	
Ruhemasse	$m_0 = 9{,}1095 \cdot 10^{-31}\,\text{kg}$	
Protonenladung	$q_+ = +e$	
Ruhemasse	$m_p = 1{,}6725 \cdot 10^{-27}\,\text{kg}$	
Neutronenladung	$q = 0$	
Ruhemasse	$m_n = 1{,}6748 \cdot 10^{-27}\,\text{kg}$	
Elecktronenmodell: (hypothetisch)	— Kugelgestalt mit Radius $r \approx 2{,}8 \cdot 10^{-13}\,\text{cm}$ (Atomradius: $r \approx 10^{-8}\,\text{cm}$) — im Wellenbild als Wellenerscheinung mit der (Materie-) Wellenlänge $\lambda_{\text{min/m}} \approx \frac{150}{U/V} \cdot 10^{-8}$, wenn das Elektron die Spannung U durchlaufen hat	

[1] Die Vereinbarung, nach der Elektronen negative Ladungen tragen, geht auf B. Franklin zurück. Er definierte willkürlich, daß Ladungen auf Glas, das vorher mit einem Seidentuch gerieben wurde, positiv sein sollen. Danach mußte dem etwa 100 Jahre später entdeckten Elektron negative Ladung zukommen. Aus heutiger Sicht wäre es zur Beseitigung des negativen Vorzeichens besser gewesen, dem Elektron positive Ladung zuzuordnen. Da man in den Löchern heute auch positive Ladungsträger kennt, werden wir die Gesetze jeweils für positive Elementarladungen definieren

[2] Der Index — bei der Elektronen- bzw. + bei der Löcherladung wird beigefügt, wenn auf das Vorzeichen besonders verwiesen werden soll

Somit kann jede Ladung Q als ganzes Vielfaches der Elementarladung dargestellt werden:

$$Q = \pm Ne \qquad \begin{array}{ll} Q_+ = Nq_+ = Ne & \text{positive Ladung} \\ Q_- = Nq_- = -Ne & \text{negative Ladung} \end{array} \tag{1.1}$$

$$N \geqq 0, \text{ ganz} .$$

Größenvorstellung. Die Kleinheit der Elementarladung werde durch folgende Vorstellung veranschaulicht: Fließt ein Elektron je Sekunde durch den Querschnitt einer Leitung, so beträgt die Stromstärke $I = 1{,}6 \cdot 10^{-19}$ A (s. u.). Mit empfindlichen Strommessern weist man heute noch Ströme von etwa $< 10^{-16}$ A nach. Das entspricht rd. $100\,000 \dfrac{\text{Elektronen}}{\text{Sekunde}} = \dfrac{1 \text{ Elektron}}{10\,\mu\text{s}}$. Eine Ladungsmenge $Q = 1\,\text{A} \cdot \text{s}$ enthält dann insgesamt

$$n = \left|\frac{Q}{q}\right| = \frac{1\,\text{A} \cdot \text{s}}{q} \approx 6{,}3 \cdot 10^{18} \text{ Elektronen} .$$

Welche Anzahl frei beweglicher Ladungen steht nun in den einzelnen Stoffen zur Verfügung?

In *Metallen* sind die Elektronen nur sehr schwach an den Atomverband gebunden und deshalb in großer Zahl, also in hoher Konzentration n

$$n \approx 10^{23} \text{ Elektronen/cm}^3 \quad \text{(Elektronenkonzentration im Metall)}$$

frei verfügbar. Gleichzeitig gibt es eine gleich große Anzahl positiver Atomrümpfe: Metalle sind elektrisch stets neutral.

In *Halbleitern*, z. B. aus Germanium oder Silizium, entstehen freie Elektronen oder Defektelektronen dadurch, daß einige Atome des Grundgitters durch Fremdatome, sog. *Störstellen*, ersetzt werden. Sie unterscheiden sich in der Wertigkeit vom Grundgitter und erzeugen so einen *Überschuß* oder *Mangel* an Elektronen (Tafel 1.3). Werden z. B. dem 4-wertigen Silizium 5-wertige Phosphoratome zugesetzt, so geben diese ein Elektron ab. Es entsteht ein Elektronenüberschuß. Die Phosphoratomrümpfe (Donatoren) sind fest ins Si-Gitter eingebaut. Der Kristall bleibt nach außen elektrisch neutral, da zu jedem beweglichen Elektron eine ortsfeste positive Ladung gehört:

Halbleiter sind elektrisch stets neutral und haben eine Ladungsträgerdichte

$$n \approx 10^{10} \ldots 10^{21} \text{ cm}^{-3} \quad \text{Ladungsträgerkonzentration in Halbleitern}$$

abhängig vom Grad der Reinheit und der Anzahl zugesetzter Störstellen.

Ganz analog entstehen durch Zusatz 3-wertiger Fremdatome (In, Al, B) im Gitter Fehlstellen, die als Defektelektronen oder Löcher (Elektronenmangel) wirken. Solche Löcher haben dann positive Ladung, und wir sprechen von einem *p-Halbleiter*.

Tafel 1.3. (Vereinfachte) Darstellung der Schaffung freier Ladungsträger in Halbleitern

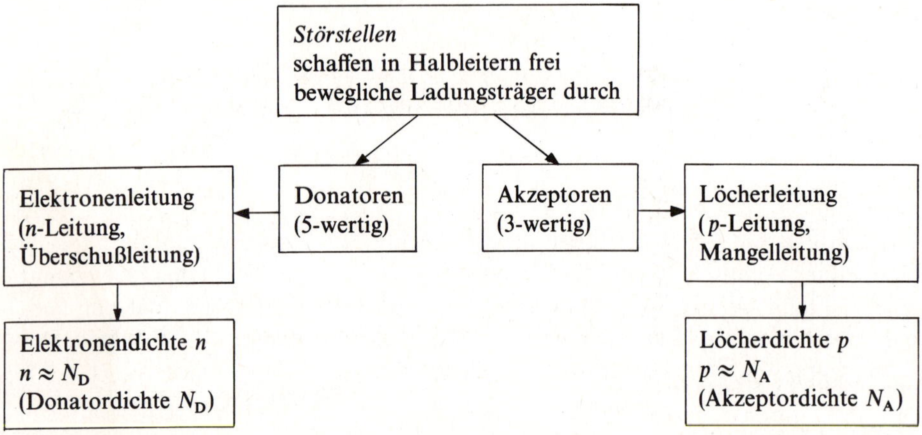

Nichtleiter, auch *Isolatoren* oder *Dielektrika* genannt, haben (im Idealfall) keine frei beweglichen Ladungsträger. Der ideale Nichtleiter ist das Vakuum:

$$\text{Nichtleiter:} \quad n = 0 \, .$$

Real werden Stoffe mit einer Elektronenkonzentration $n < 10^8 \text{ cm}^{-3}$ noch als Nichtleiter angesehen.

Wir erkennen zusammenfassend:

Besonders in Metallen und Halbleitern ist die Zahl der je Volumeneinheit frei beweglichen Ladungsträger sehr groß. Deshalb können wir die durch sie repräsentierte Ladung als *Kontinuum* (= etwas lückenlos Zusammenhängendes) mit $N \gg 1$ (Gl. (1.1)) ansehen, m.a.W. spielt die Quantelung i.a. keine Rolle. Auf die wichtige Eigenschaft der Ladung, den sie umgebenden Raum mit einem Feld zu erfüllen, kommen wir im Abschn. 2.5 zu sprechen.

1.3.2 Ladungsverteilungen

Ladungsdichte. Meist genügt die bloße Kenntnis einer Ladung Q nicht. Man wünscht vielmehr ihre *räumliche* Verteilung genauer zu beschreiben. Dazu dient der Begriff *Ladungsdichte.* Das ist die Ladung bezogen auf ein Volumen, eine Fläche oder eine Linie. Dementsprechend gibt es eine *Raum-*, *Flächen-* oder *Linienladungsdichte.*

1. Eine Raumladung ist eine stetige Verteilung einer Ladung Q über ein Volumen V mit der *Raumladungsdichte* ϱ[1] (Bild 1.2a). Es gilt

[1] Man beachte den Unterschied zwischen Raumladungsdichte ϱ und spezifischem Widerstand $\varrho = 1/\varkappa$ (s. Abschn. 2.3.2)

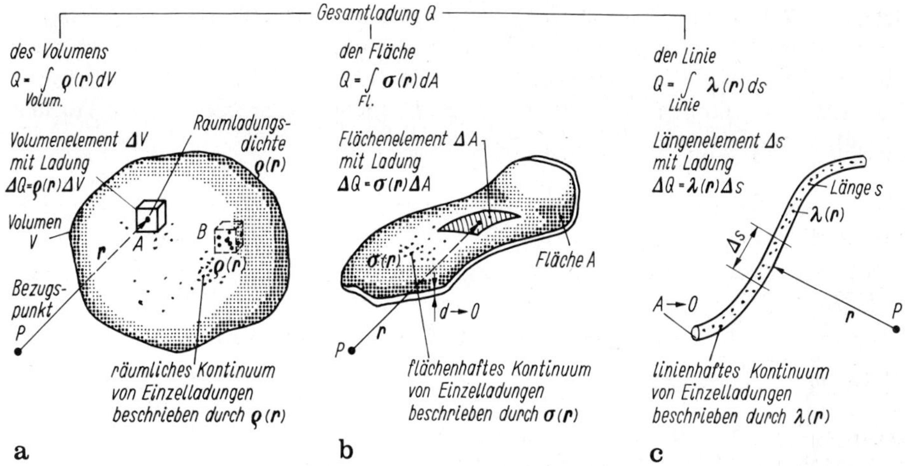

Bild 1.2a–c. Ladungsverteilungen. **a** Raumladung; **b** Flächenladung; **c** Linienladung

$$Q = \int_{\text{Volumen } V} \varrho(\boldsymbol{r})\,\mathrm{d}V \tag{1.2a}$$

Raumladungsdichte (Definitionsgleichung)

mit

$$\varrho(\boldsymbol{r}) = \lim_{\Delta V \to 0} \frac{\Delta Q}{\Delta V} = \frac{\mathrm{d}Q}{\mathrm{d}V}\text{[1]} \tag{1.2b}$$

Raumladungsdichte im Raumpunkt $\boldsymbol{r}$ ($\boldsymbol{r}$ Ortsvektor)

oder anschaulich

$$\text{Raumladungsdichte } \varrho = \frac{\text{Gesamtladung } \Delta Q \text{ im Volumen } \Delta V}{\text{Volumen } \Delta V},$$

mögliche Einheit

$$[\varrho] = \frac{[Q]}{[V]} = \frac{1\,\mathrm{A \cdot s}}{1\,\mathrm{m}^3}.$$

Die Raumladungsdichte ϱ ersetzt somit die aus den Einzelladungen gebildete Gesamtladung ΔQ im Volumen ΔV durch eine räumlich homogen verteilte Ladung der Dichte ϱ. Gewöhnlich hängt die Raumladungsdichte ϱ vom Ort $\boldsymbol{r}$ ab, an dem

[1] Dies ist keine Ableitung im mathematischen Sinne, da das Volumen, nach dem abzuleiten wäre, keine Variable im mathematischen Sinne ist

sich das Volumen ΔV befindet. So ist z. B. im Bild 1.2a die Raumladungsdichte im Punkt A anschaulich kleiner als im Punkt B, weil sich im gleichen Volumenelement ΔV in A weniger Ladungen als in B befinden. Ist die Raumladungsdichte im betrachteten Volumen *homogen*, so wird ϱ unabhängig vom Ort und es gilt anstelle der Gl. (1.2b)

$$\varrho = \frac{Q}{V}. \tag{1.2c}$$

Wir wollen jetzt die Raumladungsdichte ϱ mit der Konzentration n der Ladungsträger in Verbindung bringen und betrachten dazu die Ladung Q in einem Volumen V. Die Ladung Q einer Anzahl N von Ladungsträgern mit der Elementarladung e beträgt nach Gl. (1.1) $Q = \pm Ne = \pm e \frac{N}{V} V = \pm enV$, die Raumladungsdichte $\varrho = Q/V = \pm en$ ist also positiv oder negativ.

Die Raumladungsdichte ϱ ergibt sich durch Multiplikation der Trägerdichte n einer Ladungsträgersorte mit der betreffenden Elementarladung $q_+ = +e$ bzw. $q_- = -e$.

Die Raumladungsdichte $\varrho(\boldsymbol{r})$ bezieht sich stets auf alle Ladungen (feste und bewegliche!), die im Volumen vorhanden sind.

Betrachten wir dazu einen Halbleiter (Bild 1.3b). Er enthalte: $N_D = 10^{14}\,\text{cm}^{-3}$ Donatoren (ortsfeste positive Ladungen), $N_A = 10^{16}\,\text{cm}^{-3}$ Akzeptoren (ortsfeste negative Ladun-

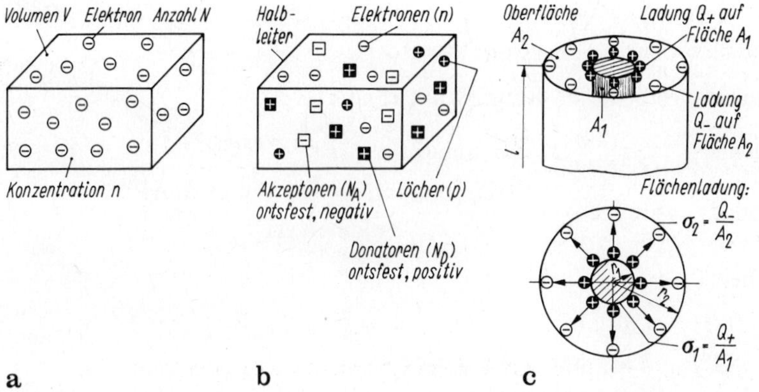

Bild 1.3a–c. Beispiele zur Ladungsverteilung. **a** Raumladungsdichte. In einem Volumen V befinden sich N Ladungen mit der Gesamtladung $Q = Ne$. Die Raumladungsdichte beträgt $\varrho = \frac{Q}{V} = \frac{N}{V} e = ne$; **b** Veranschaulichung der Raumladungsdichte im Halbleiter. Die gesamte Ladung trägt zur Raumladungsdichte bei: bewegliche Elektronen und Löcher und ortsfeste Donatoren und Akzeptoren; **c** Flächenladungsdichte auf zwei isolierten Metallzylindern. Bei gleicher Ladung Q hat der äußere Zylinder die kleinere Flächenladungsdichte

gen), $n = 10^{14}\,\mathrm{cm}^{-3}$ Elektronen und $p = 10^{16}$ Löcher. Die gesamte Raumladungsdichte beträgt dann nach Gl. (1.2d)

$$\begin{aligned}\varrho &= q_- N_A + q_+ p \qquad + q_+ N_D + q_- n \\ &= -eN_A + ep \qquad + eN_D - en = e[\underbrace{-N_A + p}_{(1)} + \underbrace{N_D - n}_{(2)}] \\ &= e[-10^{16}\,\mathrm{cm}^{-3} + 10^{16}\,\mathrm{cm}^{-3} + 10^{14}\,\mathrm{cm}^{-3} - 10^{14}\,\mathrm{cm}^{-3}] = 0\end{aligned}$$

Der Anteil (1) ist dabei die Summe aller Ladungen, die von Akzeptorstörstellen stammen, der Anteil (2) derjenige von den Donatorstörstellen. Insgesamt ist die Raumladungsdichte Null, obwohl jede Ladung zur Raumladung beiträgt. Die gleiche Überlegung kann für Elektronen im Metall vorgenommen werden. Auch dort ergibt sich eine verschwindende Raumladungsdichte.

Anwendungsbeispiele der Raumladungsdichte ϱ werden wir später vor allem in elektronischen Bauelementen (Halbleiterdiode, Elektronenröhre) kennenlernen.

2. Eine Flächenladung ist eine stetige Verteilung einer Ladung Q auf einem flächenhaften Träger der Größe A mit der *Flächenladungsdichte* σ (Bild 1.2b), so daß gilt

$$Q = \int_{\text{Fläche } A} \sigma(\boldsymbol{r})\,\mathrm{d}A \tag{1.3a}$$

Flächenladungsdichte (Definitionsgleichung)

mit

$$\sigma(\boldsymbol{r}) = \lim_{\Delta A \to 0} \frac{\Delta Q}{\Delta A} = \frac{\mathrm{d}Q}{\mathrm{d}A} \tag{1.3b}$$

Flächenladungsdichte (am Ort $\boldsymbol{r}$)

Anschaulich:

$$\text{Flächenladungsdichte} = \frac{\text{Gesamtladung } \Delta Q \text{ auf Fläche } \Delta A}{\text{Fläche } \Delta A}.$$

Mögliche Einheit:

$$[\sigma] = \frac{[Q]}{[A]} = \frac{1\,\mathrm{A \cdot s}}{1\,\mathrm{m}^2}.$$

Ist die Ladung Q homogen über die Fläche verteilt, so wird aus Gl. (1.3b)

$$\sigma = \frac{Q}{A} \quad \text{Flächenladungsdichte bei homogener Ladungsverteilung}. \tag{1.3c}$$

Die Flächenladung σ wird verwendet, wenn eine Raumladung ϱ nur in einer sehr dünnen Schicht vorhanden ist, deren Dicke d für die zu beschreibenden Erscheinungen vernachlässigt werden kann. Das trifft z. B. auf Ladungen an einer Leiteroberfläche zu. So entspricht der mathematische idealisierte Begriff Flächenladung physikalisch der Vernachlässigung einer endlichen Schichtdicke eines ladungserfüllten Volumens.

Die Flächenladung σ kann positiv oder negativ sein, außerdem vom Ort abhängen, wenn Ladungen ungleichmäßig über die Fläche verteilt sind. Anwendungsbeispiele zur Flächenladung werden wir beim elektrostatischen Feld (Abschn. 2.5) finden.

Bild 1.3c veranschaulicht die Flächenladungsdichte σ. Auf zwei konzentrischen, voneinander isolierten Metallzylindern mit den Oberflächen $A_1 = 2\pi r_1 l$, $A_2 = 2\pi r_2 l$ befinde sich jeweils die gleiche Ladungsmenge $Q = 10^{-3}\,\mathrm{A \cdot s}$ (innerer Zylinder positiv, äußerer negativ) ($r_1 = 1\,\mathrm{cm}$, $l = 10\,\mathrm{cm}$, $r_2 = 5\,\mathrm{cm}$, $l = 10\,\mathrm{cm}$). Der größere Zylinder hat dann die kleinere Flächenladungsdichte, weil sich die gleiche Ladung Q auf eine größere Fläche A_2 verteilt. Auf jedem Zylinder ist die Ladung homogen verteilt. Deshalb gilt mit Gl. (1.3c)

Zylinder 1

$$\sigma_1 = \frac{Q}{A_1} = \frac{Q}{2\pi r_1 l} = \frac{10^{-3}\,\mathrm{A \cdot s}}{2\pi \cdot 1\,\mathrm{cm} \cdot 10\,\mathrm{cm}} = 1{,}59 \cdot 10^{-5}\,\frac{\mathrm{A \cdot s}}{\mathrm{cm}^2},$$

Zylinder 2

$$\sigma_2 = \frac{Q}{A_2} = \frac{Q}{2\pi r_2 l} = \frac{10^{-3}\,\mathrm{A \cdot s}}{2\pi \cdot 5\,\mathrm{cm} \cdot 10\,\mathrm{cm}} = 3{,}18 \cdot 10^{-6}\,\frac{\mathrm{A \cdot s}}{\mathrm{cm}^2}.$$

3. **Die Linienladung** schließlich ist eine stetige Verteilung der Ladung Q auf einen linienhaften Träger der Länge l und Querschnittsabmessung Null mit der *Linienladungsdichte* λ (Bild 1.2c), so daß gilt

$$Q = \int_{\text{Länge } l} \lambda(\boldsymbol{r})\,\mathrm{d}l \tag{1.4a}$$

Linienladungsdichte λ (Definitionsgleichung)

mit

$$\lambda(\boldsymbol{r}) = \lim_{\Delta l \to 0} \frac{\Delta Q}{\Delta l} = \frac{\mathrm{d}Q}{\mathrm{d}l} \tag{1.4b}$$

Linienladungsdichte (am Ort $\boldsymbol{r}$).

Mögliche Einheit

$$[\lambda] = \frac{[Q]}{[l]} = \frac{1\,\mathrm{A \cdot s}}{1\,\mathrm{m}}.$$

Die Linienladung wird zweckmäßigerweise angesetzt, wenn die Querabmessung des geladenen Mediums klein gegen dessen Längsabmessung ist. Beispielsweise kann die Ladungsverteilung auf einem Draht als Linienladung betrachtet werden.

4. **Die Punktladung** schließlich ist eine Ladung, deren Träger die Linearabmessung „Null“ besitzt.

Zusammengefaßt: Ist die Ladungsverteilung eines Raumes, einer Fläche, einer Linie oder in einem Punkt oder an verschiedenen Punkten bekannt, so ergibt sich die Gesamtladung eines gesamten Bereiches durch Integration bzw. Summation über den jeweiligen Bereich. So ist die *Gesamtladung* eine *„Integralgröße“* der *Ladungsverteilung.*

1.3.3 Erhaltungssatz der Ladung

Die Physik basiert u. a. auf einer Reihe von *Erhaltungssätzen* für abgeschlossene Systeme: Satz von der Erhaltung der Gesamtenergie, des Gesamtimpulses, der Gesamtmasse u. a. m. Sie werden als Naturgesetze durch das Experiment wohl immer wieder bestätigt, konnten aber bisher nie absolut bewiesen werden. Zu diesen Erhaltungssätzen gehört auch der Satz von der *Ladungserhaltung*:

Die Gesamtladung Q (= algebraische Summe der in einem abgeschlossenen Volumen enthaltenen Ladungen) ist stets konstant. Kein physikalischer Vorgang ist in der Lage, sie zu ändern (Naturgesetz).

$$Q\big|_{\text{abgeschlossenes Volumen}} = \text{const} \qquad (1.5)$$

Gesetz der Ladungserhaltung

Der Satz basiert auf der Unveränderbarkeit der Elementarladung sowie der Tatsache, daß sich die Wirkungen zweier entgegengesetzt gleicher Ladungen aufheben (kompensieren). Liegen Ladungsverteilungen vor, so sind sie entsprechend Gl. (1.2) bis (1.4) in der Gesamtladung Q zu berücksichtigen.

1.4 Bewegte Ladung. Elektrische Stromstärke I

1.4.1 Wesen einer Strömung. Strombegriff

In der Elektrotechnik werden vor allem Strömungsvorgänge von Ladungsträgern grundlegend ausgenutzt. Man versteht unter einer *Strömung* oder einem *Strom* einen Transportvorgang, bei dem eine große Anzahl von Teilchen durch Kraftwirkung (als Antriebsursache) eine *gerichtete Bewegung* ausführt. Beispielsweise kann man sich unter solchen Begriffen wie Wasserströmung (= Menge des dahinströmenden Wassers), Luftstrom (= Menge der dahinströmenden Luft u. a. m.) sofort etwas vorstellen. In beiden Fällen handelt es sich um *Massenströme* (= Ströme bewegter Masse). Damit eine Strömung entsteht, muß eine Antriebsursache auf die Teilchen wirken. Das ist z. B. beim Flüssigkeits- oder Gasstrom ein *Druckgefälle* oder beim Wärmestrom ein *Temperaturgefälle.*

Auch für den elektrischen Strom werden wir später ein solches *Gefälle* (sog. Potentialgefälle) als Antriebsursache finden.

Eine Strömung entsteht also durch ein *Gefälle* (= räumliche Abnahme) einer physikalischen Größe als *Kraftursache.* Die Strömung ist stets so gerichtet, daß ein

Ausgleich (= Abbau) erfolgt. Damit legt das Gefälle auch die *Transportrichtung* fest. Fehlt ein Gefälle, so findet keine Strömung statt.

Beispielsweise verringert sich der Druckunterschied zwischen zwei mit einem Rohr verbundenen Wasserbehältern durch den einsetzenden Wasserstrom. Der Strom hört auf, wenn keine antreibende Kraft mehr vorhanden, der Druckunterschied ausgeglichen ist. Der Massenaustausch zwischen den beiden Reservoiren und die Strömung sind so eng miteinander verbunden:

Gilt für eine physikalische Größe ein *Erhaltungssatz* im abgeschlossenen System (d. h. solches ohne äußere Einwirkung), so verlangt ihre *zeitliche Änderung* zwangsläufig einen *Austausch* (= Strömungsvorgang) mit einem zweiten System. Strömungsvorgang und Erhaltungssatz einer physikalischen Größe stehen in engster Beziehung (Tafel 1.4).

Wir zeigen dies am Beispiel der Erhaltung der Masse und betrachten ein allseitig abgeschlossen gedachtes Volumen (Bild 1.4a), z. B. einen Wassereimer. In ihm befinde sich Wasser mit der Masse *m*. Strömt durch eine gedachte Hüllfläche (= Oberfläche eines Volumens, z. B. Eimers) an beliebiger Stelle ein *Massenfluß* $I_{\mathrm{m\,zu}}$ (Wasserstrom = Massenstrom) zu und an anderer Stelle ein Massenfluß $I_{\mathrm{m\,ab}}$ ab, so gilt anschaulich:

$$\text{Zeitliche Zunahme der Masse} + \text{Abfluß} - \text{Zufluß} = 0 \qquad (1.6a)$$

$$\frac{\mathrm{d}m}{\mathrm{d}t} + \underbrace{I_{m\,\mathrm{ab}} - I_{m\,\mathrm{zu}}}_{\text{Nettomassenfluß}} = 0$$

Kontinuitätsgleichung des Massenflusses.

Diese Bilanz heißt *Kontinuitätsgleichung* der Masse. Sie folgt aus dem Erhaltungssatz der Masse. Dabei wurde der Massenabfluß als positiv angesetzt. Fließt nur Wasser ab ($I_{\mathrm{m\,zu}} = 0$), so nimmt die Wassermasse im Eimer mit der Zeit ab:

$$I_{\mathrm{m\,ab}} = -\frac{\mathrm{d}m}{\mathrm{d}t}\,. \qquad (1.6b)$$

(Das negative Vorzeichen bedeutet Abnahme!)

Ändert sich die Masse *nicht* ($\mathrm{d}m/\mathrm{d}t = 0$, d. h. $m = \text{const}$, Erhaltungssatz), so folgt daraus

$$(I_{\mathrm{m\,ab}} - I_{\mathrm{m\,zu}}) = 0 \qquad \text{Stromkontinuität}\,. \qquad (1.6c)$$

In Worten: Ist der Zufluß gleich dem Abfluß, so bleibt die Wassermasse im Eimer erhalten. Danach kann sich die Masse im Innern eines abgeschlossenen Volumens weder vergrößern noch verkleinern, ohne daß durch seine zugehörige Hüllfläche ein entsprechender *Massenfluß* auftritt (Satz von der Erhaltung der Masse) oder verallgemeinert:

Die zeitliche Änderung einer Erhaltungsgröße verursacht stets einen Fluß dieser Größe durch eine (gedachte) Hüllfläche: Kontinuitätssatz der Erhaltungsgröße.

Tafel 1.4. Erhaltungssätze der Ladung und Energie und ihre Folgerungen

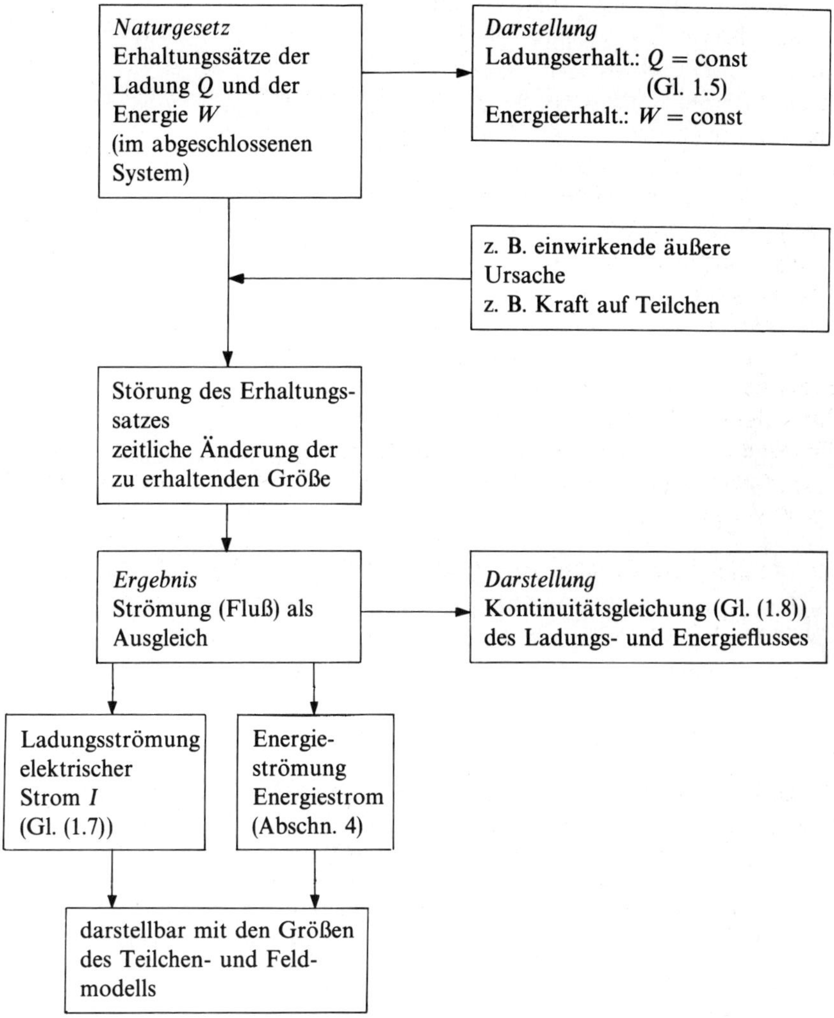

Wir wollen diese Erkenntnisse auf die Ladung und Energie anwenden (Tafel 1.4). Für beide gibt es Erhaltungssätze (s. Gl. (1.5)). Erwarten dürfen wir

— einen *Ladungsträgerstrom* = elektrischen Strom I = Strom dahinfließender Ladungsträger (Bild 1.4b). Er heißt auch *Konvektionsstrom*[1].

[1] Mit den Begriffen „Strom, Strömung" verbindet sich meist die Vorstellung von bewegtem Stofflichen, z. B. Masseteilchen oder Ladungsträgern. Besser wäre die Benutzung des Begriffes „Fluß" von Ladungsträgern, weil wir später auch von Verschiebungs- und Magnetfluß sprechen. Flußgrößen werden stets über das Flußintegral des zugehörigen Vektors gebildet (s. Abschn. 0.2.4). Bei einem Fluß muß keinesfalls etwas Stoffliches „fließen", wie wir beim Verschiebungs- und Magnetfluß kennenlernen werden. Die Beibehaltung des Strombegriffes berücksichtigt die praktische Gepflogenheit.

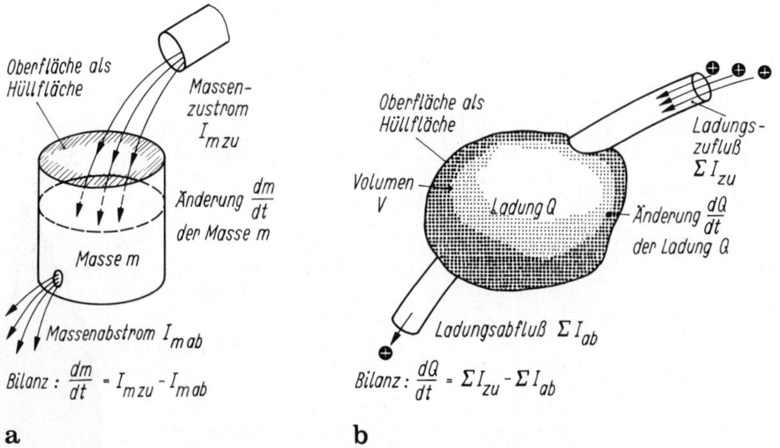

Bild 1.4a,b. Zur Kontinuitätsgleichung. **a** Kontinuität des Massenflusses; **b** Kontinuität des Ladungsflusses = Strom

— Einen *Energiefluß* oder Energiestrom = Strom dahinfließender Energiemenge (s. Abschn. 4.2.1). Gerade die *Energieübertragung* vom Erzeuger zum Verbraucher ist eine der Grundaufgaben der Elektrotechnik (s. Abschn. 0.1).

1.4.2 Elektrische Stromstärke *I*

Intensität der elektrischen Strömung: Stromstärke. Unter der *Stromstärke* (= Intensität der elektrischen Strömung) versteht man den Quotienten der Ladungsmenge ΔQ, die während einer herausgegriffenen Zeitspanne Δt durch einen gedachten Querschnitt (A_1 oder A_2, Bild 1.5a) strömt, dividiert durch diese Zeitspanne:

$$I(t) = \lim_{\Delta t \to 0} \frac{\Delta Q(t)}{\Delta t} = \frac{\mathrm{d}Q(t)}{\mathrm{d}t} \tag{1.7}$$

Stromstärke in einem Zeitpunkt (Definitionsgleichung).

Man muß sich dabei vor Augen halten, daß ΔQ nicht irgendeine Ladungsmenge ist, sondern die zur Durchströmdauer Δt gehörende. Anschaulich beschreibt der Begriff Stromstärke, ob in einer Zeitspanne Δt eine große oder kleine Ladungsmenge durch einen Querschnitt transportiert worden ist.

Die Größe des Durchtrittsquerschnittes spielt keine Rolle, da er nicht in die Definitionsgleichung (1.7) eingeht. Betrachten wir dazu Bild 1.5a. Im Querschnitt A_2 z. B. herrscht der gleiche Strom I wie in A_1, wenn Ladungsträger nur bei A_2 ein- und bei A_1 austreten können.

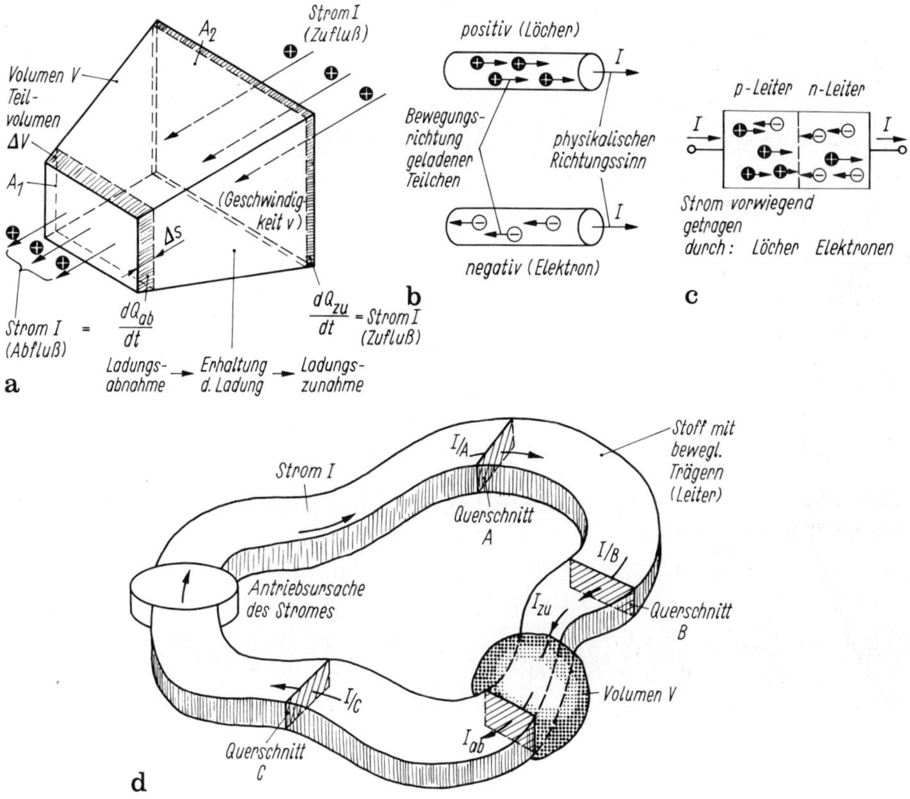

Bild 1.5a–d. Zum Strombegriff. **a** zur Definition der Stromstärke I (Gl. (1.7)). Strom gekennzeichnet durch eine Ladungsmenge ΔQ, die während der Zeitspanne Δt durch eine (gedachte oder materielle) Fläche (A_1, A_2) fließt; **b** physikalischer Richtungssinn des Stromes I (unterscheide davon die Bewegungsrichtung der Teilchen); **c** Anwendungsbeispiel pn-Übergang. Bei gleicher Stromrichtung I bewegen sich positive und negative Ladungsträger aufeinander zu; **d** zur Stromkontinuität. Überall im Leiterkreis fließt der gleiche Strom I unabhängig vom Querschnitt des Leiters

Nach der *Zeitabhängigkeit* des Stromes $I(t)$ unterscheiden wir:

1. Strömung zeitlich *konstant*. Dann fließt je Zeitspanne Δt stets die gleiche Ladungsmenge (Stärke und Richtung gleichbleibend), und wir sprechen vom *Gleichstrom*.

$$I = \frac{\mathrm{d}Q}{\mathrm{d}t} = \text{const} = \frac{Q}{t} \tag{1.7a}$$

Gleichstrom.

2. Strömung zeitlich *veränderlich*. Je Zeitspanne Δt fließt eine jeweils andere Ladungsmenge, und wir sprechen vom zeitveränderlichen Strom

$$I(t) = i(t) = \frac{dQ(t)}{dt} \tag{1.7b}$$

zeitveränderlicher Strom.

(Zeitveränderliche Größen werden später mit kleinen Symbolen bezeichnet.) Die Beziehung zwischen Strom und Ladung werden wir im Zusammenhang mit der Ladung diskutieren (Bild 1.7).

Stromrichtung. Da die Stromstärke einen gerichteten Vorgang — die Bewegung von Ladungsträgern — beinhaltet, gehört zu ihrer Definition Gl. (1.7) noch der physikalische Richtungssinn. Wir vereinbaren: Die positive Stromrichtung stimmt bei Bewegung

— *positiver* Ladungen mit deren Bewegungsrichtung überein;
— *negativer* Ladungen (Elektronen) mit deren *entgegengesetzer* Bewegungsrichtung überein (Bild 1.5b)[1].

Somit ist es gleichgültig, ob sich im Leiter positive Ladungen mit der Geschwindigkeit v oder negative mit $-v$ entgegengesetzt bewegen. Der physikalische Richtungssinn des Stromes stimmt in beiden Fällen überein.

Ein besonders schönes Beispiel für Stromrichtung und Teilchenbewegung bietet der sog. pn.-Übergang, bestehend aus zwei aneinandergefügten p- und n-Halbleitergebieten (Bild 1.5c). Nach Bild 1.5c herrscht überall die gleiche Stromrichtung, obwohl sich die Ladungsträger aufeinander zu bewegen.

Man beachte: Der Strom ist kein Vektor, sondern eine vorzeichenbehaftete skalare Größe, eine Flußgröße (s. Gl. (0.9)). Man versteht den Begriff „Stromrichtung" daher besser als *Durchtrittssinn* der Ladung durch eine Querschnittsfläche. Das wird dann deutlich, wenn wir die dem Strom zugehörige vektorielle Feldgröße, die Stromdichte $\boldsymbol{S}$ kennenlernen werden (Abschn. 2.3.1).

Dimension und Einheit. Im Internationalen Einheitensystem wurde die Stromstärke als (einzige) *Grunddimension* der Elektrotechnik festgelegt. Nach der Definitionsgleichung (1.7) gilt[2]:

---

[1] Hier zeigt sich die Unzweckmäßigkeit der Vereinbarung (s. Abschn. 1.3.1), dem Elektron negative Ladung zuzuordnen. Die entgegengesetzten Richtungen der Elektronenbewegung und des physikalischen Richtungssinnes des Stromes waren in der Vergangenheit häufig Anlaß zu solchen Unterschieden wie „physikalische" und „technische" Stromrichtung u. a. m. Wir verwenden sie nicht

[2] Obwohl wir die Ladung als nicht weiter definierte 4. Grundgröße benutzen und die Stromstärke aus ihr durch die Definitionsgleichung (1.7) abgeleitet haben, besteht keine Notwendigkeit, die Ladung auch als Grunddimension zu benutzen. Beide Einheiten können ja über die zugehörige Definitionsgleichung überführt werden. Für die Wahl der Ladung als nicht weiter zu erklärende Grundgröße sprechen hier didaktisch-methodische Aspekte, weil das Teilchenmodell sehr anschaulich ist. Die Wahl des Stromes als Grunddimension hat praktische Gesichtspunkte (leichte Messung), die auch zur gesetzlichen Festlegung führten

$$\dim(I) = \dim(\text{Strom}) = \dim\left(\frac{\text{Ladung}}{\text{Zeit}}\right).$$

Die *Einheit* des Stromes heißt 1 Ampere (Symbol A). Sie wird über die magnetische Kraftwirkung zweier stromdurchflossener Drähte im definierten Abstand bestimmt (s. Abschn. 4.3.2.2).

Nach Festlegung der Grunddimension für die Stromstärke läßt sich die Einheit für die Ladung über die Definitionsgleichung (1.7) begründen:

$$\dim(\text{Ladung}) = \dim(\text{Stromstärke} \cdot \text{Zeit})$$

mit der *Einheit* $1\,\text{C} = 1\,\text{A} \cdot \text{s}$.

Größenvorstellung. Zur größenordnungsmäßigen Vorstellung der Stromstärke mögen dienen:

Strom im Blitz	$\approx (10 \ldots 100)\,\text{kA}$,	Strom in empfindlichen Meßinstrumenten
Strom einer Sammelschiene	$\approx (10^2 \ldots 10^5)\,\text{A}$,	$\approx (10^{-3} \ldots 10^{-4})\,\text{A}$,
Autoanlasser	$\approx (20 \ldots 100)\,\text{A}$,	Stromempfindlichkeit des Menschen:
Straßenbahn	$\approx 100\,\text{A}$,	einige mA,
Kochplatte, Tauchsieder	einige A,	Strahlstrom in einer Fernsehbildröhre:
Glühlampe	einige 0,1 A.	einige µA.

Beispiel. Mittlere Elektronengeschwindigkeit. Wir schätzen die mittlere Geschwindigkeit $\bar{v}$ ab, mit der sich Elektronen beim Stromfluß $I = 3\,\text{A}$ durch einen metallischen Leiter (Dichte $n = 8{,}6 \cdot 10^{22}\,\text{cm}^{-3}$, Querschnitt $A = 1\,\text{mm}^2$) bewegen. Aus der Definitionsgleichung (1.7) und Bild 1.5a muß die Ladung ΔQ ermittelt werden, die während der Zeitspanne Δt einseitig zu- und am Leiterende wieder abgeführt wird. Während der Zeit Δt legen die Elektronen die Wegstrecke $\Delta s = v\Delta t$ zurück. Dabei wird das von Elektronen ausgefüllte Volumen $\Delta V = A\Delta s = Av\,\Delta t$ bewegt, also die Ladung $\Delta Q = nq\,\Delta V = nqAv\,\Delta t = -enAvst$ transportiert. Daraus folgt $I = \Delta Q/\Delta t = qnAv = -enAv$ und

$$v = \frac{1}{Aqn} \approx \frac{-3\text{A}}{1\,\text{mm}^2} \frac{1}{1{,}6 \cdot 10^{-19}\,A \cdot s \cdot 8{,}6 \cdot 10^{22}\,\text{cm}^{-3}} \approx -0{,}22\frac{\text{mm}}{\text{s}}.$$

Die Elektronen bewegen sich so und entgegen der positiven Zählrichtung von I.

Haupteigenschaft des Stromes: Kontinuität. Wir greifen auf den Satz von der Erhaltung der Ladung Gl. (1.5) zurück. Wie bei der Erhaltung der Masse (Gl. (1.6a) und Tafel 1.4) erläutert, kann sich die Gesamtladung in einem Volumen (abgeschlossenes System) nur ändern, wenn ein Ladungsnettotransport, also ein *Ladungsträgerzufluß I* oder *-abfluß I* durch die das Volumen umschließende (materielle oder gedachte) Hüllfläche erfolgt. Die im Volumen V fehlende Ladungsmenge (einer Sorte) befindet sich außerhalb von V und umgekehrt (Bild 1.4b). Deshalb erwarten wir aus der Ladungserhaltung Gl. (1.5) ebenso eine Kontinuitätsgleichung des Ladungsflusses = Stromflusses (Gl. (1.6a)):

$$\frac{\mathrm{d}Q}{\mathrm{d}t} + \underbrace{I_{\text{ab}} - I_{\text{zu}}}_{\text{Nettoladungsfluß}} = 0 \tag{1.8}$$

Kontinuitätsgleichung des Ladungsflusses. Integraldarstellung für ein Volumen V, Naturgesetz.

Im Volumen erfolgt eine Ladungszunahme, wenn der zufließende Ladungsfluß größer als der abfließende ist und umgekehrt. Wir können sie anhand des Bildes 1.5 a sofort erklären:

Die zeitliche Änderung der Gesamtladung Q eines Volumens V ist gleich der dem Volumen durch seine Oberfläche je Zeit zu- und/oder abfließenden Ladungsmenge: also dem Ladungszufluß und -abfluß. Das ist der Kontinuitätssatz des Ladungsflusses. Sind mehrere Zu- und Abflüsse vorhanden, so ist in Gl. (1.8) jeweils die Summe des Ladungsflusses angegeben.

Wir wenden jetzt Gl. (1.8) auf einen beliebig geformten Leiterkreis an, durch den ein Strom I fließt (Bild 1.5c). Wir können dann ein Volumen mit der Ladung Q an jeder Stelle des Leiterkreises konstruieren und die Kontinuitätsgleichung (1.8) aufstellen. Bleibt die Ladung Q erhalten ($Q = \text{const} \rightarrow \mathrm{d}Q/\mathrm{d}t = 0$), so folgt aus Gl. (1.8) an jeder Stelle (A, B, C)

$$I_{\mathrm{ab}} = I_{\mathrm{zu}} = I_{\mathrm{A}} = I_{\mathrm{B}} = I_{\mathrm{C}} \qquad (1.9)$$

Stromkontinuität (bei konstanter Ladung).

In Worten:

Der Strom ist eine in sich geschlossene Erscheinung. Er besitzt in jedem Querschnitt die gleiche Stärke und hat daher keine Quelle oder Senke. Das ist der Inhalt der Stromkontinuität: Strom als „Band" ohne Anfang und Ende. Deshalb heißt eine geschlossene Leiteranordnung auch *Leiter-* oder *Stromkreis.*

Die Stromkontinuität bedeutet zwangsläufig, daß die Ladungsträger durch eine „Antriebsquelle" (Ursache der Bewegung) *hindurchfließen* müssen. Sie werden dort weder erzeugt noch verbraucht, sondern nur durch Energiezufuhr in Bewegung versetzt. Da hierzu eine Energie aufgewendet werden muß, ist diese Antriebsquelle zugleich *Umformorgan nichtelektrischer in elektrische Energie* (s. Abschn. 2.4.1).

Wirkungen des Stromes. Der Mensch vermag eine Ladungsträgerströmung durch seine Sinne nicht direkt, sondern nur *indirekt* über *Stromwirkungen* wahrzunehmen[1]. Sie sind so typische Begleiterscheinungen, daß sie als *Stromkennzeichen* gelten und z. B. zur Strommessung herangezogen werden können:

1. Magnetische Wirkung. Ein Strom wird stets von einem ihn umgebenden *Magnetfeld* begleitet. Es äußert sich z. B. durch Kraftwirkung auf ferromagnetische Stoffe. *Das Magnetfeld ist das wichtigste Kennzeichen eines Stromes.* Deshalb wird es später umgekehrt zur Erklärung eines *verallgemeinerten Strombegriffes* benutzt.

2. Thermische Wirkung. Ein vom Strom durchflossener Stoff *erwärmt* sich. Dabei kann er die Glüh- oder Schmelztemperatur erreichen (Leuchterscheinung). Hierauf beruhen Elektrowärmegeräte, die Glühlampe u.a.m. Die thermische Wirkung kann auch unerwünscht sein, wenn sie die Betriebssicherheit elektrischer Geräte (Motor, Transformator) beeinträchtigt.

---

[1] Beachte: Stromstärken größer als 5 mA können für den Menschen bereits lebensbedrohlich sein!

3. Chemische Wirkung. In bestimmten Flüssigkeiten (Elektrolyte)[1] erfolgt durch die Ladungsträger (Ionen) ein Stofftransport, der den Stoff chemisch verändert. Das wird bei der Elektrolyse, der elektrolytischen Abscheidung, im Akkumulator u. a. m. ausgenutzt.

4. Optische Wirkungen. Durch Stromfluß kann es in Gasen (Blitz, Leuchtstoffröhre u. a.) und Festkörpern (z. B. Lichtemitterdioden aus bestimmten Halbleitern) zur Licht- oder Strahlungsemission kommen. Sie entsteht durch Anregung von gebundenen Elektronen auf ein höheres Energieniveau und Rückkehr auf das Ausgangsniveau mit Emission eines Lichtquants.

Gewöhnlich treten die genannten Wirkungen nicht einzeln, sondern oft nebeneinander auf.

Zeitverlauf, Stromarten. Neben dem (zeitlich konstanten) Gleichstrom gibt es auch zeitveränderliche Ströme, von denen die wichtigsten Stromarten in Bild 1.6 dargestellt sind (DIN 5488):

— *Wechselstrom*, dessen Zeitwert $i(t)$ periodisch wechselt mit verschwindendem linearen Mittelwert $\overline{|i(t)|}$. Die Richtung der Ladungsträgerbewegung wechselt periodisch und deshalb auch das Vorzeichen von $i(t)$ (Bild 1.6b). Eine Sonderform ist der *Sinusstrom* (Bild 1.6c), der große Bedeutung für die Wechselstromtechnik hat (s. Abschn. 5.2).

— *Mischstrom* als Überlagerung von Gleich- und Wechselstrom Bild (1.6d), oft auch als „welliger Gleichstrom" bezeichnet, weil er beim Gleichrichten eines Wechselstrom entsteht.

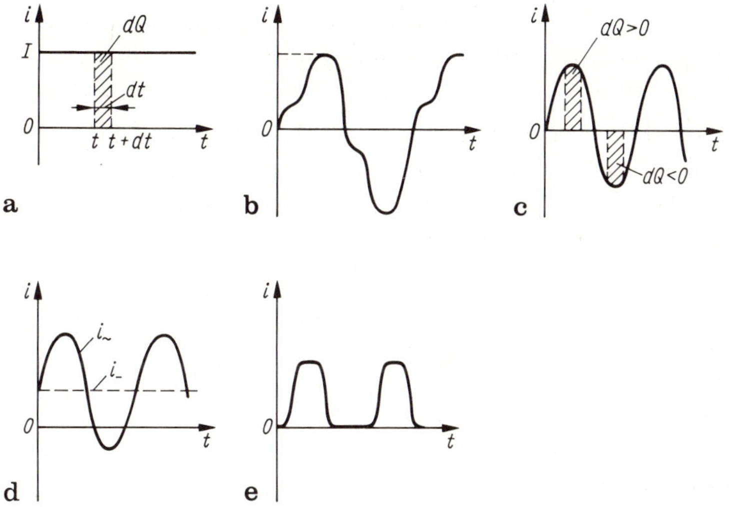

Bild 1.6a–e. Stromarten. **a** Gleichstrom; **b** Wechselstrom; **c** Sinusstrom; **d** Mischstrom mit dem Gleischstromanteil i_- und Wechselstromanteil $i_\sim$; **e** Impulsstrom

[1] Aber auch einige Kristalle

— *Impulsstrom*: Stromstöße kurzer Dauer, die periodisch oder nichtperiodisch auftreten (Bild 1.6e).

1.4.3 Zusammenhang Strom — Ladung

Zusammenhang Strom → Ladung. Wir suchen zum gegebenen Strom die jeweilige Ladung (die Ladungskurve). Es folgt aus der Umkehrung von Differential- zur Integralrechnung (G1. (1.7)) allgemein[2]

$$Q(t) = \int I(t)\,\mathrm{d}t + \text{const} \qquad (1.10a)$$

Zusammenhang Strom → Ladung allgemein (unbestimmtes Integral),

oder zwischen den Zeitpunkten t und t_0 $Q(t) - Q(t_0) = \int_{t_0}^{t} I(t')\mathrm{d}t'$ bzw.

$$\underset{\text{Gesamtladung}}{Q(t)} = \underset{\text{Anfangsladung}}{Q(t)} + \underset{\text{vom Strom } I(t) \text{ transportierte Ladung.}}{\int_{t_0}^{t} I(t')\mathrm{d}t'} \qquad (1.10b)$$

(bestimmtes Integral)

Die Ladung $Q(t_0)$ zu Beginn des Stromflusses heißt *Anfangsladung*. Sie muß bekannt sein

Wir bemerken: Die vom Strom zwischen zwei Zeitpunkten geführte *Nettoladung* (= Differenz zwischen Ladung und Anfangsladung) ist gleich seinem Zeitintegral, graphisch also der *Strom-Zeit-Fläche* (Bild 1.7).

Ein nur kurze Zeit dauernder Strom heißt *Stromstoß*. Bei ihm interessiert meist nur das Zeitintegral der Stromstärke

$$\int_{t_0}^{t} I(t')\mathrm{d}t' .$$

Es ist nach Gl. (1.10b) gleich der Ladung, die während des Stromstoßes durch den Leiter fließt. Mathematisch wird der Stromstoß im Idealfall unendlich kurzer Dauer durch die Impulsfunktion (Diracstoß) beschrieben (s. Abschn. 10.1.5.3).

Diskussion. Den Strom erhalten wir nach der Definition aus einem gegebenem Verlauf $Q(t)$ durch Differenzieren nach der Zeit. Bild 1.7a, b enthält typische Verläufe. Wir bilden die Tangente an die Kurve $Q(t)$ im Zeitpunkt t und erhalten den Stromwert im gleichen Zeitpunkt (z. B. für den Punkt A). Für Zeiten $t < 0$ fließt keine Ladung (Q = const. = 0), dh $I = 0$. Im Zeitbereich $0 < t < t_2$ wächst $Q(t)$ an, daher sind $\frac{\mathrm{d}Q}{\mathrm{d}t}$ und $I(t)$ positiv. Vom

---

[1] Man repetiere den Unterschied zwischen unbestimmter und bestimmter Integration: Kurven mit gleichem Anstieg auf unterschiedlichem „Höhenniveau" haben die gleiche Ableitung, aber Kurven gleicher Steigung können auf unterschiedlichem Höhenniveau liegen. Sie erfordern eine Aussage über ihren Ausgangswert

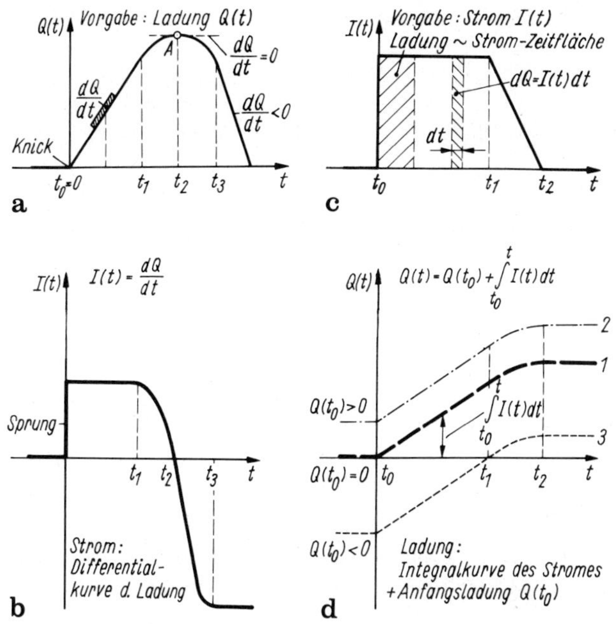

Bild 1.7a–d. Zusammenhang Ladung und Strom (Gln. (1.7), (1.10)). **a** vorgegebener Verlauf der Ladung $Q(t)$, die vom Zeitpunkt t_0 an bis zur Zeit t durch einen Querschnitt geflossen ist; **b** zu **a** gehöriger Stromverlauf nach Gl. (1.7). Zu jedem Zeitpunkt ist der Strom die Tangente ($\mathrm{d}Q/\mathrm{d}t$) an den Ladungsverlauf, Knickstellen des Ladungsverlaufs werden zu Sprungstellen des Stromes; **c** vorgegebener Stromverlauf $I(t)$; **d** zu **c** gehörige Ladungskurve: Integral der Stromkurve vom Zeitpunkt t_0 an. Die Ladung hängt davon ab, welche Ladung bis zum Zeitpunkt t_0 bereits transportiert wurde (Anfangsladung $Q(t_0)$)

Zeitpunkt t_1 an wächst die Ladung langsamer: I fällt, hat aber noch die gleiche Richtung (gleiches Vorzeichen). Vom Zeitpunkt t_2 an nimmt die Ladung ab: Ladung bewegt sich folglich entgegengesetzt und ergibt eine Vorzeichenumkehr des Stromes. Wir bemerken: An Knickstellen der Ladungskurve hat der Strom Sprungstellen.

Ist dagegen der Stromverlauf gegeben (Bild 1.7c, d), so ergibt sich die Ladung durch Integration als Strom-Zeitfläche. Bei konstantem Strom wächst die Ladung zeitproportional an. Das gilt bis zur Zeit t_1. Im Zeitbereich $t_1 \ldots t_2$ fällt der Strom, deshalb steigt die Ladung langsamer. Würde I zur Zeit t_1 auf Null springen, so bliebe die Ladung $Q(t_1) = \text{const}$ erhalten. Die Anfangsladung $Q(t_0)$ bestimmt den jeweiligen „Ansatzpunkt" der Kurve, nicht aber der Kurvenverlauf. Sie wird aus der Vorgeschichte der Anordnung bestimmt.

1.4.4 Strommessung

Einrichtungen zur Messung der Stromstärke heißen *Strommesser* oder „*Amperemeter*" (Milliamperemeter). Sie basieren meist auf den *Wirkungen* des

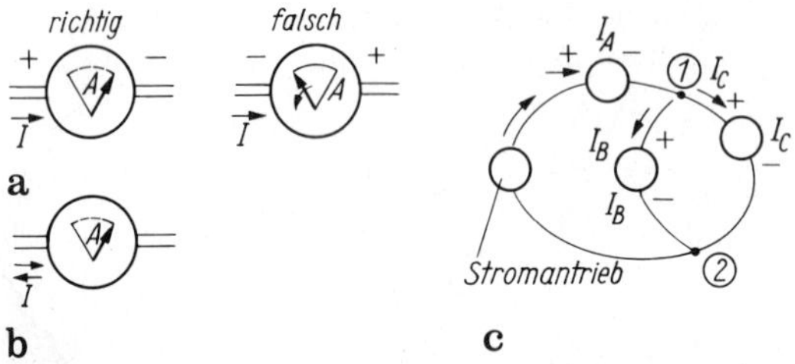

Bild 1.8a–c Strommesser. **a** Strommesser mit stromrichtungsabhängigem Abschlag; **b** Strommesser mit stromrichtungsunabhängigem Ausschlag; **c** Einschalten von Strommessern in einem Stromkreis mit Stromverzweigungen bei (*1*) und (*2*). Angezeigt wird der jeweils durchfließende Strom

Stromes, besonders der Magnetfeldwirkung (Drehimpulsinstrumente) und Wärmewirkung (Hitzdraht-instrumente). Wir kommen darauf im Abschn. 3.1.1 zurück.

Zunehmend werden aber auch Meßinstrumente (sog. Digitalmultimeter) verwendet, die den stromproportionalen Spannungsabfall an einem Widerstand mit einem Meßverstärker verstärken, ev. gleichrichten (Wechselstrom) und digital anzeigen.

Es gibt zwei Gruppen von Strommessern (Bild 1.8):

1. Solche, deren Ausschlag von der *Stromrichtung* abhängt (deren Anschlußklemmen daher mit + und – versehen sind, wobei der Strom bei + ein- und bei – austritt, Bild 1.8a).

2. Solche, deren Anschlag *unabhängig* von der Stromrichtung ist (Bild 1.8b). Letztere eignen sich besonders zur Messung von Wechselstrom.

Hinsichtlich der Anordnung des Strommessers in dem Stromkreis gilt: Strommesser sind so in den Stromkreis zu schalten, daß der Strom *durch* sie fließt (Bild 1.8c).

Zur Selbstkontrolle: Abschnitt 1

1.1 Was beinhalten die Teilchen- und Feldmodelle?

1.2 Wie lautet der Ladungserhaltungssatz?

1.3 Warum kann man einen geladenen isolierten Körper durch Berührung mit den Fingern entladen? Was erfolgt mit den Ladungen?

1.4 Ein positiv geladener Glasstab ziehe einen leichten Gegenstand an. Muß man daraus schließen, daß er negativ geladen ist?

1.5 Welche Ladungsverteilungen gibt es?

1.6 Wie lautet die Definition der Stromstärke?

1.7 Wie kann man aus einem gegebenen Stromverlauf $I(t)$ den Ladungsverlauf $Q(t)$ gewinnen? Beispiele angeben!) Was ist jeweils erforderlich?

1.8 Erläutern Sie die Stromrichtung im Zusammenhang mit der Bewegungsrichtung positiver und negativer Ladungsträger? Gibt es Materialien mit positiven Ladungsträgern?

1.9 Was verstehen Sie unter der Kontinuitätsgleichung des Ladungsflusses? (Analoge Beispiele angeben.)

1.10 Welche Wirkungen hat der Strom?

2 Das elektrische Feld und seine Anwendungen

Ziel. Nach Durcharbeit der Abschnitte 2.1 bis 2.3 soll der Leser in der Lage sein
— den die Ladung umgebenden Raum zu charakterisieren;
— die Definition der elektrischen Feldstärke anzugeben;
— das Feld einer Punktladung zu beschreiben;
— die Konstruktion von Feldlinien durchzuführen;
— die Felder mehrerer Punktladungen zum Gesamtfeld zu überlagern;
— die Arbeit anzugeben, die bei der Bewegung einer Ladung im elektrischen Feld aufzuwenden bzw. zu gewinnen ist und für einfache Felder zu berechnen;
— die Definition des Potentials und der Spannung anzugeben und zu erläutern;
— den Zusammenhang Feldstärke und Äquipotentialfläche (Linie) zu erläutern;
— den Zusammenhang von Strom und Stromdichte zu kennen;
— die Stromdichte für beliebig bewegte Ladungsträger anzugeben und die Stromrichtung zu charakterisieren;
— den Leitungsmechanismus in Leitern und Halbleitern zu erläutern;
— das Ohmsche Gesetz für den Raumpunkt zu kennen;
— die Leitfähigkeit eines Stoffes zu charakterisieren und den Temperaturgang anzugeben;
— das Verhalten der Feldgrößen an der Übergangsstelle zweier verschieden leitender Medien zu kennzeichnen.

Die anschauliche Begründung des Feldbegriffes aus einer Kraftwirkung lernten wir bereits im Abschn. 1.1 kennen. Jetzt behandeln wir des elektrische Feld und seine Wirkung auf Leiter und Nichtleiter.

2.1 Feldbegriffe

2.1.1 Wesen und Feldeigenschaften

Wesen des Feldes. Ein Feld beschreibt einen physikalischen Zustand eines räumlichen Bereiches. Beispiele sind das Kraftfeld (Gravitationsfeld) in Umgebung einer Masse oder das Temperaturfeld in Umgebung einer Wärmequelle. Stets läßt sich dieser Raumzustand durch eine physikalische Größe, die *Feldgröße* kennzeichnen.

Feldgröße; Die einem Raumpunkt gesetzmäßig zugeordnete physikalische Größe zur Beschreibung eines physikalischen Raumzustandes. Die Gesamtheit aller Werte einer Feldgröße im ganzen Raum heißt „Feld".
Eine Feldgröße hängt gewöhnlich vom Ort ab.

Ein Feld heißt *homogen*, wenn die Feldgröße im gesamten Raum unabhängig vom Ort ist. Im anderen Falle heißt das Feld *inhomogen*.

Arten von Feldgrößen. Im mathematischen Sinn ist ein Feld der Teil eines Raumes, dem in jedem Punkt durch eine skalare oder vektorielle Funktion[1]) ein bestimmter Wert einer Größe zugeordnet ist (skalares oder vektorielles Feld). Deshalb kann der physikalische Raumzustand „Feld" durch den mathematischen Feldbegriff beschrieben werden.

1. Skalare Feldgrößen. Skalarfeld. Eine physikalische Feldgröße $\varphi(\boldsymbol{r})$ ist ein Skalarfeld, wenn ihre Werte

$$\varphi = \varphi(\boldsymbol{r}) \qquad \text{Skalarfeld} \tag{2.1a}$$

als Funktion des Ortes reelle Zahlen sind.

Ein Beispiel ist das Temperaturfeld, das sich etwa um eine am Boden befindliche Heizquelle ausbildet (Bild 2.1). Im Raum lassen sich experimentell (Temperaturmessung) Flächen bestimmen, auf denen die Temperatur überall einen konstanten Wert hat. Das sind die sog. „Temperaturflächen".

Das Feld einer skalaren Feldgröße (= Skalarfeld) wird durch Flächen dargestellt, auf denen diese Größe jeweils einen konstanten Betrag hat.

Im Schnittbild eines solchen Skalarfeldes ergeben sich folglich sog. „Niveau"-Linien (Bild 2.1b). Das sind in unserem Falle Linien gleicher Temperatur. So sind die Isothermen einer Wetterkarte bzw. die Höhenlinien einer Landkarte ($W_{\text{pot}} \sim h$) solche „Niveaulinien." Zweckmäßig ordnet man benachbarten Niveauflächen gleiche Differenzen der Feldgröße zu, hier also Temperaturunterschiede ΔT. So ergibt sich das im Bild dargestellte *ausgewählte Feldbild.*

Als wichtigstes Skalarfeld der Elektrotechnik werden wir das *Potentialfeld* (Abschn. 2.2) kennenlernen.

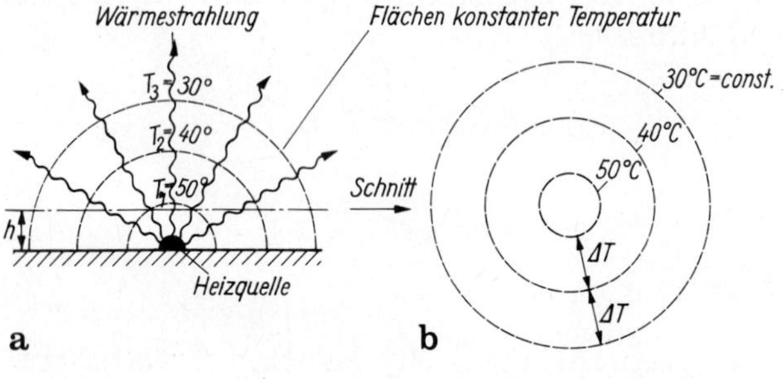

Bild 2.1a, b. Temperaturfeld (Skalarfeld). **a** Schnittbild um eine Heizquelle. Es lassen sich Flächen (etwa halbkugelförmig) konstanter Temperatur finden. Sie werden senkrecht von der Wärmestrahlung durchsetzt; **b** Schnittbild durch das Temperaturfeld in einer bestimmten Höhe *h*. Es ergeben sich Kreise (= Niveaulinien), auf denen die Temperatur konstant ist

[1] In der Feldtheorie lernen wir noch tensorielle Feldgrößen kennen.

2. Vektorielle Feldgrößen. Vektorfeld. Eine physikalische Feldgröße ist ein Vektorfeld, wenn ihre Werte

$$\boldsymbol{F} = \boldsymbol{F}(\boldsymbol{r}) \qquad \text{Vektorfeld} \tag{2.1}$$

als Funktion des Ortes Vektoren $\boldsymbol{F}$ sind. Beispiele dafür sind die Schwere- und Geschwindigkeitsfelder. So hat z. B. eine Punktladung $+Q$ ein Kraftfeld (Bild 2.2). Dieses Vektorfeld läßt sich durch *Feldlinien* veranschaulichen. Sie heißen auch *Kraft-* oder *Wirkungslinien.* Bringen wir in Nähe der Ladung weitere Punktladungen, so werden sie — abhängig von der Entfernung — unterschiedlich stark abgestoßen oder angezogen. Diese ortsabhängige Kraftwirkung hat Richtung und Betrag ($\sim$ Länge der Vektoren). Bei einer negativen Ladung (Bild 2.2b) erfolgt Anziehung, es kehrt sich die Kraftwirkung um. Die Methode, den Betrag eines Vektors durch seine Länge zu veranschaulichen, ist bei geschlossenen Feldlinien nicht anwendbar. Deshalb wird der Betrag besser durch die *Liniendichte* der Feldlinien (Bild 2.2c) ausgedrückt: doppelte Kraft = doppelte Liniendichte usw.

Was ist überhaupt eine Feldlinie und wie wird sie erhalten (Bild 2.2d)? Es sei $\boldsymbol{F}_1$ die Kraft in Punkt P_1. Wir sehen vom Punkt P_1 aus in Richtung von $\boldsymbol{F}_1$ zum dicht benachbarten Punkt P_2, bestimmen dort die Kraft $\boldsymbol{F}_2$, gehen von P_2 aus in Richtung von $\boldsymbol{F}_2$ zu P_3 usw. Die von den Wegstücken $\Delta \boldsymbol{s}_\mathrm{i} = F_\mathrm{i}\boldsymbol{e}_\mathrm{F}\Delta s$ bestimmte Raumkurve ist die Feldlinie der *Kraft* oder:

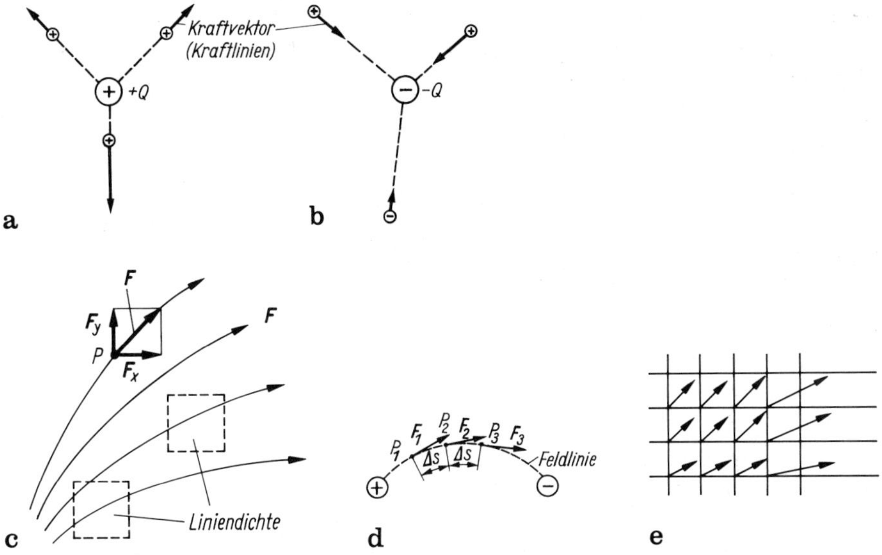

Bild 2.2a–e. Kräfte in Umgebung einer Punktladung (positiv, negativ) auf Probeladungen. **a** positive Punktladung; **b** negative Punktladung; **c** Darstellung des Betrages eines Vektors $\boldsymbol{F}$ durch die Liniendichte (= Dichte ausgewählter Feldlinien); **d** Konstruktion einer Feldlinie; **e** Felddarstellung durch Vektoren in Rasterpunkten

Feldlinien sind Kurven im Raum (Raumkurven), deren Tangentenrichtung in allen Raumpunkten auf dieser Kurve mit der Richtung des dort herrschenden Feldvektors übereinstimmt. Man beachte jedoch: Feldlinien sind als *gedachte* Linien ein Hilfsmiltel zur Darstellung der Richtung eines Feldvektors — an jeder Stelle im Raum, also keine physikalishe Realität.

Feldlinien veranschaulichen so den räumlichen Verlauf einer Feldgröße. Ihre Richtung an einem Ort ist gleich der Richtung der Feldgröße, ihre Dichte (Abstand) ein Maß für den Betrag der Feldgröße an gleicher Stelle.

Bei zweidimensionaler Darstellung begnügt man sich mit einer Schnittfläche durch den Raum.

Das Längenelement d$\boldsymbol{r}$ der Feldlinie hat überall die gleiche Richtung wie der Feldvektor $\boldsymbol{F}(\boldsymbol{r})$. Deshalb gilt

$$\boldsymbol{F} \times \mathrm{d}\boldsymbol{r} = 0, \text{ d. h. } \boldsymbol{F} \parallel \mathrm{d}\boldsymbol{r} \tag{2.1c}$$

Kennt man die Feldverteilung $\boldsymbol{F}(x, y, z) = F_x \boldsymbol{e}_x + F_y \boldsymbol{e}_y + F_z \boldsymbol{e}_z$ in einem Punkt, so kann die Gleichung der Feldlinien aus

$$\frac{\mathrm{d}x}{F_x} = \frac{\mathrm{d}y}{F_y} = \frac{\mathrm{d}z}{F_z}$$

berechnet werden (folgt aus Gl. (2.1c)). Man gibt dazu z. B. dx vor und berechnet dy, dz. Mit dem so bestimmten Längenelement d$\boldsymbol{r}$ folgt der Punkt $\boldsymbol{r}_0 + \mathrm{d}\boldsymbol{r}$ auf der Feldlinie, für den man das Verfahren wiederholt.

Weniger üblich ist, das Feld in bestimmten Rasterpunkten durch Vektorpfeile (Bild 2.2e) darzustellen.

Bild 2.3 zeigt Feldlinienbilder homogener und inhomogener Felder. Homogene Felder haben parallele und äquidistante Feldlinien. (Deshalb ist Bild 2.3a$_3$ ein

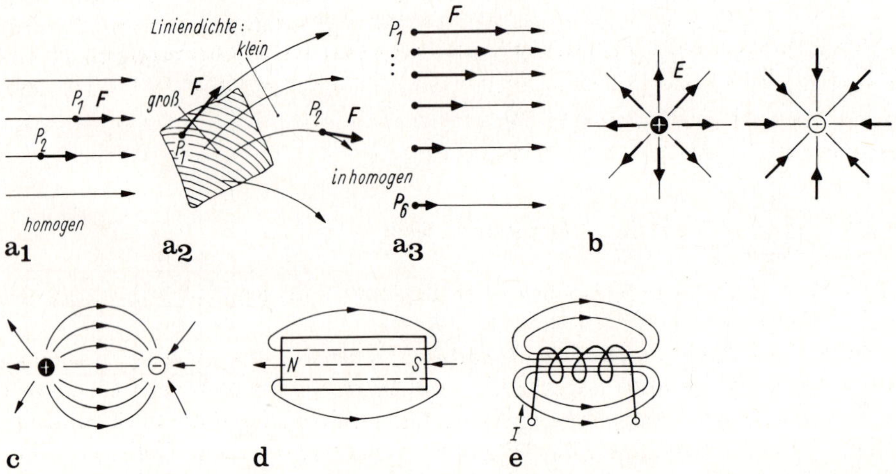

Bild 2.3a–e. Feldlinienbilder. **a** homogene und inhomogene Felder; **b**, **c** Feldlinien mit Anfang und Ende: Einzelladungen (**b**) und Ladungsdipole (**c**); **d**, **e** Feldlinien ohne Anfang und Ende: Magnetfeld des Dauermagneten (**d**) und einer strömdurchflossenen Spule (**e**)

inhomogenes Feld, weil sich die Liniendichte ändert). Da sich aus Darstellungsgründen nicht alle Feldlinien eines Vektorfeldes zeichnen lassen, beschränkt man sich auf wenige *ausgewählte* Feldlinien. Auswahlprinzip können gleiche Richtungs- und/oder Betragsunterschiede sein.

Es gibt zwei Gruppen von Feldlinien:

1. Feldlinien mit Anfang und Ende (Bild 2.3a bis c). Der Anfangspunkt heißt *Quelle*, der Endpunkt *Senke*. Ein solches Feld heißt *Quellenfeld*. Solche Feldlinien treten z. B. zwischen positiven und negativen Ladungen auf, wie aus Bild 2.3 hervorgeht. Sie sind typisch für das *elektrische* Feld. Dabei wollen wir vereinbaren: Im Quellenfeldern beginnen Feldlinien stets auf positiven Ladungen und enden auf negativen.

2. Feldlinien ohne Anfang und Ende, also ohne Quellen und Senken. Die Feldlinien verlaufen in sich selbst geschlossen. Derartige Felder heißen *quellenfreie* Felder. Beispiele sind die (geschlossenen) Strömungslinien (Bild 1.5d), wie sie durch die Kontinuität des Stromes gegeben sind oder das *Wirbelfeld*, wie es das Magnetfeld darstellt, das einen Strom umgibt (Bild 2.3d, e und Abschnitt 3.1).

2.1.2 Feldgrößen und Koordinatensysteme

Der Vorzug der Feldbeschreibung liegt darin, daß die auftretenden Feldgrößen zu jedem Zeitpunkt nicht von der Wahl eines speziellen Koordinatensystems abhängen. Deshalb können in der Feldbeschreibung allgemeingültige koordinatenunabhängige Beziehungen zwischen den Feldgrößen hergeleitet werden. Ein Beispiel dafür ist das Newtonsche Gesetz: $\boldsymbol{F} = m \cdot \boldsymbol{b}$. Es gilt in dieser Form unabhängig davon, ob kartesische oder andere Koordinaten gewählt werden.

Die Komponenten der vektoriellen Feldgrößen, also z. B. $\boldsymbol{F}_x$ und $\boldsymbol{F}_y$ ($\boldsymbol{F} = \boldsymbol{F}_x + \boldsymbol{F}_y$) hängen natürlich vom jeweils gewählten Koordinatensystem ab. Zur Berechnung von Feldern in speziellen geometrischen Anordnungen ist deshalb ein Koordinatensystem zu wählen. Wir kommen in den meisten Fällen mit kartesischen Koordinaten aus, in einigen wenigen Fällen wenden wir die symmetrische Zylinder- und Kugelgeometrie an.

2.1.3 Lokale Felddarstellung. Integrale Größen

In der Darstellung und Anwendung von Felderscheinungen sind zwei Grundverfahren üblich (s. auch Tafel 1.4).

1. Beschreibung der Feldeigenschaften durch die dem Raumpunkt zugeordneten Feldgrößen und deren Gesetzmäßigkeiten. So gibt z. B. die Kenntnis der Kraft $\boldsymbol{F}$ an einem Ort noch keine Auskunft darüber, ob und wie stark sich diese Kraft an dieser Stelle räumlich ändert. Für solche räumlichen Änderungen von Feldgrößen werden später im Rahmen der Feldtheorie neue Rechenvorschriften (die sog. Differentialoperatoren) eingeführt.

2. Integration einer Feldgröße längs eines Weges oder über eine Fläche. Damit kommen wir zu den bereits im Abschn. 0.2.4 erläuterten *Linien-* und *Flußintegralen*

(Beispiel: Arbeit $W = \int \boldsymbol{F} \cdot \mathrm{d}\boldsymbol{s}$ als Linienintegral der Kraft) zurück. Wir beschränken uns dabei auf parallele und rotationssymmetrische Felder. Dann können die Flächen- und Volumenintegrale stets durch eindimensionale Integration gelöst werden[1]. Da in dieser Darstellung eine Integration von Feldgrößen durchzuführen ist, wollen wir die Ergebnisse *integrale* oder *globale* Feldgrößen oder kurz *integrale Größen* nennen. Sie beschreiben anschaulich die *Gesamterscheinung der betreffenden Feldgröße in einem bestimmten Bereich* (Wegstrecke, Fläche) durch neue Größen (Tafel 1.4). Zu ihnen zählen z. B. die Stromstärke I und die Spannung U. Obwohl es sich um skalare Größen handelt, haben alle durch ihre Verknüpfung mit einer vektoriellen Feldgröße und dem Weg bzw. der Fläche einen physikalischen *Richtungssinn* (s. Abschn. 0.2.4), also ein Vorzeichen. Flußgrößen lassen sich dabei durch sog. *Flußröhren* veranschaulichen. Tafel 2.1 gibt eine vorbereitende Übersicht der Feld- und Globalgrößen, denen wir in den Abschn. 2 und 3 begegnen werden.

2.2 Feldstärke E und Potential φ

2.2.1 Feldstärke E

Wesen. Aus den Schulkenntnissen wissen wir, daß zwischen zwei benachbarten ruhenden Punktladungen Q_1, Q_2 ein Kraftfeld besteht (Bild 2.4, vgl. auch Bild 1.1). Dem experimentellen Befund nach beträgt die Kraft (analog zum Gesetz der Massenanziehung)

$$\boldsymbol{F}_{12} = \frac{k}{a^2} Q_1 Q_2 \boldsymbol{e}_\mathrm{a} \tag{2.2}$$

Coloumbsches Gesetz (Naturgesetz);
k proportionaler Faktor, Naturkonstante für Vakuum;
a Abstand der Ladungen Q_1, Q_2;
$\boldsymbol{e}_\mathrm{a}$ Einheitsvektor des Abstandsvektors $\boldsymbol{a}$.

Ein positiv ermitteltes Vorzeichen der Kraft bedeutet dabei Abstoßung, negatives Anziehung oder: gleichnamige Ladungen stoßen sich ab, ungleichnamige ziehen sich an. Dies ist die Aussage des *Teilchenmodells.*

Nach Gl. (2.2) verursacht die Ladung Q_1 an der Ladung Q_2 eine angreifende Kraft $\boldsymbol{F}_2$ (und umgekehrt) über beliebige Entfernung. In dieser Aussage wird der Ursache (elektrische Ladung Q_1) eine *entfernt auftretende Wirkung* (Kraft auf Ladung Q_2) ohne Vermittlung des zwischenliegenden Raumes zugeschrieben!

Wir erklären jetzt den gleichen Sachverhalt durch das *Feldmodell.* Danach muß jeder Feldgröße, die eine Wirkung beschreibt (hier die Kraft $\boldsymbol{F}_2$ auf die zweite

[1] Damit genügen zur Lösung gymnasiale Mathematikkenntnisse

Tafel 2.1. Übersicht der Felder und ihre beschreibenden Größen

Feldart	Feldbeschreibung (im Raumpunkt)		Beschreibung durch Globalgrößen	
	Erregergröße[a]	Wirkungsgröße[a]	Erregergröße[a]	Wirkungsgröße[a]
Strömungsfeld (Abschn. 2.3)	Stromdichte $\boldsymbol{S}$ (Abschn. 2.3)	elektrische Feldstärke $\boldsymbol{E}$ (Abschn. 2.1, 2.2)	Strom I (Abschn. 2.3, 2.4)	Spannung U (Abschn. 2.2, 2.4)
	Materialgröße $\varkappa$		Widerstand R (Abschn. 2.4)	
Elektrostatisches Feld (Abschn. 2.5)	Verschiebungsflußdichte $\boldsymbol{D}$ (Abschn. 2.5)	elektrische Feldstärke $\boldsymbol{E}$	Verschiebungsfluß Ψ (Ladung Q) (Abschn. 2.5)	Spannung U
	Materialgröße ε		Kapazität C (Abschn. 2.5)	
Magnetisches Feld (Abschn. 3)	magnetische Flußdichte $\boldsymbol{B}$ (Abschn. 3.1)	magnetische Feldstärke $\boldsymbol{H}$ (Abschn. 3.1)	magnetischer Fluß Φ (Abschn. 3.2)	magnetische Spannung V (Abschn. 3.2)
	Materialgröße μ		magnetischer Widerstand R_m	

[a] Die Rollen können vertauscht sein.

Verkopplung zum elektrischen Kreis durch
— Induktivität L (Abschn. 3.2, 3.4)
— Gegeninduktivität M (Abschn. 3.2, 3.4)

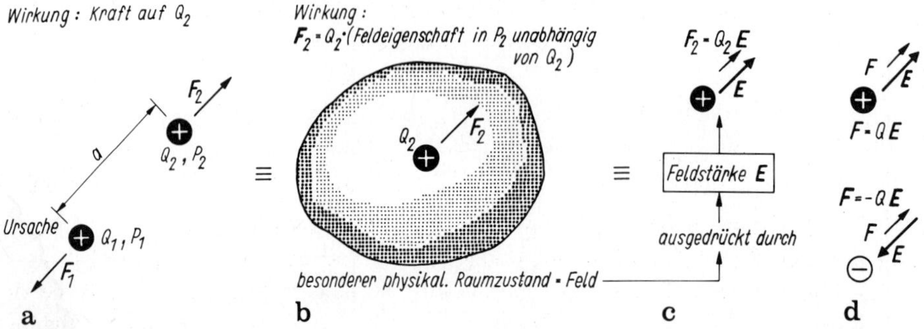

Bild 2.4a–d. Elektrische Feldstärke *E*. **a** Kraftwirkung zwischen zwei Ladungen; **b** Kraftwirkung auf Ladung Q_2 infolge eines besonderen physikalischen Raumzustandes; **c** Definition der Feldstärke *E* zur Kennzeichnung des besonderen physikalischen Raumzustandes; **d** zur Richtung von *E*

Ladung) eine andere, *im gleichen Raumpunkt* zur gleichen Zeit auftretende Feldgröße, also eine Ursache zugeordnet werden. In unserem Beispiel wirkt auf die Ladung Q_2 die Kraft $\boldsymbol{F}_2$

$$|\boldsymbol{F}_2| = Q_2 \boxed{\frac{kQ_1}{a^2}} \tag{2.3}$$

Deshalb ist der umrahmte Anteil eine Eigenschaft des Raumes am Ort von Q_2 selbst aber unabhängig von Q_2.

Im Feldmodell wird diese Wirkung auf eine Feldgröße zurückgeführt, die am Ort von Q_2 herrscht (Bild 2.4b). Sie muß unabhängig vom Objekt ($\rightarrow Q_2$) sein, auf das sie wirkt (die Kraft hängt von Betrag und Vorzeichen von Q_2 ab, kann also nicht Zustandsgröße des Raumes sein)! Der Quotient

$$\frac{|\boldsymbol{F}_2|}{Q_2} = \frac{kQ_1}{a^2} \tag{2.4}$$

erfüllt aber diese Eigenschaft. Wir interpretieren ihn als die dem Raumpunkt eigene Feldgröße, die die Kraftwirkung, $\boldsymbol{F}_2$ charakterisiert. Sie heißt *elektrische Feldstärke* $\boldsymbol{E}$:

$$\text{Elektrische Feldstärke} = \frac{\text{Kraft auf Ladung}}{\text{Ladung}}$$

Qualitatives Verständnis der Feldstärke am Ort der Ladung.

Wie die Kraft $\boldsymbol{F}$ muß auch die Feldstärke eine vektorielle physikalische Größe sein, und wir kommen zu folgender *Definition*:

Wirkt auf eine am Ort P befindliche ruhende Punktladung Q die Kraft $\boldsymbol{F}$, so herrscht am gleichen Ort die elektrische Feldstärke $\boldsymbol{E}$

$$\boldsymbol{E} = \frac{\boldsymbol{F}}{Q} \tag{2.5}$$

Definitionsgleichung für $\boldsymbol{E}$ am Ort der Kraft $\boldsymbol{F}$ auf die ruhende Ladung Q.

Die *Richtung* der Feldstärke $\boldsymbol{E}$ stimmt bei positiver Ladung mit der Kraftrichtung überein, bei negativer Ladung wirken $\boldsymbol{E}$ und $\boldsymbol{F}$ einander entgegen (Bild 2.4d).

Die prinzipielle Bedeutung der Definition Gl. (2.5) liegt darin, daß sie die Wechselbeziehung zwischen Feldgröße und Kraftwirkung am gleichen Ort beschreibt. So ordnet das elektrische Feld jedem Raumpunkt eine *lokale* Eigenschaft zu. Ist $\boldsymbol{E}$ in diesem Punkt bekannt, so weiß man sofort, was dort mit jeder Ladung geschehen würde unabhängig davon, ob sie vorhanden ist oder nicht. Die Definition Gl. (2.5) enthält auch keine Aussage darüber, *wie* die Feldstärke erzeugt wurde. Deshalb kann sie auf zwei verschiedene Arten interpretiert werden:

1. Man stellt das elektrische Feld an einem Ort durch die *Kraftwirkung* auf eine *dort befindliche* oder *hingebrachte Ladung* fest: Die Ladung wirkt als „Feldindikator" und heißt *Probeladung*. Zwangsläufig bewegt dann eine Feldstärke bewegliche Ladungen (etwa im Leiter) durch ihre Kraftwirkung auf sie: *Feldstärke als Antriebsursache der Trägerbewegung* (→ Ladungstransport, Ladungsstrom).

2. Ladungen *erzeugen* in ihrer Umgebung ein Kraftfeld (z. B. Bild 2.4a, Q_1) und damit ein elektrisches Feld. Folglich sind sie immer Anfang (Quelle) und Ende (Senke) von Feldstärkelinien (s. z. B. Bild 2.3b, c).

Im Bild 2.5 wurden einige einfache Beispiele dafür zusammengestellt: ruhende Ladungen etwa zwischen einr Gewitterwolke und der Erde oder auf zwei isoliert angebrachten Metallplatten (auf die Ladungen gebracht wurden). Sorgen wir dafür, daß in einem Leiter eine Feldstärke E wirkt (indem wir z. B. eine Batteriespannung anlegen), so setzt die Feldstärke Ladungsträger in Bewegung. Auch auf den Polen (+ , −) einer Batterie sitzen Ladungen, zwischen denen sich ein elektrisches Feld ausdehnt (Bild 2.5b).

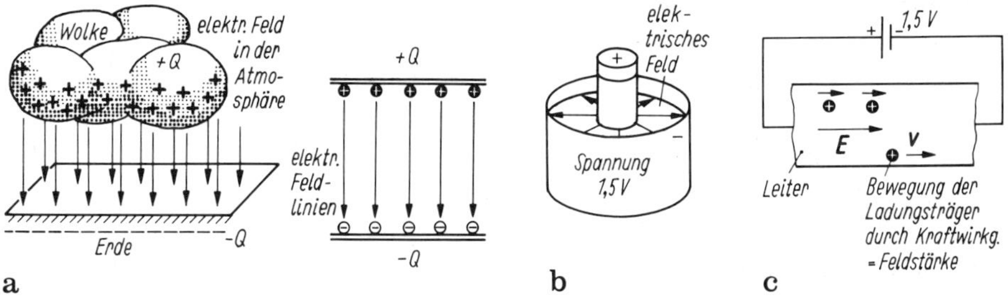

Bild 2.5a–c. Beispiele des elektrischen Feldes. **a** Ausbildung eines elektrischen Feldes zwischen Ladungen (Gewitterwolke, geladene isolierte Metallplatte); **b** ein elektrisches Feld bildet sich auch zwischen den Polen einer Batterie aus; **c** bei Anschluß einer Batterie an einen Leiter entsteht im Leiter ein elektrisches Feld, das eine Kraft auf Ladungsträger ausübt: Ladungsträgerbewegung, Stromtransport

Aus dem Bisherigen muß zusammenfassend geschlossen werden:

Das elektrische Feld ist an eine *Ursache* (z. B. ruhende Ladung) gebunden. Es tritt dann im Raum als Wirkung auf. Umgekehrt kann ein (von anderen ruhenden Ladungen erzeugtes) elektrisches Feld auch Ursache einer Kraftwirkung auf Ladungsträger sein und z. B. Ladungsträger bewegen. Deshalb unterteilen wir die elektrischen Felderscheinungen zweckmäßig in solche, die an *ruhende* Ladungen gebunden sind (elektrostatisches Feld, Abschn. 2.5) und solche, die mit *Ladungsbewegungen* verbunden sind (Strömungsfeld, Abschn. 2.3).

Müßig ist die Frage, was ein elektrisches Feld wirklich darstellt. Es genügt lediglich festzustellen, daß das elektrische Feld eine zweckmäßige und brauchbare Beschreibung eines Raumzustandes ist und auf Ladungen meßbare Kräfte verursacht.

Dimension und Einheit. Aus Gl. (2.5) folgt als Dimension der elektrischen Feldstärke

$$\dim(E) = \dim\left(\frac{\text{Kraft}}{\text{Ladung}}\right) = \dim\left(\frac{\text{Masse}\cdot\text{Länge}}{\text{Ladung}\cdot\text{Zeit}^2}\right).$$

Für elektrotechnische Belange benutzt man nicht die Dimension Masse, sondern die der *elektrischen Spannung* (s. Abschn. 2.2.5). Dann gilt

$$\dim(\text{Kraft}) = \dim\left(\frac{\text{Spannung}\cdot\text{Ladung}}{\text{Länge}}\right).$$

Die *Einheit* der elektrischen Feldstärke beträgt

$$[E] = \frac{[F]}{[Q]} = \frac{\dfrac{1\,\text{V}\cdot\text{A}\cdot\text{s}}{\text{m}}}{1\,\text{A}\cdot\text{s}} = \frac{1\,\text{V}}{\text{m}}.$$

Gebräuchliche Untereinheiten sind V cm^{-1}, kVcm^{-1}, MVcm^{-1}.

Größenvorstellung:

Atmosphäre (klares Wetter)	$E \approx (100 \ldots 200)\,\text{V/m}$,
Oberfläche einer Rundfunkempfangsantenne	$E \approx (1 \ldots 10^3)\,\mu\text{V/m}$,
Oberfläche einer Hochspannungsleitung	$E \approx 10^6\,\text{V/m}$,
Kondensator	$E \approx (10^6 \ldots 10^7)\,\text{V/m}$,
stromdurchflossener Leiter	$E \approx 0{,}1\,\text{V/m}$,
in Halbleiterbauelementen (sog. Sperrschicht)	$E \approx (10^4 \ldots 10^6)\,\text{V/cm}$,
Durchschlagfestigkeit der Luft	$E \approx 30\,\text{kV/cm}$.

Eine Feldstärke $E = 10^6\,\text{V/m}$ übt auf eine positive Elementarladung $q = 1{,}6\cdot10^{-19}\,\text{A}\cdot\text{s}$ die Kraft $F = q\cdot E = 1{,}6\cdot10^{-19}\,\text{A}\cdot\text{s}\cdot10^6\,\text{V/m} = 1{,}6\cdot10^{-13}\,\text{Ws}\cdot\text{m}^{-1} \approx 1{,}6\cdot10^{11}\,\text{p}$ aus, da $1\,\text{Ws/m} \approx 0{,}1\,\text{kp} = 100\,\text{p}$ beträgt.

Beispiel. Feld einer Punktladung. Das Feldlinienbild einer positiven Ladung Q (mit unendlich weit entfernter negativer Gegenladung) kann sehr leicht gezeichnet werden. Nach Gl. (2.2) gehen die Feldlinien radial von der Ladung aus. Sie durchsetzen im Abstand r eine Kugelfläche $4\pi r^2$, in doppeltem Abstand die 4fache Kugelfläche usw. Teilt man eine Hüllfläche (Kugeloberfläche) um die Punktladung in n gleiche Teilflächen und ordnet jeder eine Feldlinie zu (→ ausgewählte Feldlinie), so durchsetzt die gleiche Feldlinie mit wachsendem Radius eine immer größere Fläche. Deshalb sinkt die Feldliniendichte (= Anzahl/Fläche) nach außen mit $1/r^2$ und ebenso der Betrag der Feldstärke, der der Liniendichte proportional ist:

$$\boldsymbol{E} = \frac{\boldsymbol{E}}{q} = \frac{\text{const}}{r^2} \boldsymbol{e}_\text{r} \,.$$

Dreidimensional hat man sich die Feldlinien sternförmig nach allen Seiten gerichtet vorzustellen (wie die Stacheln eines Igels), zweidimensional vermittelt Bild 2.6a einen Eindruck. Eine negative Punktladung hätte das gleiche Feldbild nur mit umgekehrter Feldrichtung (Bild 2.6b).

Sind mehrere Punktladungen vorhanden, so erzeugt jede für sich ein elektrisches Feld (Bild 2.6c). Diese Teilfelder überlagern sich linear zum Gesamtfeld, weil die Feldstärke *linear* von der Ladung Q abhängt. Bild 2.6d veranschaulicht dies für die Punktladungen Q_1, Q_2, Q_3. Die Feldstärke im Punkt P (für den sie bestimmt werden soll) ergibt sich dann aus den Einzelbeträgen

$$|\boldsymbol{E}_\text{i}| = k \frac{Q_\text{i}}{r_\text{ip}^2}\,, \qquad i = 1, 2, 3\,,$$

die Richtungen entsprechen den Verbindungsstrahlen von der betreffenden Ladung zum Aufpunkt (unter Beachtung des Vorzeichens). Zunächst werden $\boldsymbol{E}_1$ und $\boldsymbol{E}_2$ vektoriell addiert (Parallelogramm-Konstruktion), anschließend zu diesem Ergebnis noch $\boldsymbol{E}_3$. Damit gilt

$$\boldsymbol{E} = \boldsymbol{E}_1 + \boldsymbol{E}_2 + \boldsymbol{E}_3 = \sum_{i=1}^{3} \boldsymbol{E}_\text{i} \tag{2.6a}$$

Überlagerung mehrerer Einzelfeldstärken zur Gesamtfeldstärke im gleichen Punkt

oder

$$\boldsymbol{E} = \frac{kQ_1}{r_{1\text{p}}^2} \boldsymbol{e}_{\text{r}1} + \frac{kQ_2}{r_{2\text{p}}^2} \boldsymbol{e}_{\text{r}2} + \frac{kQ_3}{r_{3\text{p}}^2} \boldsymbol{e}_{\text{r}3}\,. \tag{2.6b}$$

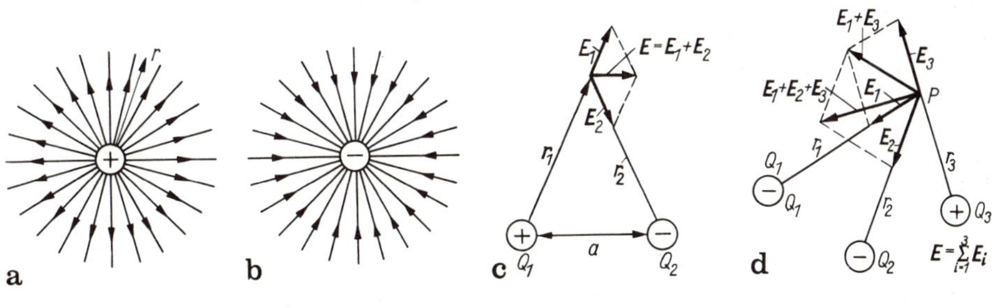

Bild 2.6a–d. Feldbilder und Feldüberlagerung. **a, b** positive Einzelladung, negative Einzelladung; **c** Überlagerung (Addition der Vektorgrößen) der Feldstärke $\boldsymbol{E}_1$ und $\boldsymbol{E}_2$ im Punkt P herrührend von zwei Punktladungen; **d** wie **c**, jedoch von drei Punktladungen herrührend

(Zur analytischen Berechnung führt man z. B. karthesische Koordinaten ein und berechnet die einzelnen Anteile von $\boldsymbol{E}$ getrennt. Das ist sehr aufwendig!)

Wir haben bei dieser Aufgabe das sog. *Überlagerungs-* oder *Superpositionsprinzip* angewandt. Es besagt allgemein:

Hängen in einem physikalischen Sysem Ursache und Wirkung linear voneinander ab, so ergibt sich die Gesamtwirkung eines Vorganges als Funktion mehrerer Ursachen, indem man zunächst die Teilwirkung als Funktion der Einzelursache bestimmt und alle Teilwirkungen zur Gesamtwirkung addiert (überlagert).

In unserem Falle lautet es speziell:

Die von den einzelnen Ladungen herrührenden elektrischen Feldstärken addieren sich in jedem Raumpunkt vektoriell zur Gesamtfeldstärke in diesem Punkt[1].

Das Überlagerungsprinzip wird in der Elektrotechnik für verschiedenartigste Größen benutzt. Wir greifen deshalb noch öfter darauf zurück.

2.2.2 Potential φ

Linienintegral der Feldstärke. Eine bewegliche (positive) Probeladung Q folgt im elektrischen Feld der auf sie einwirkenden Kraft $\boldsymbol{F}$. Daher stammt ihre Bewegungsenergie aus dem Feld. Umgekehrt muß Arbeit (Energie) aufgewandt werden, soll die Ladung *gegen* die Kraftwirkung verschoben werden. Wir wollen die Arbeit W (engl. work), eine *skalare Größe*, als positiv ansehen, wenn sie bei positiver Ladung vom Feld aufgebracht wird und als negativ, wenn sie dem Feld zugeführt wird. Bei der Ladungsverschiebung zwischen zwei Raumpunkten A und B längs eines Weges $\boldsymbol{s}$ (zu dem das Wegelement $\mathrm{d}\boldsymbol{s}$ gehört) ist dann die Arbeit Gl. (0.6), (Bild 2.7):

$$W_{\mathrm{AB}} = W_{\mathrm{A}} - W_{\mathrm{B}} = \int_A^B \boldsymbol{F} \cdot \mathrm{d}\boldsymbol{s} = Q \int_A^B \boldsymbol{E} \cdot \mathrm{d}\boldsymbol{s} = Q \int_A^B |\boldsymbol{E}|\,|\mathrm{d}\boldsymbol{s}| \cos(\sphericalangle \boldsymbol{E}, \mathrm{d}\boldsymbol{s}) \tag{2.7a}$$

Arbeit ausgedrückt durch das Linienintegral der elektrischen Feldstärke zu leisten.

Die an der Ladung Q geleistete Arbeit W_{AB} ist gleich dem Linienintegral der elektrischen Feldstärke über einen Weg zwischen Anfangspunkt A und Endpunkt B.

Die symbolische Schreibweise Gl. (2.7a) darf nicht darüber hinwegtäuschen, daß man bei der praktischen Rechnung die Komponenten von $\boldsymbol{E}$ (z. B. in kartesischen Koordinaten) kennen muß. Sie können längs des Weges von den Koordinaten x, y, z abhängen. Dann zerfällt das Linienintegral in drei einfache Integrale

$$W_{\mathrm{AB}} = Q\left[\int_{x_{\mathrm{A}}}^{x_{\mathrm{B}}} \boldsymbol{e}_{\mathrm{x}} E_{\mathrm{x}}(x, y, z)\boldsymbol{e}_{\mathrm{x}}\mathrm{d}x + \int_{y_{\mathrm{A}}}^{y_{\mathrm{B}}} \boldsymbol{e}_{\mathrm{y}} E_{\mathrm{y}}(x, y, z)\boldsymbol{e}_{\mathrm{y}}\mathrm{d}y + \int_{z_{\mathrm{A}}}^{z_{\mathrm{B}}} \boldsymbol{e}_{\mathrm{z}} E_{\mathrm{z}}(x, y, z)\boldsymbol{e}_{\mathrm{z}}\mathrm{d}z\right].$$

---

[1] Später werden wir erkennen, daß Gl. (2.6a) nur gilt, wenn sich alle Ladungen in gleichem Medium (Dielektrikum) befinden

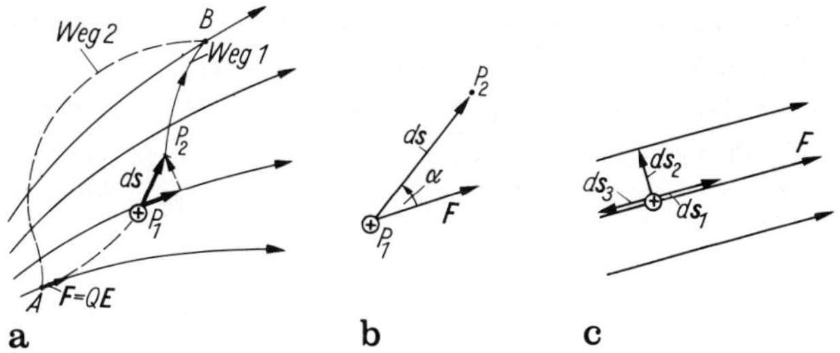

Bild 2.7a–c. Zur Arbeit W_{AB}, die im Kraftfeld $\boldsymbol{F} = Q\boldsymbol{E}$ bei Verschiebung einer positiven Ladung von A nach B zu leisten ist. **a** Festlegungen; **b** vergrößerte Einzelheit zur Bestimmung der Arbeit; **c** verschiedene Möglichkeiten der Verschiebung:

Verschiebung von Q um	Feldkomponente in Richtung von $\mathrm{d}\boldsymbol{s}$	Feldarbeit
$\mathrm{d}\boldsymbol{s}_1$	$\boldsymbol{E} = \boldsymbol{F}/Q$	$\boldsymbol{F}\,\mathrm{d}\boldsymbol{s}_1 = Q\boldsymbol{E}\,\mathrm{d}\boldsymbol{s}_1$
$\mathrm{d}\boldsymbol{s}_2$	0	0
$\mathrm{d}\boldsymbol{s}_3$	$-\boldsymbol{E} = \boldsymbol{F}/Q$	$-\boldsymbol{F}\,\mathrm{d}\boldsymbol{s}_3 = -Q\boldsymbol{E}\,\mathrm{d}\boldsymbol{s}_3$

Die Integrationen mit $\mathrm{d}\boldsymbol{x} = \boldsymbol{e}_x \mathrm{d}x$ usw, sind über einen vorgegebenen Weg zwischen dem Anfangs-(x_A, y_A, z_A) und Endpunkt (x_B, y_B, z_B) auszuführen. Bei der praktischen Berechnung des Wegintegrals versucht man stets, das Wegelement $\mathrm{d}\boldsymbol{s}$ als Summe seiner Komponenten in Richtung von $\boldsymbol{E}$ und senkrecht dazu aufzuspalten. Letztere ergeben keinen Beitrag, da $\boldsymbol{E} \perp \mathrm{d}\boldsymbol{s}$. Das veranschaulicht speziell Bild 2.7c.

Im allgemeinen gibt es beliebige Integrationswege zwischen A und B in Gl. (2.7a). Man sollte erwarten, daß die vom Feld für die gleiche Verschiebung aufzubringende Energie auf unterschiedlichen Wegen verschieden ist. Nun läßt sich beweisen, daß die von A nach B auf dem Weg 1 (Bild 2.7a) aufgenommene Energie gleich der auf dem Weg 2 von B nach A abgegebenen Energie sein muß, wenn ein Feld ohne äußere Energiezufuhr existiert:

$$W_1 = Q \int_{\substack{A \\ \text{Weg 1}}}^{B} \boldsymbol{E} \cdot \mathrm{d}\boldsymbol{s} = -Q \int_{\substack{B \\ \text{Weg 2}}}^{A} \boldsymbol{E} \cdot \mathrm{d}\boldsymbol{s} = -W_2 \,.$$

In einem solchen Feld ergibt die Integration längs eines geschlossenen Weges, also von A nach B und B nach A zurück (angedeutet durch das Zeichen $\oint$, ein sog. *Umlaufintegral*)

$$\int_{\substack{A \\ \text{Weg 1}}}^{B} \boldsymbol{E} \cdot \mathrm{d}\boldsymbol{s} + \int_{\substack{B \\ \text{Weg 2}}}^{A} \boldsymbol{E} \cdot \mathrm{d}\boldsymbol{s} = \oint_{\substack{\text{beliebige} \\ \text{Umrandung}}} \boldsymbol{E} \cdot \mathrm{d}\boldsymbol{s} = \oint |\boldsymbol{E}|\,|\mathrm{d}\boldsymbol{s}| \cos(\sphericalangle \boldsymbol{E}, \mathrm{d}\boldsymbol{s}) = 0 \qquad (2.8)$$

Umlaufintegral der Feldstärke im Potentialfeld

In Worten: Im Feldstärkefeld einer ruhenden Ladung ist der Wert des Umlaufintegrals der Feldstärke längs eines beliebigen Weges stets Null. Ein solches Feld heißt *Potentialfeld* oder *elektrostatisches* Feld. Es ist als Feld einer Potentialkraft *konservativ*,[1] ganz analog zum Gravitationsfeld.

Anschaulich hat die potentielle Energie einer im Feld auf beliebigem Weg in ihre Ausgangslage zurückgeführten Ladung zu Anfang und Ende der Bewegung den gleichen Wert.

Potentialbegriff. In einem Potentialfeld hängt die zur Ladungsverschiebung notwendige Arbeit W nur vom Anfangs- und Endpunkt (Ortsvektoren $\boldsymbol{r}_\mathrm{A}$, $\boldsymbol{r}_\mathrm{B}$) im Feld, aber nicht vom Weg ab

$$W_\mathrm{AB} = Q \int_A^B \boldsymbol{E} \cdot \mathrm{d}\boldsymbol{s} = Q[f(\boldsymbol{r}_\mathrm{B}) - f(\boldsymbol{r}_\mathrm{A})] \,. \tag{2.7b}$$

Deshalb kann die Arbeit W_AB unmittelbar durch eine Funktion $f(\boldsymbol{r})$ ausgedrückt werden, *ohne das Integral berechnen zu müssen.* Üblicherweise benutzt man den *negativen* Wert von $f(\boldsymbol{r})$ und nennt ihn

$\varphi(\boldsymbol{r}) = -f(\boldsymbol{r})$ Potential φ des elektrischen Feldes.

Das Ergebnis (2.7b) bleibt unverändert, wenn der Weg von A nach B noch über einen dritten (beliebigen) Punkt 0 (Ortsvektor $\boldsymbol{r}_0$) gelegt wird ($A \to 0 \to B$)

$$\begin{aligned} W_\mathrm{AB} &= Q \int_A^0 \boldsymbol{E} \cdot \mathrm{d}\boldsymbol{s} + Q \int_0^B \boldsymbol{E} \cdot \mathrm{d}\boldsymbol{s} = Q \int_A^B \boldsymbol{E} \cdot \mathrm{d}\boldsymbol{s} \\ &= Q[f(\boldsymbol{r}_0) - f(\boldsymbol{r}_\mathrm{A}) + f(\boldsymbol{r}_\mathrm{B}) - f(\boldsymbol{r}_0)] \,. \\ &= Q(f(\boldsymbol{r}_\mathrm{B}) - f(\boldsymbol{r}_\mathrm{A})) \,. \end{aligned}$$

Somit läßt sich der Zusammenhang zwischen Potential $\varphi(\boldsymbol{r})$ und elektrischer Feldstärke $E(\boldsymbol{r})$ durch das unbestimmte Integral

$$\varphi = -\int \boldsymbol{E}(\boldsymbol{r}) \cdot \mathrm{d}\boldsymbol{s} + \mathrm{const} \tag{2.9}$$

Potential φ

unter Benutzung eines beliebigen Bezugspunktes ausdrücken. Die auftretende Konstante legen wir durch den Bezugspunkt fest.

Ergebnis: Das (elektrische) Potential $\varphi(\boldsymbol{r})$ eines Raumpunktes $P(\boldsymbol{r})$ im elektrischen Feld ist das Wegintegral der elektrischen Feldstärke $\boldsymbol{E}(\boldsymbol{r})$ zwischen diesem Raumpunkt und einem beliebigen (aber eindeutig festgelegten) Bezugspunkt bei beliebigem Integrationsweg.

Das Potential ist eine *skalare* Feldgröße. Es kennzeichnet physikalisch die potentielle Energie $W_{\mathrm{A}0}$ einer positiven Probeladung im Punkt A gegenüber einem

---

[1] Ein konservatives Kraftfeld wird gleichwertig durch eines der folgenden Merkmale gekennzeichnet: Arbeit unabhängig vom Weg oder Arbeit verschwindet auf geschlossenem Weg oder es existiert im Kraftfeld eine potentielle Energie (und damit ein potential) oder das Feld ist wirbelfrei.

Bezugspunkt 0. Im Bezugspunkt 0 selbst setzen wir das Potential definitionsgemäß Null ($\varphi(0) = 0$). Es folgt deshalb aus Gl. (2.7b) mit (2.9) umgeschrieben

$$\varphi(\boldsymbol{r}_\mathrm{A}) - \underbrace{\varphi(\boldsymbol{r})}_{\substack{0 \\ \text{Bezugspunkt}}} = \int_A^0 \boldsymbol{E}\cdot \mathrm{d}\boldsymbol{s} = -\int_0^A \boldsymbol{E}\cdot \mathrm{d}\boldsymbol{s} = \frac{W_{\mathrm{A0}}}{Q} \tag{2.10}$$

Potential im Punkt A gegenüber dem Bezugspunkt 0 (Definitionsgleichung).

Demnach ist das Potential eines Feldpunktes

— *positiv*, wenn dort die potentielle Energie einer positiven Ladung höher (positiver) als im Bezugspunkt ist (Bild 2.8);

— *negativ*, wenn die potentielle Energie der positiven Ladung kleiner (negativer) als im Bezugspunkt ist.

Das Potential nimmt also in Richtung der Feldstärkelinien ab oder anders: Der Feldstärkevektor weist von Punkten höheren Potentials zu solchen tieferen Potentials.

Betrachten wir dazu Bild 2.8. Im Bezugspunkt P_0 ist $\varphi = 0$. Gemäß $\boldsymbol{F} = Q\boldsymbol{E}$ bewegt sich eine positive Probeladung Q in Richtung von $\boldsymbol{E}$ von A nach B. Dabei gibt das Feld Verschiebungsenergie ab. Im Punkt B hat die Ladung eine kleinere potentielle Energie als im Punkt 0. Wird sie durch eine äußere (mechanische) Kraft von B nach 0 zurückbewegt (gleichwertige Verschiebung von 0 nach A), so steigt ihre potentielle Energie an.

Zusammengefaßt beschreibt das Potential φ ebenso wie die elektrische Feldstärke $\boldsymbol{E}$ die Eigenschaften des elektrischen Feldes. Weil es im Gegensatz zu $\boldsymbol{E}$ eine skalare Feldgröße ist, ergeben sich besonders bei der Feldberechnung erhebliche Rechenvereinfachungen.

Einheit. Wir erhalten aus der Definitionsgleichung (2.10) als Einheit für das Potential

$$[\varphi] = [E][s] = \frac{1\,\mathrm{V}}{\mathrm{m}}\cdot 1\,\mathrm{m} = 1\,\mathrm{V} \text{ Einheit des Potentials}\,.$$

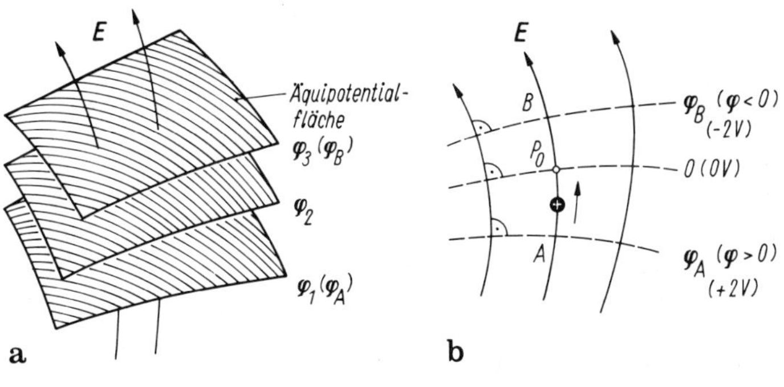

Bild 2.8a,b. Potential und Feldstärke. **a** Ausschnitt aus einem räumlichen Feldstärke- und Potentialfeld (dreidimensional). Die Feldlinien stehen senkrecht (orthogonal) auf der Potentialfläche; **b** Schnittebene durch die Darstellung **a**, es entsteht ein zweidimensionales Feldstärke- und Potentialfeld. Positives und negatives Potential

Sie trägt einen besonderen Namen: Volt (V). Übliche Einheiten sind kV, mV, µV.

Feldbild des Potentials. In einem vom elektrischen Feld erfüllten Raum gibt es stets viele Punkte mit gleichem Potential. Alle Raumpunkte mit gleichem Potential bilden eine *Äquipotentialfläche* (Bild 2.8a). Ihre Spuren (= Projektion) in ebene Schnittflächen ergeben die *Äquipotentiallinien* (Bild 2.8b).

Bei gegebener Feldstärkeverteilung liegt durch Gl. (2.9) auch das zugehörige Potentialfeld (bis auf eine von der Wahl des Bezugspunktes abhängige additive Konstante) fest. Ändert sich der Bezugspunkt, so ändern sich alle Potentiale nur um eine additive Konstante. Das Feldbild selbst bleibt erhalten.

Auf Potentialflächen ist die potentielle Energie W konstant. Deshalb verschwindet dort die Energieänderung $\mathrm{d}W \sim \mathrm{d}\varphi$. Aus Gl. (2.10) und (2.8) folgt

$$\mathrm{d}W = -Q\,\mathrm{d}\varphi = Q(\boldsymbol{E}\cdot\mathrm{d}\boldsymbol{s}) = 0 \tag{2.11}$$

Energieänderung bei Bewegung einer Ladung längs einer Linie $W = \text{const.}$

Nach den Regeln des Skalarproduktes stehen dann $\boldsymbol{E}$ und $\mathrm{d}\boldsymbol{s}$ senkrecht zueinander oder:

Die Äquipotentialflächen bzw. -linien des skalaren Potentialfeldes und die Feldlinien des vektoriellen $\boldsymbol{E}$-Feldes durchdringen einander stets senkrecht. Der Transport einer Ladung längs einer Potentiallinie erfordert deshalb keinen Energieaufwand.

Bild 2.9 veranschaulicht ein homogenes Feld mit den eingetragenen (in 2V-Stufen ausgewählten) Äquipotentialflächen (dreidimensional, Bild 2.9a) und Äquipotentiallinien (zweidimensional, Bild 2.9b). Die elektrische Feldstärke muß nach dem bisher Gelernten stets in Richtung *maximaler Potentialabnahme* zeigen (s. u.).

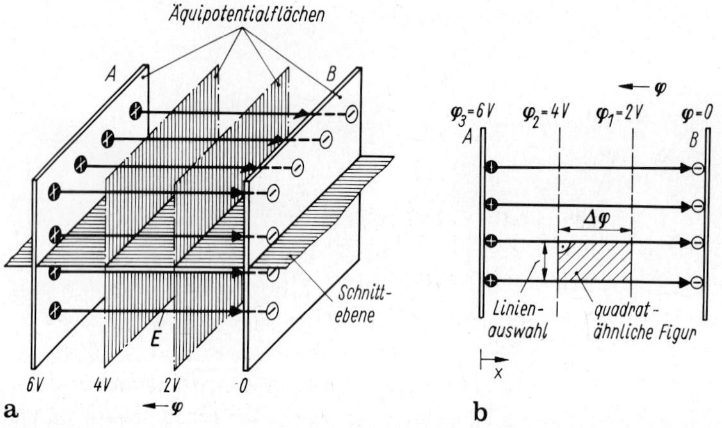

Bild 2.9a,b. Homogenes Feldstärke- und Potentialfeld. **a** räumliche Darstellung; **b** flächenhafte Darstellung (in einer Schnittebene)

Deshalb wird der vom Feld erfüllte Raum bei Darstellung durch ausgewählte Feldlinien und ausgewählte Äquipotentialflächen (= benachbarte Potentialflächen mit gleichem Potentialunterschied $\Delta\varphi$, z. B. $\Delta\varphi = 2\,\text{V}$) in *quaderähnliche Volumina* aufgeteilt, bei zweidimensionaler Darstellung also in ein Netz *quadratähnlicher Figuren.* Sie sind im Bild 2.9b gut zu erkennen. Felder, die sich längs einer Koordinate nicht ändern (z. B. koaxialer Zylinder), werden durch eine solche zweidimensionale Darstellung vollständig beschrieben. Sie heißen *parallelebene* oder *ebene* Felder.

Bild 2.10 zeigt als Beispiel das Feldbild zweier isoliert angeordneter konzentrischer Metallzylinder, wobei der Innenzylinder positiv geladen ist. Das Feldstärkebild läßt sich leicht zeichnen. Die Feldstärke nimmt nach außen ab, denn die Liniendichte muß sinken. Ausgewählte Äquipotentialflächen lassen sich rasch nach dem Prinzip quadratähnlicher Figuren (ohne Rechnung) durch Probieren zeichnen. Ist E klein (kleine Liniendichte), so muß der Abstand Δs der Potentiallinie bei gegebenem $\Delta\varphi$ groß werden, damit der Quotient $E \sim \Delta\varphi/\Delta s$ klein wird. Auf diese Weise ergibt sich aus Bild b der E- und φ-Verlauf qualitativ (Bild 2.10c).

Beispiel: Homogenes Feld. Zwischen zwei Platten mit Flächenladungen (s. Bild 2.11) herrsche ein homogenes Feld $\boldsymbol{E} = E_x \boldsymbol{e}_x$ ($E_y = E_z = 0$, $E_x = 10\,\text{V/cm}$). Man berechne das Potential des Punktes P im Abstand x_1 von A ($x_1 = 3\,\text{cm}$, $d = 10\,\text{cm}$) bei folgenden Bezugspotentialen: $\varphi_A = 0$, $\varphi_B = 0$, $\varphi_B = -10\,\text{V}$ und stelle ausgewählte φ-Linien dar. Allgemein gilt für das Potential in einem Punkt mit einem Bezugspunkt x_B nach Gl. (2.10)

$$\varphi(x) = \varphi(x_B) + \int_x^{x_B} E_x \boldsymbol{e}_x \boldsymbol{e}_x \,\mathrm{d}x = \varphi(x_B) + \int_x^{x_B} E_x \,\mathrm{d}x = \varphi_B + E_x(x_B - x)\,,$$

da $\boldsymbol{e}_x \boldsymbol{e}_x = 1$. Wird als Bezug der Punkt A ($x_A = 0$) gewählt, so gilt analog aus Gl. (2.10)

$$\varphi(x) = \varphi(x_A) + \int_x^{x_A} E_x \,\mathrm{d}x = \varphi_A + E_x(x_A - x) = \varphi_A - E_x x = \varphi(x_A) - \int_{x_A}^{x} E_x \,\mathrm{d}x\,.$$

Im Bild 2.11b entspricht das Integral $\int_{x_A}^{x} E_x \,\mathrm{d}x$ für $x \equiv x_1$ der Fläche (1), das Integral $\int_x^{x_B} E_x \,\mathrm{d}x$ der Fläche (2). Das Potential $\varphi(x)$ im Punkt x kann damit gleichwertig beschrieben werden

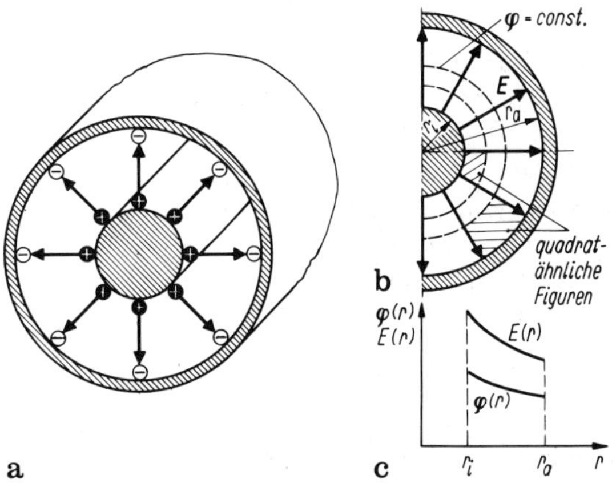

Bild 2.10a–c. Inhomogenes Feldstärke- und Potentialfeld. **a** Anordnung (Koaxialleiter) mit isolierendem Medium zwischen äußerem Metallzylinder und Innenleiter; **b** Feldstärke und Potentiallinien; **c** Feldstärke und Potentialfeld

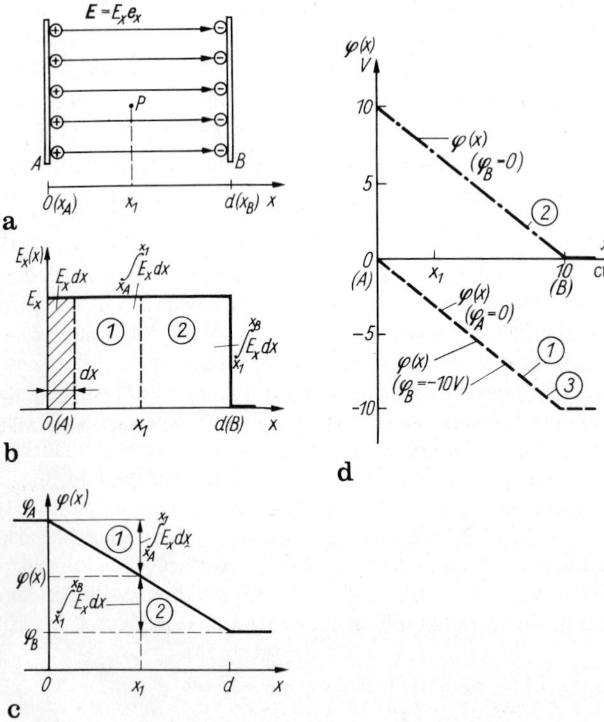

Bild 2.11a–d. Homogenes Feldstärke- und Potentialfeld. **a**, **b** Feldverlauf; **c** Potentialverlauf; **d** Potentialverlauf für die angegebenen Zahlenwerte

— durch das Bezugspotential φ_B, zu dem das Potential $\int\limits_{x}^{x_B} E_x \, dx$ hinzugezählt werden muß (Bild 2.11c) oder

— durch das Bezugspotential φ_A, von dem das Potential $\int\limits_{x_A}^{x} E_x \, dx (>0)$ abgezogen werden muß.

Im Beispiel ergibt sich mit $E_x d = 1 \frac{\text{V}}{\text{cm}} \cdot 10 \text{ cm} = 10 \text{ V}$

$$\varphi(x) = \varphi_B + 10 \text{ V} - 1 \frac{\text{V}}{\text{cm}} x = \varphi_A - 1 \frac{\text{V}}{\text{cm}} x ,$$

also im Punkte $x_1 = 3$ cm für die einzelnen Bezugspotentiale (Bild 2.11d)

— $\varphi_A = 0$: $\quad \varphi(x_1) = -1 \frac{\text{V}}{\text{cm}} \cdot 3 \text{ cm} = -3 \text{ V}$, Kurve (1);

— $\varphi_B = 0$: $\quad \varphi(x_1) = 10 \text{ V} - 1 \frac{\text{V}}{\text{cm}} \cdot 3 \text{ cm} = 7 \text{ V}$, Kurve (2);

— $\varphi_B = -10$ V: $\varphi(x_1) = -10 \text{ V} + 10 \text{ V} - 1 \frac{\text{V}}{\text{cm}} \cdot 3 \text{ cm} = -3 \text{ V}$, Kurve (3).

Das letzte Ergebnis stimmt mit dem ersten überein, weil in beiden Fällen die Potentialdifferenz $\varphi_A - \varphi_B = \int_{x_A}^{x_B} E_x \, dx = E_x d$ zwischen den Platten die gleiche ist, unabhängig vom Bezugswert der einzelnen Potentiale.

Beispiel: Potential der Punktladung. Für die Punktladung (s. Abschn. 2.2.1) mit $\boldsymbol{E} = \frac{Qk}{r^2}\boldsymbol{e}_r$ ergibt sich mit dem Linienelement $\mathrm{d}\boldsymbol{s} = \boldsymbol{e}_r \mathrm{d}r + \boldsymbol{e}_\alpha r \, \mathrm{d}\alpha + \boldsymbol{e}_\Theta r \, \mathrm{d}\Theta (\boldsymbol{e}_\alpha, \boldsymbol{e}_\Theta \perp \boldsymbol{e}_r$, daher geben die Winkelkomponenten in Linienintegral keinen Beitrag) als Potential des Punktes $\boldsymbol{r}$ (Gl. (2.10))

$$\varphi(r) = \int_r^P \boldsymbol{E} \cdot \mathrm{d}\boldsymbol{s} + \varphi(P) = \int_r^P \frac{Qk}{r'^2} \mathrm{d}r' + \varphi(P) = \left.\frac{-2Qk}{r'}\right|_r^P + \varphi(P) = \frac{2Qk}{r} + \varphi(P) .$$

Nach Bild 2.6 sind die Äquipotentialflächen Kugelflächen mit der Ladung im Zentrum, die stets senkrecht von den E-Linien durchstoßen werden. Wir legen den Potentialbezugspunkt ins Unendliche (für $r \to 0$ wird sonst φ unendlich groß) und erhalten $\varphi = 2Qk/r$.

Beispiel. Im gegebenen Potentialfeld (Bild 2.12) ist das Umlaufintegral über die gegebenen Punkte zu bestimmen. Mit Gl. (2.8) gilt

$$\oint \boldsymbol{E} \cdot \mathrm{d}\boldsymbol{s} = \int_A^B \boldsymbol{E} \cdot \mathrm{d}\boldsymbol{s} + \int_B^C \boldsymbol{E} \cdot \mathrm{d}\boldsymbol{s} + \int_C^D \boldsymbol{E} \cdot \mathrm{d}\boldsymbol{s} + \int_D^A \boldsymbol{E} \cdot \mathrm{d}\boldsymbol{s}$$
$$= (0 - 0)\,\mathrm{V} - (20 - 0)\,\mathrm{V} - (30 - 20)\,\mathrm{V} - (0 - 30)\,\mathrm{V} = 0 .$$

2.2.3 Bestimmung der Feldstärke aus dem Potential

Wir kennen die Bestimmung des Potentials aus einer gegebenen Feldstärke und wenden uns jetzt der „Umkehroperation" von Gl. (2.9) zu: Bestimmung der Feldstärke aus dem Potential. Sie würde sich für eine Koordinatenrichtung aus Gl. (2.9) $\varphi(x) = -\int \boldsymbol{E}_x \cdot \boldsymbol{e}_x \, \mathrm{d}x + \text{const} = -\int E_x \, \mathrm{d}x + \text{const.}$ zu

$$\frac{\mathrm{d}\varphi(x)}{\mathrm{d}x} = -E_x \quad \text{bzw.} \quad -\frac{\mathrm{d}\varphi}{\mathrm{d}x}\boldsymbol{e}_x = E_x \boldsymbol{e}_x = \boldsymbol{E}_x \qquad (2.12a)$$

ergeben. Die Ableitung des Potentials ist dem Betrag der Feldstärke proportional, die *Richtung*, in der die (negative) Ableitung zu bilden ist, stimmt mit der Richtung der Feldstärke $\boldsymbol{E}_x$ überein. Das negative Vorzeichen deutet an, das die Feldstärke in Richtung der Potential*abnahme* (= Potentialgefälle) wirkt. Deshalb heißt die Ableitung der Art Gl. (2.12a) auch *Richtungsableitung*: Änderung $\mathrm{d}\varphi/\mathrm{d}x$ von φ *in x-Richtung.*

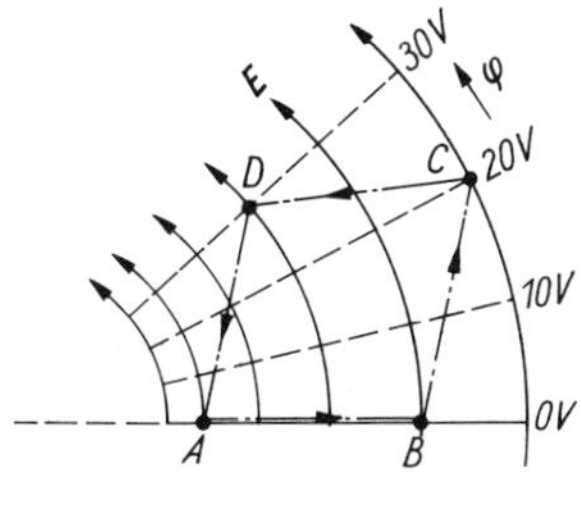

Bild 2.12. Zum Umlaufintegral im Potentialfeld

Im allgemeinen Fall ist die Richtungsableitung *in allen drei Richtungen* zu bilden, für karthesische Koordinaten also mit $\varphi \equiv \varphi(x, y, z)$

$$\boldsymbol{E} = E_x \boldsymbol{e}_x + E_y \boldsymbol{e}_y + E_z \boldsymbol{e}_z = -\left(\frac{\partial \varphi}{\partial x} \boldsymbol{e}_x + \frac{\partial \varphi}{\partial y} \boldsymbol{e}_y + \frac{\partial \varphi}{\partial z} \boldsymbol{e}_z\right)^{1,2} \tag{2.12b}$$

mit

$$\boldsymbol{E}_x = -\frac{\partial \varphi}{\partial x} \boldsymbol{e}_x , \qquad \boldsymbol{E}_y = -\frac{\partial \varphi}{\partial y} \boldsymbol{e}_y , \qquad \boldsymbol{E}_z = -\frac{\partial \varphi}{\partial z} \boldsymbol{e}_z$$

und dem Betrag der Gesamtfeldstärke $E = \sqrt{E_x^2 + E_y^2 + E_z^2}$.
Die Rechenvorschrift Gl. (2.12b), die die Änderung des Potentials φ in Umgebung eines Punktes in *Richtung des größten Gefälles* angibt, heißt allgemein Richtungsableitung. Wir drücken sie allgemeiner aus, indem die Potentialänderung $\mathrm{d}\varphi = -\boldsymbol{E} \cdot \mathrm{d}\boldsymbol{s}$ beiderseitig mit dem Einheitsvektor $\boldsymbol{e}_s$ in Richtung des allgemeinen Wegelementes $\mathrm{d}\boldsymbol{s}$ multipliziert wird: $\mathrm{d}\varphi\, \boldsymbol{e}_s = -\boldsymbol{E} \mathrm{d}\boldsymbol{s} \cdot \boldsymbol{e}_s = -\boldsymbol{E} \mathrm{d}s\, \boldsymbol{e}_s \cdot \boldsymbol{e}_s = -\boldsymbol{E} \mathrm{d}s$.
Das Ergebnis

$$\boldsymbol{E} = -\frac{\mathrm{d}\varphi}{\mathrm{d}s} \boldsymbol{e}_s \equiv -\operatorname{grad} \varphi \tag{2.12c}$$

Zusammenhang Feldstärke $\boldsymbol{E}$ – Potential φ,

die *Richtungsableitung*, läßt sich durch eine Operationsvorschrift: Gradient (grad) des Potentials φ erfassen[3]. („Umkehroperation" zu Gl. (2.9) resp. $\boldsymbol{E} \cdot \mathrm{d}\boldsymbol{s} = -\mathrm{d}\varphi$).

Der (negative) Gradient des Potentials ist ein Vektor — die Feldstärke —, der die Richtung des steilsten Gefälles hat und dessen Betrag die in diese Richtung (nicht in beliebiger!) gemessene Neigung angibt. Deshalb steht $\mathrm{d}\boldsymbol{s}$ senkrecht auf einer Äquipotentialfläche (s. Gl. (2.11) ff) und wird oft durch den Normalenvektor $\mathrm{d}\boldsymbol{n} = \mathrm{d}n \cdot \boldsymbol{e}_n \equiv \mathrm{d}\boldsymbol{s}$ ersetzt.

Anschaulich:

Feldstärke = Potentialgefälle in Richtung größter Potentialabnahme,
d. h. bei gleichem $\Delta\varphi$ längs der kürzesten Wegstrecke Δs.

Wir wollen dies durch ein Beispiel veranschaulichen.

Im eindimensionalen, homogenen Feld nach Bild 2.9 und Bild 2.13a galt $\varphi(x) = -\text{const}\ x$. Dann beträgt die Feldstärke nach Gl. (2.12)

$$\boldsymbol{E}_x = -\frac{\mathrm{d}\varphi}{\mathrm{d}x} \boldsymbol{e}_x = \text{const}\ \boldsymbol{e}_x .$$

Sie ist in x-Richtung positiv gerichtet und steht senkrecht auf den Linien $\varphi = \text{const}$. E_y- und E_z-Komponenten fehlen. Der Potentialanstieg $\mathrm{d}\varphi/\mathrm{d}x$ ist negativ, das Gefälle $-\mathrm{d}\varphi/\mathrm{d}x$ also positiv.

---

[1] Auch Darstellungen in anderen Koordinaten sind gleichwertig

[2] Sind Differentiale nicht nur für eine, sondern für mehrere Veränderliche zu bilden, so schreibt man $\partial/\partial x$ statt $\mathrm{d}/\mathrm{d}x$

[3] Diese Operation wird in der Feldtheorie ausführlich behandelt

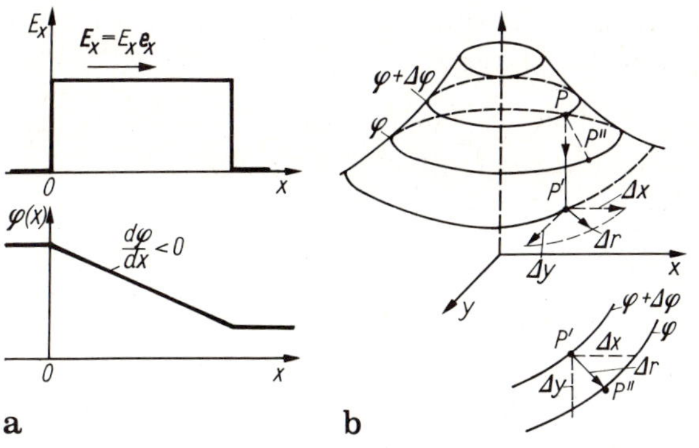

Bild 2.13a, b. Veranschaulichung der Feldstärke im Potentialgebirge. **a** homogenes Feld, Potentialverlauf. Es ist $E_x = -\Delta\varphi/\Delta x$, s. Bild 2.11; **b** inhomogenes Feld. Es ist E gleich der Richtung des größten Gefälles. Die Ableitungen $\Delta\varphi/\Delta x$ bzw. $\Delta\varphi/\Delta y$ sind bei gleicher Potentialstufe $\Delta\varphi$ kleiner als $\Delta\varphi/\Delta r$

Im Feld der Kugelladung (Bild 2.13b) hat E in zweidimensionaler Darstellung Komponenten $\boldsymbol{E}_x$ und $\boldsymbol{E}_y$. Also ergibt sowohl die Ableitung $\mathrm{d}\varphi/\mathrm{d}x$ als auch $\mathrm{d}\varphi/\mathrm{d}y$ allein noch nicht das größte Gefälle, sondern erst die Abteilung senkrecht zu den φ-Linien. Das ist aber die $\boldsymbol{r}$-Richtung. In diesem Falle wäre also (Gl. (2.12a)) zu schreiben ($\mathrm{d}\boldsymbol{s} \to \mathrm{d}\boldsymbol{r}$)

$$\boldsymbol{E}_\mathrm{r} = -\frac{\mathrm{d}\varphi}{\mathrm{d}r}\,\boldsymbol{e}_\mathrm{r} = \frac{\mathrm{const}}{r^2}\,\boldsymbol{e}_\mathrm{r}$$

$\left(\text{wegen } \varphi = -\dfrac{\mathrm{const}}{r}\right)$. Man erkennt im Bild 2.13b sehr deutlich, daß die Wegstrecken Δx und Δy zwischen den beiden auf die Ebene projizierten Potentiallinien φ und $\varphi + \Delta\varphi$ größer sind als Δr, also nicht die größte Potentialänderung $\Delta\varphi$ längs des Weges Δs ergeben. Deshalb benötigen wir neben der Intensitätsaussage des Gefälles noch eine Richtungsangabe. Sie ergibt sich aus der Wegstrecke Δs von der Projektion P' des Punktes P nach P''. Die kürzeste Wegstrecke $\Delta s|_\mathrm{min} = \Delta r$ liegt in Richtung senkrecht zur Potentiallinie bzw. Potentialfläche, also in *Normalenrichtung* zu ihr.

2.2.4 Potentialüberlagerung

Wir sahen im Abschn. 2.2.1, daß sich bei mehreren, gleichwirkenden Feldstärken die Gesamtfeldstärke in einem Punkt durch Überlagerung ergibt (Gl. (2.6a) und Bild 2.6d). Dabei können bei der Lösung praktischer Aufgaben u. U. erhebliche Rechenprobleme entstehen. Die gleiche Aufgabe läßt sich über das Potential einfacher lösen: Es wird das resultierende Potential φ_ges in einem Raumpunkt P (Bezugspunkt O) durch (skalare) Addition der Einzelpotentiale bestimmt (Bild 2.14)

$$\varphi_\mathrm{ges} = \int_P^0 \boldsymbol{E}_\mathrm{ges}\cdot\mathrm{d}\boldsymbol{s} = \int_P^0 \left(\sum_{\nu=1}^{n} \boldsymbol{E}_\nu\right)\cdot\mathrm{d}\boldsymbol{s} = \int_P^0 \boldsymbol{E}_1\cdot\mathrm{d}\boldsymbol{s} + \int_P^0 \boldsymbol{E}_2\cdot\mathrm{d}\boldsymbol{s} + \ldots \int_P^0 \boldsymbol{E}_\mathrm{n}\cdot\mathrm{d}\boldsymbol{s}$$

$$\varphi_\mathrm{ges} = \varphi_\mathrm{P1} + \varphi_\mathrm{P2} + \ldots = \sum_{\nu=1}^{n} \varphi_{\mathrm{P}\nu} \tag{2.13}$$

Überlagerung des Potentials in einem Raumpunkt als Folge mehrerer Einzelpotentiale.

und daraus die Gesamtfeldstärke $\boldsymbol{E}_\mathrm{ges} = -\dfrac{\mathrm{d}\varphi_\mathrm{ges}}{\mathrm{d}s}\,\boldsymbol{e}_\mathrm{s}$

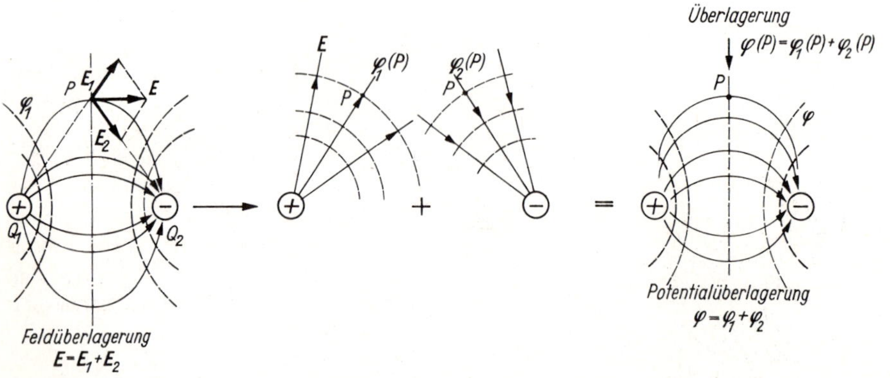

Bild 2.14. Potentialüberlagerung. Anstelle der Feldüberlagerungen (Addition von Vektoren) werden die Einzelpotentiale, herrührend von den Einzelladungen im Punkt P, bestimmt und alle Potentialbeiträge vorzeichenbehaftet nach Gl. (2.13) summiert

nach Gl. (2.12) durch Differentiation des Potentials nach den Ortskoordinaten. Dabei können die Einzelpotentiale von beliebigen Ladungsverteilungen (Raum-, Flächen-, Linienladungen, s. Abschn. 1.3.2) herrühren.

2.2.5 Potential φ und Spannung U

Wesen. Die Energie W_{AB} Gl. (2.7 ff) zwischen zwei Punkten A, B des Potentialfeldes war unabhängig vom Weg und Bezugspunkt des Potentials und gleich der Differenz der Potentiale φ_A and φ_B beider Punkte, aber abhängig von der Ladung. Der Quotient W_{AB}/Q Gl. (2.10)) jedoch ist unabhängig von dieser Ladung und damit *direkt mit dem Feldstärkefeld verbunden.* Wir vereinbaren für diese Potentialdifferenz den Begriff *elektrische Spannung U*. Sie beträgt zwischen den Punkten A, B nach Gl. (2.10)

$$U_{AB} = \varphi(\boldsymbol{r}_A) - \varphi(\boldsymbol{r}_B) = \frac{W_{AB}}{Q} = \int_A^B \boldsymbol{E}\cdot d\boldsymbol{s} = \int_A^0 \boldsymbol{E}\cdot d\boldsymbol{s} + \int_0^B \boldsymbol{E}\cdot d\boldsymbol{s}$$

$$= \int_A^0 \boldsymbol{E}\cdot d\boldsymbol{s} - \int_B^0 \boldsymbol{E}\cdot d\boldsymbol{s} \qquad (2.14a)$$

Spannung zwischen den Punkten A und B (Definitionsgleichung)

In Worten:

Die elektrische Spannung U_{AB} zwischen zwei Raumpunkten A und B ist definiert durch die bei Verschiebung einer positiven Probeladung im Feld verrichtete Arbeit W_{AB} bezogen auf die Probeladung. Sie ist das Linienintegral der elektrischen Feldstärke zwischen diesen Punkten, also gleich der *Potentialdifferenz* zwischen beiden Punkten (Bild 2.15) unabhängig vom Weg.

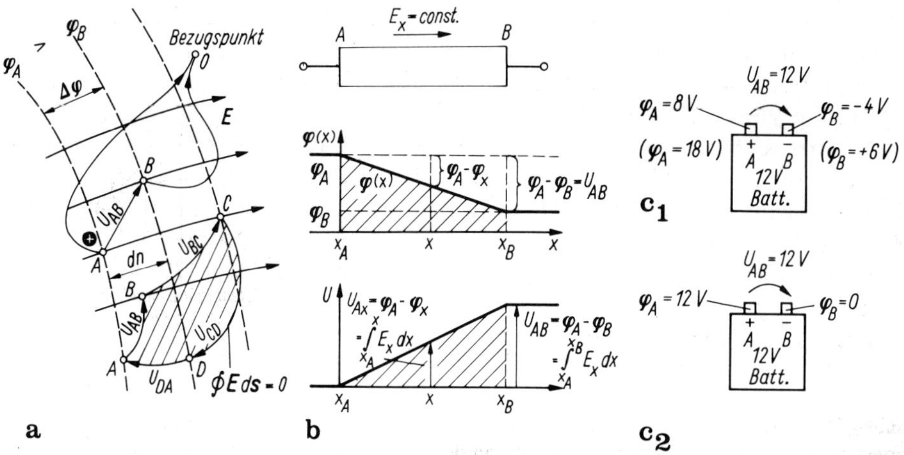

Bild 2.15a, b. Potential und Spannung (s. a. Bild 2.11). **a** Potentialfeld und Spannung; **b** Potential und Spannung im homogenen Feld (linienhafter Leiter) **c** Potential und Spannung an einer 12 V Autobatterie mit willkürlicher Potentialfestlegung an einem Punkt (c_1) oder $\varphi = 0$ am Minuspol (c_2).

Für das *homogene* elektrische Feld folgt aus Gl. (2.14a)

$$U_{AB} = \boldsymbol{E} \cdot \int_A^B \mathrm{d}\boldsymbol{s} = \boldsymbol{E} \cdot \boldsymbol{s} = E s \cos(\sphericalangle \boldsymbol{E}, \boldsymbol{s}) \qquad (2.14b)$$

Liegt $\boldsymbol{s}$ parallel zu $\boldsymbol{E}$ wie im Bild 2.15b ($s = x_B - x_A$), so gilt $U_{AB} = \boldsymbol{E} \cdot \boldsymbol{s}$.

Diese Spannung ist — wie das Potential — eine skalare Größe und heißt entsprechend ihrer Festlegung *Integral*- oder *Globalgröße* des elektrischen Feldes[1]. Sie hat die gleiche Einheit *Volt* [V] wie das Potential (s. Abschn. 2.2.2).

Man merke: Das Potential ist die *einem* Punkt zugeordnete Feldgröße, die Spannung beschreibt als Globalgröße die Potentialdifferenz zwischen zwei Feldpunkten.!

Größenvorstellung. Richtwerte typischer Spannungen betragen[2]:

Empfangsspannung am Rundunk- und Fernsehempfänger	≈ 1 μV . . . 10 mV,
kleinste Meßwerte elektronischer Meßgeräte	≈ 1 nV,
Spannung zwischen Hand und Herz	≈ 1 mV,
Spannung an Halbleiterbauelementen	≈ (0.5 . . . 20) V, (100 . . . 1000) V,
Spannung einer Trockenbatterie	≈ 1,5 V,
Autobatterie	≈ (6 . . . 24) V,
Lichtnetz	≈ (110), 220 V,
Bahnnetz	≈ (3 . . . 25) kV,
Hochspannungsleitung	≈ (10 . . . 500) kV,
Blitz	≈ 100 MV.

[1] Siehe Abschn. 2.3.2
[2] Spannung über 42 V lebensgefährlich

Physikalischer Richtungssinn der Spannung. Die Spannung hat einen physikalischen Richtungssinn (s. Abschn. 0.2.4). Er ergibt sich gleichwertig

— nach Gl. (2.14) aus der Richtung des Weges von A nach B (wenn $\boldsymbol{E}$ und $\mathrm{d}\boldsymbol{s}$ einen spitzen Winkel bilden), oder

— aus der Richtung, in der sich positive Ladungsträger bewegen, oder

— als *Richtung vom höheren zum niederen Potential.*

Der physikalische Richtungssinn erfordert nach Abschn. 0.2 die Angabe einer Bezugsrichtung, entweder durch Angabe der Punkte A, B als Index U_{AB} oder eines Bezugspfeiles (dessen Richtung A und B eindeutig zugeordnet ist). Er zeigt bei positiver Richtung von + nach —, also U_{AB} positiv, wenn $\varphi_{\mathrm{A}} > \varphi_{\mathrm{B}}$. Im Doppelindex A, B (U_{AB}) gibt A den Betrachtungs-, B den Bezugspunkt.

Beispiele.

φ_{A}	φ_{B}	$U_{\mathrm{AB}} = \varphi_{\mathrm{A}} - \varphi_{\mathrm{B}}$	$= -U_{\mathrm{BA}}$
10 V	2 V	$U_{\mathrm{AB}} = 10\ \mathrm{V} - 2\ \mathrm{V}$	$= 8\ \mathrm{V}$
10 V	− 2 V	$U_{\mathrm{AB}} = 10\ \mathrm{V} - (-2\ \mathrm{V})$	$= 12\ \mathrm{V}$
−10 V	− 2 V	$U_{\mathrm{AB}} = -10\ \mathrm{V} - (-2\ \mathrm{V})$	$= -8\ \mathrm{V}$
−10 V	−20 V	$U_{\mathrm{AB}} = -10\ \mathrm{V} - (-20\ \mathrm{V})$	$= 10\ \mathrm{V}$
2 V	10 V	$U_{\mathrm{AB}} = 2\ \mathrm{V} - 10\ \mathrm{V}$	$= -8\ \mathrm{V}.$

Letzteres Beispiel in Worten: Bei Bezugspunkt B hat Punkt A das Potential $\varphi_{\mathrm{A}} = -8\ \mathrm{V}$ gegen Punkt B oder A gegen B die Spannung von −8 V, gegenüber einem beliebigen Bezugspunkt haben A und B die Potentiale $\varphi_{\mathrm{A}} = 2\ \mathrm{V}$, $\varphi_{\mathrm{B}} = 10\ \mathrm{V}$.

Bild 2.15c zeigt die verschiedenen Möglichkeiten, das Potential festzulegen, am Beispiel einer 12 V-Autobatterie. Häufig ist es zweckmäßig, den Potentialbezug $\varphi = 0$ für ein technisches System zu wählen (z. B. Minuspol an Masse als gut leitende Verbindung).

Diskussion.

1. Die Feldstärke zeigte stets in Richtung maximaler Potential*abnahme* (s. Abschn. 2.2.3). Demgegenüber nimmt die Spannung in Feldrichtung zu. Zur Veranschaulichung wurden im Bild 2.15b im homogenen Feld Feldstärke, Potential und Spannung aufgetragen.
2. Die Spannung kann stets nur zwischen zwei Punkten angegeben werden. Für einen Punkt im Feld läßt sich wohl das Potential, nicht aber eine Spannung angeben.
3. Häufig wird statt $E = -\mathrm{d}\varphi/\mathrm{d}s$ die Schreibweise $E = \mathrm{d}U/\mathrm{d}s$ bzw. $\mathrm{d}U/\mathrm{d}x$ benutzt. Sie ist strenggenommen falsch. Die Feldstärke kann nur für einen Punkt angegeben werden, die Spannung tritt dagegen als *Potentialdifferenz* stets zwischen zwei Punkten auf. Eine Ausnahme bildet lediglich das homogene Feld, wo E längs einer Feldlinie konstant ist und damit überall der gleiche Potentialgradient herrscht, mithin $U \sim x$ gilt.

Umlaufintegral. Maschensatz. Nach Gl. (2.8) gilt $\int_{\text{Umlauf}} \boldsymbol{E}\cdot\mathrm{d}\boldsymbol{s}$. Wir wählen jetzt längs eines geschlossenen Weges im elektrostatischen Potentialfeld verschiedene Punkte A, B, C, D (Bild 2.15a) mit den jeweils zugehörigen Potentialen. Ein solcher Umlauf zwischen diskreten Punkten mit verschiedenen Potentialen heißt *Masche*. Dann gilt:

$$\int_{\text{Umlauf}} \boldsymbol{E}\cdot\mathrm{d}\boldsymbol{s} = \oint \boldsymbol{E}\cdot\mathrm{d}\boldsymbol{s} = \int_A^B \boldsymbol{E}\cdot\mathrm{d}\boldsymbol{s} + \int_B^C \boldsymbol{E}\cdot\mathrm{d}\boldsymbol{s} + \int_C^D \boldsymbol{E}\cdot\mathrm{d}\boldsymbol{s} + \int_D^A \boldsymbol{E}\cdot\mathrm{d}\boldsymbol{s} = 0,$$

oder mit den Spannungsabfällen (Gl. (2.14))

$$\int_{\text{Umlauf}} \boldsymbol{E}\cdot\mathrm{d}\boldsymbol{s} = U_{\mathrm{AB}} + U_{\mathrm{BC}} + U_{\mathrm{CD}} + U_{\mathrm{DA}} = 0\,.$$

Dieses Ergebnis lautet verallgemeinert

$$\sum_{\nu=1}^{n} U_\nu = 0 \tag{2.15}$$

Maschensatz. 2. Kirchhoffsches Gesetz.[1]

In Worten: Die Summe aller Spannungen in einer Masche ist zu jedem Zeitpunkt Null (willkürliche, aber einheitliche Umlaufrichtung). Nach Gl. (2.15) wählen wir Spannungen in Umlaufrichtung als positiv, entgegengesetzt gerichtet negativ (oder umgekehrt).

Der Maschensatz ist eine fundamentale Beziehung für die Berechnung elektrischer Stromkreise. Nach Gl. (2.15) ist der Maschensatz im Potentialfeld mit der Form $\oint \boldsymbol{E} \cdot \mathrm{d}\boldsymbol{s}$ identisch. Seine Tragweite reicht aber weiter (s. Abschn. 3.3).

Wir kennen jetzt die grundlegenden Begriffe Feldstärke und Potential des elektrischen Feldes. Mit dem Spannungsbegriff sind wir in der Lage, die Potentialdifferenz zwischen zwei Punkten anzugeben. Diese Kenntnisse werden jetzt auf die Ladungsträgerbewegung in einem leitenden Medium angewendet.

2.3 Elektrisches Strömungsfeld

Wesen. Freie Ladungen, z. B. im Leiter, werden durch die Kraftwirkung eines elektrischen Feldes bewegt. Global lernten wir diesen Ladungstransport bereits als Strom (s. Abschn. 1.4.1) kennen. Auch dieser Strömungsvorgang ist allgemein aber eine Felderscheinung: das *Strömungsfeld.* Ändert sich dabei der Strom zeitlich nicht ($I = \mathrm{const}, \rightarrow \mathrm{d}Q/\mathrm{d}t = \mathrm{const}$), so heißt das Strömungsfeld *stationär.*

2.3.1 Stromdichte S

Wir untersuchen das Strömungsfeld am räumlichen Leiter. Er hat *merkliche* Abmessungen in allen drei Dimensionen. Links und rechts wird ihm durch einen *linienhaften* Leiter (= Leiter merklicher Längs- und geringer Querabmessungen) ein Strom I zu- und abgeführt (Bild 2.16). Es herrscht Stromkontinuität. Folgende Fragestellungen treten auf:

— Wie verteilt sich der Strom über den Leiterquerschnitt zwischen A und B räumlich, welche Größe kennzeichnet diese Verteilung?
— Wie sieht das Feldstärkefeld im räumlichen Leiter aus?
— Welcher Zusammenhang besteht zwischen Feldstärkefeld und der Strömung?

Stromröhre. Strömungslinie. Die zwischen A und B (Bild 2.16) strömenden Ladungsträger erfüllen das gesamte Leitervolumen. Gerade diese *raumhafte Ausfül-*

---

[1] Hinsichtlich der Reihenfolge der Kirchhoffschen Gleichungen halten wir uns hier an die Konvektion (s. Gl.(2.24)).

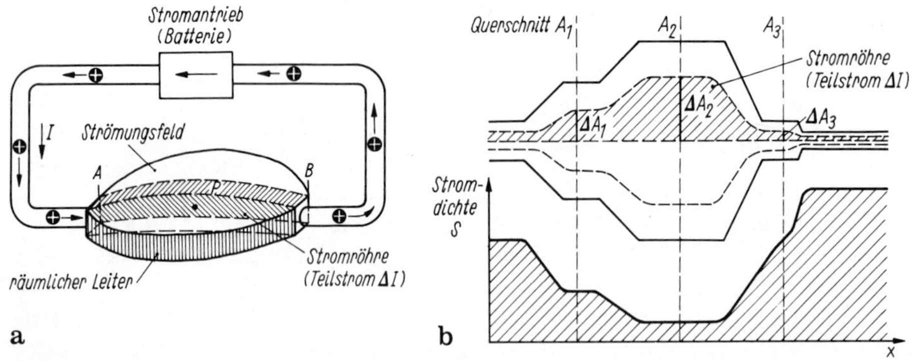

Bild 2.16a, b. Stromdichte, Strom und Stromröhre. **a** räumlicher Leiter = Strömungsfeld; **b** Leiteranordnung mit verschiedenem Querschnitt zur Veranschaulichung der Begriffe: 1. Stromröhre (z. B. schraffierter Bereich, durchflossen vom Teilstrom $\Delta I = \text{const}$) trotz veränderlichen Querschnittes; 2. Stromdichte $S = \Delta I/\Delta A_{\perp}$ (unterer Teil). Der Querschnitt ändert sich beständig und damit auch die Stromdichte

lung durch eine Strömung erfaßt der Begriff *Strömungsfeld* qualitativ. Wir denken uns den Gesamtstrom I in m gleiche Teilströme ΔI unterteilt (Bild 2.16b). Jeder von ihnen möge in einem Teilvolumen (mit dem Querschnitt ΔA) fließen. Ein solches stromdurchflossenes Teilvolumen heißt *Strom-* oder *Flußröhre* (s. Abschn. 0.2.4). Nach der Stromkontinuität fließt durch jeden Querschnitt ΔA einer Stromröhre im gleichen Zeitpunkt der gleiche Strom. Die Spuren der „Stromröhre" in der Zeichenebene heißen *Strömungslinien*, ihre Gesamtheit ergibt das *Strömungsfeld*. An den verschiedenen Stellen ist der Strom unabhängig vom jeweiligen Querschnitt gleich groß. Die Dichte der Strömungslinien (d. h. ihre Zahl je Querschnittsfläche) ändert sich hingegen von Ort zu Ort: Große Querschnittsfläche → kleine Strom*liniendichte*, kleine Querschnittsfläche → große Stromliniendichte. Während in dieser Überlegung noch die Querschnittsfläche auftritt, führen wir jetzt eine Größe — *die Stromdichte* $\boldsymbol{S}$ — ein, die unabhängig von ihr ist.

Wir denken uns in eine Stromröhre (ΔI) eine kleine Fläche ΔA mit fester Orientierung (Bild 2.17a) gelegt. Ladungsträger strömen mit einer (mittleren) Geschwindigkeit $\boldsymbol{v}$ auf diese Fläche zu. Im Zeitintervall Δt fliegen all jene Träger durch die Rahmenfläche, die sich im Prisma der Seitenlänge $\Delta s = v\,\Delta t$ befinden[1]. Diese Entfernung legt ein Teilchen während der Zeit Δt zurück. Das Prisma hat das Volumen Grundfläche mal Höhe $\Delta A\, v\, \Delta t \cos\alpha = \Delta \boldsymbol{A} \cdot \boldsymbol{v}\,\Delta t$.

Im Mittel sind in diesem Volumen Ladungsträger mit einer Dichte n vorhanden. Somit strömt je Zeitspanne Δt die Ladung $\Delta Q = Qn\Delta \boldsymbol{A} \cdot \boldsymbol{v}\Delta t$ durch das

[1] An dieser Stelle wird beim Rückblick auf den Flußbegriff (Abschn. 0.2.4) und Bild 0.5 deutlich, daß auch der Strom I eine Flußgröße sein muß

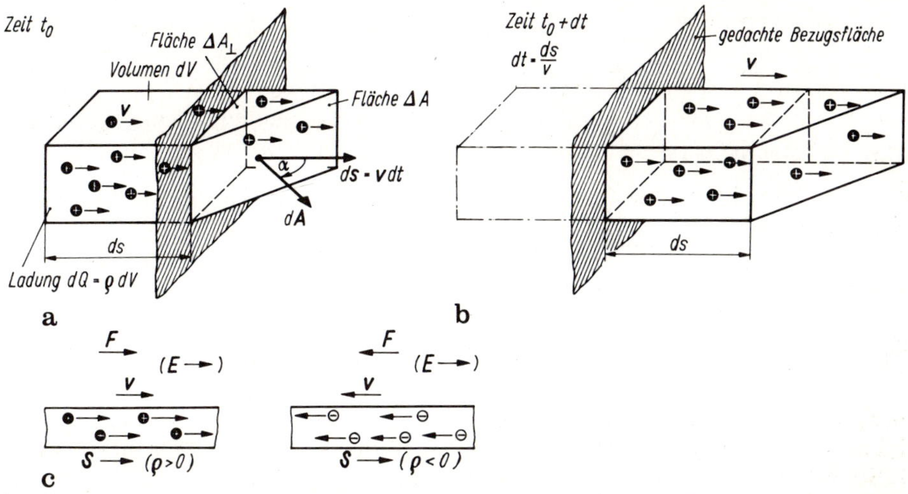

Bild 2.17a–c. Stromdichte. **a** Bestimmung der Stromdichte in einem Volumen dV durch eine bewegte positive Raumladung d$Q = \varrho\,$dV (Zeitpunkt t_0); **b** zur Zeit $t_0 + dt$ ist die Ladung dQ um das Stück ds nach rechts durch die Fläche $\Delta A_\perp$ hindurchgetreten (vgl. a. Bild 0.5b); **c** Richtung der Stromdichte und Geschwindigkeit im Leiter (positive und negative Ladungsträger)

Rähmchen, fließt also in der Stromröhre der Teilstrom (s. Gl. (1.7))

$$\Delta I = \frac{\Delta Q}{\Delta t} = \frac{Qn\Delta \boldsymbol{A}\cdot \boldsymbol{v}\Delta t}{\Delta t} = nQ\boldsymbol{v}\cdot\Delta\boldsymbol{A} = \varrho\boldsymbol{v}\cdot\Delta\boldsymbol{A} = \boldsymbol{S}\cdot\Delta\boldsymbol{A}\,. \tag{2.16a}$$

Die Größe

$$\boldsymbol{S} = \boldsymbol{v}\varrho \tag{2.16b}$$

Konvektionsstromdichte (Stromdichte)

heißt *Konvektionsstromdichte, oft auch nur Stromdichte.*

Die Konvektionsstromdichte oder Stromdichte $\boldsymbol{S}$ ist die Vektorgröße des Strömungsfeldes (Strömungserscheinung bewegter Ladungsträger). Sie ist das Produkt aus Ladungsdichte ϱ und (mittlerer) Geschwindigkeit $\boldsymbol{v}$ im betreffenden Raumpunkt und kennzeichnet die Bewegung von Ladungsträgern im Strömungsfeld (in Metallen, Halbleitern und im Vakuum), unabhängig von der Bewegungsursache.

Die *Richtung* von $\boldsymbol{S}$ stimmt mit der Bewegungsrichtung positiver Ladungsträger überein (dann ist die Ladungsdichte ϱ positiv). $\boldsymbol{S}$ und $\boldsymbol{v}$ haben entgegengesetzte Richtung, wenn eine negative Ladungsdichte ϱ vorliegt. Offen ist noch der Zusammenhang zwischen Trägergeschwindigkeit $\boldsymbol{v}$ und der Antriebsursache. Allgemein besteht der Strom aus der gerichteten Bewegung positiver und negativer Ladungen (Raumladungsdichte $\varrho_+(>0)$, ϱ_-(i<0), Geschwindigkeiten v_+, v_-). Beispiel: Löcher und Elektronen in Halbleitern (Bild 1.7c, positive und negative

Ionen in Elektrolyten). Dann trägt jede Ladungsträgerart zur Stromdichte bei

$$\boldsymbol{S} = \boldsymbol{S}_+ + \boldsymbol{S}_- = \varrho_+ \boldsymbol{v}_+ + \varrho_- \boldsymbol{v}_- \tag{2.16c}$$

Stromdichte bei positiver und negativer Raumladungsdichte (Ladungsträgern).

Herrscht in einem solchen Leiter die Feldstärke $\boldsymbol{E}$ (als gemeinsame Ladungsträgerbewegungsursache), so wirkt auf positive Ladungen die Feldkraft $\boldsymbol{F}_+ \sim \boldsymbol{E} \sim \boldsymbol{v}$ in Richtung von $\boldsymbol{E}$ (Bild 2.17c). Deshalb stimmen Feld-, Kraft-, Geschwindigkeits- und Stromdichterichtung überein. Bei negativen Ladungen $Q_- < 0$ wirkt die Feldkraft $\boldsymbol{F}_- = Q_- \boldsymbol{E} = -|Q_-| \boldsymbol{E}$ und damit die Geschwindigkeit $\boldsymbol{v}_- \sim \boldsymbol{F}_-$ der Feldstärke entgegen. Die Stromdichte $\boldsymbol{S}_-$ ist aber wegen Gl. (2.16c) der Geschwindigkeit $\boldsymbol{v}_-$ entgegengesetzt gerichtet, wirkt also in Feldrichtung!

Zur Veranschaulichung des Stromdichtebegriffes schreiben wir Gl. (2.16a) $\Delta I = \boldsymbol{S} \cdot \Delta \boldsymbol{A} = S \Delta A \cos(\sphericalangle \boldsymbol{S}, \Delta \boldsymbol{A}) = S \Delta A_\perp$ auf die zu den Stromdichtelinien senkrecht stehende Fläche $\Delta A_\perp$ um und erhalten[1]

$$S = \frac{\Delta I}{\Delta A_\perp}.$$

Der Teilstrom ΔI einer Stromstärke dividiert durch die senkrecht vom Strom durchsetzte Querschnittsfläche $\Delta A_\perp$ ergibt einen Quotienten S, der bei immer feinerer Unterteilung der Fläche unabhängig von der Fläche wird. Dort, wo Stromröhren eng, also die Strömungslinien dicht sind, herrscht große Stromdichte (s. u.). Im Bild 2.16b ist dies gut erkennbar.

Da der Gesamtstrom I des gesamten Strömungsfeldes aus der Summe k aller Teilströme ΔI_k durch die Teilflächen ΔA_k besteht $I = \sum_k \Delta I_k = \sum_k \boldsymbol{S} \cdot \Delta \boldsymbol{A}_k$, geht die Summation bei beliebig feiner Unterteilung der Gesamtfläche A in eine Integration über

$$I = \int_{\text{Fläche } A} \boldsymbol{S} \cdot \mathrm{d}\boldsymbol{A} = \int_A S \, \mathrm{d}A \cos(\sphericalangle \boldsymbol{S}, \mathrm{d}\boldsymbol{A}) \tag{2.17a}$$

Stromdichte $\boldsymbol{S}$ (Definitionsgleichung).

Nach Abschn. 0.2.4 und Gl. (0.9) gilt dann: Der Strom I ist der Fluß (= Flußintegral) des Stromdichtevektors $\boldsymbol{S}$ durch eine gegebene (oder gedachte) Fläche $\boldsymbol{A}$. Er hat einen physikalischen Richtungssinn: I ist positiv, wenn
— $\boldsymbol{S}$ und der Normalvektor von d$\boldsymbol{A}$ einen spitzen Winkel bilden oder
— positive Ladungsträger aus einer Fläche heraustreten (vgl. Bild 0.6).

So ist beispielsweise der Strom durch einen linienhaften Leiter (Draht) (Bild 2.18) einfach das über den Leiterquerschnitt erstreckte Integral der Stromdichte $\boldsymbol{S}$. Ändert sich dabei die Stromdichte über den Querschnitt nicht ($S = \text{const}$), so

[1] Bisweilen definiert man dann die Stromdichte durch den Quotienten $S = \mathrm{d}I/\mathrm{d}A_\perp$. Da sich jedoch ein Differential nach der Fläche (zweidimensional!) nicht bilden läßt, benutzen wir diese Darstellung nicht zur Definition, sondern als Differenzquotient nur zur Veranschaulichung

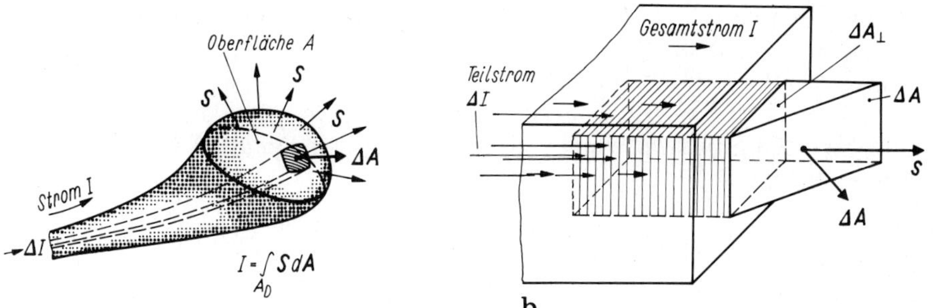

a b

Bild 2.18a, b. Strom und Stromdichte. **a** Veranschaulichung von Gl. (2.17a). Die Stromdichtevektoren $\boldsymbol{S}$ treten durch eine Oberfläche und jedes Element $\boldsymbol{S}\cdot \mathrm{d}\boldsymbol{A}$ stellt einen Teilstrom $\mathrm{d}I$ dar; **b** im linienhaften Leiter ergibt sich bei konstanter Stromdichte $\boldsymbol{S}$ der Gesamtstrom I aus dem Produkt $\boldsymbol{S}\cdot \boldsymbol{A} = SA_{\perp}$

heißt das Strömungsfeld *homogen.* Dann gilt mit $\boldsymbol{S} = \text{const}$ aus Gl. (2.17a) und $I = \int_A S\,\mathrm{d}A \cos(\sphericalangle \boldsymbol{S}, \mathrm{d}\boldsymbol{A}) = \int_A \boldsymbol{S}\cdot \mathrm{d}\boldsymbol{A} = \boldsymbol{S}\cdot \int_A \mathrm{d}\boldsymbol{A} = \boldsymbol{S}\cdot \boldsymbol{A}$, also

$$I = \boldsymbol{S}\cdot \boldsymbol{A} = SA\cos(\sphericalangle \boldsymbol{S}, \boldsymbol{A}) = SA_{\perp} = S_{\perp}A \tag{2.17b}$$

Strom und Stromdichte im homogenen Strömungsfeld

bzw. $S = I/A_{\perp}$.

Im homogenen Strömungsfeld ist die Stromdichte gleich dem Strom I dividiert durch die Fläche $A_{\perp}$, die von der Strömung senkrecht durchsetzt wird.

Einheit. Die Einheit der Stromdichte lautet

$$[S] = [\varrho][v] = \frac{1\,\mathrm{A}\cdot\mathrm{s}}{\mathrm{m}^3}\,\frac{1\,\mathrm{m}}{\mathrm{s}} = \frac{1\,\mathrm{A}}{\mathrm{m}^2}\,.$$

Praktisch benutzte Einheiten sind $\mathrm{A}\cdot\mathrm{cm}^{-2}$ und $\mathrm{A}\cdot\mathrm{mm}^{-2}$.

Größenvorstellung. Die Stromdichte ist ein Maß für die *Belastbarkeit* eines Leiters, meist zur Vermeidung unzulässig hoher Erwärmung. Folgende Größenordnungen kommen technisch vor:

— elektrische Freileitung $S \approx 1\,\mathrm{A/mm^2}$ (aus wirtschaftlichen Gründen);
— isolierte Leiter (Cu mit bedingt guter Wärmeableitung, Al-Werte in Klammern)

Nennquerschnitt mm^2	Stromdichte $\mathrm{A/mm}^2$	Belastbarkeit A
1	12 (–)	12 (–)
1,5	10,7 (–)	16 (–)
2,5	8,4 (6,4)	21 (16)
4	6,8 (5,25)	27 (21)

— Elektrogeräte, Motoren $S \approx (3 \ldots 8)\ \mathrm{A/mm^2}$;
— Halbleiterbauelemente $S \approx (1000 \ldots 10000)\ \mathrm{A/cm^2} = (10 \ldots 100)\ \mathrm{A/mm^2}$;
— Elektronenröhre (an Kathoden) $S \approx 10\ \mathrm{A/cm^2} = 0{,}1\ \mathrm{A/mm^2}$.

Nachstehend geben wir einige Beispiele einfacher Strömungsfelder an, weitere folgen im Abschn. 2.3.3.

Strömungsgeschwindigkeit. Herrscht in einem Cu-Draht eine Stromdichte $S = 3\ \mathrm{A/mm^2}$, so fließt durch einen Draht vom Durchmesser $d = 1{,}5$ mm der Strom $I = SA = Sd^2\pi/4 = 5{,}3$ A.

Die Geschwindigkeit v, mit der sich Elektronen in diesem Draht bewegen, ergibt sich bei einer Trägerkonzentration von $n = 8{,}6 \cdot 10^{19}\ \mathrm{mm^{-3}}$ in Cu nach Gl. (2.16b) zu $v = S/qn \approx 0{,}22$ mm/s $\approx 0{,}8$ m/h. Die Bewegungsgeschwindigkeit der Ladungsträger in Metallen ist außerordentlich klein!

Homogenes Strömungsfeld. In einem linienhaften Leiter (Strom I) sei die Stromdichte S über dem Querschnitt A (mit kreisförmigem Querschnitt) konstant (Bild 2.19c). Dann gilt nach Gl. (2.17b) $I = SA = S\pi R^2$. Wir können diese Beziehung zur Berechnung von S (bei gegebenem Strom) oder für I bei gegebenem S benutzen.

In Anwendung von Gl. (2.17a) kann auch von einer Stromröhre ausgegangen werden. Wir schneiden dazu aus dem Leiter einen konzentrischen Zylinder (Radius ϱ, Wanddicke $\mathrm{d}\varrho$) mit dem Querschnitt $\mathrm{d}A = \underbrace{2\pi\varrho}_{\text{Umfang}}\ \underbrace{\mathrm{d}\varrho}_{\text{Wanddicke}}$ heraus. Durch diese Stromröhre fließt der Teilstrom $\mathrm{d}I = S\,\mathrm{d}A = S\,2\pi\varrho\,\mathrm{d}\varrho$ $(\boldsymbol{S} \| \mathrm{d}\boldsymbol{A})$.

Der Gesamtstrom ergibt sich durch Integration (Summation) über alle Stromröhren:

$$I = \int_I \mathrm{d}I = \int_A S\,\mathrm{d}A = S\,2\pi \int_{\varrho=0}^{R} \varrho\,\mathrm{d}\varrho = S\pi R^2 .$$

Inhomogenes Strömungsfeld. In einer zylindrischen Elektrodenanordnung (z. B. metallischer Innenleiter, metallischer Außenleiter, dazwischen ein mäßig leitendes Medium, z. B. Wasser) fließt innen der Strom I zu, außen ab (Bild 2.20), Elektrodenlänge l). Deshalb gilt (mit $S \perp A$) $I = S_\mathrm{i} A_\mathrm{i}|_\mathrm{innen} = S_\mathrm{a} A_\mathrm{a}|_\mathrm{außen} = S(\varrho)A(\varrho) = \int_A S(\varrho)\,\mathrm{d}A(\varrho) = \mathrm{const}$ (Zwischengebiet).

Da sich die vom Strom durchsetzte Querschnittsfläche nach außen zu vergrößert, hängt S vom Radius ϱ ab: $S(\varrho) = I/A(\varrho) = I/2\varrho\pi l$ $(R_\mathrm{i} \leqq \varrho \leqq R_\mathrm{a})$. Es liegt ein inhomogenes Strömungsfeld vor.

Stromdichte. Ein sehr aussagefähiges Beispiel für das Zusammenwirken von Strom, Stromdichte, Ladungsdichte und Geschwindigkeit und die Stromkontinuität zeigt Bild 2.21.

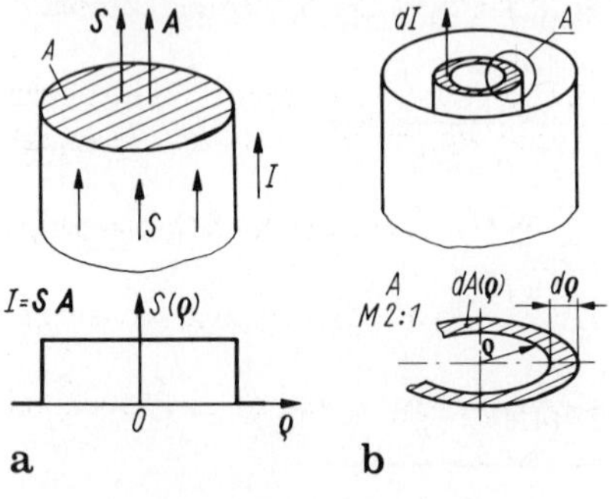

Bild 2.19a, b. Homogenes Strömungsfeld. **a** Berechnung des Gesamtstromes; **b** Berechnung des Teilstromes einer Stromröhre (Kreisring)

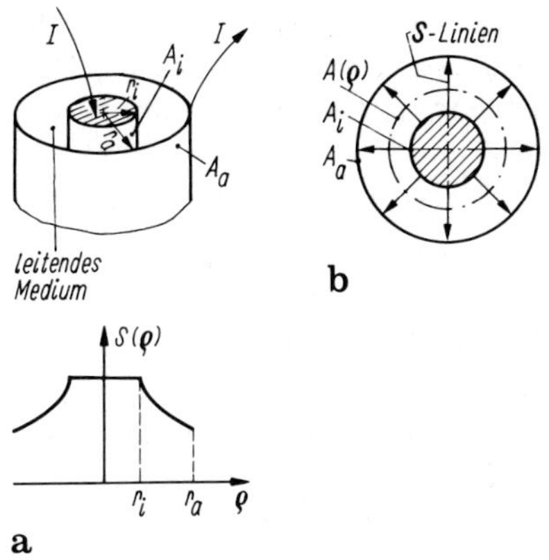

Bild 2.20a, b. Inhomogenes Strömungsfeld. **a** Anordnung und Verlauf der Stromdichte; **b** Strömungsfeld

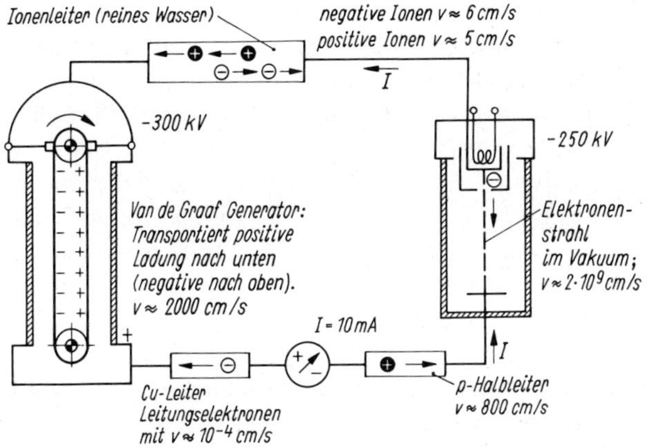

Bild 2.21. Stromkontinuität. Überall im Kreis fließt der gleiche Strom, obwohl die Ladungsträgergeschwindigkeiten sehr verschieden sind. Der p-Halbleiter sei eine Zylinderanordnung (vgl. Bild 2.20), wobei der Strom dem Innenleiter zufließt.

Im Stromkreis herrscht Stromkontinuität. Überall fließt der gleiche Strom. Die Größen S, ϱ, v fallen hingegen sehr verschieden aus:

Metallischer Leiter mit homogenem Querschnitt (s. o.): konstantes S, kleines v, großes ϱ, Elektronenbewegung nach links.

Halbleiter (p-leitend, in dem Stromfluß von positiven Ladungen getragen): S inhomogen (da Zylinderanordnung), ϱ relativ klein, daher v groß (wegen $S \sim v$ radiusabhängig), Trägerbewegung vom Zentrum weg.

Elektronenstrahl durch hohes elektrisches Feld. S hoch (kleiner Querschnitt), homogen, v an der Anode hoch.

Ionenleiter (homogener Querschnitt). Strom von positiven und negativen Ionen getragen, kleine Geschwindigkeit.

Van de Graff-Generator. Anordnung zur Ladungstrennung durch Stromantrieb im Kreis, Stromdichte homogen, groß.

Offen bleibt bei diesem Beispiel, wie der Übergang des Elektronenstromes an der Leiterzuführung (Draht) zum Halbleiter (positive Ladungsträger) erfolgt, analog beim Ionenleiter. Wir wollen hier einfach davon ausgehen, daß dies physikalisch möglich ist und die vorliegende Stromkontinuität nicht beeinträchtigt[1].

2.3.2 Verknüpfung von Stromdichte $\boldsymbol{S}$ und Feldstärke $\boldsymbol{E}$. Leitfähigkeit $\varkappa$

Leitungsmechanismen. Die Verknüpfung der Stromdichte $\boldsymbol{S}$ mit der antreibenden Kraft ($\sim \boldsymbol{v}$) hängt vom Leitungsmechanismus des Strömungsfeldes ab. Das sind die verschiedenen physikalischen Phänomene, durch die beweglichen Ladungsträger bereitgestellt werden. Dazu zählen die Stromflußmechanismen in Flüssigkeiten, isolierenden und leitenden Festkörpern, ionisierten Gasen und im Vakuum. Wir beschränken uns hier auf den Stromfluß in Metallen, einen technisch sehr wichtigen Fall.

Generell wird der Leitungsmechanismus bestimmt:

1. Vom Einfluß der bewegten Ladung auf die übrige, im Raum eventuell vorhandene unbewegliche Ladung, also der *Nettoladungsdifferenz* zwischen fester und beweglicher Ladung. Sie verschwindet in Leitern und Halbleitern (im Regelfall, s. S. 32). Ein solcher Stromfluß heißt *raumladungsfrei.*

Verschwindet die Nettoraumladung nicht, so überwiegt die eine oder andere Ladungsart. Stehen im Nichtleiter (z. B. Vakuum, $\varrho_{\text{fest}} = 0$) durch Glüh-, Foto-, Feld-, Sekundär- oder Stoßionisation aus einem Metall freie Ladungsträger zur Verfügung, so bilden sie eine Raumladung der $\varrho_{\text{bew}} \neq 0$). Da diese Ladungen Anfang oder Ende von Feldlinien sind, ändert die Raumladung das elektrische Feld. Wir sprechen in diesem Fall von *raumladungsbegrenztem* Strom. Er tritt beispielsweise in der Elektronenröhre auf, mitunter auch in bestimmten Halbleiterbauelementen. Raumladungsbegrenzter Strom bedingt einen nichtlinearen S-E-Zusammenhang.

2. Vom Einfluß des Materials auf die „mechanische" Ladungsträgerbewegung, z. B. Behinderungen durch Zusammenstöße mit dem Gitter. Dadurch wird der Zusammenhang zwischen Ladungsträgergeschwindigkeit und antreibender Feldstärke bestimmt. Zwei typische Fälle sind zu nennen:

a) (praktisch) *keine* Behinderung. Das trifft auf die Ladungsträgerbewegung im Vakuum zu. Zusammenstöße mit etwa noch vorhandenen Gasatomen kommen nicht vor. Dann übt das Feld $\boldsymbol{E} = -e\boldsymbol{F}$ auf die Ladung $q = -e$ (Masse m) die Beschleunigung $\boldsymbol{a} = m\boldsymbol{F} = -e\boldsymbol{E}/m$ aus. Es tritt eine *Bewegung mit konstanter Beschleunigung* auf.

b) Starke Behinderung wie in Festkörpern (Leiter, Halbleiter). Hier stoßen die frei beweglichen Elektronen ständig mit den Gitteratomen zusmmen, die durch die Wärmeenergie um ihr Ruhelage schwingen. Dabei übertragen sie ihre aus dem Feld aufgenommene Bewegungsenergie (kinetische Energie) ganz oder teilweise auf die Gitteratome, regen diese zu verstärkten Wärmeschwingungen an, werden

[1] Das genauere Verständnis solcher Vorgänge erfordert tiefergehende physikalische Kenntnisse

abgebremst und anschließend erneut beschleunigt usw. Insgesamt entsteht nur eine mittlere Geschwindigkeit — die *Driftgeschwindigkeit* $\boldsymbol{v} \sim \boldsymbol{E}$ oder genauer

$$\boldsymbol{v}_+ = \mu_+ \boldsymbol{E} \quad \text{bzw.} \quad \boldsymbol{v}_- = -\mu_- \boldsymbol{E} \tag{2.18}$$

mit der *Beweglichkeit* μ_+ (positive Ladungen) bzw. μ_- (negative Ladungen). Typische Werte der Beweglichkeit betragen:

Elektronen in Metallen	10 bis 50 $\text{cm}^2/\text{V} \cdot \text{s}$,
Elektronen und Löcher in Halbleitern	100 bis einige 1000 $\text{cm}^2/\text{V} \cdot \text{s}$,
Ionen in Flüssigkeiten	einige 10^{-3} $\text{cm}^2/\text{V} \cdot \text{s}$.

Abschließend wollen wir vermerken: In Gl. (2.16b) blieb zunächst die Ursache der Geschwindigkeit $\boldsymbol{v}$ offen. Sofern es sich um das elektrische Feld, also um die damit verbundene Driftgeschwindigkeit handelt, sprechen wir von einer *Drift-* oder *Feldstromdichte*. Sie ist typisch für das Strömungsfeld in Leitern.

Die Geschwindigkeit $\boldsymbol{v}$ kann aber auch durch andere physikalische Antriebsmechanismen zustande kommen, z. B.
— *Diffusion* von Ladungsträgern infolge eines Ladungsträgerdichteunterschiedes. Dann sprechen wir von einer *Diffusionsstromdichte*.
— *Temperaturunterschiede* (→ thermische Stromdichte) u. a. m.
Für die vorliegende Einführung genügt die Betrachtung der Driftstromdichte vollauf.

(Spezifische) Leitfähigkeit $\varkappa$. (Spezifischer) Widerstand ϱ. Nach dem Ergebnis Gl. (2.18) und Gl. (2.16c) folgt für das stationäre Strömungsfeld

$$\boldsymbol{S} = \varkappa \boldsymbol{E} \quad \text{bsz.} \quad \boldsymbol{E} = \frac{1}{\varkappa} \boldsymbol{S} = \varrho \boldsymbol{S} \tag{2.19a}$$

Ohmsches Gesetz des Strömungsfeldes (Definitionsgleichung, Transportgleichung)

mit Gl. (2.18)

$$\varkappa = \varrho_+ \mu_+ - \varrho_- \mu_- = q(n_+ \mu_+ + n_- \mu_-) \tag{2.19b}$$

Leitfähigkeit, Materialgröße.

In Worten:

Im Strömungsfeld eines Leiters mit der Feldstärke als Ursache der Trägerbewegung sind Stromdichte $\boldsymbol{S}$ und Feldstärke $\boldsymbol{E}$ proportional. Die Proportionalitätskonstante $\varkappa$ heißt spezifische Leitfähigkeit, ihr Reziprokwert ϱ[1] $= 1/\varkappa$ spezifischer Widerstand. Sie ist die typische Materialkonstante eines Strömungsfeldes in Leitern, Halbleitern und z. T. auch Flüssigkeiten.

Die Feldbeschreibung nimmt somit durch Einführung einer Materialkonstanten keine Notiz von den tatsächlichen Bewegungsabläufen des Ladungsträgerkollektivs! Die genauere Bewegungsanalyse ist nur mittels statistischer

---

[1] Man beachte: ϱ spez. Widerstand, aber ϱ_+, ϱ_- Raumladungsdichten!

Überlegungen möglich, weil am Leitungsvorgang eine große Anzahl von Ladungsträgern beteiligt ist.

Der Zusammenhang **S**, **E** (Wirkung — Ursache) heißt gleichwertig *Material-*, *Driftgleichung* oder *Ohmsches Gesetz des Strömungsfeldes*. Wir werden es später im Ohmschen Gesetz (s. Abschn. 2.4.2.1) wiederfinden.

Bei Anwendung der Gl. (2.19) wollen wir uns aber stets an die einschränkenden Nebenbedingungen wie Raumladungsfreiheit, linearer **v**-**E**-Zusammenhang und konstante Temperatur erinnern. Sie sind häufig nicht erfüllt. Deshalb kommen außer Gl. (2.19) in technischen Strömungsfeldern oft nichtlineare **S**-**E**-Beziehungen vor (Beispiele: Hableiterbauelemente, Widerstände mit starker Temperaturabhängigkeit der Leitfähigkeit, Ionenleitung u. a. m.).

Die Abhängigkeit der spezifischen Leitfähigkeit von den verschiedensten Einflußgrößen, von Beimengungen, der Temperatur u. a. ist Gegenstand physikalischer Betrachtungen. Wir vermerken nur einige Richtwerte technisch wichtiger Materialien (s. u.).

Die *Einheit* der spezifischen Leitfähigkeit $\varkappa$ lautet

$$[\varkappa] = \frac{[S]}{[E]} = \frac{1\,\mathrm{A}}{\mathrm{m}^2}\,\frac{\mathrm{m}}{1\,\mathrm{V}} = \frac{1\,\mathrm{A}}{\mathrm{mV}} = \frac{1}{\Omega\cdot\mathrm{m}}\,.$$

Häufig benutzte Einheiten sind $(\Omega\cdot\mathrm{cm})^{-1}$, $\mathrm{m}/\Omega\cdot\mathrm{mm}^2$ bzw. für den spezifischen Widerstand

$$[\varrho] = \frac{[E]}{[S]} = \frac{1}{[\varkappa]} = 1\,\frac{\mathrm{V}\cdot\mathrm{m}}{\mathrm{A}} = 1\,\Omega\cdot\mathrm{m}\,.$$

Generell gilt nach Gl. (2.19):

Die Leitfähigkeit eines Stoffes steigt mit der Konzentration frei beweglicher Ladungsträger und deren Beweglichkeit.

Das erklärt sofort die große Leitfähigkeit der *Metalle* (hohe Trägerdichte) und kleinere Leitfähigkeit der *Halbleiter*. Stoffe ohne freie Ladungsträger (*Isolatoren*) haben keine Leitfähigkeit.

Bild 2.22 und Tafel 2.2 enthalten grobe Einteilungen nach der Leitfähigkeit und typische Zahlenwerte.

Beispielsweise ergibt sich für Leitungskupfer mit der Elektronenbeweglichkeit $\mu_- = 4{,}1\cdot 10^{-3}\,\mathrm{m}^2/\mathrm{V}\cdot\mathrm{s}$ und einer Trägerdichte $n = 8{,}6\cdot 10^{28}\,\mathrm{m}^{-3}$ nach Gl. (2.19b) ein spezifischer Widerstand $\varrho = 17{,}6\cdot 6\cdot 10^{-3}\,\Omega\cdot\mathrm{m}$. Die wesentlichsten Leiterwerkstoffe der Elektrotechnik sind Metalle und dort speziell Kupfer und Aluminium. Ihre Vorteile (große elektrische und thermische Leitfähigkeit, gute Verformbarkeit und Korrosionsbeständigkeit) werden nur noch von Silber resp. Gold übertroffen. Die Anwendung der Edelmetalle ist aus Preisgründen auf Sonderfälle (Oberflächenveredlung, Kontaktwerkstoff) beschränkt. Aluminium hat bei etwas kleinerer Leitfähigkeit eine vorteilhaft kleine Dichte, aber geringere Festigkeit. Durch Legieren z. B. E-AlMgS (Aldrey) läßt sich Festigkeit wesentlich erhöhen.

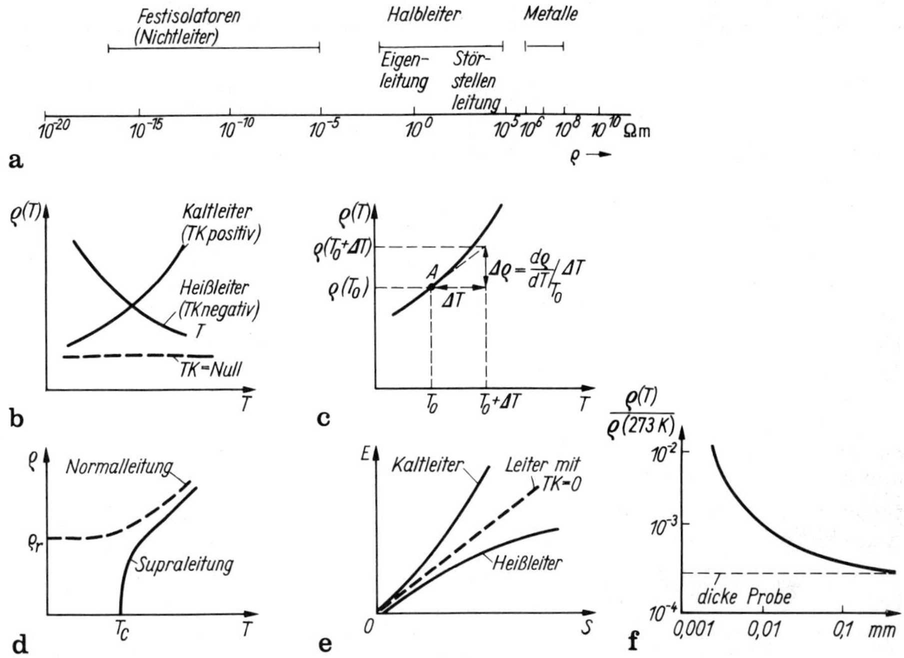

Bild 2.22a–f. Leitfähigkeit von Stoffen. **a** Einteilung der wichtigsten Leitergruppen; **b** Temperaturabhängigkeit des spezifischen Widerstandes; **c** Definition des Temperaturkoeffizienten $d\varrho/dT$ für kleine Temperaturänderung ΔT; **d** Temperaturabhängigkeit des spezifischen Widerstandes bei der Supraleitung; **e** Einfluß der Temperaturabhängigkeit des Leiters auf die E–S-Kennlinie (über die Leitererwärmung); **f** Size-Effekt an einem dünnen Metallfilm

Temperatureinfluß. Weitere Einflußgrößen. Für die technische Anwendung ist die Temperaturabhängigkeit des spezifischen Leitwertes $\varkappa(T)$ bzw. Widerstandes $\varrho(T)$ wichtig (Bild 2.22b). Wir erfassen sie für kleine Temperaturänderungen durch den *Temperaturkoeffizienten* (TK) oder *Temperaturbeiwert* α. Er gibt die relative Änderung des spezifischen Widerstandes (bzw. der Leitfähigkeit) bei einer Bezugstemperatur T_0[1] an:

$$\alpha_{T0} = \frac{1}{\varrho(T_0)} \left.\frac{d\varrho}{dT}\right|_{T_0} \tag{2.20}$$

Temperaturkoeffizient bei der Bezugstemperatur T_0 (Definitionsgleichung).

Für Temperaturabweichungen $\Delta T = T - T_0$ läßt sich nämlich die allgemeine Abhängigkeit $\varrho(T)$ in Umgebung einer Bezugstemperatur T_0 durch ihre Tangente

[1] Beachte: Einheit der Temperatur und Temperaturunterschiede ist das Kelvin (Tafel 0.2).

Tafel 2.2. Leitfähigkeit $\varkappa$ und spezifischer Widerstand ϱ wichtiger Materialien (bei 20° C)

	$\varkappa$ $(\Omega^{-1}\cdot m^{-1})$	ϱ $(\Omega\cdot m)$
Silber	$60{,}6\cdot 10^{6}$	$16{,}5\cdot 10^{-9}$
Leitungskupfer	$56{,}8\cdot 10^{6}$	$17{,}6\cdot 10^{-9}$
Gold	$45\cdot 10^{6}$	$22{,}2\cdot 10^{-9}$
Leitungsaluminium	$36\cdot 10^{6}$	$27{,}8\cdot 10^{-9}$
Messing	$13\cdot 10^{6}$	$80\cdot 10^{-9}$
Eisen	$(6{,}7\ldots 10)\cdot 10^{6}$	$(0{,}1\ldots 0{,}15)\cdot 10^{-6}$
Konstantan	$(2\ldots 3)\cdot 10^{6}$	$(0{,}3\ldots 0{,}5)\cdot 10^{-6}$
Seewasser	3	0,3
Eigenleitendes Germanium	2,2	0,454
Eigenleitendes Silizium	$1{,}6\cdot 10^{-3}$	625
Destilliertes Wasser	$10^{-5}\ldots 10^{-4}$	$10^{4}\ldots 10^{5}$
Trafoöl	$10^{-18}\ldots 10^{-12}$	$10^{12}\ldots 10^{18}$
Holz	$10^{-11}\ldots 10^{-8}$	$10^{8}\ldots 10^{11}$
Glas	$10^{-14}\ldots 10^{-10}$	$10^{10}\ldots 10^{14}$
Porzellan	$2\cdot 10^{-13}$	$5\cdot 10^{12}$
Erdboden	$10^{-4}\ldots 10^{-2}$	$10^{2}\ldots 10^{4}$

in T_0 annähern (Bild 2.22c). Dann ergibt sich $\varrho(T_0+\Delta T)=\varrho(T_0)+\Delta\varrho(T)$ aus dem Ausgangspunkt bei der Temperatur T_0 und einer Änderung $\Delta\varrho=\left.\frac{d\varrho}{dT}\right|_{T_0}\Delta T$ (Geradengleichung!) in guter Näherung zu

$$\varrho(T)\approx\varrho(T_0)+\left.\frac{d\varrho}{dT}\right|_{T_0}\Delta T\approx\varrho(T_0)[1+\alpha_{T_0}\Delta T]\,. \tag{2.21a}$$

Der zweite Term in der Klammer erfaßt den Temperatureinfluß. Der Temperaturbeiwert α_{T0} Gl. (2.20) wird meist für eine Bezugstemperatur von 20 °C angegeben (α_{20}). Dann gilt $\varrho(T)\approx\varrho_{20}(1+\alpha_{20}\Delta T)$. Die (oft gesuchte) relative (d. h. prozentuale) Widerstandsänderung beträgt

$$\frac{\Delta\varrho}{\varrho_{20}}=\alpha_{20}\Delta T\,. \tag{2.21b}$$

Der Gültigkeitsbereich von Gl. (2.21a) erstreckt sich für Metalle auf etwa $|\Delta T|\approx(60\ldots 100)$ K, für Halbleiter im Bereich der Zimmertemperatur — je nach ihrem Gehalt an Verunreinigungen — auf etwa $|\Delta T|\approx(10\ldots 50)$K. Bei größeren Temperaturänderungen genügt die Geradennäherung nach Gl. (2.21a) nicht mehr.

Diskussion. Bezüglich des Verlaufes $\varrho(T)$ (Bild 2.22) gibt es vier typische Leitergruppen:

— *Kaltleiter.* Das sind Materialien mit $\alpha>0$, also positivem TK (sog. PTC-Materialien). Die Leitfähigkeit sinkt, der spezifische Widerstand steigt mit wachsender Temperatur.

Dazu gehören vor allem reine Metalle. Für sie gilt $\alpha \approx +4‰/\mathrm{K}$ Temperaturbeiwert reiner Metalle. Ferromagnetische Metalle (Fe, Ni, Co) haben $\alpha \approx 6‰/\mathrm{K}$.
Anschaulich läßt sich die Widerstandserhöhung durch die zunehmenden Zusammenstöße der Träger mit den intensiver schwingenden Gitteratomen erklären. Dadurch wird die Bewegung stärker behindert, der Widerstand steigt.

— *Heißleiter*. Das sind Materialien mit $\alpha < 0$, also negativem TK (sog. NTC-Materialien). Hierzu gehören vor allem Elektrolyte und Halbleiter. Die Leitfähigkeit steigt mit wachsender Temperatur, also sinkt der spezifische Widerstand:

$$\varrho = \mathrm{const}_1 \exp \frac{\mathrm{const}_2}{T}.$$

nach Gl. (2.20) ist dann $\alpha_\mathrm{T} = -\dfrac{\mathrm{const}_2}{T}$.

In diesen Materialien wächst die Leitfähigkeit, weil durch zunehmende Temperatur mehr und mehr Ladungsträger aus Bindungen befreit werden. Für eigenleitendes Silizium ergibt sich z. B. bei $T = 300\ \mathrm{K}$ $\alpha_{300\mathrm{K}} = \alpha_{27\,°\mathrm{C}} = -0{,}154\ \mathrm{K}^{-1} = -15{,}4\%\ \mathrm{K}^{-1}$. Je Grad Temperaturänderung sinkt somit der spezifische Widerstand um rd. 15% bei Zimmertemperatur!
Diese ausgeprägten Temperaturgänge von Halbleitermaterialien werden z. B. in sog. Halbleiterthermometern angewendet. Umgekehrt wirkt dieser starke Temperaturgang in Halbleiterbauelementen nachteilig auf ihr Verhalten in der Schaltung.

— *Temperaturunabhängige Leiter* ($\alpha \approx 0$). Durch spezielle Werkstoffkombination gelingt es, temperaturunabhängige Substanzen herzustellen. Meist handelt es sich um spezielle Metalllegierungen (Konstantan, Manganin, Nickelin). Die Temperaturunabhängigkeit gilt natürlich nur in einem gewissen Temperaturbereich. Verschwindende Temperaturkoeffizienten können auch durch Zusammenschalten von Leitern mit verschiedenen Temperaturkoeffizienten ($\alpha > 0$ und $\alpha < 0$) erzielt werden.

— *Supraleiter*. Bei normalen Leitern (Metallen, Cu, Ga) nähert sich der spezifische Widerstand beim absoluten Nullpunkt $T = 0\ \mathrm{K}$ ($0\ \mathrm{K} = -273{,}16\ °\mathrm{C}$) einem Grenzwert, dem spezifischen Restwiderstand ϱ_r (Bild 2.22d). Für die sog. *Supraleiter* hingegen springt ϱ bei einer charakteristischen Temperatur — der Sprungtemperatur T_C — auf einen unmeßbar kleinen Wert. Sie lag lange Zeit. unter 20 K (flüssiges Helium 4,2 K, Blei 7,26 K). Physikalisch gesehen „kondensieren" die Leitungselektronen unterhalb der Sprungtemperatur und verhalten sich dann nicht mehr wie ein Gas. Es verschwindet ihre Wechselwirkung mit dem Kristallgitter und damit die innere „Reibung". An ihre Stelle treten vielmehr „Ordnungsvorgänge" der Elektronen im größeren Kristallbereich ähnlich wie beim Ferromagnetismus.
Durch die neuerdings entdeckten Keramikoxide mit Sprungtemperaturen über 190 K ist dieser Effekt technisch interessant geworden.
Durch den verschwindenden Widerstand gehen die Energieverluste praktisch auf Null zurück. Dann lassen sich enorm hohe Stromdichten (z. B. in Niob $S = 10^4\ \mathrm{kA\ mm}^{-2}$!) verlustarm erzeugen. Sie sind z. B. zur Herstellung sehr starker Magnetfelder wichtig.

Als wesentliches Ergebnis des Temperatureinflusses auf die Leitfähigkeit wollen wir zusammenfassend vermerken:

Jede durch den Stromfluß bedingte Erwärmung eines Leiters führt über dessen Temperaturkoeffizienten zu einem mehr oder weniger stromflußabhängigen spezifischen Widerstand. Dadurch wird der *E-S*-Zusammenhang[1] nichtlinear (Bild 2.22e). Für linearen *E-S*-Zusammenhang muß somit die Leitertemperatur konstant gehalten werden (z. B. durch Kühlung, gute Wärmeableitung, Abschn. 4). Wir sprechen dann von sog. *isothermen* Bedingungen.

Außer der Temperatur kann die spezifische Leitfähigkeit abhängen von zahlreichen weiteren Parametern, z. B.

- *auffallendem* Licht (z. B. bei Selen, Halbleitern, einige Sulfide). Man nutzt den Effekt in sog. *Fotoleitern* aus.
- *mechanischem Druck und Zug.* Dies wird zur Messung mechanischer Größen durch sog. Dehnmeßstreifen ausgenutzt.
- dem *Magnetfeld* (z. B. in Wismut und einigen Halbleitermaterialien). Der Effekt heißt *magnetische Widerstandsänderung.* Er wird zur Magnetfeldmessung verwandt.

Wir haben bisher den spezifischen Widerstand ϱ al s eine reine Materialgröße angesehen, die unabhängig von der Leitergeometrie ist. Dies gilt nicht mehr, wenn die Abmessungen des Leiters vergleichbar mit der freien Weglänge der Elektronen werden. Dann vergrößert sich der spezifische Widerstand zusätzlich durch Stoßvorgänge der Elektronen an der Leiteroberfläche und ϱ wird abhängig z. B. von der Schichtdicke (Bild 2.22f). Man bezeichnet diese Erscheinung als *Size-(Abmessungs)-Effekt.* Er tritt besonders bei tiefen Temperaturen an dünnen Drähten oder Leiterfilmen auf.

2.3.3 Grundeigenschaften des Strömungsfeldes im Raum und an Grenzflächen

2.3.3.1 Strömungsfelder wichtiger Leiteranordnungen

Strömungs- und Potentialfeld. Da Stromdichte $\boldsymbol{S}$ und Feldstärke $\boldsymbol{E}$ nach Gl. (2.19) einander proportional sind, stimmt das Stromdichtefeld $\boldsymbol{S}(\boldsymbol{r})$ im Leiter mit dem Feldstärkefeld $\boldsymbol{E}(\boldsymbol{r})$ — bis auf einen Maßstabsfaktor — überein. Die $\boldsymbol{S}$-Linien stehen ebenso wie die $\boldsymbol{E}$-Linien senkrecht auf den Äquipotentialflächen. Bei ausgewählten Feldlinien bilden beide quadratähnliche Figuren (s. Bild 2.10). Bild 2.23 enthält eine Zusammenfassung einfacher[2] Strömungsfelder. Sie entstehen, wenn eine gut leitende Elektrode ($\varkappa_1$) der angegebenen Form (mit isolierter Stromzufuhr) in ein Medium mit der Leitfähigkeit $\varkappa_2 \ll \varkappa_1$ gebracht wird. Beide Leitfähigkeiten sollen sich um mehr als zwei Größenordnungen unterscheiden. Die Gegenelektrode ist jeweils weit entfernt. Durch Überlagerung der Strömungsfelder zweier Ströme entstehen neue Strömungsfelder. Dies soll durch einige Beispiele veranschaulicht werden.

Diskussion: Punktelektrode. Die unendlich weit entfernte Gegenelektrode kann als Kugel mit unendlich großem Radius aufgefaßt werden. Der zugeführte Strom I verteilt sich im gesamten Raum gleichmäßig. Deshalb treten die Strömungslinien senkrecht durch eine gedachte Kugeloberfläche $A(r)$ mit der Punktelektrode im Mittelpunkt aus und ergeben die

---

[1] Später auch der Spannungs-Strom-Zusammenhang

[2] Sie nutzen die Kugel- bzw. Zylindersymmetrie aus

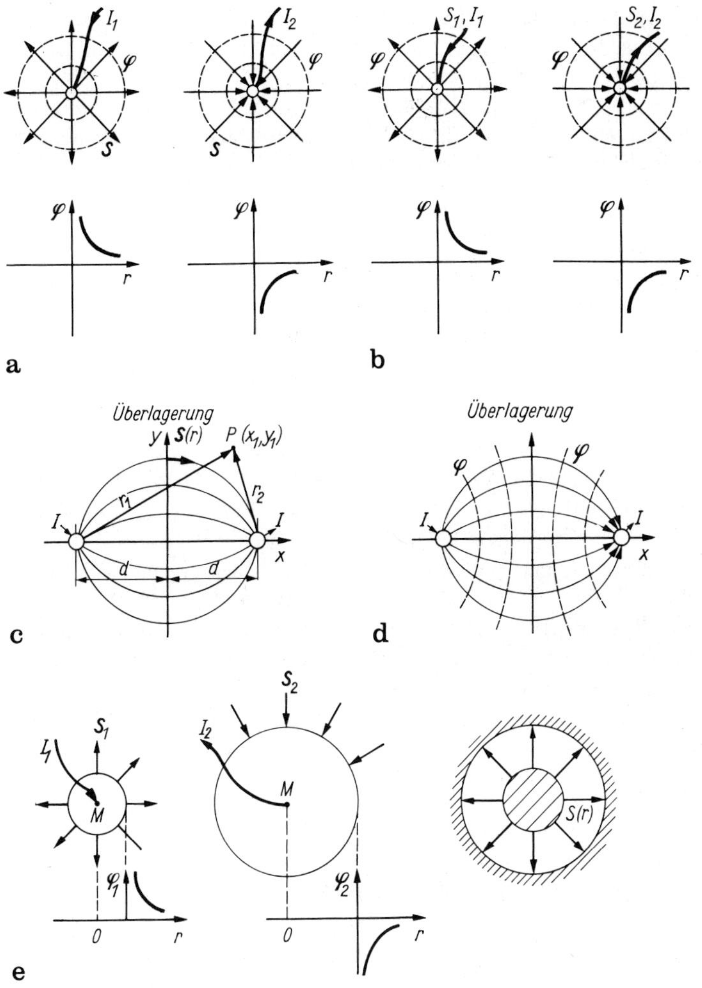

Bild 2.23a–e. Zusammenstellung wichtiger Strömungsfelder. **a** Punktquellen; **b** Linienquellen; **c** Überlagerung von Punktquellen; **d** Überlagerung von Linienquellen; **e** Kugelanordnung

Stromdichte $S(r) = I/A_{\text{Kugel}}(r) = I/4\pi r^2$ bzw. $\boldsymbol{S}(r) = (I/4\pi r^2)\boldsymbol{e}_r$. Damit gilt auch $\boldsymbol{E}(r) = \boldsymbol{S}(r)/\varkappa$ und für das Potential (mit dem Bezugspunkt $\varphi(\boldsymbol{r}_0) = 0$ im Unendlichen, $\boldsymbol{r}_0 \to \infty$).

$$\varphi(\boldsymbol{r}) = \int_r^\infty \boldsymbol{E}_\varrho \boldsymbol{e}_\varrho \mathrm{d}\varrho = \int_r^\infty \frac{\boldsymbol{S}_\varkappa(\varrho)}{\varkappa} \boldsymbol{e}_\varrho \mathrm{d}\varrho = \frac{I}{4\pi\varkappa} \int_r^\infty \frac{\mathrm{d}\varrho}{\varrho^2} = -\frac{I}{4\pi\varkappa} \frac{1}{\varrho}\bigg|_r^\infty = \frac{I}{4\pi\varkappa} \frac{1}{r} \tag{2.22a}$$

Potential im Abstand r von der Punktquelle mit Strom I.

Weil die Potentiallinien senkrecht auf den E-Linien stehen, bilden die Äquipotentialflächen konzentrische Kugeln mit der Punktelektrode im Mittelpunkt.

Die Integration der Feldstärke ist in $\boldsymbol{E}_\mathrm{r}$-Richtung durchzuführen. Umgekehrt kennzeichnet $E_\mathrm{r} = -\,\mathrm{d}\varphi/\mathrm{d}r$ die Abschüssigkeit des Potentials nach außen. Bei Umkehr der Stromrichtung ändert das Potential sein Vorzeichen.

Potentialüberlagerung. Wirken mehrere Stromquellen in einem Strömungsfeld, so ergibt sich das Gesamtpotential eines Punktes durch Überlagerung der Einzelpotentiale (s. Abschn. 2.2.4). Im Fall von n Punktelektroden gilt also

$$\varphi_\mathrm{ges} = \varphi_1 + \varphi_2 + \ldots + \varphi_\mathrm{n} = \frac{1}{4\pi\varkappa}\sum_{\nu=1}^{n}\frac{I_\nu}{r_\nu}\,.$$

Wenden wir dieses Ergebnis auf zwei Quellen an (Bild 2.23a), wobei einer Elektrode der Strom zufließt ($I_1 = +I$), von der anderen abfließt ($I_2 = -I$). Ein Punkt P mit den Entfernungen r_1, r_2 von beiden Quellen hat dann das Potential (Bild 2.23c)

$$\varphi_\mathrm{ges} = \frac{1}{4\pi\varkappa}\left(\frac{I}{r_1} - \frac{I}{r_2}\right).$$

Man erkennt, daß die Potentialfläche $\varphi = 0$ ($r_1 = r_2$) die Symmetrielinie zwischen beiden Quellen ist. Bei gegebenem Quellenabstand (z. B. $2d$) läßt sich damit für einen Punkt $P(x_1, y_1)$ im ersten Quadranten angeben: $r_1 = \sqrt{y_1^2 + (x_1 + d)^2}$, $r_2 = \sqrt{y_1^2 + (x_1 - d)^2}$. Die gleiche Überlegung kann auch graphisch durchgeführt werden. Man zeichnet dazu die Potentialfelder jeder Einzelquelle getrennt. Die Äquipotentialflächen ergeben sich, indem man den Punkt sucht, in dem $\varphi_1 + \varphi_2 = \mathrm{const}$ einen konstanten vorgegebenen Wert besitzt.

Konzentrische Kugeln (Potentialüberlagerung des Falles a). Überlagert man die Kugelpotentialfelder zweier konzentrisch angeordneter Kugeln (Radien r_i bzw. r_a mit den Potentialen φ_A bzw. φ_B — wobei der Innenkugel der Strom isoliert zu und von der Außenkugel abgeführt wird — so wirkt im Innenraum zwischen beiden Kugeln nur das Potential von Kugel 1 (Gl. (2.22a)). Von Kugel 2 wird der Strom abgeführt, deshalb erzeugt er im Innern kein Potentialfeld. Im Außenraum gilt ebenfalls

$$\varphi_\mathrm{ges} = \varphi_1 + \varphi_2 = \frac{1}{4\pi\varkappa}\left(\frac{I}{r} - \frac{I}{r}\right) = 0\,.$$

Zwischen beiden Elektroden herrscht damit die Potentialdifferenz $\varphi_\mathrm{A} - \varphi_\mathrm{B}$,

$$\varphi(r_\mathrm{i}) - \varphi(r_\mathrm{a}) = \varphi_\mathrm{A} - \varphi_\mathrm{B} = \frac{I}{4\pi\varkappa}\left(\frac{1}{r_\mathrm{i}} - \frac{I}{r_\mathrm{a}}\right). \qquad (2.22\mathrm{b})$$

Tafel 2.3. Stromdichte S wichtiger Strömungsfelder mit der Einströmung I

	Feldbild	$\boldsymbol{S}_1$, $\boldsymbol{S}_2$
Punktquelle	räumliche Radialstrahlen	$\dfrac{I}{A_\mathrm{Kugel}(r)} = \dfrac{I}{4\pi r^2}$
Linienquelle	ebene Radialstrahlen	$\dfrac{I}{A_\mathrm{Zyl.}(r)} = \dfrac{I}{l2\pi\varrho}$
Zylinderfläche	ebene Radialstrahlen	$\dfrac{I}{A_\mathrm{Zyl.}(r)} = \dfrac{I}{l2\pi\varrho}$
Ebene Fläche	homogenes Feld	$S = \dfrac{I}{A_\mathrm{Fläche}}$

Linienquelle. Das ist ein gerader linienhafter Leiter (unendlich lang) im leitenden Medium. Der Strom fließt radial vom Leiter weg (zylindersymmetrisches Problem), da seine Gegenelektrode unendlich weit entfernt ist (Bild 2.23b). Längs der Länge l möge der Strom I abfließen. Dann gilt $\boldsymbol{S}(\varrho) = I\boldsymbol{e}_\varrho/A_{\text{Zyl}}(\varrho) = I\boldsymbol{e}_\varrho/2\pi\varrho l$, also herrscht die Feldstärke $\boldsymbol{E}_\varrho = \boldsymbol{S}(\varrho)/\varkappa$. Das Potential folgt aus

$$\varphi(r) - \varphi(r_0) = \int_r^{r_0} \boldsymbol{E} \cdot \mathrm{d}\boldsymbol{s} = \int_r^{r_0} E_\varrho(\varrho)\boldsymbol{e}_\varrho \boldsymbol{e}_\varrho \mathrm{d}\varrho = \frac{I}{2\pi l\varkappa}\int_r^{r_0} \frac{\mathrm{d}\varrho}{\varrho} = \frac{I}{2\pi l\varkappa} \ln\frac{r_0}{r} \tag{2.22c}$$

Potential im Abstand r von einer Linienquelle mit Strom I.

Bild 2.23b zeigt den Verlauf des Potentials jeweils für zu- ($I \equiv I_1$) und wegfließenden Strom ($I \equiv -I_2$).

Potentialüberlagerung. Aus der Linienquelle gewinnen wir weitere Feldbilder durch Potentialüberlagerung, so z. B. für die unendlich lange Doppelleitung (Bild 2.23d): wir führen einer Quelle den Strom I zu und von der anderen den gleichen Strom ab. Dann folgt mit $I_1 = +I, I_2 = -I$

$$\varphi_{\text{ges}} = \varphi_1 + \varphi_2 = \frac{-1}{2\pi l\varkappa}\left(I_1 \ln\frac{r_1}{r_0} - I_2 \ln\frac{r_2}{r_0}\right) = \frac{-I}{2\pi l\varkappa}\left(\ln\frac{r_1}{r_0} - \ln\frac{r_2}{r_0}\right) = \frac{I}{2\pi l\varkappa}\ln\frac{r_2}{r_1}.$$

Auch hier liegen Punkte im gleichen Abstand $r_1 = r_2$ von den Quellen auf einer Symmetrielinie $\varphi = 0$.

Die Ergebnisse der Linienquelle und Potentialüberlagerung lassen sich sofort auf zwei konzentrisch ineinander liegende Zylinderleiter anwenden (Bild 2.23e). Fließt dem inneren Zylinder der Strom I_1 zu, so stellt sich das Strömungsfeld $\boldsymbol{S}_1(r)$ ein. Der vom äußeren Zylinder abfließende Strom I_2 hat das Strömungsfeld $\boldsymbol{S}_2$ (zum Zylinder hin gerichtet!) zur Folge. Überlagert man beide Felder, so bleibt nur noch das Feld von $\boldsymbol{S}_1(r)$ zwischen beiden Zylindern. Im Außenraum gilt wegen $I_1 - I_2 = 0$ auch $\boldsymbol{S}_1(r) + \boldsymbol{S}_2(r) = 0$ in jedem Punkt. Die Potentialdifferenz zwischen beiden Zylindern (Radius r_i, r_a) beträgt dann

$$\varphi(r_i) - \varphi(r_a) = \varphi_A - \varphi_B = \frac{-I}{2\pi\varkappa l}\left(\ln\frac{r_i}{r_0} - \ln\frac{r_a}{r_0}\right) = \frac{I}{2\pi\varkappa l}\ln\frac{r_a}{r_i} \tag{2.22d}$$

2.3.3.2 Bestimmung des Feldbildes

Experimentelle Aufnahme. Für die Nachbildung eines „ebenen Feldes“ werden Metallelektroden von der gleichen Form wie das zu untersuchende Gebilde in eine Schale mit einem Elektrolyten (z. B. Wasser bestimmter Leitfähigkeit) gesetzt (sog. *elektrolytischer Trog*, Bild 2.24). Durch die Anordnung wird ein Strom geschickt[1]. Man schaltet ihr einen abgreifbaren Widerstand parallel. Dort stellt man ein bestimmtes Potential (gegenüber Punkt B) ein und führt über eine bewegliche Sonde S einen Nullabgleich des Indikators herbei. Dann hat Punkt C im Strömungsfeld das gleiche Potential wie A. So gewinnt man punktweise das Potentialfeld. Die $\boldsymbol{E}$-Linien ergeben sich bei parallelebenen Feldern durch da Prinzip ähnlicher Figuren (s. u.).

Anstelle des Elektrolyten kann auch leitfähiges Widerstandspapier benutzt werden, auf das die Elektroden mit Leitsilber gezeichnet werden. Zur Vermeidung

[1] Technisch wird dies durch eine Stromeinprägung mittels einer Stromquelle erreicht

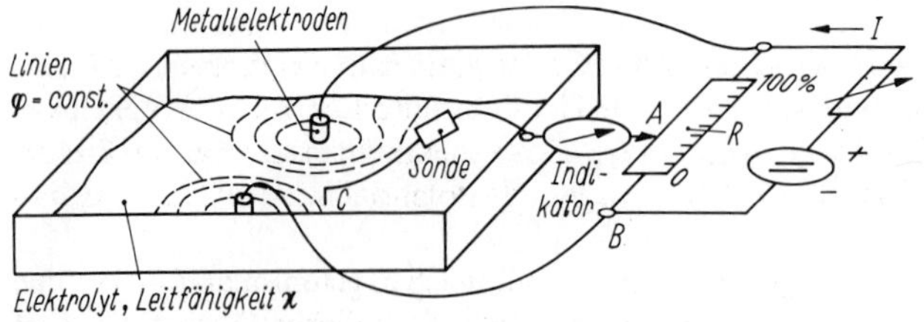

Bild 2.24. Elektrolytischer Trog zur Aufnahme des Potentialfeldes im räumlichen Leiter

von Elektrolyse verwendet man anstelle des Galvanometers einen Kopfhörer. Die Frequenz der Wechselspannung sollte im Bereich der größten Empfindlichkeit unseres Ohres (800 bis 1000 Hz) liegen.

Graphische Ermittlung. Dieses Verfahren wendet man zweckmäßig bei ebenen bzw. rotationssymmetrischen Feldern an. Sie beruhen auf dem schon erwähnten Prinzip (s. Abschn. 2.2.2) quadratähnlicher Figuren. Man denkt sich das Strömungsfeld zwischen zwei Elektroden in n Stromröhren ΔI $\Delta I = S\Delta A = \varkappa E\Delta A = \varkappa \frac{\Delta\varphi}{\Delta s} \Delta A$ mit dem Querschnitt ΔA zerlegt. Auch das Potentialfeld teilt man in gleiche Potentialunterschiede $\Delta\varphi = E\,\Delta s$ auf (Bild 2.25). Benachbarte ausgewählte Potentiallinien sind um Δs entfernt. Dann gilt mit $\Delta A = \Delta a\;\Delta l$

$$\frac{\Delta I}{\Delta\varphi} = \varkappa \frac{\Delta A}{\Delta s} = \frac{\Delta a}{\Delta s}\,\Delta l = \text{const}\,\frac{\Delta a}{\Delta s}\,.$$

Ist das Feld eben, also Δl an allen Stellen konstant, so folgt das rechte Ergebnis. Für gleiche ΔI- und $\Delta\varphi$-Werte entstehen wegen $\Delta a \sim \Delta s$ die quadratähnlichen Figuren.

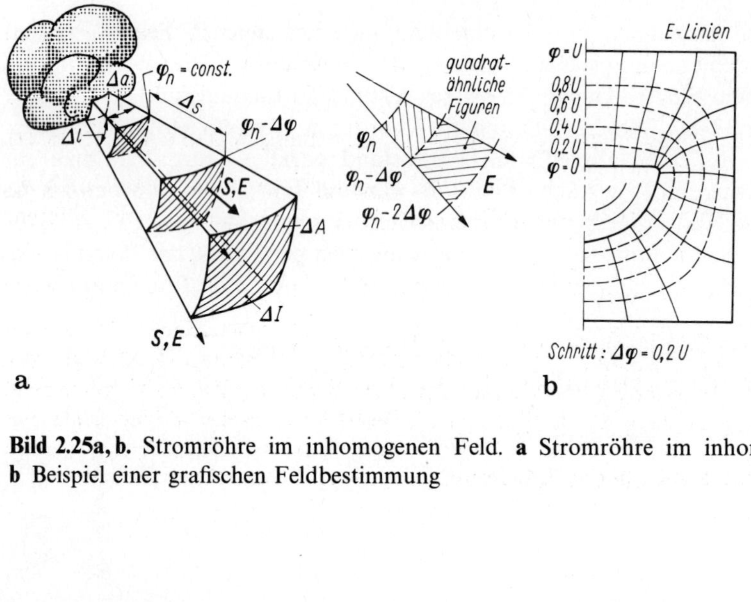

a b

Bild 2.25a, b. Stromröhre im inhomogenen Feld. **a** Stromröhre im inhomogenen Feld; **b** Beispiel einer grafischen Feldbestimmung

Praktisch ist wie folgt zu verfahren:

1. Man zeichnet in das zweidimensionale Feld Potential- und Feldlinien ein. Dabei beginnt man zweckmäßig in Bereichen mit homogenem Feld, für das E- and φ-Linien leicht ermittelt werden können. Metallflächen sind immer eine Potentiallinie. Deshalb stehen die Feldlinien senkrecht auf den Elektrodenflächen. Feld- und Potentiallinien bilden ein orthogonales Liniensystem.

2. Die Äquipotentiallinie führt man in inhomogenen Bereichen gefühlsmäßig weiter und korrigiert laufend mit den Feldlinien nach dem Prinzip quadratähnlicher Figuren. Größere Bereiche werden dabei zur Genauigkeitserhöhung weiter unterteilt.

3. Die Feldstärke ergibt sich überall aus $E = \Delta\varphi/\Delta s$, $\Delta\varphi$ folgt aus der Gesamtpotentialdifferenz zwischen den Elektroden durch Unterteilung (erwähnt sei, daß man mit diesem Verfahren auch den Gesamtwiderstand R der Anordnung bestimmen kann, s. Abschn. 2.4.2.1).

Bild 2.25b zeigt ein so gewonnenes Feldbild. Man geht von den homogenen Feldbereichen links und rechts aus und führt die Potentiallinien im inhomogenen Bereich weiter. An den Kanten herrscht eine besonders hohe Feldstärke → Zusammendrängen der Potentiallinien. Die Feldlinien werden unter Beachtung der Quadratähnlichkeit eingezeichnet. Dabei wird der Verlauf wechselseitig so korrigiert, daß sich überall das Seitenverhältnis $\Delta a/\Delta s$ ergibt.

2.3.3.3 Kontinuitätsgleichung im Strömungsfeld

Übersicht. Im Abschn. 1.4.2 lernten wir die Kontinuitätsgleichung (1.8) im Ergebnis der Kontinuität des Stromes kennen. Für ein abgeschlossenes Volumen galt dabei (abfließender Strom positiv angesetzt)

$$I_{ab} - I_{zu} = I_{Netto} = -\frac{dQ_{ab}}{dt} + \frac{dQ_{zu}}{dt} = -\frac{dQ_{Netto}}{dt}$$

mit $Q_{Netto} = Q_{ab} - Q_{zu}$.

Aus Anschauungsgründen möge der Strom nur durch die Flächen A_{ab} und A_{zu} treten (Bild 2.26a)[1]. Anstelle der Ströme I_{ab}, I_{zu} führen wir jetzt mit Gl. (2.17) die Stromdichte $\boldsymbol{S}$ ein und erhalten:

$$-\frac{dQ_{Netto}}{dt} = \int_{A_{ab}} \boldsymbol{S}_{ab} \cdot d\boldsymbol{A} + \int_{A_{zu}} \boldsymbol{S}_{zu} \cdot d\boldsymbol{A} = \oint_{\substack{\text{gesamte}\\ \text{Oberfläche}\\ \text{(Hülle)}}} \boldsymbol{S} \cdot d\boldsymbol{A} \qquad (2.23a)$$

Kontinuitätsbedingung (Naturgesetz, Folgerung aus dem Erhaltungssatz).

Da der zufließende Strom durch die Fläche A_{zu} eintritt, der abfließende durch A_{ab} austritt, ergibt sich der Zu- oder Abfluß, also die Ladungsänderung als Differenz

[1] Beim Vergleich des Bildes 2.26a mit der Darstellung Bild 1.7a vermißt man negative Vorzeichen. Diese Unkorrektheit liegt in der Definition des Stromes Gl. (1.7) begründet, denn es fehlt ein Hinweis, von welcher Seite der Betrachter den Ladungsdurchtritt beobachtet: Fließt der Strom auf ihn zu, so bemerkt er in seiner Umgebung eine Ladungszunahme, fließt er weg, so registriert er eine Abnahme. Wir wollen diese Feinheit im Interesse einer einfachen Verständlichkeit von Gl. (1.7) übersehen

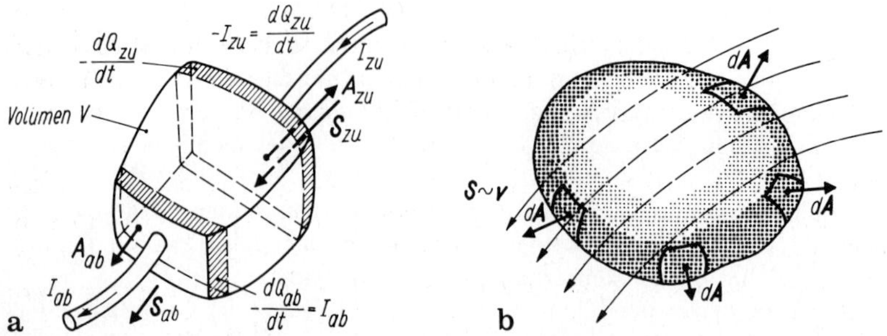

Bild 2.26a, b. Stromkontinuität. **a** Volumen V mit Stromzufluß und -abfluß, ausgedrückt durch die Stromdichte (vgl. Bild 1.4a); **b** Hüllfläche im stationären Strömungsfeld. Es gilt $\oint_A \boldsymbol{S} \cdot \mathrm{d}\boldsymbol{A} = 0$

aller ab- und zufließenden Stromanteile über die gesamte vorhandene oder gedachte Oberfläche des Volumens. Für diese Rechenoperation wird der Begriff Oberflächen- oder Hüllenintegral $\oint_A \boldsymbol{S} \cdot \mathrm{d}\boldsymbol{A}$ der Stromdichte $\boldsymbol{S}$ eingeführt (s. Abschn. 0.2.4, Flußintegral Gl. (0.9)).

Die zeitliche Ladungsabnahme $(-\mathrm{d}Q_{\mathrm{Netto}}/\mathrm{d}t)$ in einem Volumen mit der Oberfläche A ist gleich dem Nettostromabfluß, also dem Hüllintegral über alle Strömungslinien, die durch die Oberfläche treten.

Im Beispiel muß die Integration über die Flächen A_{ab} und A_{zu} durchgeführt werden. Durch andere Flächen erfolgt kein Ladungsaustausch. Dabei and $\boldsymbol{S}$ und $\mathrm{d}\boldsymbol{A}$ auf der Abflußseite gleich gerichtet, deshalb fließt I_{ab} positiv aus dem Volumen heraus. Auf der Zuflußseite hingegen haben $\boldsymbol{S}$ und $\mathrm{d}\boldsymbol{A}$ entgegengesetzte Richtungen: $-I_{\mathrm{zu}} = \int_{A_{\mathrm{zu}}} \boldsymbol{S} \cdot \mathrm{d}\boldsymbol{A}$. Im stationären Strömungsfeld gilt $\mathrm{d}Q_{\mathrm{Netto}}/\mathrm{d}t = 0$, d. h. $\mathrm{d}Q_{\mathrm{ab}}/\mathrm{d}t = \mathrm{d}Q_{\mathrm{zu}}/\mathrm{d}t$, damit aus Gl. (2.23a)

$$\oint_{\substack{\text{gesamte}\\ \text{Oberfläche}}} \boldsymbol{S} \cdot \mathrm{d}\boldsymbol{A} = 0 \qquad (2.23\mathrm{b})$$

Kontinuitätsbedingung des stationären Strömungsfeldes (Integralform für ein Volumen V mit der Oberfläche A).

Im stationären Strömungsfeld bleibt die Ladung Q_{Netto} in einem beliebigen, von der materiellen oder gedachten Hüllfläche A umschlossenen Volumen zeitlich konstant. Es fließen also gleichviele Ladungen ab wie zu (je Zeitspanne).

Anders gesprochen verschwindet der Nettofluß (d. h.die Differenz des ab- und zufließenden Stromes) des Vektors Stromdichte $\boldsymbol{S}$ durch eine beliebige geschlossene Fläche A im stationären Strömungsfeld.

Wie hat man das Ergebnis Gl. (2.23a) zu deuten? Im Abschn. 1.4.1 erfolgte die Erklärung der Kontinuität anschaulich durch das Modell eines Wasserbehälters, dem über Röhren Wasserströme zu- und abgeführt wurden. Das erfolgte lokalisiert an bestimmten Stellen. Jetzt ersetzen wir die gesamte Oberfläche dieses Behälters (mit beliebiger Form) durch

Drahtgaze und tauchen ihn in eine Wasserströmung (Bild 2.26b). Wie immer die Strömungsgeschwindigkeit $\boldsymbol{v}$ ($\sim \boldsymbol{S}$!) nach Betrag und Richtung und die Oberfläche des Behälters gestaltet sein mögen, stets treten die Strömungslinien ungehindert durch. Im stationären Fall, d. h. bei zeitlich konstanter Strömung, nimmt sein Wasserinhalt weder zu noch ab.

Nach dem bisherigen verbleibt der Eindruck, daß Gl. (2.23a) nur für zeitlich konstante Größen, also Gleichstrom gilt. Praktisches Interesse besteht aber an einer Aussage auch für zeitveränderliche Ströme. Auch interessiert für die Feldbeschreibung nicht so sehr die Aussage der Kontinuität für ein Volumen, sondern einen Raumpunkt. Das zu untersuchen, ist Aufgabe der Feldtheorie.

Kontinuitätsbedingung des stationären Strömungsfeldes. 1. Kirchhoffsches Gesetz. Wir betrachten eine geschlossene Hülle im stationären Strömungsfeld (Bild 2.27) nach Gl. (2.23a). Dabei soll die ansonsten stetig verteilte Stromdichte $\boldsymbol{S}$ auf ausgewählte Flächen $\Delta \boldsymbol{A}$ konzentriert sein. Diese von der Strömung durchsetzten Flächenteile können als Stromröhren angesehen werden. Wir nehmen mit der Forderung eines stationären Strömungsfeldes an, daß sich die Nettoladung im Volumen ΔV zeitlich nicht ändert. Dann gilt aus Gl. (2.23a)

$$0 = \oint \boldsymbol{S} \cdot \mathrm{d}\boldsymbol{A} = \int_{A_1} \boldsymbol{S} \mathrm{d}\boldsymbol{A}_1 + \int_{A_2} \boldsymbol{S} \cdot \mathrm{d}\boldsymbol{A}_2 + \int_{A_3} \boldsymbol{S} \cdot \mathrm{d}\boldsymbol{A}_3 + \int_{A_4} \boldsymbol{S} \cdot \mathrm{d}\boldsymbol{A}_4$$
$$= -I_1 \quad + I_2 \quad + I_3 \quad + I_4 \,.$$

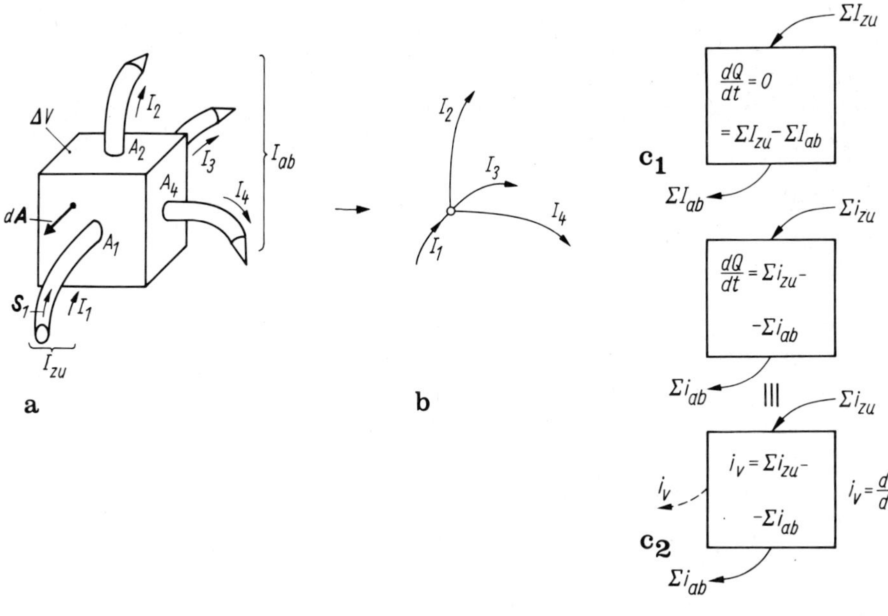

Bild 2.27a–c. Stromkontinuität, Bilanzgleichung für die Ladung im Volumen **a** Stromkontinuität im stationären Fall ($\mathrm{d}Q/\mathrm{d}t = 0$), **b** Stromknoten zu, **c** Stromkontinuität bei zeitveränderlichen Strömen mit Einführung des Verschiebungsstromes i_v

Das negative Zeichen von I_1 stammt von der entgegengesetzten Orientierung zwischen $\boldsymbol{S}$ und $\mathrm{d}\boldsymbol{A}_1$. Das Ergebnis ist unabhängig von der Hüllfläche. Deshalb kann sie beliebig klein gewählt werden. Dann heißt das Gebilde *Stromknoten* und das Ergebnis lautet verallgemeinert:

$$\sum_{\substack{0\mu \\ \downarrow}} I_{\mu\mathrm{ab}} = \sum_{\substack{0\nu \\ \uparrow}} I_{\nu\mathrm{zu}} \tag{2.24a}$$

oder

$$\sum_{n=1}^{k} I_{\mathrm{n}} = \sum_{\mu,\,\nu} (I_{\mu\mathrm{ab}} - I_{\nu\mathrm{zu}}) = 0\,. \tag{2.24b}$$

1. Kirchhoffsches Gesetz, Knotensatz.

Ergebnis für einen Knotenpunkt mit n Abzweigungen ($\nu + \mu = n$):

Die Summe der zu einem Knoten hinfließenden Ströme ist gleich der Summe der von ihm wegfließenden, oder gleichwertig: die (vorzeichenbehaftete) Summe (Gl. (2.24)) aller zu einem Knoten fließenden Ströme verschwindet im stationären Fall stets. Dabei sind vom Knoten wegfließende Ströme positiv, hinfließende negativ zu zählen[1].

Der physikalische Inhalt dieses Gesetzes ist die Kontinuität des Stromes, seine Grundlage die Erhaltung der Ladung (s. Abschn. 1.3.3).

Diskussion. Eine Beschränkung scheint die Forderung $\mathrm{d}Q_{\mathrm{Netto}}/\mathrm{d}t = 0$ des stationären Falles darzustellen. Bei zeitveränderlichen Strömen $i(t)$ kann sich die Ladung durchaus ändern. Führt man jedoch für die Ladungsänderung $\mathrm{d}Q/\mathrm{d}t$ im Volumen einen *Verschiebungsstrom* $i_{\mathrm{v}} = \mathrm{d}Q/\mathrm{d}t$ durch die Oberfläche des Volumens ein (s. Abschn. 2.5.6, Gl. (2.90)), so gilt der Knotensatz in der Form

$$i_{\mathrm{v}} + \sum_{\mu} i_{\mu\mathrm{ab}} = \sum_{\nu} i_{\nu\mathrm{zu}} \tag{2.24c}$$

oder formalisiert

$$\sum i = 0 \tag{2.24d}$$

auch hier.

2.3.3.4 *Verhalten an Grenzflächen*

An der Grenzfläche zweier Materialien mit verschiedenen Leitfähigkeiten ändern sich die Feldgrößen des Strömungsfeldes vermutlich. Dies wollen wir jetzt untersuchen. So folgt aus der Kontinuitätsgleichung (2.23) bei Zerlegung der Stromdichte $\boldsymbol{S} = \boldsymbol{S}_{\mathrm{n}} + \boldsymbol{S}_{\mathrm{t}}$ in Normal- und Tangentialkomponenten ($\boldsymbol{S}_{\mathrm{n}}, \boldsymbol{S}_{\mathrm{t}}$) zur Fläche $\mathrm{d}\boldsymbol{A}$ (Bild 2.28a) zunächst für die Oberfläche eines kleinen Volumens nach Art einer Schuhcremeschachtel $\oint_A \boldsymbol{S}\cdot \boldsymbol{dA} = \int_{A_1} \boldsymbol{S}_1 \cdot \mathrm{d}\boldsymbol{A}_1 + \int_{A_2} \boldsymbol{S}_2 \cdot \mathrm{d}\boldsymbol{A}_2 + \int_{\mathrm{Umrandung}} \boldsymbol{S}\cdot \mathrm{d}\boldsymbol{A} = 0$. Bei einer sehr dünnen Schachtel kann das Integral über den Rand vernachlässigt werden, und es bleiben nur noch die Komponenten des Bodens (A_1) und Deckels

[1] Man bemerkt, daß das Ergebnis auch bei beiderseitig vertauschten Vorzeichen gilt

(A_2): $\oint \boldsymbol{S} \cdot \mathrm{d}\boldsymbol{A} = \int (\boldsymbol{S}_{n1} + \boldsymbol{S}_{t1}) \cdot \mathrm{d}\boldsymbol{A}_1 + \int (\boldsymbol{S}_{n2} + \boldsymbol{S}_{t2}) \cdot \mathrm{d}\boldsymbol{A}_2$. Die Tangentialkomponenten geben keinen Beitrag ($\boldsymbol{S}_t \cdot \mathrm{d}\boldsymbol{A} = 0$), die Normalkomponente führt mit $\mathrm{d}\boldsymbol{A}_1 = -\mathrm{d}\boldsymbol{A}_2$[1] und $\mathrm{d}A_1 = \mathrm{d}A_2$ auf $-S_{n1}\mathrm{d}A_2 + S_{n2}\mathrm{d}A_2 = 0$, d. h.

$$S_{n1} = S_{n2} \tag{2.25a}$$

Stetigkeit der Normalkomponente der Stromdichte

und mit dem Ohmschen Gesetz des Strömungsfeldes (Gl. (2.19)) also

$$\frac{E_{n1}}{E_{n2}} = \frac{\varkappa_2}{\varkappa_1} \,. \tag{2.25b}$$

Analog führt die Bedingung $\oint \boldsymbol{E} \cdot \mathrm{d}\boldsymbol{s} = 0$ (Gl. (2.8)) mit gleicher Zerlegung der Feldstärke ($\boldsymbol{E} = \boldsymbol{E}_n + \boldsymbol{E}_t$) in Komponenten normal und tangential zum Wegelement $\mathrm{d}\boldsymbol{s}$ bei einem geschlossenen Umlauf *abcd* ($\boldsymbol{E}_n \perp \mathrm{d}\boldsymbol{s}$ auf den Längsbahnen, an den Stirnseiten gegenseitiges Aufheben, Bild 2.28b) auf $\int (\boldsymbol{E}_{t1} \cdot \mathrm{d}\boldsymbol{s} - \boldsymbol{E}_{t2} \cdot \mathrm{d}\boldsymbol{s}) = 0$, oder

$$E_{t1} = E_{t2} \tag{2.26a}$$

Stetigkeit der Tangentialkomponenten der Feldstärke

und über Gl. (2.19) auf

$$\frac{S_{t1}}{S_{t2}} = \frac{\varkappa_1}{\varkappa_2} \,. \tag{2.26b}$$

Zusammengefaßt:

1. An den Grenzflächen zwischen Leitern verschiedener Leitfähigkeit sind die *Normalkomponenten* der *Stromdichte* und *Tangentialkomponenten* der Feldstärke

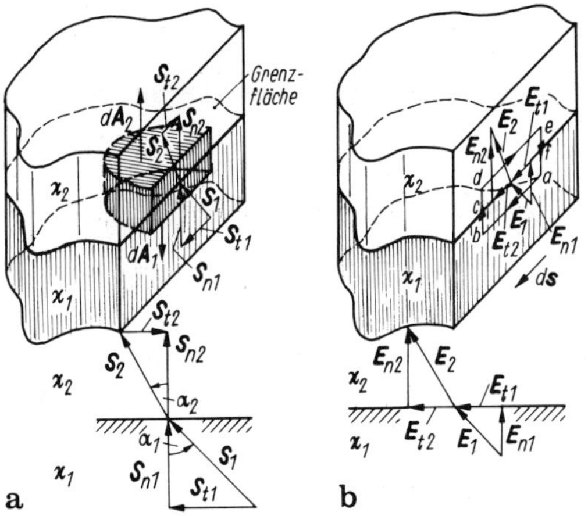

Bild 2.28a, b. Grenzflächen. **a** zur Stetigkeit der Normalkomponenten der Stromdichte $\boldsymbol{S}$; **b** Stetigkeit der Tangentialkomponenten der Feldstärke $\boldsymbol{E}$ an der Grenzfläche

[1] $\mathrm{d}\boldsymbol{A}_2$ ist in positiver Richtung definiert, also in Richtung von Gebiet 1 nach 2

immer stetig (Gln. (2.25a), (2.26a)). Sie können nie springen: Der Strom tritt immer mit gleicher Stärke durch eine solche Grenzfläche.

2. Die Normalkomponenten der Feldstärken verhalten sich beiderseits der Grenzfläche umgekehrt wie die Leitfähigkeiten (Gl. (2.25b)). Deshalb tritt im schlechter leitenden Medium stets die höhere Feldstärke auf und es bildet eine vom Strom durchflossene Grenzfläche bei verschieden leitenden Medien eine Quelle (Senke) von $\boldsymbol{E}$-Linien.

3. Die Tangentialkomponenten der Stromdichte verhalten sich an der Grenzfläche wie die Leitfähigkeiten (Gl. (2.26b)). Der Strom fließt somit im besser leitenden Medium mit größerer Tangentialkomponente.

Aus Gln. (2.25b), (2.26b) folgt (Bild 2.28)

$$\frac{\tan\alpha_1}{\tan\alpha_2} = \frac{\varkappa_1}{\varkappa_2} = \frac{E_{n2}}{E_{n1}} = \frac{S_{t1}}{S_{t2}} \tag{2.26c}$$

Brechungsgesetz im Strömungsfeld .

In schlechter leitenden Medien werden die Feldlinien zum Einfallslot hin gebrochen. Daher treten aus dem Leiter mit großer Leitfähigkeit die Feldlinien nahezu senkrecht in ein schlechter leitendes Medium aus und seine Oberfläche muß eine Äquipotentiallinie bilden.

Beispiele und Folgerungen. Vorstehende Ergebnisse gestatten folgende Schlüsse:

1. Grenzt ein stromdurchflossener Leiter an einen Nichtleiter ($\varkappa \approx 0$), so ist die Leiterberandung stets eine Strömungslinie (bzw. Strömungsfläche) (Gl. (2.26b)) und ebenso eine Feldlinie. Die Äquipotentiallinien stehen senkrecht dazu.

2. In einem homogenen Feld $\boldsymbol{E}$ zwischen planparallelen Metallelektroden befinden sich zwei Stoffe mit den Leitfähigkeiten $\varkappa_1$ (oben) und $\varkappa_2 = 3\varkappa_1$ (unten) (Bild 2.29a). In beiden Materialien entsteht durch die gegebene Feldstärke $\boldsymbol{E}$ (Vorgabe, Ursache)[1] das gleiche Potentialfeld φ. Die Stromdichtefelder $\boldsymbol{S}_1$ und $\boldsymbol{S}_2$ unterscheiden sich hingegen $\boldsymbol{S}_1 = \varkappa_1 \boldsymbol{E}$, $\boldsymbol{S}_2 = \varkappa_2 \boldsymbol{E} = \varkappa_2/\varkappa_1 \boldsymbol{S}_1 = 3\boldsymbol{S}_1$. Im Material mit der dreifachen Leitfähigkeit herrscht bei gleicher Feldstärke die dreifache Stromdichte!

Werden beide Materialien hingegen „in Reihe" zwischen die Metallplatten gefügt (Bild 2.29b), so fließt durch beide der gleiche Strom, herrscht also gleiche Stromdichte $\boldsymbol{S}$ (Vorgabe, Ursache). Aus diesem Grunde müssen sich die Feldstärken $\boldsymbol{S}_1 = \varkappa_1 \boldsymbol{E}_1 = \varkappa_2 \boldsymbol{E}_2$, $\boldsymbol{E}_1 = \varkappa_2/\varkappa_1 \boldsymbol{E}_2$ und dementsprechend die Potentiallinien an der Grenzfläche ändern. Im Material 2 der höheren Leitfähigkeit $\varkappa_2 = 3\varkappa_1$ herrscht die kleinere Feldstärke (kleinere Liniendichte). Dabei bildet die von der Stromdichte durchsetzte Grenzfläche der beiden leitenden Medien eine Quelle (bzw. Senke) von E-Linien!

[1] Technisch wird das erreicht, indem eine Batterie mit der Spannung U an die Platten gelegt wird

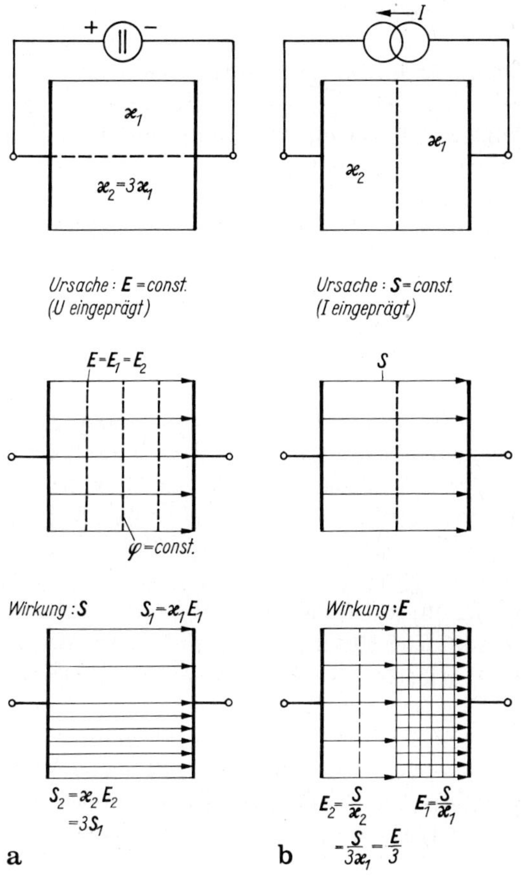

Bild 2.29a, b. Grenzflächen zwischen parallel- und reihengeschalteten Medien verschiedener Leitfähigkeit, **a** Parallelschaltung. Im besser leitenden Medium ergibt sich die größere Stromdichte; **b** Reihenschaltung. Im besser leitenden Medium stellt sich die kleinere Feldstärke ein. An der Grenzfläche ändern sich die *E*-Linien

2.4 Integralgrößen des stationären Strömungsfeldes: Strom *I*, Spannung *U*, Widerstand *R*. Gleichstromkreis

Ziel. Nach Durcharbeit des Abschnittes 2.4 sollte der Leser in der Lage sein

- die Begriffe Strom, Quellenspannung und Stromkreis zu erläutern;
- das Ohmsche Gesetz zu formulieren, die Definition des ohmschen Widerstandes zu kennen und für einfache Anordnungen anzugeben;
- den Begriff „Zweipol“ zu erläutern und zu charakterisieren;
- die Kirchhoffschen Gesetze zu kennen;
- Zusammenschaltungen von Widerständen zu erfassen;
- Ersatzschaltbilder des Zweipoles zu kennen;
- mit dem Grundstromkreis umgehen zu können;
- das Prinzip der Strom- und Spannungsmessung zu kennen (einschließlich Meßbereichserweiterung);

— die Berechnung einfacher Schaltungen durchzuführen;
— die Zweipoltheorie zu kennen;
— einfache Schaltungen mit einem nichtlinearen Element analysieren zu können.

Anwendung der Integralbegriffe Strom und Spannung des Strömungsfeldes. Wir kennen aus dem Strömungsfeld die integralen (globalen) Größen
— *Strom I*: verkoppelt mit der Stromdichte ***S*** durch eine Fläche;
— *Spannung U*: verkoppelt mit der Feldstärke ***E*** über eine Längenausdehnung, sowie
— das *Ohmsche Gesetz* des Strömungsfeldes (Gl. (2.19)) als Verknüpfung zwischen Stromdichte und Feldstärke *in einem Raumpunkt.*

Dies wenden wir jetzt zur *Vereinfachung* der folgenden Aufgabe an: Gegeben ist ein stationäres Strömungsfeld (Bild 2.30), in dem eine Trägerströmung durch eine Antriebsquelle verursacht wird. Dann ist Berechnung der Stromdichte und Feldstärke an jedem Ort, die zur vollständigen Kennzeichnung erforderlich wäre, keine leichte Aufgabe. Sie wird jedoch sehr einfach lösbar, wenn wir uns nur für das *Integralverhalten* zwischen ausgezeichneten Stellen z. B. den Schnittstellen A, B, C, D interessieren. Dann genügen
— die Angabe der Ströme in diesen Punkten;
— die Angabe der Spannungen zwischen diesen Punkten.

So, wie es das räumliche Ohmsche Gesetz Gl. (2.19) gibt, wird auch zwischen Strom und Spannung einer einzelnen Strömungsstrecke (z. B. zwischen *A—B* für die Strecke (3)) eine entsprechende Beziehung bestehen. Dafür werden wir den Begriff *Widerstand* einführen. Welches Strömungsfeld sich dahinter verbirgt, ist dann uninteressant. Wir sehen weiter, daß jedes dieser volumenhaften Strömungsgebilde durch einen solchen Widerstand ersetzt werden kann. Die einzelnen Widerstände sind durch linienhafte (widerstandslos gedachte) Leiter miteinander verbunden.

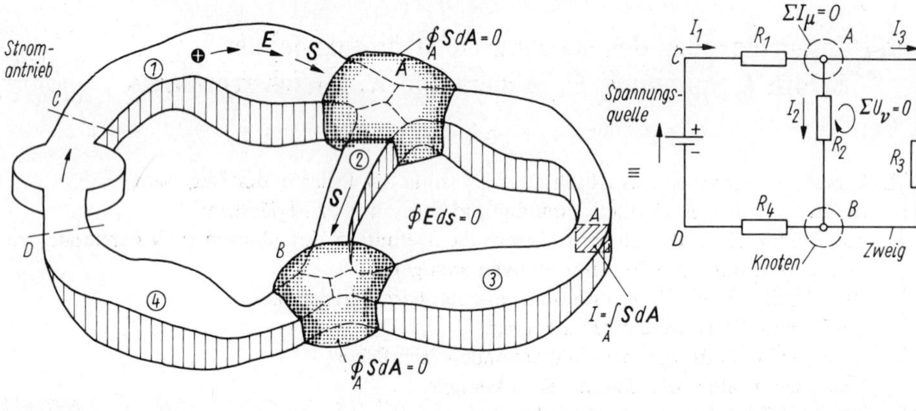

Bild 2.30. Ersatz eines Gebildes aus Strömungsfeldern durch eine Schaltung, bestehend aus Bauelementen und Verbindungsleitungen

Der Widerstand beinhaltet also ein volumenhaftes Strömungsgebilde mit bestimmten Eigenschaften und ist damit zugleich *Bau-* oder *Schaltelement*.

Für die Antriebsquelle der Strömung führen wir den Begriff „Spannungsquelle" ein (ebenfalls ein Schaltelement).

Durch Anwendung der Begriffe Spannung, Strom und Widerstand kann das stationäre Strömungsfeld in einen *Gleichstromkreis* (oder gleichwertig eine *Gleichstromschaltung* oder ein *Gleichstromnetzwerk*) überführt werden. Er ist eine Zusammenschaltung von mehreren Schaltelementen so, daß Gleichströme fließen können.

Im Gleichstromkreis haben dann die Begriffe *Spannung*, *Strom* und *Widerstand* grundlegende Bedeutung, wie im Feld die Begriffe Feldstärke, Potential, Stromdichte und Leitfähigkeit.

In Netzwerken treten folgende Begriffe immer wieder auf:

— *Knoten:* elektrisch leitende Verbindungen zwischen wenigstens drei Leitern oder Schaltelementen. Es gilt die Knotengleichung (2.24b).
— Klemme, *Pol:* Anschlußstelle von Schaltelementen oder Leitern.
— *Masche:* geschlossener Weg oder Umlauf in einem Netzwerk. Es gilt die Maschengleichung (2.15).
— Zweig*:* Anordnung von Schaltelementen zu einem sog. Zweipol.
— *Zweipol:* Ein Zweipol ist ein nur über zwei Klemmen zugängliches, abgeschlossenes elektrisches System mit eindeutig bestimmten Strom-Spannungs-Zusammenhang: der *Zweipolkennlinie*.

Abgeschlossen heißt dabei, daß das System weder magnetisch noch elektrostatisch zugänglich ist, so daß keine zusätzlichen Spannungen induziert werden können.

Nach den Schaltelementen im Zweipol unterscheiden wir

— *passive Zweipole* oder *Verbraucherzweipole*. Sie nehmen im zeitlichen Mittel nur Energie auf (Umwandlung in Wärme) und/oder speichern sie. Hierzu gehören die Bauelemente Widerstand (Abschn. 2.4.2.1), Kondensator (Abschn. 2.5.6.2) und Spule (Abschn. 3.2.5).
— *aktive Zweipole* oder *Generatorzweipole*. Sie geben im zeitlichen Mittel elektrische Energie ab und sind meist Unformstellen nichtelektrischer in elektrische Energie (Beispiele: Batterie, Dynamo).

Gewöhnlich besteht die Aufgabe im Gleichstromkreis darin, die Ströme in einem oder mehreren Zweigen, oder die Spannung zwischen zwei Knoten zu berechnen (z. B. I_1, I_2 oder U_{AB} im Bild 2.30). Ausgang sind dazu die Kirchhoffschen Gleichungen und Beziehungen für Strom und Spannung in jedem Zweig:

$$\begin{aligned} &\textit{Knotensatz} && \sum_{\nu=1}^{k} I_\nu = 0\,, \\ &\textit{Maschensatz} && \sum_{\mu=1}^{m} U_\mu = 0\,, \qquad (2.27a) \\ &\textit{Zweigbeziehung} && U = f(I) \text{ für jeden Zweig.} \end{aligned}$$

Das werden wir in diesem Abschnitt präzisieren und an einer Reihe von Beispielen üben. Vorerst befassen wir uns mit den bisher noch offenen Antriebsursachen der Ladungsträgerbewegung, den *Spannungsquellen*.

2.4.1 Spannungsquelle. Quellenspannung U_Q

Bewegt sich eine (positive) Ladung in Feldrichtung von A nach B (z. B. Bild 2.30), so erniedrigt sich ihre potentielle Energie um W_{AB}. Sie wird z. B. bei der Bewegung im Vakuum in kinetische Energie und im Leiter (durch Stoß mit den Gitteratomen) in Wärme umgeformt. Die mit dieser Energieabgabe verbundene Spannung U_{AB} wollen wir jetzt genauer den *Spannungsabfall* U_{AB} nennen:

Spannungsabfall

$$U_{AB} = \frac{\text{Abnahme der potentiellen Energie der Ladung um } W_{AB}}{Q}. \qquad (2.28a)$$

Bewegt sich die Ladung aber *entgegen* der Feldrichtung, so erhöht sich die potentielle Energie um W_{AB}. Dazu ist eine Energie*zufuhr* erforderlich. Sie muß von außen, d. h. durch Umformung der nichtelektrischen in elektrische Energie, zugeführt werden. Auch für diese Energieerhöhung kann ein Begriff „Spannung" eingeführt werden. Wir nennen ihn

elektromotorische Kraft (EMK) oder Urspannung

$$E = \frac{\text{Erhöhung der potentiellen Energie der Ladung um } W_{AB}}{Q}. \qquad (2.28b)$$

Wie entsteht die elektromotorische Kraft? Wir betrachten dazu zwei räumlich getrennte Strömungsfelder (Bild 2.31) zwischen zwei gleichen Potentialflächen. Längs einer Potentialfläche können Ladungen ohne Energieaufwand verschoben

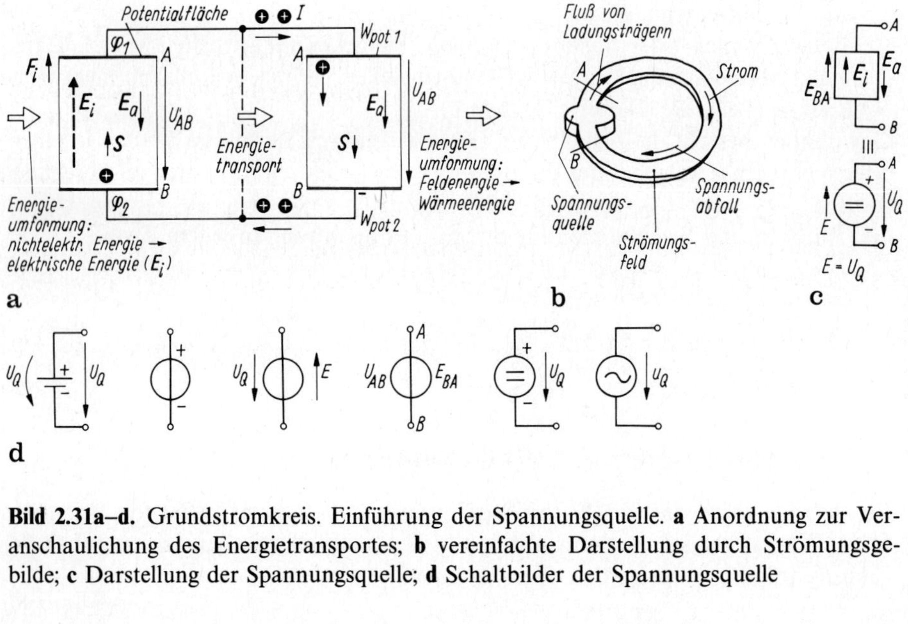

Bild 2.31a–d. Grundstromkreis. Einführung der Spannungsquelle. **a** Anordnung zur Veranschaulichung des Energietransportes; **b** vereinfachte Darstellung durch Strömungsgebilde; **c** Darstellung der Spannungsquelle; **d** Schaltbilder der Spannungsquelle

werden, z. B. positive Ladungen auf dem oberen Leiter nach rechts. Wir ersetzen die Potentialfläche durch eine widerstandslose Verbindung. Das rechte Strömungsfeld ist nach den bisherigen Erkenntnissen Energieverbraucher (Umwandlung elektrischer Energie in Wärme). Es wird durch den Begriff „Spannungsabfall" U_{AB} gekennzeichnet. In unserem Beispiel stehen beide Strömungsfelder unter der gleichen Spannung U_{AB}. In beiden zeigt das elektrische Feld $\boldsymbol{E}_{\mathrm{a}}$ vom höheren zum niederen Potential. Stromfluß, also Stromkontinuität erfordert zwangsläufig, daß sich Ladungsträger im linken Strömungsfeld gegen das elektrische Feld $\boldsymbol{E}_{\mathrm{a}}$ bewegen: Energetisch muß ihre potentielle Energie erhöht, also Arbeit gegen das Feld $\boldsymbol{E}_{\mathrm{a}}$ geleistet werden. Dazu ist nichtelektrische Energie (z. B. thermische, nukleare, chemische, elektromagnetische vgl. Abschn. 4) zuzuführen.

Ein Strömungsfeld, in dem die potentielle Energie einer (positiven) durchlaufenden Ladung erhöht wird, besitzt als *Umformort* nichtelektrischer in elektrische Energie einige *Besonderheiten* gegenüber dem bisher kennengelernten Strömungsfeld:

1. Die *Ladungsbewegung* (→ Stromdichte $\boldsymbol{S}$) erfolgt *entgegen* der auf die Ladung wirkenden Kraft $\boldsymbol{F}_{\mathrm{a}} = Q\boldsymbol{E}_{\mathrm{a}}$ ($\boldsymbol{E}_{\mathrm{a}}$: Feldstärke im rechten Strömungsfeld).

2. Es herrscht keine Proportionalität zwischen $\boldsymbol{S}$ und $\boldsymbol{E}_{\mathrm{a}}$.

3. Jede Energieumformung nichtelektrisch → elektrisch äußert sich durch eine Antriebskraft $\boldsymbol{F}_{\mathrm{i}}$ auf Ladungen Q im Innern des linken Strömungsfeldes. Ihr kann gleichwertig eine sog. *eingeprägte, innere* oder *fiktive Feldstärke* $\boldsymbol{E}_{\mathrm{i}}$ zugeordnet werden: $\boldsymbol{E}_{\mathrm{i}} = \boldsymbol{F}_{\mathrm{i}}/Q$. Sie treibt Ladungsträger (einer Sorte) an, trennt also Ladungsträgerpaare. Diese Ladungstrennung erfolgt durch verschiedene Effekte wie
— *Grenzschichteffekte* (direkte Energieumwandlung);
— elektrochemische galvanische Elemente, Thermoelektrizität, Fotoelement, Brennstoffzelle;
— *elektromagnetische Induktion* (magnetisch → elektrische Energiewandlung, s. Abschn. 3.3);
— aus *elektrischer Energie* (Umformung Wechsel-Gleichspannung mit Gleichrichtern, Gleichspannung, Wechselspannung mit elektronischen Generatoren).

4. Durch Ladungsträgertrennung (→ $\boldsymbol{E}_{\mathrm{i}}$) entsteht auch im stromlosen Zustand ($\boldsymbol{S} = 0$) ein elektrisches Feld $\boldsymbol{E}_{\mathrm{a}}$ und damit eine rücktreibende Kraft $\boldsymbol{F}_{\mathrm{a}} = \boldsymbol{E}_{\mathrm{a}}Q$ auf die Ladungsträger. Das Feld $\boldsymbol{E}_{\mathrm{a}}$ geht von den getrennten (positiven) Ladungen aus und tritt auch außerhalb der Anordnung in Erscheinung. In der Quelle versucht es, die Trennung durch die zugeordnete Kraft $\boldsymbol{F}_{\mathrm{a}} = Q\boldsymbol{E}_{\mathrm{a}}$ rückgängig zu machen. Fließt im Außenkreis kein Strom (Strömungsfeld rechts nicht angeschlossen), so stellt sich schließlich ein Gleichgewicht $\boldsymbol{F}_{\mathrm{i}} + \boldsymbol{F}_{\mathrm{a}} = 0$ beider Kräfte oder $\boldsymbol{E}_{\mathrm{i}} = -\boldsymbol{E}_{\mathrm{a}}$ ein.

Wir ordnen jetzt beiden Feldstärken über das Linienintegral Spannungen zu. Aus dem Umlaufintegral Gl. (2.8)

$$\oint \boldsymbol{E}\cdot \mathrm{d}\boldsymbol{s} = 0 = \int_B^A \boldsymbol{E}_{\mathrm{i}}\cdot \mathrm{d}\boldsymbol{s} + \int_A^B \boldsymbol{E}_{\mathrm{i}}\cdot \mathrm{d}\boldsymbol{s} = 0, \text{ d.h.}$$

$$E_{\mathrm{BA}} = \int_B^A \boldsymbol{E}_{\mathrm{i}}\cdot \mathrm{d}\boldsymbol{s} = \int_A^B \boldsymbol{E}_{\mathrm{a}}\cdot \mathrm{d}\boldsymbol{s} = U_{\mathrm{AB}}\,. \tag{2.29}$$

Die Größe

$$E_{BA} = \int_B^A \boldsymbol{E}_i \, d\boldsymbol{s} \tag{2.30}$$

elektromotorische Kraft (Definitionsgleichung)

heißt *elektromotorische Kraft*[1,2] (abgeleitet EMK) oder Urspannung. Sie kennzeichnet dem Wesen nach den *Bewegungsantrieb* auf Ladungsträger (bei geschlossenem Kreislauf) durch Erhöhung der potentiellen Energie einer Ladung Q bei ihrem Durchlauf durch eine Spannungsquelle (in Richtung des Kreisstromes) (Bild 2.31b, c).

Die Anordnung (Bauelement), in der diese elektromotorische Kraft im Stromkreis wirkt, heißt *Spannungsquelle* oder *aktiver Zweipol.* Bezüglich Richtungsfestlegung und Schaltsymbol gilt Bild 2.31d

elektromotorische Kraft $E_{BA} = -E_{AB} = U_{AB}$ Quellenspannung . (2.31)[3]

Zusammengefaßt kann eine Spannungsquelle gleichwertig dargestellt werden:

1. Durch die elektromotorische Kraft E (Urspannung) mit der im Bild 2.31c dargestellten Bezugspfeilrichtung von $-$ nach $+$.

2. Durch ihre *Leerlauf-* oder *äußere Spannung* U_{AB} als *Spannungsabfall* zwischen ihren Klemmen. Wir führen hierfür den Begriff *Quellenspannung* U_Q ein mit dem im Bild 2.31c angegebenen Bezugssinn[4].

Die Quellenspannung U_Q ist die *meßbare Leerlaufspannung* einer Spannungsquelle mit der elektromotorischen Kraft $E = E_{BA}$. Beispielsweise mißt ein Spannungsmesser direkt die Quellenspannung U_Q einer Batterie.

Maschensatz. Die beiden Darstellungsmöglichkeiten der Spannungsquelle (Bild 2.31c and d) führen auf zwei Formen des Maschensatzes (Gl. (2.27a)):

1. unter Verwendung der *Quellenspannung* unverändert

$$\sum_{\nu \circlearrowleft} U_\nu = 0 \, . \tag{2.27b}$$

2. unter Verwendung der *EMK* (hier nicht benutzt). In einer Masche ist die Summe aller Urspannungen E_μ gleich der Summe aller Spannungsabfälle U_ν

$$\sum_{\mu \circlearrowleft} E_\mu = \sum_{\nu \circlearrowleft} U_\nu \tag{2.27c}$$

In Umlaufrichtung zeigende Spannungs- und EMK-Pfeile sind positiv, entgegengesetzt wirkende negativ *anzusetzen.*

---

1 Hier wird ausnahmsweise das Symbol E für eine Spannung verwendet

2 Der Begriff elektromotorische Kraft ist nach den einschlägigen Vorschriften nicht mehr zu verwenden, wir belassen ihn lediglich in diesem Abschnitt zur deutlicheren Hervorhebung der Unterschiede zur Quellenspannung. Physikalisch stellt E natürlich keine Kraft dar

3 Beachte: E_{BA} und U_{AB} sind Größen verschiedener Wesensart. Die nichtelektrische Größe E_{BA} beschreibt die Ursache des Trägerantriebes, die Spannung U_{AB} ihre Wirkung

4 Damit liegt die positive Richtung der Quellenspannung im Innern einer Spannungsquelle entgegengesetzt zur dort positiven Stromrichtung fest!

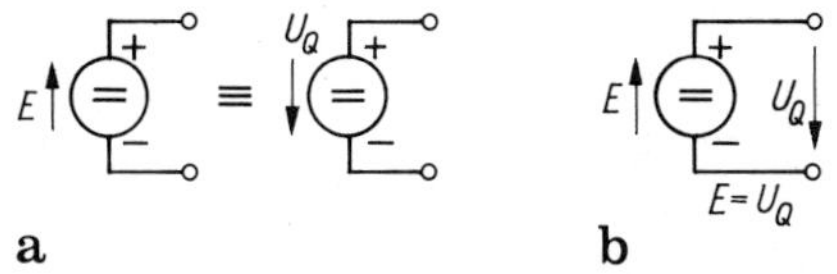

Bild 2.32a, b. Darstellungen der Spannungsquelle

In beiden Fällen ist die Umlaufrichtung willkürlich festlegbar. Bild 2.32 zeigt die bisherigen Ergebnisse in zusammengefaßter Form, wobei die rechte gelegentlich noch anzutreffen ist. Sie wird hier nicht verwendet.

Zusammenwirken elektromotorische Kraft — Spannungsabfall. Elektromotorische Kraft und Spannungsabfall über einem Strömungsfeld wirken im Stromkreis (Bild 2.31) zusammen. Erst dadurch werden dauernd Ladungen in Bewegung gesetzt, was nach Gl. (2.28b) $|E_i| \gtrapprox |E_a|$ erfordert. Da sich $\boldsymbol{E}_i$ nicht ändert, sinkt die äußere Feldstärke $\boldsymbol{E}_a$ (Spannungsabfall U) zwischen den Klemmen der Spannungsquelle etwas ab. Energetisch vermitteln die bewegten Ladungsträger eine Energieströmung von der Quelle zum Verbraucher. Deshalb überrascht nicht, wenn elektromotorische Kraft und Spannungsabfall ihrem Wesen nach auf die von der Ladung Q jeweils aufgenommene bzw. abgegebene Energieänderung zurückgeführt werden, wie das in Gl. (2.28) geschehen ist.

2.4.2 Widerstand *R*. Leitwert *G*

Wir untersuchen jetzt den Zusammenhang zwischen Strom und Spannung (Wirkung-Ursache) im räumlich ausgedehnten Strömungsfeld und gewinnen den Begriff „Widerstand". Die Grundlage dafür ist das Ohmsche Gesetz $\boldsymbol{S} \sim \boldsymbol{E}$ (Gl. (2.19)) des Strömungsfeldes für den Zusammenhang Wirkung-Ursache in einem Raumpunkt.

2.4.2.1 Widerstandsbegriff

Widerstandsbegriff. Der Quotient aus dem Spannungsabfall U_{AB} zwischen zwei Potentialflächen A ($\varphi_A = \text{const}$) und B ($\varphi_B = \text{const}$) und dem Strom I durch die zugehörigen Querschnitte A_1, A_2 mit $I = I|_{A1} = \int_{A_1} \boldsymbol{S} \cdot \mathrm{d}\boldsymbol{A} = I|_{A2} = \int_{A_2} \boldsymbol{S} \cdot \mathrm{d}\boldsymbol{A}$ eines *Strömungsfeldes* heißt *Widerstand* R_{AB} (Bild 2.33)

$$R_{AB} = \frac{U_{AB}}{I} = \frac{\int_A^B \boldsymbol{E} \cdot \mathrm{d}\boldsymbol{s}}{\int_{\text{Fläche } A} \boldsymbol{S} \cdot \mathrm{d}\boldsymbol{A}} = \frac{1}{\varkappa} \frac{\int_A \boldsymbol{S} \cdot \mathrm{d}\boldsymbol{s}}{\int_{\text{Fläche } A} \boldsymbol{S} \cdot \mathrm{d}\boldsymbol{A}} \tag{2.32}$$

ohmscher[1] Widerstand R (für $\varkappa = \text{const}$) (Definitionsgleichung)

des Volumens, in dem sich das Strömungsfeld ausbildet (Bild 2.33b).

[1] Dieser Widerstand heißt geläufig ohmscher Widerstand, weil der Widerstandsbegriff in der Wechselstromtechnik noch erweitert wird

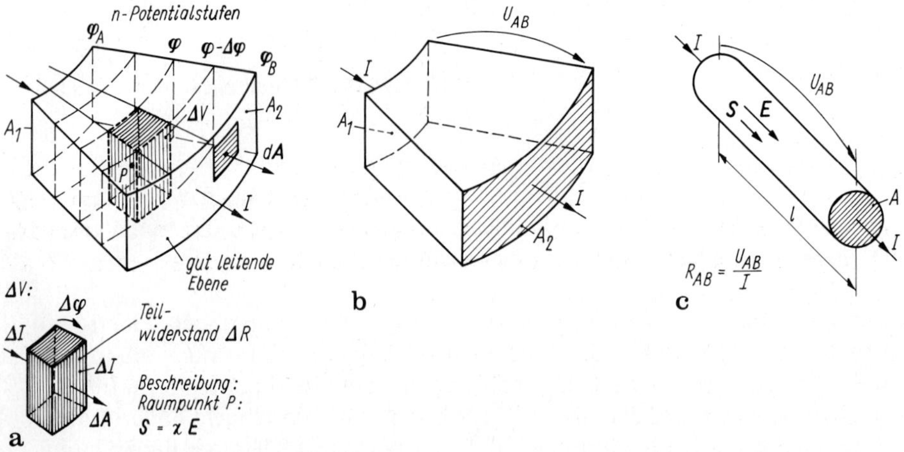

Bild 2.33a–c. Einführung des Widerstandsbegriffes für ein globales Strömungsfeld. **a** Strömungsfeld (Ausschnitt); **b** Globalbeschreibung $I = U_{AB}/R_{AB}$ des gesamten Strömungsfeldes; **c** homogenes Strömungsfeld

Der Widerstandsbegriff ersetzt somit ein volumenhaftes Strömungsfeld[1] durch eine einfache Beziehung von Spannung und Strom, die zwischen zugehöriger Potentialfläche und Querschnittsfläche auftreten. Mit Kenntnis des Widerstandes kann dann auf Einzelheiten des Strömungsfeldes verzichtet werden.

Gilt das räumliche Ohmsche Gesetz ($\boldsymbol{S} = \varkappa \boldsymbol{E}$, Gl. (2.19)), so folgt aus Gl. (2.32) rechts direkt

$$R_{AB} = \frac{U_{AB}}{I} = \text{const} \qquad \text{Ohmsches Gesetz}\,. \tag{2.33}$$

In diesem Falle ist der Widerstand unabhängig von Strom und Spannung, er heißt deshalb *linearer Widerstand.* Hier sind Strom und Spannung einander proportional:

$$U = RI\,, \qquad U = \text{const}\, I\,.$$

Diese Bedingungen erfüllen nach der Erkenntnis von *Georg Simon Ohm* viele Materialien, wie z. B. Metalle bei konstanter Temperatur.

Anschaulich drückt der Widerstandsbegriff den „Widerstand" aus, den ein Leiter der Bewegung freier Ladungsträger entgegensetzt, wenn ein Strom durch ihn fließen soll. Dazu ist Energieaufwand (U_{AB}) erforderlich, um so mehr, je größer der „Widerstand" ist. Die eingespeiste Energie wird voll in Wärme umgesetzt.

Der Widerstand R ist ein Zweipol, in dem zugeführte elektrische Energie voll in Wärmeenergie umgesetzt wird. Er heißt deshalb *passiver Zweipol.*

[1] Ohne Energiequellen!

Der Begriff „Widerstand" wird (leider) im doppelten Sinn verwendet:

1. Er kennzeichnet das Bauelement „Widerstand" als *Objekt* (engl. *resistor*) Einzelne Objekte (Widerstände) unterscheiden sich nach der *Bau-* und *Konstruktionsform* (s. Abschn. 2.4.2.4), z. B. Massewiderstand, Potentiometer u. a. m. (Schaltsymbole Bild 2.34).

2. Er bezieht sich auf die *Eigenschaft* des Objektes (engl. *resistance*) kennzeichnet also sein *Strom-Spannungs-Verhalten.* So kennt man lineare, nichtlineare Widerstände usw. Die Eigenschaft „Widerstand" hängt u. a. vom Material ($\varkappa$) und der Geometrie ab und läßt sich durch eine *Bemessungsgleichung* oder einen *Strom-Spannungs-Zusammenhang* ausdrücken.

Widerstand des homogenen Strömungsfeldes. Bemessungsgleichung. Ein solches Feld liegt beim *linienhaften* Leiter mit der Länge l und konstantem Querschnitt A vor (Bild 2.33c). Dann gilt mit $\boldsymbol{S} \parallel \mathrm{d}\boldsymbol{s}$, $\boldsymbol{S} \parallel \mathrm{d}\boldsymbol{A}$, $S = \text{const}$ aus Gl. (2.32)

$$R_{\mathrm{AB}} = \frac{1}{\varkappa}\frac{\int_0^l S\,\mathrm{d}s}{\int_A \mathrm{d}A} = \frac{1}{\varkappa}\frac{\int_0^l \mathrm{d}s}{\int_A \mathrm{d}A} = \frac{l}{\varkappa A} = \frac{\varrho l}{A}\bigg|_{T=\text{const}} \tag{2.34}$$

Widerstandsbemessungsgleichung eines linienhaften Leiters .

Merke: Der Widerstand R eines linienhaften Leiters ist proportional seiner Länge l, dem spezifischen Widerstand ϱ und umgekehrt proportional dem Querschnitt A.

Eine sehr anschauliche Erklärung zur Entstehung von Gl. (2.34) ergibt sich durch die Einteilung des Strömungsfeldes in quaderähnliche Volumina (bzw. quadratähnliche Figuren, zweidimensionale Darstellung, s. Abschn. 2.3.3.2). Durch ein Volumen mit dem Widerstand $\Delta R = \frac{\Delta\varphi}{\Delta I} = \varrho\frac{\Delta s}{\Delta A}$ fließt der Teilstrom ΔI, über ihm fällt die Potentialdifferenz $\Delta\varphi$ ab (Bild 2.33a). Teilt man den Gesamtstrom I in m gleiche Teilströme ΔI ein und die Spannung U_{AB} in n gleiche Potentialunterschiede $\Delta\varphi$, so, gilt $I = m\,\Delta I = m\frac{\Delta\varphi}{\Delta R}$ und $U_{\mathrm{AB}} = n\,\Delta\varphi$ und somit

$$R_{\mathrm{AB}} = \frac{U_{\mathrm{AB}}}{I} = \frac{\sum_n \Delta\varphi}{\sum_m \Delta I} = \frac{\sum_n \frac{S}{\varkappa}\Delta s}{\sum_m S\,\Delta A} = \frac{n\,\Delta s}{m\varkappa\,\Delta A} = \frac{n}{m}\,\Delta R\,.$$

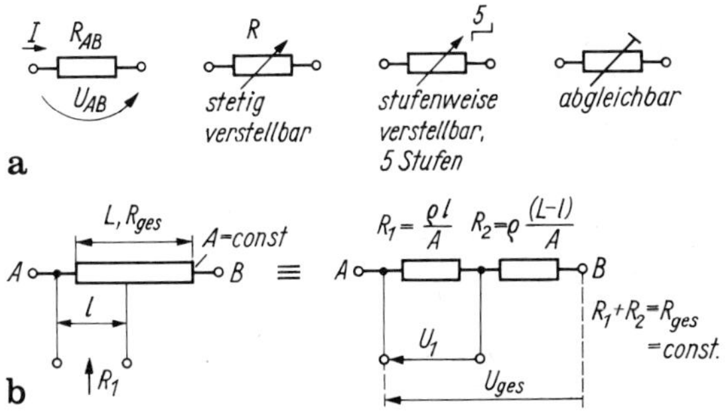

Bild 2.34a, b. Schaltsymbole von Widerständen. **a** Schaltsymbole; **b** Ersatzschaltung für stellbare Widerstände

Der Gesamtwiderstand ergibt sich also, indem alle „Teilwiderstände ΔR" zunächst zwischen zwei Potentialflächen „parallelgeschaltet" und anschließend die einzelnen Potentialstufen, d. h. die einzelnen „Widerstandsschichten" addiert, also „in Reihe" geschaltet werden. So kann z. B. aus einem graphisch bestimmten Feldbild (s. Abschn. 2.3.3.2) auch der Gesamtwiderstand R_{AB} bestimmt werden.

Dimension und Einheit. Wir erhalten

$$\dim(\text{Widerstand}) = \dim\left(\frac{\text{Spannung}}{\text{Strom}}\right).$$

Die Einheit des Widerstandes wurde mit einem Namen, dem Ohm — Symbol Ω — belegt

$$[R] = \frac{[V]}{[I]} = \frac{1\,\text{V}}{1\,\text{A}} = 1\,\Omega = \frac{1\,\text{m}^2\,\text{kg}}{\text{s}^3\,\text{A}^2}.$$

Häufig benutzte Vorsätze sind

$$1\,\text{m}\Omega = 1\,\text{Milliohm} = 10^{-3}\,\Omega,$$

$$1\,\text{k}\Omega = 1\,\text{Kiloohm} = 10^{3}\,\Omega,$$

$$1\,\text{M}\Omega = 1\,\text{Megaohm} = 10^{6}\,\Omega.$$

Größenvorstellungen.

Widerstand eines Cu-Drahtes Länge $l = 1$ m, Dicke $d = 0{,}15$ mm	$\approx 1\,\Omega$,
Widerstand eines Al-Drahtes Länge $l = 1$ km, Dicke $d = 1$ cm ($d = 1$ mm)	$\approx 0{,}36\,\Omega\,(36)\,\Omega$,
Widerstand einer Cu-Leiterbahn $l = 1$ cm, Breite 25 µm, Dicke $d = 1$ µm	$\approx 7{,}14\,\Omega$,
menschlicher Körper	$\approx (0{,}1 \ldots 3)\,\text{k}\Omega$,
Werte des Bauelementes Widerstand	$\approx 0{,}1\,\Omega \ldots 50\,\text{M}\Omega$,
Isolationswiderstand	$\approx (10^8 \ldots 10^{12})\,\Omega$

Leitwert. Bisweilen ist es zweckmäßiger, anstelle des Widerstandsbegriffes R_{AB} den Reziprokwert

$$G_{AB} = \frac{I}{U_{AB}} = \frac{1}{R_{AB}} \tag{2.35}$$

Leitwert (Definitionsgleichung)

zu benutzen. Seine *Einheit* wird mit einem eigenen Namen, dem *Siemens* — Symbol S — belegt:

$$[G] = \frac{[I]}{[U]} = \frac{1\text{A}}{1\text{V}} = \frac{1}{1\,\Omega} = 1\,S.$$

Häufig benutzte Untereinheiten sind

$$1\,\text{mS} = 1\,\text{Millisiemens} = 10^{-3}\,\text{S},$$

$$1\,\mu\text{S} = 1\,\text{Mikrosiemens} = 10^{-6}\,\text{S}.$$

Tafel 2.4. Lösungsmethodik „Widerstandsberechnung im Strömungsfeld“

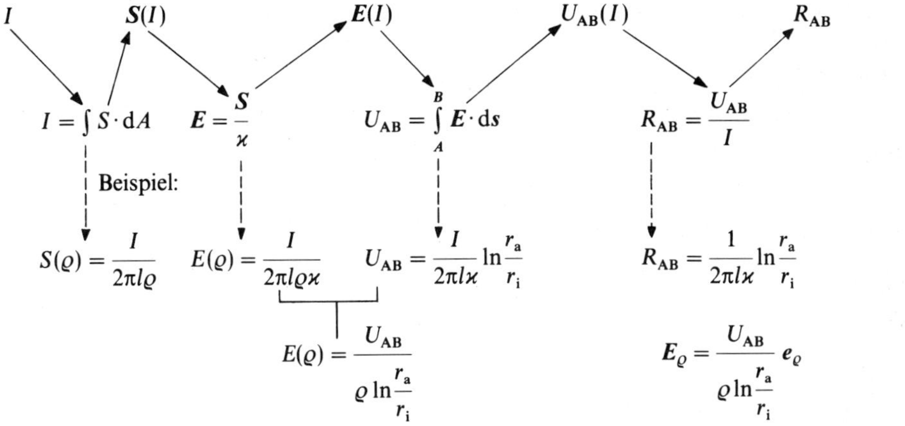

Widerstandsberechnung. Lösungsmethodik[1]. Wie erhält man den Widerstand R_{AB} Gl. (2.32) für ein gegebenes Strömungsfeld? Kann aus der Geometrie der Anordnung qualitativ auf die Feld-Stromverteilung geschlossen werden — das gelingt für rotationssymmetrische Anordnungen immer — so wird wie folgt vorgegangen:

1. Einspeisung eines Probestromes I bzw. $-I$ in die Elektroden. Dadurch entsteht ein Strömungsfeld.
2. Berechnung der Stromdichte als Funktion des Ortes über Gl. (2.17a). Für rotationssymmetrische Felder ist dabei $S(\varrho)\, A(\varrho)$ an jeder Stelle konstant.
3. Bestimmung der Feldstärke $\boldsymbol{E}$ (Gl. (2.19)) und Spannung U_{AB} (Gl. (2.14)) zwischen den Elektroden in Abhängigkeit vom Strom.
4. Berechnung von $R_{AB} = U_{AB}/I$ Gl. (2.32).

Tafel 2.4 erläutert dies am Beispiel eines Koaxialwiderstandes.

Beispiele. Aus den bereits ermittelten Feldern (s. Abschn. 2.3.3.1) ergibt sich durch Anwendung von Gl. (2.32):

Widerstand zweier konzentrischer Kugeln:

$$R_{AB} = \frac{U_{AB}}{I} = \frac{1}{4\pi\varkappa}\left(\frac{1}{r_i} - \frac{1}{r_a}\right)\bigg|_{r_a \to \infty} = \frac{1}{4\pi\varkappa r_i}\,.$$

Ist die Gegenelektrode weit entfernt ($r_a \to \infty$), so heißt das Ergebnis der *Übergangswiderstand* einer Kugelelektrode. Beispielsweise hat eine Kugel vom Radius $r_i = 20$ cm tief im feuchten Erdreich ($\varrho \approx 100\ \Omega$m) den Übergangswiderstand $R_{AB} = \varrho/4\pi r_i \approx 40\ \Omega$. Ein halb so großer Radius ergibt den zweifachen Widerstand. Erdverbindungen (sog. *Erdung* elektrischer Geräte) müssen daher großflächige Elektroden haben.

[1] Eine sinngemäße Methodik gilt auch für die Leitwertberechnung

Widerstand zweier koaxialer Zylinder. Es ergibt sich (s. Abschn. 2.3.3.1)

$$R_{AB} = \frac{U_{AB}}{I} = \frac{1}{2\pi\varkappa l} \ln \frac{r_a}{r_i}.$$

Diskussion.

1. Man kann dieses Ergebnis auch in Anlehnung an die anschauliche Interpretation von Gl. (2.32) wie folgt erhalten. Wir denken uns einen Zylindermantel (Dicke $\Delta\varrho \ll \varrho$, Radius ϱ, Länge l). Er hat die Fläche $A(\varrho) = 2\pi\varrho l$. Wegen $\Delta\varrho \ll \varrho$ liegt ein annähernd homogenes Strömungsfeld vor. Deshalb gilt nach Gl. (2.34) $\Delta R = \Delta\varrho/\varkappa A(\varrho)$. Das ist der Teilwiderstand, über dem die Potentialdifferenz $\Delta\varphi$ entsteht (s. Bild 2.33a). Der Gesamtwiderstand ergibt sich, indem Zylinder mit verschiedenen Radien „ineinandergesteckt", also alle ΔR von r_i bis r_a summiert werden: $R_{AB} = \sum_{r_i}^{r_a} \Delta R$. Im Grenzfall $\Delta\varrho \to d\varrho$ entsteht daraus durch Integration

$$R_{AB} = \int_{r_i}^{r_a} \frac{d\varrho}{2\pi\varkappa l\varrho} = \frac{1}{2\pi\varkappa l} \ln \frac{r_a}{r_i}.$$

2. Wir wollen zeigen, daß für $\Delta\varrho = r_a - r_i \ll \varrho$ die Bemessungsgleichung des linienhaften Leiters zulässig ist. Aus $\ln(r_a/r_i)$ ergibt sich durch Umformung ($r_i \to \varrho$)

$$\ln\frac{r_a}{r_i} = \ln\frac{r_a - r_i + r_i}{r_i} = \ln\left(1 + \frac{\Delta\varrho}{\varrho}\right) \approx \frac{\Delta\varrho}{\varrho}$$

mit der Reihenentwicklung $\ln(1 + x) \approx x|_{x \ll 1}$. Damit folgt

$$R_{AB} = \frac{1}{2\pi\varkappa l} \frac{\Delta\varrho}{\varrho} = \frac{1}{\varkappa} \frac{\Delta\varrho}{A(\varrho)}.$$

Für $\Delta\varrho \ll \varrho$ kann das Strömungsfeld als homogen angesehen werden.

2.4.2.2 Zusammenschaltungen von Widerständen und Leitwerten

Der Widerstandsbegriff Gl. (2.32) gilt ganz allgemein. Deshalb lassen sich mehrere zusammengeschaltete Einzelwiderstände immer durch einen *Ersatzwiderstand* (= Ersatzzweipol) ersetzen: Er hat das gleiche Klemmenverhalten wie die ursprüngliche Schaltung aus den Einzelwiderständen. Die Grundformen der Zusammenschaltung sind *Reihen-* und *Parallelschaltung.* (Wir haben davon bereits stillschweigend im Bild 2.33a Gebrauch gemacht).

Reihenschaltung. Bei der Reihen-oder Serienschaltung einzelner Zweipole werden alle von ein und demselben Strom durchflossen (Bild 2.35).

Dann gilt:

Im *unverzweigten* Stromkreis (Reihenschaltung) besteht der Gesamtwiderstand R_{ges} aus der Summe der Teilwiderstände

$$R_{ges} = \sum_{\nu=1}^{n} R_\nu \tag{2.36}$$

Reihenschaltung von n Widerständen.

Des Gesamtwiderstand ist stets größer als der größte Teilwiderstand. Dies wird durch Anwendung der Kirchhoffschen Maschengleichung bewiesen (Bild 2.35a).

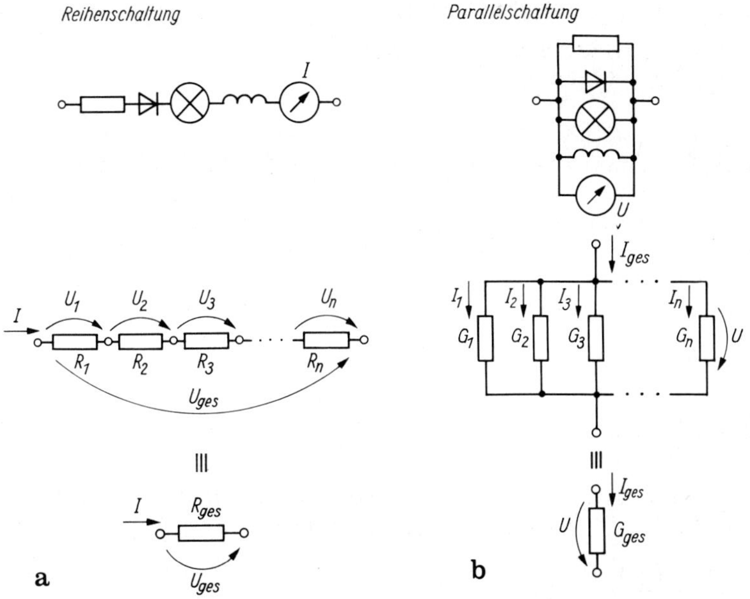

$U_1 = IR_1, \ldots, U_n = IR_n$
Maschensatz

$$U_{ges} = \sum_{\nu=1}^{n} U_\nu$$

(Spannung als Wirkung)

$$R_{ges} = \frac{U_{ges}}{I} = \frac{\sum_{\nu=1}^{n} U_\nu}{I} = \sum_{\nu=1}^{n} R_\nu$$

Bedingung
Gleicher Strom durch alle Widerstände
(Strom als Ursache)

$I_1 = UG_1, \ldots, In = UG_n$
Knotensatz

$$I_{ges} = \sum_{\nu=1}^{n} I_\nu$$

(Strom als Wirkung)

$$G_{ges} = \frac{I_{ges}}{U} = \frac{\sum_{\nu=1}^{n} I_\nu}{U} = \sum_{\nu=1}^{n} G_\nu$$

Bedingung
Gleiche Spannung an allen Leitwerten
(Spannung als Ursache)

Bild 2.35a, b. Reihen- und Parallelschaltung von Zweipolen. **a** Reihenschaltung; **b** Parallelschaltung

Parallelschaltung. Bei der Parallelschaltung einzelner Zweipole herrscht zwischen den Klemmen eines jeden Zweipoles *ein* und *dieselbe* Spannung (Bild 2.35b). Dann gilt für parallelgeschaltete (lineare) Leitwerte G (= reziproke Widerstände):
Im *verzweigten* Stromkreis (Parallelschaltung) besteht der Gesamtleitwert (zwischen zwei Knoten) aus der Summe der Teilleitwerte:

$$G_{ges} = \frac{1}{R_{ges}} = \sum_{\nu=1}^{n} G_\nu = \sum_{\nu=1}^{n} \frac{1}{R_\nu} = \frac{1}{R_1} + \frac{1}{R_2} + \ldots + \frac{1}{R_n} \qquad (2.37)$$

Parallelschaltung von n Widerständen.

Der Gesamtleitwert ist stets *größer* als der größte Teilleitwert (der Gesamtwiderstand also stets kleiner als der kleinste Widerstand).

Folgende Hinweise sind nützlich:

1. Für die Parallelschaltung wendet man bisweilen die Aussage in der Widerstandsdarstellung an: Der reziproke Gesamtwiderstand ist gleich der Summe aller reziproken Teilwiderstände. Die Parallelschaltung zweier Widerstände R_1, R_2 ergibt somit

$$G_{\text{ges}} = \frac{1}{R_{\text{ges}}} = G_1 + G_2 = \frac{1}{R_1} + \frac{1}{R_2} = \frac{R_1 + R_2}{R_1 R_2},$$

oder als Kehrwert $R_{\text{ges}} = \dfrac{R_1 R_2}{R_1 + R_2} = R_1 \parallel R_2$ (abgekürzte Schreibweise).

Drei parallelgeschaltete Widerstände R_1, R_2, R_3 führen auf

$$G_{\text{ges}} = G_1 + G_2 + G_3 = \frac{1}{R_1} + \frac{1}{R_2} + \frac{1}{R_3} = \frac{R_3(R_1 + R_2) + R_1 R_2}{R_1 R_2 R_3} \quad \text{bzw.}$$

$$R_{\text{ges}} = \frac{R_1 R_2 R_3}{R_1 R_2 + R_1 R_3 + R_2 R_3} = (R_1 \parallel R_2) \parallel R_3 = R_1 \parallel (R_2 \parallel R_3) = R_2 \parallel (R_1 \parallel R_3)\,.$$

Die Benutzung des Widerstandsbegriffes wird bei der Parallelschaltung von Widerständen um so unvorteilhafter, je mehr Widerstände parallel liegen.

2. Werden sehr unterschiedilich große Widerstände R_1, R_2 parallelgeschaltet (z. B. $R_1 \gg R_2$), so ist die Näherung $1/(1 + \varepsilon) \approx 1 - \varepsilon (\varepsilon \ll 1)$ nützlich, z. B.

$$R_{\text{ges}} = \frac{R_1 R_2}{R_1 + R_2} = \frac{R_2}{1 + \dfrac{R_2}{R_1}} \approx R_2\left(1 - \frac{R_2}{R_1}\right).$$

Für $R_2/R_1 = 0{,}1$ wird $R_{\text{ges}} \approx 0{,}9\, R_2$ (R_{ges} also 10% kleiner als R_2).

3. Bei komplizierteren Schaltungen sind die Regeln der Reihen- und Parallelschaltung schrittweise anzuwenden. Man ersetzt immer Widerstandsgruppen durch Ersatzgrößen, die durch Reihen- und Parallelregel sofort angegeben werden können usw. bis zum Gesamtersatzwiderstand der Schaltung (Bild 2.36a).

4. Wird die abgekürzte Schreibweise verwendet (s. o.), so achte man sorgfältig auf den Gebrauch der Klammer (Bild 2.36b):

$$R_{\text{AB}} = R_3 + (R_1 \parallel R_2) = R_3 + R_1 \parallel R_2, \text{ aber (Bild 2.36c): } R_{\text{AB}} = (R_3 + R_2) \parallel R_1\,.$$

Weglassen der Klammer im letzten Fall würde sofort die Schaltung Bild 2.36b bedeuten.

Spannungs-, Stromteilerregel. Aus den Gesetzen der Reihen- und Parallelschaltung von Widerständen bzw. Leitwerten entnimmt man (Bild 2.37):

1. *Spannungsteilerregel* (→ Reihenschaltung von Widerständen)

Im *unverzweigten* Stromkreis (d. h. alle Widerstände vom gleichen Strom durchflossen) verhalten sich die Spannungsabfälle über den Widerständen wie die zugehörigen Widerstandswerte, also

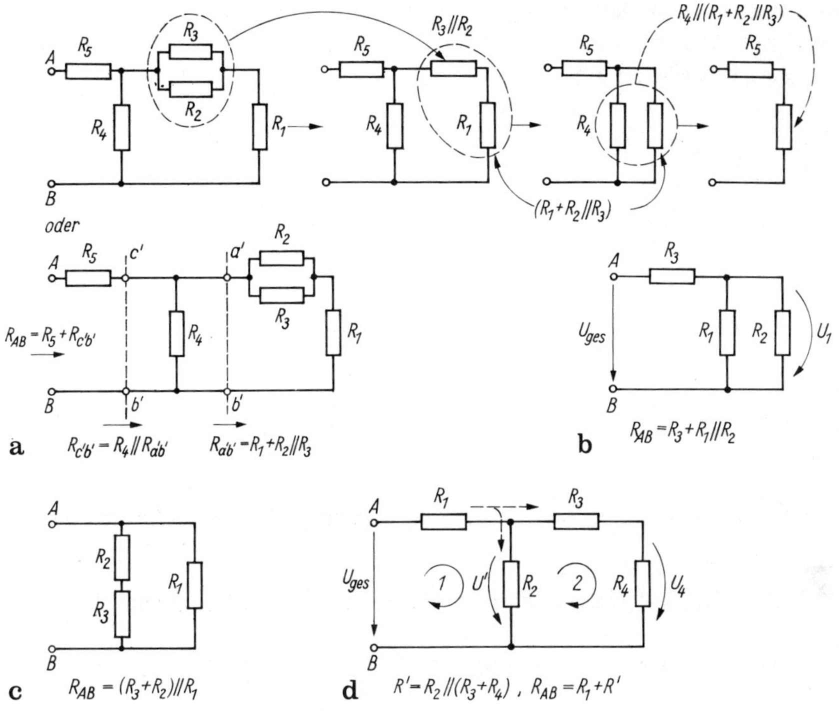

Bild 2.36a–d. Beispiele von Widerstandszusammenschaltungen

$$\left.\frac{\text{Teilspannung}}{\text{Gesamtspannung}}\right|_{\text{unverzweigter Kreis}} = \frac{\text{Teilwiderstand}}{\text{Gesamtwiderstand}}$$

$$\frac{U_\nu}{U_{ges}} = \frac{R_\nu}{R_{ges}} \tag{2.38}$$

Spannungsteilerregel.

Man beachte:

a) Die Spannungsteilerregel gilt *nicht* in Form der Gl. (2.38), wenn der Strom in den einzelnen Widerständen einer Masche verschieden, also *verzweigt* ist. In solchen Fällen muß man an der Verzweigungsstelle den Gesamtstrom (= unverzweigter Strom) beachten, die Parallelschaltung durch einen Ersatzwiderstand ersetzen. Beispielsweise galt für Bild 2.36b:

$$\frac{U_1}{U_{ges}} = \frac{R_1 \| R_2}{R_3 + R_1 \| R_2} = \frac{R_1 R_2}{(R_1 + R_2) R_3 + R_1 R_3}\,.$$

b) Bei Stromverzweigungen kann es vorteilhaft sein, zwischen den Verzweigungsklemmen eine Hilfsspannung (z. B. U') zur Erleichterung der Rechnung anzusetzen. Das Teilverhältnis U_4/U_{ges} (Bild 2.36d) läßt sich nach der Spannungsteilerregel wegen der

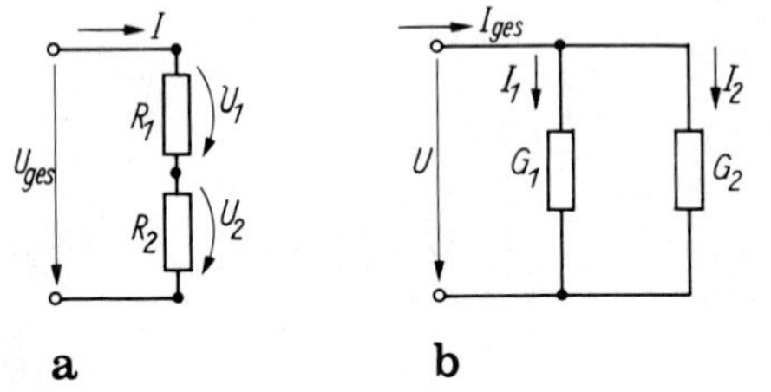

$$\frac{U_1}{U_2} = \frac{R_1}{R_2} \qquad \frac{I_1}{I_2} = \frac{G_1}{G_2} = \frac{R_2}{R_1}.$$

$$\frac{U_1}{U_{\text{ges}}} = \frac{R_1}{R_1 + R_2} = \frac{R_1}{R_{\text{ges}}} \qquad \frac{I_1}{I_{\text{ges}}} = \frac{G_1}{G_1 + G_2} = \frac{G_1}{G_{\text{ges}}}$$

Bild 2.37a, b. Spannungs- und Stromteilerregel. **a** Spannungsteilerregel; **b** Stromteilerregel

Stromverzweigung direkt nicht berechnen, wohl aber mit einer Hilfsspannung U':

Masche 2:

$$\frac{U_4}{U'} = \frac{R_4}{R_3 + R_4}$$

Masche 1:

$$\frac{U'}{U_{\text{ges}}} = \frac{R'}{R_1 + R'}$$

Gesamtlösung: $\frac{U_4}{U_{\text{ges}}} = \frac{U_4}{U'}\frac{U'}{U_{\text{ges}}} = \frac{R_4}{R_3 + R_4}\,\frac{R'}{R_1 + R'}$. Für $R_1 = R_2 = R_3$ folgt daraus:

$$\frac{U_4}{U'} = \frac{1}{2}, \frac{U'}{U_{\text{ges}}} = \frac{2}{5}\left(R' = \frac{2}{3}R\right) \text{ und } \frac{U_4}{U_{\text{ges}}} = \frac{1}{5}.$$

Ein Beispiel für die Anwendung der Spannungsteilerregel ist das Potentiometer (Bild 2.34b). Dort ist der Widerstand (bei homogenem Leiterquerschnitt) proportional der Drahtlänge ($R \sim l$). Damit gilt

$$\frac{U_1}{U_{\text{ges}}} = \frac{R_1}{R_{\text{ges}}} = \frac{l}{L} \sim l.$$

2. *Stromteilerregel* (Parallelschaltung von Leitwerten)
Verzweigt ein Stromkreis zwischen zwei Knoten (zwischen denen dann gleiche Spannungen an allen Leitwerten herrschen), so verhalten sich die Teilströme (Zweigströme) wie die zugehörigen Leitwerte der Zweige Bild 2.37b:

$$\frac{I_\nu}{I_{\text{ges}}} = \frac{G_\nu}{G_{\text{ges}}} \quad \text{Stromteilerregel}. \tag{2.39}$$

Oft gibt man die Stromteilerregel in abgewandelter Form an, z. B. für Parallelschaltung zweier Widerstände R_1 und R_2: Der Teilstrom (z. B. I_2) verhält sich zum Gegenstrom I_{ges} wie der Widerstand des *nicht* vom Teilstrom (I_2) durchflossenen Zweiges (R_1) zum Ringwiderstand $(R_1 + R_2)$ der Masche, in der die Stromaufteilung auftritt:

$$\frac{I_2}{I_{\text{ges}}} = \frac{1/R_2}{1/R_1 + 1/R_2} = \frac{R_1}{R_1 + R_2} \, .$$

Diese Form führt bei komplizierteren Schaltungen leicht zu Fehlern durch falsche Anwendung. Deshalb geben wir der Formulierung Gl. (2.39) immer den Vorrang.

Stern-Dreieck-Umwandlung. Beim Ersetzen komplizierter Schaltungen durch einen Ersatzzweipol kann es vorkommen, daß sich Vereinfachungen erst nach Umformung einer *Stern-* in eine *Dreieckschaltung* und umgekehrt) durchführen lassen[1] (Bild 2.38). Solche Schaltungen haben an den Klemmen *1–2–3* gleiches Verhalten von Strom und Spannung, sind also *Klemmengleichwertig.* Für die Wandlung einer Stern- in eine Dreieckschaltung gelten die im Bild 2.38 zusammengestellten Beziehungen. Da in allen Fällen zwischen gleichen Punkten die gleichen Widerstände auftreten müssen, kann man sie dadurch gewinnen, daß in beiden Fällen die Widerstände zwischen den Klemmen *1–2, 2–3, 3–1* berechnet und jeweils gleichgesetzt werden (Man führe dies zur Übung durch!). Es ergeben sich als Bildungsgesetze:

⅄ → △:

$$G_{\text{Dreieck}} = \frac{\text{Produkt der Sternleitwerte zwischen den betreffenden Knoten}}{\text{Summe aller Sternleitwerte}} \, ,$$

△ → ⅄:

$$R_{\text{Stern}} = \frac{\text{Produkt der Dreieckwiderstände am betreffenden Knoten}}{\text{Summe aller Dreieckwiderstände}}$$

Bild 2.39 zeigt anhand eines Beispiels, wie sich auf diese Weise die Schaltung schrittweise vereinfachen läßt.

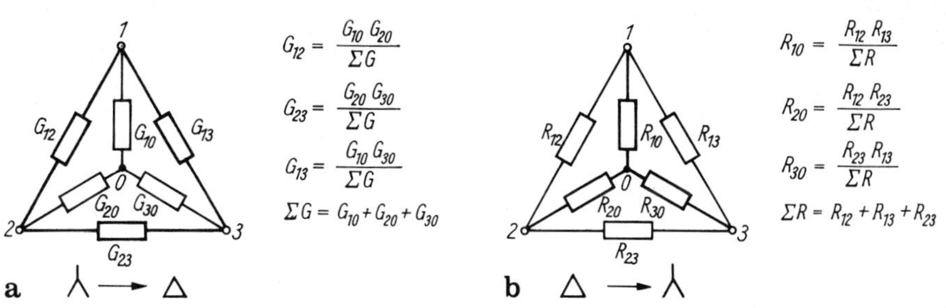

Bild 2.38a, b. Stern-Dreieck-Umwandlungen

[1] Die Schaltungen werden wegen ihres Aussehens nach Umzeichnung auch als T- oder Π-Schaltung bezeichnet

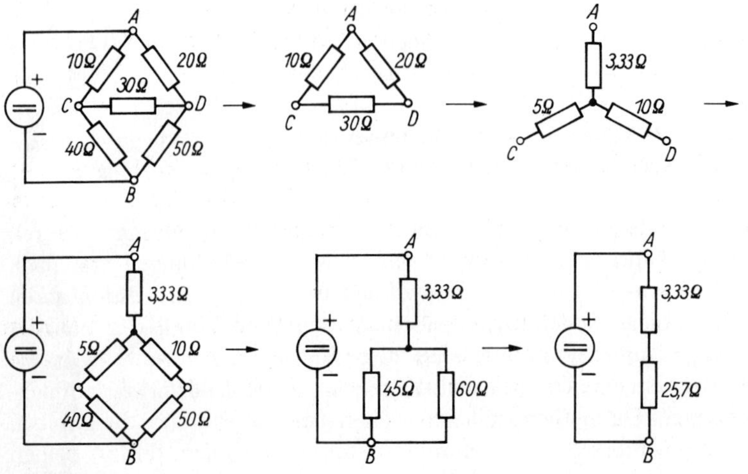

Bild 2.39. Anwendungsbeispiel zur Stern-Dreieck-Wandlung

2.4.2.3 *Lineare und nichtlineare Strom-Spannungs-Relation*

Der Zusammenhang

$$\text{Spannung} = f(\text{Strom}) \quad \text{bzw.} \quad \text{Strom} = f^{-1}(\text{Spannung})$$

heißt allgemein *Kennlinie* oder besser *Strom-Spannungs-Relation* eines Widerstandes. Sie ist beim ohmschen Widerstand nach Gl. (2.32) linear (Bild 2.40).

Eine große Anzahl von Zweipolbauelementen mit der Eigenschaft „Widerstand" hat jedoch eine nichtlineare Strom-Spannungs-Relation. In diesem Fall gilt das Ohmsche Gesetz Gl. (2.32ff) *nicht*(!), weil der Quotient $U/I = f(I)$ selbst z. B. vom Strom abhängt und damit keine Konstante mehr ist. Das geht sehr deutlich aus Bild 2.40 hervor. Im Punkt A ist dieser Quotient U_A/I_A kleiner als im Punkt $B(U_B/I_B)$.

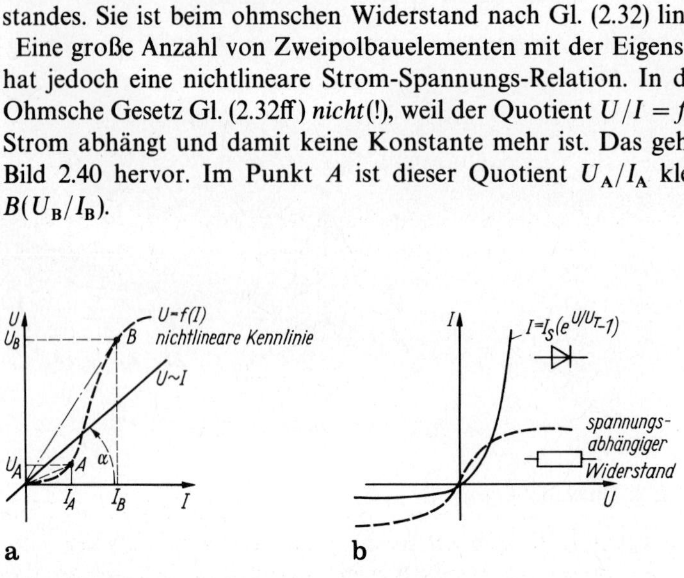

Bild 2.40a, b. Kennlinien des passiven Zweipols. **a** lineare und nichtlineare *U-I*-Kennlinie; **b** Halbleiterdiode und spannungsabhängiger Widerstand

In Stromkreisen mit nichtlinearen Bauelementen gelten wohl die Kirchhoffschen Gleichungen, nicht aber der Überlagerungssatz! Anstelle des Ohmschen Gesetzes ist im Zweig mit einem nichtlinearen Bauelement seine Strom-Spannungs-Relation zu verwenden.

Beispiele solcher nichtlinearen Zweipole sind:

— *Spannungsabhängiger Widerstand* oder *Varistor* (VDR, voltage dependent resistor). Es sind Massewiderstände aus gesintertem Si-Karbid, die durch räumlich verteilte sog. Sperrschichteffekte eine Kennlinie der Form

$$I = K \cdot U^{\alpha}, \alpha > 1$$

besitzen. Sie haben spiegelsymmetrische Kennlinien (Bild 2.40b) und werden parallel zu Bauteilen geschaltet, die vor Überspannungen geschützt werden sollen (z. B. Transistoren vor zu hoher Kollektor-Ermitterspannung).

— *Halbleiterdiode* mit einer Kennlinie

$$I = I_s(e^{U/U_T} - 1) \tag{2.40}$$

I_s Sättigungsstrom (Größenordnung 1 nA ... 1 mA),
$U_T = kT/q = 25$ mV (bei Zimmertemperatur, Naturkonstante).

Ihre Kennlinie ist stark unsymmetrisch (Bild 2.40b) und hat einen relativ gut leitenden *Durchlaßbereich* (mit kleinem „Klemmenwiderstand") und einem relativ schlecht leitenden *Sperrbereich.*

Bei nichtlinearer Strom-Spannungs-Relation wird häufig der Begriff *Gleichstromwiderstand* als Steigung der Verbindungsgeraden zwischen Null- und Arbeitspunkt verwendet sowie der *differentielle Widerstand* für die Steigung der Kennlinie $U = f(I)$ im Arbeitspunkt (s. Abschn. 5.1.2).

2.4.2.4 Widerstand als Bauelement

Der Widerstand hat als Bauelement verschiedene Bau- und Ausführungsformen mit linearem oder nichtlinearem Strom-Spannungs-Verhalten. Er kann von der Temperatur abhängen.

Die *Temperaturabhängigkeit* drückt sich im temperaturabhängigen spezifischen Widerstand aus (Gl. (2.21a)). Es gilt für die Widerstandsänderung ΔR bezogen auf R

$$\frac{\Delta R}{R} = \frac{dR}{R\,dT}\Delta T = \frac{d\varrho}{\varrho\,dT}\Delta T = \alpha_{20}\,\Delta T$$

und damit für den Widerstand $R(T)$

$$R(T) = R(T_0)(1 + \alpha_{20}\,\Delta T)\,. \tag{2.41a}$$

Den Temperaturkoeffizienten α_{20} kennen wir bereits, auch die unterschiedlichen Werte. Bild 2.41 veranschaulicht die Widerstandsverläufe und zugehörigen Strom-Spannungs-Beziehungen qualitativ. Deutlich geht hervor, daß der Strom-Spannungs-Verlauf durch den Temperaturkoeffizienten mehr oder weniger nichtlinear wird.

Widerstände mit besonders ausgeprägter Temperaturabhängigkeit sind die *Heiß-* und *Kaltleiter*:

— *Heißleiter* (Thermistoren) leiten im heißen Zustand besonders gut und haben einen großen *negativen* Temperaturkoeffizienten. Eine andere Bezeichnung ist NTC-Widerstand (negative temperature coefficient).
— *Kaltleiter* leiten im kalten Zustand besonders gut und besitzen daher einen großen *positiven* Temperaturbeiwert (PTC-Widerstand, positive temperatur coefficient).

$$R(T) = R_\infty \exp(b/T), \quad b > 0; \quad R(T) = R_0 \exp(cT), \; c > 0 \tag{2.41b}$$

Heißleiter — Kaltleiter

Der Temperaturkoeffizient α eines Heißleiters liegt im Bereich der Raumtemperatur zwischen -3 bis $-7\%/\mathrm{K}$. Konstruktiv bestehen Heißleiter aus speziellen Halbleiterwerkstoffen (polykristalline Mischkristalle aus Titanverbindungen, Kobaltoxiden, Eisen- und Nickeloxiden mit speziellen Beimischungen). Sie werden bei hohen Temperaturen gesintert und zu Scheiben, Perlen oder Stäbchen verarbeitet.

Eingesetzt werden Heißleiter entweder bei *Fremd-* oder *Eigenerwärmung*.

Bei *Fremderwärmung* ist die Eigenerwärmung durch die elektrische Belastung klein zu halten. Dann stellt sich der Widerstandswert entsprechend der Umgebungstemperatur ein. So können sie als Meß- oder Kompensationsheißleiter zur Temperaturmessung oder Kompensation von positiven Temperaturkoeffizienten eingesetzt werden. Sie sind in Transistorschaltungen weit verbreitet.

Bei *Eigenerwärmung* durch den fließenden Strom steigt die Temperatur so stark an, daß der Widerstand merklich abnimmt. Dann fällt die Spannung nach Durchlauf eines Maximums bei weiter steigendem Strom wieder. So entsteht gebietsweise eine *fallende Kennlinie* (Bild 2.41b). Mit dieser starken Widerstandsabnahme läßt sich der entgegengesetzte Widerstandsverlauf eines Kaltleiters (z. B. einer Glühlampe) kompensieren.

Durch Reihenschaltung eines ohmschen Widerstandes kann man den fallenden Kennlinienast abschwächen. So entsteht eine Kennlinie, die in bestimmten Grenzen eine konstante Spannung besitzt und sich für Regelzwecke eignet: *Regelheißleiter*. Obwohl sich der Strom in relativ großen Grenzen ändert, ist die Spannungsänderung gering.

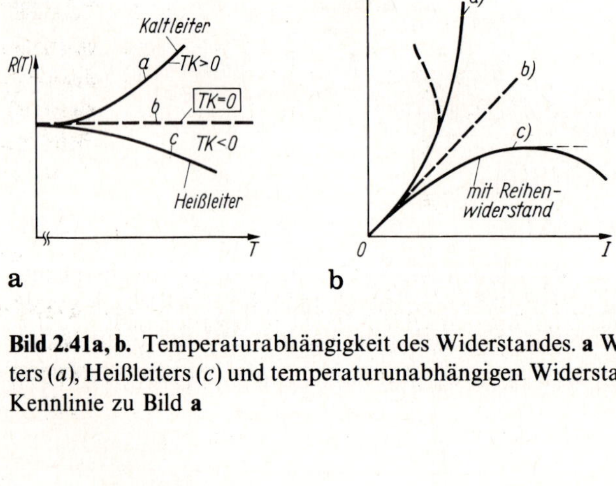

a b

Bild 2.41a, b. Temperaturabhängigkeit des Widerstandes. **a** Widerstandsverlauf des Kaltleiters (*a*), Heißleiters (*c*) und temperaturunabhängigen Widerstandes (*b*); **b** Strom-Spannungs-Kennlinie zu Bild **a**

Kaltleiter zeigen im Temperaturbereich oberhalb von 50 °C (materialabhängig) eine starke Widerstandszunahme über der Temperatur (Bild 2.41a) mit hohem Temperaturbeiwert (bis 70%/K!). Materialmäßig kommen besonders Titanat-Keramiksorten zum Einsatz, aber auch ein Glühlämpchen ist bereits ein guter Kaltleiter.

Bau- und Ausführungsformen. Das Bauelement „Widerstand" steht als Fest- und veränderbarer Widerstand in zahlreichen Bau- und Ausführungsformen zur Verfügung (Bild 2.42).

Festwiderstände bestehen aus einem isolierenden Träger (meist Porzellanstäbchen), der eine Metalldrahtwicklung, Kohleschicht- oder Metallschichtbahn trägt oder selbst leitet (Massewiderstand). Bei Widerständen der sog. *Dick-* und *Dünnfilmtechnik* befindet sich die Widerstandsbahn (meist aus Platzgründen mäanderförmig (Bild 2.42d)) auf einem Glas- oder Keramikplättchen als Träger. Bei Widerständen der sog. integrierten Schaltungen übernimmt eine Widerstandsbahn aus Silizium (isoliert vom übrigen Halbleiter) diese Aufgabe.

Die sehr verbreiteten Kohle- und Metallschichtwiderstände unterscheiden sich in erster Linie durch *Nennwiderstand* und *Auslieferungstoleranz*. Der Nennwiderstand liegt aus Gründen wirtschaftlicher Fertigung nach bestimmten *IEC-Normzahlreihen* fest (Tafel 2.5). Dabei fällt jeder Widerstandswert in eine Toleranzgruppe, so daß in einer Fertigung kein Ausschuß entsteht. Üblich sind die Reihen

$$E6(\pm 20\%)\,, \quad E12(\pm 10\%)\,, \quad E24(\pm 5\%)\,.$$

Noch höhere Toleranzforderungen erfüllen die Reihen E48($\pm$ 2,5%), E96($\pm$ 1,25%), E192($\pm$ 0,6%). Für den Reihenaufbau gilt: $n\Delta R/R = 120\%$. Bild 2.43 zeigt ein Beispiel der Reihe E 6. Man erkennt die lückenlose Überdeckung und damit den Vorteil der Tolerierung sehr deutlich. Jeder hergestellte Widerstand paßt in eine Toleranzklasse. Die Widerstandskennzeichnung erfolgt häufig durch einen Farbcode (Farbringe oder Punkte auf dem Widerstandskörper) oder Aufdruck aus Zahlenwert und Einheit.

Festwiderstände lassen sich heute im Bereich von Bruchteilen eines Ω bis zu 10^{10} Ω und mehr herstellen.

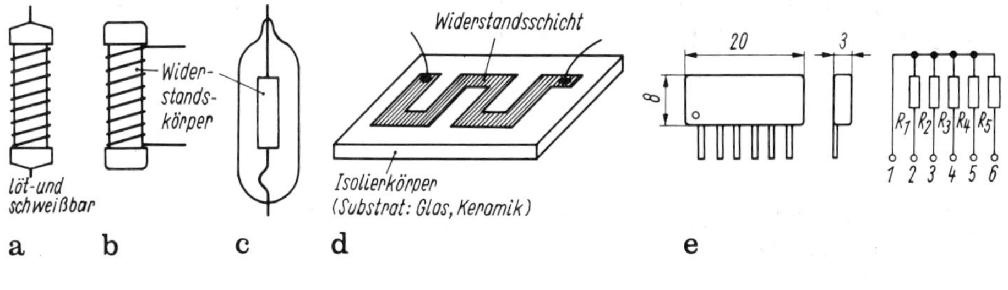

Bild 2.42a–e. Bau- und Ausführungsformen von Widerständen. **a** zylindrische und axiale Anschlußkappen; **b** zylindrische und radiale Anschlußkappen; **c** glasgekapselt für höchste Widerstandswerte; **d** Dünn- bzw. Dickfilmwiderstand, in mäanderförmiger Ausführung; **e** Widerstandsnetzwerk in Dünn- oder Dickfilmtechnik (vgl. **d**) mit Anschlußklemmen und Gehäuse

Tafel 2.5. Reihenaufbau der Widerstandswerte

	n	$\sqrt[n]{10}$ Stufenfaktor	$\mp \frac{\Delta R}{R}$ (%)
E 6	6	1,468	20
E 12	12	1,21	10
E 24	24	1,10	5
E 48	48	1,049	2,5
E 96	96	1,024	1,25
E 192	192	1,012	0,6

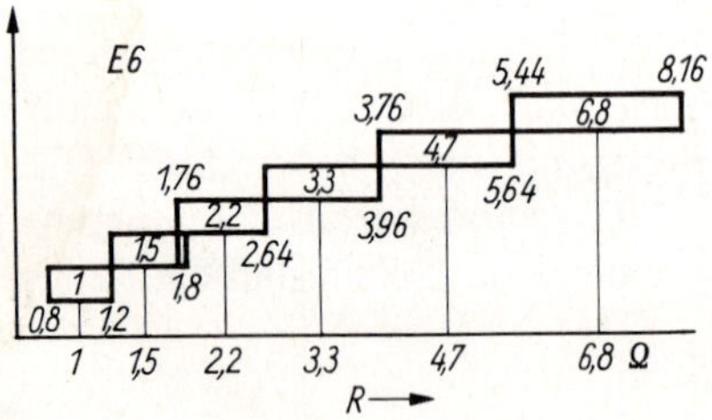

Bild 2.43. Toleranzbereiche der Nennwiderstandswerte der Nennreihe E 6

Bei *einstellbaren* Widerständen kann der Widerstandswert im bestimmten Bereich je nach Ausführung durch eine Drehachse (Potentiometer Bild 2.44), durch Schraubendreher oder Schiebeklemme eingestellt werden. Abhängig vom Verwendungszweck wird eine bestimmte Widerstandsänderung je Drehwinkel verlangt. Beim linearen Verlauf wächst der Widerstandswert je mm Bahnverlängerung (bzw. je Drehwinkel) um den gleichen Betrag. Beim *positiv-logarithmischen* Verlauf steigt der Widerstand zunächst langsam, später stark an. Man verwendet sie als Lautstärkeregler in der Rundfunktechnik aufgrund der etwa gleichen Empfindlichkeit des menschlichen Ohres. Je Drehwinkel wächst die Lautstärke gleichmäßig. Weitere Einstellkurven sind für die verschiedensten Zwecke im Gebrauch.

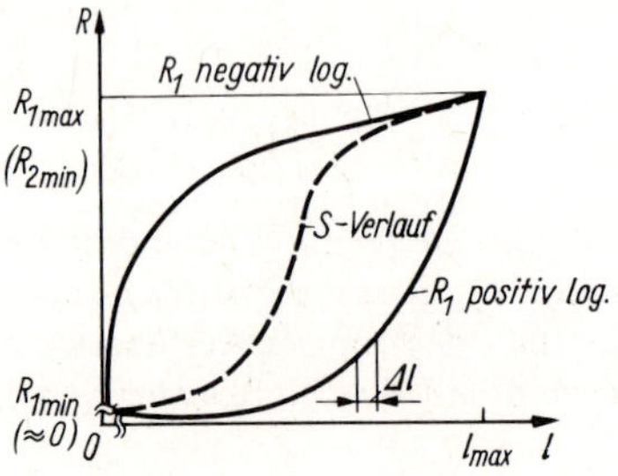

Bild 2.44. Widerstandskurve einstellbarer Widerstände

2.4.3 Aktive und passive Zweipole. Grundstromkreis

Wir untersuchen jetzt die Grundeigenschaften der kennengelernten aktiven und passiven Zweipole näher. Dazu zählen neben dem Energie- und Leistungsumsatz vor allem ihre *Ersatzschaltung*, das *Klemmenverhalten* und die Zusammenschaltung von aktiven and passiven Zweipolen zum sog. *Grundstromkreis.*

2.4.3.1 Energie- und Leistungsumsatz in Zweipolen

Wir erwähnten bereits, daß einer Ladung Q beim Durchlauf durch ein stationäres Strömungsfeld mit dem Spannungsabfall U die Energie

$$W = UQ = UIt \tag{2.42}$$

elektrische Energie (vorläufig)[1]

zugeführt werden muß. Sie dient zur Erwärmung des Leiters.

In die elektrische Energie gehen Spannung, Strom und Zeit gleichberechtigt ein.

Der Quotient „Energie je Zeit" heißt Leistung P

$$P = \frac{W}{t} = UI = \frac{U^2}{R} = I^2 R \tag{2.43}$$

elektrische Leistung (vorläufig).[1]

Die Leistung ist das Produkt von Strom und Spannung am Zweipol.

Die Einheit der Energie lautet

$$[W] = [U] \cdot [I] \cdot [t] = 1\,\mathrm{V} \cdot 1\,\mathrm{A} \cdot 1\,\mathrm{s} = 1\,\mathrm{W} \cdot \mathrm{s} = 1\,\text{Wattsekunde} = \\ = 1\,\mathrm{J} = 1\,\text{Joule} = 1\,\mathrm{Nm}\,.$$

Noch verbreitet sind (SI-fremde Einheiten) als Energieangaben

1 Kilowattstunde	$= 1\,\mathrm{kW} \cdot \mathrm{h} = 3{,}6 \cdot 10^6\,\mathrm{W} \cdot \mathrm{s} = 3{,}6\,\mathrm{MJ}$
1 Megawattstunde	$= 1\,\mathrm{MW} \cdot \mathrm{h}$.
1 eV	$= 1{,}602 \cdot 10^{-19}\,\mathrm{J}$ (Elektronen-Volt)

Die *Einheit* der Leistung ist das Watt

$$[P] = \frac{[W]}{[t]} = 1\,\text{Watt}\,.$$

In bestimmten Technikgebieten werden dabei bestimmte Maßeinheiten bevorzugt: Elektrotechnik Ws, Elektrophysik: eV, Wärmetechnik: J, Mechanik: Nm (s. Abschn. 0.2.2).

---

[1] Genauere Formulierung Abschn. 4.1.1

Größenvorstellung:

Energie		Betriebszeit
$(1\ldots2)\,\mathrm{kW\cdot h}$	Raumheizgerät	1 Std.,
$0{,}1\,\mathrm{kW\cdot h}$	Rundfunkgerät	1 Std.,
$100\,\mathrm{kW\cdot h}$	Straßenbahn	1 Std.,
$(10\ldots300)\,\mathrm{kW\cdot h}$	Haushalt	1 Monat,
$< 1\,\mathrm{Wh} = 10^{-3}\,\mathrm{kW\cdot h}$	Taschenrechner, Transistorradio	1 Std.,
$100\,\mathrm{MW\cdot h}$	Kraftwerk	1 Std.,
$0{,}44\cdot10^{-25}\,\mathrm{kW\cdot h}$	Transport der Elementarladung durch einen Spannungsabfall von 1 V	1 Std.,
$10\,\mathrm{W\cdot s}$	Elektronenblitz	1/5000 s.

Die Energie $1\,\mathrm{kW\cdot h} = 36{,}72\cdot10^6\,\mathrm{kp\cdot cm} = 367\,\mathrm{kp\cdot km}$ entspricht einer Arbeit, die beim Heben von 30 kp auf eine Höhe von 12,2 km verrichtet würde. Bei einer angenommenen Hubgeschwindigkeit von 1 m/s müßte diese Tätigkeit 3,4 Stunden lang ausgeführt werden, um beim Tarif von 20 Pf./kW · h insgesamt 20 Pf. zu verdienen!

Größenvorstellung:

Glühlampe	40 W,	Bügeleisen	500 W,
Rundfunksender	100 kW,	Transistorradio	einige W,
Empfangsleistung einer Rundfunkantenne	$< 1\,\mu\mathrm{W}$.		

Generator-, Verbraucherenergie (Leistung). Am Zweipol können die Bezugspfeile für Strom und Spannung im Prinzip unabhängig voneinander gewählt werden. Sie sind aber in Beziehung zum Energieumsatz Gl. (2.42) zu sehen.

Ein Zweipol wirkt als Generator (Verbraucher), wenn er elektrische Energie abgibt (aufnimmt).

Dementsprechend gibt es zwei Zuordnungen der Bezugspfeile (Bild 2.45):

1. Verbraucherpfeilsystem (VPS): Bezugssinn für Strom und Spannung am Zweipol sind *gleichgerichtet*, Leistung $P = UI$ positiv. Der in die positive Klemme (bei positiver Spannung) einfließende Strom wird positiv gewählt. Es gilt für den ohmschen Widerstand $U = IR$. Diese Zuordnung entspricht dem bisherigen physikalischen Verhalten des Widerstandes im Strömungsfeld: Der Zweipol verbraucht elektrische Leistung und setzt sie in Wärme um. Deshalb ist sein Gleichstromwiderstand (s. Abschn. 2.4.2.3) immer positiv. Umgekehrt entspricht negative Leistung P einer abgegebenen Leistung.

2. Erzeugerpfeilsystem (EPS): Bezugssinn für Strom und Spannung sind am Zweipol *entgegengesetzt* zueinander gerichtet. Der bei positiver Spannung U aus der positiven Klemme herausfließende Strom wird positiv gewählt. Jetzt lautet das Ohmsche Gesetz: $-U = IR$. Deshalb ist die *negative* Zweipolleistung

$$-IU = I^2R \tag{2.44a}$$

gleich einer vom Zweipol *aufgenommenen elektrischen Leistung*. Umgekehrt bedeutet positives Produkt UI eine *Abgabe* elektrischer Zweipolleistung.

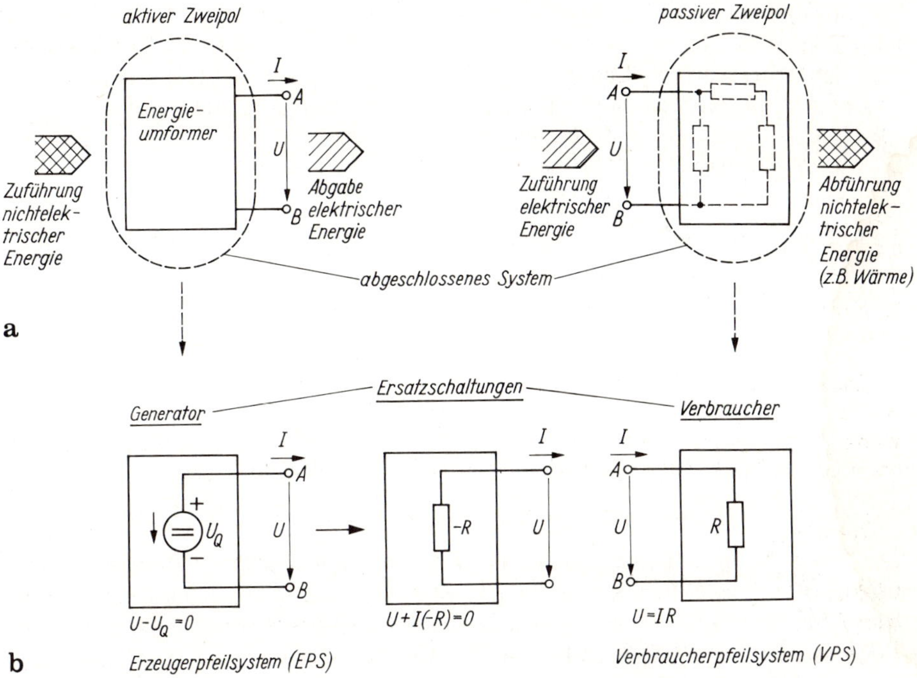

Bild 2.45a, b. Aktiver und passiver Zweipol. **a** Energieumformung in beiden Zweipolen; **b** Zählpfeilsysteme

Negativer (ohmscher) Widerstand. Das in Gl. (2.44a) auftretende negative Vorzeichen kann nach rechts gebracht werden

$$IU = I^2(-R)\,. \tag{2.44b}$$

Damit läßt sich die Haupteigenschaft „Leistungsabgabe" einer Energiequelle formal durch den Begriff negativer (ohmscher) Widerstand $(-R)$ (unter gewissen Bedingungen, s. Abschn. 5.1.2) kennzeichnen.

Zusammengefaßt:

Leistung $P = UI$ wird vom Zweipol *abgegeben* (aufgenommen), wenn sie im *Erzeugerpfeilsystem positiv* (negativ) ist.

Leistung $P = UI$ wird vom Zweipol *aufgenommen* (abgegeben), wenn sie im *Verbraucherpfeilsystem positiv* (negativ) ist.

Betrachten wir zur Veranschaulichung einen Akkumulator (Spannung U_B), der geladen wird (Bild 2.46). Das Ladegerät hat die Quellspannung U_Q. Während des Ladens $(U_Q > U_B)$ fließt der Strom

$$I = \frac{U_Q - U_B}{R + R_i} \tag{2.45}$$

in den Akkumulator, solange $U_Q > U_B$ und damit das Ladegerät als Generator, der Akkumulator als Verbraucher arbeitet. Wird die Spannung des Ladegerätes auf Null gesenkt ($U_Q \approx 0 < U_B$), so kehren sich die Verhältnisse um. Der Akkumulator ist Generator, das Ladegerät Verbraucher (umgekehrte Stromrichtung).

Im VPS beträgt die dem Akkumulator rechts zugeführte Leistung

$$P_{zu} = U \cdot I = I(U_Q - IR_i) = \frac{I}{R + R_i}(U_Q R + U_B R_i),$$

sie ist für $I > 0$ (Laden) positiv. Beim Entladen ($I < 0$, $U_Q \approx 0$) wird sie negativ: der Akkumulator arbeitet als Energiequelle.
Im EPS (mit dem eingeführten Strom $I' = -I$) beträgt die vom Zweipol rechts abgegebene Leistung

$$P_{ab} = I'U = -\frac{(U_Q - U_B)}{R + R_i} \cdot (U_Q R + U_B R_i),$$

sie ist beim Entladen positiv ($U_Q \approx 0$, $I' > 0$), beim Laden negativ.

2.4.3.2 Zweipolgleichungen. Kennlinien und Kenngrößen linearer Zweipole

Das Strom-Spannungs-Verhalten eines Zweipols läßt sich gleichberechtigt analytisch als *Zweipolgleichung* und graphisch als *Zweipolkennlinie* darstellen sowie durch eine *Ersatzschaltung* veranschaulichen. Für den *passiven linearen Zweipol* — den Widerstand R — gilt dabei mit Bild 2.40 $U = IR = \text{const} \cdot I$ ($y = mx$ Geradengleichung durch den Nullpunkt mit dem Anstieg $\tan \alpha = m = U/I = R$, Verbraucher-Pfeilsystem (VPS)).

Spannungs-Stromquellen-Ersatzschaltungen. Betrachten wir jetzt den *aktiven Zweipol* in Form einer *Spannungsquelle* (z. B. Taschenlampenbatterie) zunächst von der anschaulichen Seite (Bild 2.47). Er besitzt neben einer Quellenspannung U_Q (z. B. $U_Q = 1{,}5\,\text{V}$, Bild 2.47a) stets noch einen inneren Widerstand, den *Innenwiderstand* R_i (z. B. $R_i = 6\,\Omega$). Die Quellspannung U_Q ($= U_{Q1} + U_{Q2}$) entsteht in der Batterie an den Grenzflächen Zinkbecher-Elektrolyt und Elektrolyt-Kohlestab (s. Bild 2.47b) durch elektrochemische Vorgänge. Wir nehmen sie als unveränderlich an ($U_Q = \text{const}$). Deshalb heißt eine Spannungsquelle mit $U_Q = \text{const}$ oft auch *Konstantspannungsquelle*. Der Innenwiderstand R_i entsteht durch den Elektrolyten. Er sei als feste Größe betrachtet. Damit ist die dargestellte Ersatzschaltung (Bild 2.47a) der Spannungsquelle zumindest anschaulich verständlich.

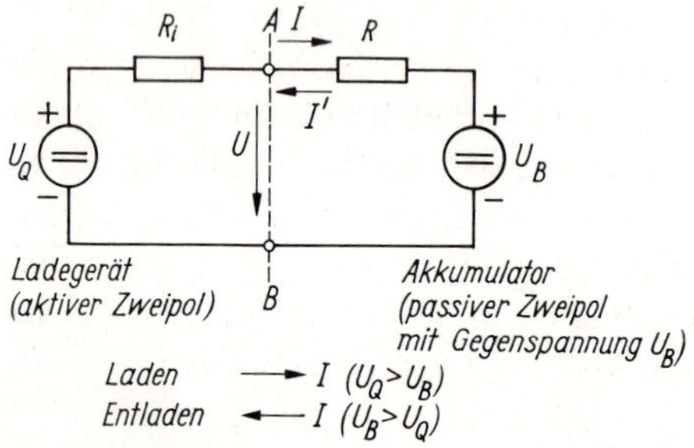

Bild 2.46. Beispiel. Aktiver Zweipol, passiver Zweipol mit Gegenspannung

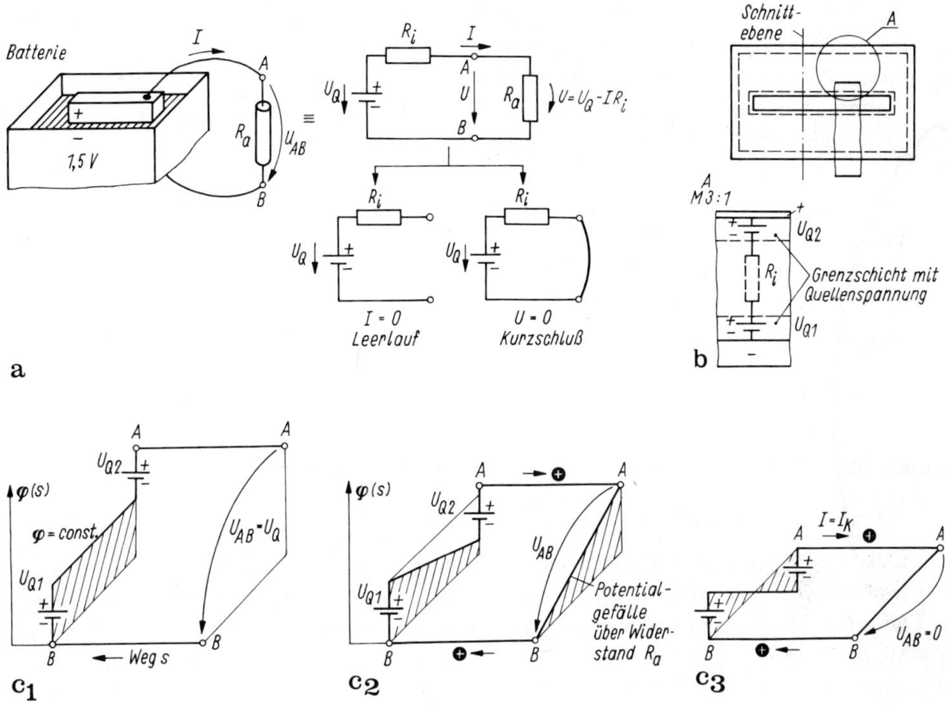

Bild 2.47a–c. Aktiver Zweipol, Zusammenwirken mit passiven Zweigen. **a** Anordnung (Batterie) und Ersatzschaltung (Spannungsquellenersatzschaltung); **b** Ausschnitt aus der Batterie zur Veranschaulichung des Entstehens der Quellenspannung an den Grenzschichten Metall (Kohle) — Elektrolyt und des Innenwiderstandes R_i (räumliches Strömungsfeld); **c** Potentialgebirge in der Batterie längs der Schnittebene Bild und über dem Lastwiderstand bei widerstandsloser Verbindung, **c1** Leerlauf, **c2** Belastung, **c3** Kurzschluß

Beim Anschluß des Widerstandes R_a (Außenwiderstand z. B. $R_a = 11\,\Omega$) an die Klemmen A, B fließt der Strom I. Es gilt nach dem Maschensatz $U_Q = IR_i + IR_a$, also

$$I = \frac{U_Q}{R_i + R_a} = \frac{1{,}5\,\mathrm{V}}{(6 + 11)\,\Omega} = 100\,\mathrm{mA}\,. \qquad (2.46)$$

Im Bild 2.47c wurde gleichzeitig das Potentialgebirge $\varphi(s)$ längs eines Weges s im Schnitt durch die Batterie dargestellt.

Im *Leerlauf* fließt kein Strom ($I = 0$) durch einen Zweipol. Das ist gleichwertig einem Widerstand $R = R_a = U_{AB}/0 \to \infty$ zwischen den Klemmen A, B. Dann herrscht in der Batterie ein konstantes Potential, das nur an den Stellen, an denen die Quellenspannungen U_{Q1}, U_{Q2} ($U_{Q1} + U_{Q2} = U_Q$) entsteht, springt: An den Batterieklemmen A, B entsteht die Leerlaufspannung $U_l = U_Q$ ($= 1{,}5\,\mathrm{V}$). Bei *Belastung* durch R_A fließt ein Strom, deshalb entsteht sowohl in der Batterie als auch über dem Lastwiderstand ein Potentialgefälle = Spannungsabfälle $U_{Ri} = IR_i$ und $U_{Ra} = IR_a$ (Bild 2.47c2).

Im Kurzschluß eines Zweipols fällt zwischen seinen beiden Klemmen keine Spannung U_{AB} ab (Bild 2.47c3). Das ist einem Widerstand $R = R_a = U_{AB}/I \to 0$ zwischen diesen Klemmen gleichwertig. (Kurzschluß erzeugt durch einen widerstandslos gedachten Drahtbügel zwischen AB.)
Dennoch fließt im Kreis ein großer Strom, der *Kurzschlußstrom* $I = I_k$

$$I_k = \frac{U_Q}{R_i + \underset{=0}{R_a}} = \frac{U_Q}{R_i} = \frac{1{,}5\,\text{V}}{6\,\Omega} = 0{,}25\,\text{A}\,. \tag{2.47}$$

Das Potentialgebirge entwickelt sich voll in der Batterie: Die Quellenspannungen U_{Q1}, U_{Q2} entstehen nach wie vor in den beiden Grenzschichten, sie erzeugen aber einen Spannungsabfall ausschließlich am Innenwiderstand der Batterie. Die *Quellenspannung U_Q bleibt also unabhängig vom Stromfluß erhalten*!

Wir erkennen zusammengefaßt:

Die Ersatzschaltung „Spannungsquelle" gekennzeichnet durch Quellenspannung U_Q (unabhängig von I) und Innenwiderstand R_i be75*exPhreibt das Verhalten der Batterie (aktiver Zweipol) in bezug auf ihr Verhalten an den Klemmen AB* völlig ausreichend, unabhängig von den speziellen physikalischen Vorgängen (Entstehung der Spannung an den Grenzschichten, Art der Stromleitung, Form des Strömungsfeldes u. a.) in der „Spannungsquelle".

Wir werden deshalb den aktiven Zweipol künftig stets durch eine *Spannungsquellenersatzschaltung* darstellen und uns nicht weiter um ihren physikalischen Inhalt kümmern.

Verallgemeinert:

Die Strom-Spannungs-Beziehung eines *aktiven Zweipols* in Spannungsquellenersatzschaltung lautet

$$U = U_Q - IR_i \tag{2.48a}$$

Strom-Spannungs-Beziehung eines aktiven Zweipols (Spannungsquellendarstellung, Erzeugerpfeilsystem)

Das Bild veranschaulicht weiter, daß sich das Erzeugerpfeilsystem für die Strom-Spannungs-Richtungen an den Klemmen AB ganz natürlich aus der Stromflußrichtung durch den Verbraucherwiderstand ergibt.

Wir wollen jetzt zu einer weiteren Ersatzschaltung des aktiven Zweipols übergehen, der *Stromquellenersatzschaltung*. Den Ausgang dazu bildet die Schaltung Bild 2.47a mit angeschlossenem Außenwiderstand und einem Strom nach Gl. (2.46). Es bestehe die Aufgabe, den Strom I im Außenwiderstand R_a unverändert zu erhalten, wenn der aktive Zweipol gegen einen anderen mit größerer Quellenspannung ausgetauscht wird. Wie muß dessen Innenwiderstand beschaffen sein? Durch Umordnung von Gl. (2.46) ergibt sich

$$I = \frac{U_Q}{R_i + R_a} = \frac{U_Q}{R_i}\,\frac{1}{1 + R_a/R_i} \to \text{const}\,. \tag{2.49}$$

Offenbar muß mit Vergrößerung der Quellenspannung auch der Innenwiderstand vergrößert werden: Beispielsweise würde eine Verzehnfachung $U_Q = 10 \cdot 1{,}5\,\text{V} = 15\,\text{V}$ und $R_i = 10 \cdot 6\,\Omega = 60\,\Omega$ auf

$$I = \frac{15\,\mathrm{V}}{60\,\Omega} \frac{1}{1 + \dfrac{11\,\Omega}{60\,\Omega}} = 0{,}25\,\mathrm{A} \frac{1}{1 + 0{,}18} = 0{,}21\,\mathrm{A}$$

eine Verhundertfachung von U_Q und R_i auf $I = 0{,}25\,\mathrm{A} \dfrac{1}{1 + \dfrac{11\,\Omega}{600\,\Omega}} = 0{,}245\,\mathrm{A}$

führen.

Der Strom I durch R_a nähert sich mit gleichzeitig wachsender Quellenspannung U_Q und Innenwiderstand R_i, also bei konstantem Quotienten U_Q/R_i (s. Gl. (2.47)) immer mehr dem Kurzschlußstrom $I_k = U_Q/R_i$. Er kann deshalb auch aufgefaßt werden, als würde er von einer *Stromquelle* I_Q mit dem *Kurzschlußstrom* $I_k = I_Q$ erzeugt. Diese Stromquelle muß dann notwendigerweise ein aktiver Zweipol sein. Wir schreiben daher Gl. (2.49) um ($R_a = U/I$) $I(1 + R_a/R_i) = I\left(1 + G_i \dfrac{U}{I}\right) = I_k = U_Q/R_i$ und erhalten die

Strom-Spannungs-Beziehung eines aktiven Zweipols in Stromquellenersatzschaltung

$$I = I_k - UG_i \quad (G_i = 1/R_i) \qquad (2.48b)$$
$$= I_Q - UG_i$$

(Erzeugerpfeilsystem (EPS)).

Im Bild 2.48 wurde die zugehörige Ersatzschaltung dargestellt. Sie besteht immer aus *Quellenstrom* I_Q = *Kurzschlußstrom* I_k, den wir uns durch eine neu eingeführte Stromquelle (auch *Einströmung* oder *Stromgenerator* genannt, Schaltsymbol-$\overrightarrow{\circ\circ}$-mit Richtungspfeil) *zwischen* zwei Knoten denken. Der Quellenstrom I_Q ist ebenso wie die Quellenspannung ein Synonym der *Energieumformung* im Stromkreis. Der realen Stromquelle liegt nach Gl. (2.48b) der *Innenleitwert* G_i = *reziproker Innenwiderstand* R_i parallel. So, wie für die Spannungsquellenersatzschaltung die Strom-Spannungs-Beziehung (2.48a) aus der *Maschengleichung* hervorgeht, ergibt sich die Strom-Spannungs-Gleichung der Stromquellenersatzschaltung aus der *Knotengleichung* z. B. des oberen Stromknotens. Wir erkennen aus der Art der Herleitung weiter:

Strom- und Spannungsquellenersatzschaltung (mit Innenwiderstand!) sind hinsichtlich ihres Verhaltens an den Klemmen AB völlig gleichwertig, denn sie werden gekennzeichnet durch

Spannungsquellenersatzschaltung	Stromquellenersatzschaltung
— Quellenspannung U_Q = Leerlaufspannung U_l,	— Quellenstrom I_Q = Kurzschlußstrom I_k,
— Innenwiderstand R_i	— Innenleitwert $G_i = 1/R_i$

und es gilt

$$U_Q = R_i I_Q\,, \quad I_Q = U_Q/R_i\,. \qquad (2.50)$$

Zwei gegebene Größen bestimmen jeweils die dritte!

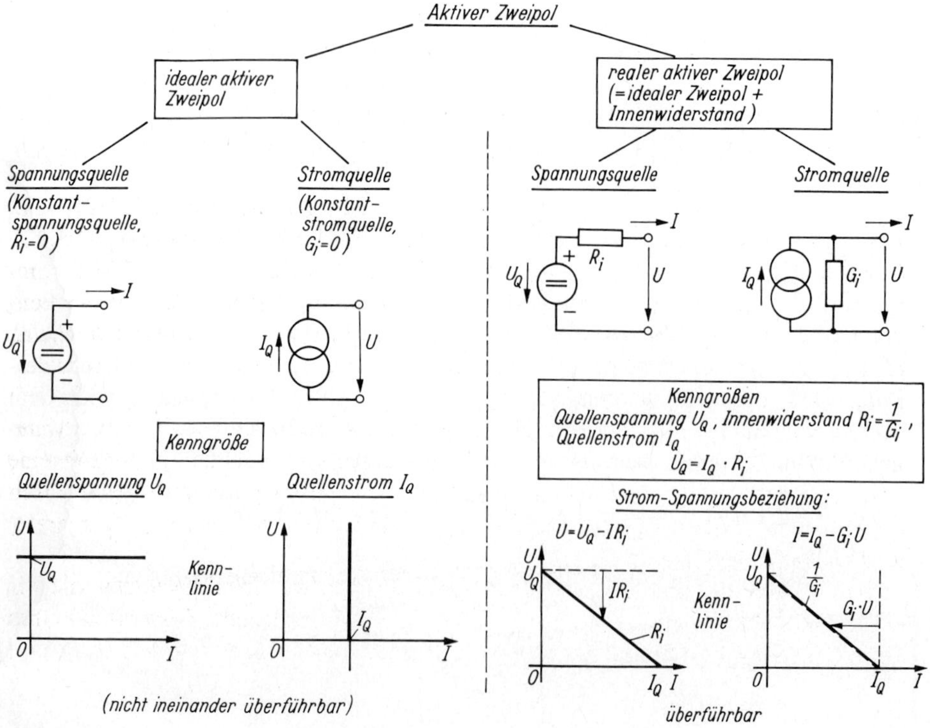

Bild 2.48. Idealer und realer aktiver Zweipol (Erzeugerpfeilsystem)

Kennliniengleichungen. Die Gleichwertigkeit beider Ersatzschaltungen wird auch aus ihrer *Kennliniendarstellung* sichtbar (Bild 2.48). Wir erhalten in der Darstellung U über I für die

— *Spannungsquelle*

$$U = U_Q - IR_i \qquad (y = mx + n) \tag{2.51a}$$

eine *fallende Gerade*, die die U-Achse bei der Quellenspannung $U|_{I=0} = U_1 = U_Q$ = Leerlaufspannung schneidet und mit der Steigung $\tan\beta = U/I = -R_i$ fällt. Sie schneidet die I-Achse ($U = 0$) beim *Kurzschlußstrom* $I(U = 0) = I_k = I_Q$.

— *Stromquelle* wegen

$$I = I_Q - \frac{U}{R_i} \tag{2.51b}$$

(durch Umstellen von Gl. (2.48b) und Division durch R_i) die gleiche Gerade.

Wir haben bisher den *realen* aktiven Zweipol betrachtet, so wie er sich z. B. aus der Batterie anschaulich begründen ließ. Störend ist zweifelsohne der *Innenwiderstand* R_i, denn er vermindert ja die Klemmenspannung U_{AB} bei Stromfluß.

Ein *idealer* aktiver Zweipol hat dann den

Innenwiderstand $R_i = 0$	Innenleitwert $G_i = 0$ ($R_i \to \infty$)
	(unendlich hoher Innenwiderstand)
(Spannungsquellenersatzschaltung)	(Stromquellenersatzschaltung)

Er wird dann nur durch eine *Quellenspannung* U_Q bzw. einen *Quellenstrom* I_Q dargestellt (Bild 2.48).

Beim idealen aktiven Zweipol sind Quellenspannung U_Q und Quellenstrom I_Q *nicht ineinander überführbar*! Dazu fehlt der endliche Innenwiderstand R_i nach Gl. (2.50). Das drückt sich auch in der Strom-Spannungs-Kennlinie aus: Die Strom-Spannungs-Kennlinie einer *idealen Spannungsquelle* ist eine Parallele im Abstand U_Q zur I-Achse, also *unabhängig* von der Strombelastung, die einer *Stromquelle* ist eine Parallele im Abstand I_Q zur U-Achse, also *unabhängig* von der Klemmenspannung.

Man nennt deshalb Schaltungen mit $R_i \to 0$ bzw. $R_i \to \infty$ auch *Konstantspannungs-* oder *Konstantstromquellen*, weil sie unabhängig von der Belastung eine konstante Spannung bzw. einen konstanten Strom liefern. Sie lassen sich durch elektronische Schaltungen (z. B. als sog. elektronisch stabilisierte Netzgeräte) weitgehend realisieren.

Die idealen Spannungs- und Stromquellen sind damit Idealisierungen, die wir später bei der Netzwerkberechnung benutzen werden. Durch „Zuschalten" eines Innenwiderstandes können wir sie jederzeit in „reale Quellen" überführen.

Zusammengefaßt: Der reale aktive (lineare) Zweipol wird gleichwertig durch eine Spannungs- oder Stromquellenersatzschaltung beschrieben. Von seinen *Kenngrößen*

Quellenspannung U_Q, Quellenstrom I_Q und Innenwiderstand R_i

müssen zwei bekannt sein. Die dritte ergibt sich durch $U_Q = I_Q R_i$. Die *Bestimmung* dieser Kenngrößen erfolgt:

1. Experimentell durch Messung aus

— *Leerlaufversuch* ($I = 0$): Spannungsmessung mit einem Spannungsinstrument unendlich hohen Widerstandes ($R_a \to \infty$, d. h. $I = 0$) ergibt die *Leerlauf-* oder *Quellenspannung* $U_l = U_Q$;

— *Kurzschlußversuch* ($U_{AB} = 0$): Strommessung mit einem Strommeßinstrument vom Widerstand $R_a = 0$, (d. h. $U = 0$) ergibt den *Kurzschluß-* oder *Quellenstrom* $I_k = I_Q$.

— *Belastungsversuch* ($U_{AB} \neq 0, I \neq 0$): Messung der Spannungen U_1, U_2 und Ströme I_1, I_2, die sich bei Belastung mit den Widerständen R_{a1}, R_{a2} einstellen und Berechnung der Kenngrößen mit Gl. (2.48a) resp. (2.48b).

2. Rechnerisch durch Berechnung

— der *Leerlaufspannung* $U_l = U_Q$ (bei $I = 0$) an den Klemmen des leerlaufenden Zweipols;

— des *Kurzschlußstromes* $I_k = I_Q$ (bei $U = 0$) durch die Klemmen des kurzgeschlossenen Zweipols;

— des *Innenwiderstandes* R_i, indem sämtliche (unabhängige)[1] Strom- und Spannungsquellen außer Betrieb gesetzt werden (Spannungsquellen kurzschließen, Stromquelle auftrennen). Der Widerstand zwischen den Zweipolklemmen *AB* ist dann gleich R_i.

Wir haben (vor allem bei der experimentellen Bestimmung von I_k) bisher stillschweigend angenommen, daß der aktive Zweipol die Belastung mit dem Kurzschlußstrom technisch überhaupt verträgt. Besonders bei kleinem Innenwiderstand fließen sehr große Kurzschlußströme, die ihn u. U. zerstören können. (Jeder weiß aus Erfahrung, daß ein „Kurzschlußversuch" an einer Steckdose z. B. zum Ansprechen von Sicherungen führt.) Für das Erlernen der Grundgesetze elektrischer Schaltungen lassen wir den Kurzschluß als legale Belastung zu.

Beispiel. Für die Schaltung Bild 2.49 sind die Ersatzgrößen des aktiven Zweipols zu bestimmen.

a) Leerlaufspannung. Wegen $I = 0$ (kein Spannungsabfall an R_3) ergibt sich die Leerlaufspannung U_l über die Spannungsteilerregel Gl. (2.38)

$$\frac{U_l}{U_Q} = \frac{R_2}{R_1 + R_2}, \quad U_l = \frac{U_Q R_2}{R_1 + R_2} = \frac{10\,\text{V} \cdot 5\,\Omega}{(5+5)\,\Omega} = 5\,\text{V}.$$

b) Kurzschlußstrom. Für $U = 0$ bestimmen wir zunächst den Strom I und dann über die Stromteilerregel I_k (Gl. 2.39))

$$I = \frac{U_Q}{R_1 + R_2 \parallel R_3}, \quad I_k = I \frac{1/R_3}{1/R_3 + 1/R_2} = \frac{U_Q R_2}{R_1(R_2 + R_3) + R_3 R_2} = 0{,}4\,\text{A} = I_Q.$$

c) Innenwiderstand. Bei Kurzschluß der Quellspannung $U_Q(\to 0)$ wird von den Klemmen AB aus folgender Widerstand „in die Schaltung hineingesehen" $R_i = R_3 + (R_1 \parallel R_2)$

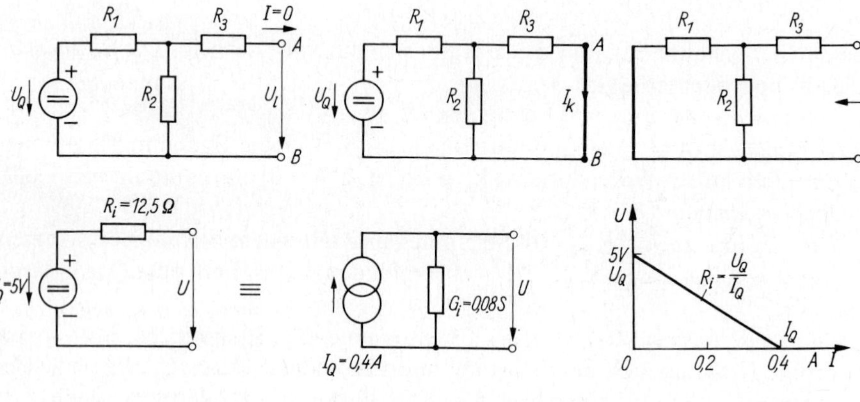

Bild 2.49. Bestimmung der Ersatzgrößen eines aktiven Zweipols und Ersatzschaltungen ($U_Q = 10\,\text{V}$, $R_1 = R_2 = 5\,\Omega$, $R_3 = 10\,\Omega$)

[1] Der Begriff unabhängige Quellen wird später (Abschn. 5.1.1.1) erläutert

$= (10 + 2{,}5)\,\Omega = 12{,}5\,\Omega$. Gleichwertig ergibt sich R_i auch aus $U_Q \equiv U_l$ und I_Q:

$$R_i = \frac{U_Q}{I_Q} = \frac{5\,\text{V}}{0{,}4\,\text{A}} = 12{,}5\,\Omega\,.$$

Im Bild wurden weiter die beiden Ersatzschaltungen und ihre Kennlinien eingetragen. Wir wollen noch kurz diskutieren, ob es nicht trotz der Gleichwertigkeit der Strom- und Spannungsquellenersatzschaltungen Gründe der Anschaulichkeit geben kann, die eine oder andere zu bevorzugen. Dies möge an drei Beispielen erfolgen:

1. Eine Batterie wird wegen ihres kleinen Innenwiderstandes (im Vergleich zum Verbraucherwiderstand) und der physikalischen Eigenschaft „eine Spannung zu liefern", wobei sicher besser durch die Spannungsquellenersatzschaltung beschrieben.

2. Eine Steckdose (an einem Gleichstromnetz) besitze eine Leerlaufspannung $U_Q = 220\,\text{V}$. Es möge bei einem Laststrom $I = 10\,\text{A}$ (d. h. einem Lastwiderstand $R_a = 22\,\Omega$) eine Spannungsänderung von 1% der „Steckdosenspannung U" auftreten ($U = 0{,}99\,U_Q$). Folglich ergibt sich der Innenwiderstand des Netzes aus $U = 0{,}99\,U_Q = U_Q - IR_i$:

$$R_i = \frac{U_Q - 0{,}99\,U_Q}{I} = \frac{0{,}01\,U_Q}{I} = 0{,}22\,\Omega\,.$$

Auch hier ist die Spannungsquellenersatzschaltung wegen des niedrigen Innenwiderstandes und der Eigenschaft, eine Spannung zu liefern, zweckmäßig. Würde dieser Sachverhalt gleichwertig durch die Stromquellenersatzschaltung interpretiert, so müßte sie einen Kurzschlußstrom $I_k = I_Q = U_Q/R_i = 220\,\text{V}/0{,}22\,\Omega = 1000\,\text{A}$(!) besitzen, wobei der Innenleitwert $G_i = 1/R_i = 1/0{,}22\,\Omega = 4{,}54\,\text{S}$ der Quelle parallel liegt. Das ist unanschaulich. Außerdem würde sich bei jeder Innenwiderstandsänderung des Netzes (z. B. Zuschalten weiterer Leitungen) R_i und damit I_k stark ändern.

3. Ein mit einer Wechselspannung eingangsseitig gesteuerter Transistor gibt ausgangsseitig eine verstärkte Wechselspannung ab. Wir stellen diesen Ausgang später als aktiven Zweipol (Wechselspannungsquelle) dar. Derartige Anordnungen liefern Kurzschlußströme von einigen Milliampere (z. B. $I_Q = 10\,\text{mA}$) bei relativ großen Innenwiderständen R_i (z. B. $R_i = 50\,\text{k}\Omega$). In der Spannungsquellenersatzschaltung gehört dazu die Leerlaufspannung $U_Q = I_Q R_i = 10\,\text{mA}\;50\,\text{k}\Omega = 500\,\text{V}$(!).

Diese Größenordnung ist für die Transistortechnik unüblich und daher unanschaulich. Dort treten vielmehr Betriebsspannungen von nur einigen Volt auf. Ähnlich liegen die Verhältnisse bei Elektronenröhrenschaltungen. Stromquellenersatzschaltungen werden deshalb vorwiegend in Röhren- und Transistorersatzschaltungen (Informationstechnik) wegen der hohen Innenwiderstände der Bauelemente ($R_a \ll R_i$) benutzt.

Zusammengefaßt:

Die Spannungsquellenersatzschaltungen [Stromquellenersatzschaltung] wird bevorzugt, wenn ein aktiver Zweipol hauptsächlich im Leerlauf ($R_a \gg R_i$) [Kurzschluß ($R_i \gg R_a$)] arbeitet.

Zusammenschaltungen von aktiven Zweipolen. Grundsätzlich können mehrere aktive Zweipole in Reihen- oder/und Parallelschaltungen betrieben werden. So ergibt die Reihenschaltung zweier Spannungsquellen mit den Quellenspannungen U_{Q1}, U_{Q2} und den Innenwiderständen R_{i1}, R_{i2} die Ersatzleerlaufspannung $U_e = U_{Q1} + U_{Q2}$ und den Ersatzinnenwiderstand $R_i = R_{i1} + R_{i2}$.

Werden beide Spannungsquellen parallel geschaltet (vgl. Bild 2.46), so betragen die Ersatzleerlaufspannung (Anwendung des Maschensatzes)

$$U_e = \frac{U_{Q1} R_{i2} + U_{Q2} R_{i1}}{R_{i1} + R_{i2}}$$

und der Ersatzinnenwiderstand $R_i = R_{i1} \| R_{i2}$ sowie der Ersatzkurzschlußstrom

$$I_k = \frac{U_{Q1}}{R_{i1}} + \frac{U_{Q2}}{R_{i2}}$$

(Summe der Kurzschlußströme der Einzelquellen) zwischen den Klemmen A, B (Bild 2.46).

Bei gleichen Spannungsquellen bleibt die Leerlaufspannung erhalten und der Innenwiderstand sinkt auf die Hälfte.

Auch wenn an den Klemmen AB kein Verbraucher angeschlossen ist, fließt jedoch zwischen beiden Spannungsquellen ständig ein Strom (Bild 2.46)

$$I = \frac{U_{Q1} - U_{Q2}}{R_{i1} + R_{i2}},$$

der z. B. im Falle zweier galvanischer Elemente zur Entladung führt. Schaltet man beispielsweise zwei 1,5 V Trockenelemente (sog. R20-Zellen mit $U_Q \approx 1{,}5\,\mathrm{V}$ und $R_i \approx 1\,\Omega$ parallel, deren beide Leerlaufspannungen sich um 10% unterscheiden, so fließt ständig ein „Kreisstrom" von $I = 75\,\mathrm{mA}$. Ein Element gilt als entladen, wenn die Leerlaufspannung auf 0,9 V gefallen ist. Bei einer „Normentladung" eines solchen Elementes über einen Widerstand von $R = 10\,\Omega$ für 4h/Tag ist diese Entladungsgrenze nach rd. 36 h erreicht. Pro Element ist somit etwa die Ladung $Q = 36 \cdot \mathrm{h} \cdot 1{,}5\,\mathrm{V}/10\,\Omega = 5{,}4\,\mathrm{Ah}$ gespeichert, in beiden also die doppelte Menge. Durch den Kreisstrom $I = 75\,\mathrm{mA}$ wären die beiden parallelgeschalteten Batterien also nach rd. $5{,}4\,\mathrm{Ah}/75\,\mathrm{mA} = 72\,\mathrm{h}$ entladen, ohne daß durch einen äußeren Verbraucher Strom entnommen worden wäre!

Man vermeidet deshalb die Parallelschaltung von Spannungsquellen sinnvollerweise. Das Beispiel zeigt zudem, daß Ersatzschaltungen eben nur das Klemmenverhalten modellieren, denn in der resultierenden Spannungsquellen-Ersatzschaltung tritt dieser Entladevorgang nicht auf!

Sinngemäß gelten diese Überlegungen auch für zusammengeschaltete Stromquellen.

2.4.3.3 Grundstromkreis

Wir betrachten jetzt die Zusammenschaltung von aktivem und passivem Zweipol (über widerstandsfrei gedachte Verbindungsleitungen), den sog. *Grundstromkreis*. Er veranschaulicht den Energietransport von der Energiequelle (aktiver Zweipol) zum Verbraucher (passiver Zweipol, s. Bild 2.31) und ist somit die Grundschaltung, auf die sich viele komplizierte Aufgaben der Elektrotechnik/Elektronik immer wieder zurückführen lassen.

Aus den Maschensätzen der Maschen *1* und *2* (Bild 2.50) folgt

Masche *1*: $U + IR_i - U_Q = 0$ mit $U_i = IR_i$ (Widerstandsbeziehung)

Masche *2*: $IR_a - U = 0$.

Daraus ergeben sich *Klemmenstrom I und Klemmenspannung U* zu

$$I = \frac{U_Q}{R_i + R_a} = \frac{U_Q}{R_{ges}}, \quad U = IR_a = U_Q \frac{R_a}{R_i + R_a} \tag{2.52a}$$

Strom-Spannungs-Beziehung im Grundstromkreis,

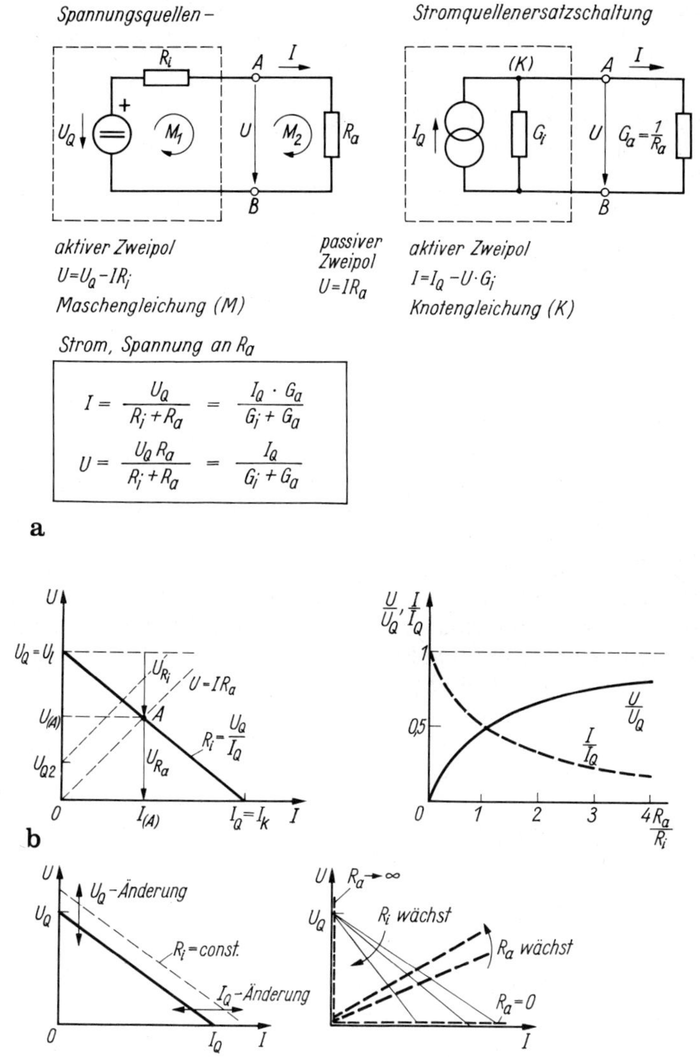

Bild 2.50a–c. Grundstromkreis. **a** Schaltung mit Spannungs- und Stromquellenersatzschaltung; **b** Kennlinien aktiver, passiver Zweipol, Abhängigkeit von der Spannung U und Strom I (normiert) vom Außenwiderstand; **c** Veranschaulichung von Quellenspannungs- und Innenwiderstandsänderung (für $U_Q = \text{const.}$)

oder als bezogene (normierte) Größen

$$\frac{I}{I_Q} = \frac{R_i}{R_a + R_i} = \frac{1}{1 + R_a/R_i} = \frac{G_a/G_i}{1 + G_a/G_i}, \quad \text{(Stromteilerregel)}$$

$$\frac{U}{U_Q} = \frac{R_a}{R_i + R_a} = \frac{R_a/R_i}{1 + R_a/R_i} = \frac{1}{1 + G_a/G_i}, \quad \text{(Spannungsteilerregel).} \tag{2.52b}$$

Man erkennt:

Je kleiner der *Lastwiderstand* R_a, desto größer wird der Strom I. Er schwankt zwischen dem Größtwert

$$I = I_{max} = I_k = I_Q \quad \text{bei } \textit{Kurzschluß}\ (R_a = 0)$$

und dem Kleinstwert $I = 0$ bei *Leerlauf* $(R_a \to \infty)$.

Je kleiner der Lastwiderstand R_a, desto *kleiner* der Spannungsabfall über ihm. Im Kurzschlußfall $(R_a = 0)$ verschwindet U, im Leerlauf $(R_a \to \infty)$ strebt U der *Leerlaufspannung* $U = U_l = U_Q$ zu.

Strom und Spannung zeigen bei Änderung von R_a gegenläufiges Verhalten! Bei der sog. *Anpassung*

$$R_a = R_i \quad \begin{cases} R_a < R_i & \text{Unteranpassung} \\ R_a > R_i & \text{Überanpassung} \end{cases} \tag{2.53}$$

sinken Strom und Spannung auf die Hälfte ihrer Kurzschluß- bzw. Leerlaufwerte:

$$I|_{R_a = R_i} = \frac{I_k}{2} = \frac{I_Q}{2} \qquad U|_{R_a = R_i} = \frac{U_l}{2} = \frac{U_Q}{2}\,. \tag{2.54}$$

Praktisch ist Kurzschluß $(R_a = 0)$ wegen der stets noch vorhandenen Zuleitungswiderstände der Drähte, des Innenwiderstandes u. a. m. sowie Leerlauf $(R_a \to \infty)$ wegen häufiger Isolationsmängel nur bedingt zu realisieren. Dann gilt:
praktischer Kurzschluß $R_a \ll R_i$ und damit[1]

$$\frac{I}{I_k} = \frac{1}{1 + R_a/R_i} \approx 1 - \frac{R_a}{R_i} \tag{2.55a}$$

mit der relativen Änderung: $\dfrac{I - I_k}{I_k} = \dfrac{\Delta I_k}{I_k} \approx -\dfrac{R_a}{R_i}$,

praktischer Leerlauf $R_a \gg R_i$

$$\frac{U}{U_l} = \frac{R_a/R_i}{1 + R_a/R_i} = \frac{1}{1 + R_i/R_a} \approx 1 - \frac{R_i}{R_a} \tag{2.55b}$$

mit der relativen Änderung: $\dfrac{U - U_l}{U_l} = \dfrac{\Delta U_l}{U_l} \approx -\dfrac{R_i}{R_a}$.

Der relative Fehler des Kurzschlußstromes ist betragsmäßig gleich R_a/R_i, der der Leerlaufspannung gleich R_i/R_a.

Beispiel. Ein Spannungsmesser ($R_a = 10\,\text{k}\Omega$) soll zur Messung der Leerlaufspannung einer Spannungsquelle ($U_Q = 10\,\text{V}$, $R_i = 2\,\text{k}\Omega$) benutzt werden. Welche Spannung zeigt das Instrument?

Nach Gl. (2.52a) gilt $U = U_l = U_Q \dfrac{R_a}{R_i + R_a} = 10\,\text{V}\,\dfrac{10\,\text{k}\Omega}{12\,\text{k}\Omega} = 8{,}33\,\text{V}$.

---

[1] Es ist $\left.\dfrac{1}{1 + x}\right|_{x \ll 1} \approx 1 - x$

Hätte der Spannungsmesser einen Widerstand $R_a = 100\,\mathrm{k\Omega}$, so würde die Spannung $U = 10\,\mathrm{V} \cdot 10\,\mathrm{k\Omega}/102\,\mathrm{k\Omega} = 9{,}8\,\mathrm{V}$ angezeigt. Nach Gl. (2.55b) beträgt der relative Fehler $\Delta U/U_Q \approx 2\,\mathrm{k\Omega}/100\,\mathrm{k\Omega} \approx -2\%$. Nur für $R_a \to \infty$ zeigt der Spannungsmesser die richtige Spannung an.

Veranschaulichen läßt sich das Verhalten des Grundstromkreises weiter durch die Kennlinien vom aktiven und passiven Zweipol (Bild 2.50b). Durch das Zusammenschalten müssen die beiden Spannungen U der beiden Zweipole übereinstimmen. Das ist im Schnittpunkt A, dem *Arbeitspunkt* erfüllt. Dazu gehören die Werte $U_{(A)}$, $I_{(A)}$. Es läßt sich sofort der Einfluß von Veränderungen übersehen (Bild 2.50b, c):

— Die *Aufteilung* der Spannungen (Spannungsersatzschaltung) bzw. Ströme (Stromersatzschaltung) auf Verbraucher und Quelle;
— R_a-*Änderung*: Bei Leerlauf und Kurzschluß fällt die Kennlinie des passiven Zweipols entweder mit der U- oder I-Achse zusammen;
— bei *Anpassung* ($R_a = R_i$) bilden die Kennlinien beider Zweipole ein gleichschenkliges Dreieck.
— R_i-*Änderung*: Bei konstantem U_Q oder I_Q dreht sich die Kennlinie des aktiven Zweipols um den betreffenden Punkt;
— U_Q-bzw. I_Q-*Änderung* ($R_i = \text{const}$): Parallelverschiebung der Kennlinie des aktiven Zweipols.

Würde zum passiven Zweipol z. B. noch eine Spannungsquelle U_{Q2} in Reihe geschaltet, so wird er ebenfalls aktiv (Beispiel: Akkumulator an einem Ladegerät, Bild 2.46). Man spricht auch von einem „Zweipol mit Gegenspannung" (im Bild 2.50b angedeutet). Der Strom im Kreis beträgt:

$$I = \frac{U_Q - U_{Q2}}{R_i + R_a}\,.$$

Er verschwindet für $U_Q = U_{Q2}$. Dieser Zustand heißt *Spannungskompensation*. Für $U_{Q2} > U_Q$ treibt U_{Q2} den Strom in entgegengesetzter Richtung an: Vertauschung der Rolle von Generator und Verbraucher.

Die Kompensation spielt in der Elektrotechnik/Elektronik eine wichtige Rolle. Es gibt

Spannungskompensation: Aufhebung der Quellenspannung eines aktiven Zweipoles durch eine „Gegenspannung" (s. Beispiel Abschn. 2.4.3.1).

Stromkompensation: Aufhebung des Quellenstromes eines aktiven Zweipoles durch einen „Gegenstrom".

2.4.3.4 Anwendungsbeispiele des Grundstromkreises

Wir wollen einige einfache Anwendungen des Grundstromkreises sowie der Strom- und Spannungsteilerregel kennenlernen.

1. Meßbereichserweiterung von Instrumenten. Gleichströme und -spannungen werden meist mit *Drehspulmeßwerken*[1] bestimmt. Ihr Zeigerausschlag ist dem

[1] Nähere Erklärung Abschn. 4.3.2.2

durchfließenden Strom proportional $\alpha \sim I$. Deshalb sind es strenggenommen *Strommesser*. Ihr Widerstand R_m soll möglichst klein sein, um den Spannungsabfall IR_m gering zu halten.

Spannungsmesser sind Drehspulinstrumente mit vorgeschalteten Widerständen. Ihr Strom soll möglichst klein sein. Durch Vor- und Nebenwiderstände lassen sich Spannungs- bzw. Strommesser für den jeweiligen Meßbereich auslegen. (Anzeige soll aus Genauigkeitsgründen nie im ersten Skalendrittel liegen.)

a) Strommeßbereichserweiterung durch Parallelschaltung eines Widerstandes $R_p = 1/G_p$ (Bild 2.51a) (Shunt), als Nebenweg des überschüssigen Stromes zum

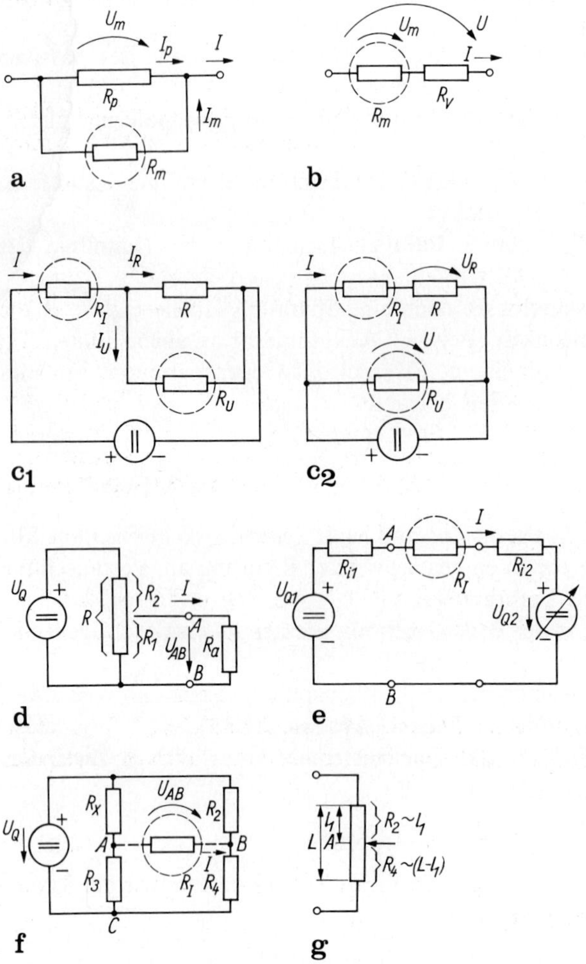

Bild 2.51a–g. Anwendungen der Spannungs- und Stromteilerregel sowie des Grundstromkreises. a Meßbereichserweiterung am Strommesser; **b** Meßbereichserweiterung am Spannungsmesser; **c** Widerstandsbestimmung durch Strom-Spannungs-Messung; **d** Spannungsteilerschaltung; **e** Kompensationsschaltung; **f, g** Wheatstonsche Brückenschaltung

Meßinstrument (Strom I_m für Vollausschlag und Gesamtstrom $I = p_I I_m$). Nach der Stromteilerregel gilt zwischen Meßwerkstrom I_m und Gesamtstrom $I = p_I I_m$

$$\frac{I_m}{I} = \frac{G_m}{G_m + G_p}, \quad \text{also} \quad G_p = G_m\left(\frac{I}{I_m} - 1\right) = G_m(p_I - 1)$$

oder

$$R_p = \frac{R_m}{p_I - 1}.$$

Der Gesamtwiderstand $R = R_p \| R_m$ des geshunteten Strommessers ist um einen Faktor p_I kleiner als R_m, der Strom I um p_I größer als I_m (Spannungsabfall über der Gesamtschaltung bleibt erhalten).

b) Spannungsmeßbereichserweiterung durch Vorwiderstand R_V (Bild 2.51b). Er nimmt die überschüssige Spannung $U - U_m$ auf (Vollausschlag des Instrumentes U_m, Gesamtspannung $U = p_U U_m$). Nach der Spannungsteilerregel gilt

$$\frac{U_m}{U} = \frac{R_m}{R_V + R_m}, \quad \text{also} \quad R_V = R_m(p_U - 1).$$

Der Gesamtwiderstand $R = R_V + R_m$ ist um den gleichen Faktor p_U größer als die Spannung U gegenüber U_m.

Beispiel: Ein Drehpulsinstrument hat die Meßbereiche 0 bis 1 mA, 0 bis 100 mV, also einen Widerstand $R_m = 0{,}1\,\text{k}\Omega$. Eine Erweiterung auf einen Strombereich 200 mA würde mit $p_I = 200/1$ einen Parallelwiderstand $R_P = R_m/(200 - 1) \approx R_m/200 \approx 0{,}5\,\Omega$ erfordern, eine Erweiterung auf eine Spannung $U = 10\,\text{V}$ ($p_U = 10/0{,}1 = 100$) einen Vorwiderstand $R_V = R_m(p_U - 1) \approx R_m p_U = 100\,\Omega \cdot 10^2 = 10\,\text{k}\Omega$.

2. Widerstandsbestimmung durch Strom- und Spannungsmessung. Ein Widerstand $R = U_R/I_R$ kann durch Messung seiner Klemmengrößen U_R, I_R bestimmt werden. Zwei Schaltungsmöglichkeiten bestehen (Bild 2.51c):

a) Spannungsmesser parallel zum Meßobjekt geschaltet. Der Strommesser zeigt den Strom I durch Meßobjekt und Spannungsmesser (R_U) an, also nicht den Strom I_R. Es gilt (Stromteilerregel) mit $G = I_R/U_R$

$$\frac{I}{I_R} = \frac{G_U + I_R/U_R}{I_R/U_R}.$$

Der gesuchte Widerstand R beträgt

$$R = \frac{U_R}{I_R} = \frac{U_R}{I - U_R/R_U} = \quad \text{bzw.} \quad G = \frac{I_R}{U_R} = \frac{I}{U_R} - G_U. \tag{2.56a}$$

Ohne Korrektur wird R zu klein gemessen. Anzustreben ist stets $I \approx I_R$, d. h. $G_U \ll I_R/U_R$ oder

$$R_U \gg R \tag{2.56b}$$

Bedingung für störungsarme Spannungsmessung am Meßobjekt mit Widerstand R.

Beispiel: $R = 10\,\mathrm{k\Omega}$, $R_U = 100\,\mathrm{k\Omega}$. Instrumentanzeige $U = U_R = 10\,\mathrm{V}$, Strommesseranzeige $I = 1{,}1\,\mathrm{mA}$. Würde man den Widerstand $R = U/I = 10\,\mathrm{V}/1{,}1\,\mathrm{mA} = 9{,}09\,\mathrm{k\Omega}$ ansetzen, so ergäbe sich für R ein zu kleiner Wert.

b) Strommesser in Reihe zum Meßobjekt R geschaltet. Hier wird der Strom $I = I_R$ richtig (Bild 2.31c2), die Spannung U hingegen über Meßobjekt R und Strommesser (R_I) verfälscht angezeigt (Spannungsteilerregel):

$$\frac{U}{U_R} = \frac{R + R_I}{R} = 1 + \frac{R_I}{U_R/I_R}.$$

Der Widerstand R berechnet sich aus

$$R = \frac{U_R}{I_R} = \frac{U}{I_R} - R_I. \tag{2.56c}$$

Ohne Korrektur wird R zu groß gemessen. Anzustreben ist stets $U \approx U_R$, d. h. $R_I \ll U_R/I_R = R$ oder

$$R_I \ll R \tag{2.56d}$$

Bedingung für störungsarme Strommessung beim Einschalten eines Strommessers in einen Meßkreis mit dem Gesamtwiderstand R.

Beispiel: $R = 10\,\mathrm{k\Omega}$, $R_I = 100\,\Omega$, Instrumentanzeige $I = I_R = 1\,\mathrm{mA}$, $U = 10{,}1\,\mathrm{V}$. Berechnung von R aus $R = U/I_R = 10{,}1\,\mathrm{V}/1\,\mathrm{mA} = 10{,}1\,\mathrm{V}$ ergibt einen zu großen Wert.

Spannungsteilerschaltung. Will man aus einer Spannung U_Q eine Teilspannung $U_{AB} < U_Q$ gewinnen, so wird die Spannungsteilerschaltung mit zwei Widerständen R_1, R_2 (s. Bild 2.51d) benutzt. Bei Leerlauf ($R_a \to \infty$) gilt Gl. (2.38)

$$U_1 = U_Q \frac{R_1}{R_1 + R_2} = \frac{U_Q R_1}{R}.$$

Wie ändert sich die Teilspannung bei Belastung durch einen Widerstand R_a? Er bildet eine Parallelschaltung zu R_1, also gilt für die Spannung U

$$U_{AB} = U_Q \frac{R_1 \| R_a}{R_2 + R_1 \| R_a} = U_Q \frac{R_1 R_a}{R_a(R_1 + R_2) + R_1 R_2}$$

$$= \frac{U_Q R_a}{R_2 + R_a(1 + R_2/R_1)}. \tag{2.57a}$$

Die am Spannungsteiler abgegriffene Spannung wird belastungsabhängig.
Setzt man als Belastungsverhältnis $x = R_a/(R_1 + R_2)$ sowie Teilerverhältnis $\alpha = R_1/(R_1 + R_2) = R_1/R$ (z. B. Potentiometer, dessen Drehwinkel $\alpha \sim R$ ist), so wird aus Gl. (2.57a)

$$\frac{U_{AB}}{U_Q} = \frac{\alpha}{1 + \alpha\left(\frac{1-\alpha}{x}\right)}. \tag{2.57b}$$

Für $\alpha = 0{,}5$ ergibt sich bei $x = 0{,}1$ nicht die Spannungsteilung von $U_{AB}/U_Q = 0{,}5$ des Leerlaufes ($x \to \infty$), sondern nur $U_{AB}/U_Q = 0{,}14$!

Wir formulieren den gleichen Sachverhalt mit der Zweipoldarstellung des aktiven Zweipoles links der Klemmen $AB(R_1 = \alpha R, R_2 = (1-\alpha)R)$.

Leerlaufspannung: $U_1 = U_{AB}|_{I=0} = \alpha U_Q$.

Innenwiderstand: $R_i = R_1 \| R_2 = (1-\alpha)\alpha R$

(abhängig von der Einstellung α, maximal für $\alpha = 1/2$). Bei Belastung mit R_a ergibt sich die Spannung (Gl. (2.57b)):

$$U_{AB} = U_1 \frac{R_a}{R_a + R_i} = \frac{U_Q \alpha}{1 + \alpha(1-\alpha)R/R_a}.$$

Kompensation. Bild 2.51e zeigt eine Kompensationsschaltung. Man schließt an die Klemmen AB der Spannungsteilerschaltung eine (regelbare) Spannungsquelle (U_{Q2}, R_{i2}) in Reihe mit einem Strommesser. Der Strom im Kreis beträgt

$$I = \frac{U_{Q1} - U_{Q2}}{R_{i1} + R_{i2} + R_I}.$$

Er verschwindet ($I = 0$) für $U_{Q1} = U_{Q2}$ durch Nachregeln von U_{Q2}. So kann die Spannung U_{Q1} praktisch im Leerlauf mit hoher Genauigkeit bei Kenntnis von U_{Q2} gemessen werden.

Anwendung findet die Kompensation zum Vergleich unbekannter Spannungen mit einem *Spannungsnormal* (U_{12}): *Normalelement* mit einer Spannung $U_{12} = 1{,}01865\,\text{V}$ (Toleranz $\pm 10^{-5}\%$). Es darf nur mit Strömen $I < 10^{-7}$ A belastet werden. Bei direkter Messung müßte dann der Spannungsmesser einen Widerstand $R_U > 10^7\,\Omega$ besitzen. Durch Anwendung des Kompensationsprinzipes wird diese Forderung umgangen.

Heute werden *elektronische Spannungsnormale* (Netzanschlußgeräte, deren Ausgangsspannung durch Z-Dioden (Zener-Dioden) im Bereich eines Volt konstant gehalten wird) verwendet. Vorteil: höhere Belastbarkeit (I bis 100 mA, gleiche Toleranz $\pm 10^{-5}\%$).

Das Prinzip ist auch für Stromkompensationsschaltungen anwendbar. Wie müßte eine derartige Schaltung aussehen?

Wheatstonesche Brückenschaltung. Diese Schaltung (Bild 2.51f) ist in der Elektrotechnik zur Bestimmung von Widerständen weit verbreitet. Es sei R_x ein unbekannter Widerstand, $R_2 \ldots R_4$ sind bekannt. Dann beträgt die Diagonalspannung U_{AB} im Leerlauf (Spannungsteilerregel, Maschengleichung)

$$U_{AB}|_{I=0} = U_{AC} - U_{BC} = \frac{R_3 U_Q}{R_x + R_3} - \frac{R_4 U_Q}{R_2 + R_4}.$$

Die Spannung U_{AB} verschwindet für

$$\frac{R_3}{R_x + R_3} = \frac{R_4}{R_2 + R_4}, \quad \text{d. h.} \quad \frac{R_x}{R_3} = \frac{R_2}{R_4} \tag{2.58}$$

Brückenabgleichbedingung, was am Nullausschlag eines (ungeeichten) Spannungsmessers bemerkt wird.

Die Abgleichbedingung (2.58) hängt nur vom Widerstandsverhältnis R_2/R_4 ab. Bildet man $R_2 + R_4$ aus einem ausgespannten kalibrierten Draht (Länge L, Querschnitt A) mit Schleiferabgriff $l_1 \sim R_2, R_4 \sim L$ (Bild 2.51g), so läßt sich das Verhältnis

$$\frac{R_2}{R_4} = \frac{l_1}{L - l_1}$$

beliebig einstellen (auch Anwendung eines Potentiometers mit Drehwinkel $\alpha \sim R_{\text{abgiff}}$ möglich).

Vertiefung. Wir nehmen jetzt einen endlichen Widerstand R_I des Nullanzeigeinstrumentes an und suchen den Strom durch R_I bei beliebiger Brückeneinstellung, zweckmäßig durch Zurückführung der Schaltung auf den Grundstromkreis: Brückenschaltung aktiver Zweipol, Instrument passiver Zweipol (mit $R_a = R_I$). Dann gilt für die

Leerlaufspannung $U_1 = U_{AB} = U_Q\left(\dfrac{R_3}{R_3 + R_x} - \dfrac{R_4}{R_2 + R_4}\right)$, den

Innenwiderstand (von den Klemmen AB aus gesehen) $R_i = R_x \| R_3 + R_2 \| R_4$

und *Strom* im Grundstromkreis (mit $R_a = R_i$) $I = \dfrac{U_1}{R_i + R_a} = \dfrac{U_1}{R_i + R_I}$.

Er verschwindet für $U_1 = 0$ (Brückenabgleich).

2.4.3.5 Leistungsumsatz im Grundstromkreis

Der Grundstromkreis (Bilder 2.31 und 2.50) veranschaulicht die *Energieübertragung* vom Erzeugungsort A (Ort der Quelle) über eine Leitung zum Energieverbraucher (Ort B). Während der Stromfluß dabei stets in sich geschlossen ist, wird Energie von A mit Hilfe der elektrischen Energie nach B transportiert. Das kann unter zwei Gesichtspunkten erfolgen:

— Von der verfügbaren Energie W_A bei A soll ein möglichst großer Teil W_B nach B gelangen, sie also mit *hohem Wirkungsgrad* übertragen werden: *Grundaufgabe der Energietechnik.*

— Die bei B ankommende Energie soll einem möglichst *hohen Absolutbetrag* (ohne Rücksicht auf das Verhältnis W_B/W_A) zustreben: *Grundaufgabe der Informationstechnik.*

Wir verfolgen diese Aufgabenstellung durch den *Leistungsumsatz*. Die von der Spannungsquelle gelieferte elektrische Energie wird im Innenwiderstand R_i und Außenwiderstand R_a umgesetzt. Aus der Maschengleichung folgt durch Multiplikation mit dem Strom I

$U_Q I$	$= I^2 R_i +$	$I^2 R_a$	
P_Q	$= P_i +$	P_a	(2.59)
erzeugte elektrische Leistung	= **Leistungsverbrauch in der Spannungsquelle**	**an Verbraucher abgegebene Leistung (Nutzleistung)**	

Die gesamte erzeugte Leistung P_Q teilt sich im Verhältnis R_i/R_a auf die Widerstände auf. Wir untersuchen die Nutzleistung P_a für zwei verschiedene Generatorauslegungen ($R_i = \text{const}$, Bild 2.52):

a) Quelle mit konstant erzeugter Leistung $P_Q = const.$

Wir beziehen P_a auf die konstante Größe P_Q und erhalten

$$\frac{P_a}{P_Q} = \frac{IU}{IU_Q} = \frac{U}{U_Q} = \frac{R_a/R_i}{1 + R_a/R_i} = \eta_K \tag{2.60}$$

η_K Energieübertragungsgrad, Wirkungsgrad.

b) Quelle mit konstant erzeugter Quellenspannung U_Q bzw. Quellenstrom I_Q

Hier beträgt die an R_a abgegebene Leistung

$$P_a = IU = I\frac{UU_Q}{U_Q} = I\eta_K U_Q = \frac{I}{I_Q}\eta_K I_Q U_Q$$

bzw. unter Bezug auf die sog. *angebotene Leistung* $P_Q = I_Q U_Q$ der Quelle:

$$\frac{P_a}{P_Q} = \eta_K \frac{I}{I_Q} = \frac{1}{1 + R_i/R_a}\,\frac{1}{1 + R_a/R_i}\,. \tag{2.61}$$

Bei konstantem Quellenstrom lautet das Ergebnis analog. Die beiden Ergebnisse Gl. (2.60) und (2.61) führen auf zwei verschiedene Bemessungen des Grundstromkreises.

1. Energieübertragung mit hohem Wirkungsgrad $\eta_K \to 1$. Hoher Wirkungsgrad $\eta_K = P_a/P_Q \to \max$ erfordert nach Gl. (2.60) praktischen *Leerlauf* $R_a \gg R_i$ des Verbrauchers. Nur dann stellt sich eine *lastun*abhängige Klemmenspannung $U \approx U_Q$ ein. Durch $R_a \gg R_i$ sinkt gleichzeitig die Generatorverlustleistung. Da die

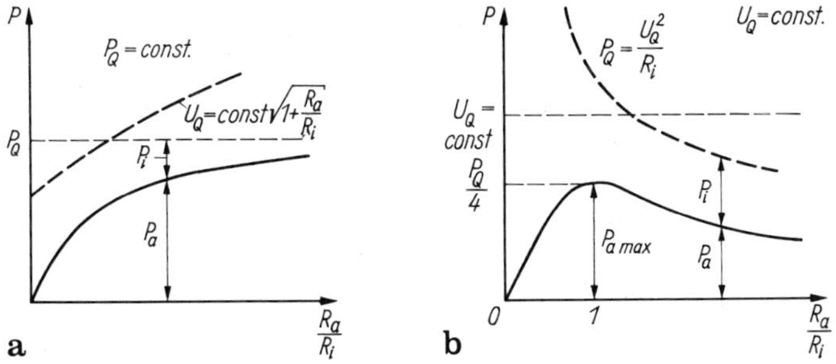

Bild 2.52a, b. Leistung im Grundstromkreis. **a** bei konstant erzeugter Generatorleistung; **b** bei konstanter Quellenspannung

Übertragung großer Energiemengen teuer ist (Anlagekosten, Unterhaltungskosten, Energieträgerkosten u. a.) arbeitet die Anlage mit dem höchsten Wirkungsgrad (bei $P_Q = \text{const}$) am wirtschaftlichsten.

Das trifft auf die Energietechnik (Kraftwerk, Steckdose u. ä.) allerorts zu. Nur der Forderung $\eta_K \to \max$ ($P_Q = \text{const}$) verdanken wir, daß die Spannung eines Elektrizitäts versorgungsnetzes [= Netzwerk bestehend aus Spannungsquelle, Innenwiderstand (Leitungsnetz) z. B. 220 V (Steckdose)], ziemlich unabhängig von der Einzelbelastung bleibt. Der Verbraucherwiderstand R_a soll nach Gl. (2.60) für eine bestimmte Verbraucherleistung P_a möglichst hoch sein. Das erfordert die Anwendung möglichst hoher Spannung U_Q (wegen $P_a = U_Q^2/R_a$). Große Leistungen werden deshalb über größere Entfernungen nur in Hochspannungsnetzen mit gutem Wirkungsgrad übertragen!

Beispiel. Eine Leistung $P_a = 1\,\text{MW}$ werde von einem Generator mit $U_Q = 100\,\text{kV}$, bzw. mit $U_Q = 10\,\text{kV}$ zum Verbraucher übertragen (Verbraucher für entsprechende Spannung ausgeleg, Leitungswiderstand zwischen Generator und Verbraucher $R_i = 100\,\Omega$). Der Verbraucherwiderstand $R_a = U_Q^2/P_a$ beträgt $10\,\text{k}\Omega$ (bei $U_Q = 100\,\text{kV}$) bzw. $R_a = 100\,\Omega$ bei $U_Q = 10\,\text{kV}$. Daraus folgen die Wirkungsgrade

$$U_Q = 100\,\text{kV} \to R_a = 10\,\text{k}\Omega \to \eta = \frac{1}{1 + 100/10^4} \approx 99{,}01\%$$

$$U_Q = 10\,\text{kV} \to R_a = 100\,\Omega \to \eta = \frac{1}{1+1} = 50\% \,.$$

Die Hochspannungsenergieübertragung setzt diesbezügliche Generatoren und Verbraucher voraus. Das ist für Spannungen von einigen kV an z. T. technisch nicht möglich bzw. auch nicht sinnvoll (Isolationskosten, Gefährdung des Menschen). Men schaltet deshalb bei Wechselspannungsnetzen zwischen Generator und Leitung sowie Leitung und Verbraucher je einen Transformator oder sog. Umspanner (Bild 2.53). Er transformiert die Generatorspannung U_Q auf die Leitungsspannung $U_L \gg U_Q$ und diese am Verbraucherort auf die Verbraucherspannung $U_V \ll U_L$.

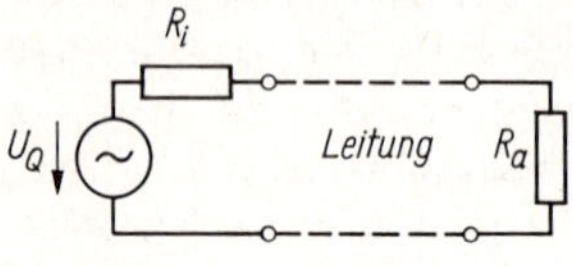

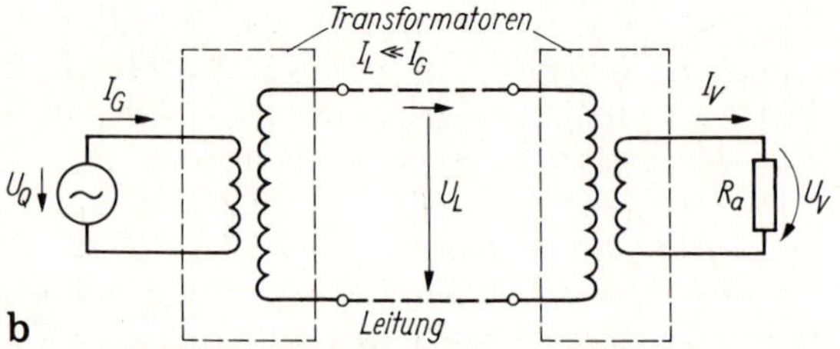

Bild 2.53a, b. Wirtschaftliche Energieübertagung durch hohe Spannung. **a** Schaltung ohne Transformator, niedriger Wirkungsgrad durch Leitungsverluste; **b** Schaltung mit Transformatoren und hoher Leitungsspannung (z. B. $U_Q = 5\,\text{kV}$, $U_L = 500\,\text{kV}$, $U_V = 50\,\text{V}$, $I_G = 1\,\text{kA}$, $I_L = 10\,\text{A}$, $I_V = 10^5\,\text{A}$)

2. Erzielung hoher Absolutleistung am Verbraucher. Nach Bild 2.52 hat die Absolutleistung P_a für $U_Q = \text{const}$ (ebenso $I_Q = \text{const}$) bei Anpassung $R_a = R_i$ (s. Gl. (2.53)) ein Maximum. Strom und Spannung erreichen die Hälfte ihrer Extremwerte U_Q bzw. I_Q, und es gilt

$$P_{a\,max} = \left.\frac{U^2}{R_a}\right|_{R_i = R_a} = \frac{U_Q^2}{4R_i} = \frac{I_Q^2}{4} R_i \,. \tag{2.62}$$

An den Verbraucher bei Leistungsanpassung abgegebene Leistung.

Die Größe $P_{a\,max}$ heißt *verfügbare* Leistung. Mehr kann der Generator nie liefern. Sie umfaßt also nur 1/4(!) der vom Generator *angebotenen* Leistung (Generatorkurzschlußleistung $U_Q I_Q$).

Das Leistungsmaximum verläuft in Umgebung von $R_i = R_a$ relativ flach. Deswegen entsteht bei der Fehlanpassung von 1:2 (also $R_a = R_i/2$ oder $R_a = 2R_i$) nur ein Leistungsverlust von 12%. Der Wirkungsgrad η_K (Gl. (2.60)) beträgt bei Anpassung nur 50%.

In der Informationstechnik ist die Übertragung von Informationen wichtig. Den Empfänger erreichen meist nur kleine Leistungen. Auch die Kostenfrage stellt sich anders:

Das Kraftwerk (Energieerzeuger) erhält nur die Energie (über den Tarif) vergütet, die tatsächlich als Verbraucherleistung P_a entnommen werden kann. Dagegen muß ein Fernsprechteilnehmer z. B. an der Sendestelle (Informationserzeuger) noch zahlen und nicht etwa der Teilnehmer am Empfangsapparat! Die Gebühr hängt auch nicht davon ab, ob er laut oder leise spricht, also von der eingeprägten Energie. Für sie sind vielmehr Anlagenkosten (Verstärker- und Vermittlungseinrichtungen), Instandhaltung, Bedienung, Wartung u. a. m. maßgebend. Der Empfänger ist nur am guten „Empfang“ (Verständigung, Lautstärke, Störfreiheit) usw. interessiert, ebenso wie der Rundfunk- und Fernsehteilnehmer: Die *Problemstellung der Informationstechnik zielt auf möglichst hohe Empfangsenergie am Empfangsort hin.* Der Wirkungsgrad ist absolut uninteressant.

Betrachten wir z. B. die Energieübertragung zwischen einem Rundfunksender und Empfänger über das elektromagnetische Feld. Die Sendeleistung P_a betrage 100 kW. Der Empfänger liefere bei einer Antennenspannung $U = 1\,\mu V$ einwandfreien Empfang (typischer Wert von UKW-Empfängern), er habe den Eingangswiderstand $R_a = 300\,\Omega$. Seine Antenne (Dipol mit Innenwiderstand $R_i = 300\,\Omega$) erzeuge diese Spannung bei angeschlossenem Empfänger aus dem elektromagnetischen Strahlungsfeld der weit entfernten Sendeantenne mittels des Induktionsgesetzes (s. Abschn. 3.3). Dem Empfänger wird die Leistung $P_a = U^2/R_a = (1\,\mu V)^2/300\,\Omega = 3{,}3 \cdot 10^{-9}\,W$(!) zugeführt. Der Wirkungsgrad der Energieübertragung beträgt also $P_a/P_Q = 3{,}3 \cdot 10^{-9}\,W/10^5\,W \approx 3 \cdot 10^{-14}$(!). Das ist uninteressant. Am Empfangsort interessiert vielmehr die Antennenspannung $U_Q = 1\,\mu V$ (ein Zehntel dieser Spannung ergäbe die Leistung $P \sim U^2 = U_0^2/100$, der Empfang wurde also merklich verschlechtert).

Die hier vorliegende Bedingung $U_Q = \text{const}$ eines Generators kann durch die *Rückwirkungslosigkeit* vieler Generatoren der Informationstechnik (z. B. Mikrofon, Quellen, gesteuerte Quelle, Solarzelle u. a. m.) leicht realisiert werden. Im starkstromtechnischen Fall beispielsweise merkt das Kraftwerk sehr wohl, ob viele oder weniger Energieverbraucher angeschlossen sind[1]: $P_Q = \text{const}$ bedeutet zwangsläufig, daß mit steigender abgegebener Leistung P_a die Quellenspannung sinkt und damit dem Generator mehr mechanische Energie zugeführt werden muß. Es herrscht eine *Rückwirkung* des Verbraucherverhaltens auf den Erzeuger. Im informationstechnischen Fall ist das anders. Der Sprecher am Mikrofon im Rundfunkstudio oder am Telefon bzw. der einen Rundfunksender Bedienende merkt nicht, wie viele Verbraucher am Empfangsort Energie entnehmen. In allen Fällen liefert der Sender die gleiche Quellenspannung bzw. den gleichen Quellenstrom. Ebenso wird die von der Sonne ausgesandte Strahlungsenergie (je Quadratmeter Erdoberfläche reichlich 100 W!) sicher davon unbeeinflußt bleiben, wie viele Solarzellen auf der Erde daraus elektrische Energie umsetzen.

2.4.3.6 Nichtlineare Zweipole im Grundstromkreis

Bereits im Abschnitt 2.4.2.3 wurde darauf verwiesen, daß es neben Zweipolen mit linearer Strom-Spannungs-Relation auch solche mit nichtlinearer U-I-Beziehung gibt, wozu z. B. Halbleiterdioden, Transistoren u. a. m. gehören. Wie sind nun die Strom und/oder Spannungen in einem Netzwerk zu gewinnen, das außer Strom-Spannungsquellen und linearen Widerständen wenigstens einen nichtlinearen Zweipol enthält?

Die nichtlineare Strom-Spannungs-Relation des Zweipols soll dabei entweder *graphisch* (als Kennlinie), *analytisch* oder in sog. *Tableauform* (als Folge von Meßpunkten) vorliegen.

Ausgang der Überlegung ist, daß zunächst die aus physikalischen Grundaxiomen (Erhaltungssätze) hergeleiteten Maschen- und Knotensätze (Gl. (2.27a)) uneingeschränkt gelten müssen. (Mehr zunächst nicht!) Mit den Zweigbeziehungen, von denen jetzt wenigstens eine nichtlinear ist, läßt sich somit stets ein nichtlineares Gleichungssystem für die unabhängigen Ströme und Spannungen aufstellen.

Die Lösung dieses nichtlinearen Gleichungssystems ist grundsätzlich auf verschiedene Weise möglich:

— *analytisch* (formelmäßig), wenn diese Nichtlinearität analytisch gegeben ist (dieser Weg gelingt allerdings in den wenigsten Fällen);
— *graphisch* (zeichnerisch), wenn z. B. die Kennlinie der nichtlinearen Elemente in dieser Form vorliegen;
— *numerisch* (zahlenmäßig), die vor allem für Netzwerke mit mehreren Nichtlinearitäten die größte Bedeutung haben, zumal von der mathematischen Seite sehr effiziente Lösungsverfahren (mit Rechnerunterstützung), wie z. B. das Newton-Verfahren (im engl. als Newton-Raphson-Verfahren bezeichnet).

Enthält das Netzwerk nur ein nichtlineares Schaltelement, so läßt sich der Teil außerhalb dieses Elementes stets als aktiver (lineares) Zweipol zusammenfassen und das Problem ist auf den Grundstromkreis mit einem *nichtlinearen passiven Zweipol* zurückgeführt.

Für diesen Fall, der praktisch sehr häufig auftritt, haben graphische Lösungsverfahren grundlegende Bedeutung, zumal sie anschaulich sind.

---

[1] Daraus leitet es direkte Hinweise auf Energiesituation, Spitzenbelastung und Überlastung ab!

Fürs erste betrachten wir die Zusammenschaltung eines linearen und nichtlinearen passiven Zweipols.

1. Zusammenschaltung eines passiven (nichtlinearen) Zweipols mit einem linearen Schaltelement. Gegeben sei ein nichtlineares Schaltelement, z B. eine *Halbleiterdiode* mit der Kennlinie (s. G1. (2.40))

$$I = I_S(e^{U_D/U_T} - 1)\,. \tag{2.63}$$

Sie liege graphisch (Bild 2.54) in der Form $I = f(U_D)$ als Kennlinie vor. Schaltet man ein lineares oder ebenfalls nichtlineares Schaltelement

— in *Reihe*, so sind bei jedem Stromwert I die Teilspannungen $U_1 + U_D = U$ zu addieren (Maschensatz), um zum neuen Spannungswert U zu gelangen (Bild 2.54a). In unserem Falle wäre die Aufgabe durch die gegebene Diodenkennlinie auch analytisch lösbar (Kennliniengleichung auflösen nach U!)

$$U = U_1 + U_D = U_T \ln\left(\frac{I}{I_S} + 1\right) + IR = f(I)\,.$$

— *parallel*, so liegt an beiden Elementen die gleiche Spannung $U = U_D$ und es sind die Teilströme I_1, I_2 für jede Spannung U zu addieren (Knotensatz!)

$$I = I_1 + I_2 = I_S(e^{U/U_T} - 1) + \frac{U}{R} = f(U)\,.$$

Sehr verschiedene Kennliniendarstellungen ergeben sich (Bild 2.54b) abhängig von den verwendeten Zählpfeilsystemen VPZ, EPZ (Abschn. 2.4.3.1). Aus Anschauungsgründen werde dabei der Diodenstrom Gl. (2.63) mit I_D bezeichnet, Dann gilt im VPZ die Kennlinie (1)

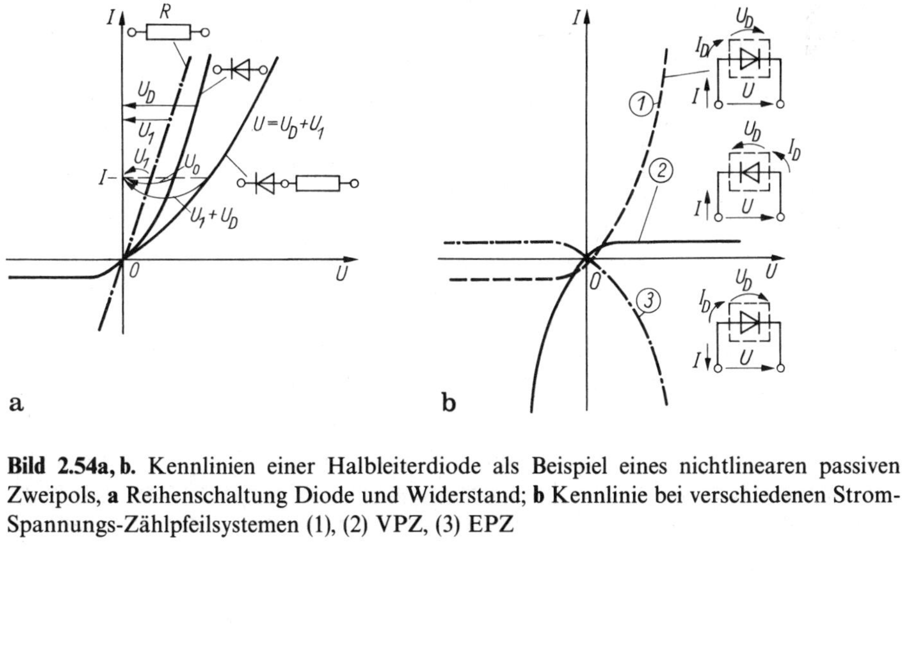

Bild 2.54a, b. Kennlinien einer Halbleiterdiode als Beispiel eines nichtlinearen passiven Zweipols, **a** Reihenschaltung Diode und Widerstand; **b** Kennlinie bei verschiedenen Strom-Spannungs-Zählpfeilsystemen (1), (2) VPZ, (3) EPZ

Wird die Diode „umgepolt“, aber wieder im VPZ dargestellt ($I = -I_D$, $U_D = -U$), so ergibt sich Kennlinie (2) (Spiegelung von Kennlinie (1) sowohl an der I- als auch U-Achse).

Wird dagegen Kennlinie (1) im EPZ dargestellt ($I = -I_D$, $U = U_D$), so folgt Kennlinie (3) als Spiegelung der Kennlinie (1) an der *U-Achse.*

Es ergeben sich also für das gleiche Bauelement abhängig von der Zuordnung zwischen Klemmen und vereinbarten I, U-Richtungen ganz unterschiedliche Darstellungen!

2. Zusammenschaltung eines nichtlinearen Zweipols mit Quellen. Wird die Diode (VPS) einer idealen Spannungsquelle U_Q in der dargestellten Weise in Reihe geschaltet (Bild 2.55a), so ist die Kennlinie um die Quellenspannung U_Q nach rechts zu verschieben. Für die Erzeugerpfeilrichtung ergibt sich der Verlauf b). Im ersten Fall Bild a) gilt $U = U_D + U_Q$ für jeden Strom

$$I = I_D = I_S\left(\exp\frac{U - U_Q}{U_T} - 1\right).$$

Ein Flußstrom $I > 0$ fließt nur, wenn die anliegende Spannung U größer als U_Q ist (vgl. Abschn. 2.4.3.3 „Zweipol mit Gegenspannung“). Wird die Stromrichtung an der Diode umgepolt (wie dies der Fall ist, wenn die Anordnung als aktiver Zweipol arbeitet, Übergang zur EPS an der Diode Bild 2.55b), so stellt sich eine andere Kennlinie ein: Spannungsquelle mit Leerlaufspannung $U_1 = U_Q$ mit nichtlinearem Innenwiderstand und kleinem Kurzschlußstrom $I_k = I_S$. Das ist anschaulich verständlich: die Spannung U_Q „sperrt“ die Diode bei Kurzschluß des aktiven Zweipols und es kann nur maximal der Sättigungsstrom I_S fließen. Die Kennlinie folgt aus der Diodengleichung (2.63) sowie $I = -I_D$ und dem Maschensatz $U = U_D + U_Q$ zu

$$I = -I_D = -I_S(e^{U_D/U_T} - 1) = I_S(1 - e^{(U - U_Q)/U_T}).$$

Das ist die Kennlinie von Bild 2.55a, gespiegelt an der U-Achse. Wird die EPS beibehalten, die Diode aber umgepolt (Bild 2.55c), so entsteht wieder eine Spannungsquelle mit nichtlinearem Innenwiderstand, aber sehr hohem Kurzschlußstrom I_k. Bei Kurzschluß des aktiven Zweipols liegt dann U_Q voll über der flußgepolten Diode. Die Kennlinie ergibt sich mit $I = I_D$ und $U_D = U_Q - U$ zu

$$I = I_S(e^{(U_Q - U)/U_T} - 1).$$

Das ist Kennlinie a), gespiegelt um die I-Achse am Punkt U_Q.

Im Bild 2.55d schalten wir der Diode (EPS, Kennlinie (3) Bild 2.54b) eine Stromquelle I_Q parallel und erhalten den Gesamtstrom ($U_D \equiv U$, $I_D = -I_1$)

$$I = I_Q + I_1 = I_Q - I_S \exp\left(\frac{U}{U_T} - 1\right).$$

Das ist z. B. die Kennlinie und Ersatzschaltung einer Solarzelle bzw. Fotodiode. Die Stromquelle entsteht dabei durch das einfallende Licht. Hier handelt es sich um einen nichtlinearen aktiven Zweipol. Er hat ebenfalls einen Kurzschlußstrom

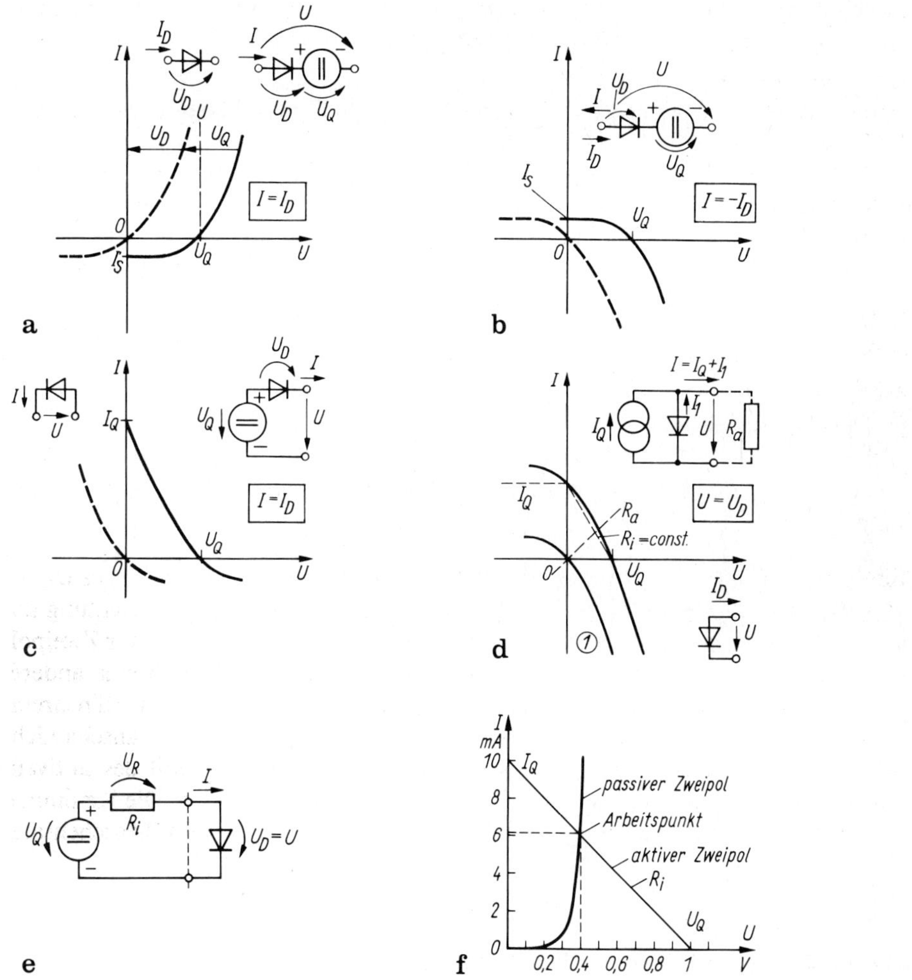

Bild 2.55a–e. Nichtlinearer aktiver Zweipol. **a, b, c** Reihenschaltung von Diode und idealer Spannungsquelle bei verschiedener Zählpfeilrichtung; **d** Stromquelle mit paralleliegender Halbleiterdiode; **e** aktiver Zweipol mit Halbleiterdiode als passiver Zweipol; **f** Graphische Bestimmung des Arbeitspunktes zu Bild **e**

I_Q und eine Leerlaufspannung U_Q, es gilt aber *nicht* $U_Q = I_Q R_i$ (wie auch in allen bisherigen Fällen). Das veranschaulicht die eingetragene gestrichelte Innenwiderstandsgerade. Bei einer solchen Solarzelle hängt die Kennlinie über I_Q (und damit auch U_Q) von der Intensität des einfallenden Lichtes ab (Prinzip des Belichtungsmessers).

3. Zusammenschaltung eines aktiven (linearen) und passiven nichtlinearen Zweipols. Wir schalten als einfaches Beispiel einen passiven Zweipol mit der

Kennlinie Gl. (2.63) an einen linearen aktiven Zweipol (Bild 2.55e). Der Maschensatz führt sofort auf ($U = U_D$) $U_Q = IR_i + U = IR_i + U \ln(I/I_S + 1)$ für den unbekannten Strom I oder auf $U = U_Q - IR_i = U_Q - R_i I_S(\exp U/U_T - 1)$ für die unbekannte Spannung U. Die Gleichungen sind nicht explizit nach U bzw. I auflösbar, also analytisch nicht zu behandeln.

Für die *graphische* Lösung (Bild 2.55f) wird folgendermaßen verfahren:

— Aufzeichnen der U-I-Kennlinie des aktiven Zweipols (vgl. Bild 2.50)

— der Schnittpunkt beider Kurven — als *Arbeitspunkt* bezeichnet — erfüllt die Kirchhoffschen Gleichungen der Zusammenschaltung beider Zweipole, ist also die graphische Lösung der gesuchten Strom-Spannungswerte (Hinweis: es gibt nichtlineare Kennlinien, die auf mehr als einen Arbeitspunkt führen können, s. Abschn. 5.1.2). Für die Zahlenwerte $U_Q = 1$ V, $I_S = 1$ nA, $R = 100\,\Omega$, $U_T = 25$ mV ergibt sich ein Arbeitspunkt von (etwa zeichnerische Genauigkeit) $I \approx 6$ mA, $U \approx 0{,}4$ V.

Für eine *numerische Lösung* z. B. für die Spannung U wird die Gleichung zunächst auf normierte (dimensionslose) Größen umgestellt, $x = U/U_T$ und implizit geschrieben:

$$g(x) = -\frac{U}{U_T} - \frac{I_S R_i}{U_T}\left(\exp\frac{U}{U_T} - 1\right) + \frac{U_Q}{U_T}$$

$$= -x - 4 \cdot 10^{-6}[\exp x - 1] + 40\,.$$

Der Term $40 - x$ entspricht dabei der Kennlinie des aktiven Zweipols, der Rest dem passiven. Die vorherige graphische Lösung entspricht dabei der Geradendarstellung $y = 40 - x$, die man mit der Kurve $f(x) = 4 \cdot 10^{-6}(\exp x - 1)$ zum Schnitt bringt, so daß

$$g(x) = y(x) - f(x) \equiv 0$$

erfüllt ist.

Man könnte nun auch durch systematisches Probieren, ausgehend von einem angenommenen Startwert x_0, die Funktion $y(x)$ und $f(x)$ für die Punkte x_i solange iterativ berechnen, bis die (so nie genau erreichbare) Lösung $g(x)$ innerhalb einer Ungenauigkeitsschranke $|g(x)| \leqq \varepsilon$ (z. B. $\varepsilon = 10^{-2}$) liegt, so daß die Rechnung dann abgebrochen werden kann. Die Zahl der so durchzuführenden Iterationsschritte hängt entscheidend davon ab, wie nahe der Startwert am Lösungspunkt liegt. Das für derartige Probleme sehr breit verwendete Newton-Verfahren geht nun davon aus, die Kurve $g(x)$ im Startwert x_0 durch eine Geradengleichung mit gleicher Tangente g' anzunähern und den Wert x_1 der Lösung $g(x_1) = 0$ als neuen Ausgangswert zu verwenden oder verallgemeinert

$$x_{i+1} = x_i - \frac{g(x_i)}{g'(x_i)}$$

mit der Fehlerschranke $|x_{i+1} - x_i| \leqslant \varepsilon$ und der Konvergenzbedingung $|g''(x) \cdot g(x)| < |g'(x)|^2$.

Für das obige Beispiel erhält man bei den Startwerten $U = 0$ bzw. $U = 1$ V (höher als U_Q kann die Diodenspannung nicht werden) nach etwa 30 Schritten die

Arbeitspunktwerte $U = 0{,}391$ V, $I = 6{,}094$ mA, m. a. W. sind diese Ausgangswerte schlecht gewählt. Bedenkt man jedoch, daß die Diode bereits für eine Spannung $U = 0{,}4 \ldots 0{,}5$ V einen kräftigen Strom führen muß (dies ist etwa der Flußspannungsabfall einer Diode mit $U_T = 25$ mV) und beginnt mit einem Startwert $x_0 = U/U_T = 0{,}40\,\text{V}/25\,\text{mV} = 16$, so wird das Ergebnis $I = 6{,}094$ mA bereits nach vier Iterationsschritten erreicht. Es lohnt daher, z. B. durch graphische Verfahren oder andere physikalisch begründete Abschätzungen einen Startwert zu suchen, der von der gewünschten numerischen Lösung nicht weit entfernt ist.

Das vorliegende Beispiel wurde rechnergestützt gelöst, auf nähere Einzelheiten des *PC*-Einsatzes für die Netzwerkanalyse wird im Arbeitsbuch eingegangen.

2.4.4 Analyse von Gleichstromkreisen

Wir lernten im Abschn. 2.4.3.4 erste Anwendungen der Kirchhoffschen Gleichungen in einfachen Gleichstromkreisen kennen. Zur Analyse größerer Schaltungen aus linearen Zweipolen, den sog. *Netzwerken*, bedarf es jedoch eines systematischen Vorgehens.

2.4.4.1 Zweigstromanalyse

Gewöhnlich ist folgende Aufgabe zu lösen: In einer Schaltung mit gegebenen Strom- und Spannungsquellen (Ursache), z-Zweigen und k Knoten ist irgendein (oder mehrere) Zweigstrom bzw. eine Spannung (die Wirkung) gesucht. Das Verfahren heißt deshalb auch *Zweigstrom*- oder *Zweigspannungsanalyse.*

Verfügbar sind durch die Kirchhoffschen Gleichungen (2.27)

Knotensatz $\quad \sum_{\uparrow} I_{zu} = \sum_{\downarrow} I_{ab}$,

Maschensatz $\quad \sum_{\nu=1}^{m} U_\nu = 0$ sowie die

Zweigbeziehungen für die Zweigwiderstände (Ohmsches Gesetz) $\quad U = IR$ (für lineare Netzwerke)

insgesamt z unbekannte Zweigströme und ebenso viele unbekannte Zweigspannungen, die sich durch die Widerstandsbeziehungen $U = IR$ wieder auf insgesamt z Unbekannte reduzieren.

Entscheidend für die Anwendung der Kirchhoffschen Gesetze ist die Gewinnung *voneinander unabhängiger* Größen und damit die Kenntnis der Anzahl *notwendiger* Gleichungen. Wir erhalten sie zunächst durch einfache Methoden, später (s. Abschn. 5.3.1) systematisch aus dem Aufbau, d. h. der *Struktur* des Netzwerkes.

Den Ausgang bilden die *Knotengleichungen.* Da jeder Strom zweimal auftritt (Bild 2.56 einmal in einen Knoten zufließend, im anderen wegfließend) gilt:

Ein Netzwerk mit k Knoten hat insgesamt $k-1$ unabhängige Knotengleichungen.

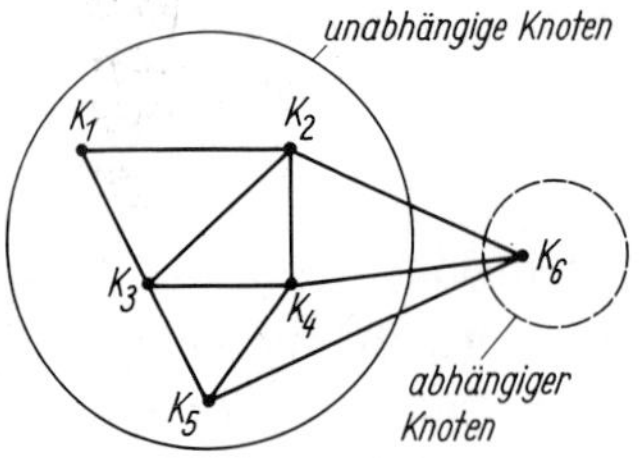

Bild 2.56. Stromknoten

Der Beweis ist leicht zu führen, wir verzichten aber darauf. Dann muß zwangsläufig weiter gelten:

Ein Netzwerk mit z Zweigen benötigt z unabhängige Gleichungen für die Zweigströme und/oder -spannungen. Sie setzen sich zusammen aus

$$(k-1) \qquad + \underbrace{z-(k-1)}_{m} \qquad = z \tag{2.64}$$

unabhängige Knotengleichungen — **unabhängige Maschengleichungen** — **unabhängige Zweiggleichungen.**

Die $z - k + 1$ unabhängigen Maschengleichungen ergeben sich aus dem Maschensatz. Wir finden sie am schnellsten, wenn eine Masche, für die die Maschengleichung aufgestellt wurde, an einer beliebigen Stelle aufgetrennt wird (Kreuz im Zweig). Für die nächste Masche wählt man einen weiteren, noch geschlossenen Umlauf (in dem also keine Trennstelle liegen darf) usw. solange, bis keine geschlossenen Umläufe mehr möglich sind.

Die Zweigstromanalyse ist das allgemeinste Netzwerkanalyse-Verfahren, das auch auf Netzwerke mit nichtlinearen Schaltelementen angewendet werden kann (Tafel 2.6). Die Lösung der Zweiggrößen wird bei kleinen Netzwerken mit wenig Zweigen vorzugsweise analytisch (lineare Netzwerke), graphisch (nichtlineare Netzwerke) oder numerisch (größere Netzwerke) mit Rechnerunterstützung erhalten. Da der Lösungsaufwand mit steigender Zweigzahl rasch wächst,

— unterstützt man die Zweigstromanalyse durch verschiedene *Vereinfachungs-* oder *Hilfsverfahren*, wie z. B. Überlagerungssatz, Netzwerkumwandlungen (⅄-△-Schaltung, Reihen-Parallelschaltung von Netzwerkelementen), Quellenumwandlungen u. a., von denen wichtige noch in diesem Abschnitt und einige im Abschn. 5.3 erläutert werden,

— und/oder sucht nach grundsätzlich *einfacheren Analyseverfahren*, wie z. B. Maschenstrom- und Knotenspannungsverfahren (s. Abschn. 5.3) und anderen. Die extremsten Vereinfachungen der Zweigstromanalyse führen auf den *Grundstromkreis* (Abschn. 2.4.3) und darauf aufbauend zur *Zweipoltheorie* (*Abschn.* 2.4.4.3), einem für die gesamte Stromkreisanalyse grundlegendem Verfahren.

Da die vereinfachten Analyseverfahren alle auf der Zweigstromanalyse beruhen, stellen wird diese zunächst als Fundament voran.

Tafel 2.6.

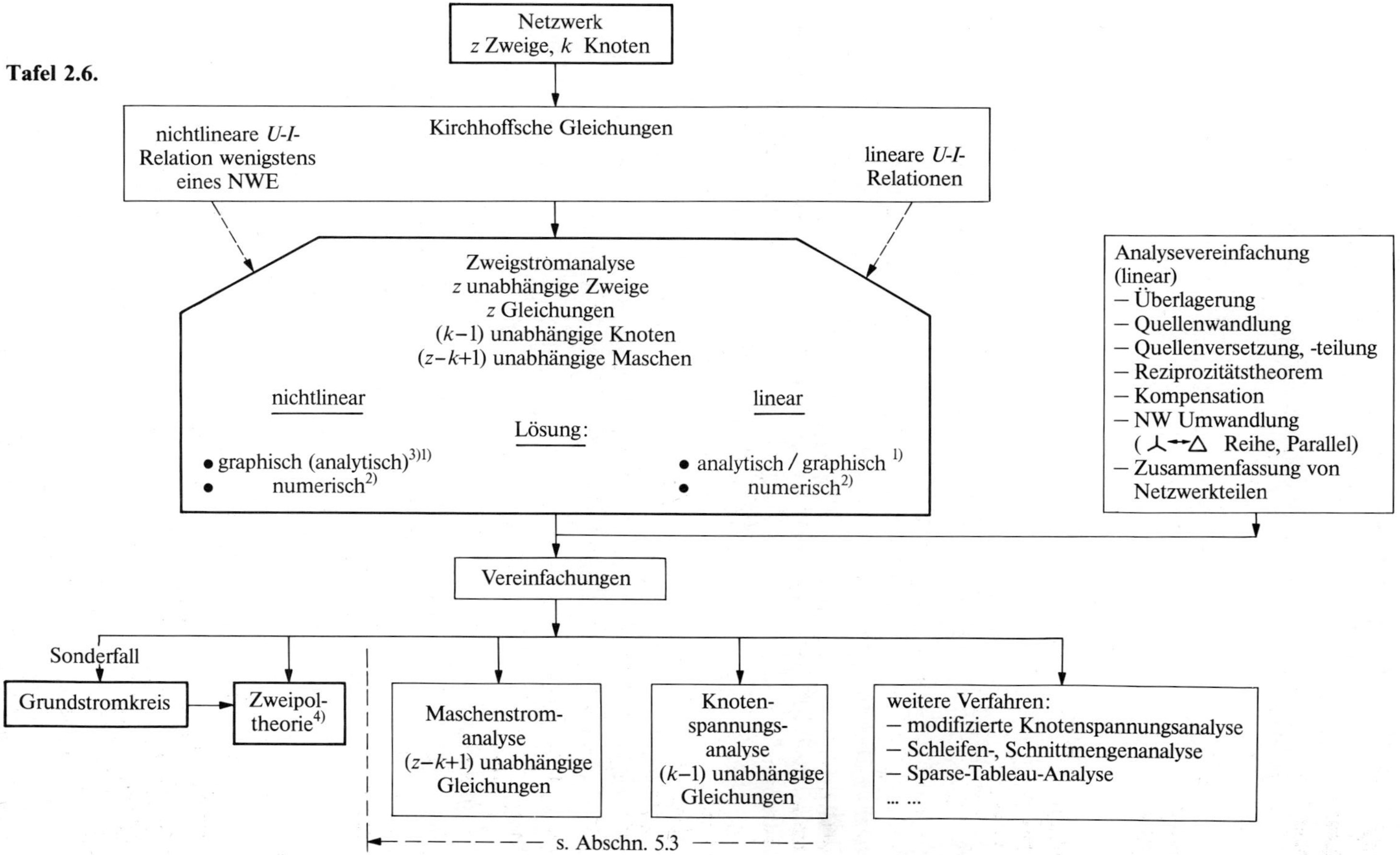

Übersicht der Analyseverfahren von Gleichstromnetzwerken:
[1] bei kleinen Netzwerken; [2] bei großen Netzwerken; [3] analytische Verfahren nur in Sonderfällen; [4] Zweipoltheorie bei nichtlinearem Element nur, wenn aktiver Zweipol linear passiver nichtlinear.

Lösungsmethodik Zweigstromanalyse.
Zur symmetrischen Anwendung der Zweigstromanalyse empfiehlt sich folgendes Vorgehen:

1. Benennung der Netzwerkelemente in den einzelnen Zweigen mit fortlaufenden Nummern.
2. Ordne jedem Zweig einen Zweigstrom mit angenommener Richtung zu sowie eine Zweigspannung über das Ohmsche Gesetz Gl. (2.33).
3. Auswahl der unabhängigen $(k-1)$ Knotenpunkte und $z-(k-1)$ unabhängigen Maschen. Kennzeichne die Knotenpunkte $(K_1, \ldots K_{k-1})$ und die unabhängigen Maschen $(M_1, \ldots, M_{z-(k-1)})$ durch einen Ringpfeil in beliebig gewählter Umlaufrichtung (zweckmäßig Uhrzeigersinn).
4. Aufstellung der unabhängigen Knoten- und Maschengleichungen.

— *Knotengleichungen*: Ströme mit Zählpfeil zum Knoten hin positiv, Ströme, deren Zählpfeil vom Knoten wegweist, negativ ansetzen.

— *Maschengleichungen*: Spannungen in Umlaufrichtung sind mit positiven Vorzeichen einzuführen (entgegengesetzt negativ).

Überprüfung, ob die Zahl der Unbekannten (Ströme oder Spannungen) mit der Zweigzahl z übereinstimmt.

5. Auflösung des Gleichungssystems nach der oder den gesuchten Unbekannten. Für wenige Unbekannte ($\leqq 3$) ist dabei die direkte Lösung noch durchführbar, für viele Unbekannte empfehlen sich der Gaußsche Algorithmus, Lösung mit Determinantenrechnung (Cramersche Regel, rechnergestützte Verfahren).
6. Überprüfen des Ergebnisses durch zweckmäßige Vereinfachungen, Sonderfälle, Diskussion und Rückeinsetzen.

Negative Zahlenwerte der Lösungen bedeuten, daß die betreffende Größe gerade entgegengesetzt zu der Richtung auftritt, die vorgegeben wurde.

Die Aufgabe zerfällt also in drei Teile:

a) Anwendung der Kirchhoffschen Sätze (Schritt 1 bis 4);
b) Lösung des Gleichungssystems (Schritt 5), Fragen der Lösungsmethoden und Rechenroutine;
c) Kontrolle und Diskussion (Schritt 6).

Wir konzentrieren uns auf Komplex a).

Zur Vereinfachung des Lösungsaufwandes beachte man:

1. Man führe möglichst wenige Variable ein. Schaltelemente, die zwischen zwei Knoten reihen- oder parallelgeschaltet sind, werden vorher zusammengefaßt.
2. Man vereinfache quellenlose Netzwerkteile durch unabhängige Rechengänge. Dann entsteht ein Netzwerk mit weniger Maschen und Knoten und somit weniger Unbekannten. Zweckmäßige Regeln dafür sind: Reihen- und Parallelschaltung von Elementen, Stern-Dreieck-Umwandlung, Quellenverschiebung, Anwendung des Überlagerungssatzes (s. Abschn. 2.4.4.2).
3. Oft läßt sich das Netzwerk durch Umwandlung von Strom- in Spannungsquellen (und umgekehrt) vereinfachen.

Beispiel. Die Schaltung Bild 2.57a erfordert mit $z = 3$, $k = 2$ insgesmt eine Knoten- und zwei unabhängige Maschengleichungen, wenn z. B. die Ströme $I_1 \ldots I_3$ gesucht sind.

Es ergeben sich

$$K_1: \quad I_1 + I_2 - I_3 = 0\,, \qquad (\text{hinfließend} +,\ \text{wegfließend} -)$$

$$M_1 \quad + R_1 I_1 + R_3 I_3 = U_{Q1}\,,$$

$$M_2 \quad - R_2 I_2 - R_3 I_3 = U_{Q2}\,.$$

Die Auflösung nach den Strömen, z. B, I_1, kann durch schrittweises Einsetzen (z. B. K_1 auflösen nach I_1 und Einsetzen in M_1 und M_2 usw.) erfolgen. Die Lösungen lauten

$$I_1 = \frac{U_{Q1}(R_3 + R_2) + U_{Q2}R_3}{R_3(R_1 + R_2) + R_1 R_2}\,, \quad I_2 = -\frac{U_{Q2}(R_3 + R_1) + U_{Q1}R_3}{R_3(R_1 + R_2) + R_1 R_2}\,,$$

$$I_3 = I_1 + I_2 = \frac{U_{Q1}R_2 - U_{Q2}R_1}{R_3(R_1 + R_2) + R_1 R_2}\,.$$

Diskussion Für $R_3 \to 0$ darf I_1 und I_2 nur noch von der Spannungsquelle in der betreffenden Masche abhängen:

$$I_1 = \frac{U_{Q1}}{R_1} \quad I_2 = -\frac{U_{Q2}}{R_2}$$

für $R_3 \to \infty$ muß $I_1 = -I_2 = (U_{Q1} + U_{Q2})/(R_1 + R_2)$ gelten (da eine einfache Masche vorliegt).

Beispiel: Ersatz von Netzwerkteilen. Es soll der Strom I_5 bestimmt werden (Bild 2.57b). Die Kirchhoffschen Gleichungen werden mit $z = 6$, $k = 3$ auf 2 unabhängige Knoten und $z - k + 1 = 4$ unabhängige Maschengleichungen für 6 unbekannte Zweigströme führen.

Wir ersetzen deshalb Netzwerkteile: $R_{3\,\text{ers}} = R_3 \| R_4$, $R_{7\,\text{ers}} = R_7 \| (R_5 + R_6)$. Dann tritt zwar der Strom I_5 nicht mehr auf, wohl aber I'. Aus ihm kann I_5 über die Stromteilerregel ermittelt werden:

$$I_5 = I' \frac{1/(R_5 + R_6)}{G_7 + 1/(R_5 + R_6)}\,.$$

I' selbst wird über eine neue Stromteilung auf I_1 durch R_1 zurückgeführt:

$$I' = I_1 \frac{R_2}{R_2 + R_{3\,\text{ers}} + R_{7\,\text{ers}}}$$

und I_1 selbst berechnet:

$$I_1 = \frac{U_{Q1}}{R_1 + R_2 \| (R_{3\,\text{ers}} + R_{7\,\text{ers}})}\,.$$

Damit haben wir die Aufgabe gelöst, ohne 6 Gleichungen für 6 Unbekannte lösen zu müssen, von denen nur eine (I_5) gefordert wird!

Systematische Zweigstromanalyse. Matrixdarstellung. Ordnet man die Kirchhoffschen Gleichungen für die Schaltung Bild 2.57a spaltenweise nach den Zweigströmen $I_1 \ldots I_3$, so ergibt sich folgendes Schema:

Gleichung	Zweigströme I_1	I_2	I_3	Quellenspannungen/ströme
Knoten	$+1$	$+1$	-1	0
Masche 1	$+R_1$	0	$+R_3$	U_{Q1}
Masche 2	0	$-R_2$	$-R_3$	U_{Q2},

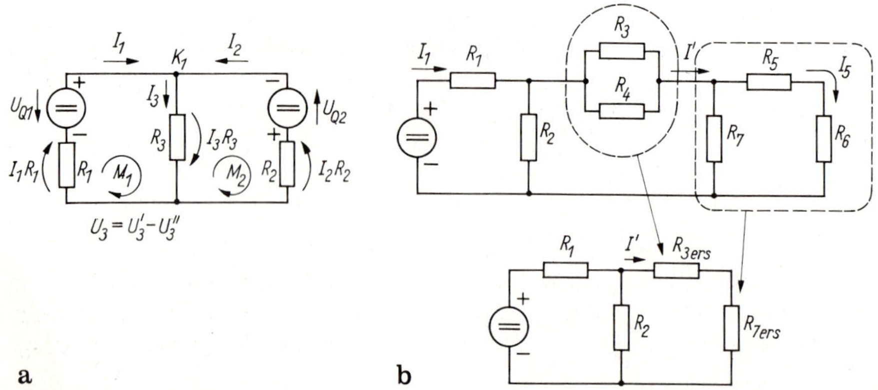

Bild 2.57a, b. Beispiele zur Zweigstromanalyse

was in Matrixform wie folgt geschrieben werden kann:

$$\begin{bmatrix} +1 & +1 & -1 \\ +R_1 & 0 & +R_3 \\ 0 & -R_2 & -R_3 \end{bmatrix} \cdot \begin{bmatrix} I_1 \\ I_2 \\ I_3 \end{bmatrix} = \begin{bmatrix} 0 \\ U_{Q1} \\ U_{Q2} \end{bmatrix} \quad (2.65)$$

Koeffizientenmatrix — Spaltenmatrix der Ströme — Spaltenmaxtrix der Quellenspannungen bzw. -ströme

Die links stehende Koeffizientenmatrix ist quadratisch, da stets so viele Gleichungen ($\rightarrow$ Zeilen) wie Unbekannte (Spalten, Ströme) erforderlich sind. Die Koeffizienten sind entweder ± 1 (herrührend von den Knotengleichungen) oder Widerstände (herrührend von den Maschengleichungen).

Die Spaltenmatrizen der Ströme und Quellenspannungen rechts werden auch als Spaltenvektoren bezeichnet. Die Multiplikation der Matrizen führt genau auf das Ausgangsgleichungssystem Bild 2.57a.

Der Vorteil der Schreibweise Gl. (2.65) besteht u. a. darin, daß sie systematisch aus der Schaltung entnommen werden kann:

1. In den Knotengleichungen stehen als Matrixelemente entweder $+1$, (-1) oder Null, je nachdem, ob der betreffende Strom zum Knoten hin-(weg) fließt oder nicht vorhanden ist (0).
2. In den Maschengleichungen stehen als Matrixelemente in der jeweiligen Zeile der Widerstand, der von dem der Spalte zugeordnetem Strom durchflossen wird (Vorzeichen $+(-)$, wenn Maschenumlaufrichtung und Stromrichtung übereinstimmen (nicht übereinstimmen)). Leere Plätze werden mit Null belegt.
3. In der Spaltenmatrix der Quellengrößen (rechts) stehen die Quellenspannungen (positiv, wenn dem Maschenumlauf und Quellenrichtungssinn entgegengesetzt und umgekehrt) bzw. die Quellenströme (negativ, wenn zum Knoten hin gerichtet und umgekehrt).

Die Lösung der Matrixdarstellung Gl. (2.65) führt immer auf ein lineares Gleichungssystem, daß — je nach der Größe des Netzwerkes — von einigen wenigen Unbekannten bis zu einigen Tausend für größere Netzwerke reichen kann. Kann man kleine Systeme noch direkt auflösen, so bieten sich schon sehr bald Eliminations-Verfahren an, von denen der Gauß-Algorithmus der bekannteste ist (andere Methoden sind Pivotisierung, Verfahren für dünn besetzte Koeffizientenmatrizen u. a.). Dies erfolgt rechnergestützt, worauf im Arbeitsbuch näher eingegangen wird.

2.4.4.2 Hilfsverfahren für die Netzwerkanalyse

Bei großen Netzwerken steigt der Lösungsaufwand bei der Zweigstromanalyse rasch an. Daher sind Methoden nützlich, die den Aufwand senken besonders dann, wenn nur *eine* Zweiggröße (Strom, Spannung) interessiert. Wir stellen dazu einige Verfahren zusammen.

Überlagerungssatz. Im Abschn. 2.2.1 erläuterten wir den für lineare Ursache-Wirkungszusammenhänge allgemein geltenden Überlagerungssatz:

In einem linearen physikalischen System, auf das mehrere Ursachen einwirken, ergibt sich die Gesamtwirkung durch Summation (Überlagerung) der Einwirkungen als Folge der Teilursachen.
Ein physikalisches System ist linear, wenn der Überlagerungssatz gilt und umgekehrt.

Das trifft auch auf Ströme und Spannungen in linearen Schaltungen zu und führt zu folgender *Lösungsmethodik*, wenn mehrere Quellen in einer Schaltung wirken und ein Zweigstrom gesucht ist.

Lösungsmethodik: Überlagerungssatz

1. Setze alle unabhängigen Quellen Q_v (außer der ersten) außer Betrieb [Spannungsquellen kurzschließen, Stromquellen auftrennen, Leerlauf] und berechne die gesuchte Zweiggröße, z. B. einen Zweigstrom I_{v1}, herrührend von Q_1 (nach einem zweckmäßigen Verfahren). Man erhält die Teilwirkung $y_1(x_1)$.
2. Verfahre so der Reihe nach mit allen anderen Quellen und berechne die gesuchte Zweiggröße I_{v2}, herrührend von Q_2 usw.
3. Addiere die Teilwirkung $I_{v1}, \ldots, I_{vn}$ vorzeichenbehaftet zur Gesamtwirkung $I_{v\,\mathrm{ges}}$.

Der Überlagerungssatz gilt also *nicht* für *nichtlineare* Ursache-Wirkungs-Zusammenhänge, z. B. die *Leistungen in linearen Netzwerken.* Wir wollen das zeigen. Es bestehe der gesuchte Zweigstrom durch einen Widerstand R aus zwei Anteilen: $I_{\mathrm{ges}} = I_1 + I_2$. Dann wird im Widerstand die Leistung

$$P = \frac{I^2}{R} = \frac{(I_1 + I_2)^2}{R} = \frac{I_1^2 + 2I_1I_2 + I_2^2}{R}$$

umgesetzt (richtige Lösung). Nach dem Überlagerungssatz würde sich ergeben: Nur Strom I_1: $\rightarrow P_1 = I_1^2/R$, nur Strom I_2: $\rightarrow P_2 = I_2^2/R$.

Überlagerung:

$$P_{\mathrm{ges}} = P_1 + P_2 = \frac{I_1^2 + I_2^2}{R} \quad (\textit{falsch!})\,.$$

Der Überlagerungssatz gilt auch nicht, wenn ein nichtlineares Schaltelement an irgendeiner Stelle im Netzwerk liegt.

Beispiel: *Überlagerungssatz*. Im Netzwerk nach Bild 2.58 soll die Spannung U_3 (in der angenommenen Richtung) mit dem Überlagerungssatz bestimmt werden. Entsprechend der Lösungsmethodik folgt:

1. Kurzschluß aller Spannungsquellen außer U_{Q1} (hier also von U_{Q2}). Damit verbleibt Schaltung b. Nach der Spannungsteilerregel beträgt der Spannungsabfall U'_3 herrührend von U_{Q1}:

$$U'_3 = U_{Q1} \frac{R_2 \| R_3}{R_1 + R_2 \| R_3} = U_{Q1} \frac{R_2 R_3}{R_1(R_2 + R_3) + R_2 R_3}. \tag{1}$$

2. Kurzschluß aller Spannungsquellen außer U_{Q2} (Bild c). Wegen der Richtung von U_{Q2} entsteht der Spannungsabfall U''_3 in der eingetragenen Weise positiv. Die Spannungsteilerregel ergibt

$$U''_3 = U_{Q2} \frac{R_1 \| R_3}{R_2 + R_1 \| R_3}. \tag{2}$$

3. Die Überlagerung hat von der für U_3 positiv eingeführten Richtung auszugehen (Gln. (1), (2)), deshalb Minus vor U''_3

$$U_3 = U'_3 - U''_3 = \frac{U_{Q1} R_2 R_3}{R_1(R_2 + R_3) + R_2 R_3} - \frac{U_{Q2} R_1 R_3}{R_1 R_3 + R_2(R_1 + R_3)}$$
$$= \frac{R_3(U_{Q1} R_2 - U_{Q2} R_1)}{R_1 R_3 + R_2(R_1 + R_3)}.$$

Man beachte den geringen Rechenaufwand gegenüber Bild 2.57a ff!

Ähnlichkeitssatz. Enthält ein *lineares* Netzwerk nur eine unabhängige Quelle, z. B. eine Spannung, so können alle Zweigströme ohne Aufstellung des gesamten Gleichungssystems wie folgt ermittelt werden: Man nimmt einen Zweigstrom I_a (zweckmäßig den gesuchten) als *bekannt* an und berechnet damit schrittweise alle übrigen Zweigströme und Zweigspannungen, zuletzt die Quellenspannung U_{Qa}

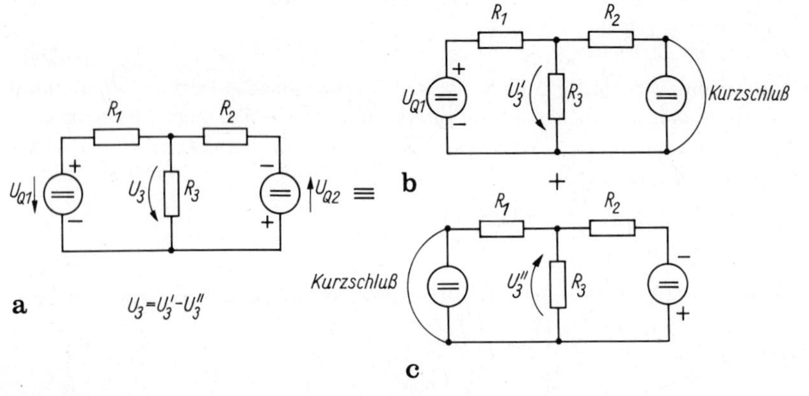

Bild 2.58a–c. Zur Anwendung des Überlagerungssatzes

(resp. Quellengröße), die notwendig wäre, um den angenommenen Strom I_a anzutreiben. Den von der tatsächlich wirkenden Quellenspannung U_{Qr} erzeugten Zweigstrom I_r erhält man aus dem *Ähnlichkeitssatz*

$$\frac{I_r}{I_a} = \frac{U_{Qr}}{U_{Qa}} \quad \text{Ähnlichkeitssatz}\,. \tag{2.66}$$

Wirken mehrere Quellen, so wird der Ähnlichkeitssatz zusammen mit dem Überlagerungssatz benutzt. Der Ähnlichkeitssatz eignet sich besonders zur Kontrolle der Zahlenrechnung.

Beispiel: Ähnlichkeitssatz. Im Netzwerk Bild 2.59 sei I_5 gesucht. Abgesehen davon, daß sich diese Aufgabe hier direkt leicht lösen läßt, wollen wir den Ähnlichkeitssatz benutzen und nehmen $I_a = I_5 = 1$ A als Lösung an. Dann beträgt der Spannungsabfall an $U_4 = I_5(R_5 + R_6) = 40$ V, der Strom I_3 also $I_3 = U_4/R_4 + I_5 = 2{,}33$ A. Damit wird $U_2 = I_3 R_3 + U_4 = 23{,}3\text{ V} + 40\text{ V} = 63{,}3$ V. Schließlich beträgt $I_1 = U_2/R_2 + I_3 = 2{,}11\text{ A} + 2{,}33\text{ A} = 4{,}44$ A. Das ergibt $U_{Qa} = I_1 R_1 + U_2 = 107{,}7$ V. Nach dem Ähnlichkeitssatz (2.66) gilt $I_r = U_{Qr}(I_a/U_{Qa}) = 0{,}093$ A.

Quellenversetzung und -teilung. Für das Zusammenschalten *idealer* Spannungs- und Stromquellen gelten zwei Gesetzmäßigkeiten als direkte Folgerungen aus den Kirchhoffschen Gleichungen: *Versetzungs-* und *Teilungssatz.*

Versetzungssatz idealer Spannungsquellen. Wir betrachten die im Bild 2.60 dargestellte Schaltung und stellen die Frage, welche Auswirkungen sich bei Verschiebung einer idealen Spannungsquelle U_Q *über* den Knoten K_1 hinweg z. B. in Reihe zu R_2 ergeben. In Masche M_1 gilt der Maschensatz unverändert, hat also die Verschiebung keine Auswirkung.

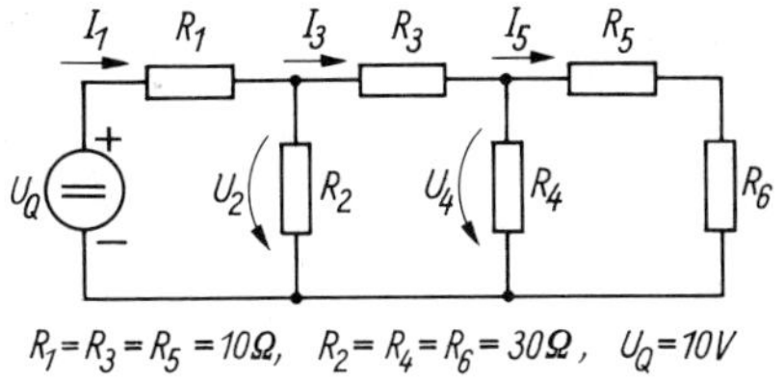

Bild 2.59. Ähnlichkeitssatz

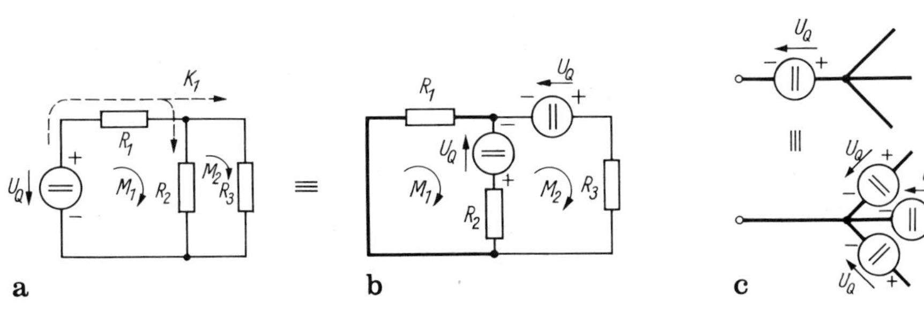

Bils 2.60a–c. Versetzungssatz idealer Spannungsquellen

Für Masche M_2 würde aber jetzt eine Quellenspannung auftreten, die vor der Verschiebung nicht vorhanden war. Dieser Fehler wird rückgängig gemacht, indem die gleiche Spannungsquelle U_Q auch in Reihe zu R_3 angebracht wird. Dann gilt für einen Umlauf in M_2 wieder richtig $-U_Q + I_3R_3 - I_2R_2 + U_Q = 0$.

In einer Masche können an jeder Stelle ideale Spannungsquellen so eingeführt werden, daß sich dadurch die Gesamtspannung in der Masche nicht ändert.

Daraus folgt als *Versetzungssatz idealer Spannungsquellen*:

Wird eine ideale Spannungsquelle über einen Knoten versetzt, so ist in allen restlichen Zweigen des betreffenden Knotens die gleiche Spannung (in gleicher Richtung) anzubringen (Bild 2.60c).

Durch den Versetzungssatz können ideale Spannungsquellen in jeden Zweig eines Netzwerkes versetzt werden, ohne am Gesamtverhalten etwas zu ändern.

Teilungssatz idealer Stromquellen. Leitet man einem Knoten einen zusätzlichen Strom I_{zu} und gleichzeitig wieder weg ($I_{ab} = I_{zu}$), so hat sich an der Knotenbilanz nichts geändert (Bild 2.61a). Weiter folgt aus der Kontinuität des Stromes (s. Gl. (2.24b)), daß eine Stromquelle I_Q stets durch eine *Reihenschaltung* mehrerer, aber gleich *großer* und *gleich gerichteter* Stromquellen ersetzt werden kann (Bild 2.61b):

$$I_{Q1} = I_{Q2} = I_Q$$

(Quellen verschiedener Stärke können *nicht* reihengeschaltet werden!). Das ist die Grundlage für den *Teilungssatz idealer Stromquellen*:

Eine ideale Stromquelle läßt sich stets in eine Reihenschaltung mehrerer gleichgroßer, gleichgerichteter idealer Stromquellen teilen und über beliebige Knoten eines Netzwerkes führen.

Dies ist im Bild 2.61c am Knoten K veranschaulicht. Auf diese Weise sind Netzwerkumformungen möglich, ohne das elektrische Verhalten des Netzwerkes zu beeinflussen.

2.4.4.3 Zweipoltheorie

In einem beliebig umfangreichen Netzwerk mit linearen Schaltelementen sollen wieder Strom und (oder) Spannung in nur *einem* (quellenfreien) Zweig gesucht sein.

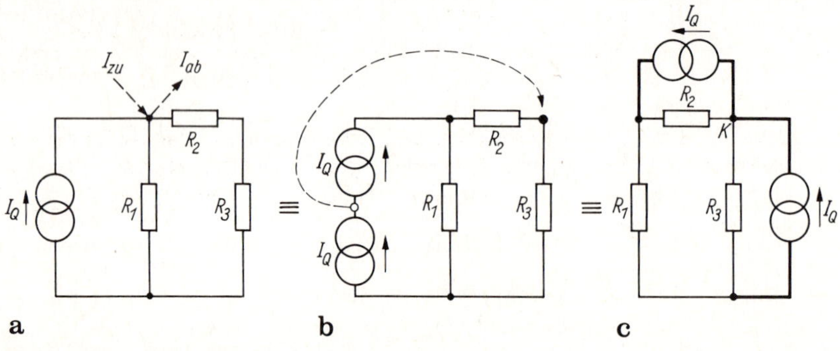

Bild 2.61a–c. Teilungssatz idealer Stromquellen

Das erfolgt sehr rationell mit den *Sätzen von den Ersatzquellen*:

Unabhängig vom inneren Aufbau läßt sich ein lineares Netzwerk mit beliebigen Quellen zwischen zwei Anschlußpunkten stets ersetzen durch einen *aktiven Zweipol* mit gleichwertigem Klemmenverhalten entweder
— in Ersatzspannungsquellenschaltung (Theveninscher Satz)[1] oder
— in Ersatzstromquellenschaltung (Maier- oder Norton-Theorem).[1]

Wir fassen dazu den Zweig mit dem gesuchten Strom (der gesuchten Spannung) als *passiven Zweipol* zwischen zwei Klemmen AB auf, den „Rest“ der Schaltung (mit allen Quellen) als *aktiven Zweipol.*

Die Ersatzquellensätze, das Zusammenwirken zwischen aktivem und passivem Zweipol über den Grundstromkreis sowie die Bestimmung der Ersatzparameter (Zweipolkenngrößen) beider Zweipole bilden zusammen die Zweipoltheorie.

Sie ist ein leistungsfähiges Analyseverfahren, da dadurch auch komplizierte Schaltungen auf das sehr einfache Modell des Grundstromkreises zurückgeführt werden können (z. B. Leistungsprobleme, Anpassungsfragen).

Bild 2.62 veranschaulicht das Verfahren. Gesucht sei der Strom durch R_4. Wir führen an seinen Anschlußstellen die Klemmen A, B ein und haben damit den *passiven Zweipol* $R_4 = R_a$, den Außenwiderstand des Grundstromkreises festgelegt. Der übrige Schaltungsteil mit den Quellen ist der *aktive Zweipol.* (Zweckmäßig wird die Schaltung dazu so umgezeichnet, daß die Zuordnung aktiver-passiver Zweipol klar hervortritt).

Jeder lineare aktive Zweipol hat nach Bild 2.50
— eine *Leerlaufspannung* $U_1 = U_{AB}|_{I=0} \equiv U_{Qers}$, die von einer zugeordneten (noch unbekannten) Quellenspannung herrührt. Sie kann zwischen AB entweder gemessen oder berechnet werden;

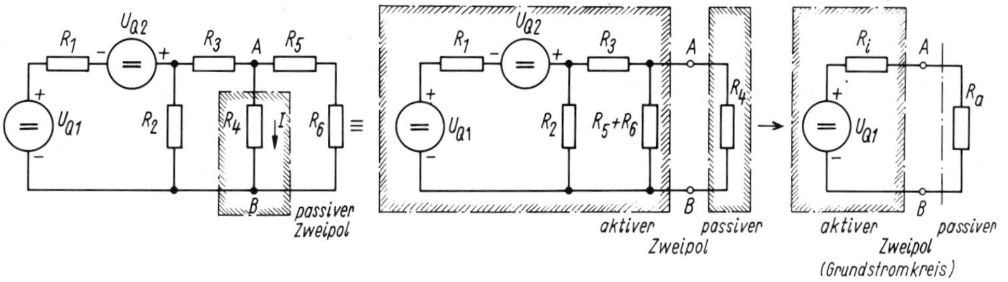

Bild 2.62. Zweipoltheorie. Aufteilung eines Netzwerkes in aktiven und passiven Zweipol; Bestimmung der Ersatzkenngrößen: Leerlaufspannung $U_{1AB} = U_{Qers}$ Kurzschlußstrom $I_{kAB} = I_{Qers}$, Innenwiderstand $R_{iAB} = R_{iers}$ aus dem Netzwerk des aktiven Zweipols

[1] Obwohl auf Helmholtz zurückgehend, im englischen Schriftum meist als Theveninsches bzw. Maier-Norton-Theorem bezeichnet

— einen *Kurzschlußstrom* $I_k = I_{AB|U_{AB}=0} \equiv I_{Qers} = U_{Qers}/R_i$, der von einem zugeordneten (noch unbekannten) Quellenstrom I_{Qers} herrührt. Er kann zwischen AB bei Kurzschluß gemessen oder berechnet werden;

— einen *Ersatzinnenwiderstand* R_{iers}.

Leerlaufspannung U_1, Kurzschlußstrom I_k und (oder) Innenwiderstand des gegebenen „aktiven Netzwerkes" sind zwischen AB zu bestimmen (Messung, Rechnung s. Abschn. 2.4.3.2). Damit ist eine gleichwertige Ersetzung durch einen aktiven „Ersatzzweipol" in Spannungs- oder Stromquellenersatzschaltung möglich. Er beschreibt das Verhalten der wirklichen Schaltung bezüglich der Klemmen A, B für *jeden* Betriebsfall (Leerlauf bis Kurzschluß) vollständig, erlaubt aber *keine Aussagen* über die innere Gestalt der wirklichen Schaltung und somit auch nicht über die Leistungsverhältnisse in den einzelnen Zweigen des aktiven Netzwerkes.

Aus den Strom-Spannungs-Gleichungen $U_{AB} = U_{Qers} - IR_i \equiv U_{1|AB} - IR_i$ bzw. $I = I_{Qers} - U_{AB}G_i \equiv I_{k|AB} - U_{AB}G_i$ resp. der Strom-Spannungs-Kennlinie (Gl. (2.48 ff.)) wissen wir, daß sich beim Anschalten des passiven Zweipols $U_{AB} = R_a I$ der gesuchte Strom I einstellt (s. Gl. (2.52a)):

$$U = U_1 \frac{R_a}{R_{iers} + R_a}, \quad I = I_k \frac{G_a}{G_{iers} + G_a}, \tag{2.67}$$

$$U = R_a I, \qquad U_1 = I_k R_{iers}, \quad R_{iers} = \frac{1}{G_{iers}},$$

Grundgleichungen der Zweipoltheorie.

Damit haben wir die Aufgabe auf den Grundstromkreis zurückgeführt und gelöst.

Zusammengefaßt ergibt sich als

Lösungsmethodik der Zweipoltheorie

1. Trenne das Netzwerk am Ort der gesuchten Größe in aktiven und passiven Ersatzzweipol auf.
2. Bestimme die Zweipolkennwerte des passiven (R_a) und aktiven Zweipols ($U_1 = U_{Qers}, I_k = I_{Qers}, R_{iers}$). Entscheide zwischen Strom- und Spannungsquellenersatzschaltung des aktiven Zweipols.
3. Bestimme die gesuchte Größe (U_{AB}, I) mit den Zweipolkennwerten Pkt. 2 bei Zusammenschaltung von passivem und aktivem Zweipol (Modell des Grundstromkreises).

Anwendungsbeispiele: Kenngrößen des aktiven Zweipols. Wir ermitteln die Zweipolkenngrößen für folgende Schaltungen (Bild 2.63).

Schaltung a). Die Leerlaufspannung folgt aus der Spannungsteilerregel

$$U_{AB|I=0} = U_1 = U_Q \frac{R_2}{R_1 + R_2}$$

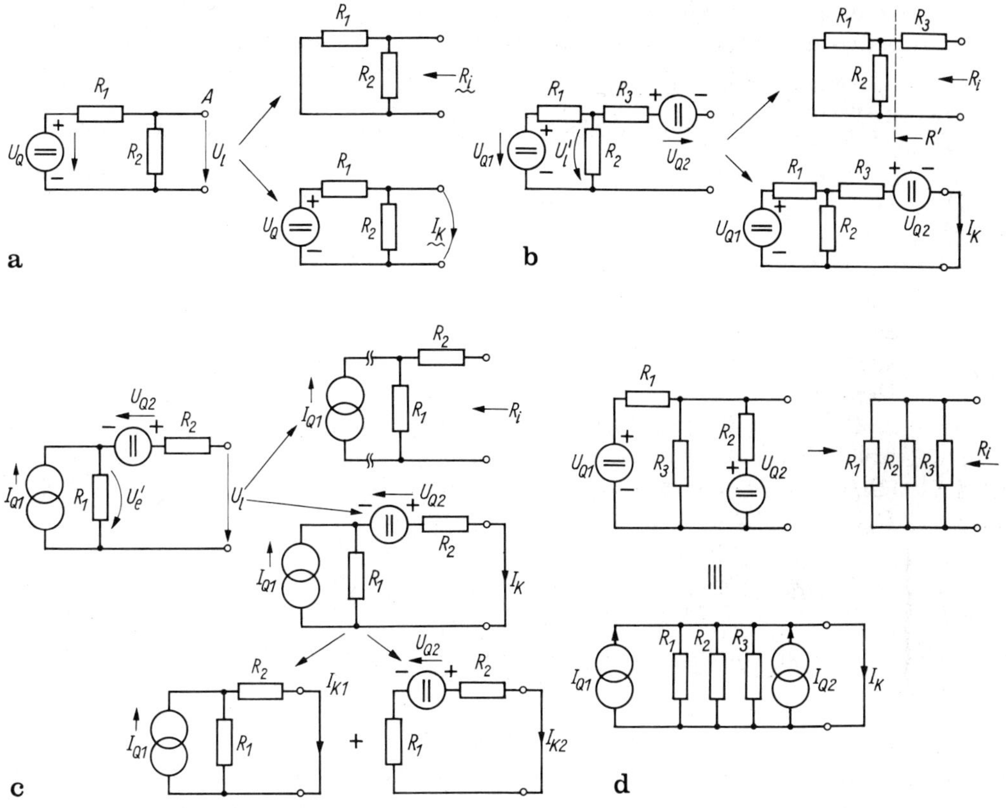

Bild 2.63a–d. Zweipoltheorie (Beispiele)

Innenwiderstand R_i (bei Kurzschluß von U_Q) $R_i = R_1 \| R_2 = \dfrac{R_1 R_2}{R_1 + R_2}$, Kurzschlußstrom I_k aus der Schaltung $I_k = \dfrac{U_Q}{R_1} = \dfrac{U_1}{R_i}$ (Rechenkontrolle).

Schaltung b). Die Leerlaufspannung setzt sich aus dem Spannungsabfall U'_1 (herrührend von U_{Q1}) und U_{Q2} zusammen, für $I = 0$ fällt über R_3 nichts ab (Richtung von U_{Q2} beachten!)

$$U_1 = U'_1 - U_{Q2} = U_{Q1} \frac{R_2}{R_1 + R_2} - U_{Q2} .$$

Zur Berechnung des Innenwiderstandes berechnet man zweckmäßig zunächst den von den Klemmen A, B am weitesten entfernt liegenden Teil und geht dann in Richtung auf die Klemmen zu

$$R_i = R_3 + R' = R_3 + R_1 \| R_2 = R_3 + \frac{R_1 R_2}{R_1 + R_2} .$$

Der Kurzschlußstrom wird über den Überlagerungssatz berechnet oder aus $I_k = U_1/R_i$.

Schaltung c). Die Leerlaufspannung setzt sich aus U'_1 (nur von I_{Q1} stammend) und U_{Q2} zusammen (Richtung U_{Q2} beachten!) $U_1 = U'_1 + U_{Q2} = I_{Q1}R_1 + U_{Q2}$.

Innenwiderstand (Abtrennen von I_{Q1}, Kurzschluß U_{Q2}) $R_i = R_1 + R_2$.

Kurzschlußstrom (zweckmäßig mit Überlagerungssatz) I_{k1} (herrührend von I_{Q1}). I_{k2} (herrührend von U_{QR})] $I_{k1} = I_{Q1} \dfrac{G_2}{G_1 + G_2} = I_{Q1} \dfrac{R_1}{R_1 + R_2}$ (Stromteilerregel),

$$I_{k2} = \frac{U_{Q2}}{R_1 + R_2} .$$

$$\text{Gesamtstrom } I_k = I_{k1} + I_{k2} = \frac{R_1 I_{Q1} + U_{Q2}}{R_1 + R_2} .$$

Schaltung d). *Leerlaufspannung.* Man formt die beiden Spannungsquellen (mit R_1, R_3) jeweils in die Parallelschaltung von Kurzschlußstromquellen $I_{Q1} = U_{Q1}/R_1, I_{Q2} = U_{Q2}/R_2$ um und berechnet dann U_1:

$$U_1 = \frac{\sum(I_Q)}{\sum G_i} = \frac{I_{Q1} + I_{Q2}}{G_1 + G_2 + G_3} = \frac{U_{Q1}G_1 + U_{Q2}G_2}{G_1 + G_2 + G_3} .$$

Innenwiderstand. Er ist für die Parallelschaltung der drei Leitwerte

$$R_i = \frac{1}{G_i} = \frac{1}{G_1 + G_2 + G_3} = R_1 \| R_2 \| R_3 .$$

Innenwiderstandsbestimmung (Bild 2.64). Wir schließen die Spannungsquellen kurz und trennen die Stromquellen auf. Dadurch gehen die Widerstände R_1, R_3 nicht in das Ergebnis ein. Für die übrige Schaltung Bild 2.64b beginnt man die Berechnung in Richtung auf die

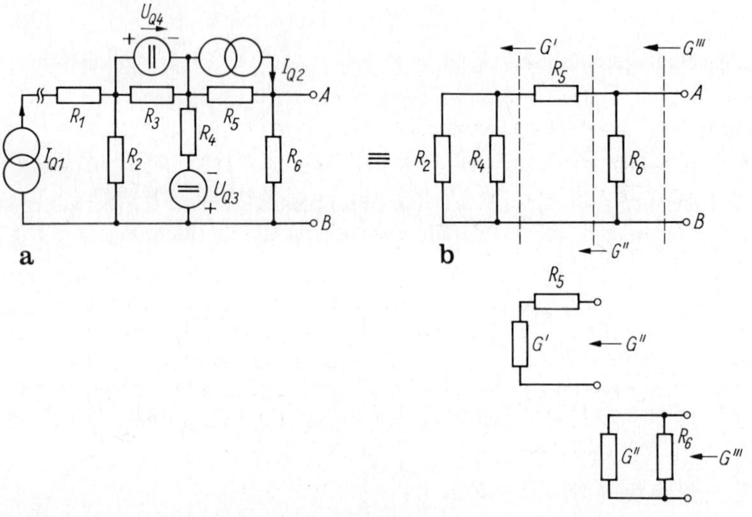

Bild 2.64a, b. Innenwiderstandsbestimmung an aktiven Zweipolen

Klemmen zu. Stets ist mit R_{AB} bzw. G_{AB} zu beenden:

$$G' = G_2 + G_4 = \frac{1}{R_2} + \frac{1}{R_4}.$$

Der Widerstand $R'' = 1/G''$ besteht aus der Reihenschaltung von R_5 und $1/G'$

$$R'' = R_5 + \frac{1}{G'} = \frac{1}{G''}.$$

G'' liegt G_6 parallel und ergibt

$$G_{AB} = G_6 + G'' = G_6 + \frac{1}{R_5 + 1/G'} = G_6 + \frac{1}{R_5 + 1/(G_2 + G_4)}.$$

Zahlenbeispiel: Mit den Werten $R_2 = 10\,\Omega$, $R_4 = 30\,\Omega$, $R_5 = 20\,\Omega$, $R_6 = 40\,\Omega$, ergibt sich: $G' = 0{,}133$ S, $R' = 7{,}52\,\Omega$, $R'' = 20\,\Omega + 7{,}52\,\Omega = 27{,}52\,\Omega$, $G'' = 1/R'' = 36{,}3$ mS, $G_{AB} = 1/40\,\Omega + 36{,}3$ mS $= 61{,}3$ mS.

2.5 Elektrostatisches Feld: Elektrische Erscheinungen in Nichtleitern

Ziel. Nach Durcharbeit des Abschnittes 2.5 soll der Leser in der Lage sein
— das Influenzprinzip zu erläutern;
— die Definition und Bedeutung der Verschiebungsflußdichte zu kennen;
— den Verschiebungsfluß zu erklären;
— die dielektrischen Eigenschaften der Materie zu charakterisierern;
— die Feldbeziehungen des Dielektrikums zu erläutern;
— das Verhalten des elektrischen Feldes an Grenzflächen zwischen verschiedenen Dielektrika zu beschreiben;
— die Vorgänge im Plattenkondensator zu erläutern;
— den Kapazitätsbegriff zu erläutern und Bemessungsgleichungen anzugeben;
— die Kapazität von Kondensatoranordnungen berechnen zu können, sowie die Spannungs- und Ladungsaufteilung zu erläutern;
— die Strom-Spannungs-Beziehung des Kondensators zu erläutern;
— den Begriff Verschiebungsstrom zu kennen und die Notwendigkeit seiner Einführung zu erläutern.

Überblick. Im Strömungsfeld wurde die Wirkung der Feldstärke auf bewegliche Ladungen untersucht. Dabei war gleichgültig, *wie* sie zustande kam. Jetzt untersuchen wir die *Beziehung zwischen der Feldstärke und ihren Quellen, den felderzeugenden Ladungen.* Dazu eignen sich Ladungen im *Nichtleiter, Dielektrikum* oder *Isolator* am besten. In ihm ist zunächst keine Ladungsträgerbewegung[1] und damit auch kein Stromfluß möglich: $I = \mathrm{d}Q/\mathrm{d}t = 0$, $Q = \text{const}$. Deshalb heißen die mit

[1] Werden Ladungsträger in einen Nichtleiter, z. B. Vakuum gebracht (Elektronenröhre), so liegt ein Strömungsvorgang vor

ruhenden Ladungen verbundenen Phänomene auch *elektrostatische* Erscheinungen. Die naheliegende Vermutung, daß ein Nichtleiter deshalb aus elektrischer Sicht gänzlich uninteressant sei, ist völlig unberechtigt: Gerade die Informationsübertragung mittels elektromagnetischer Wellen durch die Luft zählt mit zu den Grundaufgaben der Elektrotechnik. Ferner haben Isolatoren für die gesamte Elektrotechnik eine enorm praktische Bedeutung, gelingt es doch dadurch z. B. zwei Leiter, zwischen denen eine hohe Spannung herrscht, voneinander auf engstem Raum zu isolieren u. a. m. Für die Elektronik nahm die Bedeutung der Isolatoren in den letzten 30 Jahren stark zu, da viele Halbleiter- und Festkörperbauelemente Phänomene in nichtleitenden Festkörpern grundlegend ausnutzen.

2.5.1 Feldstärke- und Potentialfeld

Technisch werden Leiterkreise und Nichtleiter durch einen *Kondensator* miteinander „verkoppelt". Das ist eine Anordnung aus zwei Leiterelektroden (A, B), die vom Nichtleiter räumlich umgeben sind (Bild 2.65). Wir nehmen zwei ebene, parallele Platten, den *Plattenkondensator als* einfachsten Fall an. Bringt man auf diese Kondensatorplatten Ladungen, so entsteht im Nichtleiter um die Platten

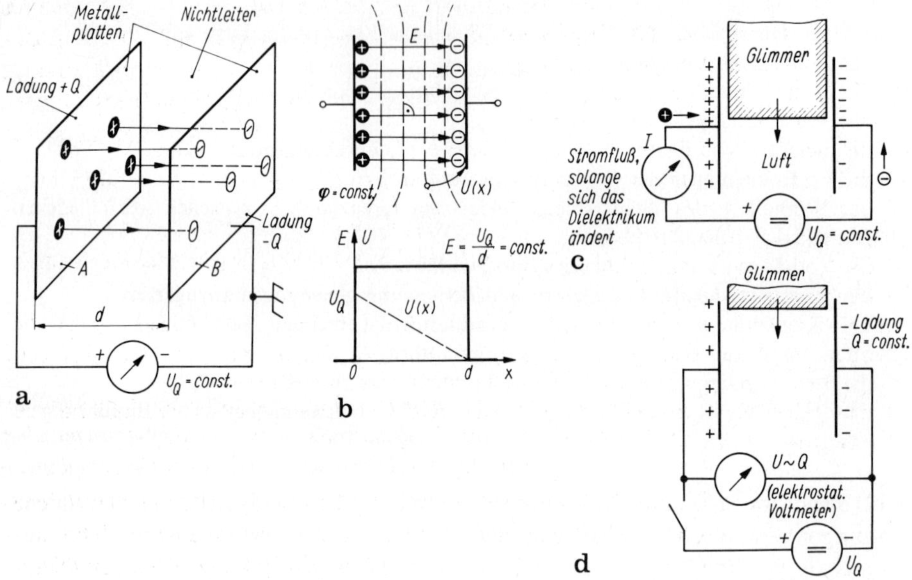

Bild 2.65a–d. Prinzip des Kondensators. **a** Kondensator (Plattenkondensator); **b** Feldstärke und Potentialfeld im Kondensator verursacht durch die Spannung U längs x; **c** für U = const erhöht sich die Plattenladung Q (erkennbar durch Stromfluß I), während das Dielektrikum Luft z. B. durch Glimmer ausgetauscht wird ($I = \mathrm{d}Q/\mathrm{d}t$); **d** für $U \sim Q$ = const sinkt die Spannung U (elektrostatisches Voltmeter) über den Platten, wenn das Dielektrikum Luft z. B. durch Glimmer ersetzt wird

und zwischen ihnen ein *elektrostatisches Feld.* Einen qualitativen Überblick der zur Beschreibung notwendigen physikalischen Größen erhalten wir durch Vergleich mit dem Strömungsfeld. Dazu werde zunächst ein leitendes Medium (z. B. Salzwasser, Leitfähigkeit $\varkappa$) in die Elektrodenanordnung gebracht und die Leitfähigkeit solange verringert, bis schließlich ein Nichtleiter ($\varkappa = 0$) entsteht. Den augenscheinlichsten Nichtleiter bildet die umgebende Luft oder das Vakuum.

Die Anordnung werde aufeinanderfolgend unter zwei Bedingungen betrieben:
1) $U = \text{const}$ (Potentialdifferenz vorgegeben);
2) $Q = \text{const}$ (Ladung vorgegeben).

1. $U = \text{const}$ (Bild 2.65b). Durch die anliegende Spannung herrscht ein homogenes Feld $E = U/d$ unabhängig von der Leitfähigkeit $\varkappa$, also auch für $\varkappa \to 0$ im Nichtleiter. Zwangsläufig bleibt das Potential wie im Strömungsfeld (Bild 2.65b) erhalten (vgl. Bild 2.9). Verallgemeinert:

Bei vorgegebener Plattenspannung U bzw. Feldstärke E (Ursache) herrscht im Strömungsfeld wie im elektrostatischen Feld das gleiche Feldstärke- und Potentialfeld unabhängig vom Medium zwischen den Elektroden (gleiche Leitergeometrie und Elektrodenleitfähigkeit $\varkappa_{\text{El}} \ll \varkappa_{\text{Strömungsfeld}}$ vorausgesetzt).

Durch die anliegende Spannung sammeln sich am Kondensator Ladungen auf den Platten. Sie sind Ursache eines bisher nicht kennengelernten *Ladungsfeldes* im Dielektrikum. Wir schlußfolgern dies aus einer meßbaren Ladungsänderung bei Austausch des nichtleitenden Mediums (Luft, Dielektrikum) durch ein anderes (z. B. gegen Glas, Glimmer, Isolieröl) mit gleicher Abmessung (Bild 2.65c). Während des Einschiebens der Glasplatte zwischen die Kondensatorplatten zeigt der angeschlossene Strommesser trotz der konstant gehaltenen Spannung U einen Strom I an. Folglich muß für die Zeitspanne $t_1 \ldots t$ des Einschiebens gelten $Q(t) = \int_{t_1}^{t} I(t')\mathrm{d}t' + Q(t_1)$. Dabei nimmt die Plattenladung zu, wie im Bild angedeutet, wenn z. B. anstelle von Luft (vorher) Glimmer eingeschoben wird.

Der an der konstant gehaltenen Spannung U_Q liegende Kondensator unterscheidet sich von einem spannungslosen
— durch die Ladungen auf seinen Platten und
— eine *Wechselwirkung* zwischen beiden Plattenladungen über das Dielektrikum.

Dabei ändert sich die positive und negative Ladung stets um den gleichen Betrag. Das folgt aus der Stromkontinuität. *Qualitativ müssen beide Ladungen über eine gemeinsame Größe verknüpft sein*: für sie führen wir den Begriff *Verschiebungs-* oder *Ladungsfluß* Ψ für die *Gesamterscheinung* ein. Im Raumpunkt wird ihm die *Verschiebungsflußdichte* $\boldsymbol{D}$ zugeordnet.

Zusammengefaßt: Bei gegebenem *Feldstärkefeld* $\boldsymbol{E}$ (bzw. Spannung U_Q als Ursache) hängt die *Wirkung*
— die *Plattenladung* Q bzw. der *Verschiebungsfluß* Ψ als *Gesamterscheinung* oder
— eine zugeordnete *Verschiebungsflußdichte* $\boldsymbol{D}$ im *Raumpunkt*

von den Eigenschaften des Nichtleiters ab. Stets ist die Plattenladung mit jedem Dielektrikum größer als im Vakuum (Ergebnis des Experiments).

2. I = const (bzw. Q = const). Bei konstanter Strömungsgröße $\boldsymbol{S}$ bzw. Flußgröße I (Ursache) gilt im Strömungsfeld

$$U = IR = \frac{\text{const}}{\varkappa} \quad \text{bzw.} \quad E = \frac{U}{d} = \frac{S}{\varkappa} \sim \frac{1}{\varkappa}.$$

Bei Leitfähikeitsänderung ändert sich die Spannung bzw. Feldstärke (Wirkung) *materialabhängig*. Wieder bleibt die relative Zuordnung zwischen Feldstärke- und Potentialfeld erhalten.

Im *Nichtleiter* wird die Bedingung Q = const dadurch aufrechterhalten, daß die Spannungsquelle nach „Aufladung" des Kondensators entfernt wird. (Bild 2.65d). Dann ist Q = const, denn Ladungen können weder zu- noch abfließen. Ein angeschlossener Spannungsmesser[1] (unendlich hoher Innenwiderstand zur Verhinderung des Ladungsabflusses) zeigt die Spannung $U = \text{const} \cdot Q$ an. Deshalb herrscht im Nichtleiter ein elektrisches Feld mit der Feldstärke $\boldsymbol{E}$.

Die Ladung Q (und damit auch der eingeführte Verschiebungsfluß Ψ) ändert sich nicht, wenn der gesamte Zwischenraum durch ein anderes Dielektrikum (z. B. Glasplatte) kurzzeitig oder dauernd ersetzt wird. Man registriert jedoch eine Veränderung des Spannungsausschlages U und damit der Feldstärke $E = U/d$.

Betrachten wir die Ladung oder den ihr zugeordneten Verschiebungsfluß als *Ursache* und das elektrische Feld bzw. die Plattenspannung als *Wirkung* der Erscheinung, so liegen auch hier formal die gleichen Verhältnisse wie im Leiter vor:

Bei konstanter Ladung Q (bzw. Verschiebungsfluß Ψ bzw. Verschiebungsflußdichte $\boldsymbol{D}$, ändert sich die Spannung U (bzw. Feldstärke E) bei Änderung des Dielektrikums. Dabei ist die Spannung (Feldstärke) bei jedem anderen Dielektrikum kleiner als bei Vakuum.

Wir ziehen aus dem bisherigen Verhalten den vorläufigen Schluß:

Im Leiter werden Feldstärke- und Strömungsfeld der bewegten Ladung gleichwertig gekennzeichnet durch

— Feldstärke, Stromdichte und Leitfähigkeit (im Raumpunkt) oder

— Spannung, Strom (Flußgröße) und Widerstand (Verknüpfungsgröße) für die Gesamterscheinung.

Im Nichtleiter wird das Feldstärke- und Ladungsfeld der ruhenden Ladung gleichwertig beschrieben durch

— Feldstärke $\boldsymbol{E}$, Verschiebungsflußdichte $\boldsymbol{D}$ und eine Materialgröße (im Raumpunkt) oder

— Spannung U, *Verschiebungs-* oder *Ladungsfluß* (Flußgröße) und eine entsprechende Verknüpfungsgröße (Kapazität) für die Gesamterscheinung.

In den folgenden Abschnitten wollen wir die Größen Verschiebungsfluß und Verschiebungsflußdichte sowie die Kapazität kennenlernen.

[1] Das sind sog. Elektrometer, bei denen die Kraftwirkung der Ladung zwischen beweglichen Platten zur Spannungsmessung ausgenutzt wird, s. Abschn. 4.3.1

2.5.2 Verschiebungsflußdichte *D*

Möglicherweise entstand bisher der Eindruck, daß die Einführung der Verschiebungsflußdichte ***D*** überflüssig ist. Wir zeigen jetzt, daß es sich bei ***E*** und ***D*** um *grundsätzlich verschiedene* Feldgrößen handelt und erläutern die Doppelrolle, die der Ladung in der Feldbetrachtung zukommt:

— Sie erzeugt in ihrer Umgebung ein *elektrisches Feld*, besser ein Ladungsfeld (Eigenfeld!), sie ist also deren Ursache. Dieses Ladungsfeld heißt als Gesamterscheinung *Verschiebungsfluß*. Für diese Ursache benötigen wir eine der Feldvorstellung angepaßte Größe, die *Verschiebungsflußdichte* ***D***. Der Zusammenhang ***E*** und ***D*** hängt von Dielektrikum ab.

— Sie erfährt (als ruhende Ladung) im elektrostatischen Feld eine *Kraft* (Feldkraft): *Wirkung* des elektrischen Feldes auf die Ladung. (Ladung als Indikator für ein elektrisches Feld). Dies wurde bereits im Feldstärkebegriff Gl. (2.5) erfaßt. Kraftwirkung und Feldstärke hängen nicht vom Material ab. Diese Vorgänge erinnern daran, daß wir auch im *Strömungsfeld* zwei verschiedene Feldgrößen, die Feldstärke ***E*** und Stromdichte ***S*** zur Kennzeichnung benötigten.

Dann werden auch Feldstärke ***E*** und Verschiebungsflußdichte ***D*** grundsätzlich verschiedenen Charakter haben, was sich z. B. in ihren Dimensionen ausdrückt.

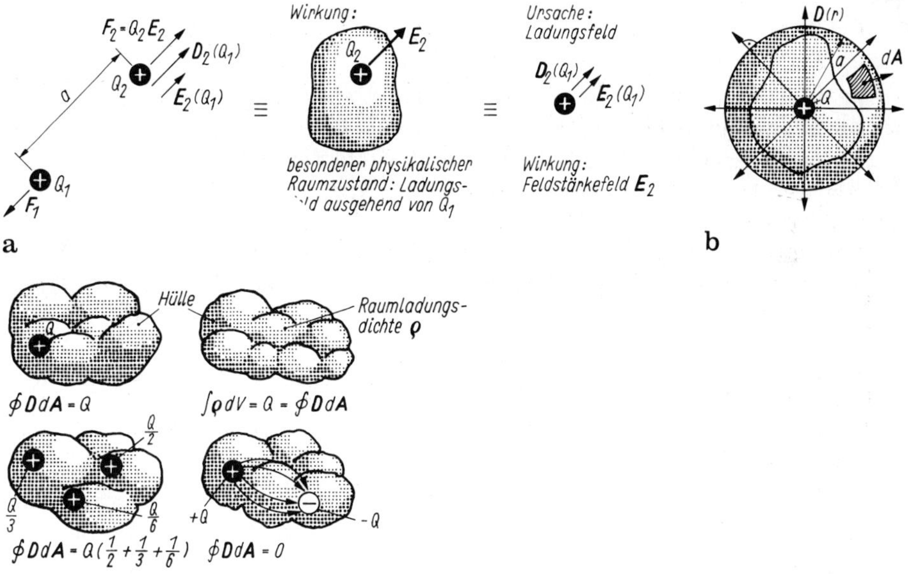

a b c

Bild 2.66a–c. Veranschaulichung der Verschiebungsflußdichte ***D***. **a** Definition von ***D***. Sie kennzeichnet das Ladungsfeld in der Umgebung einer Ladung; **b** Berechnung der Verschiebungsflußdichte einer Punktladung; **c** Feldquellen. Beispiele für das Gaußsche Gesetz der Elektrostatik: Der durch eine beliebige Hülle hindurchtretende „Verschiebungsfluß" ist gleich der von der Hülle umschlossenen Nettoladung (Einzelladung und Raumladung)

Verschiebungsflußdichte *D*. Wir greifen zur Begründung der Verschiebungsflußdichte auf das *Coulombsche Gesetz* Gl. (2.2) zurück (Bild 2.66a). Zwei ruhende Ladungen Q_1 und Q_2 im Nichtleiter üben die Kraft $|\boldsymbol{F}|$ aufeinander aus. In der Begründung der Feldstärke $\boldsymbol{E}_2$ (s. Abschn. 2.2.1) gingen wir davon aus, daß am Ort der Ladung Q_2 die Kraft $|\boldsymbol{F}_2|$ als Folge von Q_1 wirkt:

$$E_2(Q_1) = \frac{\boldsymbol{F}_2}{Q_2} = \frac{kQ_1\boldsymbol{e}_a}{a^2} \tag{2.68a}$$

elektrische Feldstärke am Ort Q_2	Definition	Ursache von E_{22} (Ladung Q_1) abhängig von Entfernung und Material (im Faktor k).

Aus dem Experiment $Q = \text{const} = Q$ (s. o.) wissen wir, daß $\boldsymbol{E}_2$ von den dielektrischen Eigenschaften des Raumes und vom Material abhängt. Das Wesen der Felddarstellung besteht nun darin, das elektrische Feld $\boldsymbol{E}_2$ als Wirkung einer „Ursachenfeldgröße" $\boldsymbol{D}_2(Q_1)$ — der Verschiebungsflußdichte[1] — am gleichen Ort (von Q_2) zu erklären. Physikalisch entsteht die Verschiebungsflußdichte $\boldsymbol{D}_2(Q_1)$ durch die im Abstand a entfernte Ladung Q_1. Betrachten wir den Faktor k Gl. (2.68a) näher. Man ersieht, daß das Feld einer Punktladung Kugelsymmetrie besitzt (Faktor $1/r^2$, vgl. auch Abschn. 2.2.2). Auf einer Kugelfläche mit der Punktladung im Mittelpunkt ist der Betrag von $\boldsymbol{E}$ konstant. Deshalb liegt der Gedanke nahe, die Konstante k aufzuspalten in

$$k = \frac{1}{4\pi k_M},$$

einen Materialfaktor k_M und 4π herrührend von der Kugeloberfläche. Die Verschiebungsflußdichte $\boldsymbol{D}_2$ ist dann zweckmäßig so einzuführen, daß sie unabhängig von den Eigenschaften des Nichtleiters wird. Man erreicht dies durch Multiplikation von $\boldsymbol{E}_2$ mit dem Materialfaktor k_M:

$$|\boldsymbol{D}_2(Q_1)| = k_M|\boldsymbol{E}_2(Q_1)| = \frac{Q_1}{4\pi a^2} = \frac{\text{Ladung}}{\text{Hüllfläche im Abstand } a} \tag{2.68b}$$

Verschiebungsflußdichte	von der entfernten Ursache Q_1 abhängiger Betrag, materialunabhängig

Ergebnis: Die Verschiebungsflußdichte $\boldsymbol{D}$ beschreibt die dem Raumpunkt feldgemäße zugeordnete Ursache des elektrischen Feldes unabhängig vom Raumzustand. Ihre Richtung stimmt mit der der Feldstärke $\boldsymbol{E}$ überein. Ihre Ursache sind Ladungen, die sich an anderen Stellen im Raum befinden.

Dimension und Einheit von $\boldsymbol{D}$. Aus Gl. (2.68b) folgt

$$[D] = \frac{[Q]}{[A]} = 1\,\frac{\text{As}}{\text{m}^2}.$$

[1] Bisweilen auch elektrische Erregung benannt

Der oben angedeutete Unterschied zwischen $\boldsymbol{D}$ und $\boldsymbol{E}$ wird dadurch deutlich: Während die Feldstärke die Dimension der Größenart Kraft/Ladung hat, besitzt die Verschiebungsflußdichte die Dimension Ladung/Fläche!

Verschiebungsflußdichte $\boldsymbol{D}$ und Ladung Q. Gaußsches Gesetz der Elektrostatik[1]. Wie hängen Verschiebungsflußdichte $\boldsymbol{D}$ und erzeugende Ladung Q miteinander zusammen? Wir betrachten den einfachsten Fall: Eine positive Punktladung Q sei von einer Kugeloberfläche mit dem Radius r umgeben: Welche Verschiebungsflußdichte herrscht an der Oberfläche? Die Punktladung hat ein Radialfeld

$$\boldsymbol{E} = \frac{Q}{4\pi\varepsilon_0 r^2}\,\boldsymbol{e}_\mathrm{r} \quad \text{(s. Abschn. 2.2.2)}$$

und deshalb ein ebensolches der Verschiebungsflußdichte

$$\boldsymbol{D} = \frac{Q}{4\pi r^2}\,\boldsymbol{e}_\mathrm{r} \quad \text{(Gl. (2.68))}\,.$$

Die $\boldsymbol{D}$-Linien treten überall senkrecht durch die Oberfläche mit dem Flächenelement $\mathrm{d}\boldsymbol{A} = \boldsymbol{e}_\mathrm{r}\mathrm{d}A$. $\boldsymbol{D}$ und $\mathrm{d}\boldsymbol{A}$ sind überall parallel gerichtet (Bild 2.66b). Dann beträgt das Oberflächenintegral (Kugeloberfläche) über die Verschiebungsflußdichte

$$\oint_{A_\mathrm{Kugel}} \boldsymbol{D}\cdot\mathrm{d}\boldsymbol{A} = \oint_{A_\mathrm{Kugel}} \frac{Q}{4\pi r^2}\,\boldsymbol{e}_\mathrm{r}\cdot\mathrm{d}\boldsymbol{A} = \frac{Q}{4\pi r^2}\oint_{A_\mathrm{Kugel}} \mathrm{d}A = DA_\mathrm{Kugel} = \frac{Q}{4\pi r^2}\,4\pi r^2\,, \tag{2.69}$$

denn $\oint_{A_\mathrm{Kugel}} \mathrm{d}A = 4\pi r^2$ ist die Kugeloberfläche.

Wenn wir uns daran erinnern, daß das Oberflächen- oder Hüllintegral über einen Flußdichtevektor, gleich seinem *Gesamtfluß* (s. Abschn. 0.2.4) war, so muß allgemein gelten:

$$\oint_A \boldsymbol{D}\cdot\mathrm{d}\boldsymbol{A} = Q = \sum_\nu Q_\nu \tag{2.70a}$$

Verschiebungsflußdichte $\boldsymbol{D}$, Gaußsches Gesetz der Elektrostatik (in Integralform).

Der gesamte Fluß (Verschiebungsfluß Ψ) des Vektors Verschiebungsflußdichte $\boldsymbol{D}$ durch eine (beliebige gedachte oder materielle) Hüllfläche A ist gleich der (Gesamt)-Ladung Q, die von der Hüllfläche umschlossen wird! Das ist der Inhalt des Gaußschen Gesetzes der Elektrostatik.

Kurz: Ladung ist die Ursache eines Ladungsfeldes in ihrer Umgebung, gekennzeichnet durch die Verschiebungsflußdichte $\boldsymbol{D}$ im Raumpunkt.

Wir benutzen diese Beziehung als vorläufige *Definitionsgleichung*[2] der Verschiebungsflußdichte $\boldsymbol{D}$ (s. Definition von $\boldsymbol{S}$ Gl. (2.17a)). Sie kann — wie geschehen —

---

[1] Nich zu verwechseln mit dem Gaußschen Satz der Feldtheorie!

[2] Zur eigentlichen Definition s. Gl. (2.81b)

unmittelbar auf mehrere Ladungen Q_ν in der Hülle erweitert werden (Ladungen außerhalb der Hülle sind nicht zu berücksichtigen). Die in Gl. (2.70a) rechts stehende Ladung kann dabei je nach der Ladungsverteilung innerhalb der Hüllfläche aus Raum-, Flächen-, Linien- und/oder Punktladungen bestehen.

Die wesentliche Aussage des Gaußschen Gesetzes besteht darin, eine räumliche Ladungsverteilung innerhalb einer (gedachten) Oberfläche summarisch durch einen Fluß ohne Bezug auf die Ladungsverteilung in der Hülle zu ersetzen. Das wurde im Bild 2.66c für verschiedene Ladungsverteilungen und -anordnungen dargestellt. In allen Fällen ergibt sich als Hüllintegral die von der Hülle umschlossene Gesamtladung.

Diskussion:

1. Das Gaußsche Gesetz stellt den Zusammenhang zwischen einem Feld und seinen Quellen her. Somit kehrt es die Aussage des Coulombschen Gesetzes Gl. (2.2) um: dort wurde aus gegebenen Ladungen (Quellen) das Feld hergeleitet.

2. Nach Gl. (2.70a) ist $\boldsymbol{D}$ nicht die Wirkung einer Ladung, sondern die der Feldbeschreibung *angepaßte* andersartige *Beschreibung dieser Ladung* in einem Punkt. Man kann also sagen: Im Punkt A befindet sich die Ladung Q oder gleichwertig: Im Raum existiert überall eine Verschiebungsflußdichte $\boldsymbol{D}$, die von A weggerichtet ist und im Punkt P (Abstand r von A) den Betrag $Q/(4\pi r^2)$ hat. Somit gibt $\boldsymbol{D}$ anschaulich durch Vergleich mit einer bekannten Ladung an, wieviel Ladung vorhanden ist (*Quantitätsgröße*). Demgegenüber kennzeichnet die elektrische Feldstärke die Stärke des elektrischen Feldes (gemessen durch seine Kraftwirkung auf eine Ladung), ist also eine *Intensitätsgröße*.

In Gebieten *ohne* umschlossene Ladung folgt aus Gl. (2.70a) zwangsläufig

$$\oint \boldsymbol{D} \cdot \mathrm{d}\boldsymbol{A} = 0 \qquad (2.70\text{b})$$

Quellenfreiheit des elektrostatischen Feldes außerhalb von Ladungen.

Das ist die Bedingung der *Quellenfreiheit*. Sie trifft auf Gebiete ohne Nettoladungen zu. Das sind Gebiete (Volumina) ohne Ladungen oder solche, in denen sich die Beiträge der positiven und negativen Ladungen innerhalb der Hülle gegenseitig aufheben (Bild 2.66c). Nach Gl. (2.70b) treten in eine solche Hülle ebensoviele $\boldsymbol{D}$-Linien ein wie aus. So entstehen oder verschwinden in ihrem Innern keine $\boldsymbol{D}$-Linien.

2.5.3 Verknüpfung der Verschiebungsflußdichte D und der Feldstärke E im Dielektrikum

Analog zum Zusammenhang zwischen $\boldsymbol{S}$ und $\boldsymbol{E}$ im Strömungsfeld über die Materialeigenschaften (s. Abschn. 2.3.2) hängen auch im Nichtleiter $\boldsymbol{D}$ und $\boldsymbol{E}$ als Ursache und Wirkung materialmäßig zusammen. Im Experiment gilt für einen auf konstanter Ladung Q gehaltenen Kondensator (also $\boldsymbol{D} = \text{const}$) ohne und mit Dielektrikum (für die Beträge)

$$D = \text{const} = \underbrace{\varepsilon_0 E_0}_{\text{Vakuum}} = \underbrace{\varepsilon E_1}_{\text{Dielektrikum}}, \qquad (2.71)$$

also

$$\frac{E_{1\,\text{Diel}}}{E_{0\,\text{Vak}}} = \frac{\varepsilon_0}{\varepsilon} < 1 .$$

Systematische Versuche ergaben

$$\varepsilon_0 = 8{,}854 \cdot 10^{-12}\,\frac{\text{As}}{\text{Vm}} \approx \frac{10^{-9}}{4\pi 9}\,\frac{\text{As}}{\text{Vm}}^{1} \tag{2.72}$$

elektrische Feldkonstante, absolute Dielektrizitätskonstante (Permittivität) des Vakuums (Naturkonstante).

Die Größe $\varepsilon = \varepsilon_r, \varepsilon_0$ heißt *Dielektrizitätskonstante* (abgekürzt DK) des Dielektrikums, ε_r die *relative* Dielektrizitätskonstante (dimensionslos). Damit lautet der ***D***-***E***-Zusammenhang in isotropen Medien

$$\boldsymbol{D} = \varepsilon \boldsymbol{E} = \varepsilon_r \varepsilon_0 \boldsymbol{E} \tag{2.73}$$

Zusammenhang ***D*** und ***E*** im isotropen Dielektrikum (Definitionsgleichung von ε)[2] .

Aus dem Vergleich mit dem Strömungsfeld ergibt sich:

Während die Leitfähigkeit $\varkappa$ des idealen Nichtleiters verschwindet ($\varkappa = 0$), existieren Stoffe mit $\varepsilon = 0$ nicht. Der Kleinstwert von ε ist die elektrische Feldkonstante ε_0. Jede Feldstärke ***E*** hat damit stets Verschiebungsflußdichtelinien ***D*** untrennbar verkoppelt zur Folge, oder kurz

Feldstärke ***E*** und Verschiebungsflußdichte ***D*** sind untrennbar miteinander verkoppelt: $\boldsymbol{D} \geqq \varepsilon_0 \boldsymbol{E}$.

Das führt zwangsläufig zur Ladungsänderung und damit einem *Strom* (dem Verschiebungsstrom, s. Abschn. 2.5.6.2), wenn sich die Feldstärke ***E*** *zeitlich ändert* (z. B. Wechselspannung).

Anschaulich ist die Dielektrizitätskonstante ε ein Maß für die „*Durchlässigkeit*" des Nichtleiters für ***D***-Linien (bei ***E*** = const), genau so wie die Leitfähigkeit $\varkappa$ ein Maß für die Durchlässigkeit des Leiters für ***S***-Linien war.

Tafel 2.7 enthält typische Zahlenwerte von ε_r. In den technisch wichtigen Isolatoren werden die Feldlinien wegen $\varepsilon_r > 1$ im Material konzentriert. Auffällig ist die hohe Dielektrizitätskonstante von Wasser und von Halbleitern. Diese Materialien haben damit nicht nur Leitungs-, sondern auch gute dielektrische Eigenschaften!

Meist kann die Dielektrizitätskonstante als skalare feldunabhängige Größe angesehen werden. Mitunter hängt sie vom Ort ab. Schnell veränderliche Felder haben oft frequenzabhängiges ε zur Folge. In besonderen Fällen (anisotropes

---

[1] Der rechts stehende Wert folgt aus $\varepsilon_0 \mu_0 c^2 = 1$ (s. Gl. (3.2)) mit der Lichtgeschwindigkeit. $c = 2{,}998 \cdot 10^{10}$ cm/s $\approx 3 \cdot 10^{10}$ cm/s

[2] In dieser Form wird ε nur durch makroskopische Größen erklärt. Die mikroskopischen Vorgänge, die durch das Feld im Dielektrikum auftreten und den physikalischen Inhalt von ε_r begründen, übergehen wir hier

Table 2.7. Werte der relativen Dielektrizitätskonstante ε_r (bei 20 °C)

	ε_r		ε_r
Bakelit	4,8 ... 5,3	Polystyrol	2,6
Bariumtitanat	einige 1000	Transformatorenöl	2,3
Glas	5 ... 12	Wasser (destilliert)	80
Holz	2 ... 7	Metalle	1
Papier	1,5 ... 3	Germanium	16
Pertinax	4,5 ... 6	Silizium	12
Porzellan	5	Galliumarsenid	11

Material) dreht ε die Richtung des $\boldsymbol{E}$-Vektors, dann sind $\boldsymbol{D}$ und $\boldsymbol{E}$ nicht gleichgerichtet. Bei einigen Stoffen hängt ε_r von der Feldstärke E ab, z. B. Barium-Titanat ($\varepsilon_r > 1000$). Dann ergibt sich eine nichtlineare $\boldsymbol{D}$-$\boldsymbol{E}$-Beziehung.

2.5.4 Eigenschaften des elektrostatischen Feldes im Raum

2.5.4.1 Felder im Dielektrikum

Da $\boldsymbol{D}$ und $\boldsymbol{E}$ nach Gl. (2.73) einander proportional sind, stimmen beide Felder — abgesehen von einem Maßstabsfaktor — überein. Beide Feldlinien stehen senkrecht auf den Äquipotentialflächen (s. Bild 2.65). Wir wollen jetzt wie beim Strömungsfeld einige typische einfache Felder kennenlernen, bei denen die Verschiebungsflußdichte $\boldsymbol{D}$ aus einer gegebenen Ladung leicht bestimmt werden kann. Tafel 2.8 enthält eine Zusammenstellung. Man erkennt durch Vergleich mit dem Strömungsfeld (s. Abschn. 2.3.3.1):

Die $\boldsymbol{D}$-Felder entsprechen den $\boldsymbol{S}$-Feldern, wenn der Probestrom I des Strömungsfeldes (Speisestrom der Elektrode) durch die Ladungsverteilung Q der betreffenden Elektrode ersetzt wird.

Tafel 2.8. Verschiebungsflußdichte $\boldsymbol{D}$ (Betrag) wichtiger Gebilde mit der Ladung Q

	Feldbild	D
Punktquelle	räumlich radial	$\dfrac{Q}{A_{\text{Kugel}}(r)} = \dfrac{Q}{4\pi r^2}$
Linienquelle	eben radial	$\dfrac{Q}{A_{\text{Zyl.}}} = \dfrac{Q}{l\,2\pi\varrho}$
Zylinderfläche	eben radial	$\dfrac{Q}{A_{\text{Zyl.}}} = \dfrac{Q}{l\,2\pi\varrho}$
Ebene Fläche	homogen	$D = \dfrac{Q}{A_{\text{Fläche}}}$

Dann gelten auch alle dort getroffenen Aussagen bezüglich der Feldüberlagerung usw.

Das Potential ergab sich im Strömungsfeld aus der Integration der Feldstärke $\boldsymbol{E} = \boldsymbol{S}/\varkappa$, im elektrostatischen Feld wird daraus $\boldsymbol{E} = \boldsymbol{D}/\varepsilon$. Für die Punktladung erhält man so (s. Gl. (2.22a)) z. B.

$$\varphi(r) = \int_r^\infty \boldsymbol{E}_\varrho \cdot \boldsymbol{e}_\varrho \mathrm{d}\varrho = \int_r^\infty \frac{\boldsymbol{D}(\varrho)}{\varepsilon} \cdot \boldsymbol{e}_\varrho \mathrm{d}\varrho = \frac{Q}{4\pi^e} \int_r^\infty \frac{\mathrm{d}\varrho}{\varrho^2} = \frac{Q}{4\pi^e} \cdot \frac{1}{r}$$

oder allgemeiner:

Das Potential des elektrostatischen Feldes ergibt sich aus dem des Strömungsfeldes (für die gleiche Elektrodenanordnung), wenn $I/\varkappa$ durch Q/ε ersetzt wird.

Damit können die Ergebnisse des Strömungsfeldes analog auf das elektrostatische Feld übertragen werden und eine weitere Diskussion erübrigt sich.

Praktisch treten Feldberechnungen bei folgenden Aufgabenstellungen auf:

— Bestimmung der Feldstärke (und ihres Höchstwertes an einer bestimmten Stelle) von Leiteranordnungen in Geräten und Anlagen bei gegebener Spannung.

— Kapazitätsbestimmung von Leiteranordnungen. Als Besonderheit ist dabei nicht die Ladungsverteilung, sondern die Leiteranordnungen gegeben. Die Ladungsverteilung stellt sich erst unter Feldwirkung ein. Diese Berechnung wird — wie vorstehend — immer dann einfach, wenn aus der Leitergeometrie qualitativ auf die Ladungsverteilung geschlossen werden kann. In unserem Beispiel sind dazu der Gaußsche Satz und das Überlagerungsprinzip geeignet. Auch die graphische Feldbestimmung ist anwendbar. Bei der Kapazität (s. 2.5.5.2) kommen wir auf eine allgemeine Lösungsstrategie zurück.

2.5.4.2 Eigenschaften des elektrostatischen Feldes

Quellencharakter: 1. Integrale Aussage. Nach der Definition von $\boldsymbol{D}$ Gl. (2.70a) hängen die Ladung Q und die gesamte Verschiebungsflußdichte durch eine Oberfläche über das Hüllintegral $\oint \boldsymbol{D} \cdot \mathrm{d}\boldsymbol{A}$ zusammen[1]. Dieses Ergebnis gilt auch dann noch, wenn die Hülle kleiner wird und nur noch eine Punktladung umschließt. Ergebnis:

Die felderzeugenden Ladungen Q sind Quelle (positive Ladung) und Senke (negative Ladung) des Verschiebungsflußdichtefeldes. Geschlossene Feldlinien existieren im elektrostatischen Feld nicht. Deshalb ist das elektrostatische Feld ein *Quellenfeld* (vgl. Bild 2.66c und d). Wir verwiesen auf diese Tatsache bereits früher (s. Abschn. 2.1.1), erkennen aber erst jetzt den eigentlichen Grund.

2. Aussage im Raumpunkt. Die Formulierung Gl. (2.70a) bezog sich auf die in der Hülle vorhandene Gesamtladung. Sie gibt keine Auskunft über die Ladungsverteilung. Vom Feldgesichtspunkt her interessiert aber die Gl. (2.70a) zur *gleichwertigen* Aussage für den Raumpunkt (innerhalb der Hüllfläche). Dazu denken wir uns die Ladung Q in Teilladungen ΔQ zerlegt, die jeweils im Volumen ΔV vorhanden sein mögen. Im elektrostatischen Feld sind die elektrischen Ladungen

[1] Im Feldlinienbild gehen dann von dieser Hüllfläche Feldlinien aus, s. Bild 2.66b

Quellen (positive Ladungen) und Senken (negative Ladungen) der Verschiebungsflußdichte $\boldsymbol{D}$. In einem Volumen ΔV (Bild 2.67) befinde sich die positive Teilladung

$$Q = \int_{\text{Volumen}} \varrho \Delta V = \int_{\text{Volumen}} \varrho A \, \mathrm{d}x \, .$$

Alle Verschiebungsflußdichtelinien sollen nach rechts austreten (die entsprechende negative Ladung befinde sich weit rechts). Nach Gl. (2.70) wird dann die rechte Oberfläche (im Bild schraffiert) vom Ladungsfluß $Q = \boldsymbol{D} \cdot \boldsymbol{A} = DA (\boldsymbol{D} \parallel \boldsymbol{A})$ durchsetzt. Er wird in allen folgenden Fällen konstant gehalten. Im Volumen V soll sich die Raumladungsdichte wie folgt ändern:

a) Kleine Raumladungsdichte ϱ homogen verteilt ($\varrho = \text{const}$). Dann entstehen längs der Strecke $\mathrm{d}x$ insgesamt $\mathrm{d}D$ neue „Ladungslinien" (je Fläche), insgesamt also die Ladung im Volumen (Bild 2.67a)

$$\int \frac{\mathrm{d}D}{\mathrm{d}x} A \, \mathrm{d}x = \int_{\text{Volumen}} \varrho A \, \mathrm{d}x = D \cdot A$$

räumlich verteilter Ladungszuwachs — **Gesamtladung im Volumen** — **Ladungszufluß durch rechte Oberfläche**

Hieraus findet man durch Vergleich

$$\mathrm{d}D/\mathrm{d}x = \varrho \, . \tag{2.74}$$

Wir erkennen im Bild sehr gut, wie aus jeder „Ladungsscheibe" (Inhalt: $\Delta Q = A \Delta D$) nach rechts die gleiche Anzahl von Feldlinien neu entspringt und damit die „Liniendichte" — eben die Verschiebungsflußdichte D — nach rechts wächst.

b) Bei größerer Raumladungsdichte ϱ (ΔV kleiner, Bild b) ändert sich D längs x stärker, insgesamt gilt wieder Gl. (2.74).

c) Ändert sich ϱ selbst (Dichte nach rechts zunehmend, Bild 2.67c), so muß $\mathrm{d}D/\mathrm{d}x$ ebenfalls nach rechts zunehmen, sich also D über den Ort stärker ändern.

d) Springt D an der Oberfläche (Bild 2.67d), so muß ϱ unendlich groß sein und die Dicke der Raumladungsschicht gegen Null gehen. Dafür wurde (s. Abschn. 1.3.2) der Begriff „*Flächenladungsdichte*" σ eingeführt.

Wir erkennen:

In x-Richtung beschreibt Gl. (2.74) den Zusammenhang zwischen der Änderung der Verschiebungsflußdichte und der Raumladung *an jeder Stelle* x. Außerhalb des Raumladungsgebietes ($\varrho = 0$) ist D konstant.

Diese Überlegungen können für alle drei Richtungen verallgemeinert werden und ergeben:

$$\frac{\partial D_x}{\partial x} + \frac{\partial D_y}{\partial y} + \frac{\partial D_z}{\partial z} = \varrho \tag{2.75}$$

Poissonsche Gleichung[1], Gaußsches Gesetz im Raumpunkt (kartesische Koordinaten).

---

[1] Wir werden sie später in einer allgemeinen Schreibweise als div $\boldsymbol{D} = \varrho$ (gesprochen: Divergenz von $\boldsymbol{D}$ (Ergiebigkeit)) kennenlernen. Das ist eine Differentialvektoroperation

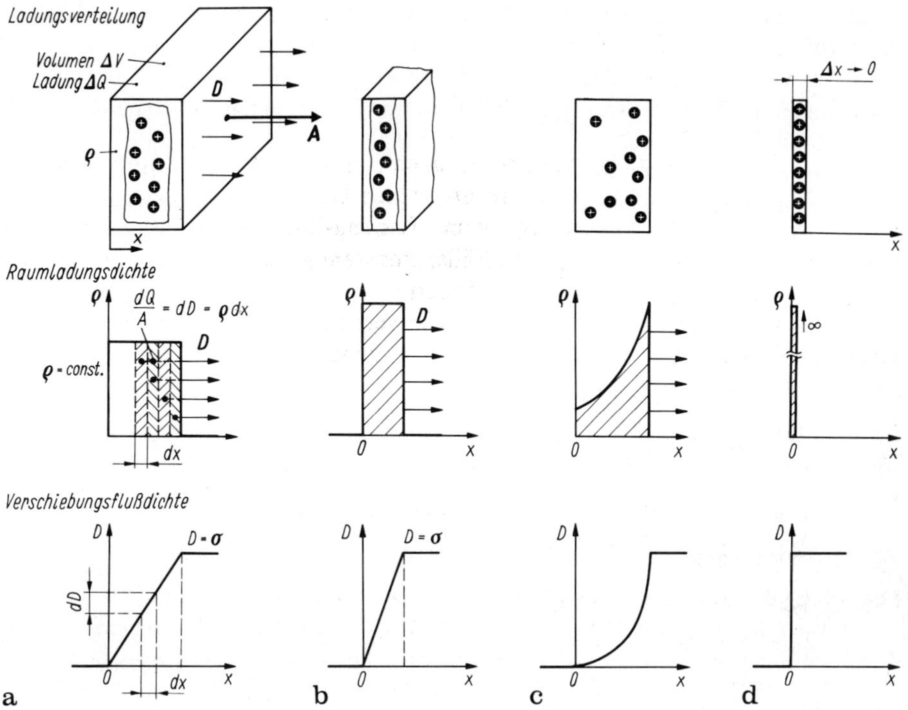

Bild 2.67a–d. Verschiebungsflußdichte, Raumladungsdichte an Grenzflächen. Die Feldänderung hängt bei Durchgang durch eine geladene Schicht nur von der Gesamtladung je Fläche (σ) ab

Die Formulierung entspricht voll derjenigen von Gl. (2.70a), jedoch für den Raumpunkt. Sie heißt *Poissonsche Gleichung*.[1]

Anschaulich sind damit die *räumliche Änderung der Verschiebungsflußdichte* und die Raumladungsdichte direkt miteinander verknüpft, oder:

Jede Raumladung hat ein räumlich veränderliches, also *inhomogenes* elektrisches Feld zur Folge.

Betrachten wir den Einfluß der Raumladungsdichte auf das Potential φ: Zunächst gilt aus Gl. (2.73) mit $D_x = \varepsilon E_x$ und $E_x = -\dfrac{d\varphi}{dx}$

$$\frac{d(\varepsilon E_x)}{dx} = -\frac{\varepsilon d^2\varphi}{dx^2} = \varrho\,. \tag{2.76}$$

Die zweite Ableitung des Potentials nach dem Ort — die sog. *Krümmung* — ist gleich der Raumladungsdichte ϱ.

[1] Den Nachweis, daß beide Beziehungen den gleichen physikalischen Sachverhalt beschreiben, führt die Feldtheorie

Wir wollen diesen Zusammenhang durch einige Sonderfälle veranschaulichen (Bild 2.68):

a) Im feldfreien (und damit raumladungsfreien) Raum ist $E_x = 0$ und damit $\varphi = \text{const}$ (das Potential war nach Gl. (2.10) nur bis auf einige beliebige Konstanten bestimmt).

b) Im raumladungsfreien Gebiet $\varrho = 0$ (z. B. einem Metalldraht, Bild 2.68b) herrscht durch eine anliegende Spannung U eine konstante Feldstärke E. Dann fällt das Potential gemäß Gl. (2.76) $\varphi = -\int \boldsymbol{E}\cdot \mathrm{d}\boldsymbol{s} + \text{const} = -E_x x + \text{const}$ linear über dem Ort ab.

c) In einem Gebiet konstanter Raumladungsdichte ϱ gilt

$$E_x = \frac{1}{\varepsilon}\int_0^x \varrho \,\mathrm{d}x = \frac{\varrho x}{\varepsilon} \qquad (0 \leqq x \leqq d)\,.$$

Im raumladungsfreien Gebiet bleibt die Feldstärke dann erhalten (s. Bild 2.68c). Das Potential beträgt (mit $\varphi(0) = 0$)

$$\varphi = -\int_0^x E_x \,\mathrm{d}s = -\int_0^x \frac{\varrho x}{\varepsilon}\,\mathrm{d}x = -\frac{\varrho}{\varepsilon}\frac{x^2}{2}\,,$$

es ändert sich *nichtlinear* in Abhängigkeit vom Ort, ist also gekrümmt.

d) Fügt man an die positive Raumladungsschicht noch eine negative (Bild 2.68d) zu einer sog. *Raumladungsdoppelschicht* hinzu, so entsteht insgesamt eine

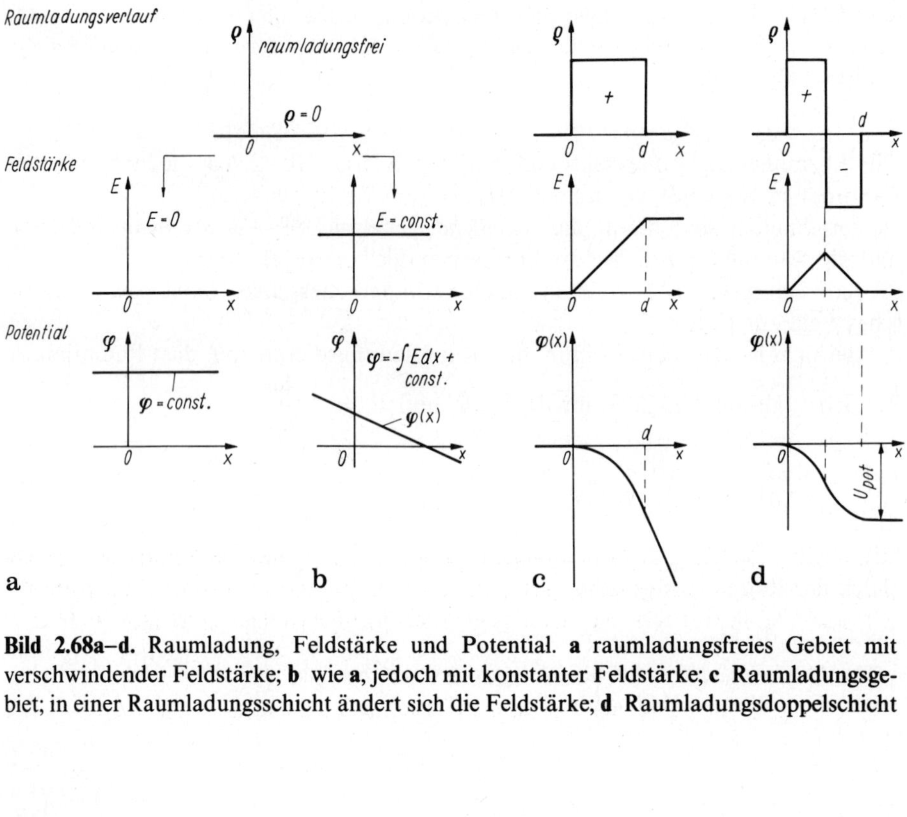

Bild 2.68a–d. Raumladung, Feldstärke und Potential. **a** raumladungsfreies Gebiet mit verschwindender Feldstärke; **b** wie **a**, jedoch mit konstanter Feldstärke; **c** Raumladungsgebiet; in einer Raumladungsschicht ändert sich die Feldstärke; **d** Raumladungsdoppelschicht

Potentialschwelle, also eine *Spannung*. Sie ist ein typisches Kennzeichen der Doppelschicht. Bei den Halbleiterbauelementen kommen wir auf diesen Fall zurück[1].

Anwendungsbeispiele

1. Metall-Isolatoranordnungen. Raumladungszonen entstehen beispielsweise in *Halbleitern* auf sehr einfache Weise: Wir ersetzen im Kondensator (Metall-Isolator-Metallanordnung) die linke Metallplatte durch eine (dicke) *n*-leitende (ebene) Halbleiterschicht, der durch einen Isolator (z. B. Luft) getrennt, die Metallelektrode parallel gegenübersteht. Das ist ein sog. Halbleiter-Isolator-Metall-Kondensator (Bild 2.69a). Liegt eine Spannung an, so muß sich im Isolator ein elektrisches Feld einstellen (ungefähr von der Größe $E \approx U/d$). Nach unseren bisherigen Kenntnissen

— bilden sich bei der gewählten Polarität der Spannungsquelle an der Metalloberfläche negative Ladungen in großer Zahl mit der Gesamtladung Q_-. Sie sind Senken von Feldlinien.
— bildet sich eine betragsmäßig gleichgroße positive Ladung Q_+ im Halbleiter. Dazu müssen die Elektronen im oberflächennahen Gebiet zurückgedrängt werden, so daß die positiven, ortsfesten Störstellen (Donatoren, Ladungsdichte $\varrho = qN_\mathrm{D}$) überwiegen. Es entsteht dort eine *Raumladungszone* mit der *Raumladungsdichte* $\varrho = qN_\mathrm{D}$. Wir nehmen sie als konstant an (vgl. Bild 2.68c).
Die Breite W dieser Zone muß sich so einstellen, daß die von ihr insgesamt gebildete Ladung Q_+ gerade ausreicht, der negativen Ladung Q_- auf dem Metall das Gleichgewicht zu halten: $Q_+ = \int \varrho \mathrm{d}V = \varrho V = (qN_\mathrm{D})WA = |Q_-| = DA$. Daraus folgt an

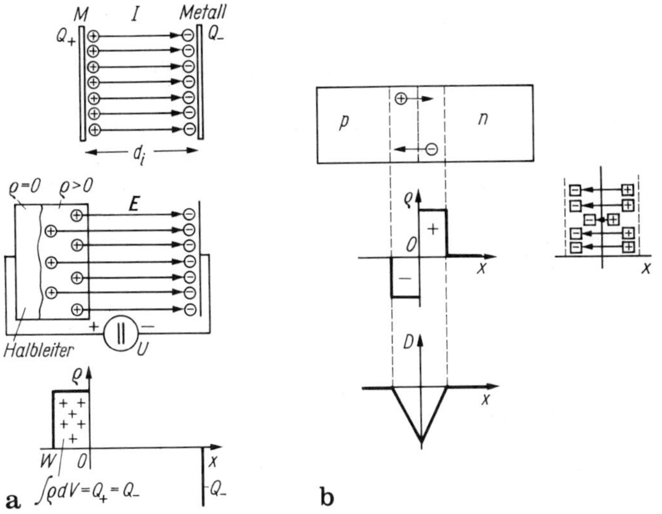

Bild 2.69a,b. Metall-Isolator-Halbleiter-Kapzaität. **a** Entstehung einer Raumladungszone an der Oberfläche der Halbleiterelektrode eines Halbleiter-Isolator-Metallkondensators; **b** Entstehung einer Raumladungszone und zugehörige Feldverteilung im pn-Übergang

[1] Dort wird diese Spannung als „Diffusionsspannung“ bezeichnet

der Metalloberfläche ausgedrükt durch D bzw. E bzw. die anliegende Spannung $U/d_i = E = D/\varepsilon$.

$$W = \frac{D}{pN_D} = \frac{\varepsilon_0 E}{pN_D} = \frac{\varepsilon_0 U}{qN_D d_i} = \frac{8{,}85 \cdot 10^{-12}\,\text{A} \cdot \text{s}\, 1\,\text{V}}{1{,}6 \cdot 10^{-19}\,\text{A} \cdot \text{s}\,\text{Vm}\, 1\,\mu\text{m} \cdot 10^{16}\,\text{cm}^{-3}} \approx 5.5 \cdot 10^{-7}\,\text{cm}\,.$$

Wir haben dabei eine Isolatordicke $d_i = 1\ \mu\text{m}$ und eine Spannung $U = 1$ V (Isolatorfeldstärke also $E = U/d = 1\ \text{V}/\mu\text{m} = 10^6\ \text{V/m}$ sowie die Halbleiterstörstellendichte $N_D = 16^{16}\ \text{cm}^{-3}$ angenommen. Durch die geringe Störstellenkonzentration N_D (im Vergleich zu Metall) bilden sich ausgedehnte Raumladungszonen. Der restliche Halbleiter ist neutral ($\varrho = 0$), weil sich an jeder Stelle Elektronen und Donatoren kompensieren. Diese *Metall-Isolator-Halbleiteranordnung* hat für eine große Gruppe elektronischer Bauelemente — die sog. MIS-Transistoren und MIS-Schaltkreise — eine breite technische Bedeutung in der gesamten Elektronik. Sie ist ein Musterbeispiel für das Studium der Feldverhältnisse in Isolatoren und Raumladungszonen.

Wir erkennen aber auch aus dem Beispiel (durch Vergleich mit Bild 2.68): im Isolator entsteht ein homogenes D-Feld, im Halbleiter ein inhomogenes.

2. Übergang p-n-Halbleiter. Wir bringen zwei p- und n-dotierte Halbleitergebiete in innigen Kontakt (Bild 2.69b). Dann stehen sich an der Übergangs- oder Kontaktstelle eine hohe Löcherdichte links und eine sehr viel kleinere rechts im n-Gebiet gegenüber (analoges gilt für die Elektronen des n-Gebietes). Solche Dichteunterschiede können sich aber nicht halten, es setzt vielmehr ein Ausgleich[1] ein: Löcher bewegen sich nach rechts (Elektronen nach links). Dadurch wird die Ladungsneutralität des Halbleiters verletzt und es entstehen durch den Überschuß von negativen Störstellen (Akzeptoren) im p-Gebiet eine *negative Raumladung* mit der Raumladungsdichte $\varrho_- \approx -qN_A$ (analog im n-Gebiet eine positive Raumladungsdichte) und damit ein *Feldstärkefeld.*

Jede Übergangsstelle von einem p- zum n-Halbleiter ist Sitz eines Raumladungsbereiches oder Raumladungszone. Da solche pn-Übergänge die Grundlage der Halbleiterdioden, Transistoren und Schaltkreise sind, wird auch daran die Bedeutung der fundierten Kenntnis der mit der Raumladung verbundenen Erscheinungen deutlich.

3. Feldefffekt an einer Metall-Isolator-Halbleiteranordnung. Wir kommen auf die bereits im Bild 2.69a benutzte Metall-Isolator-Halbleiteranordnung zurück (Bild 2.70).

Bei positiver Spannung am n-Halbleiter bildete sich an der der Metallelektrode zugewandten Seite eine Raumladungszone, durch sog. *Influenz*, (Bild 2.70a). Die Elektronen wurden nach dem Halbleiter zu abgezogen. Diese oberflächennahe Schicht wird also eine geringe Leitfähigkeit $\varkappa \sim$ n haben.

Eine Umkehr der Spannung (positive Ladung auf der Metallelektrode Bild 2.70b) *erzwingt* nach dem Influenzprinzip eine entsprechend hohe Elektronenkonzentration an, der Halbleiteroberfläche. Sie wird um so höher, je höher die anliegende Spannung ist. In diesem Fall erfolgt eine Zunahme der Leitfähigkeit an der Halbleiteroberfläche.

Zusammengefaßt: Die Leitfähigkeit an der Oberfläche eines Halbleiters hängt von der Intensität und Richtung des auftreffenden Feldes ab. Diese Erscheinung heißt *Feldeffekt.* Er ist die Grundlage einer großen Anzahl elektronischer Bauelemente, der sog. Feldeffektbauelemente. Der Feldeffekt läßt sich besonders einfach in einer Metall-Isolator-Halbleiter-Struktur realisieren.

---

[1] Beispiele für einen solchen Ausgleich von Dichteunterschieden gibt es sehr viel: Wird ein Tintentropfen in ein Glas mit ruhendem Wasser geschüttet, so hat sich die Tinte nach einiger Zeit gleichmäßig verteilt. Der Vorgang heißt Diffusion

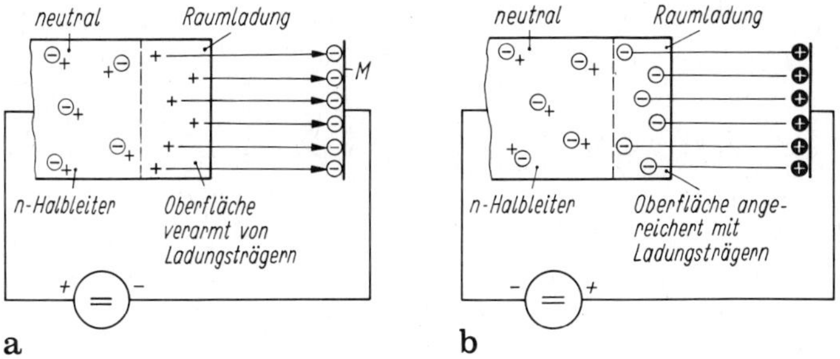

Bild 2.70a,b. Prinzip des Feldeffektes: Ladungsträgerinfluenz an der Oberfläche eines Halbleiters. In Abhängigkeit von Größe und Richtung der anliegenden Spannung entsteht im Halbleiter: **a** eine von Ladungsträgern verarmte Oberflächenzone; **b** eine mit Ladungen angereicherte Oberflächenzone hoher Leitfähigkeit

Man erkennt aus diesen wenigen Beispielen bereits:

Die mit dem elektrostatischen Feld verknüpften Phänomene haben z. B. auch für die Elektronik (wie für viele andere Bereiche der Elektrotechnik) grundsätzliche Bedeutung.

2.5.4.3 Eigenschaften an Grenzflächen

Ladungsfreie Grenzfläche. In praktischen Anordnungen stoßen häufig Materialien mit verschiedenen dielektrischen Eigenschaften (z. B. Glas/Luft, Wasser/Luft) aneinander. An solchen Grenzflächen ändern sich die Feldgrößen z. T. sprunghaft. Das wissen wir bereits vom Strömungsfeld (s. Abschn. 2.3.3.4). Im Bild 2.71 fallen die Feldlinien $\boldsymbol{E}$ und $\boldsymbol{D}$ von einen dielektrisch „besser leitenden" Medium (ε_1) unter dem Winkel α_1 zur Flächennormalen auf ein Medium mit $\varepsilon_2 < \varepsilon_1$ und treten dort unter dem Winkel α_2 aus. Die Grenzfläche selbst sei ladungsfrei. Maßgebend für die Feldverhältnisse an ihr sind die Grundeigenschaften $\varrho = 0$ und $\oint \boldsymbol{E} \cdot \mathrm{d}\boldsymbol{s} = 0$ im ladungsfreien Gebiet des elektrostatischen Feldes. Wir nehmen an, daß an der Grenzfläche keine Ladungen sitzen und zerlegen die Verschiebungsflußdichte $\boldsymbol{D} = \boldsymbol{D}_\mathrm{n} + \boldsymbol{D}_\mathrm{t}$ in Normal- und Tangentialkomponente zur Fläche $\mathrm{d}\boldsymbol{A}$:

$$\oint \boldsymbol{D} \cdot \mathrm{d}\boldsymbol{A} = \int_A \boldsymbol{D}_1 \cdot \mathrm{d}\boldsymbol{A}_1 + \int_A \boldsymbol{D}_2 \cdot \mathrm{d}\boldsymbol{A}_2 = 0$$

$$= \int_A (\boldsymbol{D}_{\mathrm{n}1} + \boldsymbol{D}_{\mathrm{t}1}) \cdot \mathrm{d}\boldsymbol{A} + \int_A (\boldsymbol{D}_{\mathrm{n}2} + \boldsymbol{D}_{\mathrm{t}2}) \cdot \mathrm{d}\boldsymbol{A} \,.$$

Beim Strömungsfeld hatten wir entsprechende Überlegungen geführt (s. Gl. (2.25a)). Auch hier geben die Tangentialkomponenten keinen Beitrag ($\boldsymbol{D}_\mathrm{t} \perp \mathrm{d}\boldsymbol{A}$), die Normalkomponenten mit $\mathrm{d}A_1 = -\mathrm{d}A_2$ und $\mathrm{d}A_1 = \mathrm{d}A_2$ schließlich

$$-D_{\mathrm{n}1}\,\mathrm{d}A_1 + D_{\mathrm{n}2}\,\mathrm{d}A_2 = 0$$

$$D_{\mathrm{n}1} = D_{\mathrm{n}2} \qquad (2.77)$$

Stetigkeit der Normalkomponenten der Verschiebungsflußdichte, bzw. mit Gl. (2.73)

$$\frac{E_{n1}}{E_{n2}} = \frac{\varepsilon_2}{\varepsilon_1}.$$

(Man vergleiche das Ergebnis mit dem des Strömungsfeldes!) Die Stetigkeit der Normalkomponenten von D geht aus dem Bild 2.71b anschaulich hervor; während die Unstetigkeit der Normalkomponente der elektrischen Feldstärke aus Bild 2.71a zu ersehen ist. Analog führt die Bedingung $\oint \boldsymbol{E} \cdot \mathrm{d}\boldsymbol{s} = 0$ (Gl. (2.8)) mit der gleichen Zerlegung $\boldsymbol{E} = \boldsymbol{E}_\mathrm{n} + \boldsymbol{E}_\mathrm{t}$ auf beiden Seiten in Normal- und Tangentialkomponenten zum Wegelement $\mathrm{d}\boldsymbol{s}$ bei geschlossenem Umlauf (Bild 2.71) auf

$$E_{t1} = E_{t2} \tag{2.78a}$$

Stetigkeit der Tangentialkomponenten der Feldstärke

und mit Gl. (2.73)

$$\frac{D_{t1}}{D_{t2}} = \frac{\varepsilon_1}{\varepsilon_2}. \tag{2.78b}$$

Würde Gl. (2.78a) nicht gelten, so müßte sich eine Längsspannung bilden.

Zusammengefaßt:

1. An der ladungsfreien Grenzfläche verschiedener Dielektrika sind die Normalkomponenten der Verschiebungsflußdichte und Tangentialkomponenten der Feldstärke immer stetig. Sie springen nie. Deshalb tritt der Ladungsfluß[1] durch die Grenzfläche immer stetig.

2. Die Normalkomponenten der Feldstärke verhalten sich beiderseits der Grenzfläche umgekehrt wie die Dielektrizitätskonstanten. Im Material mit dem kleinen ε herrscht die höhere Feldstärke. *Eine vom Ladungsfluß*[1] *durchsetzte Grenzfläche ist stets Quelle (Senke) von* ***E****-Linien.*

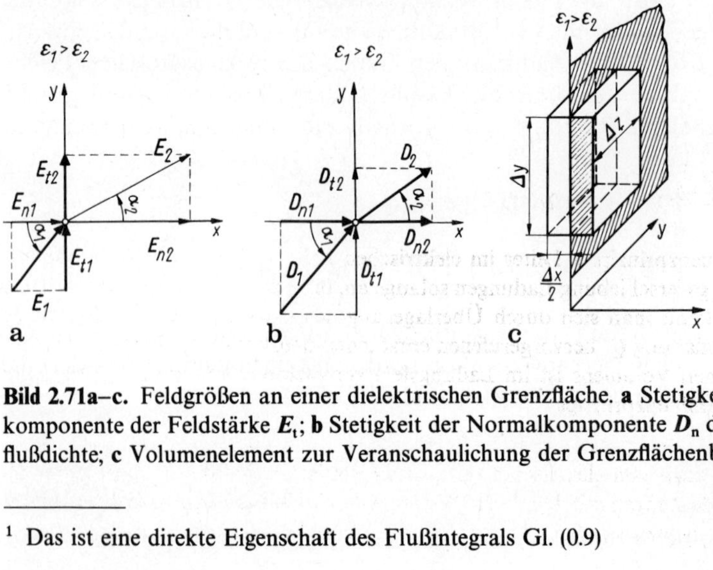

Bild 2.71a–c. Feldgrößen an einer dielektrischen Grenzfläche. **a** Stetigkeit der Tangentialkomponente der Feldstärke $\boldsymbol{E}_\mathrm{t}$; **b** Stetigkeit der Normalkomponente $\boldsymbol{D}_\mathrm{n}$ der Verschiebungsflußdichte; **c** Volumenelement zur Veranschaulichung der Grenzflächenbedingungen

[1] Das ist eine direkte Eigenschaft des Flußintegrals Gl. (0.9)

3. Die Tangentialkomponenten der Verschiebungsflußdichte verhalten sich an der Grenzfläche wie die Dielektrizitätskonstanten.

Aus Gl. (2.77) und (2.78) folgt das *Brechungsgesetz*

$$\frac{D_{t1}}{D_{t2}} = \frac{E_{n2}}{E_{n1}} = \frac{\tan\alpha_1}{\tan\alpha_2} = \frac{\varepsilon_1}{\varepsilon_2} \tag{2.79}$$

Brechungsgesetz im Dielektrikum.

Beim Übergang von einem dielektrischen Material ε_1 ($\varepsilon_1 > \varepsilon_2$) in eines mit kleinerem ε werden die Feldvektoren $\boldsymbol{E}$ und $\boldsymbol{D}$ zur Flächennormalen hin gebrochen. Deshalb treten die $\boldsymbol{D}$- und $\boldsymbol{E}$-Linien aus dem Stoff mit dem größeren ε_1 nahezu senkrecht in einen Stoff mit der kleineren Dielektrizitrizitätskonstante ε_2 ($\ll \varepsilon_1$).

Ein gleiches Ergebnis erhielten wir bereits im Strömungsfeld Gl. (2.26c) in der Aussage für die Leitfähigkeit. Wir werden es im magnetischen Feld in analoger Form wiederfinden (s. Abschn. 3.1.5).

Leiter im elektrostatischen Feld. Influenz. Als Anwendung der Flächenladung betrachten wir das Verhalten eines Leiters, der isoliert in ein elektrostatisches Feld $\boldsymbol{E}$ gebracht wird (Bild 2.72). Die Feldkraft verschiebt die beweglichen Ladungen an die Oberfläche (positive in, negative entgegen der Feldrichtung). Diese Ladungstrennung verursacht im Leiterinnern ein Gegenfeld $\boldsymbol{E}_\mathrm{i}$ solcher Größe, daß das Gesamtfeld $\boldsymbol{E} + \boldsymbol{E}_\mathrm{i}$ verschwindet:

Im elektrostatischen Feld sammeln sich die Ladungsträger an den Leiteroberflächen als Flächenladung. Dieser Vorgang heißt *Influenz*[1]. Das Leiterinnere bleibt dabei feldfrei.

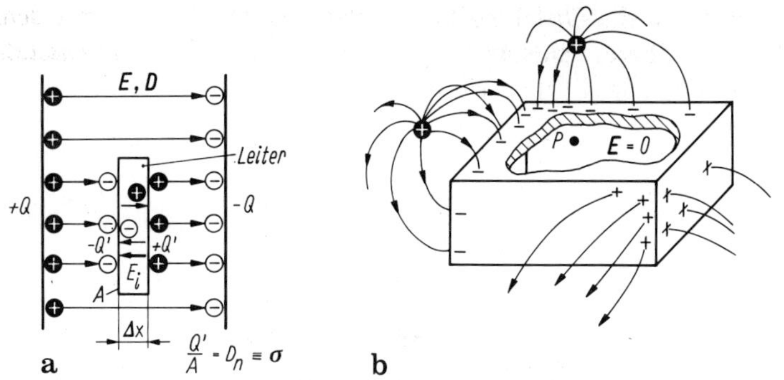

Bild 2.72a,b. Influenzprinzip. **a** Leiter im elektrischen Feld. Auf der Oberfläche sammeln sich durch Ladungsverschiebung Ladungen solange an, bis das Leiterinnere feldfrei ist. Den feldfreien Raum kann man sich durch Überlagerung des ursprünglichen Feldes mit den durch die Influenzladung Q' hervorgerufenen entstanden denken; **b** das Innere eines metallisch umschlossenen Volumens ist im Ladungsfeld stets feldfrei: Abschirmwirkung durch Ausnutzung des Influenzprinzips

[1] Mitunter wird auch von elektrischer oder elektrostatischer Induktion gesprochen. Das gibt leicht Mißdeutungen mit dem Induktionsvorgang im Magnetfeld, deshalb sollte diese Bezeichnung gemieden werden

Im Bild 2.72b haben wir die Feldfreiheit eines durch eine Metallhülle abgeschlossenen Volumens im Raumladungsfeld veranschaulicht. Weil die Leiteroberfläche stets eine Potentiallinie ist, steht die Feldstärkelinie senkrecht auf ihr. Die Ladungsverteilung auf der Oberfläche selbst kennzeichnen wir durch die Flächenladungsdichte σ (s. Gl. (1.3a)) Ladung/Fläche). Ihre Größe läßt sich aus der Grenzflächenbedingung anhand des Bildes 2.72a leicht ermitteln. Es habe der Leiter im Feld die Dicke Δx. Im Innern ist $\boldsymbol{E}_{\text{ges}} = 0$, also auch $\boldsymbol{D}_{\text{n}} = 0$. Dann verbleibt an der Oberfläche

$$D_{\text{n}}|_{\text{an Metalloberflächen}} = \sigma \qquad (2.80)$$

Flächenladungsdichte an der Oberfläche eines feldfreien Leiters .

Ergebnis: Im elektrostatischen Feld ist die Normalkomponente $\boldsymbol{D}_{\text{n}}$ der Verschiebungsflußdichte an der Oberfläche eines Leiters stets gleich der Flächenladungsdichte σ.

Diskussion. Das Influenzprinzip läßt sich unmittelbar aus dem Gaußschen Gesetz Gl. (2.70a) folgern. Wir denken uns eine beliebige Anordnung zweier Ladungen (Bild 2.73a) und ersetzen eine Potentialfläche durch eine geometrisch gleiche Metalldoppelfläche. Dann wird auf ihrer Innenseite eine negative, auf der Außenseite eine positive Ladung bzw. umgekehrt influenziert. Alle von der positiven Ladung Q ausgehenden Verschiebungslinien enden innerhalb der Metallumhüllung, von ihrer Außenfläche geht die gleiche Anzahl D-Linien wieder weg.

Das Gesamtfeld setzt sich aus folgenden zwei Anteilen zusammen: dem Feld der inneren Ladung Q_+ und ihrer Gegenladung Q_-; an der Metallinnenfläche kommt das Feld der influenzierten Ladung Q_+ an der Außenfläche hinzu. Im Kugelinnern kompensiert sich das Feld der inneren Ladung mit dem Feld der Außenladungen,

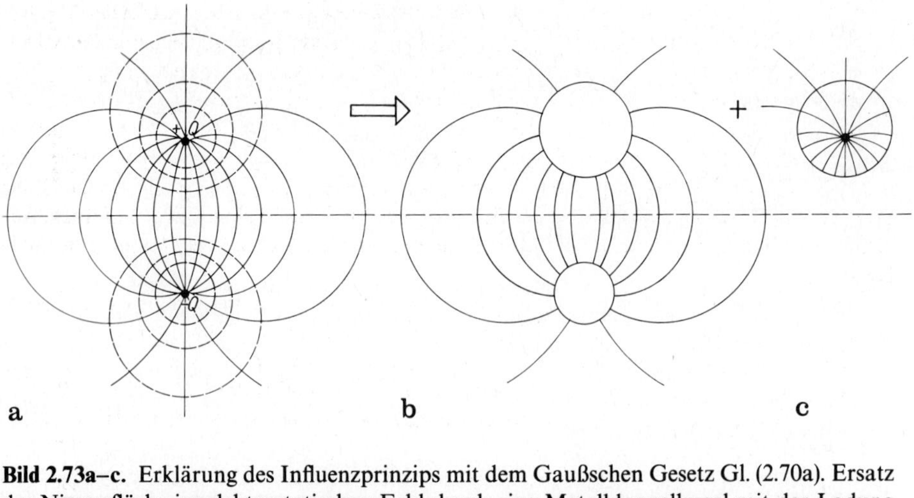

Bild 2.73a–c. Erklärung des Influenzprinzips mit dem Gaußschen Gesetz Gl. (2.70a). Ersatz der Niveaufläche im elektrostatischen Feld durch eine Metalldoppelkugel mit der Ladung $+Q$, $-Q$ bzw. Oberflächenladungsdichte σ, Da die innere Kugel insgesamt die Ladung Null hat, kann sie entfernt werden, ohne Feldbildänderung

es ist feldfrei. Deshalb kann die innere Ladung ohne Störung des Feldes entfernt werden.

Beispiele und Anwendungen.

1. Auf einer Metalloberfläche treffe die Feldstärke $E_n = 30\,\text{kV/cm}$ (Luft) auf. Dann herrscht dort die Verschiebungsflußdichte

$$D_n = \varepsilon_0 E = 8{,}85 \cdot 10^{-12} \frac{\text{As}}{\text{Vm}} \cdot 30 \cdot 10^3 \frac{\text{V}}{\text{cm}} = 26{,}5 \cdot 10^{-10} \frac{\text{As}}{\text{cm}^2}.$$

Nimmt man eine Raumladungsdichte $\varrho = qn \approx 1{,}6 \cdot 10^{-19}\,\text{As} \cdot 10^{22}\,\text{cm}^{-3}$ im Metall an, so müßte diese Ladung in einer Schichtdicke

$$\Delta x = \frac{Q}{\varrho A} = \frac{D_n}{\varrho} = \frac{26{,}5 \cdot 10^{-10}\,\text{As}\,\text{cm}^3}{1{,}6 \cdot 10^{-19} \cdot 10^{22}\,\text{cm}^2\,\text{As}} = 16{,}5 \cdot 10^{-7}\,\text{cm}$$

vorliegen. Derartige Abmessungen sind für die hier durchgeführten Überlegungen zu vernachlässigen. Somit sitzen bei Metallen Ladungen also dünne Schichten (Flächenladungen) an der Metalloberfläche.

Wird die raumladungserfüllte Schicht (Bild 2.67) immer dünner (bleibt aber $\varrho\Delta x = (\Delta Q/\Delta V)\Delta x = (\Delta Q/\Delta A\,\Delta x))\Delta x = \sigma$ konstant), so steigt die Verschiebungsflußdichte immer steiler an (Bild 2.67b), bis sie im Grenzfall der Flächenladung ($\Delta x \to 0$, $\varrho \to \infty$) springt (Bild 2.67d). Praktisch kommen Flächenladungen nicht in Schichten verschwindender Dicke vor. So kann eine Ladung auf einer Metalloberfläche nur in einer Schichtdicke unter einem. Nanometer verteilt sein. Für viele Betrachtungen genügt es, diese Schichtdicke zu vernachlässigen und mit dem Begriff „Flächenladung" zu operieren.

2. Abschirmung. Wir betrachten ein elektrostatisches Feld an einem Punkt P (Bild 2.72b). Soll das Feld dort verschwinden, so wird der Punkt mit einer Metallhülle, einem sog. *Faradayschen Käfig* umgeben. An seiner Außenseite entstehen durch Influenz Flächenladungen und das Innere bleibt feldfrei. So können feldfreie Räume erzeugt werden. Praktisch genügt bereits Metallgaze für eine solche Abschirmwirkung. Das gleiche Prinzip liegt der abgeschirmten Leitung, wie sie in der Informationstechnik benutzt wird, zugrunde: Abschirmung als Schutz vor elektrischen Störfeldern (nicht magnetischen!). Ein Auto mit Blechkarosserie wirkt für die Insassen bei Gewitter ebenso wie ein abschirmender Käfig.

3. Wanderwellen auf Freileitung. Eine Gewitterwolke (Ladung $+Q$) influenziert auf isolierten Leitungen und der Erde die Gegenladung. Entlädt sich die Wolke durch Blitzschlag (in die Erde), so sind die Ladungen der Leitungen nicht mehr gebunden. Sie strömen nach beiden Seiten als sog. *Wanderwelle* auseinander. Im Gefolge entstehen hohe Spannungsstöße auf der Leitung, die z. B. Fernsprecheinrichtungen gefährden können. Aus gleichen Gründen soll man bei Gewitter keine ausgedehnten isolierten Metallgegenstände berühren.

4. Ströme durch Influenz bewegter Ladungen. Wird in einen ungeladenen Plattenkondensator eine Ladung gebracht, so influenziert sie auf beiden Platten insgesamt ihre Gegenladung. Beginnt sich diese Ladung (z. B. durch das elektrische Feld) nach einer der beiden Platten hin zu bewegen, so verschiebt sich das Verhältnis der influenzierten Ladungen. Ladungsänderungen bedeuten aber Stromfluß im äußeren Kreis. Dieser Strom durch Influenzwirkung heißt *Influenzstrom.*

Wir betrachten dazu einen Plattenkondensator versehen mit der Spannung U, in dem sich ein negatives *Ladungspaket* $\Delta Q = \varrho A\,\Delta s$ der Dicke $\mathrm{d}x$ (begrenzt durch ebene Flächen) mit der Geschwindigkeit v von links nach rechts bewegt (Bild 2.74a). Durch die Spannung U selbst entsteht auf der Kondensatorplatte die Ladung $-Q_{\text{Kap}}$ und $+Q_{\text{Kap}}$ mit $Q_{\text{Kap}} = CU$.

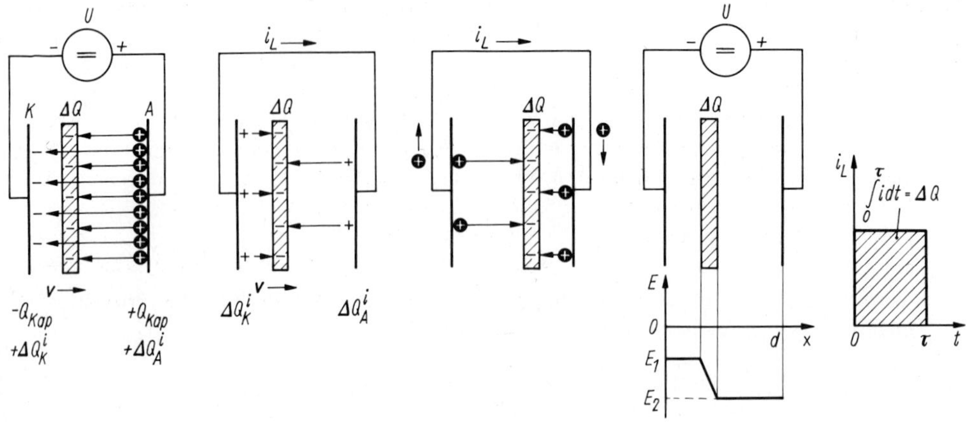

Bild 2.74a–e. Strom influenziert durch eine im Dielektrikum bewegte Ladung ΔQ. **a** Kondensatoranordnung. Die negative Ladung Q (Ladungsfront) bewegt sich mit konstanter Geschwindigkeit v nach rechts; **b, c** die Ladung ΔQ influenziert auf den Kondensatorplatten die Ladungen ΔQ_K^i, Q_A^i, deren Aufteilung auf die Platten sich durch die Bewegung ändert. Der Ladungsausgleich erfolgt als Leitungsstrom über den äußeren Stromkreis; **d** Feldstärkeverhältnisse im Dielektrikum. Über der Ladungsfront entsteht eine Feldstärkeänderung (Bild 2.67d); **e** Stromimpuls bei Bewegung einer Ladung ΔQ mit konstanter Geschwindigkeit

Das Ladungspaket *influenziert* während der Bewegung die Ladungen ΔQ_K^i und ΔQ_A^i auf den Platten (Bild 2.74b). Dabei gilt $\Delta Q_K^i + \Delta Q_A^i = \Delta Q$, weil alle in ΔQ einmündenden Ladungen entweder von der Anode oder Katode ausgehen. Durch die Bewegung von ΔQ ändert sich das Verhältnis von Q_K^i und Q_A^i fortwährend (Bild 2.74c). Deshalb müssen zur rechten Platte laufend positive Ladungen fließen, von der linken abfließen: die Ladungsbewegung im Nichtleiter verursacht durch Ladungsinfluenz auf den Platten im äußeren Kreis einen Leitungsstrom! Durch die Ladung ΔQ ändert sich das Feld im Kondensator. Nach dem Gaußschen Satz (Bild 2.74d) gilt $E_1 = D_1/\varepsilon_0 = -(Q_{\text{Kap}} - \Delta Q_K^i)/\varepsilon_0 A$, $E_2 = D_2/\varepsilon_0 = -(Q_{\text{Kap}} + \Delta Q_A^i)/\varepsilon_0 A$. Außerdem gilt $-U = E_1 x + E_2(d-x)$.
Damit lauten die influenzierten Ladungen

$$\Delta Q_A^i = \Delta Q \frac{x(t)}{d} \quad \Delta Q_K^i = \Delta Q\left(1 - \frac{x(t)}{d}\right).$$

Bei konstanter Spannung fließt also im Außenkreis der influenzierte Strom

$$i_{\text{inf}\,1} = \frac{\mathrm{d}\,\Delta Q_A^i(t)}{\mathrm{d}t} = \frac{\Delta Q}{\mathrm{d}} \frac{\mathrm{d}x(t)}{\mathrm{d}t} = \frac{\Delta Q v}{\mathrm{d}}$$

zur Anode. Sein Betrag ist der Geschwindigkeit proportional.

Während der Flugzeit τ des Ladungspaketes von K nach A erreicht die Platte A insgesamt die Ladung

$$\int_0^\tau i\,\mathrm{d}t = \frac{\Delta Q}{d} \int_0^\tau \frac{\mathrm{d}x}{\mathrm{d}t}\,\mathrm{d}t = \frac{\Delta Q}{d} \int_0^d \mathrm{d}x = \Delta Q\,.$$

Das ist die Ladung des Paketes mit entgegengesetztem Vorzeichen. Während der gesamten Flugzeit fließt also die dem Ladungspaket entsprechende Ladung ΔQ über die Zuleitung A ab. Deshalb tritt der Strom im Außenkreis nicht im Augenblick des Auftreffens der Ladung auf, sondern während der Flugzeit kontinuierlich (Bild 2.74e).

Jede durch ein Dielektrikum transportierte Ladung erzeugt durch Influenz im Verbindungsleiter einen *Stromimpuls*, dessen Zeitintegral gleich der transportierten Ladung ist.

Damit setzt sich z. B. ein Gleichstrom (= statistiche Bewegung einer großen Anzahl von Einzelladungen mit Vorzugsgeschwindigkeit) aus einer großen Anzahl solcher „Stromimpulse" zusammen, deren „Mittelwert" wir als Gleichstrom messen. Die durch die einzelnen Stromimpulse verursachten „Schwankungen" machen sich als sog. *Rauschen* bemerkbar.

Der hier erläuterte Influenzstrom spielt in elektronischen Bauelementen bei der Erzeugung von Schwingungen höchster Frequenz eine Rolle.

2.5.5 Die Integralgrößen des elektrostatischen Feldes

Wir lernten bisher die elektrische Feldstärke $\boldsymbol{E}$, die Verschiebungsflußdichte $\boldsymbol{D}$ und ihren Zusammenhang über die dielektrischen Eigenschaften des Mediums (ε) als Größen zur Kennzeichnung des elektrostatischen Feldes im Raumpunkt kennen. Im Raum*volumen* werden elektrostatische Felderscheinungen wie im Strömungsfeld (Abschn. 2.3.4) besser durch *integrale Größen* beschrieben:

— *Verschiebungsfluß* Ψ (verknüpft mit der Verschiebungsflußdichte $\boldsymbol{D}$) bzw. die *Ladung* Q als Ursache des Verschiebungsflusses;
— *Spannung* U (verknüpft mit der Feldstärke);
— *Kapazität* C als Verknüpfungsbeziehung zwischen Ladung und Spannung.

2.5.5.1 *Verschiebungsfluß* Ψ

Wesen. Wir kennen den Zusammenhang Verschiebungsflußdichte $\boldsymbol{D}$ und erzeugende Ladung (Gaußsches Gesetz Gl. (2.70a)) und das Influenzprinzip. Durch welche Größe wird die Influenz, also die „Ladungsverschiebung" charakterisiert?

Wir gehen zur Veranschaulichung von einem Plattenkondensator (Bild 2.75) mit der Ladung Q_+ auf der linken Platte aus. In ausgewählte Äquipotentialflächen denken wir uns mehrere dünne Metallfolien gelegt. Ihre Form sei so gewählt, daß sie das Feldbild nicht stören. Auf jeder Folie wird nach dem *Influenzprinzip* die Ladung Q_+ und Q_- influenziert. Von der linken Platte beginnend entsteht auf der ersten Metallfolie links die Ladung Q_- und dementsprechend rechts Q_+. Diese Ladung wiederum influenziert auf der folgenden Folie links Q_-, rechts Q_+ usw.

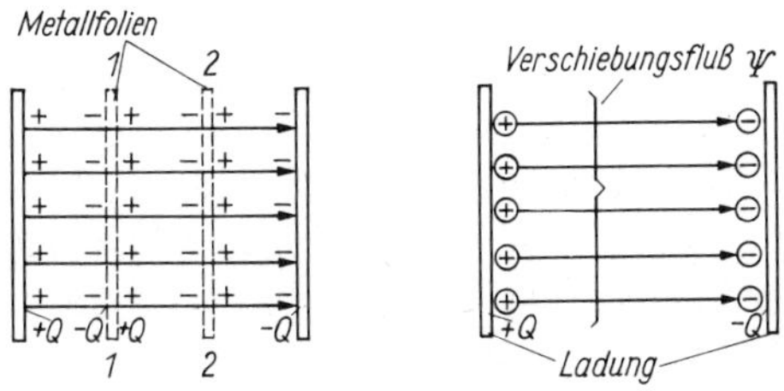

Bild 2.75. Verschiebungsfluß Ψ und Ladung Q

Somit gilt:

$$\underset{\text{Ladung linke Elektrode}}{|Q_+|} = \Psi_1 = \underbrace{|Q_-| = |Q|_+}_{\text{Folie 1}} = \Psi_2 = \underbrace{|Q_-| = |Q_+|}_{\text{Folie 2}} = \Psi_n = \underset{\text{Ladung rechte Elektrode}}{|Q_-|} \quad .$$

Das *Wesen der Influenz, Ladungen auf Probefolien verschieben zu können,* ist eine *Eigenschaft des elektrostatischen Feldes.* Wir schreiben sie einer arteigenen physikalischen Größe zu, dem *Verschiebungsfluß* Ψ. Jede Ladung steht über dem Verschiebungsfluß mit ihrer Gegenladung in Wechselwirkung.

Deshalb besteht das Feld des Verschiebungsflusses nach Bild 2.75 aus durchgehenden, ausgewählten Linien oder

$$\Psi = Q_+ \tag{2.81a}$$

Verschiebungsfluß, erfüllt den ganzen Raum um die Ladung

(Definitionsgleichung) .

Verschiebungsflußlinien beginnen bei positiven und enden auf negativen Ladungen (zugleich positiver Bezugssinn): Ladungen sind Quellen und Senken der Verschiebungsflußlinien. Das Verschiebungsfeld ist dann ein *Quellenfeld* (s. Abschn. 2.1.1). Verschiebungsflußlinien unterscheiden sich deshalb — wie erwähnt — durch ihren Anfang und ihr Ende grundsätzlich von Strömungslinien des Strömungsfeldes. Das Strömungsfeld war quellenfrei. Deshalb hängt der Verschiebungsfluß nicht vom Dielektrikum, sondern nur von den Ladungen ab. Er ist eine arteigene Erscheinung.

Beachte: Der Verschiebungsfluß Ψ hat die gleiche Einheit wie die Ladung Q.

Verschiebungsfluß Ψ. Verschiebungsflußdichte D. Den Zusammenhang zwischen Ψ und D erhalten wir nach dem bisher Kennengelernten wie folgt:

— Das Hüllintegral von $D \equiv$ Gesamtfluß der Verschiebungsflußdichte D über eine geschlossene Fläche um eine Ladung Q ist gleich dieser Ladung (s. Gl. (2.70a), Zusammenhang Ladung → Verschiebungsflußdichte D).

— Nach dem Influenzprinzip kann die Hüllfläche an beliebige Stellen des Raumes verschoben werden (wenn sie nur stets die gleiche Ladung Q umschließt, Bild 2.73). Stets tritt durch die (gedachte) Hülle der gleiche Verschiebungsfluß Ψ Mithin gilt

$$\Psi = \oint \boldsymbol{D} \cdot \mathrm{d}\boldsymbol{A} = \int_{\text{Hülle}} \boldsymbol{D} \cdot \mathrm{d}\boldsymbol{A} \tag{2.81b}$$

Verschiebungsflußdichte D (Definitionsgleichung) .

Diese Definitionsgleichung des Verschiebungsflusses entspricht formal derjenigen des Stromes I (Gl. (2.17a)), nur ist dort die Fläche nicht geschlossen (sonst wäre der Gesamtstrom Null, Knotensatz!). Die praktische Auswertung des Integrals über eine geschlossene Fläche erfolgt über das Gaußsche Gesetz Gl. (2.70a). Für einige Anwendungen läßt sich so das Oberflächenintegral über eine beliebige Fläche sehr einfach berechnen.

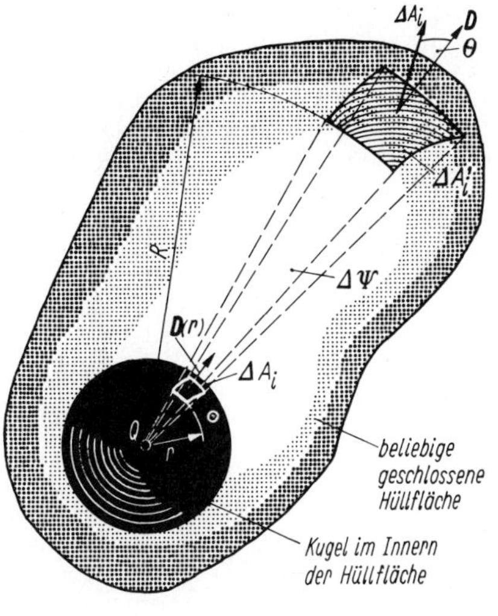

Bild 2.76. Nachweis, daß der Fluß eine beliebige Hüllfläche um eine Ladung gleich dem Fluß durch eine Kugeloberfläche ist

Diskussion. Wesentlich sind drei Aspekte:

1. Der Verschiebungsfluß Ψ ist unabhängig vom Dielektrikum stets gleich der umschlossenen Ladung. Das drückt das Influenzprinzip aus.
2. Die Geometrie der Hülle kann beliebig gewählt werden.
3. Die Relativlage der Ladung zur umschließenden Hülle ist beliebig.

Wir diskutieren speziell die Punkte 2 und 3 anhand des Schnittbildes 2.76. Durch eine Teilfläche ΔA_i fließe der Teilfluß $\Delta\Psi$ einer *Flußröhre*. Der gleiche Teilfluß durchsetzt die Projektion einer weiter außen liegenden Teilfläche $\Delta A_i'$ (Radius R) in Richtung der $\boldsymbol{D}$-Linien. $\Delta A_i'$ ist aus zwei Gründen größer als ΔA_i: wegen des Quadrates des Abstandsverhältnisses $(R/r)^2$ und zweitens ergibt die Neigung von $\Delta A_i'$ gegen D einen Faktor $v\cos\Theta$. Der Betrag $D'(R)$ hat gegenüber $D(r)$ um $(r/R)^2$ abgenommen. Es gilt also:
Teilfluß durch innere Fläche $\Delta\Psi = \boldsymbol{D}(r)\cdot\Delta\boldsymbol{A}_i = D(r)\Delta A_i$, Teilfluß durch äußere Fläche

$$\begin{aligned}\Delta\Psi &= \boldsymbol{D}(R)\cdot\Delta\boldsymbol{A}_i' = D(R)\Delta A_i'\cos\Theta\\ &= \underbrace{D(r)\left(\frac{r}{R}\right)^2}_{D(R)}\underbrace{\left[\Delta A_i\left(\frac{R}{r}\right)^2\frac{1}{\cos\Theta}\right]}_{\Delta A_i'}\cos\Theta = D(r)\Delta A_i\,.\end{aligned}$$

Wie erwartet verläuft durch beide Flächen in einer Flußröhre unabhängig vom Querschnitt der gleiche Teilfluß $\Delta\Psi$. Übertragen auf alle Oberflächenelemente ergeben sich zwangsläufig die Aussagen 2 und 3.

2.5.5.2 *Kapazität C*

Definition. Liegt an den Elektroden eines Kondensators die Spannung U_{AB}, so entsteht zwischen ihnen ein elektrostatisches Feld sowie ein Verschiebungsfluß Ψ, der mit den Ladungen Q_A resp. Q_B auf den Platten verknüpft ist. Wir denken uns um die Elektroden Hüllen (Flächen A_A, A_B) gelegt, die zugleich Potentialflächen sein sollen. Dann tritt der Verschiebungsfluß Ψ durch sie hindurch (Bild 2.77). Im

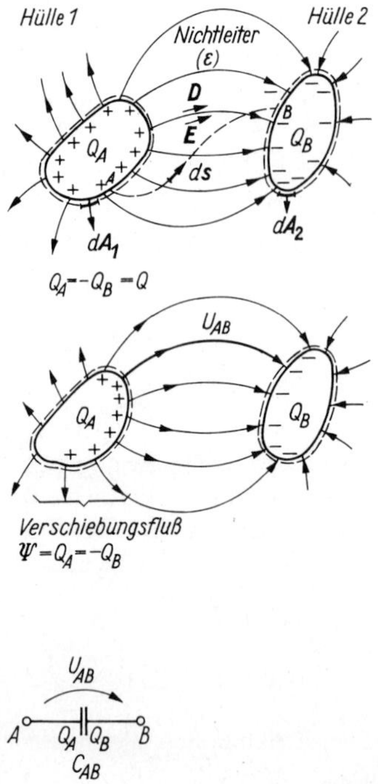

a

b

Bild 2.77a,b. Definition der Kapazität. **a** zum Kapazitätsbegriff zwischen entgegengesetzt geladenen Leitern in Nichtleitern; **b** Schaltzeichen

raumladungsfreien elektrostatischen Feld (raumladungsfreier Isolator) sind Ψ und U_{AB} einander proportional. Die Proportionalitätskonstante heißt Kapazität C

$$Q_{A,B} = C_{AB} U_{AB} \qquad (2.82a)$$

Kapazität
(Definitionsgleichung).

Anschaulich:

$$C_{AB} = \frac{\text{Verschiebungsfluß zwischen zwei Ladungen } Q_A, Q_B}{\text{Spannung zwischen den Äquipotentialflächen } A, B}.$$

Weil die Äquipotentialflächen A_A, A_B stets mit den Elektrodenoberflächen zusammenfallen, gilt allgemein (Gl. (2.70a) (2.14)):

$$C_{AB} = \frac{Q_{A,B}}{U_{AB}} = \frac{\oint_{A_A} \boldsymbol{D} \cdot d\boldsymbol{A}}{\int_A^B \boldsymbol{E} \cdot d\boldsymbol{s}} = \frac{\varepsilon_r \varepsilon_0 \oint_{A_A} \boldsymbol{E} \cdot d\boldsymbol{A}}{\int_A^B \boldsymbol{E} \cdot d\boldsymbol{s}} \qquad (2.82b)$$

Kapazität im inhomogenen Ladungsfeld mit $\varepsilon = \text{const}$
(Definitionsgleichung).

Das Verhältnis der Ladungen zweier Elektroden und der Spannung zwischen ihnen heißt *Kapazität*. Sie ist die *Eigenschaft* des Bauelementes *Kondensator* (Objekt, Schaltzeichen Bild 2.77b).

Die Kondensatoren unterscheiden sich nach der Bau- und Konstruktionsform: Drehkondensator, Elektrolytkondensator u. a. m. Ihre Eigenschaft Kapazität[1] läßt sich z. B. weiter unterteilen nach linear, nichtlinear, differentiell, zeitabhängig usw. (s. Abschn. 5.1.3).

Bei linearem Q-U_{AB}-Zusammenhang[2] (wie für den idealen Nichtleiter gültig) hängt C_{AB} wegen $E \sim Q$ nur von den Materialeigenschaften des Dielektrikums und der Geometrie des Elektrodenpaares ab. Dann läßt sich für die Kapazität eine *Bemessungsgleichung* (s. u.) angeben.

Einheit. Aus Gl. (2.82) folgt die Einheit

$$[C] = \frac{[Q]}{[U]} = \frac{1\,\mathrm{A \cdot s}}{\mathrm{V}} = 1\,\mathrm{F} \qquad \text{Einheit der Kapazität}\,.$$

Sie ist sehr groß und erfordert praktisch die Benutzung von Untereinheiten:

$$1\,\mu\mathrm{F} = 10^{-6}\,\mathrm{F} = 1\,\text{Mikrofarad}\,,$$
$$1\,\mathrm{nF} = 10^{-9}\,\mathrm{F} = 1\,\text{Nanofarad}\,,$$
$$1\,\mathrm{pF} = 10^{-12}\,\mathrm{F} = 1\,\text{Pikofarad}\,.$$

Größenvorstellung:

Kapazität zweier konzentrischer Metallkugeln in Luft (Radius 30 km! Abstand 10 cm)	1 F
Kapazität der Erde gegen das Weltall	≈ 700 μF
Metallkugel (r = 1 cm) in Luft gegen ebene Elektrode (Abstand > 1 m)	≈ 1,1 pF
Plattenkondensator $A = 1\,\mathrm{m}^2$, Abstand d = 1 mm (Luft)	8,85 nF
Doppelleitung (Drahtradius 1 mm, Abstand 3 mm, Papierisolation)	≈ 50 pF je Meter Länge
Elektrolytkondensatoren	einige μF bis einige 1000 μF
Kondensatoren der Rundfunktechnik	pF bis einige 1000 μF

Bemessungsgleichung. Jede Kapazität nach Gl. (2.82b) hat eine Bemessungsgleichung. Wir wählen als Beispiel den sog. (engen) *Plattenkondensator* (Plattenabstand d, Fläche A) mit *homogenem* Feld im Dielektrikum (Bild 2.78). Da der Verschiebungsfluß nur zwischen den Platten homogen verläuft (von geringem Randfluß abgesehen Bild 2.78c), gilt

$$Q_A = \oint_{\text{Hülle}} \boldsymbol{D} \cdot \mathrm{d}\boldsymbol{A} = \int_{\substack{\text{Platten-}\\\text{fläche}}} \boldsymbol{D} \cdot \mathrm{d}\boldsymbol{A} + \int_{\substack{\text{Rand-}\\\text{fläche}}} \boldsymbol{D} \cdot \mathrm{d}\boldsymbol{A} = AE\varepsilon$$

[1] Leider wird die Eigenschaft „Kapazität" oft für das Objekt „Kondensator" verwendet. Es muß also richtig heißen: zwei Kondensatoren mit den Kapazitäten C_1, C_2 werden parallel geschaltet. Verbreitet spricht man aber von der Parallelschaltung zweier Kapazitäten

[2] Bei nichtlinearen Zusammenhängen hängt die Kapazität z. B. noch von der Spannung U_{AB} ab. Weitere Unterteilungen sind: Kapazität unabhängig von der Zeit (zeitunabhängige Kapazität wie in diesem Abschnitt) oder zeitabhängige Kapazitäten (s. Abschn. 5.1.3)

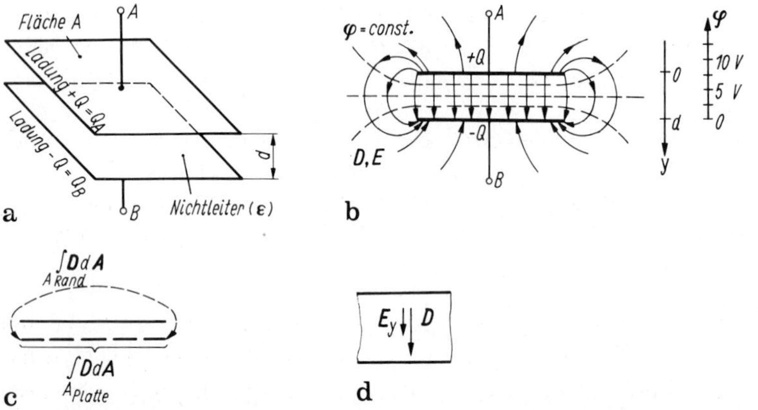

Bild 2.78a–d. Plattenkondensator. **a** Anordnung; **b** Potential und Feldlinien; **c** Verhältnis des Verschiebungsflusses zwischen den Platten und Randfluß; **d** Richtungszuordnung

und $U_{AB} = \int_A^B E\,ds = \int_0^d E\,dy = Ed$ und somit

$$C_{AB} = \frac{Q_{A,B}}{U_{AB}} = \frac{A\varepsilon_r\varepsilon_0}{d} \tag{2.82c}$$

Plattenkondensator, Bemessungsgleichung bei geringem Elektrodenabstand d (Linearabmessung der Fläche $\gg d$).

Die Kapazität steigt mit
— wachsender Elektrodenfläche (großflächige Kapazität durch Metallfolienwickel möglich);
— wachsendem ε (Verwendung guter Dielektrika);
— sinkendem Plattenabstand d. Eine untere Grenze ergibt sich durch die Durchbruchfeldstärke $E_{BR} \approx U/d$ des Isolators (Luft: $E_{BR} \approx 30$ kV/cm, Isolator $E_{BR} \approx 500$ kV/cm).

Bezüglich der Einflußgrößen, die in die Bemessungsgleichung eingehen, verhält sich der Plattenkondensator analog zum Leitwert $G = I/U = \varkappa A/d$ des linienhaften Leiters.

Zahlenbeispiel. Ein Plattenkondensator (Plattenfläche $A = 100\ \mathrm{cm}^2$, Plattenabstand $d = 1$ mm, Luft als Dielektrikum) hat die Kapazität $C = \varepsilon_0 A/d = 885{,}4$ pF. Eine Spannung $U = 10$ V zwischen den Platten ergibt die Ladung $Q = CU = 885{,}4\ \mathrm{pF} \cdot 10\ \mathrm{V} = 8{,}85$ nC. Sie ist sehr klein, umfaßt aber immerhin $n = Q/q = 5{,}53 \cdot 10^{10}$ Elementarladungen. Auch dies bestätigt die schon oft gemachte Feststellung: für unsere Betrachtungen tritt die Bedeutung der Einzelladung angesichts der großen Anzahl beteiligter Ladungen zurück.

Diskussion. Wir wollen das Feld im Plattenkondensator näher untersuchen. Auf die obere Platte werde die Ladung $+Q$ gebracht. Sie erzeugt den Verschiebungsfluß Ψ (ausgewählte Flußröhre $\Delta\Psi$) und überall im Raum eine homogene Verschiebungsflußdichte $D = Q/A$. Nach Gl. (2.73) gehört dazu ein homogenes Feldstärkefeld E. Das Potential folgt nach Gl. (2.10) aus ($E_y = E$)

$$\varphi(y) = -\int_d^y \boldsymbol{E}_y \cdot \mathrm{d}\boldsymbol{s} + \varphi(d) = E(d-y) = U_{\mathrm{AB}}\left(1 - \frac{y}{d}\right),$$

wenn man $\varphi(d) = 0$ setzt. Es wächst entgegen der Feldrichtung. Auf Linien $y = \mathrm{const}$ herrscht konstantes Potential (im Bild mit 0; 2,5; 5; 7,5 V usw. bezeichnet).

Zusammenschaltung von Kondensatoren. Mehrere parallel oder in Reihe geschaltete Einzelkondensatoren können wirkungsmäßig durch eine (Ersatz)-kapazität C ersetzt werden. Sie besitzt das gleiche Ladungs-Spannungsverhalten wie die gesamte Anordnung. Wir wollen die Ersatzkapazität (Bild 2.79) durch

— die *Feldvorstellung*, insbesondere mit ausgewählten Verschiebungsflußlinien und Potentialflächen veranschaulichen und gleichwertig
— den *Kapazitätsbegriff* auf zusammengeschaltete Einzelkapazitäten erweitern.

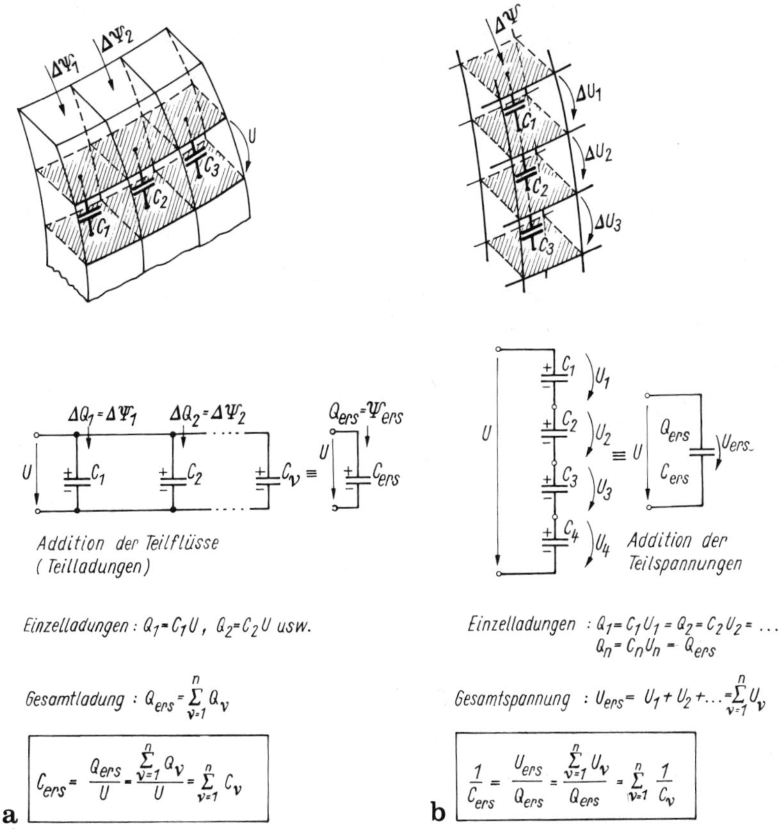

Bild 2.79a, b. Parallel- und Reihenschaltung von Kondensatoren

1. Parallelschaltung. Denkt man sich eine Ladung ΔQ als Teilausschnitt der Gesamtladung einer jeweiligen Verschiebungsflußröhre zugeordnet (Bild 2.79a), so bedeutet die Addition von Teilladungen ΔQ_i zwischen zwei jeweils gleichen Potentialflächen eine *Addition* der Flußgrößen. Ordnet man jeder Flußröhre (zwischen beiden Potentialflächen $U_1 = U_2 = U_\nu$) eine Teilkapazität zu, so addieren sich die Teilkapazitäten:

$$C_{ers} = \frac{Q_{ers}}{U} = \frac{\Sigma Q}{U} = \frac{Q_1}{U} + \frac{Q_2}{U} + \ldots \frac{Q_\nu}{U} \tag{2.83a}$$

oder

$$C_{ers} = \sum_{\nu=1}^{n} C_\nu$$

Parallelschaltung von n Kondensatoren

mit

$$\frac{Q_1}{Q_2} = \frac{C_1}{C_2} \quad \text{usw} . \tag{2.83b}$$

Ergebnis: Die Gesamtkapazität C_{ers} parallelgeschalteter Kondensatoren ist gleich der Summe der Einzelkapazitäten. Physikalische Ursache: Addition der Teilladungen (bei gleicher Spannung an jeder Kapazität). Die Teilladungen verhalten sich wie die Teilkapazitäten (vgl. analoges Ergebnis bei der Stromteilung, s. Abschn. 2.4.2.2).

2. Reihenschaltung. Durchsetzt ein Teilfluß $\Delta\Psi$ (herrührend von ΔQ) mehrere Potentialflächen (die die Abstände ΔU haben), so wird auf jeder Potentialfläche nach dem Influenzprinzip die gleiche positive und negative Ladung influenziert (Bild 2.79b). Deshalb bleibt der Fluß zwischen erster und letzter Potentialfläche erhalten ($Q_1 = Q_2 = Q_\nu$). Die Potentialdifferenzen (bzw. $U_1, U_2 \ldots U_\nu$) summieren sich. Es ist damit

$$\frac{1}{C_{ers}} = \frac{U_{ers}}{Q_{ers}} = \sum_{\nu=1}^{n} \frac{U_\nu}{Q_{ers}} = \frac{U_1}{Q_{ers}} + \frac{U_2}{Q_{ers}} + \frac{U_n}{Q_{ers}}$$

oder mit $C_\nu = \dfrac{Q_{ers}}{U_\nu}$

$$\frac{1}{C_{ers}} = \sum_{\nu=1}^{n} \frac{1}{C_\nu} \tag{2.84a}$$

Reihenschaltung von n Kondensatoren .

Die Teilspannungen zweier Kapazitäten verhalten sich wegen

$Q_1 = C_1 U_1 = Q_2 = C_2 U_2$ wie

$$\frac{U_1}{U_2} = \frac{C_2}{C_1} . \tag{2.84b}$$

Ergebnis: Die reziproke Gesamtkapazität C_{ers} reihengeschalteter Kondensatoren ergibt sich als Summe der Kehrwerte der Einzelkapazitäten. Physikalische Ursache: Addition der Teilspannungen bei Gleichheit der Ladung auf jeder Kapazität.

Die Teilspannungen verhalten sich umgekehrt wie die zugehörigen Kapazitäten (vgl. analoges Ergebnis bei der Spannungsteilung (s. Abschn. 2.4.2.2), wenn dort anstelle des Widerstandsbegriffes mit Leitwerten operiert wird). Bei gegebener Gesamtspannung $U = U_1 + U_2$ *tritt an der kleineren Kapazität die größere Spannung auf.*

Bau- und Ausführungsformen. Kondensatoren lassen sich in Fest- und veränderbare Kondensatoren einteilen (Tafel 2.9), sie unterscheiden sich ferner sehr stark im verwendeten Dielektrikum.

Festkondensatoren. Zwischen zwei flächenhaften Belägen befindet sich das Dielektrikum. Beide sind häufig aufgewickelt (Flächenvergrößerung) und in einem Gehäuse untergebracht sowie vergossen oder hermetisch abgeschlossen.

Bei älteren Papierkondensatoren werden besonders zubereitetes öl- oder paraffingetränktes Papier verwendet und als Beläge Aluminiumfolien (Stärke einige Mikrometer). Wird das Metall als etwa 0,1 µm starke Schicht auf das Papier gedampft, so spricht man vom *Metallpapier*-(MP)Kondensator. Er ist selbstheilend. Bei einem Durchschlag an einer Papierfehlstelle verdampft das Metall dort sofort und ein Kurzschluß zwischen den Belägen ist unmöglich. Deshalb arbeiten solche Kondensatoren sehr zuverlässig. Statt Papier wird auch Kunststoffolie (Polypropylen, Styroflex u. a.) mit $\varepsilon_r \approx 2{,}5$ verwendet; bei Metallbedampfung spricht man von *MK-Kondensatoren*. Günstig sind die hohe Kapazitätskonstanz, die hohe Spannungsfestigkeit und der geringe Verlustfaktor. Die Wickeltechnik (Volumen!) begrenzt die Kapazität auf $C \approx 0{,}5$ µF. Werden Kondensatoren nur mit sehr kleinen Spannungen (einige 10 V) belastet, so genügt auch ein *Lackfilm* als Dielektrikum. Man erreicht Kapazitäten bis 10 µF mit sehr kleinem Volumen. Es beträgt etwa 1/10 eines vergleichbaren MP-Kondensators.

Keramikkondensatoren (scheiben- oder röhrenförmige Anordnung) mit aufgebrannten oder geschichteten Metallbelägen haben — je nach der verwendeten Keramik — einen weiten Eigenschaftsbereich: hohe Stabilität, kleine Verluste, große Kapazität bei kleinen Abmessungen u. a. m. Es gibt im wesentlichen zwei Gruppen:

— Kondensatoren, mit großen ε_r (Materialbasis: ferroelektrische keramische Massen (ε_r bis 50 000!)).
— Kondensatoren mit kleinem ε_r und geringer Temperaturabhängigkeit.

Relativ große Kapazitäten lassen sich mit sog. *Elektrolytkondensatoren* erzielen. Hierbei bildet sich das elektrische Feld zwischen einer Metallelektrode und einem Elektrolyten aus und als Dielektrikum wirkt eine dünne Oxidschicht auf dem Metall. Dadurch ergeben sich hohe Kapazitäten/Volumen. Elektrolytkondensatoren sind grundsätzlich gepolt zu betreiben.

Beim *Aluminium-Elektrolytkondensator* wird eine aufgerauhte Al-Folie (Flächenvergrößerung) mit einem elektrolytgetränkten Papier versehen, gewickelt und durch einen Formiergang elektrochemisch die Al-Oberfläche zu Al_2O_3 oxydiert. Die dünne Oxidschicht ist das Dielektrikum ($\varepsilon_r \approx 8$). Der Elektrolyt wird durch eine weitere Al-Elektrode mit dem Anschluß verbunden. Durch den Elektrolyt haben die Kondensatoren einen „Leckstrom", bei falscher Polarität entsteht Kurzschluß! Kapazitätswerte bis 10000 µF bei Spannungen von einigen 10 V sind keine Seltenheit.

Beim *Tantal-Elektrolytkondensator* wird die Anode als poröser Körper gesintert und durch Oxydation Tantal-Pentoxid (Ta_2O_5, $\varepsilon_r = 27$) als Dielektrikum erzeugt. Die Kapazität/Volumen ist größer als beim Aluminium-Elektrolytkondensator, aber auch die Toleranz.

Veränderbare Kondensatoren haben im sog. *Drehkondensator* mit Luft oder Kunststoffolie als Dielektrikum ihren typischen Vertreter: Die beweglichen parallelgeschalteten Platten der einen Elektrode (Rotor) werden in die feststehenden der anderen (Stator) „hineingedreht". Da sich die Fläche und damit die Kapazität mit dem Drehwinkel ändert, lassen sich durch bestimmte Formgebung der Platten (Halbkreis-, logarithmische, frequenzgerade Form u. a.) bestimmte Kapazitätsverläufe erzielen. Die Kapazität schwankt zwischen einigen pF (sog. UKW-Drehkondensator) bis etwa 1000 pF.

Beim *Trimmer* werden Stator und Rotor ebenfalls einstellbar aufgebaut. Keramische Trimmer bestehen aus Silberschichten als Beläge auf keramischen Scheiben, die zueinander verstellt werden können. Lufttrimmer werden durch zueinander bewegliche Metallbeläge realisiert. Kapazität einige pF.

Lösungsmethodik. Kapazitätsberechnung. Wie erhält man die Kapazität C_{AB} Gl. (2.82b) einer gegebenen Leiteranordnung im elektrostatischen Feld? Kann aus der Geometrie qualitativ auf die Feld- und Verschiebungsflußdichteverteilung geschlossen werden (wie stets für rotationssymmetrische Anordnungen), so ergibt sich eine *Lösungsmethodik* (Tafel 2.10) ähnlich der für die Widerstandsberechnung (s. Abschn. 2.4.2.1):

1. Annahme eines Probeladungspaares $\pm Q$ auf den Elektroden. Dadurch entsteht das Feld der Verschiebungsflußdichte.
2. Berechnung der Verschiebungsflußdichte als Ortsfunktion über Gl. (2.70a). Für rotationssymmetrische Felder gilt dabei $D(\varrho)\,A(\varrho) = Q$ an jeder Stelle.
3. Bestimmung der Feldstärke $\boldsymbol{E}$ Gl. (2.73) und Spannung U_{AB} Gl. (2.14) zwischen den Elektroden in Abhängigkeit von der Ladung.
4. Berechnung von $C_{AB} = Q_{AB}/U_{AB}$ über Gl. (2.82b).

Tafel 2.10 zeigt diesen Ablauf und erläutert ihn gleichzeitig am Beispiel des Koaxialkondensators (Elektrodenradien r_i, r_a, Länge l).

2.5.5.3 Beziehung zwischen Widerstand und Kondensator im Strömungs- und elektrostatischen Feld

Vergleicht man die Kapazität C_{AB} einer Leiteranordnung im Nichtleiter (Dielektrizitätskonstante ε) und den Widerstand R_{AB} der gleichen Anordnung (mit gut

Tafel 2.9. Übersicht wichtiger Kondensatorbau- und -ausführungsformen

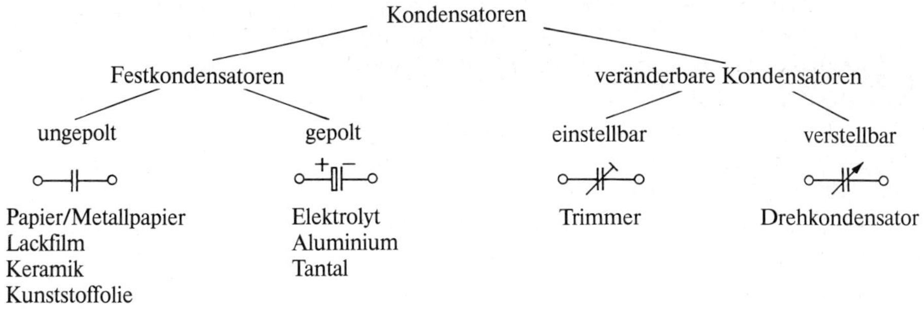

Tafel 2.10. Lösungsmethodik „Kapazitätsberechnung"

Q Probeladung → $D(Q)$ → $E(Q)$ → $U_{AB}(Q)$ → C_{AB}

$$Q = \oint \boldsymbol{D}\cdot \mathrm{d}\boldsymbol{A} \qquad \boldsymbol{E} = \frac{\boldsymbol{D}}{\varepsilon} \qquad U_{AB} = \int_A^B \boldsymbol{E}\cdot \mathrm{d}\boldsymbol{s} \qquad C_{AB} = \frac{Q}{U_{AB}(Q)}$$

(2.70a) (2.73) (2.14) (2.82b)

Beispiel

$$D(\varrho) = \frac{Q}{2\pi l \varrho}, \qquad E(\varrho) = \frac{Q}{2\pi\varepsilon l \varrho} \qquad U_{AB} = \frac{Q}{2\pi\varepsilon l}\ln\frac{r_a}{r_i} \qquad C_{AB} = \frac{2\pi\varepsilon l}{\ln\frac{r_a}{r_i}}$$

$$E(\varrho) = \frac{U_{AB}}{\varrho \ln\frac{r_a}{r_i}} \longrightarrow \boldsymbol{E}(\varrho) = \frac{U_{AB}}{\varrho \ln\frac{r_a}{r_i}}\boldsymbol{e}_\varrho$$

leitenden Elektroden) im Strömungsfeld (Leitfähigkeit $\varkappa$)[1], so ergeben sich formal gleiche Beziehungen (Gl. (2.32) (2.82b)). Beide enthalten die Flußgröße (I, Ψ) zwischen und die Spannungsgröße U_{AB} über den Elektroden (Bild 2.80). Da beide Elemente nur von Geometrie und Materialeigenschaften abhängen[2], gilt für ihr Produkt

$$RC = \frac{\int_{A_1} \boldsymbol{D}\cdot \mathrm{d}\boldsymbol{A} \int_1^2 \boldsymbol{E}\cdot \mathrm{d}\boldsymbol{s}}{\int_{A_1} \boldsymbol{S}\cdot \mathrm{d}\boldsymbol{A} \int_1^2 \boldsymbol{E}\cdot \mathrm{d}\boldsymbol{s}} = \frac{\varepsilon}{\varkappa}\frac{\oint_{A_1} E\,\mathrm{d}A}{\oint_{A_1} E\,\mathrm{d}A} = \frac{\varepsilon}{\varkappa}. \tag{2.85}$$

[1] Wenn also die Zuführungselektroden des Strömungs- und elektrostatischen Feldes Potentialflächen sind

[2] Gilt nur bei Raumladungsfreiheit

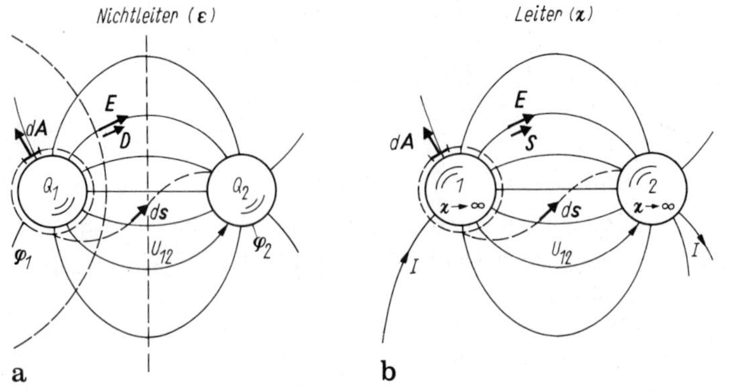

Bild 2.80a, b. Zur Gleichwertigkeit der Widerstands- und Kapazitätsberechnung einer Leiteranordnung gleicher Geometrie im Strömungs- und elektrostatischen Feld. **a** Dielektrikum; **b** Leiter

Widerstand und Kapazität der gleichen geometrischen Anordnung hängen im Strömungs- und elektrostatischen Feld direkt miteinander zusammen. Die eine Größe kann bei Kenntnis der anderen sofort angegeben werden.

Beispielsweise beträgt die Kapazität eines Zylinderkondensators (Länge l, Radien r_i, r_a) nach Gl. (2.85) und dem Ergebnis R_{AB} (s. Abschn. 2.4.2.1)

$$C_{AB} = \frac{\varepsilon}{\varkappa R_{AB}} = \frac{2\pi\varepsilon l}{\ln(r_a/r_i)} . \tag{2.86}$$

Der Quotient $\varepsilon/\varkappa$ erhält noch tiefere Bedeutung für Materialien (z. B. Halbleiter), die *gleichzeitig* Leitfähigkeit und Dielektrizitätskonstante besitzen. Das ist der Realfall, denn praktisch gibt es weder Leiter mit $\varepsilon_r = 0$ noch Nichtleiter mit $\varkappa = 0$. In solchen Materialien treten das elektrostatische und das Strömungsfeld stets *gemeinsam* auf, und der Quotient $\varepsilon/\varkappa = \tau_R$ heißt *Relaxationszeit* τ_R. Anschaulich kennzeichnet sie wegen Gl. (2.19a), (2.73) das Verhältnis von Verschiebungsflußdichte zu Stromdichte in einem beliebigen Feldpunkt. Folgerungen ziehen wir daraus im Abschn. 2.5.6.2.

2.5.6 Elektrisches Feld im Nichtleiter bei zeitveränderlicher Spannung

2.5.6.1 Strom-Spannungs-Relation des Kondensators

Wesen der Kapazität: Ladungsspeicherung. Trennt man einen aufgeladenen Kondensator von einer Gleichspannung $U_{AB} = U_C$ (Batterie) ab, so kann die auf seinen Elektroden sitzende Ladung $\pm Q$ nicht abfließen:

Der Kondensator speichert Ladung auf seinen Elektroden. Zur Speicherladung $Q = CU_C$ tragen C und U_C gleichberechtigt bei.

Diese Ladungsspeicherung wirft folgende Fragen auf:

— Wie gelangt die zu speichernde Ladung auf die Elektroden (Aufladen der Kapazität), welcher Strom fließt dabei im Stromkreis? Die Antwort ist die *Strom-Spannungs-Relation* des Kondensators.
— Welcher Zusammenhang besteht zwischen der Speicherladung und den Vorgängen im Dielektrikum? (s. Abschn. 2.5.6.2).

Die *Strom-Spannungs-Relation* des Kondensators ergibt sich aus der Stromdefinition Gl. (1.7) und der Kapazitätsfestlegung Gl. (2.82) (Bild 2.81)[1]:

$$i_C = \frac{dQ}{dt} = \frac{d(Cu_C)}{dt} = C\Big|_{C=\text{const}} \cdot \frac{du_C}{dt} + u_C\Big|_{U_C=\text{const}} \cdot \frac{dC}{dt}$$

0, wenn C zeitunabhängig

Strom-Spannungs-Relation am Kondensator[2]
zeitunabhängig, wenn C unabhängig von U und t.

Ein Strom fließt in den Zuleitungen des zeitunabhängigen Kondensators (und damit im Stromkreis) nur während der Spannungs*änderung*.

Aus einem *vorgegebenen Zeitverlauf der Spannung* u_C und damit der Ladung (Bild 2.81b) erkennt man:

Der Strom i_C durch den Kondensator wächst mit zunehmender Spannungsänderung (Kurve a, b). Bei zeitlinearer Änderung von u_C ($du_C/dt = \text{const}$) hat i_C die gleiche Stärke. Für zeitlich konstante Spannung (Gleichspannung) fließt *kein* Strom. Hierauf beruht die Bedeutung des Kondensators in der Schaltungstechnik:

Der *Kondensator „trennt" Gleich- und Wechselstromkreise voneinander.*

Richtungsvereinbarung

1. Kondensatorstrom und -spannung sind wie folgt einander zugeordnet: Zufluß positiver Ladung auf eine Platte (positive Stromrichtung i_C) erhöht die Ladung dieser Platte und damit ihr (positives) Potential gegen die zweite Platte. Deshalb ist die Spannung u_C von der positiven zur negativen Platte positiv gerichtet (Bild 2.81a,b).

Hinweis: In dieser Festlegung liegt eine Inkonsequenz, wenn wir die Zuordnung Ladungsänderung — Strom nach dem Hüllintegral (s. Abschn. 1.4.2) betrachten. Ladungserhöhung in einem Volumen verlangte Stromzufluß durch eine Hülle, positiv war aber der abfließende Strom definiert. Denkt man sich eine Kondensatorplatte von einer Hülle eingeschlossen, so verlangt die Kontinuitätsgleichung gerade die umgekehrte Stromrichtung als die üblicherweise vereinbarte.

---

1 Für zeitabhängige Größen werden üblicherweise kleine Buchstaben benutzt, also statt $I(t)$ jetzt $i(t)$ bzw. kurz i usw. Gleichgrößen werden weiterhin mit großen Buchstaben geschrieben

2 Im Gegensatz zum Kondensator mit linear zeitabhängigem Q-U-Zusammenhang s. Abschn. 5.1.3

Ladungs-Strom-Relation (Spannungs-Strom-Relation). Gedächtniswirkung des Kondensators. Wir betrachten die Kondensatorspannung u_C, wenn ein *vorgegebener Stromverlauf* aufgeprägt wird ($i_C(t)$ gegeben, $u_C(t)$ gesucht). Aus Gl. (2.87) folgt allgemein (C zeitunabhängig) $u_C = \frac{1}{C}\int i_C\,dt' + \text{const}$ bzw $Q_C = \int i_C\,dt' + \text{const}$.

Die Kondensatorspannung u_C bzw. Ladung Q_C zu beliebigem Zeitpunkt hängt über die noch nicht näher bestimmte Konstante von der gesamten Vergangenheit (beginnend bei $t = -\infty$) ab. Diese Vergangenheit ist als Ergebnis zur Zeit $t = -0$ in Form einer *bestimmten Kondensatorspannung* (oder Ladung), der sog. *Anfangsspannung* $u_C(-0)$ (*Anfangsladung* Q_C) gespeichert. Zur Beurteilung des zukünftigen Verhaltens der Kondensatorspannung im Zeitraum $t = +0 \ldots t$ benötigt man daher das gesamte *Ergebnis der Vergangenheit* (Zeitraum $t = -\infty \ldots t = -0$):

$$u_C(t) = \frac{1}{C}\int_{-\infty}^{t} i(t')\,dt' = \frac{1}{C}\int_{-\infty}^{-0} i(t')\,dt' + \frac{1}{C}\int_{+0}^{t} i(t')\,dt' \tag{2.88a}$$

oder

$$u_C(t) = \underbrace{u_C(-0)}_{\substack{\text{Ergebnis der}\\ \text{Vergangenheit}\\ \text{zur Zeit } t=-0}} + \underbrace{\frac{1}{C}\int_{+0}^{t} i(t')\,dt'}_{\text{Gegenwart}}$$

Spannungs-Strom-Relation am (zeitunabhängigen) Kondensator

mit

$$u_C(-0) = \lim_{t\to -0} u_C|_{t<0}$$

Anfangswert der Kondensatorspannung, s. u.

Dabei wird vorausgesetzt, daß der Kondensator ursprünglich ($t \to -\infty$) keine Ladung besaß: $Q(-\infty) = 0 \to u_C(-\infty) = 0$, was sicher anschaulich ist. Analog zu Gl. (2.88a) gilt für die *Kondensatorladung*

$$Q_C(t) = \int_{-\infty}^{-0} i(t')\,dt' + \int_{+0}^{t} i(t')\,dt' = \underbrace{Q_C(-0)}_{\substack{\text{Anfangs-}\\ \text{ladung}}} + \int_{+0}^{t} i(t')\,dt'\,. \tag{2.88b}$$

Ladungs-Strom-Relation am (zeitunabhängigen) Kondensator.[1]

Die Ladungsänderung ist gleich dem Zeitintegral des Stromes, also der Strom-Zeitfläche. Je rascher sich die Ladung ändert, um so höher wird die momentane Stromstärke. Die Ladungs-(Spannungs-)Strom-Relation des Kondensators ist nur bei bekannter *Anfangsladung*(spannung) eindeutig bestimmt.

Diesbezüglich unterscheidet er sich grundlegend vom Widerstand. Dort gibt es keine Anfangsspannung: Die *Anfangsspannung* ist ein Wesensmerkmal der *Ladungs-*, also *Energiespeicherung* im Kondensator.

[1] Vgl. Abschn. 1.4.3: Wir finden hier die Anfangsladung wieder!

Beispiel. Bild 2.81 zeigt einen gegebenen Stromverlauf und den zugehörigen Spannungsverlauf für drei verschiedene Anfangsspannungen $u_C('0)$. Das Integral $\int_0^t i_C \, dt'$ ist in allen Fällen gleich, lediglich die Ausgangspunkte unterscheiden sich. Analoges trifft auf die Ladung $Q_C = Cu_C$ zu.

Stetigkeit der Anfangsladung (Anfangsspannung). Wir werden später noch begründen, daß sich Energie nie sprunghaft ändern kann. Sie ist vielmehr *zeitlich*

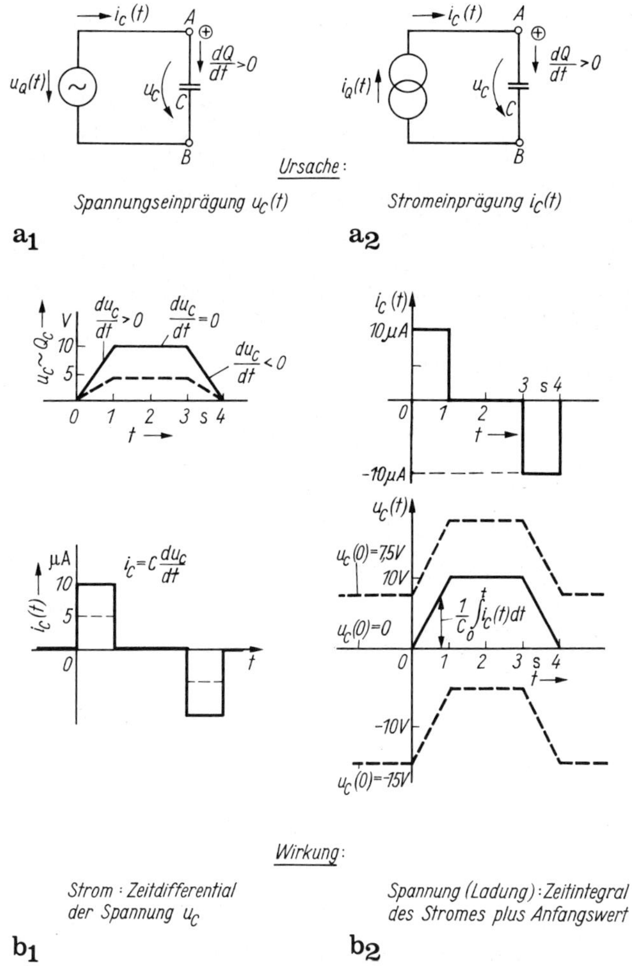

Bild 2.81a, b. Strom-Spannungs-Ladungsbeziehung am Kondensator (zeitunabhängiger Kondensator). **a1**, **a2** Schaltungsanordnung. Strom-Spannungs-Festlegung am Kondensator; **b1** Strom durch einen Kondensator bei vorgegebenem Verlauf der Kondensatorspannung u_C; **b2** Spannung u_C am Kondensator bei vorgegebenem Verlauf des Kondensatorstromes i_C. Parameter: Anfangsspannung $u_C(0)$

stetig. Deshalb gilt auch für den Kondensator als Energiespeicher (wobei die Energie W mit der Kondensatorspannung u_C verknüpft ist):

Die Kondensatorladung Q_C ist immer stetig. Sie besitzt nie Sprünge (darf aber Knickstellen aufweisen). Der *Kondensatorstrom* $i_C = C\,du_C/dt$ kann sich hingegen sprunghaft ändern, nämlich an den Knickstellen der Kondensatorladung bzw. Kondensatorspannung (Bild 2.82).

Mathematisch bedeutet Stetigkeit in einem Punkt, daß rechts- $(+Q)$ und linksseitiger $(-Q)$ Grenzwert einer Funktion in diesem Punkt übereinstimmen:

$$Q_C(+0) = Q_C(-0) \tag{2.89a}$$

Stetigkeit der Kondensatorladung eines beliebigen Kondensators zur Zeit $t = 0$.

Die Stetigkeit der Kondensatorladung gilt unabhängig von der Kapazität allgemein. Für *zeitunabhängige* Kapazitäten wie hier vorliegend, kann sie auf die Spannung u_C übertragen werden. So folgt aus Gl. (2.88a) $Q_C(+0) = C(+0)\,u_C(+0) = Q_C(-0) = C(-0)\,u_C(-0)$ mit $C(+0) = C(-0)$:

$$u_C(+0) = u_C(-0) \tag{2.89b}$$

Stetigkeit der Kondensatorspannung am zeitunabhängigen Kondensator zur Zeit $t = 0$[1].

Am zeitlich konstanten Kondensator ist die Kondensatorspannung immer stetig. Sie hat nie Sprünge (usw., s. o.).
Das ist der Grund dafür, daß wir in Gl. (2.88a) als unteren Integrationszeitpunkt $t = +0$ setzen konnten.

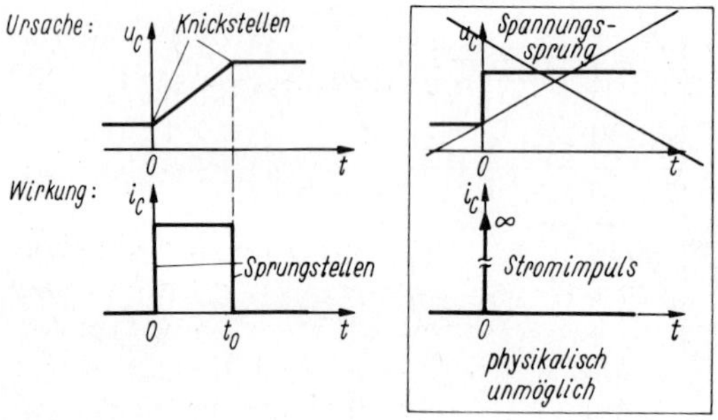

a b

Bild 2.82a, b. Zur Stetigkeit der Kondensatorspannung der zeitunabhängigen Kapazität. **a** Vorgabe der Kondensatorspannung. Der Strom zeigt nach Gl. (2.87) Sprungstellen dort, wo u_C Knickstellen hat; **b** ein angenommener Sprung von u_C hätte einen unendlich hohen Stromimpuls von der Dauer $\Delta t \to 0$ zur Folge, so, daß eine endliche Ladung $Q = \int i\,dt$ auf den Kondensator gebracht wird

[1] Für zeitabhängige Kapazitäten (s. Abschn. 5.1.3.2) gilt Gl. (2.89b) nicht!

Würde die Kondensatorspannung „springen" können (Bild 2.82b), so müßte die damit verbundene sprunghafte Ladungsänderung von unendlicher Stärke während der Zeitspanne $\Delta t \to 0$ transportiert werden[1].

Anfangsbedingung. Ersatzschaltung. Gl. (2.88a) kann nach dem Maschensatz als Kombination (Reihenschaltung) eines spannungsfreien (energiefreien) Kondensators und einer idealen Spannungsquelle $u_C(-0)$ aufgefaßt werden. Bild 2.83 zeigt die Schaltung. Dabei gilt das Verbraucherpfeilsystem (s. Abschn. 2.4.3.1).

Die Anfangsbedingung ist für die Behandlung von Schaltvorgängen von grundlegender Bedeutung (s. Abschn. 10).

Am Beispiel Bild 2.83c soll das Aufstellen der Netzwerkgleichung einer Schaltung mit Widerstand und Kondensator gezeigt werden. Die Maschensätze für die Maschen a), b) lauten

$$\text{a)}\ i_1 R_1 + i_2 R_2 + 1/C \int i_2 \mathrm{d}t = u_Q(t)$$

$$\text{b)}\ i_3 R_3 - 1/C \int i_2 \mathrm{d}t - i_2 R_2 = 0$$

sowie der Knotensatz für Knoten *I*:

$$i_1 = i_2 + i_3\,.$$

Um eine Bestimmungsgleichung für beispielsweise den Strom i_2 zu erhalten, eliminieren wir zunächst i_3 in Gl. (b) durch die Knotenbilanz *I*, lösen das Ergebnis nach i_1 auf und setzen in Gl. (a) ein. Mit

$$i_1 R_3 = 1/C \int i_2 \mathrm{d}t + i_2(R_2 + R_3) = 0$$

ergibt sich dann (als sog. Integralgleichung)

$$i_2\left[R_2 + R_1\left(1 + \frac{R_2}{R_3}\right)\right] + \frac{1}{C}\left(1 + \frac{R_1}{R_2}\right)\int i_2 \mathrm{d}t = u_Q(t)\,.$$

Einmaliges beiderseitiges Differenzieren führt auf die (sog. Differential-)Gleichung

$$\left[R_2 + R_1\left(1 + \frac{R_2}{R_3}\right)\right]\cdot\frac{\mathrm{d}i_2}{\mathrm{d}t} + \frac{1}{C}\left(1 + \frac{R_1}{R_2}\right)\cdot i_2 = \frac{\mathrm{d}u_Q(t)}{\mathrm{d}t}\,.$$

Die Lösung dieser Gleichung (die später bei der Netzwerkanalyse eine Rolle spielt) hängt einerseits ab von der Zeitfunktion der Spannungsquelle $u_Q(t)$ (da erwartet wird, daß sich alle Zweigströme und Spannungen zeitlich ändern, wurden von Anfang kleine Symbole verwendet), aber auch von dem Anfangswert der Kondensatorspannung $u_C(0)$. Er spielt für die Aufstellung der Zweiggleichungen hier keine Rolle, wir werden aber später die Nützlichkeit der Ersatzschaltung Bild 2.83b erkennen.

2.5.6.2 Verschiebungsstrom i_V

Offen blieb bisher die Frage, warum bei Ladungsänderung ($\to$ Spannungsänderung) am Kondensator ein Strom fließt, wo doch eine Ladungsträgerbewegung (nach der bisherigen Stromvorstellung) durch den Nichtleiter unmöglich ist. Wir

---

[1] Derartige Fälle werden wir im Abschn. 10.1.6 von der mathematischen Seite genauer betrachten

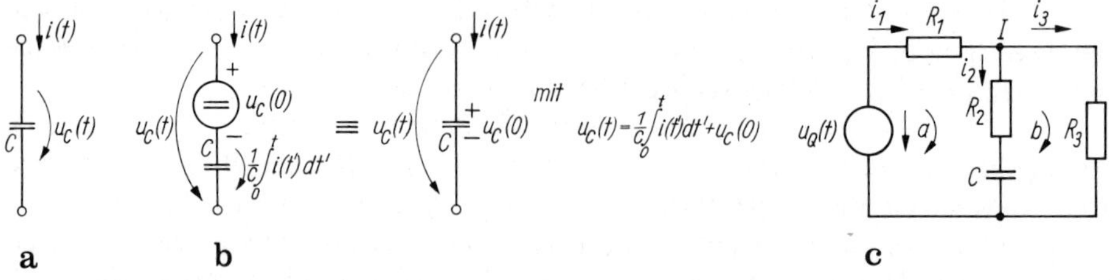

Bild 2.83a–c. Kondensatorersatzschaltungen und Anfangsenergie (zeitunabhängige Kapazität). **a** ohne; **b** mit Anfangsenergie bei gleichwertiger Darstellung; **c** Beispiel: Kondensator im Netzwerk

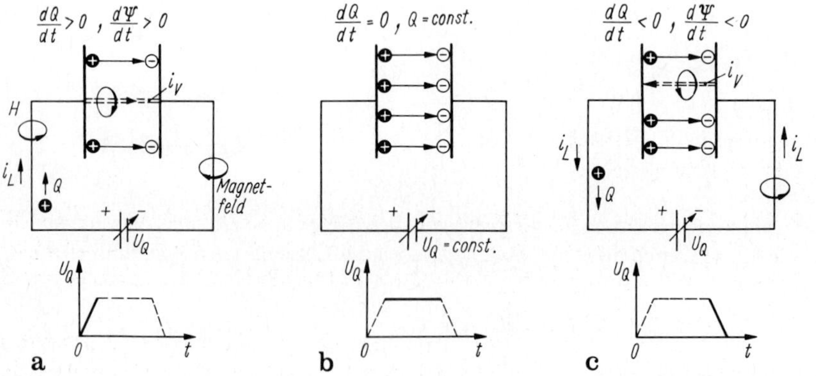

Bild 2.84a–c. Verschiebungsstrom i_V. **a** Ladungsbewegung im Leiter (i_L) und Verschiebungsstrom im Nichtleiter bei Aufladen des Kondensators. Der Leitungsstrom findet im Dielektrikum seine Fortsetzung als Verschiebungsstrom i_V. Beide sind von einem Magnetfeld umgeben; **b** bei konstanter Spannung existiert kein Verschiebungsstrom; **c** bei Spannungsabnahme fließen Ladungen ab; Umkehr der Richtung des Verschiebungsstromes

betrachten dazu noch einmal die Auf- und Entladung eines Kondensators (Bild 2.84) ergänzt durch die Ladungsverhältnisse auf den Platten:

— Bei der *Aufladung* (Bild 2.84a) bewegen sich Ladungen[1] — durch die Spannung angetrieben — von einer Elektrode zur anderen über den Stromkreis. Dadurch häufen sich auf einer Elektrode positive Ladungen an, auf der anderen nimmt ihre Zahl ab. Dies ist gleichbedeutend mit einer Anhäufung *negativer* Ladungen. So wächst die Ladung Q auf der linken Kondensatorplatte und ebenso der Verschiebungsfluß Ψ im Dielektrikum. Anders ausgedrückt: links gilt $\mathrm{d}Q/\mathrm{d}t > 0$ und nach Gl. (2.81a) auch $\mathrm{d}\Psi/\mathrm{d}t > 0$ im gesamten Nichtleiter.

[1] Wir nehmen hier an, daß in den Zuleitungen positive Ladungen fließen können

— Bei konstanter Spannung (U_Q = const) bewegen sich keine Ladungen im Leiter (Bild 2.84b). Jetzt ist Q = const und somit $U_C = Q/C$ = const. Im gesamten Nichtleiter herrscht ein zeitlich konstanter Verschiebungsfluß.
— Bei der *Entladung* (dU/dt negativ, Bild 2.84) fließen Ladungen von der positiven Platte durch den Leiter ab: $dQ/dt < 0$ und ebenso $d\Psi/dt < 0$. Vom bisherigen Verständnis des Stromes als Fluß bewegter Ladungen (von einer Kondensatorplatte über den Leiterkreis zur anderen) und seiner Geschlossenheit im Kreis scheint ein Widerspruch vorzuliegen: Die Ladungsträgerbewegung wird durch den Nichtleiter unterbrochen. Weil jedoch einerseits der Strom im Leiterkreis mit der Ladungsänderung auf den Kondensatorplatten direkt zusammenhängt und andererseits Plattenladung und Verschiebungsfluß Ψ im Nichtleiter miteinander übereinstimmen (Gl. (2.81a)), führen wir im Nichtleiter den *Verschiebungsstrom*[1] i_V ein:

$$i_V = \left.\frac{d\Psi}{dt}\right|_{\text{Nichtleiter}} = \left.\frac{dQ}{dt}\right|_{\text{Platte}} = \underbrace{i_L}_{\substack{\text{Strom in}\\ \text{Zuleitung}}}$$

Verschiebungsstrom (Definitionsgleichung).

Der Verschiebungsstrom i_V (im Nichtleiter) ist somit die Fortsetzung des Stromes $i_L = i_V$ im Leiterkreis. Er entsteht durch die zeitliche Änderung des Verschiebungsflusses Ψ, also die Änderung der Plattenladung. Damit ist die Kontinuität des Stromes im Kreis wieder hergestellt.

Zu den Hauptkennzeichen eines Stromes gehörte sein begleitendes *Magnetfeld* (s. Abschn. 1.4.2). Tatsächlich besitzen ein Konvektionsstrom i_L im Leiter und ein Verschiebungsstrom i_V (gleicher Stärke) im Nichtleiter das gleiche Magnetfeld (im Bild 2.84 angedeutet). Da der Strom immer Ursache eines Magnetfeldes ist (s. Abschn. 3.1.1) muß der Verschiebungsstrom als Fortsetzung des Leitungsstromes im *Dielektrikum* gefordert werden.

Der Richtungssinn des Verschiebungsstromes i_V ist bei $\frac{d\Psi}{dt} > 0$ in Richtung von $\Psi(\boldsymbol{D})$, bei $\frac{d\Psi}{dt} < 0$ entgegen zur $\Psi(\boldsymbol{D})$-Richtung festgelegt.

Nachdrücklich ist aber auf die zeitlich verschiedenen Stufen zu verweisen, auf denen Leitungs- und Verschiebungsstrom stehen:
— Leitungsstrom $i_L \sim u$ tritt bereits bei *zeitlich konstanter* Spannung auf. Im Strömungsfeld ist die Zeitfunktion des Leitungsstromes stets ein Abbild der Zeitfunktion der Spannung $i_L(t) \sim u(t)$.
— Verschiebungsstrom im Nichtleiter tritt nur auf, wenn sich eine *Spannung zeitlich ändert*. Deshalb ist der Strom ein Abbild des *Differentials* der Zeitfunktion von $u(t)$.

[1] Die Bezeichnungen Verschiebungsstrom erweckt den Eindruck, als ob Ladungen im Nichtleiter verschoben werden. Dies ist nicht der Fall

Wir zeigen dies am besten an der Parallelschaltung eines Strömungsfeldes in einer Nichtleiterstrecke zwischen zwei Elektroden (Bild 2.85, Parallelschaltung Leitwert G und Kondensator C). Aus dem Maschensatz folgt $u_R = u_C = u$, aus dem Knotensatz $i = i_L + i_V = Gu + C\frac{du}{dt}$.

Für die vorgegebene Spannung $u(t)$ gelten die dargestellten Stromverläufe. Verschiebungsstrom fließt nur, solange sich die Spannung ändert. Dabei kann es bei Spannungs*abnahme* mit genügend großer Änderungsgeschwindigkeit durchaus vorkommen, daß der Gesamtstrom das Vorzeichen ändert, obwohl der Leitungsstrom in ursprünglicher Richtung weiterfließt.

2.5.6.3 Verschiebungsstromdichte $\boldsymbol{S}_V$

So, wie das Wesen des Verschiebungs*stromes* zunächst an den Verschiebungs*fluß*, also eine Integralgröße des elektrostatischen Feldes gebunden war, können wir auch dem Raumpunkt eine den Verschiebungsstrom kennzeichnende Feldgröße, die *Verschiebungsstromdichte* $\boldsymbol{S}_V$, zuordnen[1]:

$$i_V = \int_A \boldsymbol{S}_V \cdot d\boldsymbol{A} \,. \tag{2.91a}$$

Verschiebungsstromdichte (Definitionsgleichung).

Wir erhalten die zugeordnete *Verschiebungsstromdichte* $\boldsymbol{S}_V$ durch Bezug auf den Verschiebungsstrom Gl. (2.90) und den Zusammenhang (2.81b) zwischen Verschiebungsfluß Ψ und Verschiebungsflußdichte $\boldsymbol{D}$ zu

$$i_V = \frac{d\Psi}{dt} = \frac{d}{dt}\left[\oint_A \boldsymbol{D} \cdot d\boldsymbol{A}\right] = \oint_A \frac{d\boldsymbol{D}}{dt} \cdot d\boldsymbol{A} = \int_A \boldsymbol{S}_V \cdot d\boldsymbol{A} \,.$$

Der Vergleich mit Gl. (2.90a) ergibt

$$\boldsymbol{S}_V = \frac{d\boldsymbol{D}}{dt} = \frac{\varepsilon\, d\boldsymbol{E}}{dt} \tag{2.91b}$$

Verschiebungsflußdichte $\boldsymbol{D}$ und Verschiebungsstromdichte $\boldsymbol{S}_V$.

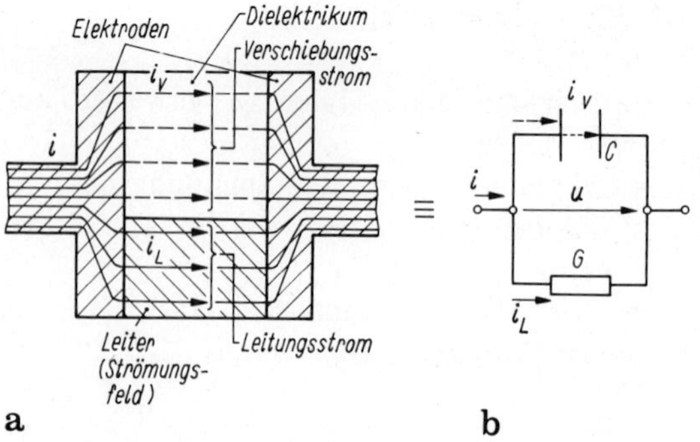

Bild 2.85a, b. Parallelschaltung von Strömungsfeld (Leiter) und Feld im Nichtleiter. **a** Anordnung; **b** Ersatzschaltung der Anordnung **a** als Parallelschaltung eines Leitwertes G und des Kondensators

[1] Vg. Zusammenhang zwischen Leitungsstrom I_L und Stromdichte $\boldsymbol{S}$, (Abschn. 2.3.1)

Jede zeitliche Änderung der Verschiebungsflußdichte (also ebenso der Feldstärke) wird im Nichtleiter von einer Verschiebungsstromdichte am gleichen Ort begleitet. Die Verschiebungsstromdichte $\boldsymbol{S}_V$ ist ein Vektor, der mit der Richtung von $\boldsymbol{D}$ (bei zeitlicher Zunahme) übereinstimmt.

Bild 2.86 zeigt ein Feldbild der Verschiebungsstromdichte $\boldsymbol{S}_V$ am Plattenkondensator. Denken wir uns in Bild 2.85 die Parallelschaltung von Leitern und Dielektrikum durch abwechselnde Streifen „vermischt" (mit immer kleiner werdendem Querschnitt), so beträgt die *Gesamtstromdichte* $\boldsymbol{S}$ im Raumpunkt bei dort herrschender Feldstärke $\boldsymbol{E}$ (mit Gl. (2.19a))

$$\boldsymbol{S} = \boldsymbol{S}_L + \boldsymbol{S}_V = \varkappa \boldsymbol{E} + \frac{d\boldsymbol{D}}{dt} = \varkappa\left(\boldsymbol{E} + \frac{\varepsilon\, d\boldsymbol{E}}{\varkappa\, dt}\right) = \varkappa\left(\boldsymbol{E} + \tau_R \frac{d\boldsymbol{E}}{dt}\right) \tag{2.92}$$

Gesamtstromdichte im Nichtleiter (mit Leitfähigkeit $\varkappa$) und zeitveränderlicher Feldstärke .

Maxwell erkannte die magnetische Wirkung des Verschiebungsstromes wohl aus logischen Gründen, der experimentelle Nachweis erfolgte erst viel später. Legt man z. B. eine sinusförmige schwankende Feldstärke $E = \hat{E} \sin \omega t$ zugrunde, so beträgt $S_{V\,max}$ in Luft bei $\omega = 2\pi\ 50\,s^{-1}$ und $\hat{E} = 10^6$ V/m: $S_{V\,max} = 2{,}7 \cdot 10^{-9}$ A/mm². Die Leitungsstromdichte in Leitungen (Cu, Al) liegt in der Größenordnung von einigen A/mm². Dann beträgt das Verhältnis Verschiebungsstrom zu Leistungsstromdichte etwa 10^{-9} (!). Wählt man hingegen eine 10^6mal größere Feldänderung, also $f = 50$ MHz, so wird das Verhältnis schon vergleichbarer. In der Frühzeit des experimentellen Nachweises der Maxwellschen Theorie standen noch keine Einrichtungen für derart hohe Frequenzen zur Verfügung.

Zur Selbstkontrolle: Abschnitt 2

2.1 Wie lauten die Definitionen der Feldstärke, des Potentials und der Spannung? Was verbirgt sich physikalisch hinter den Begriffen? Ist die Einheit der Feldstärke eine Basiseinheit?

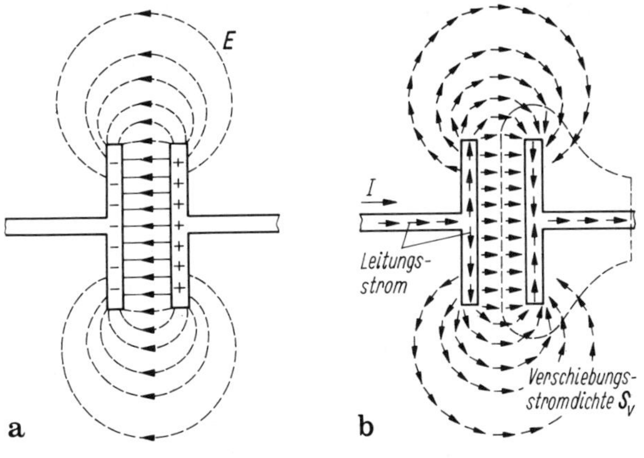

Bild 2.86a, b. Verschiebungsstromdichte $\boldsymbol{S}_V$. **a** Feldbild am Plattenkondensator bei zeitlich abnehmender Feldstärke $\boldsymbol{E}(t)$; **b** Feldbild der Verschiebungsstromdichte $\boldsymbol{S}_V$. Es ist $\boldsymbol{S}_V = d\boldsymbol{D}/dt \sim d\boldsymbol{E}/dt$, daher gleichartiger Verlauf der Feldlinien (umgekehrte Richtung)

2.2 Welche Arbeit ist erforderlich, um eine Ladung $+Q$ im elektrostatischen Feld von Punkt P_1 nach P_2 zu bringen?
2.3 Wodurch kann ein Feld veranschaulicht werden?
2.4 Können sich elektrische Feldlinien kreuzen (Erklärung geben)?
2.5 Welche Kraft übt eine Feldstärke $\boldsymbol{E}$ auf eine positive (negative) Ladung Q aus?
2.6 Was ist ein homogenes Feld? (Beschreiben Sie es!)
2.7 Wie läßt sich die Intensität der Feldstärke im Feldlinienbereich ausdrücken?
2.8 Man erläutere und skizziere (wenn möglich) für eine positive Punktladung das Feldstärke- und Potentialfeld (drei- und zweidimensional)!
2.9 Warum ist das Potential eine zunächst unbestimmte Größe?
2.10 Ein homogener Leiter sei stromdurchflossen, dadurch entsteht ein homogenes elektrisches Feld. Erläutern Sie Verlauf und Richtung der Feldstärke, des Potentials und der Spannung!
2.11 Was besagt der Begriff „Richtungsableitung" anschaulich?
2.12 Was besagt der Begriff „Maschensatz" im Potentialfeld? Was ist sein physikalischer Hintergrund?
2.13 Jemand gibt die Spannung einer Batterie mit 6 Nm/A · s an. Hat er recht? (Erklärung geben.)
2.14 Was versteht man unter der „Überlagerung des Potentials"? Welche Vorteile ergeben sich?
2.15 Warum entstehen in elektrischen Feldbildern „quadratähnliche Figuren"?
2.16 Was versteht man unter dem Begriff „Stromdichte"? (Erläuterung, typische Größenordnung in Leitern!)
2.17 Was gilt für Strömungslinien, die durch eine Hüllfläche treten?
2.18 Wie lautet die Kontinuitätsbedingung des stationären Strömungsfeldes? Was folgt daraus für den Strom? Wie lautet das 2. Kirchhoffsche Gesetz?
2.19 Was ist eine Stromröhre?
2.20 Wie lautet die Konvektionsstromdichte?
2.21 Wie (Intensität, Richtung) bewegen sich Ladungsträger (positive, negative), wenn an einem Halbleiter eine Feldstärke E liegt? In welcher Beziehung steht dazu die Stromrichtung?
2.22 Wie lautet das Ohmsche Gesetz für einen Raumpunkt?
2.23 In einem Leiter herrschen in einem Punkt eine Feldstärke und Stromdichte. Was ist dabei Ursache, was Wirkung?
2.24 Erläutern Sie, warum das Ohmsche Gesetz nur für solche Materialien gilt, in denen sich die Ladungsträger mit einer mittleren Driftgeschwindigkeit bewegen. Gilt das Ohmsche Gesetz auch in einer Elektronenröhre?
2.25 Wie verhalten sich Stromdichte und Feldstärke an der Grenzfläche zweier Medien mit verschiedenem Leiter? (Beispiele: stromdurchflossener Draht — umgebende Isolation.)
2.26 Was sind globale Größen des elektrischen Strömungsfeldes?

a) Leitfähigkeit $\varkappa$	Stromstärke I
b) Raumladungsdichte ϱ	Potential φ
c) Feldstärke $\boldsymbol{E}$	Spannung U
d) Stromdichte $\boldsymbol{S}$	Widerstand R

2.27 Welche Gesetzmäßigkeiten bestimmen die Ströme und Spannungen an jeder Stelle eines Gleichstromkreises (Erläuterung an einer einfachen Schaltung)?
2.28 Was besagen die Begriffe „Quellenspannung, Spannungsabfall, elektromotorische Kraft"?
2.29 Wie lautet die Definitionsgleichung des ohmschen Widerstandes R?

2.30 Geben Sie eine Methodik an, nach der der Widerstand eines Feldraumes (z. B. Koaxialleiter) bestimmt werden kann!

2.31 Richtiges ankreuzen: Bei der Parallelschaltung von Widerständen ist der Gesamtwiderstand kleiner als der kleinste, größer als der größte Widerstand?

2.32 Ist der Gesamtleitwert der Reihenschaltung kleiner als der kleinste, größer als der größte Leitwert?

2.33 Wie lauten die Ersatzwiderstände (Leitwerte) für die Reihen- bzw. Parallelschaltung von n Widerständen?

2.34 Wie lauten die Spannungs- und Stromteilerregeln? (Beispiel angeben.) Unter welchen Voraussetzungen gelten sie?

2.35 Erläutern Sie die Begriffe Strom-Spannungs-Beziehung und Kennlinie!

2.36 Nennen Sie Beispiele für nichtlineare Widerstände!

2.37 Wie ist der Temperaturkoeffizient des Widerstandes definiert?

2.38 Erläutern Sie folgende Begriffe:
- Strom-Spannungs-Beziehung des aktiven/passiven Zweipols,
- Kennlinie des aktiven/passiven Zweipols,
- Ersatzschaltung des aktiven/passiven Zweipols,
- Erzeuger- und Verbraucherpfeilsystem!

2.39 Erläutern Sie die Begriffe: ideale bzw. reale Strom- und Spannungsquelle? (Kennlinie, Ersatzschaltungen).

2.40 Welche Kenngrößen hat ein aktiver Zweipol und wie können sie ermittelt werden?

2.41 Erläutern Sie den Grundstromkreis (Strom-Spannungs-Beziehungen, Kennlinie, Einfluß eines veränderbaren Außenwiderstandes, Anpassung)!

2.42 Ein Strom-(Spannungs-)messer (Instrumentenwiderstand R_i) soll im Meßbereich um einen Faktor 10 erweitert werden. Was ist jeweils zu tun? (Erläuterung geben, Skizze anfertigen.)

2.43 Im Grundstromkreis soll der Strom bzw. die Spannung am Außenwiderstand R_a mit einem Instrument (Widerstand R_i) gemessen werden. Wie muß der Instrumentenwiderstand jeweils gewählt werden, welcher Fehler entsteht? Was muß gelten, wenn der Meßfehler kleiner als 1% sein soll?

2.44 Erläutern Sie das Prinzip der Wheatstonschen Brücke!

2.45 Erläutern Sie den Leistungsumsatz im Grundstromkreis!

2.46 Erläutern Sie die Zweigstromanalyse am Beispiel eines Netzwerkes (Lösungsmethodik, welche Schritte sind durchzuführen?).

2.47 Was bedeutet der Überlagerungssatz (Gültigkeitsvoraussetzung, Lösungsmethodik)?

2.48 Erläutern Sie den Ähnlichkeitssatz! Welche Vorteile bringt er?

3 Das magnetische Feld und seine Anwendungen

Ziel. Nach Durcharbeit der Abschnitte 3.1 und 3.2 soll der Leser in der Lage sein
— die Erläuterung grundsätzlicher Erscheinungen des Magnetfeldes zu geben;
— Grundbegriffe und Größen des magnetischen Feldes anzugeben;
— typische Feldlinienbilder und den Unterschied zum elektrischen Feld zu erklären;
— den Begriff Wirbelfeld zu veranschaulichen;
— die Induktion $\boldsymbol{B}$ und ihre Dimension zu erläutern;
— die Definition der magnetischen Feldstärke anzugeben;
— den Durchflutungssatz anzugeben und zu erläutern;
— das Gesetz von *Biot-Savart* anzugeben und auf einfache Leiteranordnungen anzuwenden;
— die Magnetisierungskurve zu erläutern;
— das Verhalten der magnetischen Feldgröße an Grenzflächen zu kennen;
— den magnetischen Fluß in magnetischen Leitern zu bestimmen und die Begriffe magnetische Spannung und Durchflutung zu erläutern;
— den magnetischen Kreis (einfach und verzweigt), sein Ersatzschaltbild anzugeben und die Bemessung der Elemente durchzuführen;
— das Feld eines Dauermagneten zu beschreiben, zu erläutern und einfache Dauermagnetkreise zu berechnen;
— die Verkopplung zwischen magnetischem Fluß und Strom als Induktivitätsbegriff zu verstehen;
— die Begriffe Selbst- und Gegeninduktion zu erläutern.

Übersicht. Das elektrische Feld umfaßte Erscheinungen, die an bewegte (Strömungsfeld) und ruhende Ladungen (elektrostatisches Feld) gebunden waren. Stets konnte eine *Kraftwirkung* auf eine Probeladung nachgewiesen werden. Sie bildete die Grundlage der Feldstärkedefinition (Gl. (2.5)).

Mit dem Stromfluß, also der *bewegten Ladung*, ist eine weitere Erscheinung untrennbar verbunden: das *Magnetfeld*. Es ist geradezu *die Wirkung* des Stromes (s. Abschn. 1.4.2). Ein Magnetfeld kann experimentell durch *Kraftwirkung auf eine Magnetnadel* (Prinzip des Kompasses), auf Eisenfeilspäne oder auf einen zweiten Strom nachgewiesen werden. Das sind völlig andere Erscheinungen, als wir sie vom elektrischen Feld her kennen. Deshalb erfassen wir diesen neuartigen besonderen physikalischen Zustand des Raumes wieder durch ein Feld — das *magnetische Feld.*

Dies entspricht nicht nur dem bewährten ingenieurmäßigem Verständnis, sondern auch dem klassischen physikalischen Bild. Erst später (Abschn. 3.5) werden wir nach einer genaueren physikalischen Interpretation des magnetischen Feldes fragen und erkennen, daß dieses Feld kein vom elektrischen Feld getrennter physikalischer Raumzustand ist, sondern über eine relativistische Betrachtung aus dem Coulombschen Gesetz hergeleitet werden kann.

Das Erlernen der Gesetzmäßigkeiten des Magnetfeldes ist aus mehreren Gründen schwieriger als die des elektrischen Feldes:

1. Das elektrostatische Feld ist an Ladungen als Quelle und Senke von Feldlinien gebunden, das Strömungsfeld an den Begriff Stromkontinuität. Unter beiden Begriffen kann man sich anschaulich etwas vorstellen. Im magnetischen Feld treten dagegen sog. *Wirbel* auf. Sie sind nicht nur weit weniger geläufig (z. B. Luft- und Wasserwirbel), sondern im Sprachgebrauch sogar noch mit dem Attribut einer *unerwünschten Erscheinung* verbunden. *Wirbelerscheinungen sind aber das gesetzmäßig Bestimmende des magnetischen Feldes.*

2. Das Magnetfeld tritt nur — den Dauermagneten zunächst ausgenommen — in Verbindung mit dem elektrischen Strom auf, es „begleitet“ ihn. Die dafür maßgebenden Größen und Gesetzmäßigkeiten lernen wir in den Abschnitt 3.1 und 3.2 kennen.

3. *Zeitliche Änderungen* des Magnetfeldes verursachen eine elektrische Feldstärke. Diese Erscheinung heißt *Induktion* (Abschn. 3.3). Am *gleichen Ort sind somit elektrisches und magnetisches Feld untrennbar miteinander verkoppelt.* Wir behandeln daraus resultierende Erscheinungen im Abschn. 3.4.

3.1 Die vektoriellen Größen des magnetischen Feldes

3.1.1 Induktion *B*

Qualitatives. Kraftwirkung des magnetischen Feldes. Magnetische Erscheinungen waren historisch schon eher bekannt als elektrische. Schon *Thales von Milet*[1] wußte, daß bestimmte Eisenerze (Magneteisen, Magnetkies), die besonders in Nähe der Stadt Magnesia in Kleinasien gefunden wurden, andere Eisenteile in ihrer Nähe anziehen oder abstoßen. Sie wurden *Magnete* genannt. Man wußte weiter, daß sie sich bei freier Aufhängung im Schwerpunkt (sog. Magnetnadel) stets in Nord-Süd-Richtung einstellen. Deshalb nannte man das nach Norden zeigende Ende des Magneten Nordpol, das nach Süden zeigende den Südpol. Auch die Erde mußte demnach ein „Magnet“ sein, der auf die Magnetnadel eine Kraft ausübt.

Diese Kraftwirkung wurde zunächst in Analogie zu den später erkannten elektrischen Ladungen, *magnetischen Ladungen* zugeschrieben. Dementsprechend galt ein Magnet als *Dipol* (Doppelpol) magnetischer Ladungen. Konnten jedoch positive und negative Ladungen eines elektrischen Dipols stets so getrennt werden, daß am Ende je ein positiv oder negativ geladener Körper existierte, so war das beim Magneten nicht möglich. Jeder geteilte Magnet ergab zwei neue Magneten (Bild 3.1). Dabei stoßen gleichnamige Pole einander ab, ungleichnamige ziehen sich an. Dieses Ergebnis zwang zum Schluß: Es gibt keine *magnetischen Ladungen. Das magnetische Feld ist quellenfrei* (Erfahrungssatz).

---

[1] Thales von Milet, griech. Philosoph, Mathematiker und Astronom (624–546 v. Chr.)

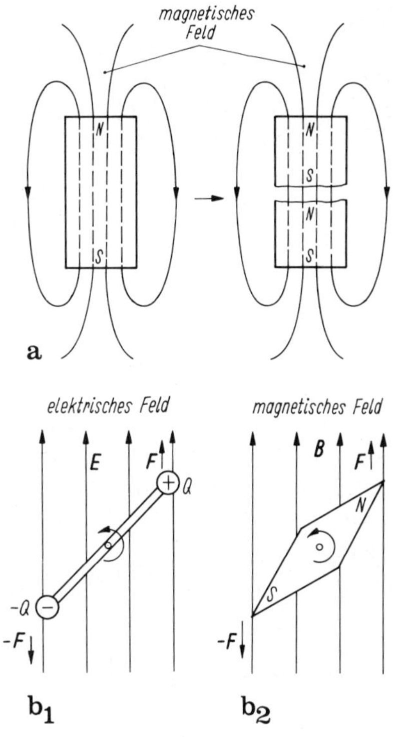

Bild 3.1a, b. Magnetfeld und seine Kraftwirkung. **a** Dauermagnet als Erregerquelle eines Magnetfeldes (magnetische Feldlinien); **b** Kraftwirkung eines Feldes auf: **b1** einen Ladungsdipol (elektrisches Feld); **b2** eine Magnetnadel. In beiden Fällen entsteht ein Drehmoment

Kraftwirkungen auf eine Magnetnadel, ganz analog zur Kraftwirkung auf einen elektrischen Dipol (Bild 3.1b), lassen sich auch in Umgebung eines *stromdurchflossenen* (langen, geradlinigen) *Drahtes*[1] nachweisen (Bild 3.2), dessen Rückleiter weit entfernt ist. Verschiebt man die Magnetnadel in Richtung ihrer Einstellung, so ergeben Linien gleicher Kraft (=Kraftlinien) *konzentrische Kreise* in einer Ebene, die der Leiter senkrecht durchstößt. Die einzelnen ausgewählten Kreise unterscheiden sich durch ihre „Einstellkraft" auf die Nadel. Die Erscheinung lehrt:

Die vom magnetischen Feld herrührenden Kraftlinien (=magnetische Feldlinien) sind geschlossen, ohne Anfang und Ende. Ihre Stärke nimmt nach außen ab.

Eine solche Gesamterscheinung hat große Ähnlichkeit mit dem *Wirbelbegriff* im täglichen Leben. Zu einem Wirbel gehören zwei Bestandteile (Bild 3.2):

— Das *Wirbelfeld* (die Gesamtheit aller um den Strom auftretenden magnetischen Feldlinien). Es wird gekennzeichnet durch die *Wirbelstärke* (=Wirbelung);

[1] Die Magnetfeldwirkung des Stromes wurde vom dänischen Physiker H. Ch. Oersted 1819/20 entdeckt

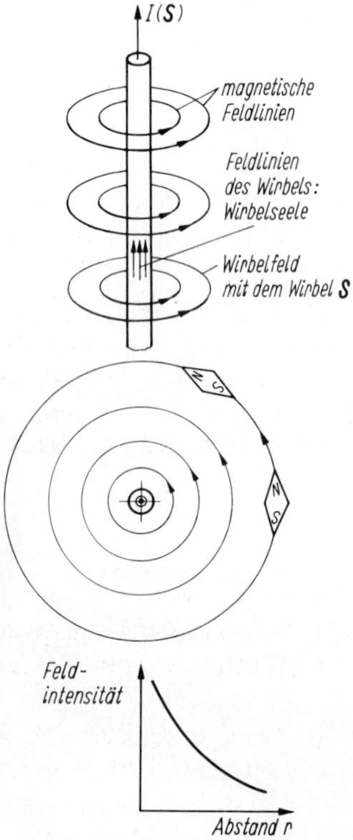

Bild 3.2. Darstellung des magnetischen Feldes durch ausgewählte Feldlinien in Richtung der Feldlinie: Einstellrichtung der Magnetnadel, Dichte der Linien (Feldintensität) proportional der Einstellkraft auf die Magnetnadel

— der *Wirbelkern* (auch Wirbelfaden, Wirbelseele). Das ist die *Feldlinie des Wirbels*, also die Feldlinie des Stromes bzw. der Stromdichte (hier im Leiter).

Aus diesen Gründen ist das magnetische Feld ein *Wirbelfeld.*

Im täglichen Leben wird der Wirbelbegriff meist so angewandt: Betrachten wir als Beispiel einen Wasserstrudel (Wasserwirbel), wie er im abfließenden Wasser einer Badewanne in Nähe des Abflußrohres auftritt. Dem „Trichter" dieser Erscheinung wird in der Feldlehre der Begriff „Wirbelfaden" zugeordnet. (Man denke sich in die Trichtermitte einen Stab zur Veranschaulichung des Wirbelfadens gesteckt). Ein schwimmender Körper auf der Wasseroberfläche rotiert im Zuge seiner Fortbewegung um diesen Wirbelfaden. Deshalb besitzt die Geschwindigkeit des abfließenden Wassers einen „Wirbel". In der Feldlehre heißt diese Erscheinung „*Wirbelfeld*".

Kraftwirkungen, wie die des Stromes auf eine Magnetnadel, werden auch beobachtet (Bild 3.3)

— wenn eine längliche stromdurchflossene und frei aufgehängte Spule in die Nähe eines stromdurchflossenen Leiters gebracht wird (Bild 3.3a);

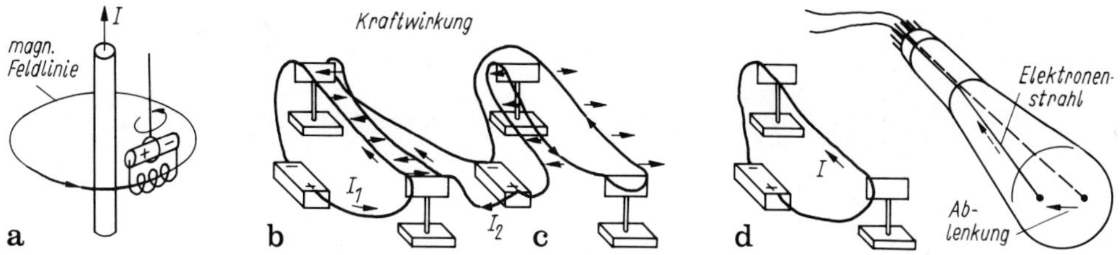

Bild 3.3a–d. Beispiele zur Kraftwirkung des magnetischen Feldes. **a** Beeinflussung einer stromdurchflossenen Spule in Umgebung eines stromdurchflossenen Leiters; **b, c** Kraftwirkung zwischen stromdurchflossenen Leitern: Anziehung (Abstoßung) bei Strömen gleicher (entgegengesetzter) Richtung; **d** Ablenkung eines Elektronenstrahles in einer Braunschen Röhre durch ein magnetisches Feld. Eingetragen ist die Stromflußrichtung in der Braunschen Röhre

— zwischen zwei stromführenden Leitern (Bild 3.3b, c) wobei entweder Anziehung (gleiche Stromrichtung) oder Abstoßung (entgegengesetzte Stromrichtung) erfolgt;

— zwischen einem Leiterstrom und einem Strom freier Ladungsträger, Elektronen z. B. in einer Braunschen Röhre (Bild 3.3c). Es erfolgt eine Strahlablenkung.

Sehr anschaulich erhält man den Gesamtverlauf der Kraftlinien, wenn man viele kleine längliche Eisenteile — Eisenfeilspäne — auf ein Papierblatt in Umgebung eines stromführenden Leiters bringt. Durch das Magnetfeld werden die einzelnen Teile magnetisiert. Sie reihen sich dann in Richtung der Feldlinien aneinander und ergeben so das Feldbild. Bild 3.4 zeigt Feldbilder verschiedener Leiteranordnungen.

Versuchen wir die Kraftwirkung des Magnetfeldes zwischen zwei Leitern 1 (Strom I_1, Bild 3.5) und 2 (Strom I_2) näher zu analysieren. Fließt nur Strom I_1, so bildet sich ein Magnetfeld um I_1 nach Bild 3.2. Fließt nur I_2 (in gleicher Richtung), so entsteht qualitativ das gleiche Feld um I_2 wie beim Leiter 1. Wir erkennen:

Bewegte Ladungen erzeugen nicht nur ein Magnetfeld, sondern sie werden auch durch ein Magnetfeld abgelenkt.

Damit sind alle im Bild 3.5 dargestellten Erscheinungen erklärbar.

Wir bestimmen jetzt für das

Magnetfeld = besonderer physikalischer Zustand des Raumes, gekennzeichnet durch Kraftwirkung auf bewegte Ladungen,

die erste magnetische Feldgröße, die *magnetische Flußdichte* $\boldsymbol{B}$ oder *Induktion* $\boldsymbol{B}$, die diesen Zustand ausdrückt und benutzen dazu die Leiteranordnung Bild 3.5.

Quantitatives. Wir greifen aus beiden Leitern im Bild 3.5 zwei Leiterelemente der Länge $\Delta s \ll L$ im Abstand r_{12} heraus. Nach der Definition des Stromes ($I = \mathrm{d}Q/\mathrm{d}t$) wird jedes Leiterstück (Bild 3.6) von Ladung $\Delta Q = I\,\Delta t = I\dfrac{\Delta s}{v}$ wäh-

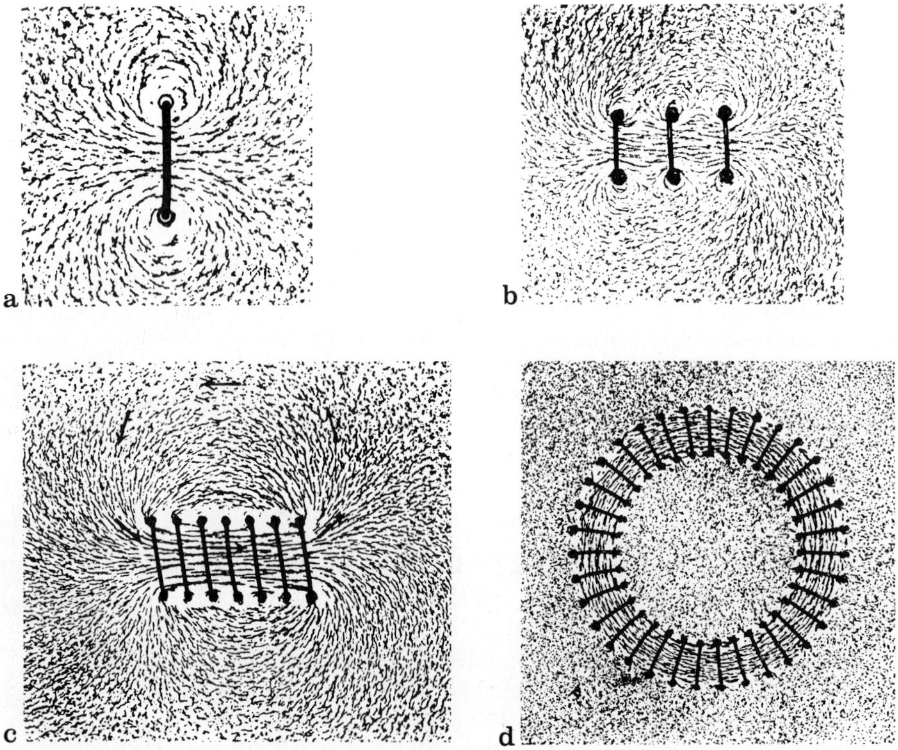

Bild 3.4a–d. Magnetische Feldbilder verschiedener Leiteranordnungen veranschaulicht durch Eisenfeilspäne (in Luft). (Nach R. W. Pohl). **a** stromdurchflossene Leiterschleife; **b** drei parallele, von gleichen Strömen durchflossene Leiterschleifen; **c** stromdurchflossene Spule. Die Pfeile deuten eine ausgewählte Feldlinie an, in der sich eine Kompaßnadel mit ihrem Nordpol einstellen würde; **d** stromdurchflossene ringförmige Spule (Ringspule). Das magnetische Feld ist praktisch völlig im Spuleninnern konzentriert, der Außenraum ist feldfrei

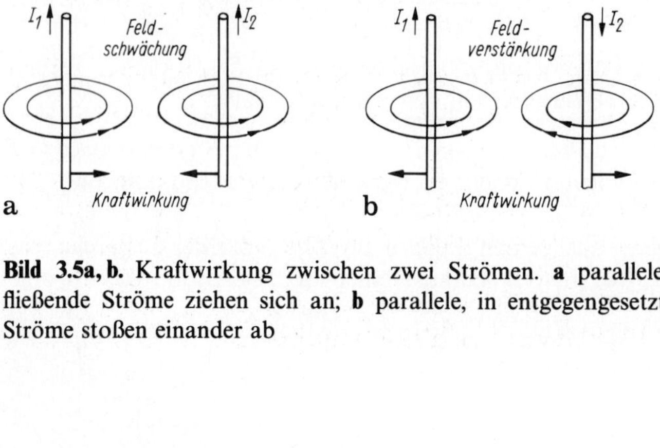

Bild 3.5a, b. Kraftwirkung zwischen zwei Strömen. **a** parallele, in derselben Richtung fließende Ströme ziehen sich an; **b** parallele, in entgegengesetzten Richtungen fließende Ströme stoßen einander ab

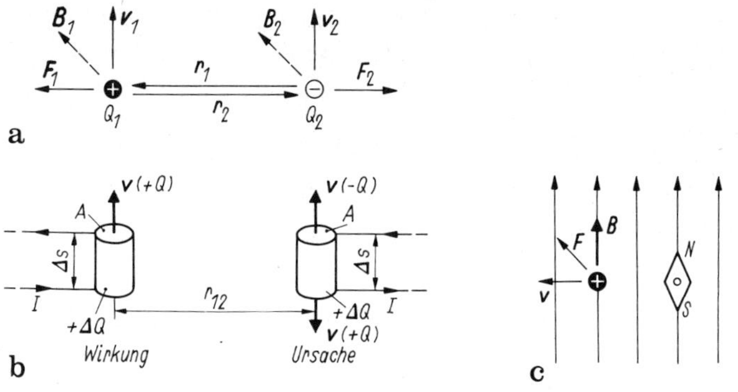

Bild 3.6a–c. Kraftwirkung zwischen zwei parallel zueinander bewegten Ladungen Q_1 und Q_2. **a** Modell; **b** experimentelle Realisierung durch Stromelemente der Länge Δs. Es gelte $r \gg \Delta s$; **c** Kraftwirkung im (homogenen) Magnetfeld der Induktion $\boldsymbol{B}$

rend der Zeit Δt durchflossen. Damit gilt für die mit der Geschwindigkeit v_1 bewegte Teilladung ΔQ_1

$$I_1 \Delta s = v_1 \Delta Q_1 \text{ und analog } I_2 \Delta s = v_2 \Delta Q_2 .$$

Die Größe $I\Delta s$ heißt *Strom-* oder *Leiterelement.* Das Experiment zeigt, daß die zwischen beiden Leiterelementen ausgeübte Kraft dem Betrag nach

— proportional dem Produkt der Ladungen und ihrer Geschwindigkeiten,
— umgekehrt proportional dem Quadrat ihrer Entfernung ($\Delta Q \to Q$) ist $F \sim (\Delta Q_1 v_1)(\Delta Q_2 v_2)/r_{12}^2$, bzw. nach Einführung einer Proportionalitätskonstanten k_1

$$F = k_1 \frac{(\Delta Q_1 v_1)(\Delta Q_2 v_2)}{r_{12}^2} . \tag{3.1}$$

Der Proportionalitätsfaktor k_1 hat für die Kraftwirkung in Vakuum den Wert $k_1 = \mu_0/4\pi$. Die Größe μ_0 heißt *magnetische Feldkonstante* oder *absolute Permeabilität*

$$\mu_0 = 0{,}4\pi \cdot 10^{-6}\ \mathrm{V \cdot s/A \cdot m} = 1{,}256 \cdot 10^{-6}\ \mathrm{V \cdot s/A \cdot m} \tag{3.2}$$

magnetische Feldkonstante, Permeabilität des Vakuums (Naturkonstante).

Sie kann mittels der Relativitätstheorie aus der elektrischen Feldkonstanten ε_0 (Gl. (2.72)) und der Lichtgeschwindigkeit $c = 2{,}9979 \cdot 10^8$ m/s (Naturkonstante) berechnet werden: $\mu_0 \cdot \varepsilon_0 = 1/c^2$.

Im elektrostatischen Feld wurde die Kraftwirkung zwischen zwei ruhenden Ladungen über das Ladungsmodell ermittelt (Gl. ($F \sim Q_1 Q_2$), Coulombsches Gesetz) und zur Einführung der Feldgröße *Feldstärke* $\boldsymbol{E}$ und Verschiebungsflußdichte $\boldsymbol{D}$ benutzt (Feldbeschreibung).

Diesen Gedankengang übertragen wir auf die Kraftwirkung des magnetischen Feldes nach Gl. (3.1) und formulieren den gleichen Sachverhalt durch Feldgrößen (im Raumpunkt). Dazu wird je eine Feldgröße für Ursache und Wirkung benötigt. Die bewegte Ladung Q_2 versetzt den sie umgebenden Raum in einen ausgezeichneten Zustand (Kraftwirkung auf andere *bewegte* Ladungen). Nach der Feldvorstellung verstehen wir die Wirkung (Gl. (3.1))

$$F(Q_1) = (\Delta Q_1 v_1)\left(\frac{\mu_0}{4\pi}\frac{\Delta Q_2 v_2}{r_{12}^2}\right) = \Delta Q_1 v_1 B(\mu, \Delta Q_2, v_2) \tag{3.3}$$

B magnetische Feldgröße

auf die Ladung ΔQ_1 so, als stamme sie von einer am Ort ΔQ_1 vorhandenen *Feldgröße B*. Diese wird von der bewegten Ladung ΔQ_2 verursacht. Sie heißt *Induktion* $\boldsymbol{B}$ des magnetischen Feldes oder gleichwertig *magnetische Flußdichte*[1]. Ihre *Richtung* wollen wir anhand eines (gegebenen) *homogenen* Magnetfeldes B ermitteln. In diesem Feld bewege sich eine positive Ladung Q mit der Geschwindigkeit $\boldsymbol{v}$. Ferner befinde sich eine Magnetnadel im Feld (Bild 3.6c). Sie stellt sich stets in Richtung der magnetischen Feldlinien ein. Das Experiment zeigt dann:

Die auf die mit der Geschwindigkeit $\boldsymbol{v}$ bewegte (positive) Ladung Q im Magnetfeld ausgeübte Kraft $\boldsymbol{F}$ steht stets senkrecht auf der Fläche, die durch die Längsachse der Magnetnadel und die Geschwindigkeit $\boldsymbol{v}$ gebildet wird.

Damit stimmt die Richtung der Induktion $\boldsymbol{B}$ mit der Richtung der Magnetnadel im Feld überein: positive Richtung vom Süd-zum Nordpol.

Insgesamt bilden dann die Größen $\boldsymbol{v}$, $\boldsymbol{B}$, $\boldsymbol{F}$ ein Rechtssystem (sog. Rechtsschraubenregel, s. Abschn. 0.2.4).

Für die *Intensität* der Kraftwirkung und damit der magnetischen Induktion $\boldsymbol{B}$ ergibt das Experiment:

$$F = QvB\sin(\sphericalangle\, \boldsymbol{B}, \boldsymbol{v}) .$$

Zusammen mit obiger Rechtszuordnung beträgt die Kraft $\boldsymbol{F}$ beim Übergang zur Vektorprodukt-Schreibweise

$$\boldsymbol{F} = Q(\boldsymbol{v} \times \boldsymbol{B}) \tag{3.4}$$

Induktion $\boldsymbol{B}$ (Definitionsgleichung) $(Q > 0)$.

Die magnetische Induktion $\boldsymbol{B}$ ist definiert aus der Kraft $\boldsymbol{F}$, die auf eine mit der Geschwindigkeit $\boldsymbol{v}$ *bewegte Ladung Q* gemäß Gl. (3.4) im Magnetfeld ausgeübt wird. Diese Kraft heißt auch *Lorentzkraft*.

[1] In diesem Verständnis von B liegt eine historisch bedingte Inkonsequenz. Im elektrostatischen Feld bedeutet der gleichwertige Ausdruck $Q_2/4\pi\varepsilon_0 r^2$ die elektrische Feldstärke $\boldsymbol{E}$ (materialabhängig, Wirkungsgröße), die Ursache ist die Verschiebungsflußdichte $\boldsymbol{D}$ (materialunabhängig). Konsequenterweise müßte $\boldsymbol{B}$ als magnetische Feldstärke (materialabhängig) bezeichnet werden, definiert durch $\boldsymbol{B} = \boldsymbol{F}/(Qv)$. Historisch bedingt wird aber „Induktion" verwendet, weil mit $\boldsymbol{B}$ eine weitere Wirkung, die Spannungsinduktion, verknüpft ist.

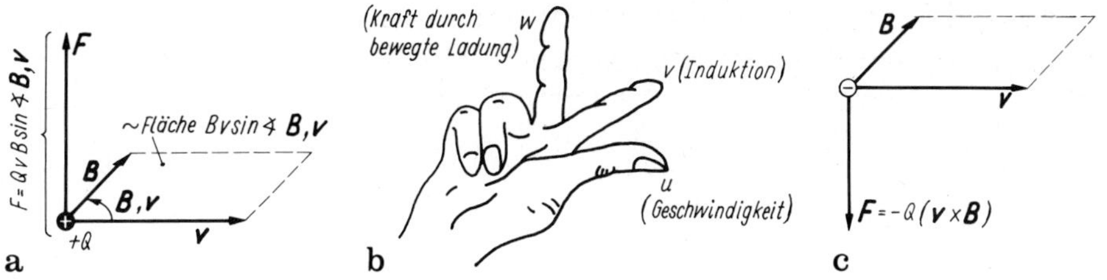

Bild 3.7a–c. Bestimmung der Kraftrichtung $\boldsymbol{F}$, die sich aus dem Kreuzprodukt (Vektorprodukt) von Geschwindigkeit $\boldsymbol{v}$ und Induktion $\boldsymbol{B}$ ergibt. **a** Veranschaulichung des Vektorproduktes Gl. (3.4) für positive Ladung $+Q$; **b** Rechtehandregel; **c** wie **a**, aber für negative Ladung $(-Q)$

Die Richtungsangabe merkt man leicht durch folgende Interpretation der Rechtehand-Regel (Bild 3.7, uvw-Regel):

Ursache (u)	*Vermittlung* (v)	*Wirkung* (w)
Geschwindigkeit $\boldsymbol{v}$	*magnetische Induktion* $\boldsymbol{B}$	*Kraft* $\boldsymbol{F}$
(der bewegten Ladung)	(Magnetfeld)	(auf bewegte Ladung)
(Daumen)	(Zeigefinger)	(Mittelfinger)

Diskussion. In der Schreibweise Gl. (3.4) muß $\boldsymbol{v}$ nicht mehr senkrecht zu $\boldsymbol{B}$ gerichtet sein. Wir wissen aber vom Kreuzprodukt zweier Vektoren, daß es für parallele Vektoren ($\boldsymbol{v} \parallel \boldsymbol{B}$) verschwindet.

Weil das Magnetfeld stets senkrecht zur Bewegungsrichtung $\boldsymbol{v}$ der Ladung Q wirkt, kann das Feld *keine* Arbeit am Teilchen leisten (der Betrag der Geschwindigkeit ändert sich nicht!). Es gilt $\mathrm{d}W = \boldsymbol{F}\cdot \mathrm{d}\boldsymbol{s} = \boldsymbol{F}\boldsymbol{v}\,\mathrm{d}t = Q(\boldsymbol{v} \times \boldsymbol{B})\cdot \boldsymbol{v}\,\mathrm{d}t = 0$ $(\boldsymbol{F} \perp \boldsymbol{v})$ nach Gl. (3.4).

Das (statische) Magnetfeld ändert die kinetische Energie eines geladenen Teilchens nicht. Ladungsträger werden also nicht beschleunigt oder gebremst (wie im elektrischen Feld), sondern nur in ihrer Bewegungsrichtung abgelenkt.

Eine negative Ladung ergibt bei sonst gleicher Geschwindigkeitsrichtung eine Kraft in entgegengesetzter Richtung. Dies wurde im Bild 3.7c mit veranschaulicht.

Dimension und Einheit. Die Dimension B liegt durch die bereits definierten Größen F, v und Q fest:

$$\dim(B) = \dim\left(\frac{\text{Kraft}}{\text{Ladung}\cdot\text{Geschwindigkeit}}\right) = \dim\left(\frac{\text{Spannung}\cdot\text{Zeit}}{\text{Länge}^2}\right).$$

Die *Einheit* von B ist das *Tesla*,

$$[B] = \frac{1\,\mathrm{V\cdot s}}{\mathrm{m}^2} = 1\,\mathrm{T}\,.$$

Früher wurde die (seit 1958 nicht mehr zugelassene) Einheit *Gauß* (G) benutzt:

$$1\,\text{Gauß} = 1\,\mathrm{G} = 10^{-8}\,\mathrm{V\cdot s\cdot cm^{-2}} = 10^{-4}\,\mathrm{V\cdot s\cdot m^{-1}}\,.$$

Die Beschreibung der magnetischen Größe erfordert somit keine weitere Grundgröße, da das Internationale Einheitensystem auf den Einheiten der Länge, Masse, Zeit und des Stromes beruht (s. Abschn. 0.2.2). Alle magnetischen Größen haben somit abgeleitete Einheiten.

Größenvorstellung:

Erdfeld	$B_E \approx 5 \cdot 10^{-5}\,T$	(entsprach der
Umgebung einer Fernleitung	$B \approx 10^{-4}\,T$	Größenordnung 1 Gauß)
Luftspalt von Motoren Transformatoren	(0,5 . . . 1,5) T	
Luftspalt eines Lautsprechermagneten	(0,1 . . . 1) T	
physikalischer Labormagnet	(10 . . . 100) T	

Darstellung und Haupteigenschaft des *B*-Feldes: Quellenfreiheit. Zur anschaulichen Darstellung des magnetischen Induktionsfeldes verwenden wir wieder Feldlinien. Ihre Richtung ist die Tangentenrichtung an die zugehörige ***B***-Linie. Die Liniendichte ist dem Betrag von ***B*** am jeweiligen Ort proportional. Aus dem Feldlinienbild (Bild 3.2) erkannten wir schon die Haupteigenschaft des magnetischen Feldes: die geschlossenen Feldlinien. *Damit ist auch die magnetische Induktion* ***B*** *quellenfrei*, wie das stationäre Strömungsfeld. Wir übernehmen die dort (Gl. (2.23)) bereits erklärte Formulierung

$$\oint_{\text{Hülle}} \boldsymbol{B} \cdot \mathrm{d}\boldsymbol{A} = 0 \qquad (3.5)$$

Quellenfreiheit der magnetischen Induktion ***B***.

Das Integral der Flußdichte ***B*** über eine gedachte oder materielle geschlossene Fläche verschwindet. Das gilt unabhängig davon, ob wir das magnetische Feld im Vakuum oder in irgendeinem Material betrachten. Die Quellenfreiheit der ***B***-Linien tritt im Bild 3.4 an allen Anordnungen deutlich in Erscheinung, am geraden stromführenden Draht, am Drahtring, an einer Drahtspule. Überall sind die ***B***-Linien in sich geschlossen, ohne Anfang und Ende.

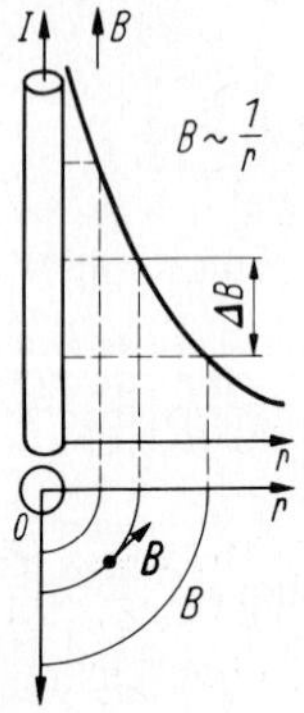

Bild 3.8. Flußdichte um einen geradlinigen unendlich langen Leiter, der vom Strom *I* durchflossen wird

Beispiel: Flußdichte. In Umgebung eines geraden stromdurchflossenen Drahtes falle die Flußdichte dem Betrag nach mit $1/r$ ab: $B_z = 0$, $B_r = 0$, $\boldsymbol{B}_\alpha = \frac{\text{const}\, \boldsymbol{e}_\alpha}{r}$. Man stelle ausgewählte Flußdichtelinien in einem Quer- und Längsschnitt (Bild 3.8) außerhalb des Leiters dar.

Für gleiche B-Änderungen ΔB wachsen die Abstände der Radien: Die Flußdichte sinkt nach außen und deshalb auch die Liniendichte. In jedem Punkt fällt die Tangente an die Feldlinien mit der Richtung des Feldvektors zusammen. Die Feldlinien sind konzentrische Kreise um die Leiterachse (s. Bild 3.2).

3.1.2 Magnetische Erregung. Magnetische Feldstärke *H*

Definition. Die Kraftwirkung des magnetischen Feldes (Bild 3.6) auf die Ladung Q_1 wurde auf die Induktion $\boldsymbol{B}$ zurückgeführt. Woher stammt nun die Induktion? Wir wissen bisher nur, daß ein magnetisches Feld bei Stromfluß entsteht: Welcher Zusammenhang besteht zwischen dem Strom (bzw. der Stromdichte $\boldsymbol{S}$) und einer noch unbekannten Feldgröße (an beliebigem) Ort, die an der gleichen Stelle die Induktion $\boldsymbol{B}$ (zunächst im Vakuum) erzeugt?

Hierzu führen wir eine weitere Feldgröße, die *magnetische Feldstärke* $\boldsymbol{H}$[1] ein. Die Zuordnung der Wirkung $\boldsymbol{B}$ zu einer Ursache erfolgt über Gl. (3.3). Wir wenden sie auf eine Ladung an, die sich mit der Geschwindigkeit $\boldsymbol{v}$ längs der x-Achse z. B. in einem Leiter bewege (Bild 3.9). Die Anordnung kann leicht durch einen stromdurchflossenen Leiter und eine Magnetnadel am Ort P experimentell untersucht werden. Die Ergebnisse lauten:

— Die $\boldsymbol{B}$-Linien sind konzentrische Kreise um die x-Achse und stets so gerichtet, daß $\boldsymbol{B}$ senkrecht auf der von $\boldsymbol{v}$ und $\boldsymbol{r}$ aufgespannten Ebene steht.

— Der Betrag der Induktion $\boldsymbol{B}$ hat den Maximalwert, wenn $\boldsymbol{r}$ senkrecht auf $\boldsymbol{v}$ steht ($a = \text{const}$).

— Im Zentrum des Leiters verschwindet $|\boldsymbol{B}|$.

Wir zerlegen die Geschwindigkeit $\boldsymbol{v}$ in eine Komponente $\boldsymbol{v}_r$ in $\boldsymbol{r}$-Richtung und eine senkrecht dazu orientierte. Dann liefert $\boldsymbol{v}_r = |\boldsymbol{v}| \cos\alpha$ keinen Beitrag zur Kraft und

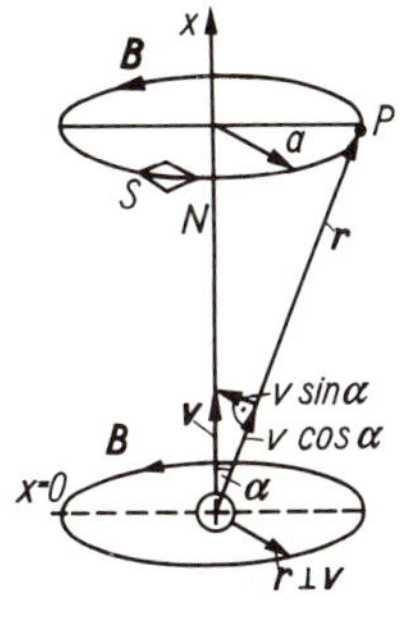

Bild 3.9. Das von der mit der Geschwindigkeit bewegten Ladung Q erzeugte magnetische Feld (Richtungszuordnung)

[1] In dieser Beziehung verbirgt sich wieder eine Inkonsequenz. Da die Größe das Feld erzeugt (Ursache, Erregung), handelt es sich um eine Erregergröße. Der Name Feldstärke ist so gesehen irreführend, entstand aber historisch. Wir halten deshalb an ihm fest

damit zu $\boldsymbol{B}$, sondern nur die Komponente $|\boldsymbol{v}| \sin\alpha$ senkrecht zu $\boldsymbol{r}$. Daher gilt

$$|\boldsymbol{B}| = \frac{\mu_0}{4\pi} \frac{Q}{r^2} |\boldsymbol{v}| \sin\alpha ,$$

oder in vektorieller Schreibweise

$$\boldsymbol{B} = \mu_0 \frac{Q}{4\pi r^2}\left(\boldsymbol{v} \times \frac{\boldsymbol{r}}{r}\right) = \mu_0 \boldsymbol{H} . \tag{3.6a}$$

Mit Gl. (3.6a) ist die *Wirkungsgröße* $\boldsymbol{B}$ des magnetischen Feldes auf die Ursache $Q \cdot \boldsymbol{v}$, die *bewegte Ladung*, zurückgeführt. Dieser Ursache wird eine Feldgröße — die *magnetische Erregung* $\boldsymbol{H}$ oder magnetische Feldstärke — nach zwei Gesichtspunkten zugeordnet:

— Sie soll an die bewegte Ladung als *physikalische Ursache* des magnetischen Feldes an jedem Raumpunkt *unabhängig* von den Materialeigenschaften gebunden sein.

— Der Zusammenhang zwischen Wirkungsgröße $\boldsymbol{B}$ und Ursachengröße $\boldsymbol{H}$ soll über die *Materialeigenschaften* gegeben sein für das Vakuum also durch die magnetische Feldkonstante μ_0 (Gl. (3.2)).

Dann gilt:

Die *magnetische Feldstärke* $\boldsymbol{H}$ ist die der Ursache des magnetischen Feldes zugeordnete Feldgröße, ihr physikalischer Inhalt die mit der Geschwindigkeit $\boldsymbol{v}$ bewegte Ladung Q, unabhängig von den Materialeigenschaften des Raumes. Im Punkt P mit dem Abstand $\boldsymbol{r}$ von der bewegten Ladung gilt somit

$$\boldsymbol{H} = \frac{Q}{4\pi r^2}\left(\boldsymbol{v} \times \frac{\boldsymbol{r}}{r}\right) \tag{3.6b}$$

mit $\boldsymbol{B} = \mu_0 \boldsymbol{H}$

magnetische Feldstärke $\boldsymbol{H}$ oder Erregung (Definitionsgleichung).

Nach Gl. (3.6a) hängen magnetische Feldstärke $\boldsymbol{H}$ und Induktion $\boldsymbol{B}$ im Vakuum direkt zusammen. Beide sind gleichgerichtet.

An dieser Stelle mag die Notwendigkeit der zweiten magnetischen Feldgröße $\boldsymbol{H}$ noch nicht recht einzusehen sein. Solange man Vorgänge im Vakuum (und nichtferromagnetischen Stoffen überhaupt, s. u.) betrachtet, bringt die Einführung von $\boldsymbol{H}$ nur unbedeutende Vorteile. Erst bei der Behandlung des allgemeinen magnetischen Feldes in ferromagnetischen Stoffen erhalten $\boldsymbol{B}$ und $\boldsymbol{H}$ je für sich Bedeutung.

Dimension und Einheit. Die Dimension der magnetischen Feldstärke folgt aus Gl. (3.6a) zu

$$\dim(H) = \dim\left(\frac{\text{Spannung} \cdot \text{Zeit}}{\text{Länge}^2} \middle/ \frac{\text{Spannung} \cdot \text{Zeit}}{\text{Strom} \cdot \text{Länge}}\right) = \dim\left(\frac{\text{Strom}}{\text{Länge}}\right),$$

ihre Einheit

$$[H] = \frac{[I]}{[L]} = \frac{1\,\text{A}}{\text{m}} .$$

Für sie gibt es keinen besonderen Namen.

Auf die *Haupteigenschaften* der magnetischen Feldstärke

— ihre *Wirbelfreiheit* (wenn keine Ströme von einem geschlossenen Weg umfaßt werden);
— ihren *Wirbelcharakter* (wenn Ströme umfaßt werden)

kommen wir im Abschn. 3.2.3 zu sprechen.

Anwendungen

1. Feldüberlagerung. Praktisch wird die Ladungsträgerströmung nicht durch die Geschwindigkeit $\boldsymbol{v}$, sondern die Stromdichte $\boldsymbol{S}$ gekennzeichnet. Vorbereitend ermitteln wir dazu den Beitrag mehrerer bewegter Ladungen Q_ν auf die Feldstärke $\boldsymbol{H}$. Als Voraussetzung werde ein linearer $\boldsymbol{B}$-$\boldsymbol{H}$-Zusammenhang nach Gl. (3.6) angenommen, wir er für sog. *Nichtferromagnetika* (s. später Abschn. 3.1.4), z. B. Luft, zutrifft. Dann läßt sich die magnetische Feldstärke $\boldsymbol{H}_\nu$ herrührend von den verschiedenen Ladungen Q_ν, die sich mit der Geschwindigkeit $\boldsymbol{v}_\nu$ bewegen, *unabhängig* von den andern ermitteln. Aus Gl. (3.6b) folgt durch Summation der n Einzelursachen

$$\boldsymbol{H}_{\text{ges}} = \sum_{\nu=1}^{n} \boldsymbol{H}_\nu = \frac{1}{4\pi} \sum_{\nu=1}^{n} \frac{Q_\nu}{r_\nu^2} \left(\boldsymbol{v} \times \frac{\boldsymbol{r}_\nu}{r_\nu} \right) \qquad (3.7)$$

Gesamtfeldstärke $\boldsymbol{H}$ herrührend von Einzelfeldstärken $\boldsymbol{H}_\nu$.

In Materialien mit linearem $\boldsymbol{B}$-$\boldsymbol{H}$-Zusammenhang (z. B. Luft)[1] ergibt sich die gesamte Feldstärke $\boldsymbol{H}$ aus den einzelnen Feldbeiträgen der bewegten Ladungen $Q_\nu \boldsymbol{v}_\nu$ (Addition von Vektoren).

2. Beispiel: Unendlich langer Leiter. Wir wenden Gl. (3.7) auf einen unendlich langen, vom Gleichstrom $\boldsymbol{I}$ durchflossenen Leiter an (Bild 3.10). In ihm mögen sich

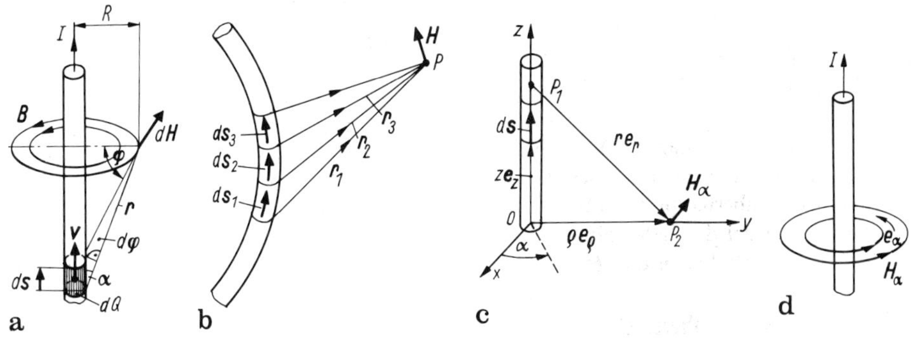

Bild 3.10a–d. Die magnetische Feldstärke eines beliebigen Leiters kann durch Gl. (3.8) für den Beitrag eines jeden Leiterelementes berechnet werden **a, b**; **c** Modell für die Berechnung der Feldstärke $\boldsymbol{H}$ eines unendlich langen stromdurchflossenen Leiters; **d** Feldbild der Feldstärke $\boldsymbol{H}_\alpha$ Gl. (3.9)

---

[1] Eigentlich linearer H-v-Zusammenhang, aber v erzeugt auch B

positiv angesetzte Teilladungen $\mathrm{d}Q$ mit der Geschwindigkeit $\boldsymbol{v}$ bewegen. Zum Übergang auf den Strom denken wir uns den Leiter in Leiterelemente der Länge $\mathrm{d}\boldsymbol{s}(\mathrm{d}\boldsymbol{s} \parallel \boldsymbol{v})$ zerlegt (Bild 3.10b). Jedes Element enthält dann die quasi punktförmige mit $\boldsymbol{v}$ bewegte Ladung $\mathrm{d}Q$. Jedes Stromelement $\mathrm{d}Q\,\boldsymbol{v} = \boldsymbol{I}\mathrm{d}\boldsymbol{s}$ ergibt über Gl. (3.6b) den Feldbeitrag

$$\mathrm{d}\boldsymbol{H} = \frac{1}{4\pi r^2}\left(\mathrm{d}\boldsymbol{s} \times \frac{\boldsymbol{r}}{r}\right).$$

Die Gesamtfeldstärke erhält man durch Überlagerung (→ Summation) aller Feldelemente $\mathrm{d}H$, d. h. *Integration* längs des Leiters

$$\boldsymbol{H} = \int \mathrm{d}\boldsymbol{H} = \int_{r\to-\infty}^{r\to\infty} \frac{1}{4\pi}\,\frac{\left(\mathrm{d}\boldsymbol{s} \times \frac{\boldsymbol{r}}{r}\right)}{r^2}. \tag{3.8}$$

Aus Bild 3.10c geht zunächst Feldsymmetrie hervor. Es existieren keine Änderungen von $\boldsymbol{H}$ mit z oder α. Deshalb legen wir den Punkt P_2 in die Ebene $z = 0$. Der Einheitsvektor $\boldsymbol{e}_\mathrm{r}$ von $\boldsymbol{r}$ zwischen P_1, P_2 folgt aus $\boldsymbol{r} = \varrho\boldsymbol{e}_\varrho - z\boldsymbol{e}_\mathrm{z}$ zu

$$\boldsymbol{e}_\mathrm{r} = \frac{\varrho\boldsymbol{e}_\varrho - z\boldsymbol{e}_\mathrm{z}}{\sqrt{\varrho^2 + z^2}}.$$

Die Richtung von $\mathrm{d}\boldsymbol{s}$ fällt mit der von I zusammen $\mathrm{d}\boldsymbol{s} = \mathrm{d}z\boldsymbol{e}_\mathrm{z}$. Damit wird aus

$$\mathrm{d}\boldsymbol{H} = \frac{I\,\mathrm{d}\boldsymbol{s} \times \boldsymbol{e}_\mathrm{r}}{4\pi r^2} = \frac{I\,\mathrm{d}z\boldsymbol{e}_\mathrm{z} \times (\varrho\boldsymbol{e}_\mathrm{s} - z\boldsymbol{e}_\mathrm{z})}{4\pi(\varrho^2 + z^2)^{3/2}}.$$

Das Integral beträgt

$$\boldsymbol{H} = \int_{H_2(-\infty)}^{H_2(+\infty)} \mathrm{d}\boldsymbol{H}_2 = \int_{-\infty}^{\infty} \frac{I\,\mathrm{d}z\boldsymbol{e}_\mathrm{z} \times (\varrho\boldsymbol{e}_\varrho - z\boldsymbol{e}_\mathrm{z})}{4\pi(\varrho^2 + z^2)^{3/2}} = \int_{-\infty}^{\infty} \frac{1}{4\pi}\,\frac{\varrho\,\mathrm{d}z\boldsymbol{e}_\alpha}{(\varrho^2 + z^2)^{3/2}}$$

$$= \frac{I\boldsymbol{e}_\alpha}{4\pi}\cdot\left.\frac{z}{\sqrt{\varrho^2 + z^2}}\right|_{-\infty}^{\infty} = \frac{I\boldsymbol{e}_\alpha}{2\pi\varrho} = \boldsymbol{H}_\alpha.$$

Zusammengefaßt

$$\boldsymbol{H}_\alpha = \frac{I}{2\pi\varrho}\cdot\boldsymbol{e}_\alpha \tag{3.9}$$

magnetische Feldstärke außerhalb eines unendlich langen geraden Stromleiters I im Abstand ϱ.

Wir finden bestätigt: Ebenso wie die $\boldsymbol{B}$-Linien (μ_0) sind auch die $\boldsymbol{H}$-Linien konzentrische Kreise um den Stromfaden, deren Dichte (Linien je Länge) mit $1/\varrho$ nach außen abnimmt.

Die Feldstärke H_α hängt nicht von z oder α ab, wohl aber vom Radius ϱ. Außerdem ändert sie sich linear mit dem Strom I. Bild 3.10d zeigt die Feldlinien.

3. Gesetz von Biot-Savart[1]. In praktischen Aufgabenstellungen lautet die Frage meist so: Gegeben ist eine vom Strom I durchflossene Leitergeometrie, gesucht das Magnetfeld in ihrer Umgebung. In diesem Fall muß die Integration von Gl. (3.8) immer über die gesamte Länge $\boldsymbol{s}$ des Leiters durchgeführt werden

$$\mathrm{d}\boldsymbol{H} = \frac{1}{4\pi}\frac{\mathrm{d}\boldsymbol{s}\times\boldsymbol{r}}{r^3} \quad \text{oder} \quad \boldsymbol{H} = \frac{1}{4\pi}\oint_{\text{Stromkreis}}\frac{\mathrm{d}\boldsymbol{s}\times\boldsymbol{r}}{r^3} \tag{3.10}$$

Gesetz von Biot-Savart.

Man beachte: Das Biot-Savartsche Gesetz gilt nur für Stromleiter (oder sog. Stromfäden)!

Dabei kann es vorkommen, daß stromdurchflossene Teillängen (z. B. verdrillte Hin- und Rückleitung) nur einen vernachlässigbaren Beitrag zu $\boldsymbol{H}$ liefern, weil sich die Teilfelder gegenseitig aufheben.

Zusammengefaßt stehen zur Berechnung der magnetischen Feldstärke um einen stromführenden Leiter bereit:

— Die allgemeine Beziehung Gl. (3.8) oder speziell das Biot-Savartsche Gesetz Gl. (3.10);

— Gl. (3.9) für das Feld eines geraden Leiters. Aus diesem Ergebnis werden wir im folgenden Abschnitt eine wichtige Verallgemeinerung ziehen.

Offen ist noch der Zussammenhang zwischen $\boldsymbol{B}$ und $\boldsymbol{H}$ über die Materialeigenschaften (Abschn. 3.1.4).

Beispiel: Biot-Savartsches Gesetz. Es soll die Feldstärke im Mittelpunkt eines kreisförmigen, stromdurchflossenen Leiters nach Gl. (3.10) bestimmt werden.

Aus Bild 3.11 ergibt sich $\mathrm{d}\boldsymbol{s} = \varrho\,\mathrm{d}\alpha\,\boldsymbol{e}_\alpha$ und $\boldsymbol{\varrho} = \varrho\boldsymbol{e}_\varrho$. Radius und Wegelement stehen senkrecht aufeinander $\boldsymbol{\varrho}\perp\mathrm{d}\boldsymbol{s}$. Im Zylinderkoordinatensystem gilt $\mathrm{d}\boldsymbol{s}\times\boldsymbol{\varrho} = \varrho^2\,\mathrm{d}\alpha\boldsymbol{e}_z$ und damit

$$\boldsymbol{H} = \oint\frac{1}{4\pi}\frac{\mathrm{d}\boldsymbol{s}\times\boldsymbol{\varrho}}{\varrho^3} = \int_0^{2\pi}\frac{I}{4\pi}\frac{\varrho^2\,\mathrm{d}\alpha\boldsymbol{e}_z}{\varrho^3} = \frac{I}{4\pi\varrho}2\pi\boldsymbol{e}_z = \frac{I\boldsymbol{e}_z}{2\varrho}.$$

Beispiel: Flußdichte. Man vergleiche die Flußdichte im Abstand $r = 10\,\mathrm{cm}$, $r = 50\,\mathrm{cm}$, $r = 1\,\mathrm{m}$ eines stromführenden geraden Leiters in Luft ($I = 100\,\mathrm{A}$) mit der Flußdichte $B = 0{,}5\cdot10^{-8}\,\mathrm{Vs/cm^2}$ des Erdmagnetfeldes unter der Annahme, daß beide Komponenten gleiche Richtung haben. Wir bestimmen die Flußdichte $B(r)$ über Gl. (3.6a) unter Verwen-

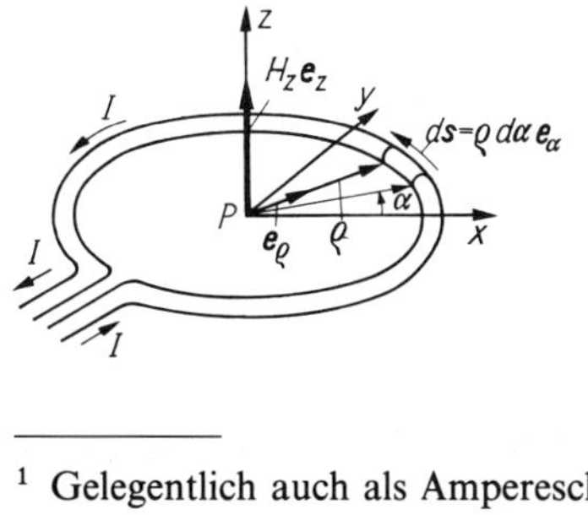

Bild 3.11. Magnetische Feldstärke eines Kreisringes

[1] Gelegentlich auch als Amperesche Formel bezeichnet

dung der Feldstärke $H(r)$ Gl. (3.9) eines geraden Drahtes: $B(r) = \mu_0 H(r) = \mu_0 (I/2\pi r)$. Die zahlenmäßige Auswertung führt

für: $r = 10\,\text{cm}$ auf: $B = 1{,}99 \cdot 10^{-8}\,\text{V}\cdot\text{s}\cdot\text{cm}^{-2}$
$= 50\,\text{cm}$ $= 0{,}39 \cdot 10^{-8}\,\text{V}\cdot\text{s}\cdot\text{cm}^{-2}$
$= 100\,\text{cm}$ $= 0{,}19 \cdot 10^{-8}\,\text{V}\cdot\text{s}\cdot\text{cm}^{-2}$

Selbst starke Ströme erzeugen in nächster Nähe nur relativ schwache Induktion in Luft.

3.1.3 Umlaufintegral der magnetischen Feldstärke *H*. Durchflutung *Θ*. Wirbelcharakter des magnetischen Feldes

Die Berechnung der magnetischen Feldstärke in Umgebung eines Stromes nach Gl. (3.8) oder (3.10) ist verhältnismäßig aufwendig. Eine wesentlich einfachere Möglichkeit bietet das Umlaufintegral der magnetischen Feldstärke um einen Strom. Wir werden daraus auch den Wirbelcharakter des Magnetfeldes erkennen. Den Ausgang dazu gibt das Magnetfeld um einen unendlich langen stromführenden Leiter (Gl. (3.9), Bild 3.10). Dort bilden die ***H***-Linien wie die ***B***-Linien konzentrische Kreise um den Stromleiter. Eine solche ausgewählte Feldlinie mit dem Radius r hatte den Umfang $2\pi r$ oder anders ausgedrückt: die magnetische Feldstärke ist gleich dem Wert des auf den Umfang $2\pi\varrho$ eines Kreises verteilten Stromes. Folglich gibt das Linienintegral der magnetischen Feldstärke auf dem Kreis den Strom I, der *durch den umfaßten Kreis* fließt (Bild 3.12) oder

$$\int_{\text{Kreis}} \boldsymbol{H}\,\mathrm{d}s_{\text{Kreis}} = \int_{\alpha=0}^{2\pi} \boldsymbol{H}\cdot\boldsymbol{e}_\alpha \varrho\,\mathrm{d}\alpha = \int_0^{2\pi} \frac{I\cdot\varrho\cdot\boldsymbol{e}_\alpha\,\mathrm{d}\alpha}{2\pi\varrho} = I\,.$$

Unabhängig vom Radius trägt jeder Kreisbogenabschnitt $\mathrm{d}s_{\text{Kr}} = (I/2\pi \boldsymbol{H}_\alpha)\,\mathrm{d}\alpha$ den gleichen Betrag bei. Deshalb muß das Ergebnis auch für einen beliebigen *Integrationsweg* gelten:

$$\oint \boldsymbol{H}\cdot\mathrm{d}\boldsymbol{s} = I\,. \qquad (3.11\text{a})$$

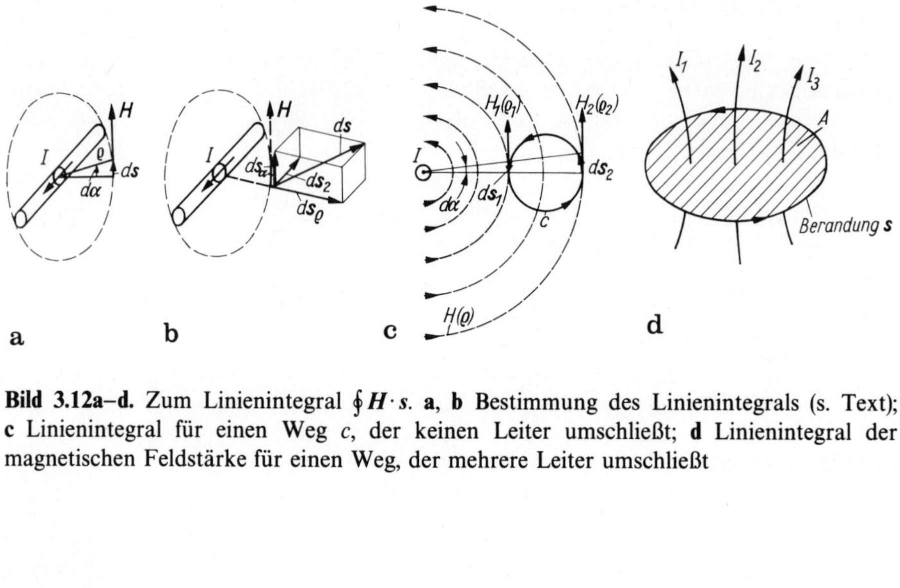

Bild 3.12a–d. Zum Linienintegral $\oint \boldsymbol{H}\cdot s$. **a**, **b** Bestimmung des Linienintegrals (s. Text); **c** Linienintegral für einen Weg *c*, der keinen Leiter umschließt; **d** Linienintegral der magnetischen Feldstärke für einen Weg, der mehrere Leiter umschließt

Das Linienintegral der magnetischen Feldstärke $\boldsymbol{H}$ ist bei einmaligem Umlauf auf einem beliebigen Weg um einen Strom I gleich dem umfaßten Strom I. Wird kein Strom umfaßt, so verschwindet das Umlaufintegral

$$\oint \boldsymbol{H} \cdot \mathrm{d}\boldsymbol{s} = 0 \qquad (3.11\mathrm{b})$$

umfaßter Strom Null.

1. Wir wollen die Ergebnisse Gl. (3.11) genauer untersuchen. Für einen beliebigen Umlauf zerlegen wir das Wegelement in seine drei Komponenten $\mathrm{d}\boldsymbol{s}_\varrho$, $\mathrm{d}\boldsymbol{s}_\alpha$, $\mathrm{d}\boldsymbol{s}_z$ (parallel) zum Draht $\mathrm{d}\boldsymbol{s} = \mathrm{d}\boldsymbol{s}_\varrho + \mathrm{d}\boldsymbol{s}_\alpha + \mathrm{d}\boldsymbol{s}_z$. Dann verschwinden im Produkt $\boldsymbol{H} \cdot \mathrm{d}\boldsymbol{s} = \boldsymbol{H} \cdot (\mathrm{d}\boldsymbol{s}_\varrho + \mathrm{d}\boldsymbol{s}_\alpha + \mathrm{d}\boldsymbol{s}_z)$ die ersten und letzten Summanden, weil die Komponenten $\boldsymbol{H}\,\mathrm{d}\boldsymbol{s}_\varrho$ bzw. $\boldsymbol{H}\,\mathrm{d}\boldsymbol{s}_z$ je zueinander senkrecht stehen. Nur der Teil $|\mathrm{d}\boldsymbol{s}_\alpha| = \varrho\,\mathrm{d}\alpha$ führt auf

$$\boldsymbol{H} \cdot \mathrm{d}\boldsymbol{s}_\alpha = |\boldsymbol{H}|\,|\mathrm{d}\boldsymbol{s}_\alpha| = H\varrho\,\mathrm{d}\alpha = \frac{I}{2\pi}\,\mathrm{d}\alpha\,,$$

und so bei Integration über alle Elemente auf das Ergebnis Gl. (3.11a).

2. Geschlossener Weg ohne umfaßten Strom. Wir betrachten eine Anordnung Bild 3.12. Wird der Weg in Pfeilrichtung durchlaufen, so liefern zwei Abschnitte $\mathrm{d}\boldsymbol{s}_1$, $\mathrm{d}\boldsymbol{s}_2$ innerhalb des gleichen Winkels $\mathrm{d}\alpha$:

$$\boldsymbol{H}_2 \cdot \mathrm{d}\boldsymbol{s}_2 = \frac{I\,\mathrm{d}\alpha}{2\pi}\,, \qquad \boldsymbol{H}_1 \cdot \mathrm{d}\boldsymbol{s}_1 = -\frac{I\,\mathrm{d}\alpha}{2\pi}$$

(Richtung von $\boldsymbol{H}_1$!) und damit in der Summe den Teilbetrag Null. Auch andere Abschnitte des (beliebigen) Weges können so betrachtet werden, so daß das gesamte Linienintegral verschwindet.

3. Werden zwei gleich große, aber hin- und rückfließende Ströme umfaßt, so verschwindet $\oint \boldsymbol{H}\,\mathrm{d}\boldsymbol{s} = 0$ ebenfalls. Es kommt also auf den umfaßten *Nettostrom* $I - I = 0$ an, es gehen die *vorzeichenbehafteten* Ströme in das Umlaufintegral ein.

4. Umfaßt der geschlossene Weg mehrere Ströme $I_1 \ldots I_3$ (Bild 3.12d), so erzeugt jeder Leiter einer Flußdichte $\boldsymbol{B}_1$, $\boldsymbol{B}_2$ usw. Die Gesamtflußdichte $\boldsymbol{B} = \boldsymbol{B}_1 + \boldsymbol{B}_2 + \boldsymbol{B}_3$ hat dann durch den linearen Zusammenhang $\boldsymbol{B} \leftrightarrow \boldsymbol{H}$ (Gl. (3.6)) die magnetische Gesamtfeldstärke $\boldsymbol{H} = \boldsymbol{H}_1 + \boldsymbol{H}_2 + \boldsymbol{H}_3$. Das Umlaufintegral längs des Weges Δs ergibt für jede Erregung $\boldsymbol{H}_\nu$ jeweils den Wert I_ν, insgesamt also

$$\oint_s \boldsymbol{H} \cdot \mathrm{d}\boldsymbol{s} = \oint_s \boldsymbol{H}_1 \cdot \mathrm{d}\boldsymbol{s} + \oint_s \boldsymbol{H}_2 \cdot \mathrm{d}\boldsymbol{s} + \oint_s \boldsymbol{H}_3 \cdot \mathrm{d}\boldsymbol{s} = I_1 + I_2 + I_3\,.$$

Verallgemeinert gilt also:

$$\oint \boldsymbol{H} \cdot \mathrm{d}\boldsymbol{s} = 0\,, \qquad \oint \boldsymbol{H} \cdot \mathrm{d}\boldsymbol{s} = \sum_{\nu=1}^{n} I_\nu = \Theta \qquad (3.12\mathrm{a})$$

beliebige geschlossene Kurve kein Strom umfaßt	**beliebige geschlossene Kurve ΣI umfaßt**

Durchflutungssatz.

Die rechts stehende Nettostromsumme heißt *Durchflutung* oder *magnetomotorische*

Kraft (MMK): $\Theta = \Sigma I_\nu$, das Gesetz selbst der *Durchflutungssatz*, weil I der Strom ist, der den geschlossenen Integrationsweg „durchflutet".

In Worten: In einem beliebigen, von Strömen durchflossenen Feld ist das Umlaufintegral (= Wegintegral) der magnetischen Feldstärke $\boldsymbol{H}$ längs einer geschlossenen Linie s gleich der Summe aller vorzeichenbehafteten Ströme (= Durchflutung), die vom Umlauf umfaßt werden (Bild 3.13).

Der Durchflutungssatz verkoppelt somit den Strom durch eine Berandung mit der magnetischen Feldstärke um den Strom.

Richtungszuordnung. Ströme, die in Richtung der positiven Flächennormalen durchtreten, sind dabei mit positiven Vorzeichen anzusetzen (wobei der Umlaufsinn auf der Berandungslinie s gemäß der Rechtsschraubenregel festliegt (Bild 3.13a)).

Zusammengefaßt: Zur Berechnung der magnetischen Feldstärke in einem Punkt als Funktion des erregenden Stromes I stehen bereit:
— Die Feldstärkebeziehung Gl. (3.8) bzw. das Gesetz von *Biot-Savart* (Gl. (3.10));
— der *Durchflutungssatz* Gl. (3.12a). Obwohl in dieser (integralen) Formulierung allgemein gültig, erlaubt es doch nur in einfachen Fällen die Berechnung der magnetischen Feldstärke $\boldsymbol{H}$ bei gegebenem Strom I (bzw. später der Stromdichte $\boldsymbol{S}$). Dort ist er jedoch einfacher zu handhaben ist als Gl. (3.8).

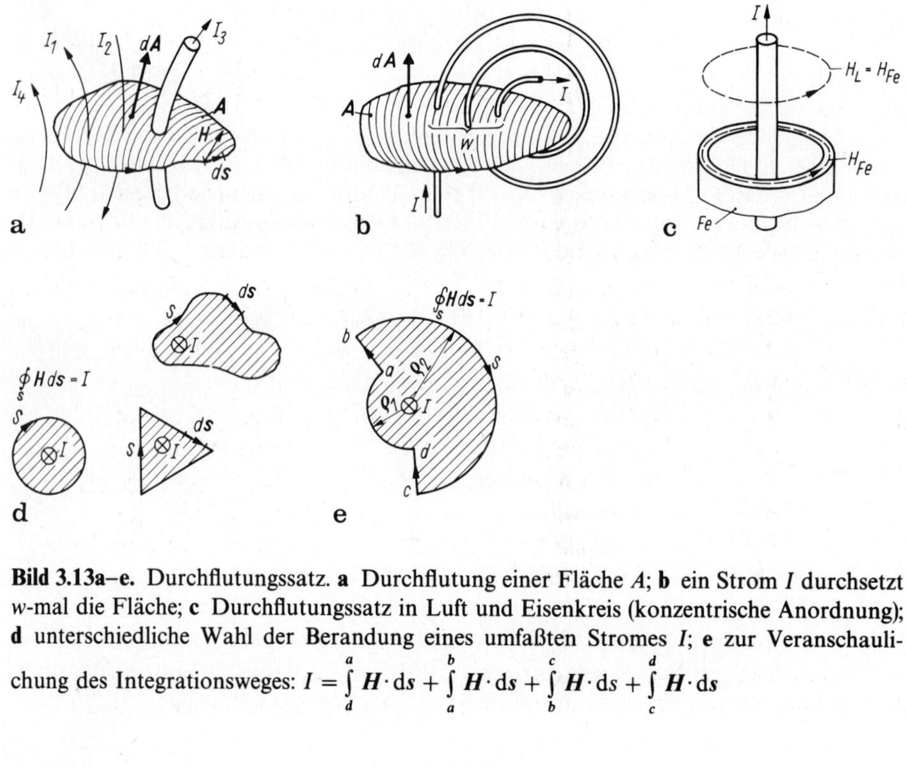

Bild 3.13a–e. Durchflutungssatz. **a** Durchflutung einer Fläche A; **b** ein Strom I durchsetzt w-mal die Fläche; **c** Durchflutungssatz in Luft und Eisenkreis (konzentrische Anordnung); **d** unterschiedliche Wahl der Berandung eines umfaßten Stromes I; **e** zur Veranschaulichung des Integrationsweges: $I = \int_d^a \boldsymbol{H}\cdot d\boldsymbol{s} + \int_a^b \boldsymbol{H}\cdot d\boldsymbol{s} + \int_b^c \boldsymbol{H}\cdot d\boldsymbol{s} + \int_c^d \boldsymbol{H}\cdot d\boldsymbol{s}$

Eine Vereinfachung von Gl. (3.12) tritt noch ein, wenn der gleiche Strom den umlaufenen Weg insgesamt w-mal durchsetzt (Bild 3.13b), wie dies z. B. bei einer *Spule* der Fall ist. Damit gilt

$$\oint \boldsymbol{H} \cdot \mathrm{d}\boldsymbol{s} = \sum_{\nu=1}^{n} I_\nu = wI = \Theta \,. \tag{3.12b}$$

Die *Einheit* der Durchflutung liegt durch

$$\dim(\Theta) = \dim(I) = \dim(\text{Strom})$$

fest, es gilt $[\Theta] = [I] = 1\,\text{A}$.

Mitunter wird anknüpfend an Gl. (3.12b) wI auch als *Ampere-Windung* (Aw) bezeichnet.

Größenordnung. Praktisch treten folgende Durchflutungen Θ auf:

Drehspulinstrument	(0,01 . . . 1) A
Weicheiseninstrument	(10 . . . 100) A
Relais	(10^2 . . . 10^3) A
Motor	(10^3 . . . 10^4) A
Leistungstrafo	(10^4 . . . 10^5) A.

Diskussion. Das Durchflutungsgesetz führt zu folgenden Ergebnissen:

1. Der Durchflutungssatz gilt unabhängig vom Medium in gleicher Form: im Nichtferromagnetikum wie Ferromagnetikum (s. Abschn. 3.1.4) mit homogenen oder inhomogenen magnetischen Eigenschaften. Gerade darin besteht seine grundsätzliche Bedeutung. Im konzentrisch angeordneten Eisenring (Bild 3.13c) herrscht deshalb die gleiche magnetische Feldstärke wie am gleichen Ort ohne Ring (bei gleicher Durchflutung)!

2. Im Durchflutungssatz wirkt nur der vom gewählten Umlaufweg umfaßte Strom. Dies bedeutet aber nicht, daß Ströme außerhalb des Umlaufs das Feld nicht beeinflussen können. So wird z. B. der Strom I_4 im Bild 3.13a wohl den Feld*verlauf* mitbestimmen, nicht aber den Wert des Umlaufintegrals.

3. Das Umlaufintegral längs eines *beliebigen* Weges um den gleichen Strom ist gleich dem Umlaufintegral längs einer Feldlinie um diesen Strom. Deshalb hängt der Wert des Umlaufintegrals nicht davon ab, an welcher Stelle der vom Umlauf umfaßten Fläche der Stromfaden hindurchtritt. Deshalb haben alle im Bild 3.13d dargestellten Umlaufintegrale den gleichen Wert. (Man zeige dies für einen Integrationsweg, wie er im Bild 3.13e skizziert wurde).

Anwendung des Durchflutungssatzes. Grundsätzlich gestattet der Durchflutungssatz *nur die Berechnung der Durchflutung* ΣI_ν bei bekanntem Feldverlauf $\boldsymbol{H}(\boldsymbol{r})$. Umgekehrt kann der Feldverlauf $\boldsymbol{H}(\boldsymbol{r})$ bei gegebener Durchflutung allgemein nicht, wohl aber in *Sonderfällen*, bestimmt werden. Kennt man den Feldverlauf *qualitativ* in Abhängigkeit vom Ort — das ist z. B. in symmetrischen Anordnungen und magnetischen Kreisen (s. u.) der Fall, — so läßt sich der Durchflutungssatz vorteilhaft zur Berechnung heranziehen:

— Bei konstanten Feldstärken längs der Berandung s
  $\oint \boldsymbol{H} \cdot \mathrm{d}\boldsymbol{s} = H \oint \cdot \mathrm{d}s = Hs$, $\boldsymbol{H} \parallel \boldsymbol{s}$ vorausgesetzt;
— bei stückweise konstanter Feldstärke
  $\oint \boldsymbol{H} \cdot \mathrm{d}\boldsymbol{s} = H_1 s_1 + H_2 s_2 + \ldots + Hs\ (\boldsymbol{H} \parallel \boldsymbol{s})$;

— wenn H als Funktion von s vorliegt

$\oint \boldsymbol{H} \cdot \mathrm{d}\boldsymbol{s} = \oint \boldsymbol{H}(s) \cdot \mathrm{d}\boldsymbol{s}$.

In allen übrigen Fällen wird auf das Biot-Savartsche Gesetz zurückgegriffen (nur bei Linienleitern gültig).

Beispiel: Vektorielle Addition der Teilchenfeldstärke. Wir betrachten zwei parallele Drähte im Abstand $2d$ mit dem Strom I (Bild 3.14). Man berechne $\boldsymbol{H}$ im Punkt P mit dem Radius ϱ vom Zentrum entfernt. Wir gehen zweckmäßig in kartesische Koordinaten über, ermitteln die Einzelfeldstärken beider Ströme und addieren beide vektoriell. Es gilt

$$\varrho_1 = \sqrt{(x+d)^2 + y^2}, \qquad \varrho_2 = \sqrt{(x-d)^2 + y^2}\,,$$

$$\boldsymbol{e}_{\alpha 1} = \sin\alpha_1 \boldsymbol{e}_x + \cos\alpha_1 \boldsymbol{e}_y = \frac{y\boldsymbol{e}_x}{\varrho_1} - \frac{(x+d)\boldsymbol{e}_y}{\varrho_1}\,,$$

$$\boldsymbol{e}_{\alpha 2} = \sin\alpha_2 \boldsymbol{e}_x + \cos\alpha_2 \boldsymbol{e}_y = \frac{y\boldsymbol{e}_x}{\varrho_2} - \frac{(x-d)\boldsymbol{e}_y}{\varrho_2}$$

und damit nach Gl. (3.9)

$$\boldsymbol{H}_1 = \frac{I}{2\pi\varrho_1}\boldsymbol{e}_{\alpha 1} = \frac{I}{2\pi\varrho_1^2}(y\boldsymbol{e}_x - (x+d)\boldsymbol{e}_y)\,,$$

$$\boldsymbol{H}_2 = \frac{I}{2\pi\varrho_2}\boldsymbol{e}_{\alpha 2} = \frac{I}{2\pi\varrho_2^2}(y\boldsymbol{e}_x - (x-d)\boldsymbol{e}_y)\,.$$

Da die Komponenten unterschiedliche Richtung haben, wird das Gesamtfeld $\boldsymbol{H} = \boldsymbol{H}_1 + \boldsymbol{H}_2$. Für Punkte $\varrho \gg d$ (d. h. $d \ll x, y$) folgt

$$\boldsymbol{H} \approx \frac{1}{2\pi}\left(\frac{2y\boldsymbol{e}_x}{x^2+y^2} - \frac{2x\boldsymbol{e}_y}{x^2+y^2}\right) = \frac{2I}{2\pi\varrho}\boldsymbol{e}_\alpha \quad \text{mit} \quad \varrho = \sqrt{x^2+y^2}\,.$$

Dann geht das Ergebnis auf das des Beispiels Bild 3.11 über (mit dem Gesamtstrom $2I$).

Beispiel: Magnetische Feldstärke im Koaxialkabel. Wir berechnen das Magnetfeld in einem Koaxialkabel (Bild 3.15). Im Innenleiter fließt der Strom hin, im Außenleiter zurück. Das Magnetfeld ist zylindersymmetrisch. Deshalb gelingt eine relativ einfache Berechnung mit dem Durchflutungssatz. Wir finden folgende Ergebnisse:

— Im *Leiterzwischenraum* ($r_a < \varrho < r_b$) mit Gl. (3.9):

$$H_\alpha = \frac{I}{2\pi\varrho}\,. \tag{1}$$

— Im *Innenleiter* ($\varrho < r_a$) kommt es auf *den von der Feldlinie umfaßten Strom an* (Bild 3.15b).

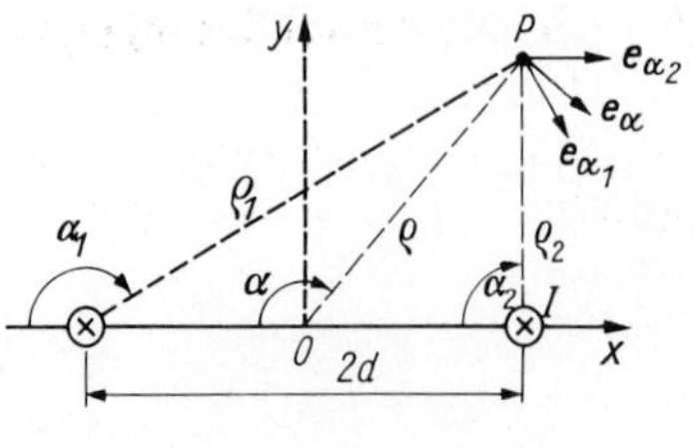

Bild 3.14. Durchflutungssatz (Beispiel)

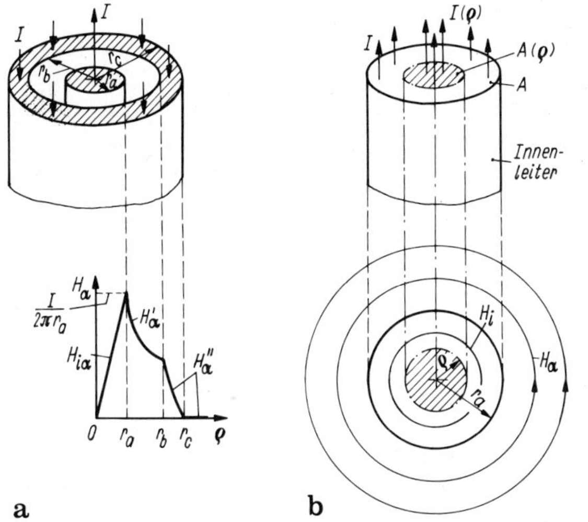

Bild 3.15a, b. Magnetische Feldstärke in einem Koaxialkabel, das vom Strom I durchflossen wird ($r_a = a$, $r_b = b$, $r_c = c$); **a** Gesamtanordnung; **b** Innenleiter (stark vergrößert) mit konstanter Stromdichte $S = I/A = I(\varrho)/A(\varrho) = \text{const}$

Bei konstanter Stromdichte $S = \dfrac{I(\varrho)}{A(\varrho)}$ beträgt der Strom $I(\varrho)$ durch die Fläche $A(\varrho)$

$$\frac{I(\varrho)}{I} = \frac{A(\varrho)}{A} = \frac{\varrho^2}{r_a^2} \qquad I(\varrho) = I\,\frac{\varrho^2}{r_a^2}\,.$$

Dann kann Gl. (3.9) übernommen werden, wenn man I durch $I(\varrho)$ ersetzt

$$H_{i\alpha} = \frac{I}{2\pi\varrho}\,\frac{\varrho^2}{r_a^2} = \frac{I\varrho}{2\pi r_a^2} \quad (\varrho < r_a) \tag{2}$$

Die magnetischen Feldlinien sind konzentrische Kreise, aber $H_{i\alpha}$ steigt linear mit ϱ bis zur Stelle $\varrho = r_a$ an. Dort stimmt $H_{i\alpha}$ mit Gl. (1) überein (s. Bild 3.15a).

— Im *Außenraum* ($\varrho > r_c$) wird kein Nettostrom umfaßt. Deshalb gilt $\oint \boldsymbol{H}\cdot d\boldsymbol{s} = 0$, d. h. $H_\alpha = 0$.

— Im *Außenleiter* ($r_b < \varrho < r_c$) überlagern sich zwei Felder:

— Das vom Innenleiter herrührende nach Gl. (1) mit

$$H' = \frac{I}{2\pi\varrho}\,,$$

— das vom Außenleiter herrührende (entgegenwirkende). Dabei kommt es wieder auf den umfaßten Strom $I(\varrho)$ an der Stelle ϱ an:

$$\frac{I(\varrho)}{I} = \frac{A(\varrho)}{A} = \frac{\varrho^2 - r_b^2}{r_c^2 - r_b^2}\,.$$

Es folgt

$$H''_\alpha = -\frac{I(\varrho)}{2\pi\varrho} = -\frac{I}{2\pi\varrho}\frac{\varrho^2 - r_\text{b}^2}{r_\text{c}^2 - r_\text{b}^2}\,.$$

(Vorzeichenumkehr wegen entgegengesetzter Stromrichtung!). Insgesamt

$$H_\alpha = H'_\alpha + H''_\alpha = \frac{I}{2\pi\varrho}\frac{r_\text{c}^2 - \varrho^2}{r_\text{c}^2 - r_\text{b}^2}\,.$$

Bild 3.15a zeigt den Verlauf der Feldstärke.

Beispiel: Magnetische Feldstärke in der Zylinderspule. Wir bestimmen die magnetische Feldstärke im Innern einer Zylinderspule in Luft (Bild 3.16). Dort soll ein homogenes Feld herrschen. Als Integrationsweg wählen wir den im Bild angegebenen Weg *abcd*. Im Spuleninnern soll die Feldstärke H_i groß gegen den Wert im Spulenaußenraum (H_α) sein.

$$\underset{(1)}{\int_a^b \boldsymbol{H}_\text{i}\cdot \text{d}\boldsymbol{s}} + \underset{(3)}{\int_b^c \boldsymbol{H}_\text{a}\cdot \text{d}\boldsymbol{s}} + \underset{(3)}{\int_c^d \boldsymbol{H}_\text{a}\cdot \text{d}\boldsymbol{s}} + \underset{(4)}{\int_d^a \boldsymbol{H}_\text{a}\cdot \text{d}\boldsymbol{s}} \approx \int_a^b \boldsymbol{H}_\text{i}\cdot \text{d}\boldsymbol{s} = \sum I_\nu = w\boldsymbol{I}\,.$$

$w\boldsymbol{I}$ ist die von der Integration umfaßte Durchflutung. Die Integrale (2), (4) verschwinden wegen $\text{d}\boldsymbol{s} \perp \boldsymbol{H}$. Ferner kann man $H_\text{a} \ll H_\text{i}$ annehmen. Dann verschwindet praktisch auch Integral (3) und es verbleibt Integral (1). H_i kann längs der Strecke *ab* als konstant angenommen werden, so daß gilt:

$$H_\text{i} l \approx wI\,. \tag{3.13}$$

In einer langen, dünnen Zylinderspule lassen sich so definierte magnetische Feldstärken relativ einfach erzeugen.

Ringspule. Es bilde sich ein ringförmiges Feld im Spuleninnern (Bild 3.16b). Deshalb wählen wir als Umlaufweg einen Kreis mit dem Radius ϱ. Er umfaßt die Stromsumme Iw ($\text{d}\boldsymbol{s} = \varrho\,\text{d}\alpha\boldsymbol{e}_\alpha$)

$$\oint H_\alpha \boldsymbol{e}_\alpha\cdot \text{d}\boldsymbol{s} = \oint H_\alpha \varrho\,\text{d}\alpha = \int_0^{2\pi} H_\alpha \varrho\,\text{d}\alpha = Iw \quad \text{resp.} \quad H_\alpha = \frac{Iw}{2\pi\varrho}\,. \tag{3.14}$$

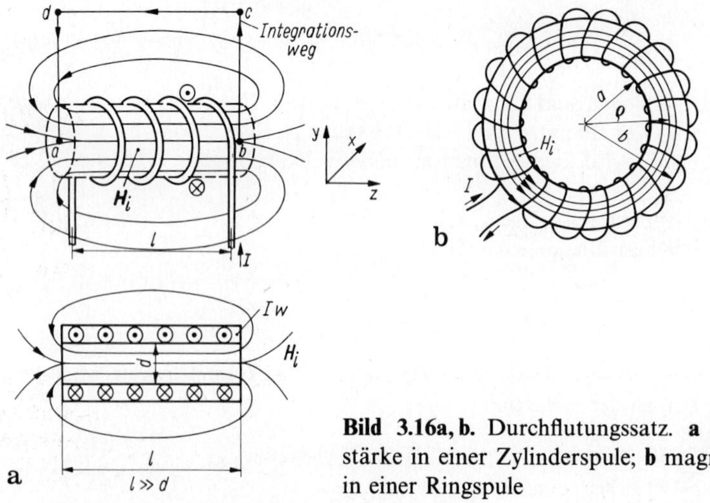

Bild 3.16a, b. Durchflutungssatz. **a** magnetische Feldstärke in einer Zylinderspule; **b** magnetische Feldstärke in einer Ringspule

Es läßt sich zeigen, daß H_α für $\varrho < a$ und $\varrho > b$ (Spulenaußenraum) verschwindet (kein umfaßter Strom). Dem Ergebnis nach herrscht überall im Spuleninnern an der Stelle ϱ das gleiche Feld unabhängig von der Querschnittsform der Spule.

Verallgemeinerung des Durchflutungssatzes (in Integralform). In räumlich ausgedehnten Strömungsfeldern (gekennzeichnet durch die Konvektionsstromdichte $\boldsymbol{S}_\mathrm{k} = \varrho \boldsymbol{v}$ Gl. (2.16) sowie in Nichtleitern, gekennzeichnet durch die Verschiebungsstromdichte $\boldsymbol{S}_\mathrm{v} = \partial \boldsymbol{D}/\partial t$ Gl. (2.91b)) kann sich die Gesamtstromdichte $\boldsymbol{S}$ sehr unterschiedlich verteilen. Wir zerlegen dann die vom Umlaufintegral eingeschlossene Fläche in Flächenelemente d$\boldsymbol{A}$ (in denen die Stromdichte $\boldsymbol{S}$ als konstant angesehen werden kann) und schreiben anstelle von Gl. (3.12)

$$\oint \boldsymbol{H} \cdot \mathrm{d}\boldsymbol{s} = \int_A \boldsymbol{S} \cdot \mathrm{d}\boldsymbol{A} = \int_A \left[\varrho \boldsymbol{v} + \frac{\partial \boldsymbol{D}}{\partial t} \right] \cdot \mathrm{d}\boldsymbol{A} \tag{3.15}$$

Erste Maxwellsche Gleichung in Integralform
Durchflutungssatz.

In Worten: Das Umlaufintegral der magnetischen Feldstärke längs des Weges $\boldsymbol{s}$ ist gleich dem Flächenintegral der Stromdichte über der Fläche $\boldsymbol{A}$, die vom geschlossenen Weg $\boldsymbol{s}$ begrenzt wird.

Die positive Zuordnung der Richtungen von d$\boldsymbol{A}$ (bzw. I) und d$\boldsymbol{s}$ (bzw. $\boldsymbol{H}$) (Umlaufrichtung des Linienintegrals) folgt der Rechtsschraubenregel (Bild 3.13a).

Zum Umlaufintegral, also der Durchflutung, tragen *alle* Stromarten bei, nämlich

— die an *bewegte Ladungen* (Konvektionsstrom) gebundenen, z. B. Strom im Leiter, Diffussionsstrom (s. Abschn. 2.3.2), Ladungsströme im Vakuum u. a.;
— der *Verschiebungsstrom.*

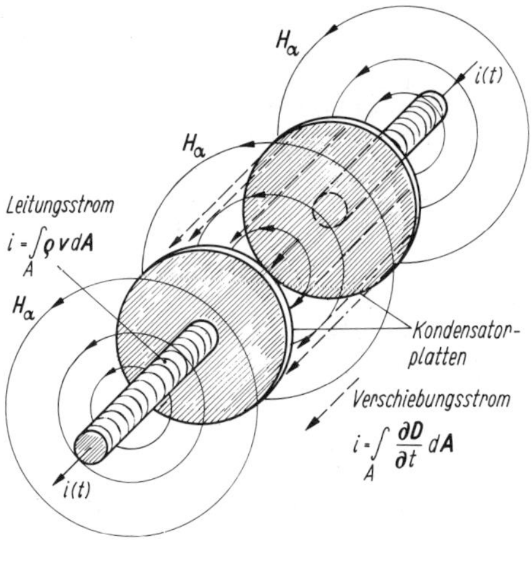

Bild 3.17. Verallgemeinerter Durchflutungssatz Gl. (3.15). Jeder Strom (Leitungs-, Verschiebungsstrom) ist vom Magnetfeld umgeben

Gerade das Magnetfeld war ja als Berechtigung für seine Einführung herangezogen worden (s. Abschn. 2.5.6.2). Liegt z. B. ein Kondensator im Stromkreis an zeitveränderlicher Spannung, so findet der Leitungsstrom seine Fortsetzung im Verschiebungsstrom des Dielektrikums (Bild 3.17, s. auch Bild 2.86). In allen Fällen gilt der Durchflutungssatz.

Die bisherige Aussage des Durchflutungssatzes bezog sich auf die Gesamtwirkung aller Ströme innerhalb einer umfaßten Fläche. Deshalb ist zu erwarten, daß es auch eine der Gl. (3.15) entsprechende Aussage für den *Raumpunkt* gibt.

Haupteigenschaften des magnetischen Feldes. Wir werden jetzt mit den bisherigen Kenntnissen die wichtigsten Unterschiede zwischen elektrostatischem und magnetischem Feld zusammenstellen (Tafel 3.1):

Das *elektrostatische* Feld war ein
- *Quellenfeld* (Gl. (2.70a) bzw. (Gl. (2.73) denn die D-Linien begannen stets auf positiven Ladungen: Ladungen als Quelle und Senke der Verschiebungsflußlinien;
- *wirbelfreies* Feld, denn überall galt $\oint \boldsymbol{E} \cdot \mathrm{d}\boldsymbol{s} = 0$ s. Gl. (2.8). Deshalb konnte ein skalares Potential φ definiert werden.

Das stationäre (nur vom Gleichstrom herrührende) *Magnetfeld* ist
- *quellenfrei*, denn es gibt keine magnetischen Ladungen, und die $\boldsymbol{B}$-Linien sind deshalb in sich geschlossen (Gl. (3.5));
- ein *Wirbelfeld*, denn es verschwindet $\oint \boldsymbol{H} \cdot \mathrm{d}\boldsymbol{s}$ nicht, sobald Strom umfaßt wird. Werden keine Ströme umfaßt, so ist das Magnetfeld dort *wirbelfrei* und es kann nur für dieses Gebiet (!) ein *skalares magnetisches Potential* vereinbart werden. Ein Beispiel dafür bilden Magnetanordnungen mit Dauermagneten (s. Abschn. 3.2.5).

3.1.4. Verknüpfung der Induktion *B* und der magnetischen Feldstärke *H*. Permeabilität μ

Materialgleichung. Wie im elektrostatischen und im Strömungsfeld ändert sich in materiellen Körpern bei gegebener Erregergröße die Wirkung. Wenn bewegte La-

Tafel 3.1. Haupteigenschaften des elektrostatischen und magnetischen Feldes

Elektrostatisches Feld	(Stationäres) magnetisches Feld		
$\oint \boldsymbol{E} \cdot \mathrm{d}\boldsymbol{s} = 0$ wirbelfreies Feld	$\oint \boldsymbol{H} \cdot \mathrm{d}\boldsymbol{s}$	$= I$	Wirbelfeld
		$= 0$	wirbelfreies Feld außerhalb des umfaßten Stromes
$\oint \boldsymbol{D} \cdot \mathrm{d}\boldsymbol{A} = Q$ Quellenfeld	$\oint \boldsymbol{B} \cdot \mathrm{d}\boldsymbol{A} = 0$ quellenfreies Feld		

dungen Ursache des Magnetfeldes sind, so müssen auch in der Materie Bewegungen ablaufen, die ein zuordenbares Magnetfeld schaffen. Dieser Materieeinfluß wird durch Ersetzung der magnetischen Feldkonstante μ_0 des Vakuums durch eine neue, *materialabhängige* Permeabilität μ erhalten:

$$\boldsymbol{B} = \mu_r \mu_0 \boldsymbol{H} = \mu \boldsymbol{H} \tag{3.16a}$$

Zusammenhang Induktion und magnetische Feldstärke in der Materie (Materialgleichung),

mit

$$\underset{\text{absolute}}{\mu} = \underset{\text{relative} (\geqq 1)}{\mu_r} \cdot \underset{\text{magnetische Feldkonstante}}{\mu_0} \tag{3.16b}$$

absolute und relative: magnetische Permeabilität; $\mu_0 = 1{,}256 \cdot 10^{-6}\,\text{V} \cdot \text{s/A} \cdot \text{m}$.

Die Größe $\mu_r = \mu/\mu_0$ heißt *relativePermeabilität.* Sie gilt bei isotropen Stoffen als Verhältniszahl, um wieviel die Permeabilität eines Stoffes (Kupfer, Eisen, Gas) größer oder kleiner als μ_0 ist.

In Worten: Induktion $\boldsymbol{B}$ und magnetische Feldstärke $\boldsymbol{H}$ sind materialabhängig miteinander verknüpft.

In Gl. (3.16) liegt durch Vergleich mit den bisherigen Ergebnissen eine gewisse Inkonsequenz. Sie wird durch Gegenüberstellung von Wirkung und Ursache (Erregergröße) deutlich:

	Wirkung		Erregergröße	
elektrostatisches Feld	$\boldsymbol{E}$	$\varepsilon \boldsymbol{E} =$	$\boldsymbol{D}$	materialunabhängig
Strömungsfeld	$\boldsymbol{E}$	$\varkappa \boldsymbol{E} =$	$\boldsymbol{S}$	materialunabhängig
magnetisches Feld	$\boldsymbol{B}$	$\frac{\boldsymbol{B}}{\mu} =$	$\boldsymbol{H}$	materialunabhängig

Es entsprechen also ε und $1/\mu$ einander. Daher erscheint es aus heutiger Sicht inkonsequent, daß bei der Beschreibung der elektrichen und magnetischen Eigenschaften der Körper μ und ε verwendet wurden und nicht der reziproke Wert einer der beiden Größen. Der Grund ist wohl darin zu sehen, daß im Dielektrikum das elektrische Feld schwächer, das magnetische stärker als im Vakuum ist. Man beschrieb den Sachverhalt so, daß $\varepsilon > \varepsilon_0$ und $\mu > \mu_0$ galt.

Dies ist auch der Grund, weshalb $\boldsymbol{H}$ als *magnetische Feldstärke* bezeichnet wird und nicht $\boldsymbol{B}$, wie es sinnfälliger wäre.

Magnetische Werkstoffe. Nach *physikalisch-technischen Gesichtspunkten* teilt man die magnetischen Eigenschaften von Materialien ein (Tafel 3.2) in:

1. Magnetisch neutrale Stoffe. Hier gilt $\mu_r = 1$. Luft ist der typische Vertreter dieser Gruppe.

2. Magnetisch nichtneutrale Stoffe. Hier verusacht das äußere Feld zusätzliche innere magnetische *Erregungen.* Sie überlagern sich dem äußeren Feld. Dabei unterscheiden wir:

Tafel 3.2. Magnetische Eigenschaften von Stoffen

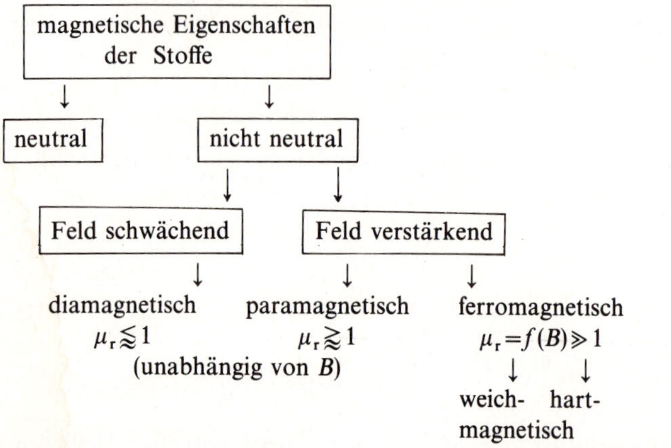

a) Diamagnetische Stoffe. Die inneren Erregungen wirken dem äußeren Feld entgegen und schwächen dieses ($\mu_r < 1$). Selbst in Stoffen, bei denen die Erscheinungen noch am deutlichsten sind (z. B. Wismut, $\mu_r = 1 - 0{,}16 \cdot 10^{-3}$; Kupfer, $\mu_r = 1 - 10 \cdot 10^{-6}$), kann die Änderung von μ_r gegen 1 praktisch vernachlässigt werden.

b) Verstärken die inneren Erregungen das äußere Feld, so gibt es:

α) Paramagnetische Stoffe mit sehr gering verstärkender Wirkung, z. B. in Palladium $\mu_r = 1 + 0{,}782 \cdot 10^{-3}$, Aluminium $\mu_r = 1 + 22 \cdot 10^{-6}$, Platin $\mu_r = 1 + 330 \cdot 10^{-6}$.

β) Ferromagnetische Stoffe (Eisen, Kobalt, Nickel und Legierungen). Sie haben drei typische Merkmale:

— Die große verstärkende Wirkung des äußeren Feldes durch die innere Erregung μ_r bis 10^6;

— die starke Abhängigkeit der relativen Permeabilität von der Induktion:

$$\mu_r = f(B)\,;$$

— den verbleibenden Restmagnetismus nach Abschalten des äußeren magnetischen Feldes. Dies wird zur Schaffung von *Naturmagneten* (Dauermagneten) ausgenutzt.

Magnetisierungskurve. Hysteresekurve. Für die Anwendung wird der $B = f(H)$-Verlauf von ferromagnetischen Materialien graphisch als *Magnetisierungskurve* erfaßt mit einem für alle Ferromagnetika typischen Verlauf (Bild 3.18a). Die Kennlinie heißt entweder die *Neu-* oder *Hysteresekurve.*

1. Neukurve. Ausgehend vom unmagnetischen Zustand des Eisens ergibt sich mit wachsender magnetischer Erregung die Neukurve $A - B$.

Dabei richten sich die Elementarmagnete bereichsweise in B-Richtung aus, zunächst stark, dann immer schwächer. Da ihre Anzahl begrenzt ist, sinkt die Zahl noch ausrichtbarer

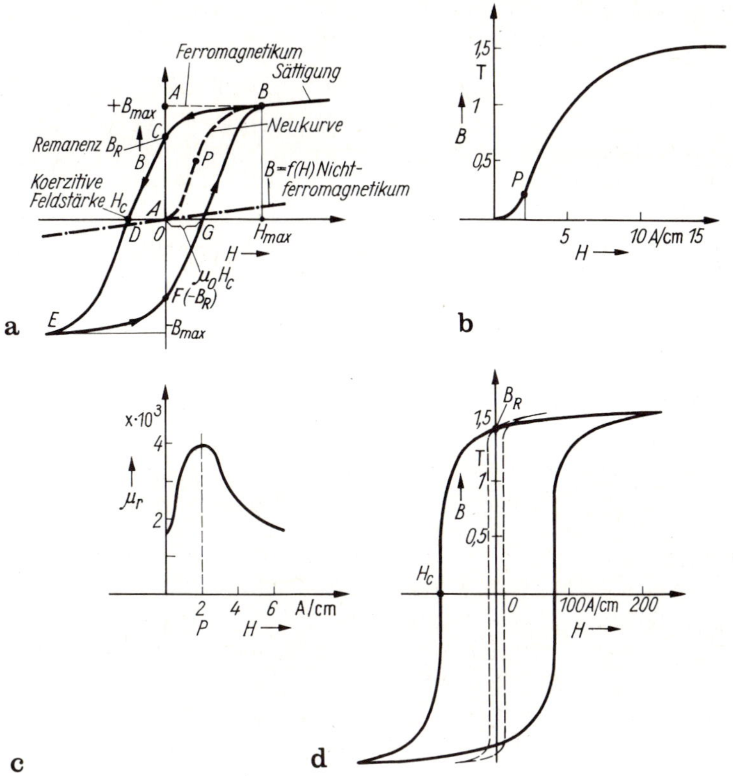

Bild 3.18a–d. Magnetisierungskurve eines Ferromagnetikums. **a** Hysteresekurve eines weichmagnetischen Stoffes. Sie soll bei häufiger Ummagnetisierung schmal und steil sein; **b** Magnetisierungskurve eines weichmagnetischen Materials; **c** Abhängigkeit der relativen Permeabilität μ_r von der Magnetisierungsfeldstärke H; **d** Hysteresekurve eines hartmagnetischen Materials mit großer Resonanz und Koerzitivkraft für Dauermagnete (ausgezogen) und rechteckförmiger Kurve für einen Kernspeicher (gestrichelt)

Elementarmagnete mit steigendem magnetischem Feld weiter ab: B steigt immer flacher mit H an. Sind schließlich alle ausgerichtet, so wächst B nur noch proportional zu H wie im Vakuum. Dieser Bereich heißt Sättigung (Induktion $B \approx (1{,}5 \ldots 2)$ T).

Gesättigtes Eisen hat somit schlechtes magnetisches „Leitvermögen". Der günstigste Wert liegt im Wendepunkt P des B-H-Verlaufes (Bild 3.18b). Dort ist *differentielle* relative Permeabilität $\mu_r = \mathrm{d}B/\mathrm{d}H$ am größten (Bild 3.18c).

2. Hysteresekurve. Jede Lageänderung der Elementarmagnete ist durch innere molekulare Kräfte mit „Reibungsverlusten" verbunden. Sie äußen sich im Hystereseverhalten der B-H-Kurve. Wurde ein unmagnetischer Stoff längs seiner Neukurve von $H = 0$ auf $+H_{max}$, $+B_{max}$ magnetisiert (Bild 3.18a), so durchfährt man beim Entmagnetisieren (umgekehrte Richtung von H und B) und späterem Aufmagnetisieren nicht mehr die Neukurve, sondern den nachstehenden Verlauf:

a) Bei Verringerung der Feldstärke H von $+H_{max}$ auf $H = 0$ sinkt B auf den (positiven) Restwert $B_R(\sim \overline{AC})$, die *Remanez.*

b) Bei äußerem Gegenfeld $(-H)$ fällt B weiter und geht schließlich durch Null bei der *Koerzitivfeldstärke* $H_C(\sim \overline{AD})$. Der Kurvenzweig $C - D$ heißt *Entmagnetisierungskennlinie.*

c) Bei Steigerung von H auf $-H_{max}$ (Kurve $D - E$) steigt auch B in negativer Richtung auf $-B_{max}$.

d) In umgekehrter Richtung schließlich steigt B von $-B_{max}$ wieder auf $+B_{max}$ an (Kurve $E - F - G - B$).

Merke: Das Hystereseverhalten der Ferromagnetika führt zu
— Ummagnetisierungsverlusten bei periodisch wechselnden B-, H-Werten (Wechselstromverhalten);
— nichtlinearem B-H-Zusammenhang.

In vielen Betrachtungen genügt es, lediglich den B_{max}-H_{max}-Zusammenhang der Hysteresekurve anzugeben. Diese Darstellung heißt *Kommutierungskurve* (Bild 3.18b). Sie ist der geometrische Ort aller Umkehrpunkte H_{max}, B_{max} der Hysteresekurve im Feldstärkebereich $H = 0 \ldots H_{max}$.

Hinweise:

1. Für die Anwendung gibt man den Verlauf $B_{max} = f(H_{max})$ als mittlere Kurve an, z. B.

$H_{max} \frac{A}{cm}$	1	2	4	6	8	12	20	80	250
B_{max} T	0,4	0,8	1,2	1,35	1,45	1,54	1,65	1,9	2,1

2. Ferromagnetika mit hoher Permeabilität μ_r und geringer Hysterese (schlanke Kurve) heißen *weichmagnetisch*:

$$B_R \approx (0{,}15 \ldots 1{,}5)\,\mathrm{T}\,, \quad H_C \approx (0{,}1 \ldots 30)\,\mathrm{A/cm}\,.$$

Verbreitetstes Material dieser Gruppe ist Eisen. Anwendung in Eisenkreisen (= magnetische Kreise) von Transformatoren, elektrischen Maschinen, Drosselspulen, für Abschirmzwecke u. a.

3. Ferromagnetika mit großer Hysterese (Bild 3.18d)

$$B_R \approx (0{,}6 \ldots 0{,}8)\,\mathrm{T}\,, \qquad H_C > 1000\,\mathrm{A/cm}$$

heißen *hartmagnetisch* (Beispiel Al-Ni-Co-Materialien, Verbindungen von seltenen Erden und Cobalt u. a.). Sie werden in Dauermagneten (s. Abschn. 3.2.5) verwendet. Wichtig ist hier ein großer Energieinhalt $(H \cdot B)_{max}$ im zweiten Quadranten der B-H-Kurve.

4. *Magnetisch halbharte* Stoffe sind jene, die weniger eine hohe Energiedichte $(H \cdot B)$ als vielmehr eine gute Rechteckform der Magnetisierungskurve und hohe Remanenz haben (Anwendung z. B. für bestimmte Relais).

Tafel 3.3 gibt eine Zusammenstellung einiger Materialwerte.

3.1.5. Eigenschaften des magnetischen Feldes im Raum und an Grenzflächen

Ein räumlich abgegrenztes ferromagnetisches Gebilde — z. B. ein *Eisenkreis* — ist praktisch immer gegen ein *Nichtferromagnetikum* (z. B. Luft) abgegrenzt. Damit

Tafel 3.3. Weich- und hartmagnetische Werkstoffe

weichmagnetisch	Zusammensetzung	H_C/A/m	B_R/T	B_{max}/T	$\mu_r/10^3$	Verwendung
Eisen (reinst)	>99,9 Fe	≈100 . . . 200	1,2	2,0	3 . . . 20	Einkristall, Labor
Dynamoblech	0,7 . . . 4,5% Si C, M (<0,1%) Rest Fe	4 . . . 30	1,2 . . . 1,4	2,0	3 . . . 10	Motoren, Transformator
FeNi 80- Legierungen (Hyperm, Mu-Me-tall, Permalloy)	15 . . . 20% Fe ≈80% Ni (Mo-, Cu-, Mn-Beimischungen)	0,03 . . . 0,3	0,3	0,8	3 . . . 250	Abschirmungen, Impulsübertrager, Meßübertrager
FeAl 16 (Vacodur)	16% Al, Rest Fe	3	0,6	1,1	30 . . . 100	Magnetköpfe
Ferrite		25 . . . 400		0,2 . . . 0,5	0,5 . . . 5	Übertrager
hartmagnetisch				$BH)_{max} \cdot 10^3$ Ws/m³		
Stahl	98 Fe, 0,9 Cr, 0,6 C, 0,4 Mn	200 . . . 300	1 . . . 1,2	1 . . .2		
AlNiCo 12	33 Fe, 35 Co, 6 Al, 18 Ni, 8 Ti	50 . . . 70 kA/m	0,6 . . . 0,8	12		
Seltene Erden, Cobalt	z. B. $SmCo_5$	1000 . . . 4000 kA/m	1,1	120 . . . 200		Dauermagneten
Platin-Cobalt	77Pt, 23 Co	290 kA/m	0,6	52		
Bariumferrit		150 kA/m	0,35	20		

stoßen Stoffe verschiedener Permeabilität ($\mu_{r2} \gg 1$ und $\mu_r \approx 1$) aneinander (Bild 3.19). Das Verhalten der **B**- und **H**-Vektoren an solchen Grenzflächen beruht:

1. Auf der Quellenfreiheit der Induktion **B** (s. Gl. (3.5)). Genau wie beim elektrostatischen und stationären Strömungsfeld ((Gl. 2.77a) (2.25a) **D**, **S**) folgt daraus die *Stetigkeit der Normalkomponente* von **B**:

$$B_{n1} = B_{n2} \tag{3.17a}$$

Stetigkeit der Normalkomponente der Induktion an einer Grenzfläche

und daraus über Gl. (3.11)

$$\frac{H_{n1}}{H_{n2}} = \frac{\mu_2}{\mu_1} \tag{3.17b}$$

Normalkomponente.

An einer Grenzfläche zweier verschiedener magnetischer Materialien ist die Normalkomponente der Induktion **B** immer stetig (Bild 3.19a). Die Grenzfläche ist für die Normalkomponente der magnetischen Feldstärke Quelle und Senke magnetischer Feldlinien.

Ein analoges Ergebnis erhielten wir für die Normalkomponenten der elektrischen Stromdichte **S** im Strömungsfeld (s. Abschn. 2.3.3.4).

2. Auf der Wirbelfreiheit der magnetischen Feldstärke in Gebieten, die keine Ströme umfassen. Im elektrostatischen Feld war die Feldstärke wirbelfrei. Dies führte auf $\oint \boldsymbol{E} \cdot d\boldsymbol{s} = 0$ Gl. (2.8). Die analoge Beziehung $\oint \boldsymbol{H} \cdot d\boldsymbol{s} = 0$ erhielten wir außerhalb umfaßter Ströme (s. Gl. (3.11b)). Deshalb gilt in Analogie zum Ergebnis $E_{t1} = E_{t2}$ des elektrostatischen Feldes

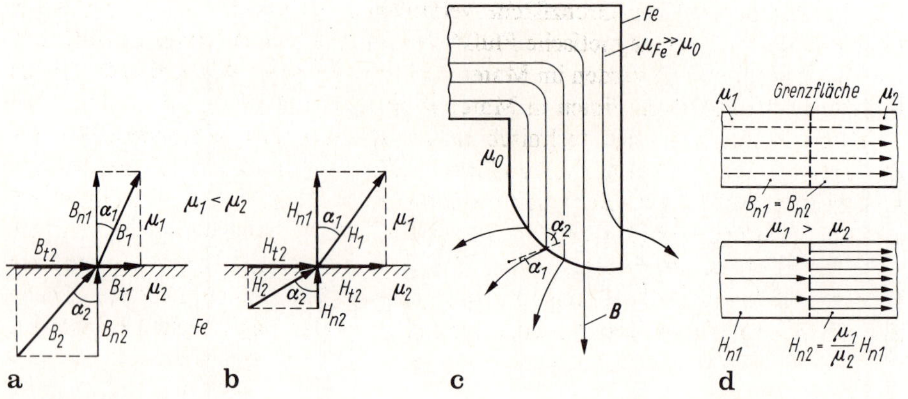

Bild 3.19a–d. Magnetisches Feld an Grenzfläche. **a** Stetigkeit der Normalkomponente $\boldsymbol{B}_n$ der Induktion **B** (Darstellung für $\mu_2 < \mu_1$); **b** Stetigkeit der Tangentialkomponente $\boldsymbol{H}_t$ der magnetischen Feldstärke H; **c** Feldverlauf der Induktion **B** an der Grenzfläche Luft-Eisen. Im Eisen werden die B-Linien konzentriert, sie treten nahezu senkrecht aus; **d** Stetigkeit von $\boldsymbol{B}_n$ an einer Grenzfläche zweier Materialien ($\mu_1 = 2\mu_2$). Im Material mit der größeren Permeabilität stellt sich die kleinere Feldstärke ein

$$H_{t1} = H_{t2} \tag{3.18a}$$

Stetigkeit der Tangentialkomponenten der magnetischen Feldstärke an einer Grenzfläche

mit

$$\frac{B_{t1}}{B_{t2}} = \frac{\mu_1}{\mu_2} \tag{3.18b}$$

Tangentialkomponenten der Induktion an einer Grenzfläche.

Zusammengefaßt: An Grenzflächen zwischen Gebieten verschiedener Permeabilität stellt sich das magnetische Feld stets so ein, daß die

— *Tangentialkomponenten der magnetischen Feldstärke* und

— *Normalkomponenten der magnetischen Induktion*

beiderseits übereinstimmen. Während das **B**-Feld nach Gl. (3.5) in jedem Raum quellenfrei ist, ist das **H**-Feld in Räumen, in denen sich μ ändert, ein Quellenfeld. Quellen sind die Stellen, an denen sich μ ändert.

Es ergibt sich als *Brechungsgesetz* des magnetischen Feldes (vgl. Bild 2.71)

$$\frac{\tan\alpha_1}{\tan\alpha_2} = \frac{\mu_1}{\mu_2} = \frac{B_{t1}}{B_{t2}} = \frac{H_{n2}}{H_{n1}}. \tag{3.19}$$

Weil die Tangens der Winkel zwischen **B** bzw. **H** und der Flächennormalen proportional der Permeabilität sind, treten die Feldlinien aus hochpermeablen Stoffen (Fe) praktisch rechtwinklig in Gebiete mit geringer Permeabilität ein. Treffen B-Linien im Eisen ($\mu_2 > \mu_1$, Bild 3.19) schräg (im Winkel $0 < a_2 < \pi/2$) auf die Grenzfläche, so treten sie wegen $\tan a_1 = \tan a_2 \cdot \mu_1/\mu_2 = \tan a_2/\mu_{Fe} \approx 0$ stets fast senkrecht in Luft aus. Wegen $H_{t2} = B_{t2/\mu 2} = H_{t1} = B_{t1/\mu 1}$ ist die Flußdichte $B_{t2} = u_{Fe} B_{t1}$ parallel zur Grenzfläche verlaufender Feldlinien viel größer als in Luft: Eisen „führt" die magnetische Flußdichte, es „zieht die B-Linien förmlich an". Die Induktionslinien B werden im Material mit der größeren Permeabilität geführt wie analog die Strömungslinien in Material mit größerer Leitfähigkeit.

Diese Eigenschaft wird technisch ausgenutzt, um das Magnetfeld im sog. *magnetischer Kreis* (Abschn. 3.2.3) zu führen. So gelingt es auch, durch *magnetische* Abschirmung (Bild 3.19c) einen nahezu feldfreien Raum zu schaffen. Er dient vor allem als Schutz empfindlicher Geräte gegen äußere Magnetfelder.

Bild 3.19d veranschaulicht die Stetigkeit der Normalkomponenten der Induktion **B** in einem Eisenkreis mit verschiedenen Materialien. Die Grenzfläche ist nach Gl. (3.17b) Ursprung zusätzlicher Feldlinien der magnetischen Feldstärke.

3.2 Integrale Größen des magnetischen Feldes

Bei vielen technischen Anwendungen interessiert nicht die Kenntnis des magnetischen Feldes im Raumpunkt, sondern nur global im ganzen Raum. Dafür ist die Beschreibung durch intergrale Größen besser geeignet. Das sind

— der *magnetische Fluß* Φ als die mit der Induktion $\boldsymbol{B}$ verknüpfte skalare Größe;
— die *magnetische Spannung* V (bzw. magnetisches Potential) als die mit der magnetischen Feldstärke $\boldsymbol{H}$ verknüpfte skalare Größe;
— der *magnetische Leitwert* G_m bzw. *magnetische Widerstand* R_m als gemeinsame Verknüpfungsgröße zwischen magnetischem Fluß Φ und magnetischer Spannung V. Wir kommen so zum Modell des *magnetischen Kreises*. Er verhält sich in vielen Punkten analog zum Grundstromkreis;
— die *Induktivität* L als integrale *Verknüpfungsgröße* zwischen *magnetischem Fluß* Φ und *elektrischem Strom* I. Sie kennzeichnet die Wechselwirkung zwischen elektrischem und magnetischem Kreis am *Schaltelement* (Umsatzstelle elektrischer Energie in magnetische und zurück).

3.2.1 Magnetischer Fluß Φ

Wesen. Nach Abschn. 3.1 herrscht um jeden Strom ein Magnetfeld. Es wird im Raumpunkt durch die *Flußdichte* $\boldsymbol{B}$ gekennzeichnet. Wir interessieren uns jetzt nicht für $\boldsymbol{B}$, sondern die mit $\boldsymbol{B}$ verbundene *Gesamterscheinung* im ganzen Raum um den Strom. Der Raum wird durch ausgewählte B-Linien beschrieben (Bild 3.20a). In einem kleinen Gebiet kann das B-Feld als homogen angesehen werden (Bild 3.20b). Die Menge aller B-Linien senkrecht durch eine gedachte oder materielle Fläche $\Delta A_\perp$ heißt *Teilfluß* $\Delta\Phi$. Er beträgt durch die Teilfläche ΔA mit der Projektion $\Delta A_\perp$ senkrecht zu den B-Linien $\Delta\Phi = B\Delta A_\perp = \boldsymbol{B}\cdot\Delta\boldsymbol{A}$. In der rechten Schreibweise wurde der Fläche der Flächenvektor $\Delta\boldsymbol{A}$ zugeordnet. Das ist nach Bild 3.20b möglich. Der Gesamtfluß Φ durch eine Fläche A ergibt sich dann (bei beliebig homogenem Feld) zu

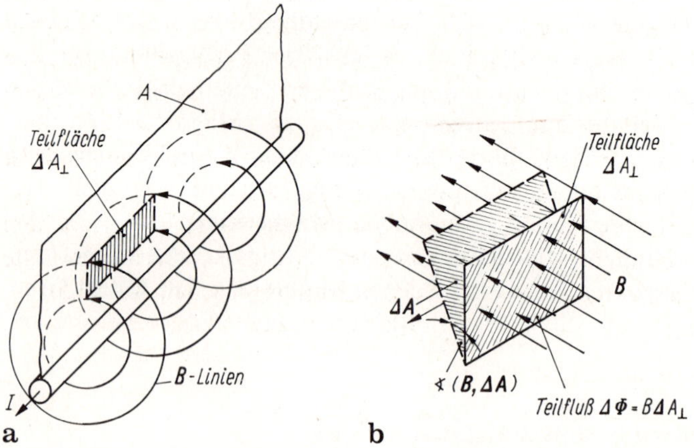

Bild 3.20a, b. Magnetischer Fluß, **a** qualitative Veranschaulichung. Der stromdurchflossene Draht ist von einem $\boldsymbol{B}$-Feld umgeben. Die Menge der B-Linien durch eine gedachte Fläche A ist der Fluß Φ durch diese Fläche; **b** zur quantitativen Veranschaulichung des Flußbegriffes nach Gl. (3.20)

$$\Phi = \int_A \boldsymbol{B} \cdot \mathrm{d}\boldsymbol{A} = \int_A B\,\mathrm{d}A \cos \sphericalangle (\boldsymbol{B}, \mathrm{d}\boldsymbol{A}) \qquad (3.20\mathrm{a})$$

magnetischer Fluß (allgemein).

Im homogenen Feld wird daraus

$$\Phi = \boldsymbol{B} \cdot \boldsymbol{A} = BA \cos \sphericalangle (\boldsymbol{B}, \boldsymbol{A}) \qquad (3.20\mathrm{b})$$

magnetischer Fluß (homogenes Feld).

Wir bemerken: Die skalare Größe „magnetischer Fluß Φ" kennzeichnet die Gesamtwirkung der magnetischen Induktion durch eine Fläche A. Umgekehrt kann man daher die Induktion $\boldsymbol{B}$ auch als magnetischer Fluß je Fläche, also als *Flußdichte* auffassen.

Die Bezeichnung „magnetischer Fluß" hat unmittelbar Bezug zum *Flächenintegral*. Es ist nach Abschn. 0.2.4 der „Fluß des Vektors $\boldsymbol{B}$". Alle Induktionslinien $\boldsymbol{B}$, die im Bild 3.20a durch die Fläche A treten, bilden dann den magnetischen Fluß des Vektors $\boldsymbol{B}$.

Einheit. Die Einheit des magnetischen Flusses lautet

$$[\Phi] = [B][A] = 1\,\frac{\mathrm{V}\cdot\mathrm{s}}{\mathrm{m}^2}\,\mathrm{m}^2 = 1\,\mathrm{V}\cdot\mathrm{s} = 1\,\mathrm{Wb}(1\,\text{Weber}) = \frac{1\,\mathrm{T}}{\mathrm{m}^2}\,.$$

Richtungszuordnung. Die physikalische Richtung des Flusses stimmt mit der Flußdichte $\boldsymbol{B}$ positiv überein, wenn die Flächennormale die gleiche Richtung hat oder mit $\boldsymbol{B}$ einen spitzen Winkel bildet. Gleichwertige Aussage: Die positiv vereinbarte Flußrichtung ergibt mit der positiven Stromflußrichtung eine Rechtsschraube.

Haupteigenschaft: Quellenfreiheit. Aus der Quellenfreiheit der $\boldsymbol{B}$-Linien (Gl. 3.5)) folgt analog: Die Flußlinien sind stets in sich geschlossen, *unabhängig* vom Material (Ferromagnetika oder nicht). Deshalb ist der Fluß diejenige magnetische Erscheinung, die sich in dem vom Magnetfeld erfaßten Raum in jedem Gesamtquerschnitt mit *gleicher Stärke* ausbildet.

Damit hat der magnetische Fluß einen *Stromcharakter in übertragenem Sinn*, ist also ein in sich geschlossenes „Band" (s. Abschn. 1.4.2).

Greifen wir aus einem Feld der Flußdichte $\boldsymbol{B}$ ein beliebiges, von einer gedachten oder materiellen Hülle umgrenztes Volumen heraus (Bild 3.21), in das ausgewählte Teilflüsse Φ_ν ein- und ausströmen, so gilt aus der Grundeigenschaft (Gl. (3.5))

$$\oint_A \boldsymbol{B} \cdot \mathrm{d}\boldsymbol{A} = \int_{\text{Hülle } A} \boldsymbol{B} \cdot \mathrm{d}\boldsymbol{A} = \int_{A\,\mathrm{zu}} \boldsymbol{B}_{\mathrm{zu}} \cdot \mathrm{d}\boldsymbol{A} + \int_{A\mathrm{ab}} \boldsymbol{B}_{\mathrm{ab}} \cdot \mathrm{d}\boldsymbol{A} = \sum_{\mu,\,\nu} (\Delta\Phi_{\mu\,\mathrm{zu}} - \Delta\Phi_{\nu\,\mathrm{ab}}) = 0\,.$$

Der Fluß, der in irgendein Volumen eintritt, muß wieder aus ihm austreten:

$$\sum_{\uparrow\mu,\,\mathrm{zu}} \Delta\Phi_\mu = \sum_{\downarrow\nu,\,\mathrm{ab}} \Delta\Phi_\nu\,. \qquad (3.21)$$

magnetischer Knotensatz.

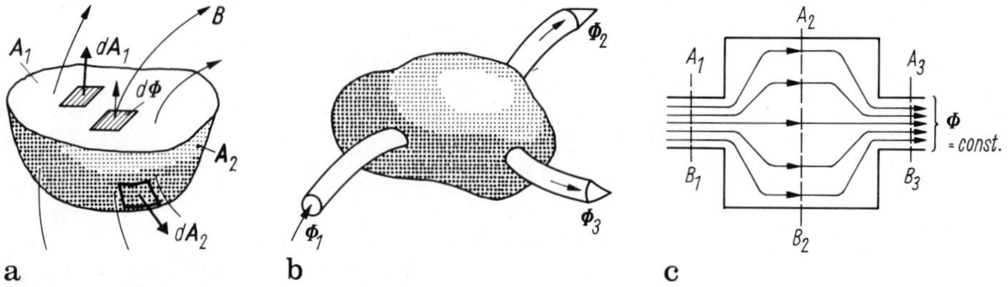

Bild 3.21a–c. Quellenfreiheit des magnetischen Flusses. **a** Veranschaulichung. Die „Summation" aller Beträge $\mathrm{d}\Phi = \boldsymbol{B}\cdot\mathrm{d}\boldsymbol{A}$ über eine beliebige Hüllfläche ergibt Null; **b** Verzweigung von Teilflüssen Φ_1, Φ_2, Φ_3 in einem Volumen mit der Oberfläche A; **c** magnetischer Leiter mit verschiedenen Querschnitten, der von einem konstanten Fluß durchsetzt wird

Dies ist die „Kontinuitätsgleichung des magnetischen Flusses" völlig übereinstimmend mit dem Knotensatz im Strömungsfeld (s. Gl. (2.24b)).

Beispiel: Flußberechnung (homogenes Feld). Man berechne den Fluß Φ in einer Luftzylinderspule (Länge $L = 10$ cm, Durchmesser $d = 1$ cm, $w = 200$ Windungen, Strom $I = 1$ A, Bild 3.16) unter der Annahme, daß der Fluß die Spule in gesamter Länge mit gleicher Stärke durchsetzt. Vom Bild 3.16 ist die magnetische Feldstärke im Spuleninnern bekannt, mit Gl. (3.6) auch die Induktion: $\boldsymbol{B}_z = \mu_0 \boldsymbol{H}_z$. Der Fluß beträgt (Gl. (3.20))

$$\Phi = \int_A \boldsymbol{B}\cdot\mathrm{d}\boldsymbol{A} = \int \boldsymbol{B}_z\cdot\mathrm{d}\boldsymbol{A}_z = B_z A_z = B_z \frac{\mathrm{d}^2}{4}\pi = \frac{\mu_0 w I}{l}\cdot\frac{\mathrm{d}^2\pi}{4}$$

$$= 1{,}25\cdot 10^{-6}\,\frac{\mathrm{V\cdot s}}{\mathrm{A\cdot m}}\,\frac{200\cdot 1\,\mathrm{A}}{10\,\mathrm{cm}}\,\frac{1\,\mathrm{cm}^2\,\pi}{4} = 19{,}63\cdot 10^{-8}\,\mathrm{V\cdot s}\,.$$

Beispiel: Flußberechnung (inhomogenes Feld). Ein Magnetfeld habe die inhomogene Flußdichte $\boldsymbol{B}$ mit den Komponenten $B_x = 0$, $B_y = 0$, $B_z = ax^2$ ($a = 10^{-3}\,\mathrm{V\cdot s/m^4}$). Man berechne den magnetischen Fluß Φ, der eine Fläche mit den Koordinaten $x_1 = 5$ cm, $x_2 = 10$ cm, $y_1 = 5$ cm, $y_2 = 20$ cm in der x-Ebene durchdringt. Bild 3.22 zeigt die Fläche A. Angedeutet sind die B_z-Linien, deren Dichte mit x zunimmt. Der Fluß Φ beträgt nach Gl. (3.15) mit $\mathrm{d}\boldsymbol{A} = (y_2 - y_1)\mathrm{d}x\,\boldsymbol{e}_z$

$$\Phi = \int_A \boldsymbol{B}\cdot\mathrm{d}\boldsymbol{A} = \int_{x_1}^{x_2} B_z\boldsymbol{e}_z(y_2 - y_1)\mathrm{d}x\boldsymbol{e}_z = a\int_{x_1}^{x_2} x^2(y_2 - y_1)\,\mathrm{d}x = \frac{a(y_2 - y_1)}{3}(x_2^3 - x_1^3)$$

$$= \frac{10^{-3}}{3}\,\frac{\mathrm{V\cdot s}}{\mathrm{m}^4}(20 - 5)\,\mathrm{cm}(10^3\,\mathrm{cm}^3 - 5^3\,\mathrm{cm}^3) = 4{,}37\cdot 10^{-8}\,\mathrm{V\cdot s}\,.$$

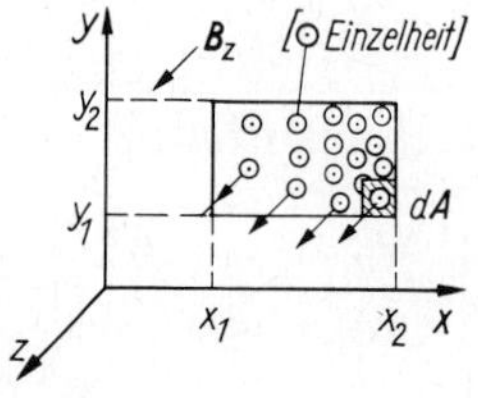

Bild 3.22. Flußberechnung im inhomogenen Magnetfeld

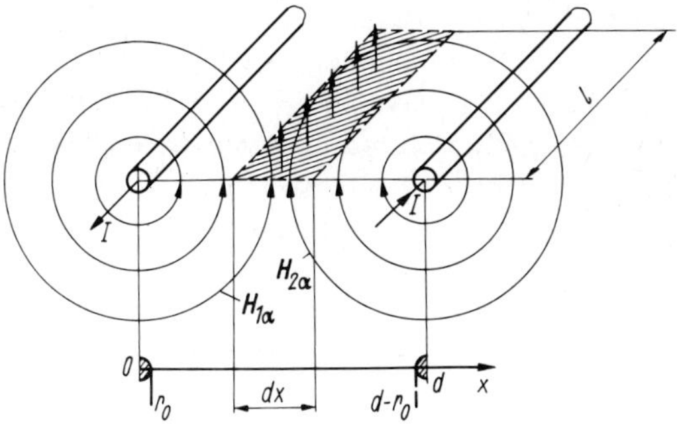

Bild 3.23. Flußberechnung an einem Doppelleiter

Beispiel: Flußberechnung (inhomogenes Feld). Man berechne den Fluß je Länge L in der Ebene zwischen einer Doppelleitung (Bild 3.23), die von entgegengesetzten Strömen gleicher Stärke durchflossen wird. Zwischen beiden Leitern hat die magnetische Feldstärke gleiche Richtung. Es gilt an der Stelle der Überlagerung Gl. (3.7) zweier Feldstärken, die von geraden Leitern im verschiedenen Abstand herrühren (Gl. (3.9)):

$$H_{\text{ges}} = H_1(x) + H_2(x) = \frac{I}{2\pi x} + \frac{I}{2\pi(d-x)} .$$

Es ist $B(x) = \mu_0 H(x)$ (Gl. (3.6)). Damit beträgt der Fluß für ein Leitungsstück der Länge L

$$\Phi = \int_A \boldsymbol{B} \cdot \mathrm{d}\boldsymbol{A} = \int_A B \,\mathrm{d}A = \int_{r_0}^{d-r_0} B(x) L \,\mathrm{d}x = \frac{\mu_0 I L}{\pi} \ln \frac{d-r_0}{r_0} .$$

Der Fluß je Länge L ergibt sich durch Division mit L. Man diskutiere den Feldverlauf H_{ges} innerhalb und außerhalb der Leiter!

3.2.2 Magnetisches Potential ψ. Magnetische Spannung V. Durchflutung Θ

Skalares magnetisches Potential. Im elektrischen Feld konnte der elektrischen Feldstärke das (skalare) Potential φ zugeordnet (Gl. (2.10)) werden. Es liegt nahe, auch der magnetischen Feldstärke $\boldsymbol{H}$ ein (skalares) magnetisches *Potential* ψ *formal* zuzuordnen:

$$\boldsymbol{H} = -\frac{\mathrm{d}\psi}{\mathrm{d}n} \boldsymbol{n}_0 = (-\operatorname{grad} \psi) .$$

Damit gilt für ψ_P im Punkt P (Bild 3.24a, b)

$$\psi_P = \int_P^0 \boldsymbol{H} \cdot \mathrm{d}\boldsymbol{s} + \psi(0) . \qquad (3.22)$$

skalares magnetisches Potential im Punkt P.

Im Gegensatz zum elektrostatischen Potential φ (des elektrischen Feldes) ist das magnetische skalare Potential physikalisch anschaulich *nicht* interpretierbar (wohl aber nach Gl. (3.22) formal, s. Bild 3.24). Gegenüber dem elektrischen Potential φ zeigt es grundsätzliche Unterschiede, auf die wir bereits beim Wirbelcharakter des magnetischen Feldes hinwiesen (s. Abschn. 3.1.3). Es ist zweckmäßig, diese Besonderheiten in Verbindung mit der *magnetischen Spannung* V zu betrachten.

Magnetische Spannung V**.** Die Differenz zweier magnetischer Potentiale $\psi_A - \psi_B$ heißt *magnetische Spannung*

$$V_{AB} = \psi_A - \psi_B = \int_A^B \boldsymbol{H} \cdot \mathrm{d}\boldsymbol{s} \tag{3.23}$$

magnetische Spannung zwischen den Punkten A und B (Definitionsgleichung).

In Worten: Das Linienintegral der magnetischen Feldstärke $\boldsymbol{H}$ zwischen zwei Punkten A und B heißt magnetische Spannung zwischen diesen Punkten. Sie ist gleich der Differenz der diesen Punkten zugeordneten (skalaren) magnetischen Potentiale (Bild 3.24a). (Man vergleiche die formale Übereinstimmung mit der elektrischen Spannung U_{AB} Gl. (2.14), die aus der Bedingung $\oint \boldsymbol{E} \cdot \mathrm{d}\boldsymbol{s} = 0$ eines Potentialfeldes hergeleitet wurde!).
Die Definition des magnetischen Potentials Gl. (3.22) setzt somit $\oint \boldsymbol{H} \cdot \mathrm{d}\boldsymbol{s} = 0$ voraus.

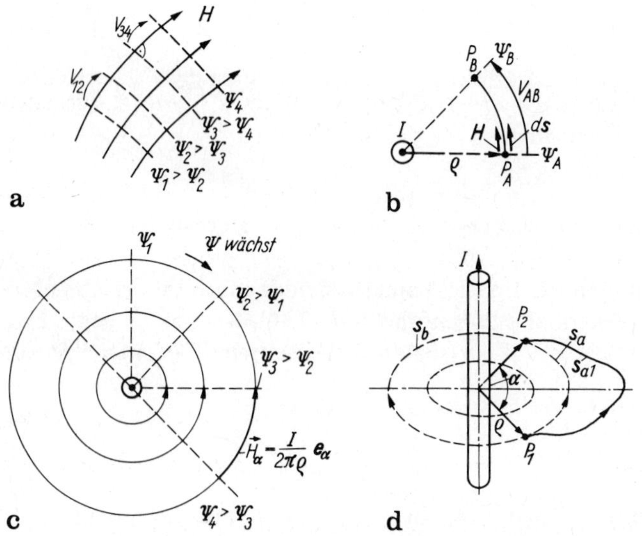

Bild 3.24a–d. Magnetisches skalares Potential. **a** Veranschaulichung Feldstärke- und Äquipotentiallinien; **b, c** Äquipotentiallinien außerhalb ein stromführenden Leiters; **d** verschiedene Integrationswege im $\boldsymbol{H}$-Feld

Wir ordnen der magnetischen Spannung (wie der elektrischen) einen physikalischen Richtungssinn in Integrationsrichtung zu.

Im Gegensatz zur Spannung im elektrischen Feld ist die magnetische Spannung u. U. vom gewählten Integrationsweg abhängig (s. folgendes Beispiel)!

Einheit. Die Einheit ergibt sich aus

$$[V] = [H][s] = \frac{\mathrm{A}}{\mathrm{m}}\,\mathrm{m} = \mathrm{A} \quad \text{bzw.} \quad \mathrm{Aw}\,.$$

Sie stimmt zwangsläufig mit der Durchflutung ΣI_ν (Gl. (3.12)) überein.

Beispiel. Betrachten wir den Einfluß des Integrationsweges am magnetischen Feld eines unendlich langen, vom Strom I durchflossenen Drahtes (Bild 3.24b). $\boldsymbol{B}$- und $\boldsymbol{H}$-Linien sind konzentrische Kreise um den Leiter mit $|\boldsymbol{H}| = I/2\pi\varrho$.

Die Äquipotentiallinien $\psi = \text{const}$ des magnetischen Potentials (Bild 3.24c) stehen senkrecht auf den H-Linien, verlaufen also radial (wie andersartig sieht dagegen das elektrische Potential einer Punktladung aus (s. Bild 2.14))! Die magnetische Spannung werde zwischen zwei Punkten $A \mathrel{\hat{=}} 1$ und $B \mathrel{\hat{=}} 2$ auf zwei verschiedenen Wegen ermittelt (Bild 3.24d):

1. Um die Stromrichtung I im Rechtssystem, z. B. längs des Weges s_a. Das sei eine Feldlinie vom Radius ϱ (Feldlinie a). Mit $\mathrm{d}s = \varrho\,\mathrm{d}\alpha$ und $H(\varrho) = I/2\pi\varrho$ gilt mit dem Bezugswinkel $\alpha = 0$ in P_1

$$V_{12/\mathrm{a}} = \int_1^2 \boldsymbol{H}\cdot \mathrm{d}\boldsymbol{s}_\mathrm{a} = \frac{I}{2\pi}\int_0^\alpha \frac{\varrho}{\varrho}\,\mathrm{d}\alpha = I\,\frac{\alpha}{2\pi}\,. \tag{3.24a}$$

Auch ein anderer Integrationsweg im Rechtssystem um I (z. B. a_1) führt zum gleichen Ergebnis. Im besonderen ergibt sich für *einen Umlauf* $\alpha = 0 \ldots 2\pi$

$$V_{12/\mathrm{a}} = \int_0^{2\pi} H(\varrho)\varrho\,\mathrm{d}\alpha = \left.\frac{I\alpha}{2\pi}\right|_0^{2\pi} = I\,. \tag{3.24b}$$

2. Im Linkssystem um die Stromrichtung I längs des Weges s_b ergibt die Integration (wieder wie oben längs einer Feldlinie mit dem Radius $\varrho = \text{const}$)

$$V_{12/\mathrm{b}} = \int_1^2 \boldsymbol{H}\cdot \mathrm{d}\boldsymbol{s}_\mathrm{b} = -\frac{I}{2\pi}\int_0^{2\pi-\alpha} \mathrm{d}\alpha = -\frac{I(2\pi-\alpha)}{2\pi} = V_{12/\mathrm{a}} - I\,. \tag{3.24c}$$

Auch andere Integrationswege (im Linkssystem!) führen zum gleichen Ergebnis.

Im Unterschied zum elektrostatischen Potentialfeld hängt das Ergebnis V_{12} vom Integrationsweg ab, weil $\oint \boldsymbol{H}\,\mathrm{d}\boldsymbol{s} = 0$ nicht in allen Fällen erfüllt ist.

Addiert man die auf beiden Integrationswegen ermittelten Spannungen $V_{12/\mathrm{a}}$ und $V_{12/\mathrm{b}}$ unter Beachtung ihrer Richtungen, so gilt

$$\Sigma V = V_{12/\mathrm{a}} - V_{12/\mathrm{b}} = \oint \boldsymbol{H}\,\mathrm{d}\boldsymbol{s} = I\,. \tag{3.24d}$$

Die Summe verschwindet nicht, wie man das vom elektrostatischen Feld her erwartet. Sie ist vielmehr gleich dem Strom I *innerhalb* des Umlaufs.

Das Beispiel unterstreicht die *Besonderheiten* des magnetischen Potentials:

1. Das magnetische Potential ψ und damit die magnetische Spannung ist nur in Gebieten *außerhalb* bewegter Ladungen definiert. Beliebige Integrationswege umschließen in solchen Gebieten *keine Ströme.*

2. Unter dieser Bedingung ist V_{12} zwischen zwei Punkten unabhängig vom Weg:

$$V_{12} = \int_{1\,(\text{Weg } a)}^{2} \boldsymbol{H} \cdot \mathrm{d}\boldsymbol{s} = \int_{1\,(\text{Weg } b)}^{2} \boldsymbol{H} \cdot \mathrm{d}\boldsymbol{s} = \int_{1\,(\text{Weg } c)}^{2} \boldsymbol{H} \cdot \mathrm{d}\boldsymbol{s}$$

oder

$$\oint_{\text{Weg } S} \boldsymbol{H} \cdot \mathrm{d}\boldsymbol{s} = \sum_{v} V = 0\,. \tag{3.24e}$$

Lokalisiert man Teilspannungen zwischen jeweils zwei Punkten eines magnetischen Feldes, so ergibt der geschlossene Umlauf Null. Daher kann auch Gl. (3.24e) als *Maschensatz* des magnetischen Spannungsabfalles aufgefaßt werden.

3. Schließt der Integrationsweg bewegte Ladungen ein, so ist das magnetische Potential *nicht eindeutig*. Für einen geschlossenen Weg gilt der *Durchflutungssatz* (Gl. (3.12)).

4. Der magnetischen Spannung fehlt im Gegensatz zur elektrischen Spannung (Energie je Ladung) die anschauliche physikalische Bedeutung. Deshalb benutzen wir sie nur als Rechengröße in Gebieten außerhalb umfaßter Ströme.

Beispiel: *Magnetische Spannung.* Außerhalb eines geraden stromdurchflossenen Leiters liegen drei Punkte $P_i(x_i, y_i)$, $i = 1 \ldots 3$ (Bild 3.25). Man berechne die magnetische Spannung V_{ik} zwischen den Punkten P_1, P_2 und P_3 sowie das Umlaufintegral $\oint \boldsymbol{H} \mathrm{d}\boldsymbol{s}$ längs des angegebenen Weges. Wie groß ist V_{12} für $I = 10$ A und $x_1 = 10$ cm, $y_1 = 3$ cm, $x_2 = 20$ cm, $y_2 = 30$ cm?

Aus Gl. (3.23) folgt

$$V_{1\mathrm{K}} = \int_{P_1}^{P_\mathrm{K}} \boldsymbol{H} \cdot \mathrm{d}\boldsymbol{s} = \int_{P_1}^{P_\mathrm{K}} \frac{I}{2\pi\varrho}\, \boldsymbol{e}_\alpha \varrho \boldsymbol{e}_\alpha\, \mathrm{d}\alpha$$

und speziell

$$V_{12} = \frac{I}{2\pi} \int_{P_1}^{P_2} \mathrm{d}\alpha = \frac{I}{2\pi}(\alpha_2 - \alpha_1) \quad \text{mit} \quad \alpha_i = \arctan \frac{y_i}{x_i}\,,$$

$$V_{23} = \frac{I}{2\pi} \int_{P_2}^{P_3} \mathrm{d}\alpha = \frac{I}{2\pi}(\alpha_3 - \alpha_2)\,, \quad V_{31} = \frac{I}{2\pi} \int_{P_3}^{P_1} \mathrm{d}\alpha = \frac{I}{2\pi}(\alpha_1 - \alpha_3)\,.$$

Für den Umlauf wird dann

$$\sum V = V_{12} + V_{23} + V_{31} = \oint \boldsymbol{H} \mathrm{d}\boldsymbol{s} = \frac{I}{2\pi}(\alpha_2 - \alpha_1 + \alpha_3 - \alpha_2 + \alpha_1 - \alpha_3) = 0\,.$$

Er verschwindet, da der Weg keinen Strom umfaßt. Zahlenmäßig ergibt sich mit $\alpha_1 = \arctan 3/10 = 16{,}7°$, $\alpha_2 = \arctan 30/20 = 56°$

$$V_{12} = \frac{10\,\mathrm{A}}{2\pi}(56° - 16{,}7°)\frac{\pi}{180°} = 1{,}09\ \mathrm{A}\,.$$

Magnetische Spannung und Durchflutung. Wir verbinden das eben erhaltene Ergebnis mit dem Durchflutungssatz Gl. (3.12). Wird das Linienintegral der

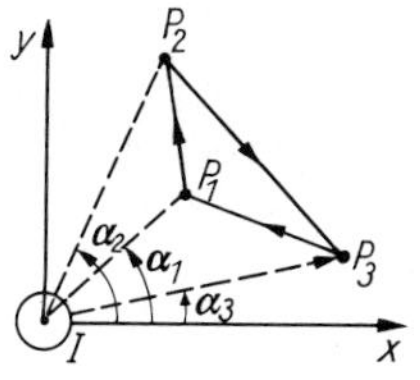

Bild 3.25. Magnetische Spannung V außerhalb eines stromdurchflossenen Leiters

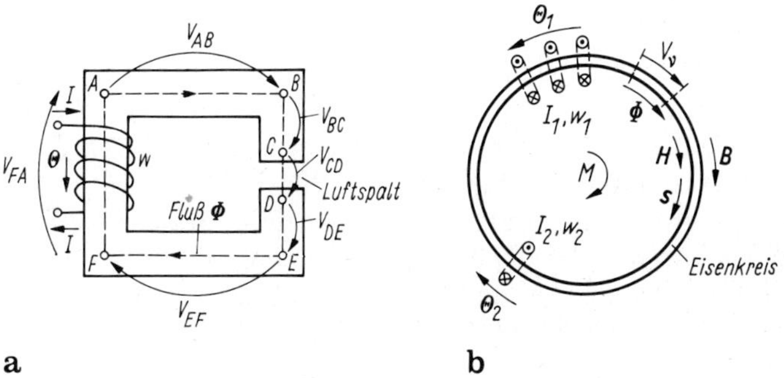

Bild 3.26a, b. Magnetische Spannung und Durchflutung. **a** Magnetische Spannung im magnetischen Kreis; **b** Richtungszuordnung zwischen magnetischer Spannung und Durchflutung

magnetischen Spannung $V_{12} = \int_1^2 \boldsymbol{H} \cdot \mathrm{d}\boldsymbol{s}$ für einen geschlossenen Weg bestimmt, so heißt die zugehörige Spannung die *Ring*-oder besser *Randspannung* (Symbol $\mathring{V}_\mathrm{m}$)

$$\mathring{V}_\mathrm{m} = \oint \boldsymbol{H} \cdot \mathrm{d}\boldsymbol{s} \tag{3.25}$$

magnetische Randspannung (Definition),

weil der Integrationsweg als Rand der von ihm umschlossenen Fläche aufgefaßt werden kann. Werden dabei keine Ströme umschlossen, so ist $\mathring{V}_\mathrm{m} = 0$, im *anderen Fall* gilt (Gl. (3.12))

$$\mathring{V}_\mathrm{m} = \oint H \,\mathrm{d}s = \sum_{\nu=1}^{n} I_\nu = \Theta\,. \tag{3.26}$$

Die magnetische Randspannung $\mathring{V}_\mathrm{m}$ längs einer beliebigen Randkurve ist gleich der mit dieser Randkurve verketteten Durchflutung $\Theta = \Sigma I_\nu$ oder magnetomotorischen Kraft (MMK).

Veranschaulichen wir dies an der im Bild 3.26 dargestellten Anordnung (z. B. Eisenkreis mit Luftspalt), der von der Durchflutung Θ erregt wird. Den im Durchflutungssatz (3.12a) vorgeschriebenen Umlauf unterteilen wir in eine Anzahl von Einzelabschnitten *AB*, *BC*, *CD* usw. So entstehen einzelne Linienintegrale der magnetischen Feldstärke, also magnetische Spannungen V

$$\oint \boldsymbol{H} \cdot \mathrm{d}\boldsymbol{s} = \int_A^B \boldsymbol{H} \cdot \mathrm{d}\boldsymbol{s} + \int_B^C \boldsymbol{H} \cdot \mathrm{d}\boldsymbol{s} + \int_C^D \boldsymbol{H} \cdot \mathrm{d}\boldsymbol{s} + \ldots = \Theta$$

oder

$$V_{AB} + V_{BC} + V_{CD} + V_{DE} + V_{EF} + V_{FA} = \Theta\,,$$

verallgemeinert

$$\sum_{\nu=1}^{n} V_\nu = \sum_{\mu=1}^{m} \Theta_\mu \quad \text{bzw.} \quad \sum_{k=1}^{n+m} V_k = 0 \qquad \text{magnetischer Maschensatz} \tag{3.27}$$

Längs eines Umlaufes in einer Masche ist die (vorzeichenbehaftete) Summe aller *magnetischen Spannungsabfälle* V_ν gleich der Summe der Durchflutung Θ_μ in dieser Masche, die zum Antrieb des magnetischen Flusses benötigt wird. Dabei wird die magnetische Spannung V positiv in Richtung des positiven magnetischen Flusses gewählt und Θ_μ wie die Quellenspannung U_Q im elektrischen Kreis (Bild 2.32a) entgegen der Flußrichtung positiv angesetzt (vgl. Bild 3.26b).

Das Ergebnis Gl. (3.27) entspricht formal dem Maschensatz im elektrischen Kreis, dargestellt durch Spannungsabfälle und Quellenspannung (s. Abschn. 2.4.1). Darauf begründen sich weitere Analogien im nächsten Abschnitt.

Schwierigkeiten bereitet häufig die Tatsache, daß die MMK nicht an einer Stelle im magnetischen Kreis lokalisiert werden kann (etwa wie die Quellenspannung im elektrischen Kreis an einer Grenzfläche). Hier erzeugt die Spule vielmehr *insgesamt* den magnetischen Fluß, deshalb wirkt die Antriebsursache räumlich verteilt um den umfaßten Strom herum.

Allein aus Zweckmäßigkeit setzt man den Richtungspfeil von Θ (als äußeres Zeichen der MMK) am Spulenort an.

Im Bild 3.26 wurde der magnetische Maschensatz für eine aus einem Eisenring bestehende Anordnung skizziert, der mit zwei stromdurchflossenen Spulen (I_1, $w_1 = 3$, I_2, $w_2 = 1$) versehen ist. Eingetragen sind die (erwarteten) Richtungen von $\boldsymbol{B}$, $\boldsymbol{H}$ und somit Φ und der magnetischen Spannungen (Spannungsabfälle) V_ν. Der Maschensatz lautet dann

$$\sum_\nu V_\nu = I_1 w_1 - I_2 w_2 = \Theta_1 - \Theta_2 \quad \text{bzw.} \quad \sum_\nu V_\nu + \Theta_2 - \Theta_1 = 0$$

(vgl. auch Bild 3.24).

3.2.3 Magnetischer Kreis

In einem weitestgehend geschlossenen (linearen) Eisenkreis (mit Spule und nur kleinem Luftspalt) läuft folgender Vorgang ab (Bild 3.27): Der Strom I erzeugt nach dem Durchflutungssatz eine Durchflutung. Sie ist Ursache des magnetischen Flusses Φ, der weitestgehend im Eisen konzentriert ist und den Kreis überall in gleicher Stärke durchsetzt. Die zugeordnete Feldgröße, die Induktion $B_{Fe} = B_L$, erzeugt sowohl im Eisenweg als auch Luftspalt die magnetischen Feldstärken $\boldsymbol{H}_{Fe}$ und $\boldsymbol{H}_L$ (Gl. (3.16), (3.18)), wobei $\boldsymbol{H}_L \gg \boldsymbol{H}_{Fe}$ gilt. Als Folge des Flusses entstehen magnetische Spannungsabfälle V_i über Eisenkreis und Luftspalt, deren Summe

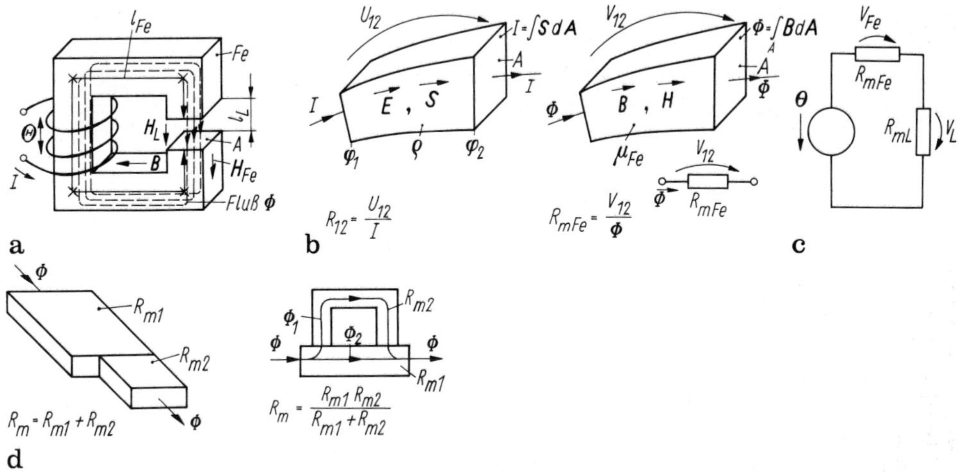

Bild 3.27a–d. Magnetischer Kreis. **a** Prinzipaufbau eines nahezu geschlossenen Eisenkreises mit Luftspalt; **b** magnetischer Widerstand R_{mFe} eines magnetischen Leiters (Analogiebeziehung zum Widerstandsbegriff im Strömungsfeld. Bild 2.33) und Schaltbild; **c** Ersatzschaltbild zu **a**; **d** Reihen- und Parallelschaltung magnetischer Widerstände

gerade die Durchflutung ergibt. Es gelten Gln. (3.12a), (3.27) $\oint \boldsymbol{H} \cdot \mathrm{d}\boldsymbol{s} = \Theta = \Sigma Iw = H_{\mathrm{Fe}} l_{\mathrm{Fe}} + H_L l_L = V_{\mathrm{Fe}} + V_{\mathrm{L}}$ und mit Gl. (3.16)

$$\Theta = \frac{B}{\mu_{\mathrm{Fe}}} l_{\mathrm{Fe}} + \frac{B}{\mu_{\mathrm{L}}} l_{\mathrm{L}} = \frac{\Phi}{A}\left(\frac{l_{\mathrm{Fe}}}{\mu_{\mathrm{Fe}}} + \frac{l_{\mathrm{L}}}{\mu_{\mathrm{L}}}\right)$$

oder durch Vergleich (Bild 3.27b)

$$V_{\mathrm{Fe}} = \Phi R_{\mathrm{mFe}}, \qquad R_{\mathrm{mFe}} = \frac{l_{\mathrm{Fe}}}{A\mu_{\mathrm{Fe}}}. \tag{3.28}$$

$$V_{\mathrm{L}} = \Phi R_{\mathrm{mL}}, \qquad R_{\mathrm{mL}} = \frac{l_{\mathrm{L}}}{A\mu_{\mathrm{L}}}.$$

Das sind Ergebnisse, die denen des elektrischen Stromkreises (Bild rechts) analog sind. Der Index Fe bezieht sich hier auf Eisen, L auf Luft. Vereinbart wurde in Gl. (3.28) der Begriff *magnetischer Widerstand* R_{m} (Reziprokwert: *magnetischer Leitwert* G_{m}). Wir erhalten ihn ganz analog zum elektrischen Widerstand (Gl. (2.32)) aus Quotient von Spannungsabfall V_{12} (zwischen zwei Ebenen des magnetischen Potentials ψ) und dem Fluß Φ, der durch eine Querschnittsfläche A tritt:

$$R_{\mathrm{m}12} = \frac{V_{12}}{\Phi} = \left.\frac{\int_1^2 \boldsymbol{H} \cdot \mathrm{d}\boldsymbol{s}}{\int_A \boldsymbol{B} \cdot \mathrm{d}\boldsymbol{A}}\right|_{\mu = \mathrm{const}} \longrightarrow \left.\frac{l}{\mu A}\right|_{\text{homogenes Feld}} \tag{3.29}$$

magnetischer Widerstand (Definitionsgleichung).

Der magnetische Widerstand R_m zwischen zwei Potentialflächen hängt für $\mu = \text{const}$ — wie der elektrische Widerstand — nur vom Material und der Geometrie des magnetischen Kreises ab. Er wächst mit zunehmender Länge (l_{Fe}, l_L) und sinkt, wenn Permeabilität und/oder Querschnitt zunehmen.

Aus Bild 3.27b erkennt man die begriffliche Analogie zwischen elektrischem und magnetischem Widerstand. In beiden Fällen tritt der Spannungsabfall (in Richtung der Strömungsgröße I bzw. Φ) zwischen zwei Potentialflächen auf, vgl. auch Gl. 2.32.

Einheit

$$\dim(R_m) = \dim\left(\frac{V}{\Phi}\right) = \dim\left(\frac{\text{Strom}}{\text{Spannung} \cdot \text{Zeit}}\right)$$

mit

$$[R_m] = \frac{[V]}{[\Phi]} = \frac{1\,\text{A}}{\text{V} \cdot \text{s}} = 1\,\frac{1}{\Omega \cdot \text{s}}.$$

Das Schaltbild entspricht dem des ohmschen Widerstandes im elektrischen Kreis.

Die *Bildungsgesetze* für Reihen- und Parallelschaltung magnetischer Widerstände beruhen auf dem Maschensatz für magnetischen Spannungsabfall und dem Knotensatz für verzweigte Flüsse:

Reihenschaltung ($\Phi = \text{const}$)
(s. Gl.(3.27))

$$\frac{\sum V}{\Phi} = \frac{V_{12}}{\Phi} + \frac{V_{23}}{\Phi} + \frac{V_{34}}{\Phi} + \ldots = \frac{V_{ges}}{\Phi}$$

$$R_{m12} + R_{m23} + R_{m34} = R_{mges}$$

$$R_{mges} = \Sigma R_m$$

Addition der magnetischen Spannungsabfälle (3.30a)

Parallelschaltung ($V = \text{const}$)
(s. Gl. (3.21))

$$\frac{\sum \Phi}{V} = \frac{\Phi_1}{V} + \frac{\Phi_2}{V} + \frac{\Phi_3}{V} + \ldots = \frac{\Phi_{ges}}{V}$$

$$G_{m1} + G_{m2} + G_{m3} = G_{m\,ges}$$

$$G_{mges} = \Sigma G_m \quad \text{bzw.} \quad \frac{1}{R_{m\,ges}} = \Sigma \frac{1}{R_m}$$

Addition der Teilflüsse, Flußverzweigung (3.30b)

Äquivalenter Luftweg. Der magnetische Widerstand eines Eisenkreises (Länge L_{Fe}) wächst mit zunehmender Länge und sinkt mit wachsender Permeabilität und zunehmendem Querschnitt. Schaltet man ihm eine Luftstrecke (Länge l_L) mit gleichem Querschnitt A in Reihe, so beträgt der Gesamtwiderstand (Bild 3.27c)

$$R_{m\,ges} = R_{mFe} + R_{mL} = \frac{l_{Fe}}{\mu \text{A}} + \frac{l_L}{\mu_0 \text{A}} = \frac{1}{\mu_0 \text{A}}\left(\frac{l_{Fe}}{\mu_r} + l_L\right). \tag{3.31}$$

Die Größe l_{Fe}/μ_r heißt *äquivalenter Luftweg*. Ein magnetischer Widerstand mit l_{Fe} und μ_r hat (bei gleichem Querschnitt A) den gleichen magnetischen Widerstand wie ein Luftwiderstand der Länge l_L. So ergibt sich für $\mu_r = 10\,000$ und $l_{Fe} = 1$ m, $l_{Fe}/\mu_r = 0{,}1$ mm $= l_L$. Umgekehrt vergrößern damit schon kleine Luftspalte im magnetischen Kreis den Widerstand außerordentlich.

Magnetischer Kreis. Der Eisenkreis vieler technischer Anordnungen (Transformator, Drosselspule, Motor) besteht zur überwiegenden Länge aus einem hochpermeablen Material, das eine oder mehrere stromdurchflossene Wicklungen trägt und einem (oder mehreren) kleinen Luftspalten (Bild 3.27a). Dann wird der magnetische Fluß hauptsächlich durch den Eisenkreis geführt und im Luftspalt herrscht der gleiche Fluß, wenn die Spaltbreite klein gegen die Linearabmessung des vom Fluß durchsetzten Eisenquerschnittes ist. So liegen annähernd homogene Feldverhältnisse vor. Eine solche Anordnung heißt *magnetischer Kreis*. Praktisch fallen dann meist zwei Fragestellungen an:

a) Gegeben ist die Erregung $\Theta = Iw$, gesucht die Flußdichte B oder Feldstärke H an irgendeiner Stelle im magnetischen Kreis.

b) Im magnetischen Kreis soll an irgendeiner Stelle eine bestimmte Flußdichte herrschen, welche Erregungen Iw ist erforderlich?

Die Berechnung solcher Kreise kann auf zwei (gleichwertige) Arten erfolgen:

a) In *völliger Analogie* (Tafel 3.4) zur *Netzwerkberechnung* von Gleichstromkreisen über die eingeführten Begriffe magnetischer Fluß, magnetische Spannung und magnetischer Widerstand (und der magnetischen Knoten- und Maschensätze, Gln. (3.21), (3.27), (3.29))

$$\sum_{\nu,\mu} (V_\nu - \theta_\mu) = 0\,, \quad \sum_{\lambda} \Phi_\lambda = 0\,, \quad V_\nu = R_{m\nu}\Phi_\nu \tag{3.32}$$

mittels einer *magnetischen Ersatzschaltung*. Dann können alle von Gleichstromkreisen her bekannten Verfahren (z. B. Reihen-Parallelschaltung von Widerständen, Zweipoltheorie u. a.) verwendet werden, *vorausgesetzt*, daß der *magnetische Kreis als linear* betrachtet werden kann ($\mu = \text{const.}$, für Ferromagnetika allgemein nicht erfüllt).

Tafel 3.4. Analogie des elektrischen und magnetischen Kreises

Größen		Gleichungen	
elektrische	magnetische	elektrische	magnetische
Stromdichte $\boldsymbol{S}$	Flußdichte $\boldsymbol{B}$	$I=\int \boldsymbol{S}\cdot \mathrm{d}\boldsymbol{A}$	$\Phi=\int \boldsymbol{B}\cdot \mathrm{d}\boldsymbol{A}$
elektr. Feldstärke $\boldsymbol{E}$	magn. Feldstärke $\boldsymbol{H}$	$U=\int \boldsymbol{E}\cdot \mathrm{d}\boldsymbol{s}$	$V=\int \boldsymbol{H}\cdot \mathrm{d}\boldsymbol{s}$
Strom I	Fluß Φ	Knotensatz $\Sigma I_\nu=0$	Flußverzweigungssatz $\Sigma \Phi_\nu=0$
Spannung U	magn. Spannung V	Maschensatz $\Sigma U_\nu=0$	Maschensatz $\Sigma V_\nu=0$
Quellspannung U_Q	Durchflutung Θ	$\Sigma(U_\nu-U_Q)=0$	$\Sigma(V_\nu-\Theta)=0$
Widerstand R	magn. Widerstand R_m	$R=U/I$	$R_m=V/\Phi$
Leitwert G	magn. Leitwert G_m	$G=1/R$	$G_m=1/R_m$
linienhafter Leiter (Länge l, Querschmitt A)		$R=l/\varkappa A$	$R_m=l/\mu A$
Leitfähigkeit $\varkappa$	Permeabilität μ	$\boldsymbol{S}=\varkappa \boldsymbol{E}$	$\boldsymbol{B}=\mu \boldsymbol{H}$

Bei gegebener Durchflutung $\Theta = Iw$ eines magnetischen Kreises ergeben sich dann die Feldgrößen aus $Iw = \Theta \to \Phi = \frac{Iw}{R_{\mathrm{m\,ges}}} \to B = \frac{\Phi}{A_\perp} \to H = \frac{B}{\mu}$.

b) Direkt über das *Feld* unter Verwendung von (Gln. (3.5), (3.12b) und (3.16)

$$\oint \boldsymbol{H}\cdot \mathrm{d}\boldsymbol{s} = \sum_{\nu} I_\nu \cdot w_\nu\,, \quad \oint \boldsymbol{B}\cdot \mathrm{d}\boldsymbol{A} = 0\,, \quad \boldsymbol{B} = \mu \boldsymbol{H}\,.$$

Lösungsstrategie: Magnetischer Kreis. Die Analyse magnetischer Kreise erfolgt zweckmäßigerweise nach dieser Methodik:

1. Der zu untersuchende Kreis wird in Abschnitte (Schenkel) mit konstantem Querschnitt und homogenem Materialgebiet unterteilt. Dann sind die Feldgrößen im betreffenden Querschnitt konstant.

2. Für (angenommenes) stationäres Magnetfeld wird der Durchflutungssatz in der Form $\oint \boldsymbol{H}\cdot \mathrm{d}\boldsymbol{s} = \int \boldsymbol{S}\cdot \mathrm{d}\boldsymbol{A} = Iw$ (Gl. (3.12)) oder $\Sigma\, V_\nu = \Theta$ (Gl. (3.27)) benutzt, und zwar für mittlere Schenkellängen l_{m} (Weg durch die Mitte der Schenkelquerschnitte).

3. Die Analyse erfolgt mit magnetischer Knoten- und Maschengleichung (Gl. (3.32)) sowie der Verknüpfung $B = \mu H$ bzw. $R_{\mathrm{m}} = \frac{V}{\Phi}$.

Nichtlinearer Eisenkreis. Das vorstehende Verfahren für $\mu = \mathrm{const}$ hat im wesentlichen anschaulich-qualitative Bedeutung, denn technische Eisenkreise haben eine nichtlineare B-H- bsw. Φ-I-Kennlinie. Dann setzt sich die Kennlinie zusammen aus dem:

— *Eisenweg* $\Phi = f(\Theta) = f(V_{\mathrm{Fe}})$. Dies ist die B-H-Kennlinie des Eisenweges (streng vernachlässigbar, abgesehen von einem Maßstabsfaktor (Bild 3.28a));

— *Luftweg* $\Phi = f(V_{\mathrm{L}})$ (Geradenkennlinie, im Bild nicht gezeichnet).

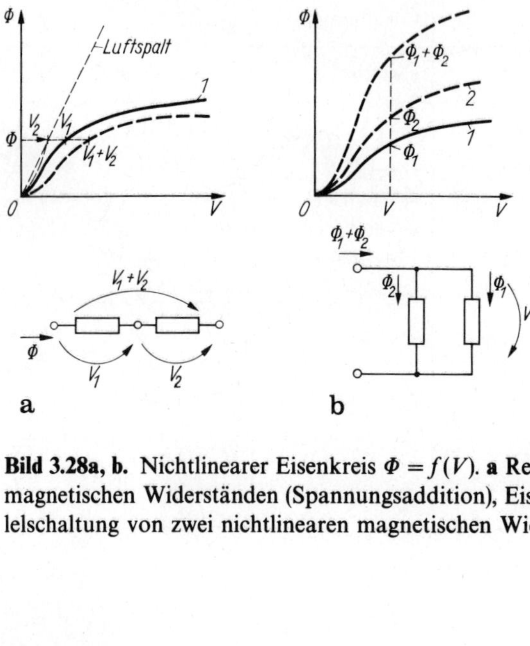

Bild 3.28a, b. Nichtlinearer Eisenkreis $\Phi = f(V)$. **a** Reihenschaltung von zwei nichtlinearen magnetischen Widerständen (Spannungsaddition), Eisen: $V_{\mathrm{Fe}} = V_1$, Luft $V_{\mathrm{L}} = V_2$; **b** Parallelschaltung von zwei nichtlinearen magnetischen Widerständen (Flußaddition)

Die *Gesamtkennlinie* der Reihenschaltung

$$\Phi = f(\Theta), \quad \Theta = Iw = V_{\mathrm{Fe}} + V_{\mathrm{L}} = Iw_{\mathrm{Fe}} + Iw_{\mathrm{L}}$$

setzt sich aus der Addition der magnetischen Teilspannungen beim jeweiligen Flußwert zusammen (Reihenschaltung der Zweige magnetischer Widerstände). Mit wachsender Luftspaltlänge (wachsendem V_{L}) verläuft die Φ-Θ-Kennlinie flacher und gestreckter. Für den gleichen Fluß ist eine größere Durchflutung erforderlich. Ganz analog kann man auch die Parallelschaltung zweier nichtlinearer Eisenstrecken interpretieren (Bild 3.28b).

Beispiel: Magnetischer Kreis (linienhafter Leiter). Für die Eisenkreise (μ_{r} = const) im Bild 3.29 (homogene Flußdichte) zeichne man die Ersatzschaltung des magnetischen Kreises, bestimme die magnetischen Widerstände und berechne den magnetischen Fluß in allen Eisenschenkeln ($l_{\mathrm{L}} \ll b$).

Kreis a). Für die einzelnen Eisenquerschnitte mit den mittleren Längen b, a und $b - l_{\mathrm{L}}$ ergeben sich als magnetische Widerstände (Gl. (3.29)):

$$R_{\mathrm{m1}} = \frac{b}{\mu_{\mathrm{r}}\mu_0 A_1}, \quad R_{\mathrm{m2}} = R_{\mathrm{m4}} = \frac{a}{\mu_{\mathrm{r}}\mu_0 A_2}, \quad R_{\mathrm{m3}} = \frac{b - l_{\mathrm{L}}}{\mu_{\mathrm{r}}\mu_0 A_3}, \quad R_{\mathrm{mL}} = \frac{l_{\mathrm{L}}}{\mu_0 A_3}.$$

Durch Zusammenfassen entsteht die im Bild skizzierte Ersatzschaltung. Der Fluß im Eisen und Luftspalt beträgt (Gln. (3.31), (3.27), (3.30))

$$\Phi = \frac{\Theta}{R_{\mathrm{mges}}} = \frac{Iw}{R_{\mathrm{m1}} + 2R_{\mathrm{m2}} + R_{\mathrm{m3}} + R_{\mathrm{mL}}} = \frac{Iw\mu_0\mu_{\mathrm{r}}}{\dfrac{b}{A_1} + \dfrac{2a}{A_2} + \dfrac{b - l_{\mathrm{L}}}{A_3} + \dfrac{\mu_{\mathrm{r}} l_{\mathrm{L}}}{A_3}}.$$

Kreis b). Die magnetischen Widerstände betragen (Gl. (3.29))

$$R_{\mathrm{m1}} = \frac{2a + b}{\mu_0\mu_{\mathrm{r}} A} = R_{\mathrm{m3}}, \quad R_{\mathrm{m2}} = \frac{b - l_{\mathrm{L}}}{\mu_{\mathrm{r}}\mu_0 A}.$$

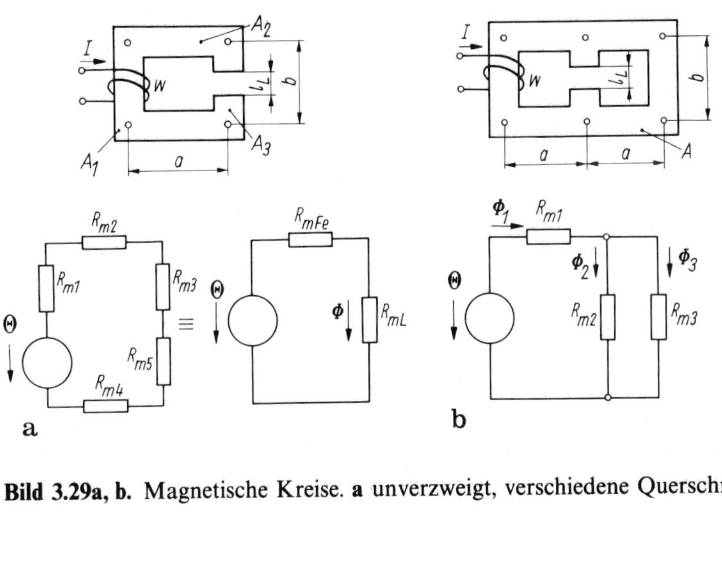

Bild 3.29a, b. Magnetische Kreise. **a** unverzweigt, verschiedene Querschnitte; **b** verzweigt

Damit ergibt sich

$$\text{Fluß } \Phi_1\colon \Phi_1 = \frac{\Theta}{R_{m1} + R_{m2} \parallel R_{m3}},$$

$$\text{Fluß } \Phi_2\colon \Phi_2 = \Phi_1 \frac{1/R_{m2}}{\dfrac{1}{R_{m2}} + \dfrac{1}{R_{m3}}} \quad \text{(Flußteilerregel analog zur Stromteilerregel)},$$

$$\text{Fluß } \Phi_3\colon \Phi_3 = \Phi_1 - \Phi_2 \quad \text{(Knotenpunktregel für Fluß)}.$$

Beispiel: Magnetischer Widerstand. Wir berechnen den magnetischen Widerstand der Zylinder- und Ringspule (Beispiel Abschn. 3.1.3) mittels Gl. (3.29).

Zylinderspule. Mit Gl. (3.29) und Beispiel Abschn. 3.1.3 beträgt

$$\frac{1}{R_m} = \frac{\Phi}{\Theta} = \frac{\mu_0 I w}{l} \cdot \frac{d^2 \pi}{4} \cdot \frac{1}{\oint \boldsymbol{H} \cdot \mathrm{d}\boldsymbol{s}} = \frac{\mu_0}{l} \frac{d^2 \pi}{4},$$

da die Durchflutung $\Theta = Iw = \oint \boldsymbol{H} \cdot \mathrm{d}\boldsymbol{s} \approx H_i l$ den Fluß Φ erzeugt.

Ringspule. Wird der Kern (durch eine stromdurchflossene Probewicklung) durch $\Theta = \oint \boldsymbol{H} \cdot \mathrm{d}\boldsymbol{s} = Iw$ erregt, so stellt sich der Fluß Φ

$$\Phi = \int_{\varrho_i}^{\varrho_a} \boldsymbol{B} \cdot \mathrm{d}\boldsymbol{A} = \int_{\varrho_i}^{\varrho_a} \mu_r \mu_0 \boldsymbol{H}_\alpha h \,\mathrm{d}\varrho = \int_{\varrho_i}^{\varrho_a} \frac{\mu_r \mu_0 I w h}{2\pi\varrho} \cdot \mathrm{d}\varrho = \frac{\mu_r \mu_0 I w h}{2\pi} \ln \frac{\varrho_a}{\varrho_i}$$

durch die rechteckförmige Ringspule ein. (Beispiel Abschn. 3.1.3, Querschnittsfläche $A = h(\varrho_a - \varrho_i)$, $\mathrm{d}A = h \cdot \mathrm{d}\varrho$). Der Quotient beider Größen ergibt nach Gl. (3.29) R bzw.

$$\frac{1}{R_m} = \frac{\Phi}{\Theta} = \frac{h \mu_r \mu_0 w I \ln \dfrac{\varrho_a}{\varrho_i}}{2\pi \oint \boldsymbol{H} \cdot \mathrm{d}\boldsymbol{s}} = \frac{h \mu_r \mu_0}{2\pi} \ln \frac{\varrho_a}{\varrho_i}.$$

Diskussion: Für $\varrho_a - \varrho_i \ll \varrho_i$ gilt $\ln \frac{\varrho_a}{\varrho_i} \approx \frac{\varrho_a - \varrho_i}{\varrho_i}$. Mit der Querschnittsfläche $A = h(\varrho_a - \varrho_i)$ und $\varrho_i \approx \varrho$ vereinfacht sich das Ergebnis auf

$$1/R_m \approx \frac{\mu_r \mu_0 A}{2\pi\varrho}.$$

3.2.4 Verkopplung; Magnetischer Fluß Φ — Strom I

Der Durchflutungssatz Gl. (3.12) stellte den Zusammenhang zwischen Strom und Durchflutung als Umlaufintegral der magnetischen Feldstärke her. Dieser Zusammenhang gilt *unabhängig vom Material.* Wir suchen jetzt den Zusammenhang zwischen magnetischem Fluß in einer Anordnung und dem erregenden Strom. Nach unseren Erkenntnissen vom magnetischen Kreis hängt er von Geometrie und Material ab. Für diesen Zusammenhang führen wir als Kenngröße die Begriffe *Induktivität* und später *Gegeninduktivität* ein. Das sind Größen, die wir später als *Schaltelement* Induktivität für die wechselseitige Verkopplung von Strom und Magnetfeld und ihre Wirkung im Stromkreis zusammen mit dem Induktionsgesetz (Abschn. 3.3) erkennen werden.

3.2.4.1 Induktivität L (Selbstinduktivität)

Definition. Um jeden beliebig geformten stromdurchflossenen Leiter entsteht ein magnetisches Feld, mithin ein magnetischer Fluß. Er wird besonders intensiv, wenn man den Leiter zu einer Schleife (Bild 3.30) formt. Sie möge die Fläche A einschließen. Das *Wesen dieser Verkopplung magnetischer Fluß — elektrischer Strom kommt durch die funktionelle Abhängigkeit*

$$\Phi = \Phi(I) = f(I) \tag{3.33a}$$

zum Ausdruck. Gleichzeitig wird der Fluß Φ durch die Leiterform bzw. -abmessungen sowie die Materialeigenschaften (Flußkennlinie) bestimmt. Im Nichtferromagnetikum ist der Zusammenhang Φ und I linear, im Eisenkreis nichtlinear (da $I \sim \Theta$ und $\Phi = f(\Theta)$ die Magnetisierungskennlinie darstellt).
Im Regelfall liegen nicht eine Leiterschleife, sondern w-Schleifen der gleichen Fläche A vor, die jeweils vom gleichen Strom I durchflossen werden (und nahe beieinander liegen sollen). Trägt so jede Schleife mit dem Fluß Φ gleich anteilig bei, so beträgt der gesamte oder *verkettete Fluß* (auch Induktionsfluß genannt)

$$\psi(I) = \sum_{\nu} \Phi_{\nu}(I) = w\Phi(I) .$$

Wir definieren: Das Verhältnis gebildet aus dem verketteten Fluß Ψ, der durch eine vom Strom I umschlossene Fläche (Wirkung) tritt, zum Strom in der Berandung (Ursache) heißt Induktivität[1] L der Anordnung

$$L(I) = \frac{\Psi(I)}{I} \tag{3.33b}$$

(Selbst-)Induktivität[2], seltener Induktionskoeffizient (Definitionsgleichung).

Die Induktivität L ist die das *Bauelement* Spule kennzeichnende Eigenschaft.

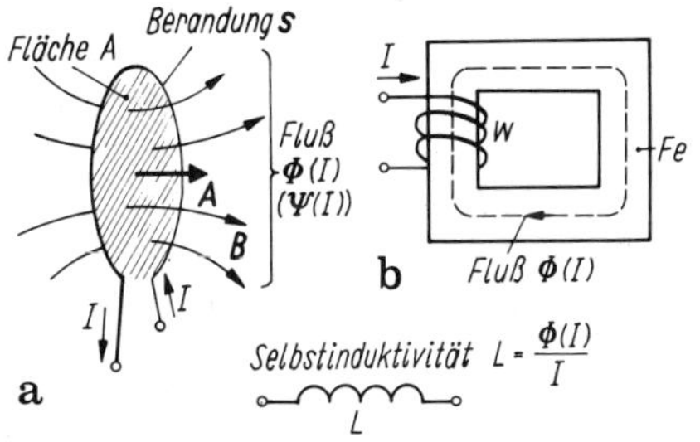

Bild 3.30a, b. Selbstinduktivität L. **a** Strom I in der Schleife s bewirkt einen Fluß $\Phi = \Psi$ durch die Fläche A mit der Berandung s. Zusammenhang: Selbstinduktion $L = \Psi/I$; **b** Strom I erzeugt nach dem Durchflutungssatz die Durchflutung $\Theta = Iw$ und diese den magnetischen Fluß Φ im Eisenkreis $L = \Phi(I)/I$

---

[1] Die Induktivität kennzeichnet wie die Kapazität eine Eigenschaft. Inkonsequenterweise wird sie häufig auch für den Gegenstand (die Spule) verwendet, der diese Eigenschaft besitzt

[2] Sie wird genauer äußere Induktivität genannt im Gegensatz zur inneren Induktivität in einem Leiter

Bei linearem Ψ-I-Zusammenhang (wie er für μ_r = const gilt) ist L wegen $\Psi \sim I$ *unabhängig* vom Strom. Die Induktivität hängt dann nur von den Materialeigenschaften und der Schleifengeometrie ab. Es läßt sich deshalb dafür eine *Bemessungsgleichung* angeben.

Einheit. Aus Gl. (3.33) folgt die Einheit

$$\dim(L) = \frac{\dim(B)\cdot\dim(A)}{\dim(I)} = \dim\left(\frac{\text{Spannung}\cdot\text{Zeit}}{\text{Strom}}\right),$$

$$[L] = \frac{[\Psi]}{[I]} = \frac{1\,\text{V}\cdot\text{s}}{\text{A}} = 1\,\text{H} = 1\,\text{Henry}\,.$$

Größenvorstellung. Die Einheit Henry ist relativ groß, kommt aber dennoch vor. Der praktische Bereich reicht von nH bis H:

Spule mit Eisenkern	(1 ... 100) H	Doppelleitung (Länge 25 m,	
Spule der Rundfunktechnik	µH ... mH	Drahtabstand 20 cm, Draht-	
Spule in Schwingkreisen		durchmesser 2 mm)	≈ 50 µH
für extrem hohen Strom	nH ... µH		

Das Schaltzeichen ist im Bild 3.30 mit dargestellt. Tafel 3.5 gibt eine Übersicht der Spulenarten und ihrer Anwendungen.

Tafel 3.5. Spulenarten und ihre Anwendungen

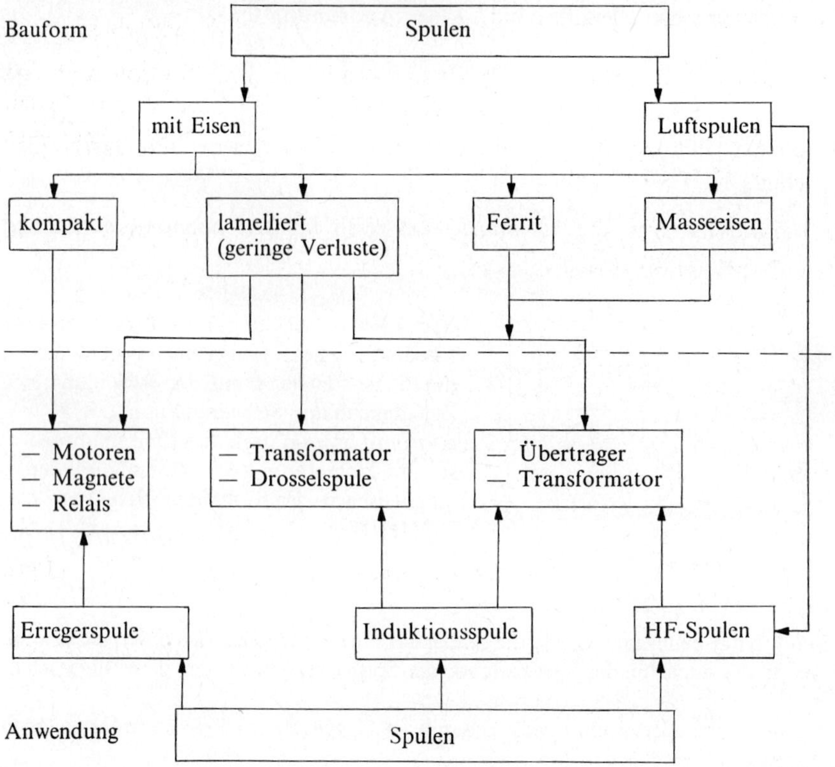

Bemessungsgleichung. Solche Gleichungen sind für beliebige Leiteranordnungen schwierig aufzustellen[1]. Wir beschränken und deshalb auf einfache Sonderfälle, den linienhaften magnetischen Kreis und Gebilde, für die der Ψ-I-Zusammenhang leicht bestimmt werden kann.

1. Induktivitätsberechnung mit Hilfe des magnetischen Kreises. Hier läßt sich der magnetische Widerstand R_m leicht angeben ($R_m = \Theta / \Phi = Iw/\Phi$). Es sollen alle w Windungen den gleichen Fluß Φ umfassen. Dann gilt (bei $\mu_r = \text{const}$)

$$L = \frac{w\Phi}{I} = \frac{w^2 I}{I R_m} = \frac{w^2}{R_m} = w^2 A_L \,. \tag{3.34a}$$

Für den praktischen Gebrauch gibt der Hersteller den reziproken magnetischen Widerstand als sog. *Induktivitätsfaktor* A_L an. Größenordnung von A_L:nH ... µH/Windung. A_L hängt vom Material und der Geometrie des betreffenden Eisen- oder Ferritkernes ab.

Beispiele:

Ringspule mit Eisenkern	$R_m \approx \frac{2\pi\varrho}{\mu A}$,	$L \approx \frac{w^2 \mu A}{2\pi\varrho}$,
lange Zylinderspule in Luft	$R_m \approx \frac{l}{\mu_0 A}$,	$L \approx \frac{w^2 \mu_0 A}{l}$,
Eisenkreis mit Luftspalt	$R_m = \frac{1}{\mu_0 A}\left(\frac{l_{Fe}}{\mu_r} + l_L\right)$,	$L = \frac{w^2 \mu_0 A}{(l_{Fe}/\mu_r) + l_L}$.

Wie behauptet hängt die Induktivität nur von konstruktiven Größen ab. Wir entnehmen namentlich dem letzten Beispiel, daß bei nichtlinearem B-H-Zusammenhang (μ_r stromabhängig) die Induktivität stromabhängig wird. Folgerungen, die daraus zu ziehen sind, diskutieren wir im Abschn. 5.

2. Induktivitätsberechnung mit Hilfe des Gesetzes nach Biot-Savart. Aus Gl. (3.10) folgt für die Induktion *außerhalb* stromdurchflossener Gebiete:

$$\boldsymbol{B}(\boldsymbol{r}) = \mu(I)\boldsymbol{H} = \frac{I\mu(I)}{4\pi} \oint \mathrm{d}\boldsymbol{s} \times \frac{\boldsymbol{r}}{r^3} \,.$$

Durch Integration über die Fläche A_1 ergibt sich

$$\Phi_{A1}(I) = \int_{A_1} \boldsymbol{B}(I) \cdot \mathrm{d}\boldsymbol{A} = \frac{I\mu}{4\pi} \int_{A_1} \left[\oint \mathrm{d}\boldsymbol{s} \times \frac{\boldsymbol{r}}{r^3} \right] \mathrm{d}\boldsymbol{A}$$

und damit

$$L = \frac{\Phi_{A1}(I)}{I} = \frac{\mu(I)}{4\pi} \int_{A_1} \left[\oint \mathrm{d}\boldsymbol{s} \times \frac{\boldsymbol{r}}{r^3} \right] \cdot \mathrm{d}\boldsymbol{A} \,. \tag{3.34b}$$

Die Auswertung ist kompliziert und nur für einfache Leiteranordnungen durchführbar.

---

[1] Methoden dazu stellt die Feldtheorie bereit

3.2.4.2 Gegeninduktivität M

Definition. Befindet sich in der Umgebung der flußerregenden Leiterschleife *1* (Fläche A_1, Strom I_1) eine zweite Leiterschleife (Fläche A_2), so wird diese von einem *Teil* des magnetischen Flusses durch A_1 durchsetzt: *Beide Stromkreise sind über den magnetischen Fluß verkoppelt* (Bild 3.31). Es gilt deshalb $\Psi_{A2}(I_1) = \Psi_{21}(I_1) = f(I_1)$. Die Größe des Koppelflusses Ψ_{21} ist weiterhin von der Leiterschleifenform und den Leiterabmessungen sowie den magnetischen Eigenschaften des Mediums abhängig, in dem sich die Leiterschleifenanordnung befindet.

Wir definieren: Die Gegeninduktivität M_{21}[1] einer Leiterschleife *2* (Raumkurve *2*) zur Leiterschleife *1* (Raumkurve *1*) (Bild 3.31), kennzeichnet den von der Schleife *2* (Fläche A_2) umfaßten Fluß $\Psi_2(I_1)$ als Folge des in der Leiterschleife *1* fließenden Stromes I_1:

$$M_{21} = \frac{\Psi_{A2}(I_1)}{I_1} = \int_{A_2} \frac{\boldsymbol{B}_2(I_1)\cdot \mathrm{d}\boldsymbol{A}}{I_1} \qquad (3.35a)$$

Gegeninduktivität M (Definitionsgleichung).

Je nachdem, ob der in Schleife 2 frei wählbare Flächenvektor $\mathrm{d}\boldsymbol{A}_2$ bezüglich der Richtung von $\boldsymbol{B}_2(I_1)$ positiv oder negativ angesetzt wird, ergibt sich für M ein positiver oder negativer Wert. Beide Möglichkeiten sind im Bild 3.31 dargestellt.

Wir vereinbaren: M ist positiv, wenn der Flächenvektor $\mathrm{d}\boldsymbol{A}_2$ in Richtung von $\boldsymbol{B}_2$ zeigt (gestrichelte Richtung von $\mathrm{d}\boldsymbol{A}_2$ im Bild 3.31).

Analog gibt es auch eine Gegeninduktivität M_{12} der Schleife *1* nach *2*,

$$M_{12} = \frac{\Psi_{A1}(I_2)}{I_2}. \qquad (3.35b)$$

Dabei wird Schleife *2* von Strom I_2 erregt und in Schleife *1* (Fläche A_1) der Fluß Ψ_{A1} bestimmt.

Dabei gilt

$$M_{12} = \left.\frac{\Psi_{A1}(I_2)}{I_2}\right|_{I_1=0} = \left.\frac{\Psi_{A2}(I_1)}{I_1}\right|_{I_2=0} = M_{21} = M \qquad (3.35c)$$

Umkehrsatz

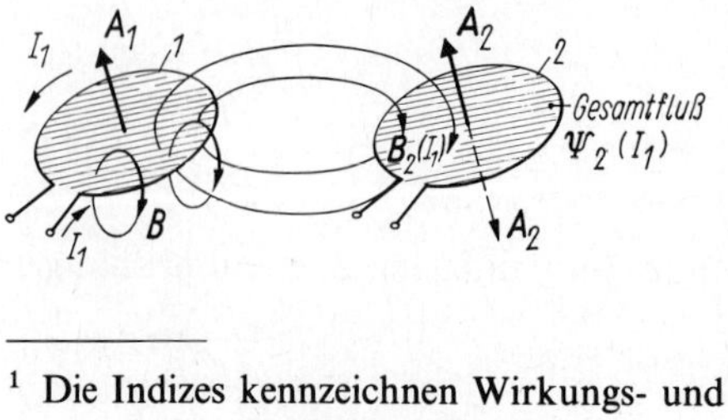

Bild 3.31. Gegeninduktivität M. Veranschaulichung der Gegeninduktivität $M_{21} = \Psi_{A2}(I_1)/I_1$. Analog kann auch Spule 2 vom Strom I_2 durchflossen und Spule 1 (A_1) vom Teilfluß $\Psi_{A1}(I_2)$ durchsetzt werden (M_{12})

[1] Die Indizes kennzeichnen Wirkungs- und Ursachenort: Fluß durch Kreis *2* herrührend vom Strom im Kreis *1*: Ψ_{21}

allgemein für $\mu = \text{const}$, jedoch nicht bei $\mu \neq \text{const}$ infolge der nichtlinearen *B*-*H*-Beziehung!

Zwei magnetisch gekoppelte Leitergebilde haben im linearen magnetischen Raum ($\mu = \text{const.}$) nur eine Gegeninduktivität M (Umkehrsatz).

Anschaulich bringt die Gegeninduktivität dieVerkopplung zweier Stromkreise über das Magnetfeld als Zwischenträger, also ohne Zuhilfenahme miteinander verbundener Stromkreise zum Ausdruck. Darauf beruht ihre große technische Bedeutung. Sie ist zwischen Stromkreisen stets vorhanden, entweder gewünscht: möglichst intensive Flußverkopplung beider Stromkreise (Beispiel: Transformator, Motor) oder unerwünscht: störende Flußverkopplung (Beispiel: Verkopplung parallellaufender Fernsprechleitungen, Spulen in Verstärkereinrichtungen, Leiterbahnen auf einer Leiterplatte u.a.m).

Dimension und *Einheit* stimmen mit der Induktivität überein. Die Gegeninduktivität ist keine wesensverschiedene neue Größe, sondern eine Induktivität *zwischen* zwei Stromkreisen.

Rückblickend hängt die Induktivität somit von der *räumlichen Lage zweier geschlossener Raumkurven* ab:

— Der Randkurve der Fläche A (Bild 3.31), die ein Fluß durchsetzt (rechter Bildteil). Dabei kommt es wegen der Quellenfreiheit der Induktion B nicht auf die Fläche, sondern ihre Randkurve an.
— Der Randkurve der Strombahnen (linker Bildteil). Sie ist ebenfalls geschlossen.

Wir erkennen: Bei der
— *Selbstinduktivität* fallen beide Randkurven zusammen, bei der
— *Gegeninduktivität* dagegen *nicht*.

Gesamtfluß zweier gekoppelter Spulen. Wir berechnen jetzt den Fluß durch eine Schleife, der von Strömen in verschiedenen Kreisen herrühren kann und beginnen mit zwei gekoppelten Spulen (Bild 3.32). Der Strom I_1 erzeuge in Spule *1* den Induktionsfluß $\Psi_{11}(I_1)$. Der Teil $\Psi_{21}(I_1)$ von ihm möge Spule *2* durchsetzen. Gleichermaßen durchsetze der vom Strom I_2 in Spule *2* erzeugte Induktionsfluß $\Psi_{22}(I_2)$ mit dem Anteil $\Psi_{12}(I_2)$ die Spule *1*. Der Gesamtfluß Ψ_1 und Ψ_2 in jeder Spule hängt dann von beiden Strömen ab. Werden beide Spulen von Strömen gleicher Richtung durchflossen, so erzeugt

Strom I_1	in Spule *1* den Flußanteil $\Psi_{11} = L_1 I_1$	in Spule *2* den Koppelfluß $\Psi_{21} = M I_1$
Strom I_2	den Koppelfluß $\Psi_{12} = M I_2$	den Flußanteil $\Psi_{22} = L_2 I_2$

Die Gesamtflüsse Ψ_1, Ψ_2 betragen

$$\begin{aligned} &\text{Spule } 1 \quad \Psi_1 = \Psi_{11} + \Psi_{12} = L_1 I_1 + M I_2 \quad \text{Flußkennlinie } \Psi(I) \\ &\text{Spule } 2 \quad \Psi_2 = \Psi_{22} + \Psi_{21} = L_2 I_2 + M I_1 \quad \text{gekoppelter Spulen} . \end{aligned} \tag{3.36}$$

Man erkennt aus Bild 3.32 sofort, daß eine *Umkehr der Stromrichtung oder des Wicklungssinnes* das Vorzeichen der M-Glieder ändert (im letzteren Fall subtrahieren sich die Koppelflüsse). Zur richtigen Erfassung des Vorzeichens von M in

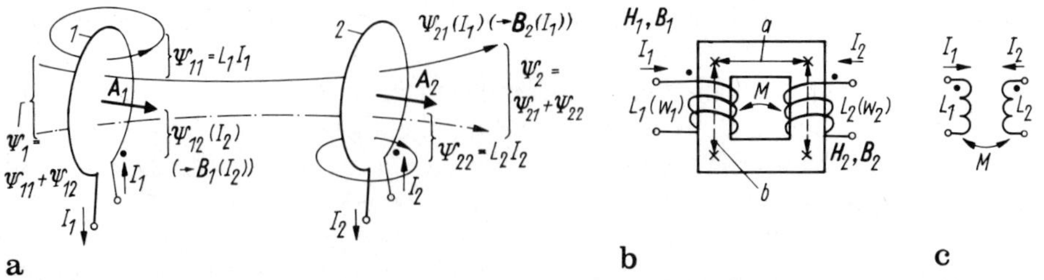

Bild 3.32a–c. Gegeninduktivität M. **a** Flußanteile zur Herleitung der Flußkennlinie Gl. (3.36); **b** Zuordnung der Ströme und des Spulenwindungssinnes zum positiven Vorzeichen von M; **c** Schaltbild der Gegeninduktivität M

Gl. (3.36) tragen wir daher Punkte an die Stromzuflüsse und vereinbaren:

Alle Flußanteile addieren sich, wenn
— die Flächenvektoren $\mathrm{d}\boldsymbol{A}_2$ in Richtung von $\boldsymbol{B}_2(I_1)$ und $\mathrm{d}\boldsymbol{A}_1$ in Richtung von $\boldsymbol{B}_1(I_2)$ (s. Bild 3.32a) positiv angesetzt werden und daher
— die Ströme in beiden Spulen auf die Punkte zufließen (oder von ihnen wegfließen).

Dann ist M positiv. Bild 3.32b veranschaulicht dies an einer Spule mit Eisenkern (Wicklungssinn beachten!). Mit diesen vereinbarten Stromrichtungen addieren sich dann die Induktion bzw. Flüsse, wie dies Bild 3.32a entspricht. Bild 3.32c zeigt das Schaltbild zweier gekoppelter Spulen.

Mehrere gekoppelte Spulen. Sind mehrere Spulen miteinander magnetisch verkoppelt, so treten entsprechend viele Gegeninduktivitäten auf. Dann gilt

$$\Psi_1 = L_{11} I_1 + \sum_{\nu=2}^{n} M_{1\nu} I_\nu \tag{3.37}$$

Induktionsfluß in Spule *1* bei n magnetisch gekoppelten stromdurchflossenen Spulen.

Aus Symmetriegründen setzt man häufig $M_{1\nu} = L_{1\nu}$.

Beispiel: *3 Spulen* (Bild 3.33). Hier gilt

$$\begin{aligned} \Psi_1 &= L_{11} I_1 + L_{12} I_2 + L_{13} I_3\,, & M_{12} &= L_{12} = L_{21} = M_{21}\,,\\ \Psi_2 &= L_{21} I_1 + L_{22} I_2 + L_{23} I_3\,, & M_{13} &= L_{13} = L_{31} = M_{31}\,,\\ \Psi_3 &= L_{31} I_1 + L_{32} I_2 + L_{33} I_3\,. & M_{32} &= L_{32} = L_{23} = M_{23} \end{aligned} \tag{3.38}$$

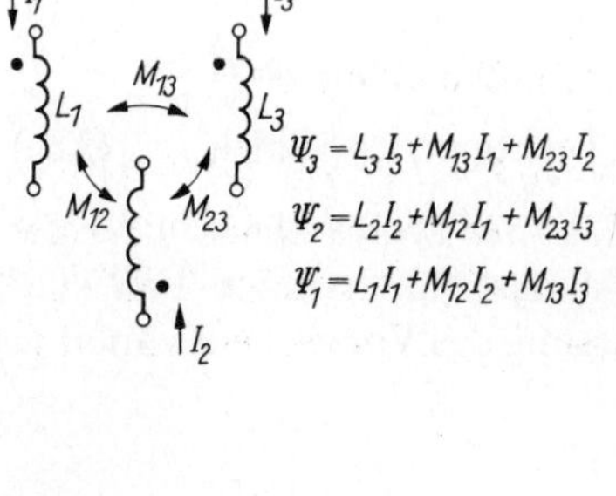

Bild 3.33. Gegeninduktivitäten mehrerer verkoppelter Spulen

Dabei treten die Selbstinduktivitäten L_{11}, L_{22}, L_{33} auf sowie die Gegeninduktivitäten zwischen jeweils benachbarten Spulen auf.

Darstellungen dieser Art lassen sich bequem in Matrizenform als sog. *Induktivitätsmatrix* schreiben:

$(\Psi) = (L)(I)$ mit

$$(\Psi) = \begin{bmatrix} \Phi_1 \\ \Phi_2 \\ \Phi_3 \end{bmatrix}, \quad (I) = \begin{bmatrix} I_1 \\ I_2 \\ I_3 \end{bmatrix}, \quad (L) = \begin{bmatrix} L_{11} \dots L_{13} \\ L_{21} \quad \vdots \\ L_{31} \dots L_{33} \end{bmatrix}. \tag{3.39}$$

Beziehung zwischen Gegeninduktivität und Selbstinduktion. Die Gegeninduktivität kann entweder durch Berechnung oder Messung unter Ausnutzung der Induktion (s. Abschn. 3.4) bestimmt werden. Im ersten Fall ist es nützlich zu wissen, daß Gegen- und Selbstinduktivität miteinander über die geometrische Spulenanordnung verknüpft sind. Bei linearer Flußkennlinie $\Psi = f(I)$ setzt man dazu jeweils den einen oder anderen Strom gleich Null:

a) Es sei $I_2 = 0$, ferner durchsetze der gesamte, vom Kreis *1* erzeugte Fluß $\Phi_1 = \Phi_{11}$ auch den Kreis *2*: $\Phi_{21} = \Phi_{11} = \Phi_1$. Dann gilt für die Induktionsflüsse mit Gl. (3.38)

$$\frac{\Psi_1}{\Psi_{21}} = \frac{\Psi_{11}}{\Psi_{21}} = \frac{w_1 \Phi_{11}}{w_2 \Phi_{21}} = \frac{w_1}{w_2} = \frac{L_1}{M}.$$

b) Durchsetzt umgekehrt (bei $I_1 = 0$) der vom zweiten Kreis erzeugte Fluß $\Phi_2 = \Phi_{22}$ auch Kreis *1* voll ($\Phi_{12} = \Phi_{22} = \Phi_2$), so gilt

$$\frac{\Psi_2}{\Psi_{14}} = \frac{\Psi_{22}}{\Psi_{12}} = \frac{w_2 \Phi_2}{w_1 \Phi_{12}} = \frac{w_2}{w_1} = \frac{L_2}{M} \quad \text{bzw.} \quad \frac{w_1}{w_2} = \frac{L_1}{M} = \frac{M}{L_2}$$

oder

$$M = \sqrt{L_1 L_2}\,. \tag{3.40}$$

In praktischen Koppelanordnungen durchsetzt *nur ein Teil* des Flusses einer Spule die jeweils andere (s. Bild 3.32a), deshalb gilt $\Phi_{21} < \Phi_{11}$ und $\Phi_{12} < \Phi_{22}$ und folglich $M^2 < L_1 L_2$. Wir führen zur Beseitigung dieser Ungleichung sog. *Kopplungsfaktoren* k_1 und k_2 ein:

$$k_1 = \frac{|M|}{L_1} \quad k_2 = \frac{|M|}{L_2} \quad \text{mit} \tag{3.41}$$

$$k = \sqrt{k_1 k_2} = \frac{M}{\sqrt{L_1 L_2}}. \quad (0 \leqq k \leqq 1)$$

In Worten: Die Gegeninduktivität M eines Spulenpaares ist stets kleiner als das geometrische Mittel beider Induktivitäten. Der Kopplungsfaktor k berechnet sich aus den durch die Geometrie der Flüsse bestimmten Faktoren k_1 und k_2 mit ihren beiden Grenzfällen (Bild 3.34):

a) $k = 0$: *völlige Entkopplung*, verschwindende Gegeninduktivität M. Man erreicht sie entweder durch große Entfernung und/oder magnetische Abschirmung mit Hilfe einer ferromagnetischen Hülle um eine (oder beide) Spulen, und/oder wenn beide Spulen zueinander senkrecht stehen und auf der gleichen Symmetrieachse liegen (Bild 3.34).

b) $k = 1$: *totale Kopplung*. Der Fluß durchsetzt beide Spulen. Dies trifft z. B. zu, wenn beide Kreise über einen Eisenkreis in möglichst enger *Flußkopplung* stehen.

Für Kopplungsfaktoren zwischen 0 ... 1 gilt dann $0 < (L_1 L_2 - M^2) < L_1 L_2$, oder nach Division mit $L_1 L_2$

$$0 < \left(1 - \frac{M^2}{L_1 L_2}\right) < 1 \quad \text{bzw.} \quad \sigma = 1 - \frac{M^2}{L_1 L_2} = 1 - k^2 . \tag{3.42}$$

Die Größe σ heißt Streufaktor $(0 \leqq \sigma \leqq 1)$. Sie kennzeichnet den nicht an der Verkopplung beteiligten Flußanteil: $\sigma = 0 \rightarrow k = 1$ (kein Streufluß), $\sigma = 1 \rightarrow k = 0$: keine Verkopplung.

Beispiel: *Gegeninduktivität. Zylinderspule.* In einer Zylinderspule (Länge l_1, Windungszahl w_1, stromdurchchflossen (s. Bild 3.35)) befinde sich eine zweite stromlose kurze Spule (w_2, d_2). Man berechne die Gegeninduktivität (Durchmesser der Windungsdrähte $\ll d_1, d_2$). In Spule *1* herrscht nach Beispiel Abschn. 3.2.1 der Induktionsfluß (homogenes Feld) $\Phi_1 = w_1 \mu_0 I_1 d_1^2 \pi / 4 l_1$. Der Fluß Φ_{21} in Spule *2* $\left(\text{mit Querschnitt } \frac{d_2^2 \pi}{4}\right)$ ist dem Querschnittsverhältnis entsprechend kleiner: $B = \Phi_1 / A_1 = \Phi_{21} / A_2$, d. h., $\Phi_{21} = \frac{A_2}{A_1} \Phi_1 = \left(\frac{d_2}{d_1}\right)^2 \Phi_1 = \left(\frac{d_2}{d_1}\right)^2 w_1 \mu_0 \frac{I_1}{l_1} \frac{d_1^2 \pi}{4}$. Aus dem Induktionsfluß $\Psi_{21}(I_1) = w_2 \Phi_{21}(I)$ folgt dann mit Gl. (3.35c)

$$M_{21} = M = \frac{\Psi_{21}(I_1)}{I_1} = w_2 \frac{w_1 \mu_0 I_1}{l_1 I_1} \frac{\pi}{4} d_2^2 = \frac{w_2 w_1 \mu_0}{l_1} d_2^2 \frac{\pi}{4} .$$

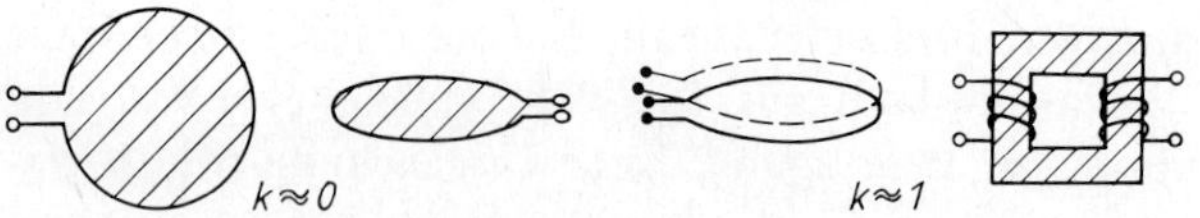

Bild 3.34. Beispiele extremer Kopplung

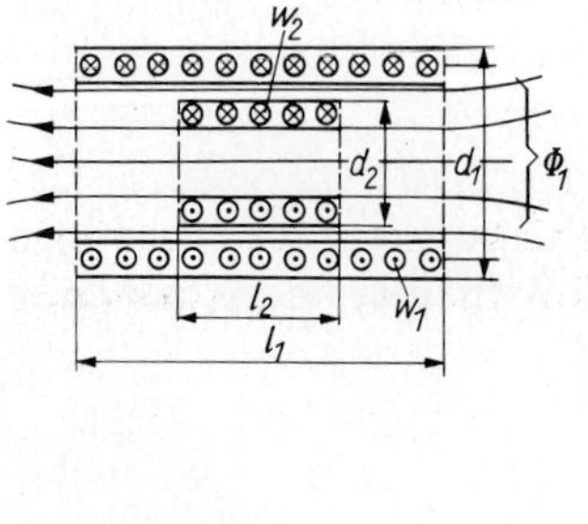

Bild 3.35. Gegeninduktivität zweier ineinanderliegender Zylinderspulen

Eisenkreis. Der im Bild 3.32b angegebene Eisenkreis (μ_r = const) mit den Wicklungen w_1, w_2 besitzt bei Erregung mit I_1 den Fluß

$$\Phi_1 = \frac{I_1 w_1}{R_m}, \qquad R_m = \frac{2(a+b)}{\mu_r \mu_0 A}.$$

Der Fluß sei voll im Eisenkreis konzentriert, d. h. Streufluß tritt nicht auf ($k = 1$). In Spule 2 entsteht dann der Induktionsfluß $\Psi_{21} = w_2 \Phi_1 = w_2 w_1 I_1/R_m$. Die Gegeninduktivität M_{21} beträgt $M_{21} = w_2 w_1/R_m$. (Man zeige, daß $M_{21} = M_{12}$, wenn Spule w_2 mit I_2 erregt wird). Das Ergebnis geht auch aus $M^2 = L_1 L_2$ mit $L_1 = \frac{w_1^2}{R_m}$ und $L_2 = \frac{w_2^2}{R_m}$ hervor.

3.2.5 Dauermagnetkreis

Wir betrachten bisher stets magnetische Wirkungen als Folge des Stromes. Magnetische Erscheinungen treten aber auch in *Dauer-* oder Permanentmagneten, also *ohne* Strom ($I = 0$) auf. Ein entsprechender magnetischer Kreis besteht aus
— dem *Dauermagneten* (Abschnitt aus hartmagnetischem Material zur Aufrechterhaltung des Flusses mit Nord- und Südpol);
— Abschnitten aus hochpermeablem weichmagnetischem Material (zur Leitung des Flusses);
— einem Luftspalt zur Nutzung des Flusses (Bild 3.36a).

Als hartmagnetische Materialien kommen solche mit großer Remanenz B_R und Koerzitivkraft H_c in Frage, also mit großem $B_R H_c$-Produkt (s. Bild 3.36b). Typische Materialien enthält Tafel 3.3 (s. S. 233).

Dauermagnetkreise werden zunächst im zusammengebauten Zustand bei magnetischer Überbrückung des Luftspaltes (Einschieben hochpermeabler Zwischenstücke) bis zur Sättigung aufmagnetisiert (durch Stromstoß, Durchflutungssatz). Nach Abschalten der Erregung verbleibt die Remanenzinduktion B_R (mit $H = 0$, Bild 3.36a). Dabei bilden die Elementarmagneten geschlossene Ketten. Beim Öffnen des Luftspaltes sinkt B etwas ab: Deshalb liegt der Arbeitspunkt A stets im 2. Quadranten der nichtlinearen B-H-Kennlinie (sog. Entmagnetisierungskennlinie).

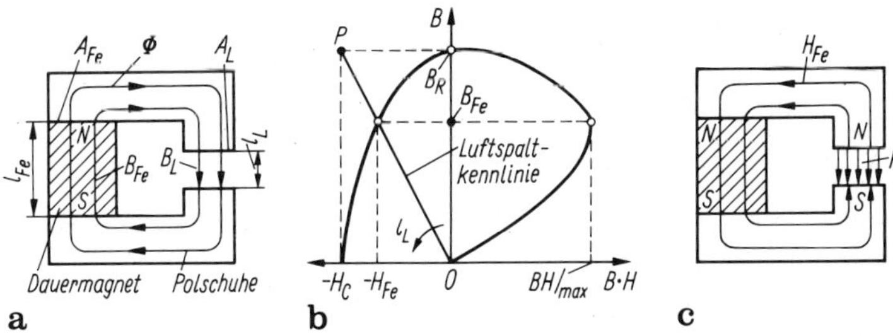

Bild 3.36a–c. Dauermagnetkreis. **a** Anordnung mit Dauermagnet (schraffiert), weichmagnetische Polschuhe mit dem Luftspalt l_L; **b** Teil der Hysteresekurve des Dauermagneten mit der Luftspaltkennlinie zur Arbeitspunktbestimmung A; **c** Verlauf der magnetischen Feldstärke im Dauermagnetkreis.

Es ist keine Durchflutung vorhanden ($I = 0$). Deshalb gilt für einen Umlauf:

$$\oint \boldsymbol{H}\,\mathrm{d}\boldsymbol{s} = V_{\mathrm{Fe}} + V_{\mathrm{L}} = H_{\mathrm{Fe}} l_{\mathrm{Fe}} + H_{\mathrm{L}} l_{\mathrm{L}} = 0\,. \tag{3.43a}$$

Dabei stellt sich im Eisen (Eisenweg l_{Fe}) die Feldstärke H_{Fe}, im Luftspalt (Länge l_{L}) H_{L} ein (homogenes Feld innerhalb der einzelnen Abschnitte angenommen). H_{Fe} und H_{L} unterscheiden sich somit im Vorzeichen, also ihrer Richtung, siehe Bild 3.36c. An den Polflächen besteht aufgrund der Grenzbedingungen ($B_{\mathrm{nFe}} = B_{\mathrm{nL}}$, s. Gl. (3.17a)) Unstetigkeit der Normalkomponenten der Feldstärke. Sie äußern sich in einer Änderung der Feldlinienzahl. Aus Gl. (3.43a) folgt

$$\frac{H_{\mathrm{Fe}}}{H_{\mathrm{L}}} = \frac{l_{\mathrm{L}}}{l_{\mathrm{Fe}}}\,. \tag{3.43b}$$

sowie wegen $\Phi_{\mathrm{Fe}} = \Phi_{\mathrm{L}}$ und $B_{\mathrm{Fe}} A_{\mathrm{Fe}} = B_{\mathrm{L}} A_{\mathrm{L}}$ mit Gl. (3.43b)

$$B_{\mathrm{Fe}} = \mu_0 H_{\mathrm{L}} A_{\mathrm{L}}/A_{\mathrm{Fe}} = -\,\mu_0 H_{\mathrm{Fe}} l_{\mathrm{Fe}} A_{\mathrm{L}}/A_{\mathrm{Fe}} l_{\mathrm{L}} \sim -\,H_{\mathrm{Fe}}\,. \tag{3.43c}$$

Dabei wurde der magnetische Spannungsabfall V im hochpermeablen Teil des Dauermagnetkreises vernachlässigt und nur V_{Fe} über dem Dauermagneten berücksichtigt.

Da die Kette der Elementarmagnete nicht mehr geschlossen ist, bilden die Luftspaltbegrenzungen einen Nord- und Südpol, wie im Bild dargestellt.

Auf der *B*-*H*- bzw. *Φ*–*V*-Kennlinie (Bild 3.36b) stellt sich durch den Luftspalt der Arbeitspunkt *A* (Gl. (3.43c)) ein. Wir erhalten ihn als Schnittpunkt mit der Luftspaltkennlinie oder anders:

Die nichtlineare Entmagnetisierungskennlinie $\Phi = f(V)$ kann als Kennlinie eines (nichtlinearen) aktiven magnetischen Zweipols mit den Kenngrößen

Leerlauf MMK: $V_{\mathrm{C}} = -\,H_{\mathrm{C}} l_{\mathrm{Fe}}$,
Kurzschlußfluß: $\Phi_{\mathrm{k}} = B_{\mathrm{R}} A$ (Querschnittfläche A).

aufgefaßt werden. Der Luftspalt entspricht dem passiven magnetischen Zweipol $\left(R_{\mathrm{m}} = \dfrac{V_{\mathrm{L}}}{\Phi}\right)$ und der Arbeitspunkt ergibt sich aus dem Schnittpunkt beider Kennlinien.

Ersetzt man die nichtlineare Kennlinie des aktiven magnetischen Zweipols durch eine Gerade, so gilt für seinen Innenwiderstand

$$R_{\mathrm{mi}} = \frac{\text{magnetische Leerlaufspannung}}{\text{magnetischer Kurzschlußfluß}} = \frac{-\,H_{\mathrm{C}} l_{\mathrm{Fe}}}{B_{\mathrm{R}} A_{\mathrm{Fe}}}\,. \tag{3.44}$$

Damit gilt die bereits beim magnetischen Kreis angetroffene formale Übereinstimmung zum elektrischen Grundstromkreis auch für den Dauermagnetkreis!

Man erkennt sofort den Einfluß typischer Luftspaltabmessungen:

— Luftspaltvergrößerung senkt den Fluß;
— Querschnittsvergrößerung des Magnetkreises erhöht den Kurzschlußfluß $\Phi \sim A$ (bei $l_{\mathrm{Fe}} = \mathrm{const}$).

Das Volumen des Dauermagneten soll aus Preisgründen möglichst klein sein. Es wird minimal, wenn das Produkt *BH* im Arbeitspunkt am größten ist (Bild 3.36b). Das Produkt stellt eine Energie pro Volumen, die sog. *Energiedichte* dar.

Tafel 3.6. Anwendungsbeispiele von Dauermagneten

Aufgabe	Beispiele
Elektrisch ↔ mechanische Energiewandlung	Dynamo, kleiner Elektromotor Lautsprecher, Mikrophon Wirbelstrombremse, Magnet
Kraftwirkung auf magnetische weiche Körper	Relais, Kupplung, magnetische Lager, magnetische Klemmplatten, Trennen von Eisenerzen
Kraftwirkung auf einen Dauermagnet	Positionierungssystem, Kompaß, Schrittmotor
Kraftwirkung auf Ladungsträger	Hall-Generator, Elektronenstrahlsysteme

Den Wert $HB_{\max}$ findet man (angenähert) als Schnittpunkt auf der Entmagnetisierungskennlinie mit einer Geraden durch den Punkt $P(B_R, -H_C)$ und den Ursprung. Er sollte als Arbeitspunkt A gewählt werden.

Dauermagnetkreise werden in der Elektrotechnik sehr umfangreich eingesetzt, wie Tafel 3.6 zeigt:

Beispiel: Dauermagnetkreis. Man zeige, daß die größte Induktion B_L im Laufspalt eines Dauermagnetkreises bei quaderförmigem Dauermagnet (Bild 3.36a) dann auftritt, wenn $(BH)_{Fe}$ den größten Wert erreicht (homogenes Feld, Widerstand des Eisenkreises vernachlässigt). Wie groß ist B_L für $V_{Fe} = 5\,\text{cm}^3$, $A_L = 1\,\text{cm}^2$, $l_L = 1\,\text{mm}$, $BH_{Fe} = 50 \cdot 10^3\,\text{W}\cdot\text{s/m}^3$?

Mit $A_{Fe} = V_{Fe}/l_{Fe}$ (V_{Fe} Volumen, nichtmagnetischer Spannungsabfall!) und Gl. (3.43c) folgt

$$B_L = B_{Fe}\frac{A_{Fe}}{A_L} = -\frac{B_{Fe}V_{Fe}H_{Fe}}{A_L H_L l_L} = -\frac{B_{Fe}V_{Fe}H_{Fe}}{A_L l_L (B_L/\mu_0)}\,.$$

Aufgelöst nach B_L ergibt sich $B_L = \sqrt{\dfrac{\mu_0 V_{Fe}}{A_L l_L}\cdot|H_{Fe}B_{Fe}|}\,.$

Da μ_0, V_{Fe}, A_L, l_L Konstanten sind, wird die Luftspaltinduktion am größten, wenn HB_{Fe} am größten ist. Die Zahlenwerte führen auf

$$B_L = \sqrt{\frac{1{,}25\cdot 10^{-6}\,\text{V}\cdot\text{s}\cdot 5\,\text{cm}^3}{1\,\text{cm}^2\,\text{A}\cdot\text{m}\;0{,}1\,\text{cm}}\,50\cdot 10^3\,\frac{\text{W}\cdot\text{s}}{\text{m}^3}} = 1{,}76\cdot\frac{\text{V}\cdot\text{s}}{\text{m}^2}\,.$$

3.3 Induktionsgesetz: Verkopplung magnetischer und elektrischer Größen

Ziel. Nach Durcharbeit des Abschnittes 3.3 soll Leser in der Lage sein
— das Induktionsgesetz in seinen beiden Formen und allgemein anzugeben;
— das induzierte elektrische Feld zu erläutern;

— Anwendungsbeispiele des Induktionsgesetzes anzugeben;
— die Lenzsche Regel zu erläutern;
— die induzierte Spannung in einfacher Anordnung zu berechnen;
— das Prinzip der Erzeugung von Sinusspannungen anzugeben.

3.3.1 Gesamterscheinung der Induktion

Wir verwiesen bereits in der Einleitung von Abschn. 3 auf die doppelte Verkopplung zwischen magnetischem und elektrischem Feld:

1. Das Hauptkennzeichen des Stromes in allgemeinster Form ist das Magnetfeld mit dem Durchflutungssatz Gl. (3.15) als gesetzmäßigem Zusammenhang.

2. Um Magnetflu*ßänderungen* (jeder Art) entsteht eine elektrische Feldstärke. Diese Erscheinung heißt *Induktion*. Sie wird durch das *Induktionsgesetz* erfaßt.

Faraday entdeckte 1831, daß in einem ringförmigen geschlossenen Leiterkreis ein Strom fließt, sobald ein Magnet dem Leiterkreis genähert wird. Bei Entfernung des Magneten ändert sich die Stromrichtung. Stromfluß setzt nach unseren bisherigen Kenntnissen eine Spannung als Antriebsursache voraus. So ist zu schlußfolgern:

Durch *Änderung* eines eine Leiterschleife durchsetzenden magnetischen Flusses entsteht eine Spannung. Sie heißt *induzierte Spannung*, die Erscheinung *Induktion*. Systematische Experimente ergaben[1]:

$$u_i = \oint \boldsymbol{E}_i \cdot d\boldsymbol{s} = -\frac{d\Psi(t)}{dt} = -\frac{d}{dt}\left(\int_{A(t)} \boldsymbol{B}(t) \cdot d\boldsymbol{A}\right) \tag{3.45a}$$

Induktionsgesetz (Naturgesetz, in allgemeiner Form, Integraldarstellung, zweite Maxwellsche Gleichung).

In Worten: Bei zeitlicher Änderung des *Induktionsflusses* Ψ durch eine von einem materiellen Leiter oder gedachten Weg umschlossene Fläche tritt längs eines geschlossenen Weges eine Umlaufspannung u_i auf. Sie ist das Wegintegral einer *induzierten Feldstärke* $\boldsymbol{E}_i$ und Ursache des Stromantriebes (im allgemeinen Sinn) längs des geschlossenen Weges und gleich dem magnetischen Schwund $-\frac{d\Psi}{dt}$.

Der Induktionsfluß $\Psi(t)$ läßt sich nach Bild 3.37 auf die Induktion $\boldsymbol{B}(t)$ und die vom Magnetfeld durchsetzte Fläche $A(t)$ zurückführen. Die Bewegung des Leiters ändert die Fläche. Eine zeitliche Änderung des Magnetfeldes andererseits kann z. B. durch Änderung des Spulenstromes in der (nicht gezeichneten) Erregerspule erfolgen.

---

[1] Das Induktionsgesetz ist ein Naturgesetz, deshalb würde man logischerweise u_i = const $d\Psi/dt$ erwarten, weil zwei wesensverschiedene Größen — Spannung und magnetischer Fluß — miteinander verkoppelt werden. Unlogischerweise wird die Konstante gleich 1 gesetzt. Erst dadurch erhält der Fluß die Dimension Spannung und Zeit. So mutet das Induktionsgesetz wie eine Definitionsgleichung an und sein gesetzmäßiger Charakter tritt äußerlich nicht in Erscheinung. Eine ähnliche Inkonsequenz wird auch beim Durchflutungsgesetz begangen

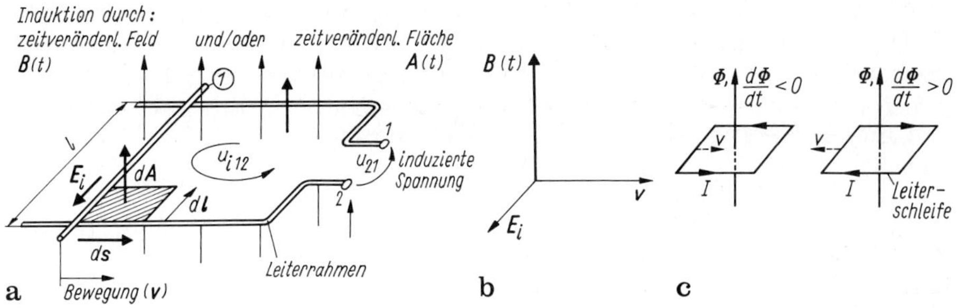

Bild 3.37a–c. Induktionsprinzip durch Schleife: 1. mit zeitveränderlicher Fläche (Bewegungsinduktion) und/oder 2. im zeitlich veränderlichen Magnetfeld (Ruheinduktion). **a** Modell mit Richtungszuordnung des Wegelementes dl; **b** Richtung der induzierten Feldstärke $\boldsymbol{E}_i$, Geschwindigkeit $\boldsymbol{v}$ und Induktion $\boldsymbol{B}(t)$; *c* Stromrichtung in einer geschlossenen Leiterschleife bei Flußzu- und -abnahme

Für homogen angenommenes Magnetfeld (und ggf. Leiteranordnung mit w Schleifen) beträgt der Induktionsfluß dann (Bild 3.37) $\Psi(t) = w \cdot \boldsymbol{B}(t) \cdot \boldsymbol{A}(t)$, woraus nach Gl. (3.45a) folgt:

$$u_i = -w\frac{\mathrm{d}\Phi}{\mathrm{d}t} = -w\frac{\mathrm{d}}{\mathrm{d}t}\{\boldsymbol{A}(t)\cdot\boldsymbol{B}(t)\} = -w\left\{\boldsymbol{A}(t)\cdot\frac{\mathrm{d}\boldsymbol{B}(t)}{\mathrm{d}t} + \boldsymbol{B}(t)\cdot\frac{\mathrm{d}\boldsymbol{A}(t)}{\mathrm{d}t}\right\}$$

$$= u_{iB}|_{A=\mathrm{const}} + u_{iA}|_{B=\mathrm{const}}\,. \tag{3.45b}$$

In Worten: Die im Zeitpunkt t in der Leiterschleife induzierte Spannung u_i entsteht durch:

1. Zeitliche Induktionsänderung d$\boldsymbol{B}(t)/\mathrm{d}t$

$$u_{iB}(t)|_{A=\mathrm{const}} = -w\boldsymbol{A}(t)\cdot\frac{\mathrm{d}\boldsymbol{B}(t)}{\mathrm{d}t}\,. \tag{3.45c}$$

Das ist die *Ruheinduktion* (auch transformatorische Ruheinduktion), ihr Wesen die zeitliche Induktionsänderung d$\boldsymbol{B}(t)/\mathrm{d}t$. Deshalb tritt sie auch bei zeitlich konstanter Fläche, also *relativer Ruhe zwischen Leiterkreis und Magnetfeld* auf.

2. Zeitliche Flächenänderung d$\boldsymbol{A}(t)/\mathrm{d}t$

$$u_{iA}(t)|_{B=\mathrm{const}} = -w\boldsymbol{B}(t)\cdot\frac{\mathrm{d}\boldsymbol{A}(t)}{\mathrm{d}t}\,. \tag{3.45d}$$

Diese Form heißt *Bewegungsinduktion* (auch induzierte Bewegungsinduktion). Ihr Merkmal ist die *Flächenänderung* (*durch Lageänderung oder Deformation der Schleife*) *relativ zum Magnetfeld.* Deshalb tritt sie auch bei zeitlich konstantem Magnetfeld auf.

Die induzierte Spannung kann somit stets auf die eine und/oder andere Ursache zurückgeführt werden. Beide sind im gleichen Naturgesetz verankert.

Deshalb *muß* immer von Gl. (3.45a) ausgegangen werden, denn die Aufteilung in Ruhe- und Bewegungsinduktion hängt u. a. davon ab, ob man sich in einem ruhenden oder bewegten Koordinatensystem (s. u.) befindet, also auch davon, wie z. B. das Produkt $\boldsymbol{B}(t) \cdot \boldsymbol{A}(t)$ definiert ist (z. B. bei räumlich konstantem B längs eines bewegten Leiters).

Verallgemeinerte Schreibweise von Gl. (3.45). Wir schreiben Gl. (3.45a) in veränderter Form für beliebige Induktion $\boldsymbol{B}(t)$ und eine Fläche $A(t)$, die sich bewegt (Geschwindigkeit $\boldsymbol{v}$) und dabei deformiert.

Die Differentiation nach der Zeit in Gl. (3.45a) drückt die totale Änderung des Integrals aus, d. h. die während der Zeit dt auftretende totale Flußänderung dΨ

$$\mathrm{d}\Psi = \frac{\mathrm{d}}{\mathrm{d}t}(\boldsymbol{B}\cdot \mathrm{d}\boldsymbol{A})\,\mathrm{d}t = \frac{\partial}{\partial t}(\boldsymbol{B}\cdot \mathrm{d}\boldsymbol{A})\,\mathrm{d}t + \frac{\partial}{\partial s}(\boldsymbol{B}\cdot \mathrm{d}\boldsymbol{A})\,\mathrm{d}s$$

$$= \frac{\partial}{\partial t}(\boldsymbol{B}\cdot \mathrm{d}\boldsymbol{A})\,\mathrm{d}t - (\boldsymbol{v} \times \boldsymbol{B})\cdot \mathrm{d}\boldsymbol{s}\,\mathrm{d}t\,,$$

zu der nicht nur die (lokale) Flußänderung zufolge von $\partial \boldsymbol{B}/\partial t$ (erster Teil), sondern auch die Flußänderung zufolge Bewegung und $\boldsymbol{v}$. Deformation der von der Leiterschleife gebildeten Fläche beiträgt. Dieser letzte Teil kann (ohne Beweis hier) allgemein auf die Verrückung $\boldsymbol{v}\,\mathrm{d}t$ der Schleife während dt zurückgeführt werden.

Damit lautet die vollständige, zu Gl. (3.45a) identische Form des Induktionsgesetzes schließlich

$$u_\mathrm{i} = \oint \boldsymbol{E}_\mathrm{i}\cdot \mathrm{d}\boldsymbol{s} = -\frac{\mathrm{d}}{\mathrm{d}t}\int \boldsymbol{B}\cdot \mathrm{d}\boldsymbol{A} = -\int \frac{\partial \boldsymbol{B}}{\partial t}\cdot \mathrm{d}\boldsymbol{A} + \oint (\boldsymbol{v} \times \boldsymbol{B})\cdot \mathrm{d}\boldsymbol{s}\,. \qquad (3.45\mathrm{e})$$

Dabei ist das Linienintegral längs einer geschlossenen Randkurve $\boldsymbol{s}$ zu bestimmen, die die Fläche $\boldsymbol{A}$ umrandet.

In einer materiellen oder gedachten Leiterschleife entsteht eine induzierte Spannung, wenn

— Flächenelemente der Schleife von einer zeitveränderlichen Induktion durchsetzt werden und/oder

— sich Leiterteile im Magnetfeld bewegen.

Die in Gl. (3.45e) auftretenden Einzelbeiträge können sich beim Wechsel des Bezugssystems ändern, in dem die induzierte Spannung gemessen wird. Die Gesamterscheinung (Schreibweise links) ist aber unabhängig vom Bezugssystem.

Die beiden vorstehend erläuterten Induktionsformen sind deshalb keine wesensverschiedenen Vorgänge, sondern verschiedene Formen ein und desselben Sachverhaltes: induzierte Umlaufspannung bei zeitlicher Änderung des umfaßten Flusses.

Feldgrößen und Bezugssystem. Bisher wurden — von wenigen Ausnahmen abgesehen — die Felder durchweg im ruhenden Bezugssystem diskutiert. Für eine Reihe von Anwendungen, z. B. im Zusammenhang mit dem Induktionsgesetz, ist aber die Darstellung im bewegten Bezugssystem zweckmäßig (wobei die Betrachtungen auf den sog. nichtrelativistischen Fall, $v \ll c$ beschränkt sein sollen).

Bewegt sich ein Bezugssystem Σ' mit der Geschwindigkeit $\boldsymbol{v} = v_z\boldsymbol{e}_z$ in z-Achse gegenüber einem ruhenden (Σ), so gelten die Koordinatenbeziehungen (Bild 3.38)

$$\left.\begin{aligned} x' &= x \qquad & z' &= z - v_z t \\ y' &= y \qquad & t' &= t \end{aligned}\right\} \text{ Lorentz-Transformation} \qquad (3.46\mathrm{a})$$

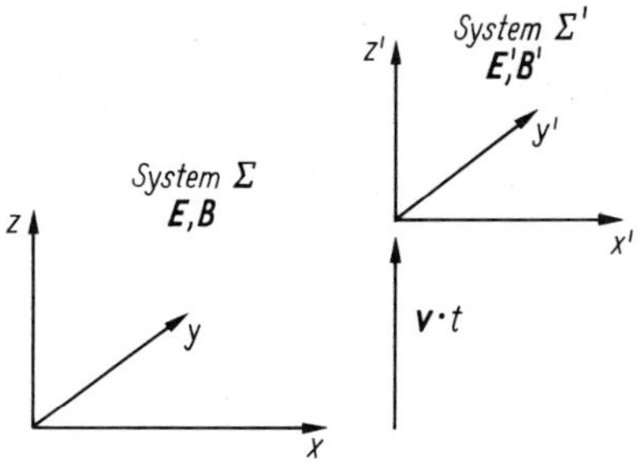

Bild 3.38 Ruhendes und bewegtes Bezugssystem

Kennt man die Feldgrößen $\boldsymbol{E}$ und $\boldsymbol{B}$ des ruhenden Systems, so ergeben sich die Größen $\boldsymbol{E}'$ und $\boldsymbol{B}'$ des bewegten Systems zu

$$\begin{aligned} \boldsymbol{E}'_{\|} &= \boldsymbol{E}_{\|} \quad \boldsymbol{B}' = \boldsymbol{B} \\ \boldsymbol{E}'_{\perp} &= \boldsymbol{E}_{\perp} + \boldsymbol{v} \times \boldsymbol{B} \end{aligned} \tag{3.46b}$$

($\|$, $\perp$ parallel bzw. senkrecht zur z-Achse)
oder verallgemeinert

$$\boldsymbol{E}' = \boldsymbol{E} + \boldsymbol{v} \times \boldsymbol{B}\,. \tag{3.46c}$$

Das Induktionsgesetz Gl. (3.45e) kann dann folgendermaßen interpretiert werden:

1. Ein Beobachter in einem ruhenden Bezugssystem ($\boldsymbol{E}$, $\boldsymbol{B}$), von dem aus er eine Bewegung der Leiterschleife und ein zeitveränderliches Magnetfeld feststellt, registriert beide Anteile der Umlaufspannung nach Gl. (3.45a) rechts:

$$u_{\mathrm{i}} = \oint \boldsymbol{E}_{\mathrm{i}} \cdot \mathrm{d}\boldsymbol{s} = -\int \frac{\partial \boldsymbol{B}}{\partial t} \cdot \mathrm{d}\boldsymbol{A} + \oint (\boldsymbol{v} \times \boldsymbol{B}) \cdot \mathrm{d}\boldsymbol{s} = \oint [\boldsymbol{E} + \boldsymbol{v} \times \boldsymbol{B}] \cdot \mathrm{d}\boldsymbol{s}\,.$$

   Dabei ist $\oint \boldsymbol{E}\,\mathrm{d}\boldsymbol{s} = -\int \partial \boldsymbol{B}/\partial t \cdot \mathrm{d}\boldsymbol{A}$ die Ruheinduktion. Wäre $\boldsymbol{B}$ zeitlich konstant, so würde er die Entstehung der induzierten Feldstärke allein als Folge der magnetischen Feldkraft (Lorentz-Kraft) $q(\boldsymbol{v} \times \boldsymbol{B})$ auf die im Leiter vorhandenen Ladungsträger interpretieren.

2. Einem Beobachter auf der Leiterschleife, also im bewegten Bezugssytem ($\boldsymbol{E}$, $\boldsymbol{B}$) erscheint die Schleife als in Ruhe ($\boldsymbol{v} = 0$) befindlich. Er führt die induzierte Spannung *nur* auf ein zeitveränderliches Magnetfeld zurück und stellt die Spannung

$$u_{\mathrm{i}} = \oint \boldsymbol{E}_{\mathrm{i}} \cdot \mathrm{d}\boldsymbol{s} = \oint \boldsymbol{E} \cdot \mathrm{d}\boldsymbol{s} = -\frac{\mathrm{d}}{\mathrm{d}t} \int \boldsymbol{B} \cdot \mathrm{d} \cdot \boldsymbol{A}$$

   fest.

   Für ihn erscheint der Induktionsvorgang als Folge einer elektrischen Feldkraft $q\boldsymbol{E}'$ auf die Träger im elektrischen Wirbelfeld.

   Durch die Lorentz-Transformation sind beide Ergebnisse identisch und somit die Deutung der Kraftwirkung nur eine Frage des Bezugssystems.

3.3.2 Ruheinduktion

3.3.2.1 Induktionsgesetz für Ruheinduktion

In einem nahezu geschlossenen Eisenkreis mit einer Leiterschleife Bild 3.39a ergibt sich ein zeitveränderlicher Fluß $\mathrm{d}\Phi/\mathrm{d}t$ Gl. (3.45b), z. B. durch Bewegung eines Permanentmagneten, Änderung des magnetischen Widerstandes oder über den Durchflutungssatz durch einen *zeitveränderlichen* Erregerstrom. Immer entsteht, unabhängig davon, wie die Flußänderung erfolgt,

- ein *Strom i* im linienhaften geschlossenen *Leiterkreis* um den Fluß (nur dort) bsw. ein *Strömungsfeld* im räumlichen Leiter;
- zwischen den Enden einer nahezu geschlossenen Leiterschleife um den Fluß eine *Leerlaufspannung, üblicherweise als induzierte Spannung bezeichnet*;
- bei genügend *schneller* Flußänderung $\mathrm{d}\Phi/\mathrm{d}t$ ein *dielektrischer Strom* im Raum um das Magnetfeld.

Alle drei Erscheinungen können nur erklärt werden, wenn der zeitveränderliche magnetische Fluß eine elektrische Feldstärke $\boldsymbol{E}_\mathrm{i}$ erzeugt, die ihn räumlich umschließt. Ihr Wegintegral längs eines geschlossenen Weges ist die induzierte Spannung u_i (Gl. (3.45e)). Deshalb wirken in der Gesamterscheinung

- der zeitveränderliche Magnetfluß und
- die induzierte Spannung (bzw. der dadurch verursachte Strom)

als untrennbare Einheit zusammen. Dies ist der Kern der Ruheinduktion nach Gl. (3.45c).

Schwierigkeiten bereitet dabei meist — genau wie beim Durchflutungssatz Gl. (3.15) — die Tatsache, daß die *induzierte Spannung längs eines geschlossenen Weges wirkt* (besonders sichtbar beim dielektrischen Strom!) und *nicht lokalisiert* werden kann. Auch die meist zum Nachweis der Induktionserscheinung benutzte

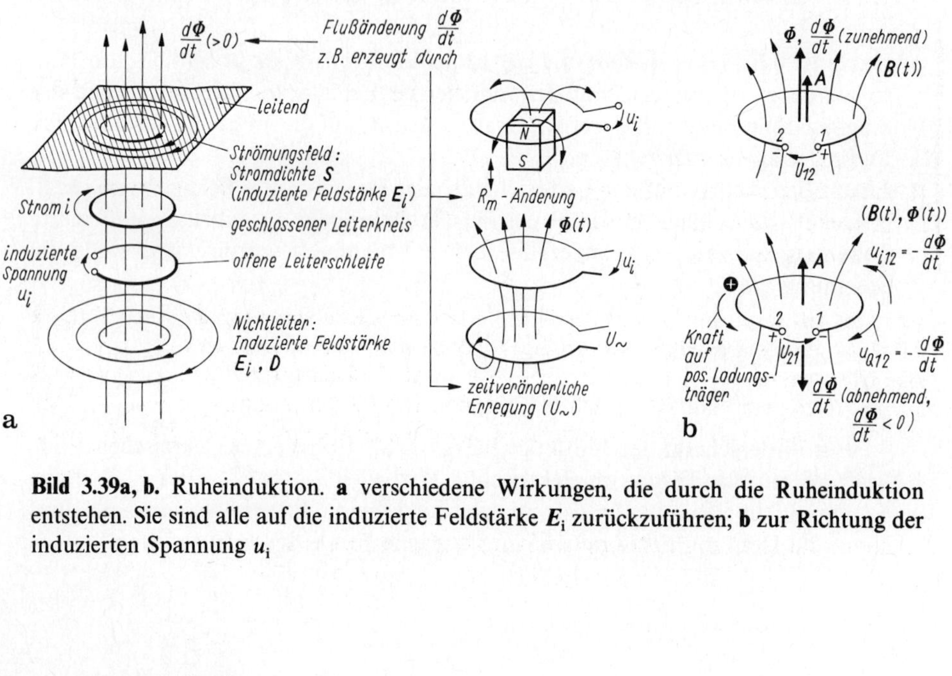

Bild 3.39a, b. Ruheinduktion. **a** verschiedene Wirkungen, die durch die Ruheinduktion entstehen. Sie sind alle auf die induzierte Feldstärke $\boldsymbol{E}_\mathrm{i}$ zurückzuführen; **b** zur Richtung der induzierten Spannung u_i

Leiterschleife ändert daran prinzipiell nichts (s. Bild 3.38a), besonders nicht im geschlossenen Zustand.

Deshalb ist zumindest physikalisch bedenklich, die induzierte Spunnung u_i als eine konzentrierte Spannungsquelle im Leiterkreis anzusetzen, was zwar formal möglich und auch weit verbreitet ist. u_i ist vielmehr als Ersatzgröße für — $\mathrm{d}\Psi/\mathrm{d}t$ definiert! Wegen der Verbreitung dieses „Spannungsquellenmodells" wollen wir es aber in ausgewählten Fällen verwenden.

Richtungszuordnung. Der physikalische Richtungssinn des Flusses $\Phi = \int \boldsymbol{B} \cdot \mathrm{d}\boldsymbol{A}$ weise in die Richtung des B-Vektors (Bild 3.39b). Bei Flußzunahme (oberer Bildteil) würde bei geschlossenen Klemmen 2, 1 ein Strom in gleicher Richtung wie Bild 3.39a fließen. Nimmt der *Fluß zeitlich ab* ($\mathrm{d}\Phi/\mathrm{d}t$ negativ unterer Bildteil), so entsteht eine Kraftwirkung auf positive Ladungen gemäß Rechtsschraubenregel zu $\boldsymbol{B}$. Die Ladungsbewegung verursacht

a) bei offener Leiterschleife eine positive Ladungsanhäufung am Kontakt (*2*), ein Ladungsdefizit (negative Ladung) bei (*1*);

b) bei geschlossener Leiterschleife einen *Ladungsträgerstrom* in Kraftrichtung. Der Sachverhalt a) kann übereinstimmend mit der Richtungszuordnung an Spannungsquellen (Abschn. 2.4.1) beschrieben werden durch

— eine *induzierte Spannung* $u_i = U_{i12}$ (elektromotorische Kraft) als *Ursache der Ladungstrennung* (vgl. Richtung der induzierten Feldstärke $\boldsymbol{E}_i$ im Bild 3.38). Ihr Zählpfeil weist längs der Leiterschleife (also in der Spannungsquelle) von Minus nach Plus. Der Bezugssinn der induzierten Spannung u_i ist längs der Schleife dem Bezugssinn des (abnehmenden) Flusses gemäß Rechtsschraubenregel zugeordnet;

— eine Spannung $u_Q = U_{Q21}$ (Quellspannung) *als Folge Ladungsunterschiedes.* Ihr Bezugssinn weist längs der Leiterschleife (also „in der Spannungsquelle") von plus nach minus. Der Bezugssinn der Quellenspannung ist deshalb dem des magnetischen Flusses (bzw. $\boldsymbol{B}$) gemäß Linksschraube zugeordnet.

Insgesamt[1]

$$u_i = -\frac{\mathrm{d}\Psi}{\mathrm{d}t} \quad \text{oder} \quad u_Q = -\frac{\mathrm{d}\Psi}{\mathrm{d}t} = -\frac{\mathrm{d}}{\mathrm{d}t}\int \boldsymbol{B} \cdot \mathrm{d}\boldsymbol{A} \tag{3.47}$$

mit dem Bezugssinn längs der Berandung

für u_i nach Rechtsschraubenregel (Elektromotorische Kraft, EMK),	für u_Q nach Linksschraubenregel (Quellenspannung)

zum Bezugssinn für Ψ (bzw. $\boldsymbol{B}$).

Das geht aus dem unteren Teil des Bildes 3.39b (für Flußabnahme) hervor sowie durch direkten Vergleich mit Bild 3.37a. Eingetragen sind die Interpretationen der Induktion sowohl als induzierte Spannung U_{i12} als auch als Quellenspannung U_{Q12} so, wie sie vom aktiven Zweipol bekannt ist. Im Bild 3.37a nimmt die Flußdichte zeitlich ab, wenn sich der Leiterstab nach rechts bewegt. Die Folge ist eine induzierte Spannung $u_i = \oint \boldsymbol{E}_i \cdot \mathrm{d}\boldsymbol{s} = U_{21}$,

---

[1] Genauer begründen wir die Spannungen u_i und u_Q im Abschn. 3.3.3

die als Leerlaufspannung U_{21} direkt an den Klemmen (wie beim aktiven Zweipol) gemessen werden kann. Bei Flußzunahme hingegen kehrt sich das Vorzeichen U_{21} Bild 3.39b μm, und es ergeben sich die im Bild 3.39a dargestellten Verhältnisse.

Vertiefungen. *1. Zusammenspiel Fluß, Flußänderung, induzierte Spannung.* Wir wollen erkennen, wie im magnetischen Kreis (Bild 3.40) Durchflutungssatz und Induktionsgesetz zusammenwirken.

a) Durchflutungssatz. Ein Strom I_1 erzeugt die Durchflutung $\Theta = I_1 w$ und damit das magnetische Feld durch die Ringspule. Stromänderung und magnetische Feldstärkeänderung sind einander proportional, mithin auch Stromänderung und Flußänderung (μ = const angenommen): $i \sim \mathrm{d}\Phi/\mathrm{d}t$.

b) Induktionsgesetz. Flußänderungen erzeugen nach dem Kennengelernten eine induzierte Spannung. Sie ist um so größer, je *schneller* sich der Fluß ändert. Zeitlich konstanter Fluß erzeugt keine induzierte Spannung. Das Experiment zeigt weiter: Ändert man den Durchmesser der Leiterschleife (wobei der Fluß nach wie vor auf den Eisenkern konzentriert bleibt), so ändert sich der Wert der induzierten Spannung u_Q nicht. Entscheidend ist also der von der Leiterschleife *umfaßte* Fluß und seine zeitliche Änderung.

2. Umfaßter Fluß. Das Induktionsgesetz läßt die Art und Weise der Flußänderung offen. Es sagt auch nichts über den Ort der Flußänderung *innerhalb* eines Umlaufes aus. In einem Eisenkreis (Bild 3.40) verlaufe der sich zeitlich ändernde magnetische Fluß nur innerhalb des Eisens. Dann wird innerhalb eines Umlaufes (Schleife 1) die Spannung

$$u_i = -\frac{\mathrm{d}}{\mathrm{d}t}\left[\int_{A_1} B\,\mathrm{d}A_1\right] = -\frac{\mathrm{d}}{\mathrm{d}t}(B_{\mathrm{Fe}}A_{\mathrm{Fe}1})$$

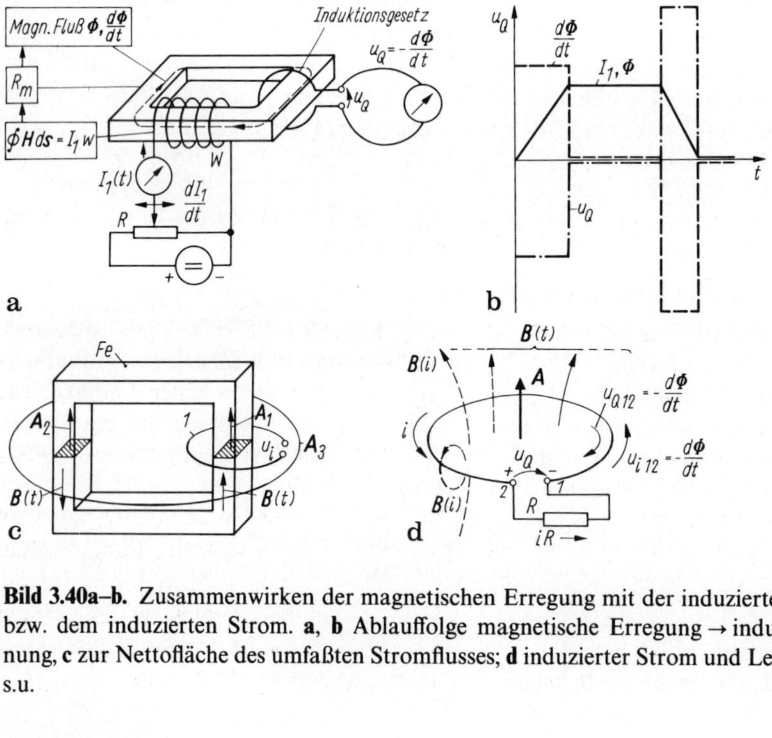

Bild 3.40a–b. Zusammenwirken der magnetischen Erregung mit der induzierten Spannung bzw. dem induzierten Strom. **a, b** Ablauffolge magnetische Erregung → induzierte Spannung, **c** zur Nettofläche des umfaßten Stromflusses; **d** induzierter Strom und Lenzsche Regel s.u.

induziert. Sie hängt nur vom umfaßten Fluß ($\sim A_{\mathrm{Fe1}}$), nicht der tatsächlichen Leiterfläche ab.

Umschließt der Umlauf ($\rightarrow A_3$) noch einen zweiten Eisenkern A_{Fe2}, so gilt

$$u_{\mathrm{i}} = -\frac{\mathrm{d}}{\mathrm{d}t}\left\{\int_{A_2} \boldsymbol{B}\cdot\mathrm{d}\boldsymbol{A}\right\} = -\frac{\mathrm{d}}{\mathrm{d}t}\{B_{\mathrm{Fe1}}A_{\mathrm{Fe1}} - B_{\mathrm{Fe2}}A_{\mathrm{Fe2}}\} = 0\,,$$

weil sich die Richtungszuordnungen von $\boldsymbol{A}_1$ und $\boldsymbol{A}_2$ in Bezug auf $\boldsymbol{B}$ unterscheiden. Obwohl sich der Fluß zeitlich ändert, wird kein Nettofluß umfaßt und damit keine Spannung induziert! Das Beispiel verdeutlicht, daß die Aussage über die Gesamtfläche keine Auskunft über die Wirkung des Induktionsgesetzes an *einem Punkt* innerhalb der umfaßten Fläche gibt. Wir beseitigen diese Unzulänglichkeit später in der Feldtheorie durch eine zweite Formulierung des Induktionsgesetzes für den *Raumpunkt*: die *Differentialform*.

3. Lenzsche Regel. Wir betrachten den Zusammenhang zwischen zeitlicher Magnetfeldabnahme, induzierter Spannung, dem angetriebenen Strom durch eine Leiterschleife und die *Rückwirkung* seines eigenen Magnetfeldes auf das ursprüngliche Magnetfeld. Ausgang ist die Ersatzanordnung Bild 3.39b (unten) nur mit dem Unterschied, daß der Leiterkreis jetzt durch den Widerstand R geschlossen ist (Bild 3.40d) und die induzierte Spannung den Strom

$$I = \frac{U_{\mathrm{i}}}{R} = -\frac{1}{R}\frac{\mathrm{d}\Phi}{\mathrm{d}t}$$

im Kreis erzeugt. Bei Flußabnahme ($\mathrm{d}\Phi/\mathrm{d}t < 0$) weist der entstehende positive Zahlenwert von i auf die eingetragene Richtung hin. Nach dem Durchflutungssatz erzeugt i selbst ein Magnetfeld $\boldsymbol{B}(i)$, hier in Richtung des ursprünglichen magnetischen Flusses $\phi(t)$. Der „induzierte" Strom *vergrößert* somit den magnetischen Fluß, verkleinert also seine Änderungsgeschwindigkeit $\mathrm{d}\Phi/\mathrm{d}t$. Anders gesprochen arbeitet die Wirkung (i, u_{i}) der Ursache (Flußänderung $\mathrm{d}\Phi/\mathrm{d}t$) entgegen: Trägheitscharakter des Stromes. Dieses Ergebnis heißt *Lenzsche Regel*:

Die induzierte Spannung sucht im Leiterkreis immer einen so gerichteten Strom hervorzurufen, der seiner Entstehungsursache *entgegenwirkt*.

Sinkt der Fluß bei der Ruheinduktion, so hemmt der induzierte Strom diese Abnahme, steigt der Fluß, so verlangsamt der induzierte Strom die Zunahme.

Bei der Bewegungsinduktion (s. u.) wirkt auf den induzierten Strom im magnetischen Feld eine Kraft, die die Leiterbewegung bremst.

Die induzierte Feldstärke $\boldsymbol{E}_{\mathrm{i}}$ und ihre Haupteigenschaft. Nach dem Induktionsgesetz in der Schreibweise $u_{\mathrm{i}} \sim \mathrm{d}\Psi/\mathrm{d}t$ entsteht leicht der Eindruck einer lokalisierbaren Spannungsquelle. Die Ladungsträgerverschiebung in einer Leiterschleife durch Induktionswirkung ist aber die Folge einer *Kraftwirkung* auf die Träger. Diese Kraftwirkung kann auf einen eigenen physikalischen Raumzustand zurückgeführt werden, die induzierte Feldstärke $\boldsymbol{E}_{\mathrm{i}}$.

Im elektrostatischen Feld führten wir für die Kraftwirkung auf die Ladung den Raumzustand „Feldstärke" ein. Er hing nicht davon ab, ob sich eine Ladun g, über die die Feldstärke gemessen werden kann, auch tatsächlich am Raumpunkt befand. Genau so führen wir für das Vermögen eines sich zeitlich veränderbaren Magnetfeldes, Kräfte auf Ladungen auszuüben, den Begriff *induzierte Feldstärke* $\boldsymbol{E}_{\mathrm{i}}$ ein:

Das zeitveränderliche Magnetfeld ist stets mit einem elektrischen „Induktionsfeld" verkoppelt, dessen Integral über $\boldsymbol{E}_\mathrm{i}$ längs eines geschlossenen Weges als induzierte Spannung u_i durch eine materielle oder gedachte Leiterschleife längs des Umlaufes nachgewiesen werden kann.

Nur so ist die Gleichwertigkeit $u_\mathrm{i} = \oint \boldsymbol{E}_\mathrm{i}\,\mathrm{d}\boldsymbol{s}$ im Induktionsgesetz Gl. (3.45) zu verstehen.

Bezüglich der Richtungen gilt (Bild 3.41a):

— Die Feldstärke $\boldsymbol{E}_\mathrm{i}$ ist dem Induktionsvektor $\boldsymbol{B}$ gemäß der Rechtsschraube zugeordnet (Schraubenspitze in Richtung von $\boldsymbol{B}$ für $\mathrm{d}B/\mathrm{d}t < 0$).

— $\mathrm{d}\boldsymbol{s}$ ist rechtswendig zu $\mathrm{d}\boldsymbol{A}$ orientiert. Damit liegt der Bezugssinn u_i (über das Wegintegral) fest (Gl. (3.45)).

Haupteigenschaft der induzierten Feldstärke: Wirbelfeld. Die Schreibweise Gl. (3.45a) offenbart den *grundsätzlichen Unterschied des elektrischen Feldes um den magnetischen Wirbel im Gegensatz etwa zum elektrischen Feld im Leiter und Nichtleiter*: Dort handelte es sich um ein Potentialfeld ($\oint \boldsymbol{E}\cdot\mathrm{d}\boldsymbol{s} = 0$), dessen geschlossener, beliebig wählbarer Umlauf verschwindet (Bild 3.41b). Ein solches Feld war ein Quellenfeld, weil die $\boldsymbol{E}$-Linien von positiven Ladungen ausgingen und auf negativen endeten.

Im Gegensatz dazu verschwindet das Umlaufintegral $\oint \boldsymbol{E}_\mathrm{i}\cdot\mathrm{d}\boldsymbol{s}$ im Induktionsgesetz *nicht* (Bild 3.41b). Das ist das Charakteristische. Ein Feld mit dieser Eigenschaft heißt *Wirbelfeld* (wir lernten bereits im Durchflutungssatz den Begriff *magnetisches* Wirbelfeld kennen, s. Abschn. 3.1.3).

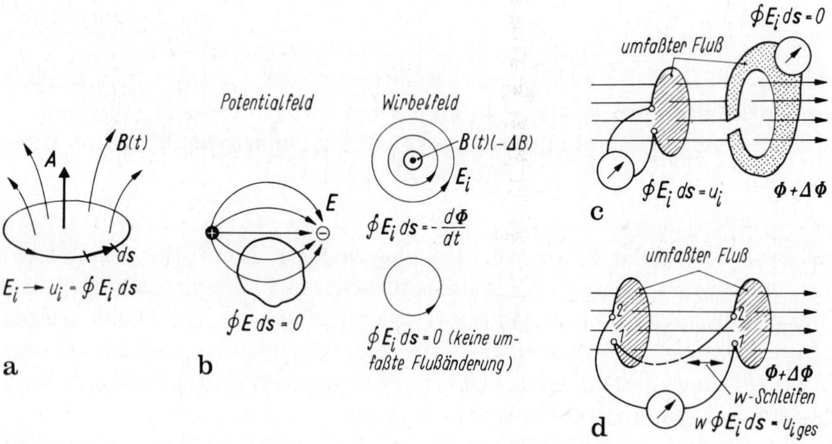

Bild 3.41a–d. Induzierte Feldstärke $\boldsymbol{E}_\mathrm{i}$. **a** Richtungszuordnung; **b** Umlaufintegral $\oint \boldsymbol{E}\cdot\mathrm{d}\boldsymbol{s}$ im Potentialfeld (links) und Wirbelfeld (rechts). Im Wirbelfeld hängt der Wert des Umlaufintegrals vom Weg ab, im Potentialfeld nicht; **c** Induzierte Spannung und umfaßter zeitveränderlicher Fluß $\Phi(t)$. Beispiel für verschiedene Flußumfassung bei unveränderter Spulenlage; **d** „Addition" des umfaßten Flusses durch Reihenschaltung von w-Spulen

Jedes zeitveränderliche Magnetfeld ist völlig von einem elektrischen Wirbelfeld $\boldsymbol{E}_\mathrm{i}$ umgeben, dessen Wirbel (= Wirbelstärke) die Änderungsgeschwindigkeit $\mathrm{d}\Phi/\mathrm{d}t$ ($\sim \mathrm{d}\boldsymbol{B}/\mathrm{d}t$) der magnetischen Induktion ist.

Der Unterschied dieses Wirbelfeldes zum elektrostatischen Feld äußert sich u. a. darin, daß die $\boldsymbol{E}_\mathrm{i}$-Linien (in homogenen Medien) die zeitliche Magnetfeldänderung *ohne Anfang und Ende*, als in sich geschlossene Linien umwirbeln (umschlingen). [Ganz analog umwirbelten die magnetischen Feldlinien den Strom, Bild 3.2].

Wegen dieser andersartigen Eigenschaften des Wirbelfeldes um den zeitveränderlichen Fluß darf man sich nicht wundern, wenn die Spannung in einem solchen Feld zwischen zwei Punkten *nicht mehr unabhängig vom Weg ist*, also nicht mehr eindeutig definiert werden kann. Das kommt z. B. im Bild 3.41b zum Ausdruck: Das Umlaufintegral $\oint \boldsymbol{E}_\mathrm{i} \cdot \mathrm{d}\boldsymbol{s}$ verschwindet nur, wenn es keinen zeitveränderlichen magnetischen Fluß umfaßt. Sonst gilt $\oint \boldsymbol{E}_\mathrm{i} \cdot \mathrm{d}\boldsymbol{s u}_\mathrm{i}$. Wir betrachten dazu weitere Beispiele:

1. Spannungsmessung. Im Bild 3.41c ist eine Situation zur Spannungsmessung dargestellt. Links wird Fluß umfaßt, rechts nicht. Obgleich sich an der Lage der Leiterschleife nichts geändert hat, kommt es auf den Gesamtweg und seine Lage zur Flußänderung an! Ganz analog lagen die Verhältnisse beim Durchflutungsatz (s. Abschn. 3.1.3). Es ergab sich $\oint \boldsymbol{H} \cdot \mathrm{d}\boldsymbol{s} = \Sigma I$ oder $\oint \boldsymbol{H} \cdot \mathrm{d}\boldsymbol{s} = 0$, je nachdem, ob Strom umfaßt wurde oder nicht. Grund der Erscheinung: Wirbelfeld (Umlaufintegral) wegabhängig.

2. Einfluß der Windungszahl. Der Wert des Umlaufintegrals $\oint \boldsymbol{E}_\mathrm{i} \cdot \mathrm{d}\boldsymbol{s}$ läßt sich auf das w-fache erhöhen, wenn man den geschlossenen Integrationsweg w-mal durchläuft. Dies ist im Bild 3.41d dargestellt. Bei einer Spule mit w-Windungen (hier $w = 2$) im zeitveränderlichen Feld wird der gleiche Fluß längs des geschlossenen Weges w-mal umlaufen. Deshalb setzt sich die gesamte induzierte Spannung $u_{\mathrm{i\,ges}}$ auf den w induzierten Spannungen je Umlauf zusammen (s. Gl. (3.45))

$$u_{\mathrm{i\,ges}} = w u_\mathrm{i} = -w \frac{\mathrm{d}\Phi}{\mathrm{d}t} = -\frac{\mathrm{d}\Psi}{\mathrm{d}t} \qquad (\Psi = w\Phi)\,.$$

Durch viele Umläufe um den gleichen Fluß läßt sich die induzierte Spannung beliebig erhöhen.

3. Energiebeziehung. Das nichtverschwindende Umlaufintegral wirkt sich auch in energetischer Hinsicht andersartig auf eine bewegte Ladung $(+Q)$ aus. Im *Potentialfeld* blieb die Energie längs eines geschlossenen Weges konstant. Die Energieänderung ΔW verschwand $\Delta W = Q \oint \boldsymbol{E} \cdot \mathrm{d}\boldsymbol{s} = 0$.

Im *Wirbelfeld entzieht* jedoch eine (positive) Ladung dem magnetischen Feld Energie, wenn sie sich längs $\boldsymbol{E}_\mathrm{i}$ in einem geschlossenen Umlauf in Richtung von $\boldsymbol{E}_\mathrm{i}$ bewegt.

$$\Delta W = Q u_\mathrm{i} = Q \oint \boldsymbol{E}_\mathrm{i} \cdot \mathrm{d}\boldsymbol{s} = -Q \frac{\mathrm{d}\Phi}{\mathrm{d}t}\,. \tag{3.48a}$$

Dabei gibt sie die dem Magnetfeld entzogene Energie an den Stromkreis als elektrische Energie ab. Das geht aus Bild 3.40 hervor.

Bewegt sie sich *entgegen* der Richtung $\boldsymbol{E}_i$ (wird sie also durch eine *äußere Spannung* angetrieben), so führt sie dem magnetischen Feld Energie zu:

$$\Delta W = Q \oint (-\boldsymbol{E}_i) \cdot d\boldsymbol{s} = +Q \frac{d\Phi}{dt} = QU \tag{3.48b}$$

Dieser Energieaustausch zwischen elektrischem und magnetischem Feld wird in der Elektrotechnik grundlegend ausgenutzt (Motor, Transformator).

4. Den grundsätzlichen Unterschied zwischen einem Wirbelfeld und einem wirbelfreien Feld kann man sich durch das Verhalten der folgenden Gedankenanordnung „*Wirbelstärkemesser*" veranschaulichen (Bild 3.42). An einer Achse sind vier positive Ladungen Q starr über Isolatorspeichen symmetrisch angebracht. In einem elektrischen Wirbelfeld (mit $\oint \boldsymbol{E}_i \cdot d\boldsymbol{s} = 0$) wirkt auf jede Ladung eine Kraft senkrecht zur Speiche so, daß das Rad zu rotieren beginnt. Die Drehachse weist in Richtung von $-d\boldsymbol{B}/dt$. Durch einen Torsionsfaden kann die Drehung verhindert werden. Die Torsion ist ein Maß der Wirbelstärke.

Im wirbelfreien Feld ($\oint \boldsymbol{E}_i \cdot d\boldsymbol{s} = 0$) wirken auf die Ladungen zwar auch Kräfte, aber so, daß sich ihre Wirkungen an benachbarten Ladungen jeweils aufheben. Die Anordnung bleibt in Ruhe.

Beispiel: Ruheinduktion. Eine Ringspule mit Rechteckquerschnitt und w-Windungen ist um einen unendlich langen stromdurchflossenen Draht in der Leiterebene (s. Bild 3.43a) angeordnet. Man berechne die Leerlaufspannung $u_L(t)$ der Spule, wenn sie sich a) im Luftraum, b) auf einem Ringeisenkern ($\mu_r = \text{const}$) befindet. Zahlenwerte: Stromanstieg $di/dt = 10$ A/s, $w = 100$, $\mu_r = 1000$, $h = 1$ cm, $r_2 = r_a = 10$ cm, $r_1 = r_i = 5$ cm.

Es folgt aus dem Durchflutungssatz (Beispiel Abschn. 3.1.3) für die Feldstärke H_α längs eines Kreises mit dem Radius ϱ $H_\alpha(\varrho, t) = i(t)/2\pi\varrho$. Die Spule wird vom Gesamtfluß Gl. (3.20) $\Phi(t) = \int_A \boldsymbol{B}(t, \varrho) d\boldsymbol{A} = \int_{r_1}^{r_2} h\mu_r\mu_0 H_\alpha(\varrho, t) d\varrho = \frac{h\mu_r\mu_0 i(t)}{2\pi} \ln \frac{r_a}{r_i}$ durchsetzt. Die induzierte Spannung beträgt nach (Gl. (3.47))

$$u_1(t) = -\frac{w\, d\Phi(t)}{dt} = -\frac{wh\mu_r\mu_0}{2\pi} \ln \frac{r_a}{r_i} \frac{di(t)}{dt}.$$

Eine Spannung wird nur während der zeitlichen Stromänderung induziert. Zahlenmäßig ergibt sich für den Eissenkern: $\mu_i = -1{,}38$ mV. In Luft ist die Spannung 10^3 mal kleiner;

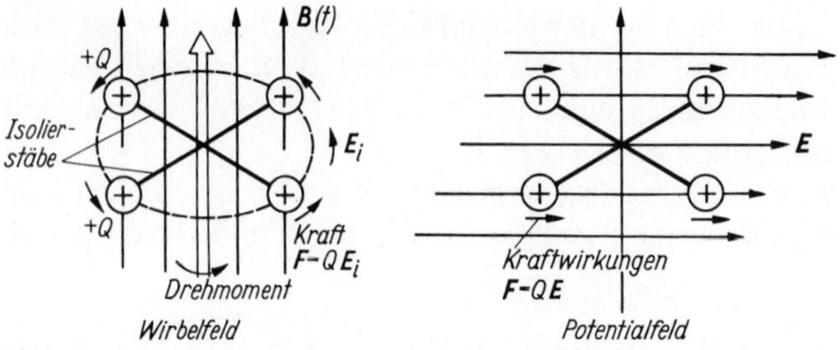

Bild 3.42. Wirbelstärkemesser. Im Wirbelfeld ($\boldsymbol{E}_i$) wird auf die Ladung eine einseitig gerichtete Kraft ausgeübt und die Anordnung beginnt sich zu drehen. Im Potentialfeld kompensieren sich die Kraftwirkungen.

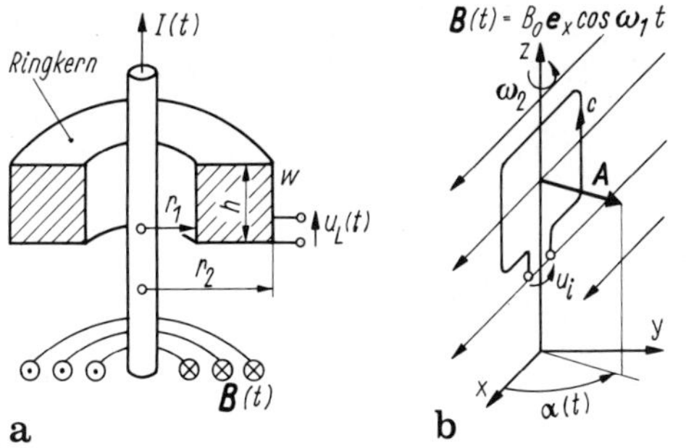

Bild 3.43a, b. Ruheinduktion. **a** Spulenrähmchen neben stromdurchflossenem Leiter (bzw. auf einen Ringkern gewickelt); **b** rotierende Spule im zeitveränderlichen Magnetfeld $\boldsymbol{B}(t)$

weil der Fluß Φ, der den Rahmen durchsetzt (trotz gleicher magnetischer Feldstärke H) μ_r mal kleiner ist.

Beispiel: Induktionsgesetz in allgemeiner Form. In einem zeitveränderlichen Magnetfeld

$$\boldsymbol{B}(t) = B_0 \cos\omega_1 t\, \boldsymbol{e}_x$$

in x-Richtung (Bild 3.43b) rotiere eine Schleife um die z-Achse mit konstanter Winkelgeschwindigkeit ω_2. Dann wächst ihr Winkel α zwischen Spulennormale und x-Achse $\alpha = \alpha_0 + \omega_2 t$ zeitlich. Man berechne die in der Schleife ($w = 1$) induzierte Spannung.

Die Fläche hat den Normalvektor $\boldsymbol{l}_A = \cos(\alpha_0 + \omega_2 t)\boldsymbol{e}_x + \sin(\alpha_0 + \omega_2 t)\boldsymbol{e}_y$. Der von der Schleife umschlossene Induktionsfluß beträgt

$$\Psi = \int_{\substack{\text{ebene Fläche}\\ \text{berandet von } C}} \boldsymbol{B}\cdot \mathrm{d}\boldsymbol{A} = \int_A (B_0 \cos\omega_1 t)\boldsymbol{e}_x[\cos(\alpha_0 + \omega_2 t)\boldsymbol{e}_x + \sin(\alpha_0 + \omega_2 t)\boldsymbol{e}_y]\mathrm{d}A$$

$$= \int_A B_0 \cos\omega_1 t \cos(\alpha_0 + \omega_2 t)\,\mathrm{d}A = B_0 \cos\omega_1 t A\cos(\alpha_0 + \omega_2 t)\,.$$

Man erkennt in $A\cos(\alpha_0 + \omega_2 t)$ die zur Zeit t von der Spule auf die yz-Ebene projizierte Fläche. Aus dem Induktionsgesetz Gl. (3.45) folgt

$$u_i = \oint_C \boldsymbol{E}\cdot \mathrm{d}\boldsymbol{s} = -\frac{\mathrm{d}\Psi}{\mathrm{d}t} = -\frac{\mathrm{d}}{\mathrm{d}t}\{AB_0 \cos\omega_1 t \cos(\alpha_0 + \omega_2 t)\}$$

$$= B_0 A[\omega_1 \sin\omega_1 t \cos(\alpha_0 + \omega_2 t) + \omega_2 \cos\omega_1 t \sin(\alpha_0 + \omega_2 t)]\,.$$

Darin sind enthalten:
$\omega_2 = 0$ ruhende Schleife im zeitveränderlichen Magnetfeld,
$\omega_1 = 0$ bewegte Schleife im zeitkonstanten Magnetfeld.

3.3.2.2 Anwendungen der Ruheinduktion

Vielfältige Prinzipien und Erscheinungen basieren auf der Ruheinduktion, beispielsweise der Transformator (s. Abschn. 3.4.3), die Strom-Spannungs-Relation jeder Induktivität (Abschn. 3.4.1), Wirbelströme u. a. Wir wollen aus der Vielzahl einige Beispiele herausgreifen:

Flußmessung. Ändert sich in einer Abtastspule (z. B. Bild 3.43a) der Fluß Φ zeitlich, so beträgt die in ihr induzierte Spannung beim Einschalten von Φ zwischen 0 und Φ während des Zeitraumes 0 . . . t

$$\int_0^{\Phi} \mathrm{d}\Phi = -\int_0^t u_\mathrm{i}\,\mathrm{d}t, \text{ d. h. } \Phi = -\int_0^t u_\mathrm{i}\,\mathrm{d}t\,. \tag{3.49}$$

Ein integrierender Spannungsmesser (z. B. als Kriechgalvanometer oder besser elektronischer Integrator) zeigt dann einen Ausschlag $\alpha \sim \Phi \sim \int_0^t u_\mathrm{i}\,\mathrm{d}t$.

Ändert sich der Fluß zeitlich sinusförmig (z. B. Wechselstromerregung), so entsteht eine cos-förmige Spannung. Sie kann unmittelbar mit einem Wechselspannungsmesser gemessen werden. Daraus ergibt sich der maximal auftretende magnetische Fluß bzw. die Induktion[1].

Wirbelströme. Das sind räumliche (meist unerwünschte) Ströme, die sich in Leitern als Folge der zeitveränderlichen Magnetfelder einstellen. Demgemäß gibt es:

1. Wirbelströme in *ruhenden* Leitern (z. B. Eisenkern im Magnetfeld, Bestandteil eines Transformators) bei zeitveränderlichem Fluß, Bild 3.44a. Dabei entstehen Strömungsfelder mit irreversiblen Wärmeverlusten: Erwärmung des

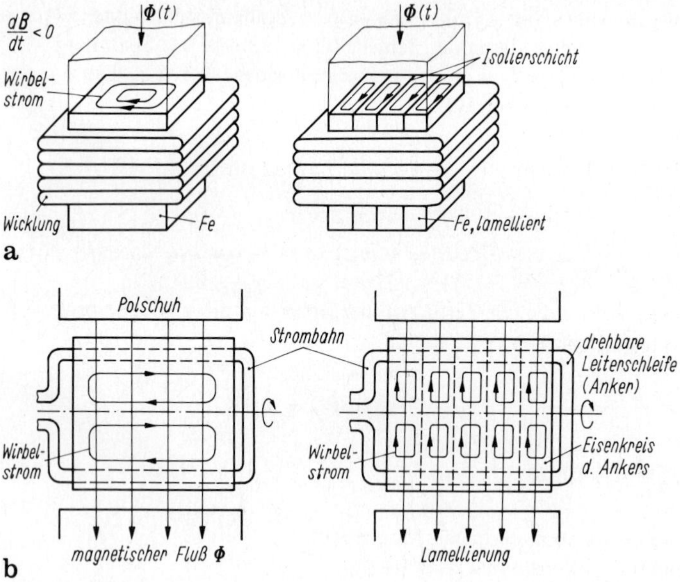

Bild 3.44a, b. Wirbelströme. **a** im massiven Eisenblech und im lamellierten Eisenblech einer Spule (Ruheinduktion); **b** im massiven Eisenkern (Anker) und lamellierten Eisenblech bei Bewegungsinduktion

[1] Heute wird die Induktion besser mit der Hallsonde (Abschn. 4.3.2.1) gemessen

Leiters bzw. Eisenkernes. Jeder Metallkern einer Spule wirkt wie eine kurzgeschlossene Sekundärwicklung. Um die Verlustleistung klein zu halten, muß der Widerstand in den Strombahnen möglichst groß sein. Maßnahmen sind:

— Unterbrechung der Srombahnen durch isolierte Zwischenschichten (Lamellierung des Eisenbleches in Blechstärken von 0,1 bis 0,3 mm Dicke mit einseitiger Isolierung (Lack, Papier) quer zu den Strombahnen), (Bild 3.44b);
— Pulverkernmaterialien: In Kunstharz eingebettetes Eisenpulver mit hohem spezifischem Widerstand;
— Ferrite: Elektrisch nichtleitende ferrimagnetische Stoffe.

2. Wirbelströme in *bewegten* Leitern bei zeitkonstantem Magnetfeld (z. B. im Anker von Gleichstrommaschinen). Abhilfe schafft ebenfalls die Lamellierung des Eisens quer zu den Strombahnen (Bild 3.44b).

3. Bewußt werden Wirbelströme zur Wirbelstromerwärmung ausgenutzt Medizin, Wirbelstromheizung, Metallurgie, Hochfrequenzhärtung). Die entstehende Wärme wird mit gutem Wirkungsgrad erzeugt. Da $\mathrm{d}\Phi/\mathrm{d}t \sim i$, muß die Flußänderung für gute Erwärmung möglichst groß sein (Anwendung hoher Frequenzen).

4. Durch Wirbelstromerzeugung in Metallblechen werden elektromagnetische Wechselfelder abgeschirmt.

5. Stromverdrängung, Feldverdrängung. Die wechselseitige Verkopplung des elektrischen und magnetischen Feldes wird besonders bei schnellen zeitlichen Änderungen deutlich. Wir betrachten dazu die Strom- und Feldverdrängung (Bild 3.45). Bild 3.45a zeigt die Verkopplung an einem stromdurchflossenen Leiter

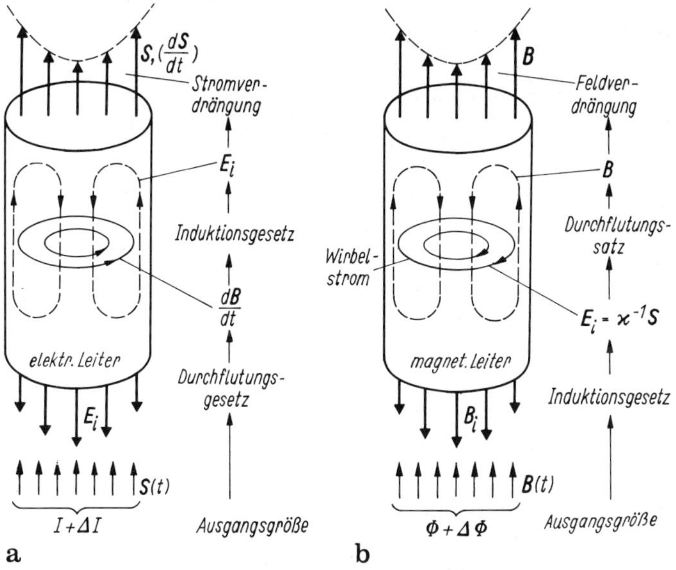

Bild 3.45a, b. Strom- und Feldverdrängung. **a** Stromverdrängung im Leiter als Folge der Stromänderung; **b** Feldverdrängung im magnetischen Leiter (und Entstehung der Wirbelströme) als Folge der Magnetfeldänderung

(Ausgangsstromdichte $\boldsymbol{S}$, homogen). Bei schnellen zeitlichen Änderungen entsteht nach dem Durchflutungssatz ein $\mathrm{d}\boldsymbol{B}/\mathrm{d}t$ (Magnetfeld um den Strom, auch im Leiter) und nach dem Induktionsgesetz eine induzierte Feldstärke $\boldsymbol{E}_i$. Sie nimmt nach dem Leiterzentrum zu. Dadurch *verringert* sich die Stromdichte in den achsennahen Bereichen: *Stromverdrängung*, *Haut-* oder *Skin-Effekt*. Er äußert sich in einer *Vergrößerung des Leiterwiderstandes*. Das *Magnetfeld der Wirbelströme* schwächst außerdem das Magnetfeld im Kerninnern und verstärkt es im Kernäußern. Deshalb entsteht noch eine *magnetische Feldveränderung*. Bei sehr hohen Frequenzen (HF-Gebiet) tragen dann noch die äußersten Leiterschichten zur Leitung bei. Es genügt Litze (sog. HF-Litze) oder ein dünner, gut leitender Niederschlag (z. B. Silber) auf einen Isolator als Leiter völlig aus. Aus diesem Grunde werden Leiterteile der UHF-Technik versilbert.

Ein ganz analoger Vorgang läuft im magnetischen Leiter ab (Bild 3.45b). Der zeitveränderliche Fluß wird von einem Feldstärkefeld $\boldsymbol{E}_i$ umwirbelt, das einen Stromwirbel $\boldsymbol{S}$ im massiven magnetischen Leiter (Eisen) erzeugt. Der Wirbelstrom $\boldsymbol{S}$ wiederum hat ein Magnetfeld (Durchflutungssatz), welches das ursprüngliche Feld im achsennahen Bereich schwächt.

Eine wichtige Anwendung finden Wirbelströme in der *Wirbelstrombremse* (Bild 3.46a). Wird eine Metallplatte aus einem Magnetfeld gezogen, so ist dazu eine Kraft $\boldsymbol{F}$ zu überwinden, die das Herausziehen zu verhindern sucht. Sie entsteht durch Wirbelströme im Übergangsbereich zwischen dem vom Magnetfeld durchsetzten Teil und dem feldfreien Bereich (dort erfolgt die $\boldsymbol{B}$-Änderung!). Umgekehrt muß eine Kraft aufgewendet werden, versucht man die Platte ins Feld zu schieben.

Die Induktion von Wirbelströmen in der Platte erwärmt die Metallplatte, die dafür erforderliche Energie wird der Bewegungsenergie der Scheibe entzogen (bzw. muß mechanisch aufgebracht werden). Dies ist das Prinzip der Wirbelstrombremse.

Auch der sog. *Schwebemagnet* (Bild 3.46b) über einer ideal leitenden Platte nutzt Wirbelströme aus. Im idealen Leiter fließen einmal angeregte Wirbelströme, die z. B. bei Bewegung des Dauermagneten auf die Leiterplatte zu entstehen, beliebig lange. Sie erzeugen eine Kraftwirkung, die den Magneten über der Platte in der Schwebe hält. Das ist das Grundprinzip der Schwebebewegung eines Magneten über einer Metallplatte.

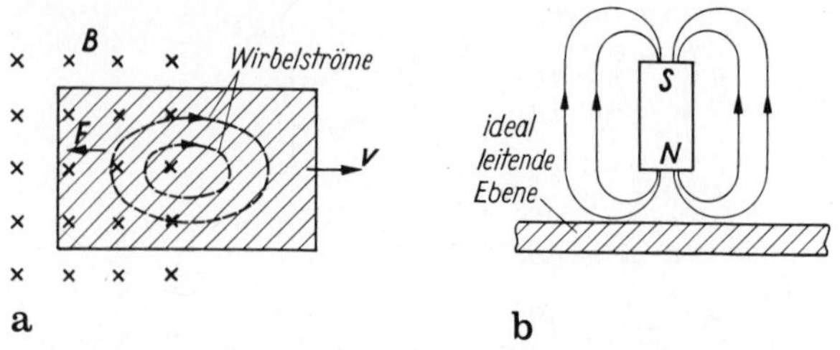

Bild 3.46a, b. Wirbelstromanwendungen. **a** Bremsung einer Metallplatte, die aus einem Magnetfeld gezogen wird; **b** Feld eines Stabmagneten über einer ideal leitenden Platte

Änderungen im magnetischen Kreis. Eine induzierte Spannung in einer ruhenden Spule entsteht nach Bild 3.39a auch, wenn sich der magnetische Kreis ändert. Dies wird technisch sehr vielfältig ausgenutzt.

Beim *induktiven Schalter* (*Drehzahlmesser*, Bild 3.47a) bewegt sich ein Permanentmagnet an einer Induktionsspule vorbei und induziert dort einen Spannungsstoß, der elektronisch ausgewertet werden kann.

Auch der **magnetische Wiedergabekopf** (Videorecorder, Tonbandgerät, Magnetplattenspeicher im Rechner) gehört in diese Kategorie (Bild 3.47b). Er besteht aus einem magnetischen Kreis mit einem sehr dünnen Luftspalt (und einem weiteren größeren zur Scherung), an dem ein Träger (Magnetband, Magnetplatte) mit einer dünnen ferromagnetischen Schicht vorbeiläuft, die eine Information in Form lokal verschieden magnetisierter Bereiche trägt. Diese Flußschwankungen induzieren in der Spule eine Spannung, die dem ursprünglichen Signal proportional ist.

Umgekehrt kann diese Anordnung auch als Aufzeichnungseinrichtung eines Signales dienen, wenn der Signalstrom der Spule aufgeprägt wird, so daß sich im vorbeilaufenden Magnetträger lokal verschiedene Magnetisierungen bilden.

Dieser Magnetkopf wirkt als umkehrbarer magnetisch-elektrischer Wandler und wird zum Wiedergeben, Aufnehmen und Löschen (durch eine angelegte HF-Spannung) sehr vielfältig eingesetzt.

3.3.3 Bewegungsinduktion

3.3.3.1 Induktionsgesetz für Bewegungsinduktion

Wir untersuchen den Anteil (2) in Gl. (3.45e), die Bewegungsinduktion näher. Dem Bild 3.37 entnimmt man, daß die Bewegung des Leiterstabes *1* mit der Geschwindigkeit $\boldsymbol{v}$ (bei konstantem Magnetfeld $\boldsymbol{B}$) über die Flächenabnahme eine Spannung

$$u_{iA} = \oint \boldsymbol{E}_i \cdot d\boldsymbol{s} = \oint (\boldsymbol{v} \times \boldsymbol{B}) d\boldsymbol{s} \quad \text{bzw.} \tag{3.50a}$$

$$\boldsymbol{E}_i = (\boldsymbol{v} \times \boldsymbol{B})$$

Induktionsgesetz für Bewegungsinduktion (Relativbewegung zwischen Leiter und Magnetfeld)

induziert

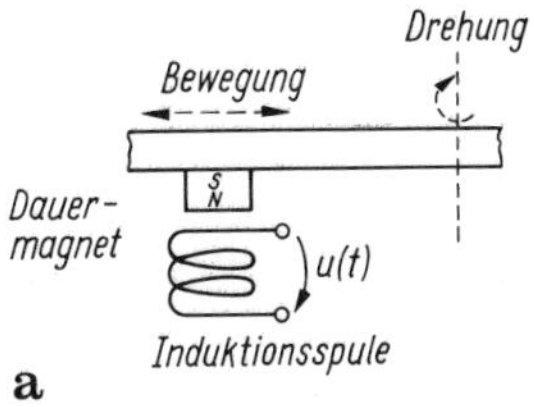

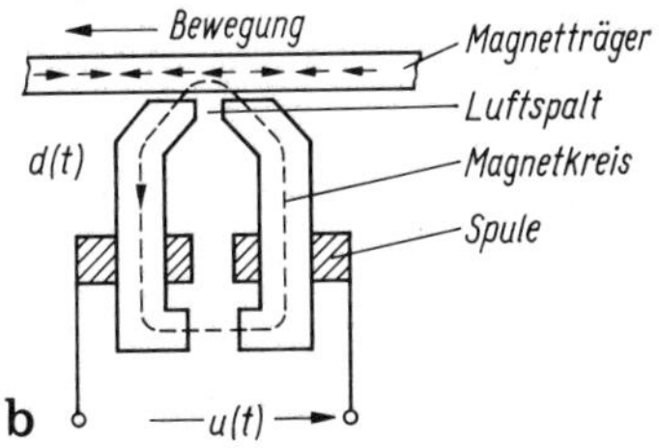

Bild 3.47a, b. Beispiele zur Ruheinduktion. **a** Induktiver Schalter; **b** Prinzip des Magnetkopfes

Nach Bild 3.37a übt das Magnetfeld bei der Bewegung des Leiters auf die in ihm vorhandenen Ladungsträger offenbar eine Kraftwirkung — die Lorentz-Kraft — aus, die die Ladungen verschiebt und so an den Klemmen 2, 1 als induzierte Spannung bemerkt wird:

$$\boldsymbol{F} = Q(\boldsymbol{v} \times \boldsymbol{B}) = Q\boldsymbol{E}_\mathrm{i} \tag{3.50b}$$

Lorentz-Kraft (auf eine positive bewegte Ladung im Magnetfeld) .

Sie kann formal auf eine durch Bewegungsinduktion entstandene induzierte elektrische Feldstärke $\boldsymbol{E}_\mathrm{i}$ zurückgeführt werden (s. Gl. (3.50a)). Ihre ladungstrennende Wirkung ist magnetischen Ursprungs.

In Worten: Bewegen sich Ladungen (z. B. die eines Leiters) mit der Relativgeschwindigkeit $\boldsymbol{v}$ im Magnetfeld $\boldsymbol{B}$, so entsteht auf sie die die Lorentz-Kraft $\boldsymbol{F}$. Sie kann gleichwertig als Auswirkung einer induzierten Feldstärke $\boldsymbol{E}_\mathrm{i}$ interpretiert werden: $\boldsymbol{F} = Q \cdot \boldsymbol{E}_\mathrm{i}$. Dabei bilden $\boldsymbol{v}$, $\boldsymbol{B}$ und $\boldsymbol{E}_\mathrm{i}$ ein Rechtssystem.

Geschwindigkeit bedeutet hier stets Relativgeschwindigkeit des Leiters gegenüber dem Magnetfeld. Deshalb ist es gleichgültig, ob der Leiter, das Feld oder beide mit verschiedener Geschwindigkeit bewegt werden. Man beachte jedoch, daß Bewegung eine vom Bezugssystem des Beobachters abhängige Größe ist (s. u.).

Der Zusammenhang zwischen der induzierten Feldstärke $\boldsymbol{E}_\mathrm{i}$ und der „induzierten Spannung" ergibt sich für die Anordnung Bild 3.37 folgendermaßen (Bild 3.48, widerstandsloser Leiter angenommen):

Bei *offenem Leiterkreis* (kein Stromfluß möglich) stellt sich ein stationärer Gleichgewichtszustand der Ladungsträgerverteilung ein. Durch die Bewegung treibt die induzierte Feldstärke bzw. die Lorentz-Kraft positive Ladungen im Leiterstab nach oben (Bild 3.48a), durch diese Ladungstrennung entsteht andererseits ein elektrostatisches Feld $\boldsymbol{E}$ zwischen positiven und negativen Ladungen an den Leiterenden (gerichtet von positiver zu negativer Ladung). Im Gleichgewicht (stromloser Zustand, Anschluß 2, 1 offen) kompensieren sich dann Lorentz-Kraft $\boldsymbol{E}_\mathrm{i} = Q\boldsymbol{E}_\mathrm{i}$ und Kraft $\boldsymbol{F} = Q\boldsymbol{E}$ durch das elektrostatische Feld: $\boldsymbol{E} = -\boldsymbol{E}_\mathrm{i} = -(\boldsymbol{v} \times \boldsymbol{B})$. Wir haben deshalb — genau wie im aktiven Zweipol (Abschn. 2.4.1) — bei Integration der Feldstärke länge des Leiters hinsichtlich des Bezugssinnes zwei Spannungen zu unterscheiden (Bild 3.48b):

1. Die *induzierte Spannung* u_i, oder EMK resultierend aus der magnetischen Kraftwirkung Gl. (3.47)

$$u_{\mathrm{i}12} = \int_1^2 \boldsymbol{E}_\mathrm{i} \cdot \mathrm{d}\boldsymbol{s} = \int_1^2 (\boldsymbol{v} \times \boldsymbol{B}) \cdot \mathrm{d}\boldsymbol{s} \, . \tag{3.51a}$$

Sie wirkt positiv in Integrationsrichtung von $\boldsymbol{E}_\mathrm{i}$. Ihr Bezugssinn weist folglich von minus nach plus.

2. Die *Quellenspannung* u_Q, resultierend aus dem *Ladungsunterschied*, gekennzeichnet durch die (elektrostatische) Feldstärke $\boldsymbol{E}$:

$$u_{\mathrm{Q}21} = \int_2^1 \boldsymbol{E} \cdot \mathrm{d}\boldsymbol{s} = -\int_2^1 (\boldsymbol{v} \times \boldsymbol{B}) \cdot \mathrm{d}\boldsymbol{s} \, . \tag{3.51b}$$

Sie ergibt sich bei Integration in Richtung von $\boldsymbol{E}$ positiv mit dem Bezugssinn von

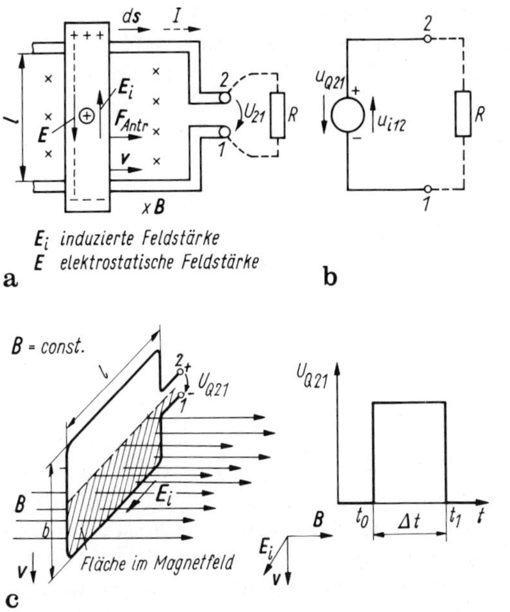

Bild 3.48a–c. Bewegungsinduktion einer idealen Leiterschleife im homogenen Magnetfeld **a** Leiteranordnung (vgl. Bild 3.37), **b** Ersatzschaltung, **c** Bewegungsinduktion beim Eintauchen ins Magnetfeld

plus nach minus. Wie im Abschn. 2.4.1 gilt $u_{i12} = \int_1^2 (\boldsymbol{v} \times \boldsymbol{B}) \cdot d\boldsymbol{s} = -\int_2^1 (\boldsymbol{v} \times \boldsymbol{B}) \cdot d\boldsymbol{s}$ $= u_{Q21}$.

Bemerkungen:

1. Im Abschnitt 3.3.2.1 hatten wir darauf verwiesen, daß die Einführung einer lokalisierten Spannungsquelle im Ergebnis der Ruheinduktion physikalisch bedenklich ist, da u_i als Ersatzgröße für $-\,d\Psi/dt$ fungiert (oder bei Bildung des Umlaufintegrals über $\boldsymbol{E}_i$ ein geschlossener Weg zu wählen ist, auf dem jedes Wegelement zu u_i beiträgt). Bei der Bewegungsinduktion hingegen entsteht die induzierte Spannung nur in den bewegten Leiterteilen als Integral $\int \boldsymbol{E}_i \cdot d\boldsymbol{s}$ über diesen Abschnitt. Deshalb ist es physikalisch sinnfällig, eine konzentrierte Spannungsquelle wie in Bild 3.48b anzunehmen, was üblich ist.
2. Die induzierte Spannung u_i kann als Quellenspannung u_{Q21} direkt an den Klemmen 2, 1 (Bild 3.48b) im Leerlauf gemessen werden.
3. Man merke sich den *Wesensunterschied* zwischen u_{Q21} und u_{i12}: Die Spannung u_{Q21} wird aus der elektrostatischen Feldstärke $\boldsymbol{E}$ (Proportionalität zwischen Kraft und ruhender Ladung) hergeleitet, die induzierte Spannung aus der bewegten Ladung (über $\boldsymbol{E}_i$ resp. $\boldsymbol{B}$ als Proportionalitätsfaktor zwischen Kraft und bewegter Ladung, s. Gl. (3.4)).

Eine vereinfachte Form der induzierten Spannung $u_{i12} = u_i$ ergibt sich aus Gl. (3.51a) für den im Magnetfeld bewegten *geraden* Leiter der Länge l:

$$u_i = (\boldsymbol{v} \times \boldsymbol{B}) \cdot \boldsymbol{l} \tag{3.52a}$$

Induktionsgesetz (Form für Relativbewegungen mit geradem Leiter)

$\boldsymbol{v}$, $\boldsymbol{B}$ und $\boldsymbol{l}$ bilden dabei ein Rechtssystem.

Wir erkennen: Die induzierte Spannung wird maximal, wenn alle drei Vektoren *senkrecht* aufeinanderstehen. Dann gilt

$$u_i = vBl\,. \tag{3.52b}$$

Die Spannung verschwindet

— wenn $\boldsymbol{l}$ in der $\boldsymbol{B}$ und $\boldsymbol{v}$ aufgespannten Ebene liegt $(\boldsymbol{v} \times \boldsymbol{B}) \perp \boldsymbol{l}$);

— wenn $\boldsymbol{v} \parallel \boldsymbol{B}$ (Leiterbewegung in Richtung des Magnetfeldes).

Es war darauf verwiesen worden, daß der Begriff „Bewegung" vom Bezugssystem abhängt. Dies werde mit Bild 3.48a verdeutlicht. Ein ruhender Beobachter, der die Größen $\boldsymbol{E}$, $\boldsymbol{B}$ und $\boldsymbol{v}$ feststellt, erklärt die Ladungstrennung im bewegten Leiterstab aus dem Kräftegleichgewicht zwischen induzierter Feldstärke $\boldsymbol{E}_i = \boldsymbol{v} \times \boldsymbol{B}$ und elektrostatischer Feldstärke $\boldsymbol{E}$: $\boldsymbol{F} = Q(\boldsymbol{E} + \boldsymbol{E}_i) = Q(\boldsymbol{E} + \boldsymbol{v} \times \boldsymbol{B}) = 0$. Obwohl beide Beobachter aufgrund ihres unterschiedlichen Bezugssystems völlig verschieden erklären, wird in beiden Fällen an den Klemmen 2, 1 Bild 3.48 die gleiche Spannung gemessen!

Diesem Verhalten liegt folgende Vermutung nahe: Magnetisches und elektrisches Feld haben offenbar die gleiche Ursache und sind eine Einheit, die sich nur bezüglich des verwendeten Bezugssystems unterscheiden. Wir kommen darauf im Abschnitt 3.5 zurück.

3.3.3.2 Anwendungen der Bewegungsinduktion

Ebenso wie die Ruheinduktion, stellt die Bewegungsinduktion eine außerordentlich wichtige Grundlage vieler Anwendungen dar. Induktionsgesetz Gl. (3.50a) und Kraftgleichung (3.50b) bilden den Kern der mechanisch-elektrischen Energieumformung:

mechanische Energie $\xrightarrow{\text{Bewegungsinduktion}}$ elektrische Energie

(Translations-,
Rotationsenergie)

Dabei kann der umfaßte Fluß durch drehende oder fortschreitende Bewegung verändert werden.

Diese Energieumformung läßt sich mittels Bild 3.48a leicht übersehen. Zur Bewegung des Leiterstabes mit der Geschwindigkeit $\boldsymbol{v}$ ist eine *antreibende* Kraft $\boldsymbol{F}_{\text{Antr}}$ erforderlich, mithin muß die mechanische Leistung

$$P_{\text{mech}} = \boldsymbol{F}_{\text{Antr}} \cdot \boldsymbol{v} = IBlv \equiv Iu_{i12} = P_{\text{el}} \tag{3.53}$$

erforderlich. Die induzierte Spannung u_{i12} erzeugt bei angeschlossenem Verbraucher (Widerstand R) einen Strom I im Kreis in Richtung von $\mathrm{d}\boldsymbol{s}$. Dieser

Strom führt nun nach der Lenzschen Regel zu einer *Bremskraft* $F_{Br} = IBl$ (s. später Abschn. 4.3.2.2), die bei stationärer Bewegung gerade von F_{Antr} überwunden werden muß ($F_{Antr} = -F_{Br}$). Damit erscheint die mechanische Antriebsleistung als gleich große elektrische Leistung $I \cdot u_{i12}$ im elektrischen Stromkreis (eingespeiste Leistung), die an den Verbraucher abgegeben werden kann (IU).

Ein im zeitlich konstanten Magnetfeld bewegter stromdurchflossener Leiter wirkt als direktes Umformorgan mechanischer in elektrische Leistung (und umgekehrt), wobei das Magnetfeld Vermittler dieser Energiewandlung ist. Im stationären Fall ändert sich dabei der Energiezustand des Magnetfeldes nicht.

Der Zusatz „stromdurchflossen" ist augenfällig: für $I = 0$ (Leerlauf) findet kein Leistungsumsatz statt, weil dann, wie wir in Abschnitt 4.3.2.2 sehen werden, keine Bremskraft F_{Br} entsteht, die die antreibende Kraft überwinden muß. Zum mechanoelektrischen Energieumsatz ist offenbar auch die Kraftwirkung auf stromdurchflossene Leiter im Magnetfeld erforderlich!

Folgende Beispiele sind typisch für die Bewegungsinduktion:

1. Spule am Rande eines Magnetfeldes. Beim Eintauchen einer (rechteckigen) Leiterschleife in ein Magnetfeld $\boldsymbol{B}$ mit der Geschwindigkeit $\boldsymbol{v}$ ($\boldsymbol{v} \perp \boldsymbol{B}$) (Bild 3.48c) entsteht eine induzierte Spannung nur, solange *ein* Leiter der Schleife in das Feld eintaucht. Zur Zeit t_0 beginne das Eintauchen. Sobald beide Schleifen eintauchen (t_1) werden in beiden Leitern (senkrecht zu $\boldsymbol{B}$ und $\boldsymbol{v}$) im homogenen Magnetfeld Spannungen induziert, die sich in der Schleife aufheben. Es gilt für eine Leiterschleife mit Gl. (3.52)

$$U_i = vBl = 1\,\frac{\text{m}}{\text{s}}\,1\,\frac{\text{V}\cdot\text{s}}{\text{m}^2}\cdot 0{,}2\ \text{m} = \text{const}$$

(z. B. für $B = 1$ T, $v = 1$ m/s, $l = 20$ cm, Schleifenbreite $b = 5$ cm). Diese Spannung hält die Zeitspanne $\Delta t = b/\boldsymbol{v} = 5\ \text{cm}\cdot\text{s}/1\ \text{m} = 0{,}05$ s an.

2. Barlowsches Rad. Eine leitende drehbare Schleife (Bild 3.49a) drehe sich mit konstanter Winkelgeschwindigkeit ω im homogenen, zeitlich konstanten Magnet-

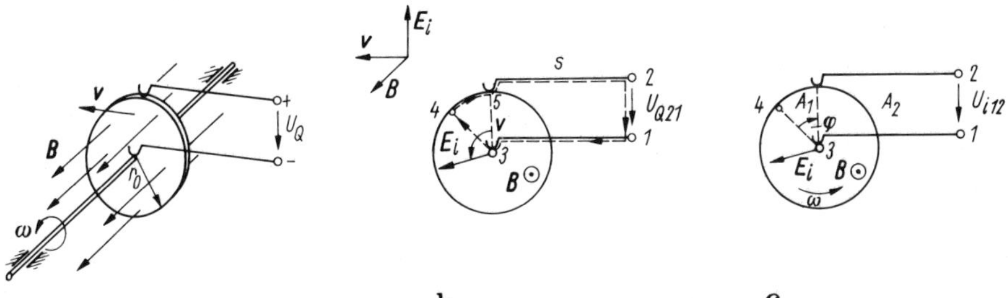

a b c

Bild 3.49a–c. Barlowsches Rad zur Veranschaulichung der Bewegungs- und Ruheinduktion. **a** ruhender Beobachter: Bewegungsinduktion; **b, c** bewegter Beobachter (auf Schleife): Ruheinduktion feld ($\boldsymbol{B} = \text{const}$, $\boldsymbol{B} \perp \boldsymbol{v}$). Zwischen zwei Schleifkontakten auf Achse und Umfang (Klemmen *1, 2*) läßt sich eine Spannung entnehmen. Wir wollen diese als *Barlowsches Rad* bekannte Anordnung nach verschiedenen Gesichtspunkten untersuchen.

a) Anwendung der *Bewegungsinduktion* (Bild 3.49b) ($\partial \boldsymbol{B}/\partial t = 0$, Betrachtung der Scheibe von außen, die sich mit dem „Leiter" bewegt). Ausgang ist Gl. (3.45e) $\oint \boldsymbol{E}_\mathrm{i} \cdot \mathrm{d}\boldsymbol{s} = \oint (\boldsymbol{v} \times \boldsymbol{B}) \cdot \mathrm{d}\boldsymbol{s}$. Auf die Ladungsträger wirkt eine radial zum Rand gerichtete Kraft $\boldsymbol{F} \sim \boldsymbol{E}_\mathrm{i}$. Dadurch tritt von der Welle zum Scheibenrand eine induzierte Spannung $U_{\mathrm{i}34} = U_{\mathrm{i}12}$ auf. Wir wählen als Integrationsweg (Bild 3.49b) die gestrichelte Linie, wobei sich nur die Wegstrecke 34 mit der Geschwindigkeit $\boldsymbol{v} = \omega \boldsymbol{r}$ bewegt. Alle übrigen Wegstücke sind in Ruhe. Zwischen 4 und 5 ist $(\boldsymbol{v} \times \boldsymbol{B})\mathrm{d}\boldsymbol{s} = 0$ ($\mathrm{d}\boldsymbol{s} \perp (\boldsymbol{v} \times \boldsymbol{B})$). Damit bleibt

$$U_{\mathrm{i}34} = \oint \boldsymbol{E}_\mathrm{i} \cdot \mathrm{d}\boldsymbol{s} = \int_3^4 (\boldsymbol{v} \times \boldsymbol{B}) \cdot \mathrm{d}\boldsymbol{s} = \int_0^{r_0} (\boldsymbol{v} \times \boldsymbol{B}) \cdot \mathrm{d}\boldsymbol{r} = \omega B \int_0^{r_0} r \, \mathrm{d}r = \frac{\omega B r_0^2}{2} = u_{\mathrm{i}12} \, .$$

b) Ruheinduktion. Wir wählen einen Standpunkt auf dem Scheibenrand, (z. B. (4)). Von hier aus scheint die Scheibe stillstehend, aber der Schleifer mit den Klemmenzuleitungen entgegen ω rotierend. Man beobachtet also die im Bild 3.49c eingetragene Schleife aus den Flächen, A_1 und A_2. Während der Fluß durch A_2 konstant ist, ändert er sich in A_1 und es wird in der Schleife die Spannung Gl. (3.45e)) $u_\mathrm{i} = \oint \boldsymbol{E}_\mathrm{i} \cdot \mathrm{d}\boldsymbol{s} = -\dfrac{\mathrm{d}\Phi}{\mathrm{d}t} = -\dfrac{\mathrm{d}}{\mathrm{d}t} \int \boldsymbol{B} \cdot \mathrm{d}\boldsymbol{A}$ induziert.

Mit $\dfrac{\mathrm{d}A_1}{\mathrm{d}t} = \dfrac{r_0^2 \pi}{2\pi} \dfrac{\mathrm{d}\varphi}{\mathrm{d}t} = -\dfrac{r_0^2 \omega}{2}$ (positiv, A_1 wird größer) wird dann ($\mathrm{d}\Phi = \boldsymbol{B} \cdot \mathrm{d}\boldsymbol{A}_1$) $U_{\mathrm{i}12} = \dfrac{B r_0^2 \omega}{2}$.

Auch hier wird das gleiche Ergebnis durch ganz unterschiedliche, durch das Bezugssystem gegebene Betrachtungsweisen erhalten.

3. Generatorprinzip. *Rotierende Rechteckschleife im homogenen, zeitlich konstanten Magnetfeld.* Dreht man eine Leiterschleife (deren Drehachse $\perp \boldsymbol{B}$ liegt) mit konstanter Drehung (d. h. zeitproportional wachsendem Winkel $\alpha = \omega t$ ([zwischen Spulennormale $\boldsymbol{A}$ und $\boldsymbol{B}$] Bild 3.50), so ändert sich der *umfaßte Flußteil* (Schleifenfläche $A = l \cdot 2R$) $\Phi(t) = \boldsymbol{B}\boldsymbol{A} = BA \cos \sphericalangle(\boldsymbol{B}\boldsymbol{A})$.

Es entstehen in den gegenüberliegenden Leitern ($\perp \boldsymbol{B}$) entgegengesetzt gerichtete Spannungen (oben $\sphericalangle(\boldsymbol{v}, \boldsymbol{B}) = \alpha$, unten $\sphericalangle(\boldsymbol{v}, \boldsymbol{B}) = \alpha + \pi$), insgesamt eine Umlaufspannung Gl. (3.52a)

$u_{\mathrm{i}12}(t) = \int_\mathrm{i}^2 [\boldsymbol{v}(t) \times \boldsymbol{B}] \cdot \mathrm{d}\boldsymbol{s} = (\boldsymbol{v} \times \boldsymbol{B}) \cdot \boldsymbol{l} = 2lBv^{\ominus\partial}$ $\boldsymbol{B}$] Bild 3.50), so ändert sich der *umfaßte Flußteil* (Schleifenfläche$A = l \cdot 2R$) $\Phi(t) = \boldsymbol{B}\boldsymbol{A} = BA \cos \sphericalangle(\boldsymbol{B}\boldsymbol{A})$.

Es entstehen in den gegenüberliegenden Leitern ($\perp \boldsymbol{B}$) entgegengesetzt gerichteteSpannungen (oben $\sphericalangle(\boldsymbol{v}, \boldsymbol{B}) = \alpha$, unten $\sphericalangle(\boldsymbol{v}, \boldsymbol{B}) = \alpha + \pi$), insgesamt eine Umlaufspannung Gl. (3.52a)

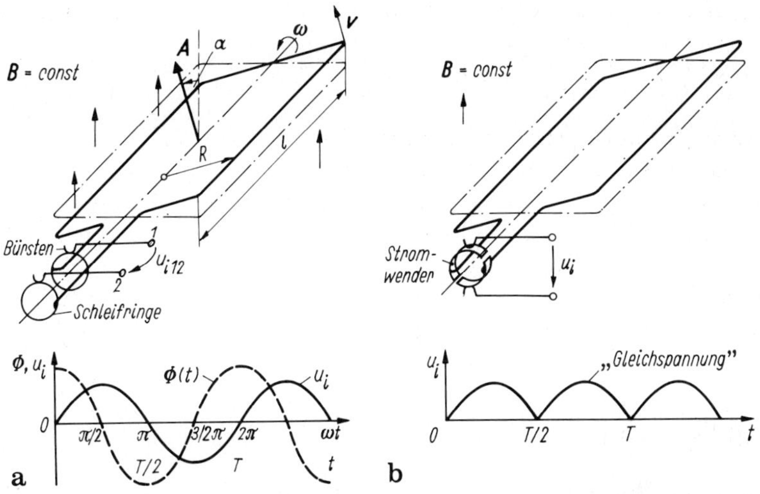

Bild 3.50a, b. Rotierende Schleife im homogenen Magnetfeld. **a** Erzeugung einer Wechselspannung durch Anschluß an Schleifringe; **b** Erzeugung einer Gleichspannung durch Anschluß an einen Stromwender

$$u_{i12}(t) = \int_{i}^{2} [\boldsymbol{v}(t) \times \boldsymbol{B}] \cdot \mathrm{d}\boldsymbol{s} = (\boldsymbol{v} \times \boldsymbol{B}) \cdot \boldsymbol{l} = 2lBv_{\perp}(t) = 2Blv \sin \alpha(t)$$
$$= 2Blv \sin \omega t \,. \tag{3.54a}$$

Mit der Winkelgeschwindigkeit (Kreisfrequenz) $\omega = \frac{\mathrm{d}\alpha}{\mathrm{d}t} = \frac{v}{R} = \frac{2\pi}{T} = 2\pi f$ und der Frequenz

$$f = \frac{\text{Zahl der Umdrehungen}}{\text{Zeit für diese Zahl}} = \frac{\mathrm{N}}{\mathrm{NT}} = \frac{1}{\mathrm{T}},$$

T Periodendauer,

f Frequenz = Zahl der Perioden je Zeitspanne[1] $f = \frac{1}{T} = \frac{\omega}{2\pi}$

mit $f = n$ oder als zugeschnittene Größengleichung $f/\mathrm{Hz} = \frac{n/\mathrm{min}^{-1}}{60}$ wird daraus bei einer Spule mit w Windungen (Windungsfläche 2 $Rlw = Aw$)

[1] Einheit 1 Hertz: $1\,\mathrm{Hz} = 1\,\frac{\text{Schwingung}}{\text{Sekunden}} = 1\,\mathrm{s}^{-1}$

$$u_{i12} = B\omega A w \sin \omega t = w\omega \cdot \Phi_{err} \cdot \sin \omega t \,. \tag{3.54b}$$

Die induzierte Spannung einer rotierenden Drehschleife im homogenen Magnetfeld ändert sich sinusförmig mit der Zeit. Ihre Frequenz ist gleich der mechanischen Drehzahl, ihr Höchstwert

$$U_{i12\max} = \omega w \Phi_{err}$$

proportional dem Erregerfluß und der Drehzahl (Kreisfrequenz).

Merke: In der Schleifenstellung mit dem größten umfaßten Fluß ($\alpha = 0$) verschwindet u_{i12}, in der mit der größten *Flußänderung* ($\alpha = \pi/2$) hat u_{i12} jeweils ein Maximum.

Die Erzeugung sinusförmiger Spannung durch eine im Magnetfeld gedrehte Schleife stellt eine wichtige Grundanordnung der Elektrotechnik dar[1]. Sie wird im Generator vielfältig ausgenutzt. Das begründet zugleich die herausragende Bedeutung der Sinusfunktion als Zeitfunktion von Strömen und Spannungen.

Stromabnahme. Die entstehende Spannung muß durch feststehende *Gleitkontakte* an die Umwelt geführt werden. Dazu bestehen zwei Prinzipien:

1. Gleitkontakt ständig mit dem gleichen Spulenende in Verbindung: *Schleifring* und *Bürste* (Bild 3.50a). Bei Drehbewegung wird eine *Wechselspannung abgenommen.*

2. Gleitkontakt jeweils nur mit dem unter dem *gleichen Magnetfeld* befindlichen Leiter in Verbindung (also periodische *Schalter*wirkung durch Drehbewegung, Kommutator, Stromwender) (Bild 3.49b). Jetzt entfällt die Spannungsumkehr. In der graphischen Darstellung wird die magnetische Halbwelle der Sinusfunktion nach oben „geklappt": Einstellung einer *gleichgerichteten Wechselspannung* (pulsierende Gleichspannung).

Grundaufbau der Generatoren. Die Relativbewegung zwischen Schleife und Magnetfluß kann in zwei Formen ausgeführt werden:

— *Fluß ruhend, Schleife umlaufend*: *Außenpolmaschine.* Hier wird der Fluß in einem feststehenden Eisenkreis, dem *Stator* oder *Ständer* der Maschine erzeugt (Bild 3.51). Die Drehschleife (Anker, Rotor, Läufer) bewegt sich im Magnetfeld des Ständers. Nach diesem Prinzip werden meist Gleichspannungsgeneratoren gebaut.
— *Schleife ruhend, Fluß rotierend*: *Innenpolmaschinen* (für Wechselspannungsgeneratoren üblich).

Zur Erzeugung einer möglichst hohen Spannung (bei konstruktiv begrenzter Drehzahl) muß der Erregerfluß möglichst hoch sein. Man legt deshalb den Magnetkreis als Eisenkreis aus (erregt durch einen Erregerstrom → Durchflutungsgesetz). Auch der nicht von der Drehschleifenwicklung benötigte Raum wird mit Eisen gefüllt (Bild 3.51). Dadurch entsteht im Luftspalt ein *radiales*, annähernd homogenes Magnetfeld und es sinkt der magnetische Widerstand. Eine konstante Schleifendrehung führt dann auf eine *trapezförmig veränderliche Spannung* der

---

[1] Ein anderes Grundprinzip zur Erzeugung von Sinusspannungen ist die Anregung von Schwingungen in einem Resonanzkreis (LCR-Kreis) durch einen rückgekoppelten Verstärker zur Entdämpfung (Oszillatorprinzip der Elektronik)

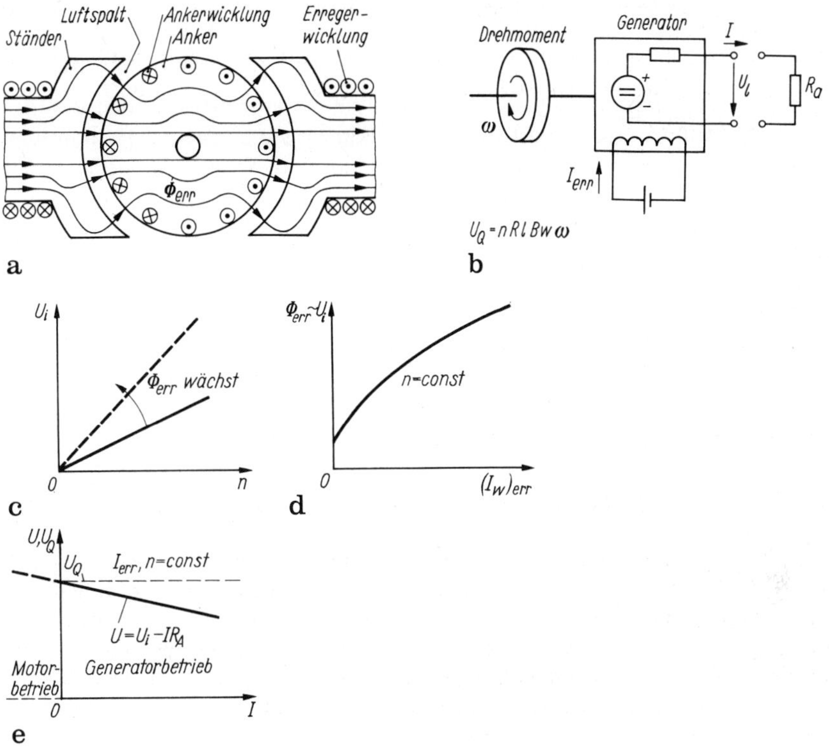

Bild 3.51a–e. Gleichstrommaschine. **a** Prinzipaufbau; **b** Wirkprinzip einer fremderregten Gleichstrommaschine; **c** Drehzahlkennlinie; **d** Erregerkennlinie (ohne Last); **e** Lastkennlinie (Kennlinie des aktiven Zweipols)

Höhe $U_{i12} = 2U_{i1} = 2\omega RBl = \omega BA$. Solange sich der Leiter im Feld befindet, ist stets $\sphericalangle(\boldsymbol{v}, \boldsymbol{B}) = 90°$, außerhalb nahezu Null.

Grundeigenschaften des Generators. Es gilt nach dem bisher Kennengelernten

1. $U_i = \text{const}\ \omega\Phi_{err} = \text{const}\ n\Phi_{err}$ (Bild 3.51c)	a) Induktionsgesetz
2. $\Phi_{err} = f(I_{err})$ Magnetisierungskennlinie (Bild 3.51d) also die Maschinenkennlinien $U_i = \text{const}\ n$ für $I_{err} = \text{const}$ (Bild 3.51c) $U_i = f(I_{err})$ für $n = \text{const}$ (Bild 3.51d)	Durchflutungssatz und b) B-H-Zusammenhang im magnetischen Eisenkreis
3. Leistungsumsatz (ohne Verluste) $P_{mech} = \omega M = P_{el} = ui$	Umwandlung mechanische in elektrische Energie

Zu 1 und 2. Die Magnetisierungskennlinie $\Phi_{err} = f(I_{err})$ ist allgemein nichtlinear (s. Bild 3.18b), da der Fluß durch einen Eisenkreis mit Luftspalt verläuft.

Deshalb wächst die induzierte Spannung mit dem Erregerstrom nichtlinear. Streng gilt aber $U_i \sim n$.

Zu 3. Der *Leistungsumsatz* drückt im Idealfall (ohne Verluste) aus, daß die durch Drehmoment M und Winkelgeschwindigkeit ω aufgebrachte mechanische Leistung P_{mech} voll als elektrische $P_e = U_i I$ zu einem vom Strom I durchflossenen Verbraucher fließt. Ohne *Stromentnahme* wäre dann kein Moment zur Drehbewegung erforderlich. Mit der Stromentnahme entsteht durch Magnetfeld, Leiterbewegung und Strom eine Kraft (bzw. ein Moment), die der Antriebskraft entgegenwirkt (Abschn. 4.3.2). Sie wirkt bremsend und muß durch die aufzuwendende mechanische Leistung überwunden werden. Man kann so ein einfaches Ersatzschaltbild eines Generators als elektromechanischen Energiewandler entwerfen (Bild 3.50b).

Dabei gilt	Rechtslauf	Linkslauf	
Generatorbetrieb	$U > 0$	< 0	Leistungsabgabe an Verbraucher
	$i > 0$	< 0	
	$\omega > 0$	< 0	mechanische Leistungsaufnahme
	$M > 0$	< 0	
Motorbetrieb	$U > 0$	< 0	elektrische Leistungszufuhr
	$i < 0$	> 0	
	$\omega > 0$	< 0	mechanische Leistungsabgabe
	$M < 0$	> 0	

Später werden wir sehen, daß sich die gleiche Anordnung auch als Motor (Umformer: elektrische → mechanische Energie) verwenden läßt: Man legt an eine drehbare Leiterschleife eine Spannung, die etwas größer als die bewegungsinduzierte ist. Dann wird ein Strom in entgegengesetzter Richtung angetrieben und es entsteht eine Kraft in Drehrichtung.

Der Übergang vom Generator-zum Motorprinzip erfolgt also nur durch Umkehr der Stromrichtung!

Technische „Drehschleifen" haben stets einen Widerstand R_A — den Ankerwiderstand — in Reihe zur Quellenspannung U_i (eine Wechsel- oder Gleichspannung, s. o.).

Dynamoelektrisches Prinzip. Fremd- und Eigenerregung. Bisher wurde angenommen, daß der Magnetfluß Φ_{err} durch einen externen Strom I_{err} aufgebracht wird, also *Fremderregung* erfolgt. Dann stellt sich bei konstanter Drehzahl n (U_Q = const) die Kennlinie $U = f(I)$ eines *aktiven Zweipols* ein (Bild 3.51e):

$$U = U_Q - IR_A \,.$$

Einen Durchbruch im technischen Einsatz der Generatoren erbrachte die auf *W. von Siemens* (1866) zurückgehende Idee der *Selbsterregung* (*Bild* 3.52). Dabei wird

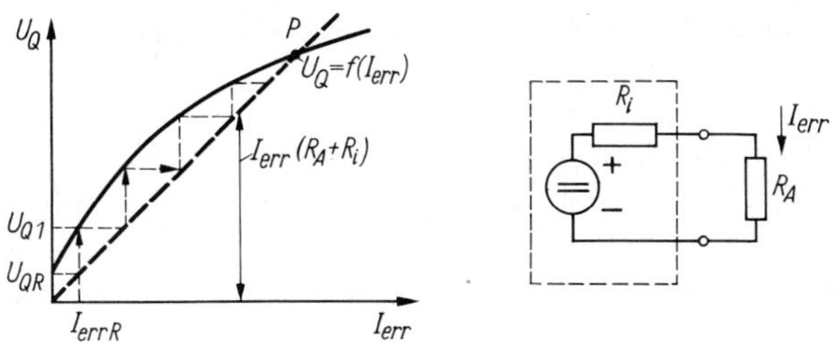

Bild 3.52. Prinzip der Rückkopplung eines Generators

die allgemein nur kleine Erregerleistung $I_{\text{err}}^2 R_{\text{err}}$ (im Vergleich zur abgegebenen Leistung einige %) nicht extern, sondern vom Generator selbst aufgebracht.

Das im Eisen stets vorhandene remanente Magnetfeld erzeugt bei Generatoranlauf (ohne äußere Erregung) eine (kleine) Quellspannung U_{QR}. Sie treibt einen Erregerstrom I_{errR} an. Dadurch erhöht sich die Quellspannung weiter auf U_{Q1} usw.

$$U_{\text{Q}} \to I_{\text{err}} \to \Phi_{\text{err}} \to U_{\text{Q}} \to I_{\text{err}} \,.$$

Dieser *Aufschaukelungsvorgang* durch *Rückwirkung* (Rückkopplung) der aufgeschaukelten (I_{err}) durch die aufschaukelnde Größe (U_{Q}) hält an, bis durch die Nichtlinearitäten des Eisenkreises ein Gleichgewichtszustand zwischen Energieabgabe und -erzeugung eintritt.

Generatoren nach diesem Prinzip heißen *Rückkopplungsgeneratoren* oder in der Engergietechnik besser *eigenerregte* (*selbsterregte*) *Maschinen* (Dynamomaschinen).

Der Erregerstrom I_{err} kann durch zwei Rückkopplungsprinzipien erzeugt werden:

1. Reihenschluß-(Hauptschluß-)Generator. Erreger- und Generatorwicklung liegen in Reihe, der Erregerstrom ist gleich dem *Klemmstrom*: *Stromrückkopplung.*

2. Nebenschlußgenerator. Erreger- und Generatorwicklung liegen parallel, der Erregerstrom ist proportional der *Klemmenspannung*: *Spannungsrückkopplung.*

Die *U-I*-Kennlinien dieser Generatoren unterscheiden sich durch die Rückkopplung erheblich von denjenigen üblicher aktiver Zweipole (Bild 3.53).

Betrachten wir dazu den *Reihenschlußgenerator*. Die Darstellung der Quellspannung U_{Q} über I_{err} entspricht der *Magnetisierungskennlinie*, insbesondere tritt bei $I_{\text{err}} = 0$ die Remanenzspannung U_{QR} auf (vgl. Bild 3.52). Eingetragen ist weiter die Kennlinie $I_{\text{err}}(R_{\text{A}} + R_{\text{i}})$ des Spannungsabfalls über R_{A} und R_{i} durch den Erregerstrom ($R_{\text{i}} = R_{\text{err}}$). Solange der Spannungsabfall $I_{\text{err}}(R_{\text{A}} + R_{\text{i}})$ für einen beliebigen Strom I_{err} noch kleiner als die bei gleichem Strom erzeugte Quellspannung U_{Q} ist, hat die Spannung als Folge der Rückkopplung die Tendenz, den Strom I_{err} weiter zu erhöhen. Weil sie dabei relativ gesehen immer weniger stark wächst, gibt es schließlich einen Punkt P — den Arbeitspunkt — in dem U_{Q} und $I_{\text{err}}(R_{\text{A}} + R_{\text{i}})$ übereinstimmen. Die Nichtlinearität der $U_{\text{Q}} = f(I_{\text{err}})$-Kennlinie ist geradezu erforderlich, soll ein solcher stabiler Arbeitspunkt existieren! Die Klemmenspannung ($I = I_{\text{err}}$) beträgt $U = U_{\text{Q}} - I_{\text{err}} R_{\text{i}} = f(I_{\text{err}}) - I_{\text{err}} B_{\text{i}}$. Da U_{Q} bei großem Erregerstrom schließlich nur noch wenig steigt, der Spannungsabfall $I_{\text{err}} R_{\text{i}}$ im Maschineninnern hingegen

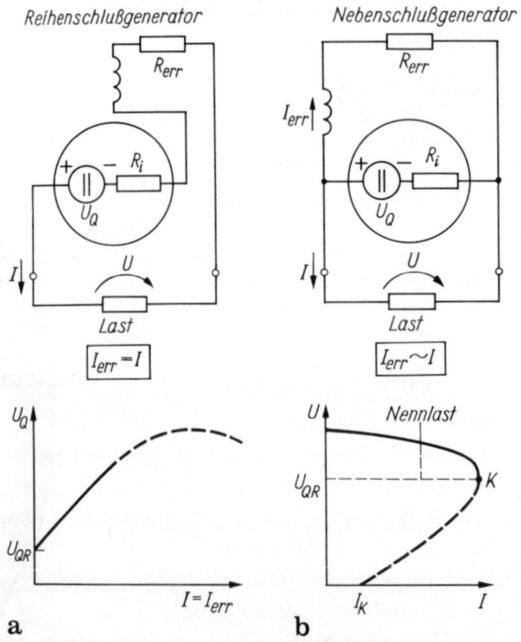

Bild 3.53a, b. Selbsterregter Generator. **a** Reihenschlußgenerator: Ersatzschaltbild und Lastkennline; **b** Nebenschlußgenerator: Ersatzschaltbild und Lastkennlinie

stromproportional wächst, hängt die Klemmenspannung U stark von der Belastung ab. Sie besitzt sogar ein Maximum. Dies ist ein Nachteil.

Beim *Nebenschlußgenerator* (Bild 3.53b) gilt $I_{err} = U/R_{err}$ und

$$I = I_A - I_{err} = \frac{U_Q - U}{R_i} - \frac{U}{R_{err}},$$

mithin $I = I_K[f(U)] - U(G_i + G_{err})$

Dies ist die Stromquellenkennlinie eines aktiven Zweipols mit *nichtlinearem* Kurzschlußstrom $I_K[f(U)]$ (da er von der Klemmenspannung U abhängt).

Die Vertauschung der I- und U-Achsen (Bild 3.53b) ergibt eine Kennlinie $U = f(I)$ mit folgender Besonderheit: Bei zu kleiner Klemmenspannung U (zu großer Belastung R_A) reicht der zugehörige Erregerstrom nicht mehr aus, um die dazu notwendige Quellspannung U_Q zu erzeugen. Sie (und damit U) bricht auf U_{QR} zusammen. Der dazugehörige *Kippunkt* K bedeutet also Aussetzen der Rückkopplung. Er ist für rückgekoppelte Anordnungen typisch.

3.4 Wechselseitige Verkopplung elektrischer und magnetischer Größen

Ziel. Nach Durcharbeit des Abschnittes 3.4 sollen beherrscht werden
— die Strom-Spannungs-Beziehungen der Selbstinduktion;
— die Gesetzmäßigkeiten der Zusammenschaltung von Spulen;
— die Strom-Spannungs-Beziehungen zweier gekoppelter Spulen;
— die Grundeigenschaften des Transformators;
— die Grundgleichungen des elektromagnetischen Feldes (Angabe in integraler Form und Erläuterung der einzelnen Gleichungen).

Wir lernten bisher:

1. Jede Art von Strom ist nach dem *Durchflutungssatz* Gl. (3.12a) von einem Magnetfeld begleitet:

a) $I \to \Theta \to \Phi$

Verkopplung: elektrische → magnetische Größe

Der Zusammenhang Strom → magnetischer Fluß führte auf den *Induktivitätsbegriff* (s. Abschn. 3.2.4.1).

2. Zeitliche Flußänderungen erzeugen ein *elektrisches Wirbelfeld* nach dem *Induktionsgesetz* (3.45)

b) $\dfrac{d\Psi}{dt} \to u_i = \oint \boldsymbol{E} \cdot d\boldsymbol{s}$

Verkopplung zeitveränder- → elektrische Größe
liche magnetische

Insgesamt erzeugen dann zeitveränderliche Ströme nach a) ein zeitveränderliches Magnetfeld und dieses nach b) induzierte Spannungen in materiellen oder gedachten Leiterschleifen, sofern diese vom Fluß durchsetzt werden. Diese komplizierte wechselseitige Verkopplung des elektrischen und magnetischen Feldes erfassen wir jetzt in der *Strom-Spannungs-Relation* der *Induktivität* bzw. *Gegeninduktivität* als Bauelement. Die Verkopplung kann an zwei *räumlich getrennten Stellen* auftreten (Bild 3.54):

— *Selbstinduktion*: Die von der Stromänderung di/dt erzeugte Flußänderung $d\Phi/dt$ induziert im *gleichen* Leiterkreis eine Spannung.

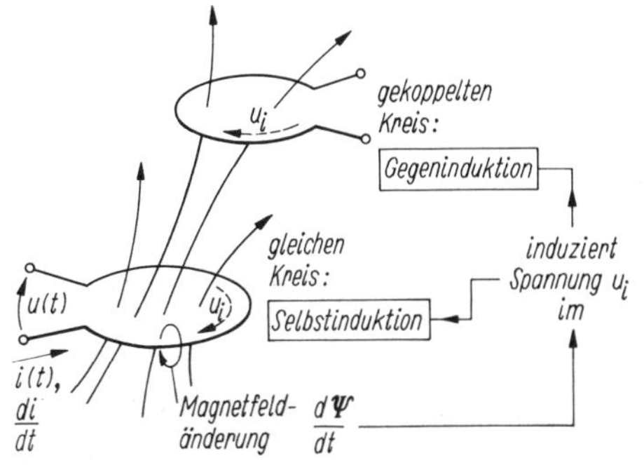

Bild 3.54. Prinzip der Selbst- und Gegeninduktion $\left(\dfrac{d\psi}{dt} > 0 \text{ angenommen}\right)$

— *Gegeninduktivität*: Die von der Stromänderung $\mathrm{d}i/\mathrm{d}t$ erzeugte Flußänderung $\mathrm{d}\Phi/\mathrm{d}t$ induziert eine Spannung in *benachbarten* Leiterkreisen. Beide Leiterkreise sind so magnetisch verkoppelt. Deshalb kann Gegeninduktion nie durch ein Zweipol-, sondern nur durch mindestens ein Vierpolelement dargestellt werden.

3.4.1 Selbstinduktion

Wesen. Ein eingeprägter Strom i erzeugt um eine Drahtschleife den magnetischen Fluß Φ (Bild 3.55). Der Zusammenhang lag durch Gl. (3.33) fest. Wächst der Strom um $\mathrm{d}i$ (z. B. Zuwachs $\mathrm{d}i/\mathrm{d}t > 0$), so vergrößert sich der magnetische Fluß. Die (positive) Flußänderung $\mathrm{d}\Phi/\mathrm{d}t$ erzeugt nach dem Induktionsgesetz Gl. (3.45) die induzierte Spannung

$$u_\mathrm{i} = -\frac{\mathrm{d}\Phi}{\mathrm{d}t} = -\frac{\mathrm{d}(Li)}{\mathrm{d}t} = -L\frac{\mathrm{d}i}{\mathrm{d}t} \tag{3.55}$$

induzierte Spannung durch Selbstinduktion L

mit negativem Vorzeichen. Diese induzierte Spannung u_i ist in der Masche als zusätzlich wirkende Spannung zu berücksichtigen (vgl. auch Bild 3.39b).

Nach dem Durchflutungsatz Gl. (3.12) ist die vom strombegleitenden Magnetfluß im gleichen Stromkreis induzierte Spannung streng proportional der Änderungsgeschwindigkeit des Stromes. Die Proportionalitätskonstante war die *Selbstinduktivität L* oder einfach Induktivität, da der Vorgang grundsätzlich an jeder Spule auftritt, die Gesamterscheinung heißt *Selbstinduktion*.

Die induzierte Spannung u_i hat zur Folge (Bild 3.55a)

— einen Strom $i(u_\mathrm{i})$ in entgegengesetzter Richtung zu $\mathrm{d}i$ und i (u_i wirkt als Antriebsursache). Deshalb fließt im Stromkreis insgesamt nur der *Nettostrom* zwischen $i + \mathrm{d}i(u)$ und $i(u_\mathrm{i})$. Das geht aus dem Bild hervor.

— durch den Gegenstrom $i(u_\mathrm{i})$ entsteht ein Magnetfeld $B(i(u_\mathrm{i}))$ (bzw. Fluß Φ), das dem ursprünglichen *entgegenwirkt*.

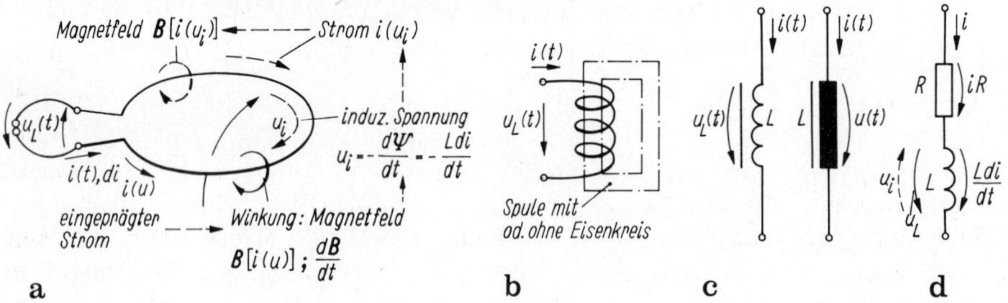

Bild 3.55a–d. Selbstinduktion. **a** Prinzip; **b** Selbstinduktivität als Bauelement: Zweipol, der von einem Magnetfeld umgeben ist. Es kann im Eisenkreis konzentriert sein; **c** Ersatzschaltbild der Induktivität (Strich bedeutet Eisenkern); **d** Reihenschaltung von Selbstinduktivität und Widerstand (Maschensatz) Spannung über L entweder als Spannungsabfall u_L oder induzierte Spannung u_i gegeben.

Allgemein: Die durch zeitliche Stromänderung induzierte Spannung u_i treibt einen Strom im Kreis an mit der Tendenz, di entgegenzuwirken, also den Gesamtstrom zu erhalten. (*Lenzsche Regel* s. Abschn. 3.3.2.1): Bei Stromerhöhung wirkt u_i dem Strom entgegen: Es wird elektrische Energie zum Aufbau des Magnetfeldes verbraucht. Bei Stromverringerung wirk u_i den Strom gleichsinnig unterstützend: Es wird elektrische Energie durch Abbau des Magnetfeldes abgegeben.

Strom-Spannungs-Relation. Nach Gl. (3.55) hängen Spannung und zeitliche Stromänderung miteinander zusammen. Das kann dargestellt werden durch
— die *induzierte Spannung* gemäß EMK-Auffassung (s. Gl. (3.55));
— die Spannung $u_L = -u_i$ als *Spannungsabfall* in Richtung zu i an den Klemmen 1, 2

$$u_L = +\frac{d\Psi}{dt} = +L\frac{di}{dt} \tag{3.56a}$$

Strom-Spannungs-Relation der zeitunabhängigen Induktivität L[1].

Um einen wachsenden Strom di/dt durch eine Induktivität zu erzwingen, muß die äußere Spannung u_L die entgegenwirkende induzierte Spannung u_i überwinden!

Aus Gl. (3.56a) folgt gleichwertig durch Integration

$$\begin{aligned} i(t) &= \frac{1}{L}\int_{-\infty}^{t} u_L(t')dt' = \frac{1}{L}\int_{-\infty}^{-0} u_L(t')dt' + \frac{1}{L}\int_{+0}^{t} u_L(t')dt' \\ &= i_L(-0) + \frac{1}{L}\int_{+0}^{t} u_L(t')dt' \end{aligned} \tag{3.56b}$$

Strom-Spannungs-Relation an der (linear zeitunabhängigen) Spule

bzw. für den Induktions fluß Ψ

$$\Psi(t) = \Psi(-0) + \int_{+0}^{t} u_L dt$$

Wirkung zum Zeitpunkt t	Anfangswert (Ergebnis der Vergangenheit)	Beitrag abhängig vom Zeitintegral der Erregung $u_L(t)$

mit

$$i(-0) = \lim_{t \to -0} i$$

Anfangswert des Spulenstromes .

Bei gegebener Spannung $u_L(t)$ als Erregung hängt der Strom $i(t)$ durch eine zeitunabhängige Induktivität L vom Zeitintegral der Spannung u_L beginnend bei $t = -\infty$, also von der *Vergangenheit* (Zeitbereich $t = -\infty \ldots 0$) ab. Sie wird als zusammengefaßtes Ergebnis im *Anfangswert* $i(-0)$ gespeichert. Physikalisch entspricht ihm die bereits zur Zeit $t = 0$ im Magnetfeld gespeicherte Energie.

---

[1] Zeitabhängige Induktivitäten s. Abschn. 5.1

Das zukünftige Verhalten des Stromes durch die Induktivität für $t > 0$ kann nach Gl. (3.56b) aus dem Anfangszustand $i(-0)$ und dem von diesem Zeitpunkt an gültigen Spannungsverlauf $u_L(t)$ bestimmt werden. Damit hat der Strom-Spannungs-Zusammenhang der Induktivität durch den Anfangswert Gedächtniseigenschaft (ebenso wie die Kondensatorspannung, s. Abschn. 2.5.6.1).

Merke: Der Strom zum Zeitpunkt t durch eine zeitunabhängige Induktivität ist nur eindeutig bestimmt, wenn sein Anfangswert $i(0)$ und Spannung $u_L(t)$ bekannt sind.

Die Herleitung der Strom-Spannungs-Relation Gl. (3.56a) und der Bezug zu den physikalischen Vorgängen mag möglicherweise etwas umständlich — wenn auch korrekt — erscheinen. Eine einfachere, formale Begründung ergibt sich direkt aus Gl. (3.45a) mit $\Psi = L \cdot i$ durch Auswertung des Umlaufintegrals

$$\oint \boldsymbol{E}_{\mathrm{i}} \cdot \mathrm{d}\boldsymbol{s} = -\frac{\mathrm{d}(i)}{\mathrm{d}t} = \int_1^2 \boldsymbol{E} \cdot \mathrm{d}\boldsymbol{s} + \int_2^1 \boldsymbol{E} \cdot \mathrm{d}\boldsymbol{s}$$

im Bild 3.55a. Die zeitliche Flußänderung $\mathrm{d}(i)/\mathrm{d}t$ möge nur in der Leiterschleife erfolgen. Das Umlaufintegral wird nun zerlegt zumindest in einen Teil längs der Schleife. Er verschwindet (nicht i-abhängig), wenn die Schleife widerstandslos ist. Der zweite Term

$$\int_2^1 \boldsymbol{E} \cdot \mathrm{d}\boldsymbol{s} = -\int_1^2 \boldsymbol{E} \cdot \mathrm{d}\boldsymbol{s} = -u_L$$

auf einem Weg zwischen 2 und 1 über die Außenklemmen entspricht aber gerade der negativen Klemmenspannung. Damit ist die Relation Gl. (3.56a) erhalten.

Stetigkeit des Anfangsstromes. Ersatzschaltung. Weiter gilt aus Gl. (3.56b): Der Induktionsfluß Ψ einer Induktivität kann aus energetischen Gründen nie springen. Er verläuft vielmehr stets *stetig* (kann aber Knicke aufweisen):

$$\Psi_L(+0) = \Psi_L(-0) \tag{3.57}$$

Stetigkeit des Induktionsflusses einer beliebigen Selbstinduktion.

Daraus folgt bei zeitunabhängiger Induktivität $i(+0) = i(-0)$ als Stetigkeit des Spulenstromes der zeitunabhängigen Spule zur Zeit $t = 0$.

An der zeitlich konstanten Spule ist der Spulenstrom immer stetig. Er kann nie springen, wohl kann sich die Spannung sprunghaft ändern. Analoges Verhalten haben wir für die Spannung des Kondensators festgestellt. Sie konnte ebenfalls nicht springen. Bild 3.56 zeigt, wie der Gesamtstrom nicht nur vom Zeitintegral über die Spannung, sondern auch vom Anfangswert des Stromes abhängt.

Nach dem Knotensatz ist Gl. (3.56b) ersatzschaltbildmäßig (Bild 3.56c) als Parallelschaltung der energiefreien Induktivität und der Stromquelle $i(-0)$ darzustellen.

Technisches Schaltelement. Die Induktivität ist die Haupteigenschaft des Bauelementes *Spule.* Sie wird meist mit einem Eisenkreis, Eisen- oder Ferritkern ausgestattet, um möglichst große Induktivität zu erhalten (Bild 3.55c).

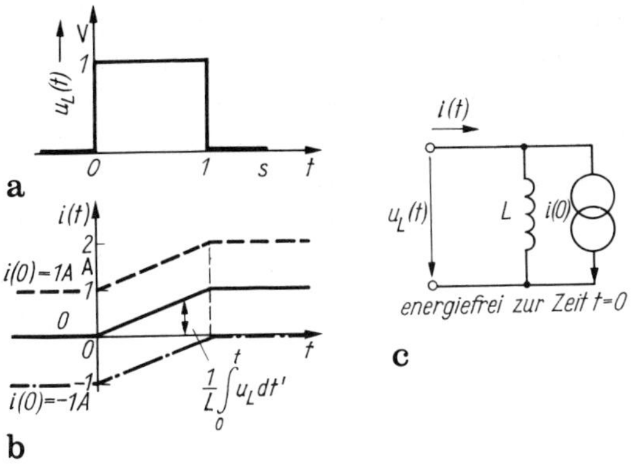

Bild 3.56a–c. Einfluß des Anfangswertes des Stromes auf den Stromverlauf durch eine Induktivität. **a** Zeitverlauf der Spannung; **b** Zeitverlauf des Stromes bei unterschiedlichen Anfangswerten ($i(0)$ ($L = 1$ H)); **c** Ersatzschaltung der Induktivität mit Anfangsstrom $i(0)$

Technische Schaltelemente besitzen infolge des Wicklungswiderstandes stets einen ohmschen Widerstand. In der Ersatzschaltung ersetzen wir diesen Widerstand, der durch die gesamte Wicklung gleichmäßig verursacht wird, durch das konzentrierte Schaltelement R (Bild 3.55d). Diese *technische Spule*[1] hat die Strom-Spannungs-Relation (Maschensatz)

$$u = u_R + u_L = iR + L\frac{\mathrm{d}i}{\mathrm{d}t}. \tag{3.58}$$

u-i-Beziehung an einer Reihenschaltung von Widerstand R und Induktivität L (zeitunabhängig).

Für Gleichstrom ($\mathrm{d}i/\mathrm{d}t = 0$) wirkt nur der Spannungsabfall u_R, für einen zeitveränderlichen Strom ($\mathrm{d}i/\mathrm{d}t \neq 0$) hingegen ein größerer Spannungsabfall.

Zusammenschaltungen von Induktivitäten (ohne wechselseitige magnetische Kopplung). Wir stellen die Bildungsgesetze der Ersatzinduktivität bei Reihen- und Parallelschaltung von Einzelinduktivitäten zusammen. Gegenseitig magnetische Kopplung[2] und ohmsche Widerstände sollen nicht vorhanden sein.

1. Reihenschaltung. Alle Teilinduktivitäten L_ν werden vom gleichen Strom i durchflossen. Deshalb gilt nach dem Maschensatz (Bild 3.57)

$$u_{AB} = u_1 + u_2 + u_3 + \ldots = u_{ges} = L_1\frac{\mathrm{d}i}{\mathrm{d}t} + L_2\frac{\mathrm{d}i}{\mathrm{d}t} + L_3\frac{\mathrm{d}i}{\mathrm{d}t} + \ldots$$
$$= L_{ers}\frac{\mathrm{d}i}{\mathrm{d}t}.$$

[1] Später ergänzen wir noch die Wechselstromverluste

[2] Dies ist bei räumlich benachbarten Spulen nie ganz auszuschließen, vgl. dann Abschn. 3.4.2

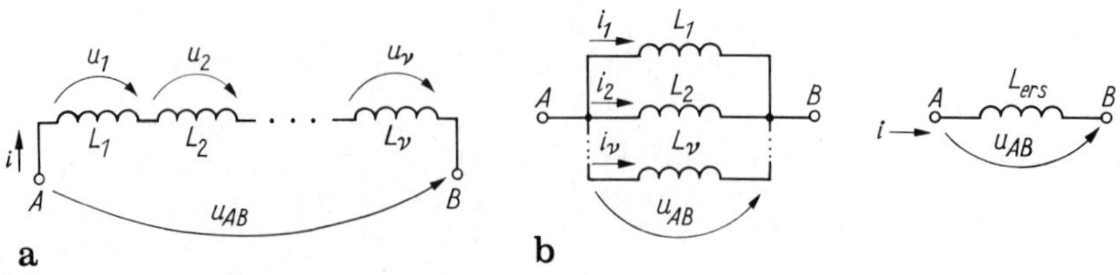

Bild 3.57a–b. Zusammenschaltung mehrerer Induktivitäten. **a** Reihen-; **b** Parallelschaltung

Der Vergleich liefert

$$L_{\text{ers}} = \sum_{\nu=1}^{n} L_\nu \tag{3.59}$$

Reihenschaltung von n nicht magnetisch verkoppelten Einzelinduktivitäten .

Bei der Reihenschaltung von n magnetisch nicht verkoppelten Induktivitäten ergibt sich die Gesamtinduktion aus der Summe der Einzelinduktivitäten.

Physikalisch liegt diesem Ergebnis die Addition der vom (gleichen) Strom an den verschiedenen Orten (der Induktivitäten) erzeugten *Teilflüsse* zugrunde

$$\Psi_{\text{ges}} = \Psi_1 + \Psi_2 + \Psi_3 + \ldots + \Psi_n = L_1 I + L_2 I + L_3 I + \ldots + L_n I = L_{\text{ers}} I \,.$$

2. *Parallelschaltung.* Hier liegt an allen Induktivitäten die gleiche Spannung. Deshalb addieren sich die Teilströme (Knotensatz)

$$i = i_1 + i_2 + i_3 + \ldots + i_n, \quad \frac{di}{dt} = \frac{di_1}{dt} + \frac{di_2}{dt} + \frac{di_3}{dt} + \ldots$$

und damit auch ihre Zeitdifferentiale. Mit $u_1 = u_2 = u_3 = \ldots = u_{\text{AB}}$ und der Strom- Spannungs-Relation (Gl. (3.56b)) der Einzelinduktivitäten wird daraus

$$\frac{u_{\text{AB}}}{L_{\text{ers}}} = \frac{u_{\text{AB}}}{L_1} + \frac{u_{\text{AB}}}{L_2} + \frac{u_{\text{AB}}}{L_3} + \ldots$$

bzw.

$$\frac{1}{L_{\text{ers}}} = \sum_{\nu=1}^{n} \frac{1}{L_\nu} \tag{3.60}$$

Parallelschaltung von n nicht magnetisch verkoppelten Induktivitäten .

Bei der Parallelschaltung von n magnetisch nicht verkoppelten Induktivitäten ergibt sich die reziproke Gesamtinduktivität als Summe der reziproken Einzelinduktivitäten.

Verhalten den Induktivität im Grundstromkreis. In der Schaltung Bild 3.58 soll sowohl der $i(t)$- als auch der $u(t)$-Verlauf vorgegeben werden können. Die Teil-

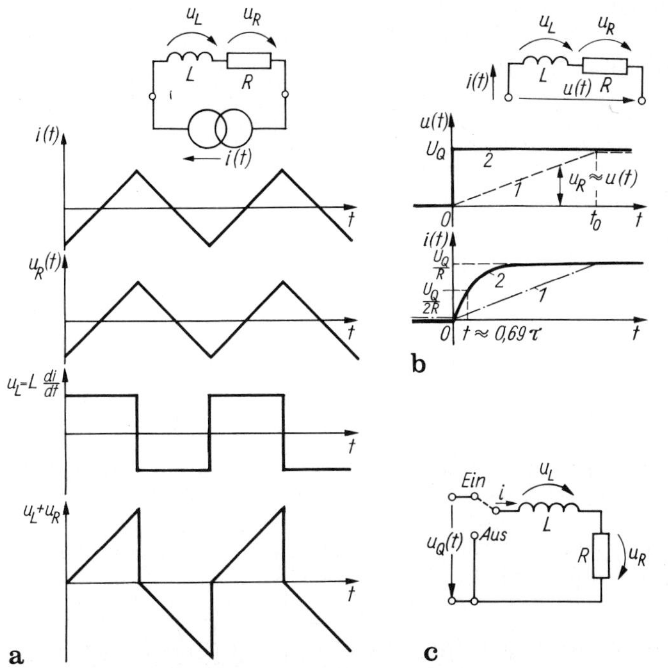

Bild 3.58a–c. Zeitverlauf des Stromes sowie der Teil- (u_R, u_L) und Gesamtspannung u einer Reihenschaltung von Widerstand und Spule. **a** Einprägung eines dreieckförmigen Stromes; **b** Einprägung der Gesamtspannung $u(t)$ mit langsamem und sprungförmigem Anstieg (Kurve *1*, *2*); **c** Stromkreis mit Induktivität zum Ein- und Ausschalten

spannungen u_R und u_L an Widerstand und Spule gemäß

$$u = u_R + u_L = iR + L\frac{di}{dt} \tag{3.61}$$

hängen bei gegebenem Stromverlauf $i(t)$ (Bild 3.58a) stark von der zeitlichen Stromänderung und der Größe der Induktivität ab.

Bei gegebenem Spannungsverlauf $u(t)$ (Bild 3.58b) ist der Strom $i(t)$ nicht so einfach zu ermitteln, denn er hängt auch von der (nicht bekannten) Ableitung di/dt ab. Eine Gleichung, die die abhängige Variable i und das Differential di/dt enthält, heißt *Differentialgleichung*. Wir lernen ihre Lösung später kennen und begnügen uns hier mit einem physikalisch anschaulichen Bild von der Wirkung der Induktivität. Sie soll anfangs energiefrei sein ($i(0) = 0$).

Die Spannung $u_Q(t) = u(t)$ habe nacheinander zwei verschiedene Zeitverläufe (Bild 3.58b); einen langsamen und sprunghaften Anstieg:

— Bei *langsamem* Anstieg ist $u_L = L\,di/dt$ sicher klein gegen u_R, deshalb folgt der Stromverlauf $i_L(t)$ etwa dem der Spannung. Das ist Kurve *1*. Sie gilt für $t_0 \gg \tau = L/R$, weil aus der Ungleichung $u_L \ll u_R$ folgt $L\Delta i/R \ll i\Delta t$, d. h. die maximale Stromänderung $\Delta i \approx i$ muß in einer Zeitspanne $\Delta t \approx t_0$ erfolgen, die groß gegen L/R ist.

— *Sprunghafter* Anstieg kann z. B. durch Einschalten einer Gleichspannung an die Reihenschaltung beider Schaltelemente erzeugt werden (Kurve *2*). Da sich der Strom nicht sprunghaft ändern kann und anfangs $i(0) = 0$ war, gilt für $t = 0$: $i(0) = 0$, $u(0) = 0 + L(\mathrm{d}i/\mathrm{d}t)$, d. h.

$$\left.\frac{\mathrm{d}i}{\mathrm{d}t}\right|_{t=0} = \frac{u(0)}{L}\,.$$

Der Strom steigt an, somit auch $u_\mathrm{R} = iR$. Da in der Maschengleichung (3.61) U_Q konstant ist, wächst mit steigendem Strom der Spannungsabfall u_R, $u_\mathrm{L} \sim \mathrm{d}i/\mathrm{d}t$ sinkt ab. Der Strom steigt mit der Zeit weiter an, aber immer langsamer. Schließlich ist $i = U_\mathrm{Q}/R = \mathrm{const}$ für $t \to \infty$ erreicht und damit $\mathrm{d}i/\mathrm{d}t \to 0$. Dann verläuft die Stromkurve horizontal. Die genaue Rechnung liefert

$$i(t) = \frac{U_\mathrm{Q}}{R}\left(1 - \mathrm{e}^{-tR/L}\right). \tag{3.62}$$

Durch Einsetzen in Gl. (3.61) bestätigt man leicht die Richtigkeit der Lösung. Daraus folgt

$$u_\mathrm{L} = L\frac{\mathrm{d}i}{\mathrm{d}t} = U_\mathrm{Q}\mathrm{e}^{-tR/L}\,.$$

Wir fassen zusammen: Eine Induktivität im Grundstromkreis verleiht dem Strom gegenüber der Spannung Trägheitscharakter.
Maßgebend für die Stromänderung ist offenbar die *Zeitkonstante*

$$\tau_\mathrm{L} = \frac{L}{R}\,. \tag{3.63}$$

Wegen $\mathrm{e}^{-0{,}7} \approx 0{,}5 \exp(-0{,}7) \approx 1/2$ hat der Strom z. Z. $t \approx 0{,}7\tau_\mathrm{L}$ die Hälfte seines Endwertes U_Q/R erreicht, nach weiteren $0{,}7\tau_\mathrm{L}$ wieder die Hälfte des Restes (also 3/4, U_Q/R) usw. Deshalb heißt $t_\mathrm{H} \approx 0{,}7\tau_\mathrm{L}$ Halbwertzeit.

Unterbrechung eines Kreises mit L. Wird eine stromdurchflossene Spule (Bild 3.58c) abgeschaltet, der Stromfluß also unterbrochen, so sollte man im Abschaltmoment zunächst $\mathrm{d}i/\mathrm{d}t \to \infty$ erwarten und damit $u_\mathrm{L} \to \infty$. Das ist physikalisch unmöglich. Tatsächlich versucht der Strom weiterzufließen. Er hat auch hier *Trägheitscharakter*. Die induzierte Spannung u_i ($\sim u_\mathrm{L}$) stellt sich so ein (und damit auch die Spannung über dem Schalter!), daß der Strom durch mögliche Nebenwege (über Schalter, Spule, Kapazität) kontinuierlich abnehmen kann. Dazu entsteht durch die hohe Spannung ein Durchschlag der Luft (Lichtbogen, Funken), der Stromfluß gewährleistet.

Während die induzierte Spannung u_i beim Einschalten des Stromkreises dem Strom entgegenwirkt (Bild 3.58b), versucht sie diesen Strom beim Abschalten aufrechtzuerhalten. Für das Ausschalten gilt

$$0 = u_\mathrm{L} + u_\mathrm{R} = \frac{L\mathrm{d}i}{\mathrm{d}t} + iR = 0$$

mit der Lösung $i(t) = i(0)e^{-t/\tau_\mathrm{L}}$.

(*Hinweis*: Bei Kurzschluß einer auf die Spannung U_C geladenen Kapazität entsteht eine Stromspitze! (s. Abschn. 2.5.6.1)).

3.4.2 Gegeninduktion

Fließt durch räumlich benachbarte Leiterschleifen (Spule, Drahtschleife, Drähte) in einer Leiterschleife (*1*) ein Strom (Bild 3.54), so erreicht der mit ihre verkoppelte magnetische Fluß Ψ auch andere Leitergebilde nach Maßgabe der *Gegeninduktivität* (Bild 3.59). Ein zeitveränderlicher Strom $(\mathrm{d}i_1/\mathrm{d}t)$ in Schleife *1* ändert die Induktion $\boldsymbol{B}_2(i_1)$ in Spule *2* und induziert dort die Spannung $u_{2\mathrm{i}}$. Ganz entsprechend ändert ein zeitveränderlicher Strom $\mathrm{d}i_2/\mathrm{d}t$ in Schleife *2* die Induktion $\boldsymbol{B}_1(i_2)$ in Spule *1* und erzeugt die Gegeninduktionsspannung $u_{1\mathrm{i}}$.

Dabei ist die in Spule 2 durch i_1 induzierte Spannung $u_{2\mathrm{i}}$ bei gleicher Stromänderung genau so groß wie die in Spule *1* durch i_2 induzierte, unabhängig von Größe, Lage und Form der Spule. Das folgt direkt aus dem Umkehrsatz (s. Abschn. 5.3.4.1).

Nach Abschn. 3.2.4.2 hatte M ein Vorzeichen. Es ergibt sich aus der frei wählbaren Richtung des Flächenvektors $\boldsymbol{A}$. Wir legen fest:

1. $\mathrm{d}\boldsymbol{s}$ und $\boldsymbol{A}_2$ bilden ein Rechtssystem. Dann ergibt sich die Umlaufspannung in Spule *2* aus dem Umlaufintegral $\oint \boldsymbol{E}_\mathrm{i} \cdot \mathrm{d}\boldsymbol{s}$ positiv, wenn $\boldsymbol{E}_\mathrm{i}$ mit $\boldsymbol{A}_2$ ein Rechtssystem bildet. Der Bezugssinn der induzierten Spannung wird in Richtung von $\mathrm{d}\boldsymbol{s}$ positiv orientiert (Bild 3.59).

2. Dieser Bezugssinn gilt auch für $\boldsymbol{B}_2$ (bzw. Φ_2), falls $\boldsymbol{B}_2$ in Richtung von $\boldsymbol{A}_2$ verläuft.

Anschaulich liegen dann Verhältnisse hinsichtlich der Ströme und Flüsse wie für Gl. (3.36) (Bild 3.32) vor. Für die Einzelspule mit $\Psi = L_i$ ergab sich daraus Gl. (3.56a) (im Verbraucherzählpfeilsystem). Wir setzen an:

$$u_{2\mathrm{i}} = -\frac{\mathrm{d}\Psi_{21}(i_1)}{\mathrm{d}t} = -M_{21}\frac{\mathrm{d}i_1}{\mathrm{d}t}; \qquad u_2 = +M_{21}\frac{\mathrm{d}i_1}{\mathrm{d}t} \tag{3.64a}$$

$$u_{1\mathrm{i}} = -\frac{\mathrm{d}\Psi_{12}(i_2)}{\mathrm{d}t} = -M_{12}\frac{\mathrm{d}i_2}{\mathrm{d}t}; \qquad u_1 = +M_{12}\frac{\mathrm{d}i_2}{\mathrm{d}t}. \tag{3.64b}$$

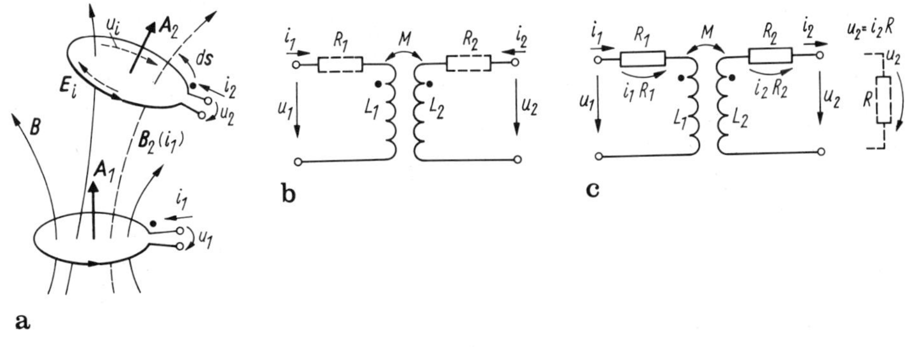

Bild 3.59a–c. Gegeninduktionsspannung. **a** Vorzeichenfestlegung; **b** Ersatzschaltung (Verbraucherpfeilsystem); **c** Ersatzschaltung (Erzeugerpfeilsystem)

In diese Gleichungen müssen die Werte von Ψ bzw. M entsprechend der Richtung der durch den Strom i_1 gegebenen Induktion $\boldsymbol{B}_2(i_1)$ und des Flächenvektors $\boldsymbol{A}_2$ eingesetzt werden (s. Bild 3.31ff. und Gl. (3.35)).

Zwei Spulen sind immer so beschaffen (Bild 3.32), daß der von Strom i_1 in Spule *1* erregte Fluß Ψ_{11} nur zum Teil Ψ_{21} die Spule *2* durchsetzt (analog Fluß durch Spule *2*). Wir schreiben daher (bei gleichsinniger Stromrichtung, d. h. Addition der Magnetfelder) unter Nutzung der *Flußkennlinie* Gl. (3.36) ($\Psi_1 = \Psi_{11} + \Psi_{12}$)

$$u_1 = +\frac{d\Psi_1}{dt} = L_1 \frac{di_1}{dt} + M \frac{di_2}{dt} + i_1 R_1 ,$$

$$u_2 = +\frac{d\Psi_2}{dt} = M \frac{di_1}{dt} + L_2 \frac{di_2}{dt} + iR_2 . \tag{3.64c}$$

Strom-Spannungs-Relation von zwei gekoppelten Spulen (beiderseits Verbraucherzählpfeilrichtung).

Gl. (3.64c) ist die Grundbeziehung einer Anordnung aus zwei Spulen, bei denen die Ströme i_1, i_2 *gleichsinnige* Magnetfelder erzeugen (s. Bild 3.32b). Sie besagt:

Die in einer Spule (*1*) induzierte Spannung hängt ab von der Stromänderung di_1 des Stromes durch die *gleiche* Spule nach Maßgabe der Selbstinduktion und der Stromänderung di_2 in einer benachbarten, magnetisch verketteten Spule nach Maßgabe der Gegeninduktion: Die Gegeninduktion verkettet zwei Stromkreise miteinander über das Magnetfeld als Zwischenträger.

Bild 3.59b zeigt die zu Gl. (3.64c) gehörende Ersatzschaltung in Form eines sog. *Vierpols* (s. Abschn. 7.3.5). Sie charakterisiert die Gegeninduktivität M (Wir werden später noch andere Ersatzschaltungen unter Benutzung von sog. *gesteuerten Quellen* kennenlernen).

Technische Spulen haben immer Wicklungswiderstände. Wir berücksichtigen sie durch die Widerstände R_1 und R_2 (im Bild 3.59b angedeutet) und ergänzen in Gl. (3.64c) noch die Spannungsabfälle $i_1 R_1$ und $i_2 R_2$.

Verbraucher-Erzeugerpfeilsystem. Für die praktische Anwendung wählt man für Spule *1* häufig das Verbraucher-, für Spule *2* das Erzeugerpfeilsystem (Bild 3.59c) mit umgekehrter Richtung des Stromes i_2. Erzwungen wird diese Stromrichtung stets bei angeschlossenem Lastwiderstand R durch die Richtung von $u_2 = Ri_2$. Die Erzeugerpfeilrichtung ist somit die natürliche Stromrichtung der Spule *2*. Insgesamt kehren sich die Vorzeichen aller mit i_2 behafteten Glieder in Gl. (3.64) um:

Seite 1 (Verbraucherseite)

$$u_1 = L_1 \frac{di_1}{dt} - M \frac{di_2}{dt} + i_1 R_1 \tag{3.65}$$

Seite 2 (Generatorseite, von Verbraucher aus gesehen)

$$u_2 = M \frac{di_1}{dt} - L_2 \frac{di_2}{dt} - i_2 R_2$$

Transformatorgleichungen.

Weil diese Beziehungen für den Transformator üblich sind, heißen sie *Transformatorgleichungen* (s. Abschn. 3.4.3).

Gl. (3.64c) kann auch nach den Klemmenströmen aufgelöst werden. Wir integrieren dazu beiderseits und erhalten (für $R_1 = R_2 = 0$)

$$\int u_1 \mathrm{d}t + c_1 = L_1 i_1 + M i_2 ,$$

$$\int u_2 \mathrm{d}t + c_2 = M i_1 + L_2 i_2 .$$

Aufgelöst nach den Strömen i_1, i_2 ergibt sich

$$i_1 = \Gamma_1 \int u_1 \mathrm{d}t + \Gamma_\mathrm{M} \int u_2 \mathrm{d}t + i_1(0) , \qquad (3.66)$$

$$i_2 = \Gamma_\mathrm{M} \int u_1 \mathrm{d}t + \Gamma_2 \int u_2 \mathrm{d}t + i_2(0)$$

Strom-Spannungs-Relation zweier gekoppelter Spulen (beiderseits Verbrauchersystem)

mit

$$\Gamma_1 = \frac{L_2}{L_1 L_2 - M^2} , \qquad \Gamma_2 = \frac{L_1}{L_1 L_2 - M^2} , \qquad \Gamma_\mathrm{M} = \frac{-M}{L_1 L_2 - M^2} ,$$

$i_1(0)$, $i_2(0)$ Anfangswerte der Ströme i_1, i_2.

Die Ströme i_1, i_2 zur Zeit t durch zwei gekoppelte zeitunabhängige Induktivitäten sind nur durch Angabe ihrer Anfangswerte und die Spannungen $u_1(t)$, $u_2(t)$ eindeutig bestimmt.

Technische Anwendungen und Beispiele. Bei den technischen Anwendungen gekoppelter Spulen unterscheidet man die

— Gegeninduktivität,die bei *ungewollter* Verkopplung zweier räumlich benachbarter Spulen vorliegt;

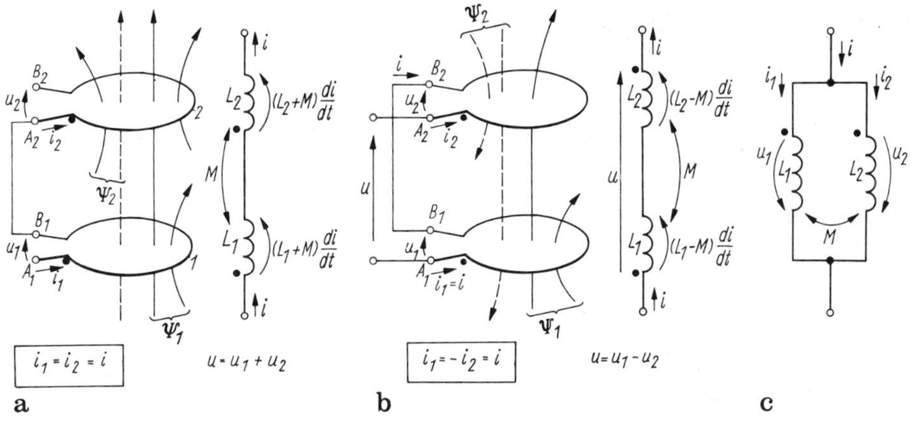

Bild 3.60a–c. Zusammenschaltung von magnetisch gekoppelten Spulen. **a** Reihenschaltung (gleicher Wickelsinn); **b** Reihenschaltung (entgegengesetzter Wickelsinn) mit vereinfachter Darstellung; **c** Parallelschaltung gekoppelter Induktivitäten

— Gegeninduktivität mit *veränderbarer* Kopplung (Spulen relativ zueinander dreh- und/oder schwenkbar), die sog. *Variometer*;
— Gegeninduktivität mit *sehr fester* Kopplung, meist unter Verwendung eines Eisenweges: den *Transformator*.

Unerwünschte Kopplung zweier Spulen L_1, L_2 über die Gegeninduktivität können sowohl bei ihrer Reihen- als auch Parallelschaltung entstehen.

Reihenschaltung. Die Reihenschaltung zweier gekoppelter Spulen L_1, L_2 nach Bild 3.60a führt im Fall a) bei gleichem Wickelsinn wegen der Flußaddition (gleiche Richtung der Teilflüsse!) $\Psi = \Psi_1 + \Psi_2$ mit Gl. (3.36) auf $\Psi_{\text{ges}} = L_1 i_1 + 2Mi_1 + L_2 i_2$. Mit $i = i_1 = i_2$ ergibt sich dann als Gesamtinduktivität $L_{\text{ges}} = \frac{\Psi_{\text{ges}}}{i} = L_1 + L_2 + 2M$.

Bei entgegengesetztem Wickelsinn subtrahieren sich die Teilflüsse Ψ_1 und Ψ_2 wegen $i = i_1 = -i_2$ und $u = u_1 - u_2$ (Bild 3.60b)

$$u = \frac{d\Psi_{\text{ges}}}{dt} = \frac{d\Psi_1}{dt} - \frac{d\Psi_2}{dt}.$$

Mit den Komponenten $\Psi_1 = L_1 i_1 + Mi_2 = (L_1 - M)i$, $\Psi_2 = (L_2 i_2 + Mi_1) = (M - L_2)\, i$ folgt schließlich die Gesamtinduktivität

$$L_{\text{ges}} = \frac{\Psi_{\text{ges}}}{i} = L_1 + L_2 - 2M.$$

Im ersten Fall ist die Gesamtinduktivität größer als die Summe der Einzelinduktivitäten, im letzten Fall kleiner. Man erkennt damit deutlich den Einfluß der magnetischen Verkopplung auf die Spannungspfeile über den Spulen (Bild 3.60). Zusammengefaßt beträgt die Gesamtinduktivität für die Reihenschaltung zweier Spulen mit den Einzelinduktivitäten L_1, L_2:

$$L_{\text{ges}} = L_1 + L_1 + L_2 \pm 2M = L_1 + L_2 \pm 2k\sqrt{L_1 L_2}. \tag{3.67}$$

Gesamtinduktivität reihengeschalteter Spulen.
+ gleicher, − entgegengesetzter Wicklungssinn.

Für gleiche Induktivität $L_1 = L_2$ und $k = \pm 1$ folgt daraus $L_{\text{ges}} = 4L (k = +1)$ bzw $L_{\text{ges}} = 0\,(k = -1)$. Bei fester Kopplung ($k = 1$) und *gleichem* Wicklungssinn beträgt die Gesamtinduktivität allgemein $L_{\text{ges}} = (\sqrt{L_1} + \sqrt{L_2})^2$, bei entgegengesetztem Wicklungssinn (k = − 1) $L_{\text{ges}} = (\sqrt{L_1} - \sqrt{L_2})^2$.

Feste Kopplung erzielt man entweder durch einen Eisenkreis und/oder *bifilare* Wicklung ($k = -1$). Nach diesem Prinzip stellt man *induktionsarme Widerstände* her.

Parallelschaltung. Bestimmend sind hier Maschen- ($u = u_1 = u_2$) und Knotensatz ($i = i + i_2$) (Bild 3.60c). Aus Gl. (3.64c) folgt aufgelöst nach di_1/dt, di_2/dt

$$\frac{di_1}{dt} = \frac{Mu_2 - L_2 u_1}{M^2 - L_1 L_2}, \quad \frac{di_2}{dt} = \frac{Mu_1 - L_1 u_2}{M^2 - L_1 L_2}.$$

Die gesamte Stromänderung beträgt

$$\frac{di}{dt} = \frac{di_1}{dt} + \frac{di_2}{dt} = \frac{u_1(M - L_2) + u_2(M - L_1)}{M^2 - L_1 L_2}$$

$$= \frac{(2M - L_1 - L_2)}{M^2 - L_1 L_2} u = \frac{u}{L_{ers}} .$$

Durch Vergleich ergibt sich daraus

$$L_{ers} = \frac{L_1 L_2 - M^2}{L_1 + L_2 - 2M} = \frac{L_1 L_2 (1 - k^2)}{L_1 + L_2 - 2k\sqrt{L_1 L_2}} \tag{3.68}$$

Gesamtinduktivität zweier parallelgeschalteter Einzelinduktivitäten.

Auch dieses Ergebnis unterscheidet sich von kopplungsfrei parallelgeschalteten Induktivitäten Gl.(3.60).

Enthalten sind die Grenzfälle:

— Gleicher Wickelsinn $k > 0$. Speziell bei gleicher Induktivität $L_1 = L_2 = L$ wird daraus $L_{ers} = (1 + k)L/2$. Die Induktivität schwankt zwischen $L/2$ (ohne Kopplung) und $L(k = 1)$ (totale Kopplung). Das erste Ergebnis kann aus der Parallelschaltung zweier Induktivitäten sofort bestätigt werden.

— Entgegengesetzter Wicklungssinn ($k < 0$). Hier wird bei gleichen Induktivitäten $L_{ers} = (1 - |k|)L/2$, also eine *kleinere* Induktivität erhalten, die schließlich bis $L_{ers} = 0$ für feste Kopplung ($k = -1$) gehen kann.

Spulen mit veränderlicher Kopplung ergeben dann, je nach Schaltung (s. o.), eine *veränderbare Induktivität* zwischen L_{min} und L_{max}. Sie werden nur noch wenig angewendet, da sich veränderbare Induktivitäten auf elektronischem Wege einfacher erzeugen lassen.

3.4.3 Transformator

Wirkprinzip. Zwei (oder mehrere) magnetisch intensiv gekoppelte Spulen mit einem Kopplungsfaktor $k \lessapprox 1$ heißen als Bauelement *Transformator*. Er wird je nach seinem Einsatz

— *Umspanner* in der Energietechnik zur Spannungsunter- oder übersetzung oder

— *Übertrager* oder *Wandler* in der Informationstechnik zur Widerstandstransformation und/oder Spannungsübersetzung genannt.

Stets verarbeitet er nur zeitveränderliche Ströme. Er ist deshalb ein Bauelement der Wechselstromtechnik, er wird dort auch genauer behandelt werden. Hier wollen wir lediglich das Grundverhalten kennenlernen.

Die feste magnetische Kopplung wird durch räumlich enge Anordnung beider Spulen, die sog. Primär- und Sekundärwicklung auf einem gemeinsamen hochpermeablen Eisenkern erreicht (Bild 3.61). Vom Wirkprinzip her gesehen tritt zu den Strom-Spannungs-Beziehungen gekoppelter Spulen (Gl. (3.65)) noch als *Zusatzbedingung* die *Verknüpfung von Strom i_2 und Spannung u_2 im Sekundärkreis*

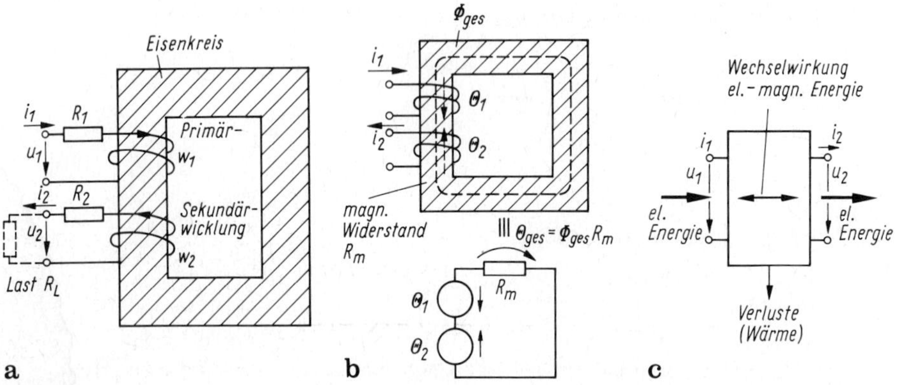

Bild 3.61a–c. Transformator. **a** Prinzip und Aufbau; **b** magnetischer Kreis und Ersatzschaltung; **c** Energiefluß

durch die sekundäre Belastung (z. B. durch einen ohmschen Widerstand $i_2 = u_2/R_L$) hinzu.

Zusammen mit dem Grundprinzip gekoppelter Spulen (s. Abschn. 3.4.2) folgern wir: Der Transformator ist ein Bauelement, das elektrische Energie aus dem Primärkreis über das Magnetfeld in elektrische Energie im Sekundärkreis überträgt.

Zur Untersuchung der Grundeigenschaften treffen wir einige Idealisierungen, die den *idealen Transformator* kennzeichnen:

— Vollständige magnetische Kopplung ($k = 1$, keine Streuung);
— vernachlässigbare ohmsche Widerstände ($R_1 = R_2 = 0$);
— vernachlässigbarer magnetischer Widerstand des magnetischen Kreises ($R_m = 0$)[1].

Am realen Transformator gelten diese Bedingungen nicht, es treten Abweichungen ein.

Grundeigenschaften. Mit den im Bild 3.61 festgelegten Zählrichtungen der Ströme (Verbrauchersystem primärseitig, Erzeugersystem sekundärseitig) gilt:

Bei Vergrößerung von i_1 wächst die Durchflutung $\Theta_1 = i_1 w_1$ und so der magnetische Fluß und induziert sekundärseitig die Spannung u_{2i} so, daß der von ihr angetriebene Strom i_2 nach der Lenzschen Regel seiner Ursache (→ der Flußnahme) entgegenwirkt. Der Sekundärstrom i_2 erzeugt die Durchflutung $\Theta_2 = i_2 w_2$. Sie wirkt der Durchflutung Θ_1 entgegen. Man bezeichnet sie deshalb auch als *Gegenampèrewindungen* Θ_2 (Bild 3.61b). Für den gesamten magnetischen Fluß Φ ist daher die *Nettodurchflutung* $\Theta = \Theta_1 - \Theta_2$ maßgebend. Daraus leiten sich die *vier Haupteigenschaften* des Transformators ab:

---

[1] Damit sind die Eigeninduktivitäten L_1, L_2 unendlich groß und die Gegeninduktivität ist nicht definiert

1. Stromübersetzung. Die *Transformationswirkung* des Transformators basiert darauf, daß bei verschwindendem magnetischem Widerstand R_m für den Fluß Φ keine Nettodurchflutung Θ erforderlich ist: $\Theta = \Theta_1 - \Theta_2 = \Phi R_m = 0$ oder

$$\Theta_1 = i_1 w_1 = \Theta_2 = i_2 w_2 \,. \tag{3.69}$$

Da jeweils nur das Produkt von i und w festliegt, kann es beliebig auf die Faktoren i und w verteilt werden. Die Durchflutungen Θ_1 und Θ_2 sind dabei die Umsatzstellen elektrischer in magnetische Energie. Deshalb stellt der magnetische Spannungsabfall ΦR_m am realen Transformator eine unerwünschte *Flußschwächung* dar. Man strebt daher

$$i_1 w_1 - i_2 w_2 \gg \Phi R_m \,, \tag{3.70a}$$

also kleinen magnetischen Widerstand R_m an (hochpermeables Eisen, geringer Luftspalt, großer Eisenquerschnitt). Die Stromübersetzung

$$\frac{i_1}{i_2} \approx \frac{w_2}{w_1} \,, \qquad R_m \to 0: \quad \frac{i_1}{i_2} = \frac{W_2}{W_1} \tag{3.70b}$$

ist am besten im Kurzschluß erfüllt.

In jedem Zeitpunkt verhalten sich Primär- und Sekundärstrom umgekehrt wie die (konstruktiv festliegenden) Windungszahlen.

Aus Gl. (3.65) hat sekundärseitiger Leerlauf $i_2 = 0$ zwangsläufig $i_1 = 0$ zur Folge. Am realen Transformator ($R_m \neq 0$) wird aber in diesem Falle noch ein Leerlaufstrom ($I_{ie} w_1 \approx \Phi R_m = \theta_{ges}$) fließen.

2. Spannungsübersetzung. Da die Wicklungswiderstände R_1, R_2 durch den Spannungsabfall Leistungsverluste erbringen, strebt man $|iR| \ll |u_i|$ an, also hohe induzierte Spannung. Im Idealfall $R = 0$ ergibt sich für die Spannungsübersetzung

$$\frac{u_1}{u_2} = \frac{w_1}{w_2} \,, \qquad R \to 0 \,. \tag{3.71}$$

Primär- und Sekundärspannung des idealen Transformators verhalten sich in jedem Zeitpunkt (bei vernachlässigtem R) wie die Windungszahlen unabhängig von der sekundären Last.

Das Windungsverhältnis eines Netztransformators mit $U_1 = 220$ V und $U_2 = 6$ V beträgt somit $U_1/U_2 = w_1/w_2 = 220$ V/6 V = 36,7.

Bei nicht vernachlässigtem Spannungsabfall $i \cdot R$ gilt Gl. (3.71) nur näherungsweise. Wohl liegt w_1/w_2 konstruktiv fest, aber U_1/U_2 ist in diesem Fall *lastabhängig*. Am besten wird Gl. (3.71) im Leerlauf erfüllt. Der im Eisenkreis auftretende magnetische Fluß Φ wird im wesentlichen durch die Primärspannung U_1 geprägt. Ändert sich z. B. $u_1(t)$ cos-förmig (und damit auch $u_2(t)$), also gemäß $u_1(t) = \hat{U}_1 \cos \omega t$, so beträgt der Fluß

$$\frac{u_1(t)}{w_1} \to \Phi(t) = \int \frac{u_1(t)\,\mathrm{d}t}{w_1} = \frac{\hat{U}_1}{w_1 \omega} \sin \omega t = \hat{\Phi}_m \sin \omega t \,.$$

Seine Größe $\hat{\phi}_m = \hat{U}_1/w_1 \omega$ wird durch die Primärspannung und die Frequenz bestimmt.

In technischen Transformatoren treten etwa Flußdichten von 1 T (bedingt durch Eisensättigung) auf. Bei gegebenem Eisenquerschnitt A sowie einer Netzfrequenz $f = \omega/(2\pi)$ = 50 Hz benötigt man je Windung eine Spannung $U'(w_1 = 1)$

$$U' = \frac{\hat{U}_1}{w_1} = \omega\Phi_m\sqrt{2} = \omega BA\sqrt{2} = 6{,}28\,\text{A}\cdot 50\,\frac{1\,\text{V}\cdot\text{s}}{\text{cm}^2}\sqrt{2}\,\frac{1}{\text{s}} = 0{,}044\,\text{A}\,\frac{\text{V}^1}{\text{cm}^2} \qquad (3.72)$$

also z. B. bei einem Kernquerschnitt $A = 10\,\text{cm}^2$, $U' \approx 0{,}44\,\text{V/w}$. Für das vorstehend angeführte Zahlenbeispiel erfordert das für die Primärseite $w_1 = U_1/U' = 220\,\text{V}/0{,}44\,\text{V}/w = 500\,\text{Wd}$, für die Sekundärseite $w_2 = U_2/U' = 6\,\text{V}/0{,}44\,\text{V}/w = 13{,}6\,\text{Wd} \approx 14\,\text{Wd}$.

Eine Verkleinerung des Kernquerschnittes veringert den Fluß und damit U', dementsprechend wird die Windungszahl größer. Bei Erhöhung der Frequenz steigt die induzierte Spannung U' an, kann also ein kleinerer Kernquerschnitt gewählt werden.

3. Leistungen. Die Produktbildung der Gln. (3.70b) und (3.71) führt auf $u_1 i_1 \approx u_2 i_2$ und damit

$$p_1 = p_2 \qquad (3.73)$$

Leistungsübersetzung des idealen Transformators.

Obwohl sich Ströme und Spannungen primär- wie sekundärseitig zeitlich ändern, ist die in jedem Zeitpunkt aufgenommene Primärleistung p_1 beim idealen Transformator gleich der abgegebenen Sekundärleistung p_2.

Der ideale Transformator überträgt elektrische Leistung aus einem Stromkreis in einen anderen verlustlos, ohne daß beide Stromkreise galvanisch gekoppelt sind.

Am realen Transformator treten Verluste (Trafoerwärmung) aus verschiedenen Gründen auf: Kupferverluste (R_1, R_2), Verluste durch Ummagnetisierung des Eisenkernes, Wirbelstromverluste, Streuung (s. Abschn. 7.3.5). Wir erhalten daher nur Wirkungsgrade $\eta = p_2/p_1 \approx 0{,}95 \ldots 0{,}99$. Dabei wachsen die Tr ansformatorabmessungen bei gleicher Frequenz mit steigender Leistung.

4. Widerstandstransformation. Die Quotientenbildung von Gl. (3.70b) und (3.71) ergibt

$$\frac{R_e}{R_L} = \frac{u_1/i_1}{u_2/i_2} = \left(\frac{w_1}{w_2}\right)^2 \qquad (3.74)$$

Widerstandstransformation.

Damit wirkt der sekundäre Belastungswiderstand $R_L = u_2/i_2$ durch die Spannungs-Strom-Übersetzung des Transformators primärseitig wie ein Widerstand $R_e = R_L(w_1/w_2)^2$.

Der Transformator übersetzt (im Idealfall) Widerstände im Quadrat des Windungszahlverhältnisses von einer auf die andere Seite.

Diese Eigenschaft begründet seine Hauptanwendung als *Anpassübertrager* zwischen Generator und Verbraucher in der Informationstechnik. Auf diese Weise kann z. B. ein kleiner Verbraucherwiderstand $R_L = 8\,\Omega$ (eines Lautsprechers) unter Zwischenschaltung eines Transformators an eine hochohmige Quelle mit dem Innenwiderstand R_i „angepaßt“ werden.

[1] Für Φ_m ist der Spitzenwert $\hat{\Phi}_m = \sqrt{2}\,\Phi_m$ anzusetzen

Zusammengefaßt kann das Verhalten des idealen Transformators durch das

$$\text{Übersetzungsverhältnis } \ddot{u} = \frac{u_2}{u_1} = \frac{w_2}{w_1}$$

der Spannungen bzw. Windungszahlen ausreichend beschrieben werden.

Bild 3.62 enthält das Schaltsymbol. Der Doppelstrich zwischen den Spulen deutet auf die feste Kopplung hin. Den Einfluß der Selbst- und Gegeninduktion, wie er nach Bild 3.59 zu erwarten ist, erfassen wir später beim realen Transformator. Im Bild 3.62b wurde auch die Widerstandstransformation Gl. (3.74) veranschaulicht.

Anwendungen findet der Transformator hauptsächlich

— in der *Energietechnik* zur Erzeugung gewünschter hoher oder kleiner Spannungen. Zur Energieübertragung über große Entfernungen soll die Spannung möglichst hoch sein (bis 750 kV), um Leitungsverluste ($I^2 R$) zu reduzieren. Ohne den Transformator wäre eine wirtschaftliche Energieübertragung nicht möglich. Die Hauptaufgabe ist die Übertragung von Leistungen bei einer Frequenz (50 Hz) mit hohem Wirkungsgrad.

Spezielle Transformatoren sind

— *Trenntransformatoren* zur galvanischen Trennung der Primär- und Sekundärseite aus Schutzforderungen meist mit der Übersetzung $\ddot{u} = 1$;

— *Schutztransformatoren* zur Erzeugung von kleinen Spannungen (U = 6, 12, 24, 42 V (Vorzugswerte)), mit denen häufig aus Gründen des Unfallschutzes an besonders gefährdeten Stellen gearbeitet wird;

— *Regeltransformatoren* mit stufenlos einstellbarer Sekundärspannung;

— *Spartransformatoren*, bei denen die Primärwicklung ein Teil der Sekundärwicklung ist. Weicht die Sekundärspannung nur gering (50 bis 150%) von der Primärspannung ab, so kann ein Kern mit kleinem Eisenquerschnitt und weniger Windungen für die Sekundärspule verwendet werden als bei getrennter Ausführung der Primär- und Sekundärwicklung (Bild 3.63a).

— Der *Übertrager* dient zur Anpassung eines Verbrauchers an eine Quelle in der Informationstechnik in einem breiten Frequenzbereich. Deshalb werden sie häufig mit hochpermeablem Eisenkreis mit Luftspalt (→ Linearisierung der ϕ-I-Kennlinie) oder Ferritkern ausgeführt und kapazitätsarm gewickelt.

Eine Sonderform ist der *Differentialübertrager*. Hier wird die Sekundärwicklung in der Mitte angezapft. Dann stehen von ihren Endpunkten in bezug auf

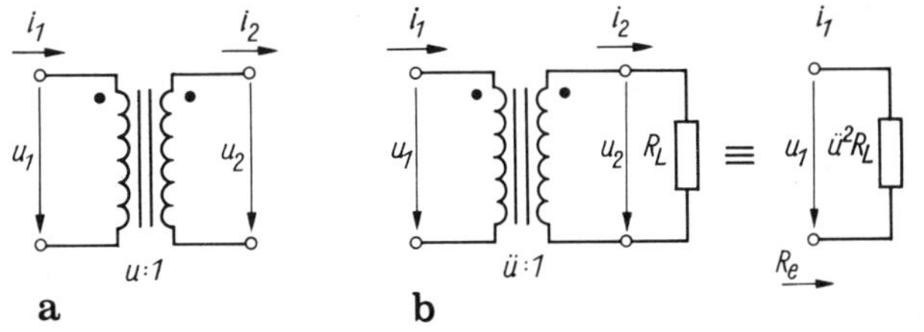

Bild 3.62a, b. Transformator. **a** Schaltsymbol des idealen Transformators; **b** zur Widerstandstransformation des idealen Transformators

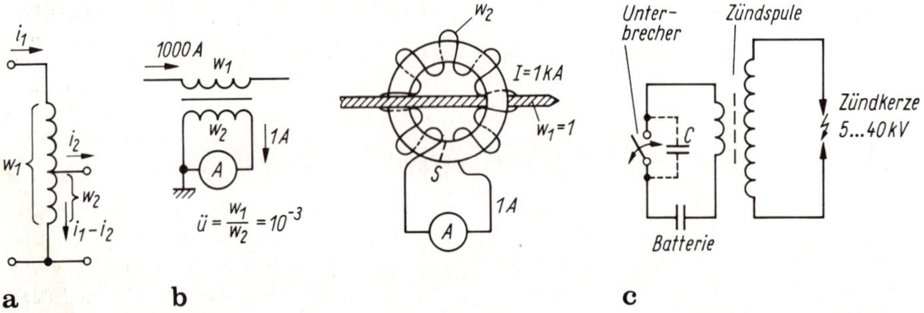

Bild 3.63a–c. Anwendungsbeispiele des Transformatorprinzips. **a** Spartransformator; **b** Stromwandler, rechts als sog. Stabstromwandler mit Öffnung bei *S* (Stromzange); **c** Zündspule im Grundstromkreis

diese Anzapfung zwei Spannungen gleicher Größe, aber mit einem Phasenunterschied von 180° zur Verfügung. Sie werden z. B. für den Aufbau von Meßbrücken benötigt.

Bild 3.63 zeigt einige typische Anwendungsmöglichkeiten des Transformators. So findet er beispielsweise breiten Einsatz als*Meßwandler* einerseits zur galvanischen Trennung des Instrumentes vom Meßkreis, zum anderen auch, um extrem hohe Spannungen oder Ströme an die Bereiche üblicher Meßinstrumente anzupassen. Sowohl *Spannungs-* als auch *Stromwandler* benötigen ein definiertes Übersetzungsverhältnis. Eine Sonderform, der Stabstromwandler umfaßt die hochstromführende „Primärwicklung" bestehend aus dem stromführenden Leiter einfach durch eine Ringspule mit einem zu öffnenden Schlitz (die sog. *Stromzange*).

Durch einen Transformator läßt sich auch aus einer periodisch unterbrochenen Gleichspannung ein transformierter, meist höherer Spannungsimpuls gewinnen, wie dies in einer *Zündanlage* (Bild 3.63c), dem Funkeninduktor oder dem sog. *Transverter* der Fall ist. Als periodisch betätigter Schalter kommen sowohl mechanische als vor allem auch elektronische (Transistor, Thyristor) in Frage. Da beim Abschalten der Primärinduktivität über dem Schalter eine hohe Spanungsspitze entsteht (s. Abschn. 3.4.1), wird dort ein Kondensator parallelgeschaltet (u_c stetig, dient beim mechanischen Schalter zur Funkenlöschung). Die Sekundärspannung kann dann bei entsprechendem Übersetzungsverhältnis so hoch sein, daß an der Zündkerze die Durchbruchsfeldstärke der Luft ('30 kV/cm) erreicht wird und ein Überschlag erfolgt.

Transformatoren haben tortz ihrer zahlreichen Vorteile für bestimmte Anwendungen auch einige Nachteile: hohe Herstellungskosten, großes Volumen, nicht ideale Übertragungseigenschaften. Deshalb besteht in der modernen Elektronik die Tendenz, die Transformatorfunktion durch billigere und kleinere elektronische Schaltungen zu ersetzen (oder mit kleineren Transformatoren auszukommen). Beispiele sind Transistorschaltungen zur Widerstandsformation, Phasenumkehrschaltungen als Ersatz des Differentialtransformators, Optokoppler zur galvanischen Trennung zweier Stromkreise u. a. m.

Transformatoren haben einige Nachteile: hohe Herstellungskosten, großes Volumen, nicht ideale Übertragungseigenschaften. Deshalb besteht in der Elektronik und besonders in der Mikroelektronik die Tendenz, die Transformatorfunktion für kleinere Leistungen durch billigere und kleinere elektronische Schaltungen zu ersetzen. Hierfür gibt es bereits vielfältige Lösungen.

3.5 Rückblick bzw. Ausblick zum elektromagnetischen Feld

Die bisher behandelten Gesetzmäßigkeiten des elektrostatischen, des Strömungs- und des magnetischen Feldes existieren nicht losgelöst voneinander, sondern bilden (mit einigen Egänzungen) das System der sog. *Maxwellschen Gleichungen.* Sie stellen Erfahrungssätze dar, die durch das Experiment immer wieder bestätigt werden.

Das System der Maxwellschen Gleichungen umfaßt (Tafel 3.7)

1. Das Durchflutungsgesetz (s. Abschn. 3.1.3, Tafel 3.7a). Es beschreibt die Erzeugung magnetischer Felder durch Ströme: Das Umlaufintegral der magnetischen Feldstärke längs einer Berandung s ist gleich dem von diesem Umlauf umfaßten Strom (Konvektions- und/oder Verschiebungsstrom). Gleichwertig ist auch die Aussage: Ein Stromfaden (Konvektions- ($\boldsymbol{S} = \varrho \boldsymbol{v}$) und/oder Verschiebungsstrom ($\mathrm{d}\boldsymbol{D}/\mathrm{d}t$; entstanden durch ein zeitveränderliches Feld) wird stets von einem Magnetfeld umwirbelt (Bild 3.64a).

2. Das Induktionsgesetz (s. Abschn. 3.3.1, Tafel 3.7b). Es beschreibt die Erzeugung elektrischer Umlaufspannung längs einer Berandung s. Sie ist gleich der zeitlichen Flußabnahme innerhalb dieser Berandung.

Gleichwertig ist die Ausdrucksweise: Ein zeitveränderliches Magnetfeld wird von einem elektrischen Feld $\boldsymbol{E}_\mathrm{i}$ umwirbelt (Bild 3.64b).

Zu diesen beiden Gesetzen treten noch als *Eigenschaften des Feldes* hinzu:

Die Quelleneigenschaft des $\boldsymbol{D}$-Feldes (elektrische Ladung als Ursache von $\boldsymbol{D}$) und die Quellenfreiheit des magnetischen Flusses (Tafel 3.7c, d und Bild 3.64c, d). Diese Gleichungen werden oft auch als Nebenbedingungen der Maxwellschen Gleichungen oder III., und IV. Maxwellsche Gleichung bezeichnet.

Im Durchflutungssatz tritt die Gesamtstromdichte

$$\boldsymbol{S}_\mathrm{ges} = \boldsymbol{S} + \frac{\partial \boldsymbol{D}}{\partial t} = \int \boldsymbol{v} \mathrm{d}\varrho + \frac{\partial \boldsymbol{D}}{\partial t} \tag{3.75}$$

auf, bestehend aus Konvektions- und Verschiebungsstromdichte (wobei auch die Verschiebungsstromdichte auf eine zeitliche Änderung der Raumladungsdichte zurückgeführt werden kann). Dies führt allgemein auf die Kontinuitätsgleichung (Tafel 3.7e) als Bilanz. Es folgt nämlich aus

$$0 = \oint \boldsymbol{S}_\mathrm{ges} \cdot \mathrm{d}\boldsymbol{A} = \oint \boldsymbol{S} \cdot \mathrm{d}\boldsymbol{A} + \oint \frac{\partial \boldsymbol{D}}{\partial t} \cdot \mathrm{d}\boldsymbol{A} = \oint \boldsymbol{S} \cdot \boldsymbol{A} + \frac{\mathrm{d}}{\mathrm{d}t} \oint \varrho \mathrm{d} V \tag{3.76}$$

wegen $\int \boldsymbol{D} \cdot \mathrm{d}\boldsymbol{A} = \int \varrho \mathrm{d} V = 0$.

Des weiteren verknüpfen die *Materialgleichungen* zugeordnete Größen des betreffenden Feldes:

Strömungsfeld	elektrostatisches Feld	magnetisches Feld
$\boldsymbol{S} = \varkappa \boldsymbol{E}$	$\boldsymbol{D} = \varepsilon_\mathrm{r} \varepsilon_0 \boldsymbol{E}$	$\boldsymbol{B} = \mu_\mathrm{r} \mu_0 \boldsymbol{H}$

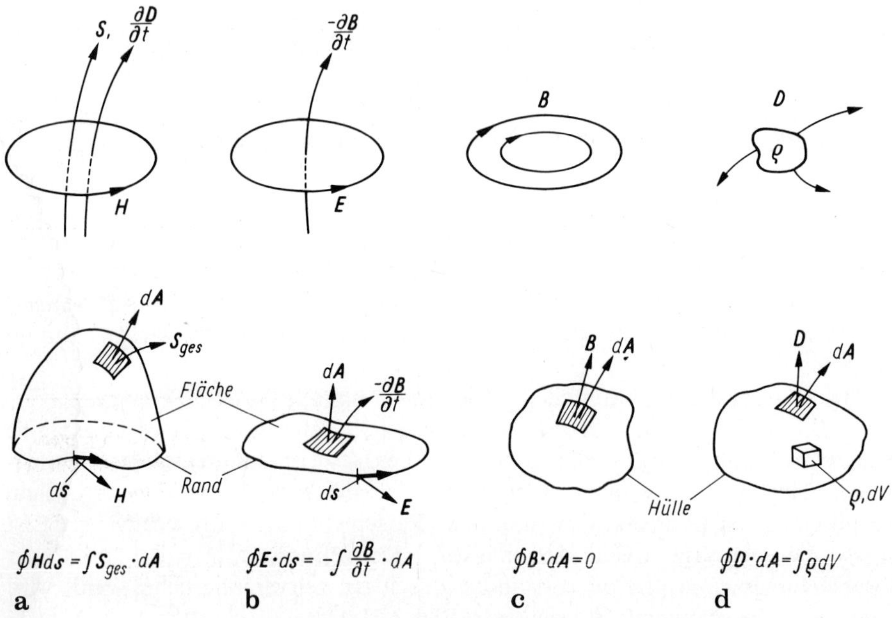

Bild 3.64a–d. Maxwellsche Gleichungen in Integralform (Formulierung und Veranschaulichung). **a** Durchflutungssatz; **b** Induktionsgesetz; **c** Quellenfreiheit der Flußdichte; **d** Quellenfeld einer Ladungsverteilung

Somit gibt es ausreichend viele Gleichungen zur Bestimmung der Feldgrößen:

elektrische Feldstärke ***E***	magnetische Feldstärke ***H***
Stromdichte ***S***	magnetische Flußdichte ***B***
Verschiebungsstromdichte ***D***	

Die Maxwellschen Gleichungen beschreiben insbesondere die *wechselseitige Verkopplung* der Feldgrößen. Das führt bei schnellen zeitveränderlichen Vorgängen zu einer Vielzahl von besonderen Erscheinungen, z. B. Stromverdrängung im Leiter, Ausbildung elektromagnetischer Wellen, Laufzeiterscheinungen in Ladungsträgerströmungen u. a. m. Wir lernten Strom- und Feldverdrängung bereits kennen (s. Abschn. 3.3.2.2).

In den Maxwellschen Gleichungen treten Linien-, Flächen- und Volumenintegrale (z. B. über geschlossene Wege und Flächen) auf, die im Bild 3.64 vergleichend veranschaulicht wurden. Aus dieser Darstellung stammt der Zusatz „Maxwellsche Gleichungen in Integralform". Für die *Ergebnisse der Integration* wurden nun mit Erfolg Global- oder Integralgrößen eingeführt, die dann das Verhalten einer Feldgröße längs eines Weges oder über einer Fläche beschrieben (Tafel 3.7, Spalte 2).

Die Maxwellschen Gleichungen in Integralform sind durch ihren direkten Bezung zu den Globalgrößen sehr anschaulich und eignen sich daher für das Erlernen der Grundgesetze des

Tafel 3.7. System der Maxwellschen Gleichungen

Integralform	Globalform	Differentialform[a]	Bezeichnung
a) $\oint_s \boldsymbol{H}\cdot \mathrm{d}\boldsymbol{s} = \int_A \left(\boldsymbol{S} + \frac{\mathrm{d}\boldsymbol{D}}{\mathrm{d}t}\right)\cdot \mathrm{d}\boldsymbol{A}$ (3.12a, 3.15)	$= \Sigma Iw = \Theta^{e}$ (3.12a)	$\mathrm{rot}\,\boldsymbol{H} = \boldsymbol{S} + \frac{\mathrm{d}\boldsymbol{D}}{\mathrm{d}t}$	Durchflutungssatz, I. Maxwellsche Gleichung
b) $\oint_s \boldsymbol{E}\cdot \mathrm{d}\boldsymbol{s} = -\int_A \frac{\partial}{\partial t}\boldsymbol{B}\cdot \mathrm{d}\boldsymbol{A}$ (3.45a)	$u_i = -\frac{\mathrm{d}\Psi^{b}}{\mathrm{d}t}$ (3.45a)	$\mathrm{rot}\,\boldsymbol{E} = -\frac{\partial \boldsymbol{B}}{\partial t}$	Induktionsgesetz, II. Maxwellsche Gleichung
c) $\oint_{\text{Hülle}} \boldsymbol{B}\cdot \mathrm{d}\boldsymbol{A} = 0$ (3.5) d) $\oint_{\text{Hülle}} \boldsymbol{D}\cdot \mathrm{d}\boldsymbol{A} = \oint_V \varrho \mathrm{d}V = \Sigma Q$ (2.70a)	$\sum_r \Phi_r = 0$ (3.21) $\Sigma Q = \Sigma \Psi^{c}$ (2.81a)	$\mathrm{div}\,\boldsymbol{B} = 0$ $\mathrm{div}\,\boldsymbol{D} = \varrho$ (2.75)	Nebenbedingungen: — Quellenfreiheit der Flußdichte — Gaußsches Gesetz, Quellenfeld der Ladung
e) $\oint_{\text{Hülle}} \boldsymbol{S}\cdot \mathrm{d}\boldsymbol{A} = -\frac{\mathrm{d}}{\mathrm{d}t}\oint_V \varrho \mathrm{d}V$	$\frac{-\mathrm{d}Q}{\mathrm{d}t} = \Sigma I_v$ (2.23)	$\mathrm{div}\,\boldsymbol{S} = -\frac{\mathrm{d}\varrho}{\mathrm{d}t}$	Kontinuitätsgleichung (Erhaltung der Ladung)
f) $\int_V \boldsymbol{E}\cdot \boldsymbol{S}\mathrm{d}V + \oint_{\text{Strahlg.}} \boldsymbol{S}_w\cdot \mathrm{d}\boldsymbol{A}$	$-\frac{\mathrm{d}W}{\mathrm{d}t} = \Sigma P^{d}$ (4.20)	[f]	Leistungsbilanz (Erhaltung der Energie)
g) $\boldsymbol{S} = \varkappa \boldsymbol{E}$ ($\boldsymbol{E} = \varrho \boldsymbol{S}$) (2.19)	$\boldsymbol{B} = \mu \boldsymbol{H}$ (3.16)	$\boldsymbol{D} = \varepsilon \boldsymbol{E}$ (2.73)	Materialgleichungen
$S_{n1} = S_{n2}$ (2.25a) $B_{n1} = B_{n2}$ (3.17a) $D_{n1} = D_{n2}$ (2.77a)		$E_{t1} = E_{t2}$ (2.26a) $H_{t1} = H_{t2}$ (3.18a) $E_{t1} = E_{t2}$ (2.78a)	Stetigkeitsbedingungen

[a] Nur aus Übersichtsgründen mit aufgenommen, jedoch Gegenstand der Feldtheorie
[b] Ψ Induktionsfluß, s. Abschn. 3.3.1
[c] Ψ Verschiebungfluß, s. Abschn. 2.5.5.1
[d] $\boldsymbol{S}_w = \boldsymbol{E} \times \boldsymbol{H}$, Poynting-Vektor, s. Abschn. 4.2.1
[e] Für stationäres Magnetfeld
[f] Darstellung nicht aufgenommen
[g] ruhendes System

elektromagnetischen Feldes besonders gut. Dabei wird jedoch aufgefallen sein, daß die bisher betrachteten Anwendungsfälle entweder eindimensional waren oder bestimmte Symmetrieeigenschaften hatten. Nur dann ist diese Integralform zwechkmäßig. Für die allgemeinere Feldbeschreibung verwendet man hingegen die Maxwellschen Gleichungen in *Differentialform* (Tafel 3.7, 3. Spalte). Man erhält sie mit den Integralsätzen von *Gauß*

$$\oint_A \boldsymbol{F} \cdot \mathrm{d}\boldsymbol{A} = \int_V \operatorname{div} \boldsymbol{F} \,\mathrm{d}V \tag{3.77}$$

von *Stokes*

$$\oint_s \boldsymbol{F} \cdot \mathrm{d}\boldsymbol{s} = \int_A \operatorname{rot} \boldsymbol{S} \cdot \mathrm{d}\boldsymbol{A}\,, \tag{3.78}$$

wobei die Fläche A von der Randkurve s begrenzt wird. In einem solchen (allgemeinen) Vektorfeld $\boldsymbol{F}$ sind dann Vektoroperationen wie $\operatorname{grad} \varphi$, $\operatorname{div} \boldsymbol{F}$ und $\operatorname{rot} \boldsymbol{F}$ in einem zu wählenden Koordinatensystem auszuführen.

Derartige Feldanalysen sind nicht nur für beliebige Anordnungen durchführbar, sondern sie eignen sich auch besonders gut für numerische Berechnungen.

Feldarten: Quellen- und Wirbelfeld. Elektrisches und magnetisches Feld zeigen im Aufbau ihrer mathematischen Beziehungen eine starke *formale* Analogie. Dadurch werden die Berechungsmethoden wohl vereinheitlicht, doch darf dies nicht über den *wesentlichen physikalischen Unterschied* beider Felder hinwegtäuschen:

elektrisches Feld		*magnetisches Feld*	
$\oint \boldsymbol{D} \cdot \mathrm{d}\boldsymbol{A} = Q$	Quellenfeld	$\oint \boldsymbol{B} \cdot \mathrm{d}\boldsymbol{A} = 0$	*Quellenfreiheit*
$\oint \boldsymbol{E} \cdot \mathrm{d}\boldsymbol{s} = 0$	*Wirbelfreiheit* (Potentialfeld)	$\oint \boldsymbol{H} \cdot \mathrm{d}\boldsymbol{s} = \Sigma Iw$	Wirbelfeld

Das nicht verschwindende *Flächenintegral* eines Vektors über eine geschlossene Oberfläche eines Volumens (Hüllintegral) beschrieb ein *Quellenfeld* (s. Abschn. 2.1.1), demnach lautet die Bedingung *Quellenfreiheit* (eines Vektorfeldes $\boldsymbol{F}$):

$$\oint_A \boldsymbol{F} \cdot \mathrm{d}\boldsymbol{A} = 0\,. \tag{3.79}$$

Das nicht verschwindende *Linienintegral* eines Vektors längs eines geschlossenen Weges (Umlaufintegral) beschrieb ein *Wirbelfeld* (s. Abschn. 2.1.1), also lautet die Bedingung der *Wirbelfreiheit* eines Vektorfeldes $\boldsymbol{F}$):

$$\oint_S \boldsymbol{F} \cdot \mathrm{d}\boldsymbol{s} = 0\,. \tag{3.80}$$

Danach ist das elektrostatische Feld stets wirbelfrei (es konnte ein Potential definiert werden, das elektrische Feld hingegen kann im allgemeinen Fall Wirbel (Induktionsgesetz!) und Quellen ($\varepsilon \oint \boldsymbol{E} \cdot \mathrm{d}\boldsymbol{A} = Q$!) besitzen. Andererseits ist das magnetische Feld stets quellenfrei, weil es keine magnetische Ladungen gibt.

Das Magnetfeld ist dagegen ein *Wirbelfeld*: H-Linien „umwirbeln" den Strom (Durchflutungssatz) ebenso wie die durch das Induktionsgesetz erfaßten *geschlossenen* $\boldsymbol{E}$-Linien den sich zeitlich ändernden Magnetfluß.

Feldeinteilung. Ob das volle System der Maxwellschen Gleichungen (Tafel 3.7) für die Berechnung verwendet werden muß, hängt wesentlich vom zeitlichen Verhalten der Feldgrößen ab. Man unterteilt deshalb in vier Kategorien (Bild 3.65):

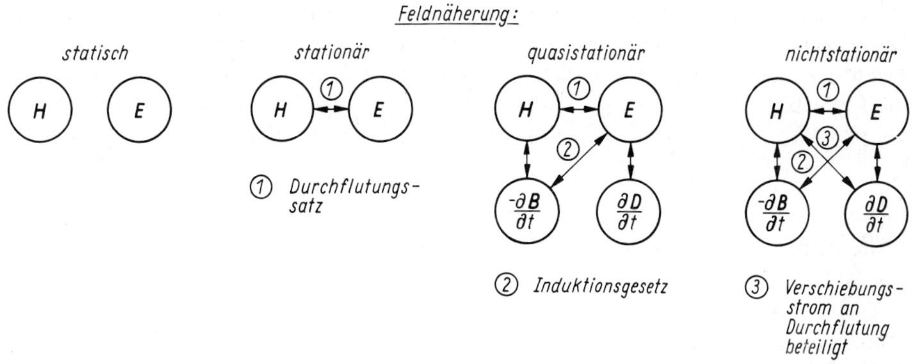

Bild 3.65. Wechselwirkung von elektrischem und magnetischem Feld bei verschiedenen zeitlichen Änderungen der Feldgrößen

1. StatischeFelder, wie sie in der Elektro- und Magnetostatik vorliegen. Kennzeichen: keine zeitliche Änderung ($\mathrm{d}/\mathrm{d}t = 0$, kein Stromfluß $\boldsymbol{S} = 0$, $\boldsymbol{v} = 0$). Es gilt:

$$\oint \boldsymbol{E} \cdot \mathrm{d}\boldsymbol{s} = 0\,, \quad \oint \boldsymbol{D} \cdot \mathrm{d}\boldsymbol{A} = Q\,, \qquad \boldsymbol{D} = \varepsilon \boldsymbol{E} \tag{3.81}$$

$$\oint \boldsymbol{H} \cdot \mathrm{d}\boldsymbol{s} = 0\,, \quad \oint \boldsymbol{B} \cdot \mathrm{d}\boldsymbol{A} = 0\,, \qquad \boldsymbol{B} = \mu \boldsymbol{H}\,.$$

Ursache sind ruhende Ladungen und ruhende Magnete (Dauermagnet!).
Insbesondere

— sind elektrostatisches und magnetostatisches Feld völlig entkoppelt. Beispiel: Feld einer ruhenden Ladung, Dauermagnetkreis,
— findet kein Energietransport statt und zur Aufrechterhaltung statischerFelder wird keine Energie benötigt.

2. Stationäre Felder, wie sie mit stationären Strömen (Gleichströme) verbunden sind. Kennzeichen: keine zeitlichen Änderungen $\mathrm{d}/\mathrm{d}t = 0$, jedoch $\mathrm{d}Q/\mathrm{d}t = \text{const.} = I$ ($\varrho \boldsymbol{v} \neq 0$) (Gleichstrom resp. Konvektionsstrom). Es gilt (außer Gl. (3.81)):

$$\oint \boldsymbol{H} \mathrm{d}\boldsymbol{s} = \int \boldsymbol{S} \cdot \mathrm{d}\boldsymbol{A}; \quad \boldsymbol{S} = \varrho \cdot \boldsymbol{v} \quad \text{resp. } \boldsymbol{S} = \varkappa \boldsymbol{E}\,. \tag{3.82}$$

Jetzt treten jetzt das elektrische Strömungsfeld und das magnetische Feld gleichzeitig auf (Magnetfeld des Gleichstromes), nicht aber Induktionsvorgänge. Beide Felder erfordern zu ihrer Aufrechterhaltung stets Energiezufuhr, die jedoch durch die Leiterwiderstände permanent als Wärme unwiderbringlich abgeführt wird.

3. Quasistationäre oder *langsam veränderliche Felder*, wie sie bei zeitveränderlichen Feldgrößen dann auftreten, wenn deren zeitliche Änderungen so langsam erfolgen, daß Wellenausbreitungen vernachlässigt werden können. Kennzeichen: Magnetfeld der Verschiebungsstromdichte $\mathrm{d}\boldsymbol{D}/\mathrm{d}t$ vernachlässigbar. Es gilt

$$\oint \boldsymbol{E} \cdot \mathrm{d}\boldsymbol{s} = -\int \frac{\partial \boldsymbol{B}}{\partial t} \mathrm{d}\boldsymbol{A}\,; \quad \oint \boldsymbol{H} \cdot \mathrm{d}\boldsymbol{s} = \int \boldsymbol{S} \cdot \mathrm{d}\boldsymbol{A} \tag{3.83}$$

$$\oint \boldsymbol{B} \cdot \mathrm{d}\boldsymbol{A} = 0\,; \quad \oint \boldsymbol{D} \cdot \mathrm{d}\boldsymbol{A} = Q\,.$$

Insbesondere sind jetzt elektrisches und magnetisches Feld durch Induktions- und Durchflutungsgesetz verkettet.

4. Nichtstationäre oder *schnell veränderliche Felder* nutzen das volle System der Maxwellschen Gleichungen. Insbesondere hängen die Feldgrößen jetzt von Ort und Zeit ab. Der Übergang von 3. und 4. hängt dabei nicht so sehr von der Frequenz, sondern der Wellenlänge

$$\lambda = c/f = \frac{2\pi c}{\omega}$$

im Vergleich zu den vorhandenen Bauelementeabmessungen d und Geometrien der feldprägenden Anordnungen im Stromkreis ab. Die quasistationäre Betrachtung gilt für $d \ll \lambda$ (z. B. $f = 50$ Hz, $\lambda = 6 \cdot 10^3$ km, bei $f = 500$ kHz: $\lambda = 600$ m; $f = 100$ MHz: $\lambda = 3$ m, $f = 10$ GHz: $\lambda = 3$ cm).

Formaler Vergleich. Die bisher kennengelernten Gesetzmäßigkeiten bieten einen formalen Vergleich der Größen an (Tafel 3.8). Im Falle des elektrostatischen Feldes und stationären Strömungsfeldes werden nahe verwandte Gebiete mit z. T. gleichen Größen ($\boldsymbol{E}$, U) beschrieben. Dies führt z. B. zu der sehr bequemen R- und C-Bestimmung (s. Abschn. 2.5.5.3). Problematischer ist schon der formale Vergleich zwischen elektrischem und magnetischem Feld, weil ein wirbelfreies Quellen- und quellenfreies Wirbelfeld miteinander verglichen werden.

Stellt man jedoch Ursache und Wirkung in beiden Fällen gegenüber, stehen Linienintegrale den Flächenintegralen und umgekehrt gegenüber, auch setzen sich die Proportionalitätsfaktoren der Vektoren z. B. nicht mehr gleichartig zusammen. Diese *naturbegründeten* Abweichungen weisen uns deutlich auf die Unterschiede zwischen elektrischem und magnetischem Feld hin. In dieser Darstellung wird die Stromdichte $\boldsymbol{S}$ als die das Strömungsfeld verursachende Größe angesehen (hier mag ein gewisser Formalismus gelten), in den anderen beiden Feldtypen resultiert die Ursache aus dem physikalischen Wirkungsmechanismus. In Tafel 3.9 sind die Globalgrößen der entsprechenden Felder zusammengefaßt, mit denen die Schaltelemente definiert wurden.

Magnetisches Feld und relativistische Auffassung. Es entsprach bisher nicht nur didaktischen Motiven, sondern auch dem durchgängigen ingenieurgemäßen Denken, neben dem elektrischen Feld im Abschnitt 3 auch das magnetische Feld von seinen Wirkungen her als eigenständige Erscheinung einzuführen, obwohl es mit einem bewegten Ladungsträgerstrom verknüpft ist, wie Oersted 1819/20 nachgewiesen hat (s. Abschn. 3.1.1). Bis dahin faßte man das Magnetfeld als eigenständiges Phänomen auf und führte es auf magnetische Dipole zurück. Auch nach der Entdeckung des Induktionsprinzips durch Faraday (s. Abschn. 3.3.1) und die Formulierung der Grundgesetze des elektromagnetischen Feldes durch Maxwell änderte zunächst nichts an der Vorstellung, daß das magnetische Feld neben dem elektrischen Feld existiert und beide wechselseitig verkoppelt sind.

Nun zeigten aber einige Interpretationen des Induktionsgesetzes in ruhenden und bewegten Systemen (s. Abschn. 3.1.1), daß elektrisches und magnetisches Feld eine Einheit bilden, und sich beide nur relativ zum Bezugssystem unterscheiden. Speziell durch die Lorentz-Transformation Gl. (3.46) konnte aus der Formulierung des Induktionsgesetzes Gl. (3.45a) Ruhe- und/oder Bewegungsinduktion (relativ zum Beobachter) hergeleitet werden.

Tafel 3.8. Vergleich der elektrostatischen und stationären Strömmungs- und Magnetfelder (Energiebeziehungen Tafel 4.2)

	Stationäres Srömungsfeld	Elektrostatisches Feld	Stationäres Magnetfeld
(1) *Experimenteller Befund*		Kraft[1] $F=\frac{Q_1 Q_2}{4\pi\varepsilon r^2}$	Kraft[2] $F=\frac{\mu}{4\pi}\frac{(Q_1 v_1)(Q_2 v_2)}{r^2}$ $(\boldsymbol{v}_1 \parallel \boldsymbol{v}_2)$
(2) *Feldgröße der Ursache*	bewegte Ladung	ruhende Ladung Q	bewegte Ladung
zugeordnete Feldgröße	Stromdichte $\boldsymbol{S}$	Verschiebungs-flußdichte $\boldsymbol{D}$ (el. Erregung)	Feldstärke $\boldsymbol{H}$ (mag. Erregung)
Verknüpfung Feld-größe — Ursache	$I=\int_A \boldsymbol{S}\cdot \mathrm{d}\boldsymbol{A}$	$\sum Q=\oint_A \boldsymbol{D}\cdot \mathrm{d}\boldsymbol{A}$	$\sum I_\nu=\oint_A \boldsymbol{H}\cdot \mathrm{d}\boldsymbol{s}$
(3) *Feldgröße der Wirkung*	elektrische Feldstärke $\boldsymbol{E}$		magnetische Induktion $\boldsymbol{B}$
Definitionsgleichung	$\boldsymbol{F}=Q\boldsymbol{E}$		$\boldsymbol{F}=Q(\boldsymbol{v}\times\boldsymbol{B})$
Verknüpfung mit Feldursache	$\boldsymbol{S}=\varkappa\boldsymbol{E}$	$\boldsymbol{D}=\varepsilon\boldsymbol{E}$	$\boldsymbol{B}=\mu\boldsymbol{H}$
Globale Größe der Wirkungsfeldgröße	Spannung $U=\int_s \boldsymbol{E}\cdot \mathrm{d}\boldsymbol{s}$		Fluß $\Phi=\int \boldsymbol{B}\cdot \mathrm{d}\boldsymbol{A}$ (bzw. Induktionsfluß $\Psi=w\Phi$)
(4) *Feldeigen-schaften* der Ursachen-Feldgröße	$\oint_A \boldsymbol{S}\cdot \mathrm{d}\boldsymbol{A}=0$ bzw. $\sum I_\nu=0$ 1. Kirchhoffscher Satz	$\oint \boldsymbol{D}\cdot \mathrm{d}\boldsymbol{A}=\Sigma Q$ Gaußsches Gesetz	$\oint_s \boldsymbol{H}\cdot \boldsymbol{s}=\Sigma I_\nu$ Durchflutungssatz
der Wirkungs-Feldgröße	$\oint_s \boldsymbol{E}\cdot \mathrm{d}\boldsymbol{s}=0$ bzw.	$\sum U_\nu=0$ 2. Kirchhoffscher Satz	$\oint_A \boldsymbol{E}\cdot \mathrm{d}\boldsymbol{A}=0$
Feldcharakter	wirbel- und quel-lenfrei (*E*-Feld hat zu-sätzlich Quellen an Inhomogenitäten)	wirbelfreies Quel-lenfeld (ruhende Ladungen sind Ur-sprung der *D*-Linien)	quellenfreies Wirbelfeld (ge-schlossene Feld-linien, *H* hat zu-sätzlich Quellen an Inhomogenitäten)

[1] auf ruhende Ladung; [2] zwischen bewegten Ladungen

Tafel 3.9. Gegenüberstellung der Integralbeziehungen des elektrostatischen, Strömungs- und Magnetfeldes und der Schaltelemente (Energiebeziehungen Tafel 4.2).

	Stationäres Strömungsfeld	Elektrostatisches Feld	Stationäres Magnetfeld
(1) *Flußgröße*	Strom I	Verschiebungsfluß	Fluß Φ
Beziehung zur Feldgröße	$I = \int_A \boldsymbol{S}\cdot \mathrm{d}\boldsymbol{A}$,	$\Psi = Q = \int_A \boldsymbol{D}\cdot \mathrm{d}\boldsymbol{A}$	$\Phi = \int_A \boldsymbol{B}\cdot \mathrm{d}\boldsymbol{A}$
Fluß durch eine Hülle	$\oint_{\text{Hülle}} \boldsymbol{S}\cdot \mathrm{d}\boldsymbol{A} = 0$ $\Sigma I_\nu = 0$ 1. Kirchhoff-schesGesetz	$\oint_{\text{Hülle}} \boldsymbol{D}\cdot \mathrm{d}\boldsymbol{A} = Q(=0)$ (wenn keine Ladung eingeschlossen)	$\oint_{\text{Hülle}} \boldsymbol{B}\cdot \mathrm{d}\boldsymbol{A} = 0$ $\Sigma \Phi_\nu = 0$
(2) *Spannungsgröße* Differenzgröße zweier Potentiale	Spannung U		magnetische Spannung V
Beziehung zur Feldgröße	$U_{12} = \varphi_1 - \varphi_2 = \int_1^2 \boldsymbol{E}\cdot \mathrm{d}\boldsymbol{s}$		$V_{12} = \int_1^2 \boldsymbol{H}\cdot \mathrm{d}\boldsymbol{s}$
Spannungsgröße längs eines Umlaufes	$\Sigma U_\nu = 0^{\mathrm{a}}$ 2. Kirchhoffsches Gesetz	$\oint_s \boldsymbol{E}\cdot \mathrm{d}\boldsymbol{s} = 0$	$\oint \boldsymbol{H}\cdot \mathrm{d}\boldsymbol{s} = \Theta$ $\Sigma(V_\nu - \Theta_\mu) = 0$ [1]
(3) *Beziehung zwischen Fluß- und Spannungsgröße* (Definition der Schaltelemente)	Widerstand R $U = IR$	Kapazität C $Q = CU$	Induktivität L^{c} $\Psi = LI$ magnetischer Widerstand $R_{\mathrm{m}}{}^{\mathrm{d}}$
Bemessungs-gleichung (homogenes Feld)	$R = \dfrac{l}{\varkappa A}$	$C = \dfrac{\varepsilon A}{l}$	$L = \dfrac{w^2}{R_{\mathrm{m}}}$, $R_{\mathrm{m}} = \dfrac{l}{\mu A}$
(4) *Strom-Spannungs-Beziehungen der Schaltelemente* (zeitunabhängig, linear)	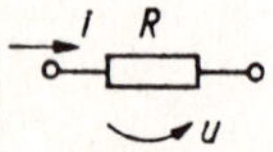 $u = iR$	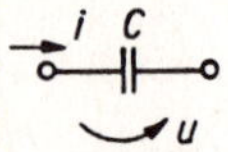 $i = C\dfrac{\mathrm{d}u}{\mathrm{d}t}$ $u = \dfrac{1}{C}\int_0^t i\,\mathrm{d}t + u(0)$	 $u = \dfrac{\mathrm{d}\Psi^{\mathrm{b}}}{\mathrm{d}t} = \dfrac{L\,\mathrm{d}i}{\mathrm{d}t}$ $i = \dfrac{1}{L}\int_0^t u\,\mathrm{d}t + i(0)$ 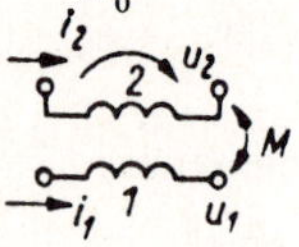 $u_2 = +M\dfrac{\mathrm{d}i_1}{\mathrm{d}t}$ $i_1^{*} = \dfrac{1}{M}\int u_2\,\mathrm{d}t + i_1(0)$

[a] Quellenspannung als Spannungsabfall eingeschlossen; [b] $\Psi = \Phi w$ Induktionsfluß;
[c] Verkopplung Strömungsfeld—Magnetfeld; [d] Verknüpfung nur magnetischer Größen
[1] Θ als Spannungsabfall eingeschlossen

Tatsächlich gelang es nach der Entdeckung der Relativitätstheorie — und damit der Einführung der Lorentz-Transformation — im Verlauf der Zeit, das Magnetfeld durch *relativistische Deutung* auf das Coulombsche Gesetz zurückzuführen, es so als eine *relativistische Korrektur des elektrostatischen Feldes* anzusehen.[1] Damit erfährt z. B. die Einführung der Induktion $\boldsymbol{B}$ (Gl. (3.1)) nach eben diesem Ansatz eine nachträgliche Berechtigung.

Das Magnetfeld ist somit ein relativistischer Effekt des elektrostatischen Feldes.

Wir betrachten dazu die Transformation, die eine Kraft $\boldsymbol{F}'$ in einem mit der Geschwindigkeit $\boldsymbol{v}'$ bewegten Punkt (in einem Bezugssystem Σ') erfährt, das sich mit Geschwindigkeit $\boldsymbol{v}$ gegen ein ruhendes Bezugssystem Σ bewegt (dabei sei $\boldsymbol{v} \ll c$ vorausgesetzt.[2]). Es gilt für die Kraft $\boldsymbol{F}$ im Bezugssystem Σ:

$$\boldsymbol{F} = \boldsymbol{F}' + \frac{1}{c^2}\{\boldsymbol{v}' \times [\boldsymbol{v} \times \boldsymbol{F}']\} . \tag{3.84}$$

Wir betrachten jetzt im System zwei Punktladungen Q_1, Q_2 (Bild 3.66). Die Ladung Q_1 ruht, erzeugt ein elektrisches Feld und damit eine Kraft und Q_2 bewegt sich mit $\boldsymbol{v}$. Zwischen beiden Ladungen herrscht nach Gl. (2.2) die Coulombkraft

$$\boldsymbol{F}_{\text{el}} = \frac{Q_1}{4\pi\varepsilon_0 r^2} \cdot \frac{\boldsymbol{r}}{r} \cdot Q_2 = \boldsymbol{E}(Q_1) \cdot Q_2 , \tag{3.85}$$

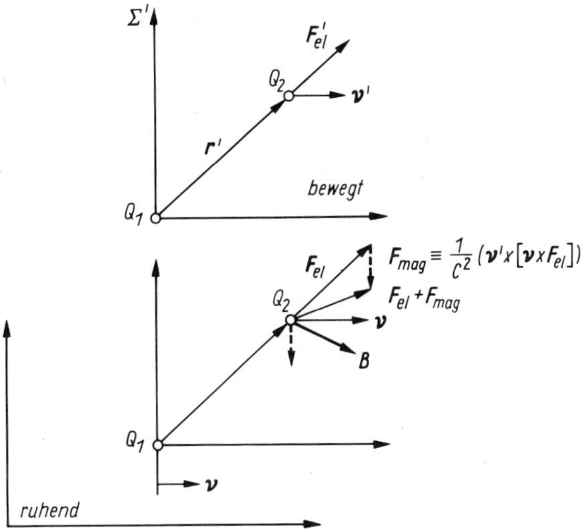

Bild 3.66. Zur Kraftwirkung zwischen zwei Ladungen Q_1, Q_2 in verschiedenen Bezugssystemen

---

[1] vgl. z. B. E.M. Purcell: Berkeley Physik Kurs 2, Elektrizität und Magnetismus. 3. Aufl. Vieweg Verlag Braunschweig 1984.

[2] Mierdel, G.: Die relativistische Mechanik als Grundlage der gesamten Elektrodynamik. Elektrie 26 (1972), S. 302.

wie erwartet. Da Q_1 ruht, kann zwischen beiden Ladungen kein Magnetfeld auftreten.

Vom ruhenden Bezugssystem aus betrachtet, erscheint dort die transformierte Kraft

$$\boldsymbol{F} = \boldsymbol{F}_{el} + 1/c^2\{\boldsymbol{v}' \times [\boldsymbol{v} \times \boldsymbol{F}_{el}]\}\,. \tag{3.86}$$

Setzt man Gl. (3.85) in die Klammer von Gl. (3.86) rechts ein, ordnet um und berücksichtigt die Induktion $\boldsymbol{B}$ nach Gl. (3.6a), so folgt mit $c^2 = 1/\varepsilon_0\mu_0$ (s. Gl. (3.2))

$$\boldsymbol{F} = \boldsymbol{F}_{el} + \frac{Q_1 Q_2}{4\pi\varepsilon_0 r^2 c^2}\left\{\boldsymbol{v}' \times \left[\boldsymbol{v} \times \frac{\boldsymbol{r}}{r}\right]\right\} = \boldsymbol{F}_{el} + Q_2\left\{\boldsymbol{v}' \times \frac{Q_1\mu_0}{4\pi r^2}\left[\boldsymbol{v} \times \frac{\boldsymbol{r}}{r}\right]\right\} \tag{3.87}$$

$$= \boldsymbol{F}_{el} + Q_2[\boldsymbol{v}' \times \boldsymbol{B}] = \boldsymbol{F}_{el} + \boldsymbol{F}_{mag}\,.$$

Vom ruhenden Bezugssystem aus wird die gesamte, auf Q_2 wirkende Kraft F somit durch die Summe von Coulomb- und Lorentz-Kraft $\boldsymbol{F}_{mag}$ erklärt. Gerade die Lorentz-Kraft war die Begründung für die Induktion $\boldsymbol{B}$ (Gl. (3.4)). Der ruhende Beobachter geht also von der Existenz eines Magnetfeldes aus, während der relativistische Beobachter im System Σ' nur eine Coulomb-Kraft bemerkt und somit auf die Annahme eines Magnetfeldes verzichten kann. Für ihn existiert kein Magnetfeld, obwohl sich am physikalischen System nichts geändert hat! Dieses Ergebnis ist eine Verallgemeinerung des Sachverhaltes, der bereits im Abschnitt 3.3.1 diskutiert wurde.

Die in der klassischen Beschreibung des Magnetfeldes eingeführte Lorentz-Kraft folgt somit aus der Coulomb-Kraft bei relativistischer Darstellung.

Dieses Ergebnis scheint im Widerspruch zu einer Reihe von geprägten Vorstellungen zu stehen:

1. Relativistische Effekte erwartet man nur bei sehr hohen Geschwindigkeiten, tatsächlich bewegen sich aber die Elektronen im Metalldraht exterm langsam mit der Driftgeschwindigkeit von weniger als 1 mm/s (s. Abschn. 1.4.2).
2. Aus Erfahrung werden elektrostatische Kräfte $\boldsymbol{F}_{el}$ immer als klein gegen magnetische angesehen, man denke beispielsweise an die Kräfte, die beim Haarekämmen zum Sträuben der Haare führen verglichen mit den Kräften eines Dauermagneten, etwa in einem magnetischen Schloß.

Der Grund für die große Lorentz-Kraft ist nicht allein in der Geschwindigkeit $\boldsymbol{v}$, sondern im Produkt $Q \cdot \boldsymbol{v}$ (Gl. (3.4)) zu sehen. Im Leiter befinden sich Elektronen in einer Dichte von rd. $10^{23}\,\text{cm}^{-3}$. Sie werden im stromlosen Zustand durch die gleich große positive Ladung des Kristallgitters kompensiert, bei Bewegung — relativistisch betrachtet — jedoch nicht mehr exakt. Bei $v = 0{,}22$ mm/s beträgt dann das Produkt $Q \cdot v = q \cdot n \cdot v = 1{,}6 \cdot 10^{-19}$ As. $10^{23}\,\text{cm}^{-3} \cdot 0{,}22\,\text{mm/s} = 3{,}5\,\text{A/mm}^2$. Dies ist jedoch eine für Leiter typische Stromdichte (vgl. Gl. (2.17b) ff), die z. B. durch einen Leiter vom Durchmesser $d = 10$ mm einen Strom $I = 275$ A bedeuten würde. Würde dieser Strom in zwei im Abstand $D = 50$ cm befindlichen Leitern fließen, so stellt sich zwischen beiden die Kraft (Gl. (4.42)) $F = 3 \cdot 10^{-2}$ N/m pro Leitungslänge ein.

Wir schätzen jetzt die Coulomb-Kraft bei ruhender Ladung ab. Würde zwischen beiden Leitern eine Spannung $U = 1$ kV liegen (ihre Kapazität pro Länge ergibt sich zu $C/l = \pi\varepsilon/\ln D/r_0$ mit $D = 50$ cm, $r_0 = 5$ mm zu 6,03 pF/m), so beträgt die influenzierte Ladung auf den Leitern pro Länge $Q' = UC' = \pm 6$ nC/m und die elektrostatische Kraft pro Länge, ist etwa um 5 Größenordnungen kleiner.

Man kann leicht zeigen, daß diese Influenzladung um Größenordnungen kleiner ist als die zur Elektronenkonzentration $n \approx 10^{23}\,\text{cm}^{-3}$ gehörende (umgerechnete) Flächenladung auf der Drahtoberfläche. Würde man jedoch annehmen, daß nur der 10^{-6} te Teil der Elektronen durch das Feld als Influenzladung zur Verfügung stehen, so ergeben sich bereits astronomisch große elektrostatische Kräfte, die die magnetischen Kräfte übertreffen würden. Daß diese Verschiebung in dieser Größenordnung nicht möglich ist, besorgt die Neutralitätsbedingung im Metall.

Zur Selbstkontrolle: Abschnitt 3

3.1 Wie ist die magnetische Induktion definiert?

3.2 Welche Induktion herrscht in einem stromdurchflossenen Draht? Wie verläuft die Induktion im Leiter?

3.3 Welche Merkmale unterscheidet das stationäre Magnetfeld vom elektrostatischen Feld?

3.4 Kann das statische Magnetfeld die kinetische Energie eines geladenen Teilchens ändern? (Erläuterung geben.)

3.5 Wie wird die Richtung des magnetischen Feldes bestimmt, wenn die Stromflußrichtung im Leiter bekannt ist?

3.6 Was besagt der Durchflutungssatz anschaulich?

3.7 Welche Feldarten können mit dem Gesetz von Biot-Savart berechnet werden?

3.8 Was ist eine „magnetische Randspannung"? Gibt es im elektrostatischen Feld eine analoge Randspannung?

3.9 Was versteht man unter dem magnetischen Fluß? Wie groß ist er um einen stromführenden Leiter (Länge l) im gesamten Außenraum durch eine begrenzte Fläche?

3.10 Was versteht man unter folgenden Begriffen: Ferromagnetismus, Magnetisierungskennlinie, Hysteresekurve, Remanenz und Koerzitivkraft? Welche chemischen Elemente zeigen ferromagnetisches Verhalten?

3.11 Wie verläuft μ_r qualitativ über H? (Größenordnung von μ_r für typische Eisensorten).

3.12 Welche Form soll eine Hystereseschleife haben, damit das Produkt BH im Arbeitspunkt möglichst groß wird?

3.13 Welche Bedingungen gelten für die Vektoren $\boldsymbol{H}$ und $\boldsymbol{B}$ an den Grenzflächen zweier verschiedener magnetischer Materialien?

3.14 Ein Dauermagnet zeigt „Magnetismus". Was besagen in diesem Zusammenhang Remanenz und Koerzitivkraft? (Erläuterung geben, Skizzen anfertigen.)

3.15 Unter welchen Voraussetzungen kann man von einem magnetischen Kreis sprechen, wann ist das Ohmsche Gesetz anwendbar und welche Größen haben die Funktionen von Strom und Spannung?

3.16 Welche Gesetzmäßigkeiten gelten im magnetischen Kreis?

3.17 Wie wirkt ein Luftspalt im magnetischen Kreis, wenn
a) die Erregung
b) die Induktion im Eisen konstant bleiben soll?

3.18 Wie treten die B-Linien aus hochpermeablem Material in ein Medium mit geringerer Permeabilität (Luft) aus: unbestimmt, schräg, nahezu senkrecht, nahezu parallel? (Begründung geben.)

3.19 Wie lautet das Induktionsgesetz in allgemeiner Form, was besagt es? Wie lautet es für ruhende Medien, für bewegte Medien?

3.20 Zu welchem Feldtyp gehört das induzierte elektrische Feld? Was folgt daraus für einen Umlauf (Welches Feld liegt im elektrostatischen Fall vor? Welcher grundsätzliche Unterschied besteht?)

3.21 Erläutern Sie Lenzsche Regel!

3.22 Wie lautet die Kraft und wie die bewegte Ladungsenergie im elektrischen und magnetischen Feld?

3.23 Warum werden Doppelleitungen verdrillt?

3.24 Erläutern Sie die Selbst- und Gegeninduktion sowie die physikalische Bedeutung und Definition von L and M! Wie sind L und M definiert?

3.25 Wie lauten die Strom-Spannungs-Beziehungen der Selbstinduktivität und Gegeninduktivität (Transformatorgleichungen)?

3.26 Erläutern Sie die Vorzeichen von L und M, welchen Größtwert kann M höchstens haben?

3.27 Wie können L und M berechnet werden?

3.28 Warum entsteht beim Abschalten eines Gleichstromkreises mit einer Induktivität ein Funke (Lichtbogen) über dem Schalter?

3.29 An eine ideale Spule werde eine Spannung u gelegt. Wie verläuft der Strom? (Erläuterungen durch Beispiele).

3.30 Warum sind die Gegeninduktivitäten M_{12} und M_{21} zwischen zwei Spulen L_1, L_2 stets gleich?

3.31 Wie ist der Kopplungsfaktor k definiert und warum gilt $k \leqq 1$?

3.32 Was bedeutet der Begriff „Hystereseverlust"?

3.33 Wie entsteht der Wirbelstrom, wie wirken dabei elektrische und magnetische Felder zusammen? Wie können Wirbelströme reduziert werden?

3.34 Was versteht man unter „Stromverdrängung"?

3.35 Wie lauten die Maxwellschen Gleichungen in integraler Form? Was besagen sie?

3.36 Welche Beziehungen sind zusätzlich noch erforderlich, um ruhende Felder berechnen zu können?

4 Energie und Leistung elektromagnetischer Erscheinungen

Ziel. Nach Durcharbeit der Abschnitte 4.1 und 4.2 sollen beherrscht werden
- der Energiebegriff und die Möglichkeiten der Energieumformung;
- die Definition der elektrischen Energie und Leistung am Zweipolelement;
- die Begriffe Leistungs- und Energiedichte;
- der Leistungsumsatz im Strömungsfeld;
- die Speicherenergie und Energiedichte im elektrostatischen Feld;
- die physikalische Begründung der Stetigkeit der Energie und die daraus abzuleitenden Folgerungen;
- die im magnetischen Feld gespeicherte Energie und die zugehörige Energiedichte;
- der Begriff Hystereseabeit;
- der Begriff Energieströmung als Folge des Energieerhaltungssatzes;
- die Energiestromdichte (Poyntingscher Vektor) und die anschauliche Erklärung;
- der Energietransport zwischen Quelle und Verbraucher unter Benutzung des elektromagnetischen Feldes als Energieträger.

Energie. Wesen. Wir lernten bisher die elektrische Ladung und das elektromagnetische Feld kennen. Die Hauptaufgabe der Elektrotechnik besteht aber darin, elektrische Energie (aus anderen Formen) zu gewinnen, zu übertragen und an einem anderen Ort wieder in nichtelektrische umzuwandeln. Diese Energieübertragung wird häufig als *Energieströmung* oder *Energiefluß* bezeichnet. Aus anderen Bereichen des täglichen Lebens, z. B. Schall, Licht, Wärme, ist dieser „Energiestrombegriff" zumindest dem Worte nach geläufig.

Was ist Energie? In allen Gebieten der Physik und Technik ist der Energiebegriff eine fundamentale Größe. Diese Universalität basiert auf einem weitgehenden Abstraktionsvorgang: Gerade durch den Energiebegriff lassen sich alle Naturvogänge einheitlich qualitativ und quantitativ erfassen. Obwohl im Einzelnen bewegte Teilchen, Felder, Wellen vorliegen, kann aus allen Erscheinungen eine *skalare Größe W* — die *Energie*[1] — mit folgenden Eigenschaften gefunden werden:

1. Die Gesamtmenge der einzelnen Energien eines abgeschlossenen Systems bleibt konstant (Erhaltungssatz, s. Tafel 1.4).

2. Die Energie ist durch den momentanen Zustand eines physikalischen Systems eindeutig bestimmt.

3. Energie tritt in verschiedenen Erscheinungsformen auf. Alle Naturvorgänge sind Umwandlungen einer Energieform in eine andere, z. B. Induktionsgesetz: Umwandlung mechanischer Energie in elektrische u. a. m. Tafel 4.1. enthält Beispiele. Für die Elektrotechnik spielen die eingerahmten Felder eine Rolle.

---

[1] W: engl. work (Arbeit)

Tafel 4.1. Ausgewählte Beisspiele der Energieumformungen. Für die Elektrotechnik sind die fett gedruckten Fälle wichtig

Ausgangsenergie	Erzeugte Energieformen					
	elektrische	magnetische	mechanische	thermische	Licht, Strahlung	chemische
Elektrische	**Gleichstrom** **Wechselstrom** **Änderung el. Größen nach Betrag**	**Durchflutungssatz**	**elektrostatischer Motor** **lin. Bewegung** **Elektroosmose**	**Joulesche Wärme** **Widerstand** **Glühlampe** **(Peltier-Effekt, Thomson-Effekt)**	**Gasentladung** **Leuchtstoff-, Spektrallampe** **Laser** **Leuchtkondensator**	**Elektrolyse** **Akkumulator**
Magnetische	**Induktionsgesetz**		Hubmagnet, Relais			
Mechanische	**elektrostatischer Generator,** **Mikrofon** **Generator**	mechano-magnetischer Effekt (MHD-Generator)	einfache Maschine (Hebel) Turbine Getriebe	Reibung Wärmepumpe Kältemaschine	Tribolumineszenz	
Thermische	**Thermoelemente (Seebeck-Effekt)** **thermischer Wandler** **Radionuklidbatterie**		Wärmekraftmaschine	Absorptionskältemaschine	Glühlampe	endotherme-chemische Reaktion
Licht, Strahlung	**Fotoelemente** **Fotozellen** **Solarzellen** **Fotovervielfacher** **Netzhaut**		Radiometer Strahlungsdruck	Lichtabsorption Strahlungsabsorption	Fluoreszenz Festkörperlaser	Fotosynthese Fotodissoziation Assimilation
Chemische	**galvanische Elemente** **Akkumulator** **Brennstoffelement** **Nervenzellen**		Osmose Muskel (Herz)	exotherme chemische Reaktion (Verbrennung)	chemische Lumineszenz (Glühwürmchen)	Biosynthese chemische Reaktion

4. Alle Erscheinungsformen der Energie lassen sich direkt in mechanische Arbeit umwandeln.

Somit ist die Energie eine *Zustandsgröße*. Sie kennzeichnet das in einem materiellen System (Feld, Strahlung, Körper) enthaltene *Arbeitsvermögen* (Überwindung von Kräften längs eines Weges) und äußert sich in verschiedenen Erscheinungsformen: Wärme, Strahlung,mechanische und chemische, elektrische und magnetische Energie.

Durch diese mannigfachen Erscheinungsformen stellt der Energiebegriff wohl eine der genialsten Formulierungen dar, die das Gemeinsame aller Naturerscheinungen qualitativ und quantitativ erfaßt.

Energie spielt heute in Wissenschaft, Technik und Wirtschaft eine entscheidende Rolle. Beispielssweise hängt die Entwicklung einer Volkswirtschaft grundlegend von der Energieversorgung ab. Weltweit wachsen die Anstrengungen

— das Aufkommen an „Primärenergie" zu erhöhen;
— die bisherigen Energiewandler weiterzuentwickeln und neue Methoden der Energiewandlung zu finden;
— die elektrische Energieübertragung weiter zu verbessern.

Der Energiebedarf hoch industrialisierter Länder verdoppelt sich nach dem bisherigen Verlauf alle 7 bis 10 Jahre (Bild 4.1). Beispielsweise beträgt heute der Energiebedarf je Einwohner im Mittel rd. 10^3 kW·h je Monat (einschließlich Industrie). Davon entfallen auf die Haushalte etwa 5 bis 50 kW·h. Das bedeutet einen stündlichen ständigen Leistungsdurchschnittsverbrauch von rd. 7 bis 70 W durch elektrische Geräte. Setzt man die mittlere mechanische Leistungsfähigkeit des Menschen bei körperlicher Arbeit mit rd. 50 W an (100 W bei 8-stündigem Bergsteigen, rd. 500 bis 1000 W bei sportlichen Höchstleistungen), so läßt sich ermessen, wie erleichternd sich die Ausnutzung elektrischer Energie auf das tägliche Leben des Menschen auswirkt.

Die spezifische Energieform der Elektrotechnik ist die *elektromagnetische* Energie. Sie hat gegenüber anderen Formen einige Vorzüge:

— Direkte Umsetzbarkeit in andere Energieformen mit hohem Umwandlungswirkungsgrad. So kann elektrische Energie vollständig in Wärme überführt

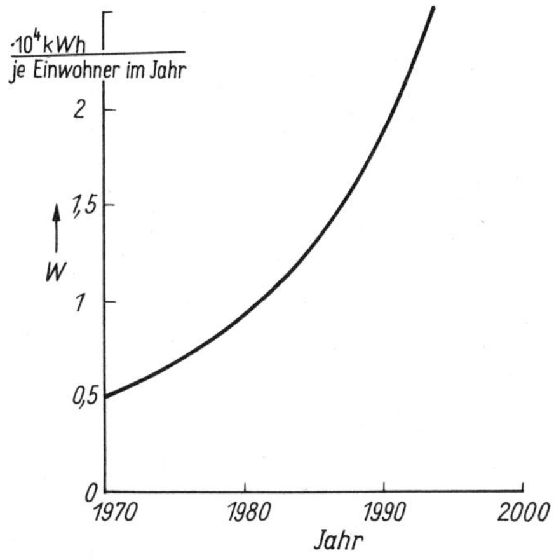

Bild 4.1. Durchschnittlicher Energieverbrauch (je Einwohner und Jahr) hochindustrialisierter mitteleuropäischer Länder

werden. Hinzu kommt, daß meist die Ausnutzung großer Energiereserven (z. B. Wasserkraft, Öl, Kohle) ohne Umwandlung in Elektroenergie nicht möglich ist;

— bequemer Energietransport über große und größe Entfernungen;
— Umweltfreundlichkeit (keine Verbrennungs- und Nebenprodukte);
— bequeme Steuer- und Regelbarkeit der elektrischen Energie, sofortige Einsatzbereitschaft und Betriebssicherheit;
— relativ einfache Speicherbarkeit;
— wechselseitige Verkopplung zwischen elektrischer und magnetischer Energie bei zeitveränderlichen Vorgängen. Sie findet ihre Krönung in der *Wellenausbreitung*.

Die Umwandlung der nichtelektrischen in elektrische Energie vollzieht sich gewöhnlich zweimal:

a) „Gewinnung" elektrischer Energie aus Primärenergie[1] am Ort A (Bild 4.2). Man unterscheidet dabei die *direkte Umwandlung* (gegenwärtig stark im Fluß, z. B. die Solarenergie) und die konventionelle *indirekte* Umwandlung (über thermische Energie z. T. zusätzlich über mechanische (dampfbetriebener Generator im Kraftwerk)). Wärmeenergie tritt einerseits stets als Verlustenergie auf (Carnot-Prozeß), andererseits stellt sie heute noch den größten Anteil am Gesamtenergiebedarf.

b) „Verbrauch" elektrischer Energie am Ort B durch Ausnutzung der verschiedenen Wirkungen des elektrischen Stromes (s. Abschn. 1.4.2, z. B. Wärmewirkung, chemische Vorgänge, mechanische Wirkung u. a. m.).

c) Weil Energievorkommen und Verbraucher üblicherweise räumlich getrennt sind, muß die Energie von A nach B transportiert werden, es muß also ein *Energiestrom* oder *Energietransport* stattfinden. Chemische Energie (z. B. Erdgas) findet z. B. in Form eines *Massentransportes* in einer Rohrleitung statt[2]. Elektrische Energie wird z. B. durch die bewegte Ladung oder allgemeiner das *elektromagnetische* Feld transportiert.

4.1 Energie und Leistung

4.1.1 Elektrische Energie W. Elektrische Leistung P

Elektrische Energie. Unter *elektrischer* Energie (schlechthin) verstehen wir die an *Ladungen* gebundene Erscheinungsform der Energie. So basierte die Spannung (Gl. (2.14)) auf der elektrischen Energie die, bei einer tatsächlichen oder gedachten *Ladungsbewegung* umgesetzt wird. Fließt durch einen Zweipol die Ladung $\mathrm{d}Q(t)$ und fällt an ihm die Spannung $u(t)$ ab (Verbraucherzählpfeilrichtung), so wird die Energie $\mathrm{d}W(t) = u(t)\,\mathrm{d}Q(t) = u(t)\,i(t)\,\mathrm{d}t$ umgesetzt, während der Zeitspanne Δt also

[1] Brennstoffe, Kernenergie, Sonnenenergie, Erdwärme, Wind- und Wasserkraft

[2] Wärmetransport durch Wärmeleitung (mittels Konvektion (Massenstrom)) und Wärmestrahlung

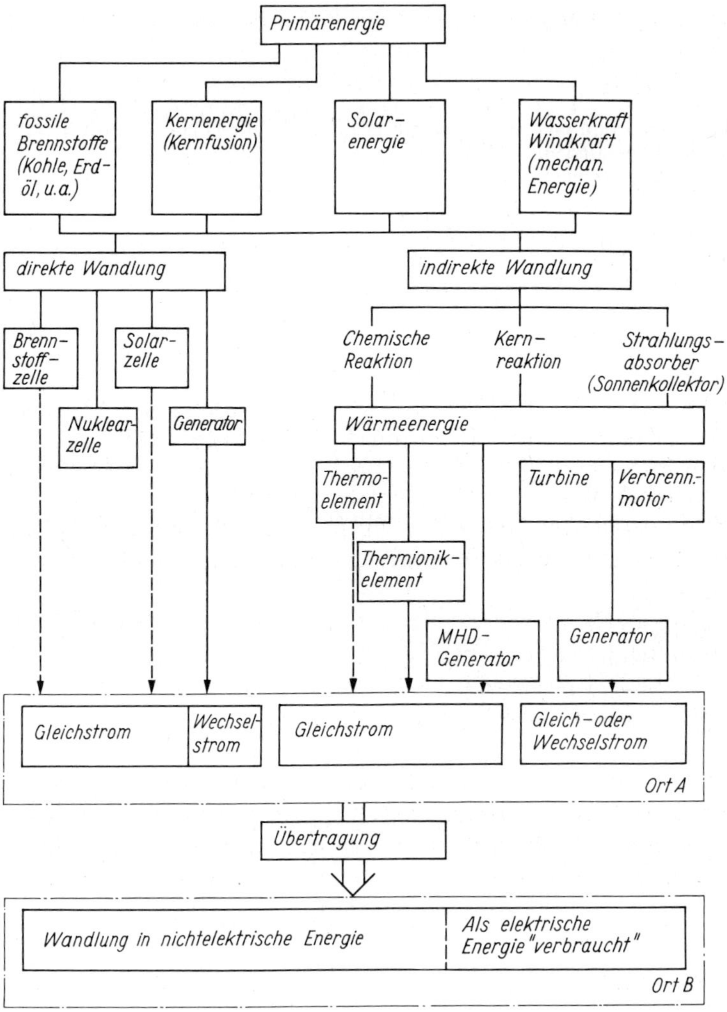

Bild 4.2. Energieformen und deren Wandlung

$$\Delta W = W(t + \Delta t) - W(t) = \int_{t}^{t+\Delta t} \mathrm{d}W(t') = \int_{t}^{t+\Delta t} u(t')i(t')\,\mathrm{d}t' \tag{4.1a}$$

elektrische Energieänderung am Zweipol, Definitionsgleichung (Verbraucherpfeilrichtung)

oder speziell für $t = 0$ mit $W(0) = 0$ (Tafel 4.2)

$$\Delta W = \int_{0}^{\Delta t} u(t')i(t')\,\mathrm{d}t' \,. \tag{4.1b}$$

Gewöhnlich wird $\Delta W \to W$ und $\Delta t \to t$ gesetzt und für Gleichgrößen U, I Gl. (2.42) $\Delta W = UI\Delta t$.

Energiedichte. Die Kennzeichnung der Energieverhältnisse im Feld erfordert eine Energiegröße für den Raumpunkt. Sie heißt *Energiedichte* w, definiert durch

$$W(t) = \int_{\text{Volumen}} w(t)\,\mathrm{d}V\,, \qquad w = \lim_{\Delta V \to 0} \frac{\Delta W}{\Delta V} = \frac{\mathrm{d}W}{\mathrm{d}V}\,. \tag{4.2}$$

Energiedichte w (Definitionsgleichung).

Anschaulich kennzeichnet die Energiedichte den Energieteil ΔW, der im Volumenelement ΔV umgesetzt oder gespeichert wird.

Daher geht das Volumenelement ΔV im Grenzfall gegen Null. Die Energiedichte hat die Dimension (Energie/Volumen), also beispielsweise die Einheit $\mathrm{W \cdot s/cm^3}$.

Elektrische Leistung *P*. Die Leistung $p(t)$ ist die zeitliche Energieänderung in jedem Zeitpunkt[1]

$$p(t) = \frac{\mathrm{d}W(t)}{\mathrm{d}t} \tag{4.3a}$$

Leistung (Definitiongleichung).

Umgekehrt ist die Energie das *Leistungsvermögen* während einer *Zeitspanne* (Bild 4.3)

$$W(t) = \int_{-\infty}^{t_0} p(t')\,\mathrm{d}t' + \int_{t_0}^{\Delta t + t_0} p(t')\,\mathrm{d}t' = \underbrace{W(t_0)}_{\substack{\text{Energie zur Zeit } t_0 \text{ (Ergebnis der}\\ \text{Vergangenheit, Anfangswert)}}} + \underbrace{\Delta W(\Delta t)}_{\substack{\text{Energieänderung während der}\\ \text{Zeitspanne } \Delta t = t - t_0}} \tag{4.4}$$

Zusammenhang Leistung und Energie.

Die Energie zur Zeit t hängt ab von
— ihrem Anfangswert (= Ergebnis der Vergangenheit);
— der Energieänderung während der Zeitspanne $t - t_0$.

Der Anfangswert (Bild 4.3) spielte beim elektrostatischen und magnetischen Feld als Anfangswert der Kondensatorspannung (Gl. (2.88)) bzw. des Spulenstromes (Gl. (3.56)) eine besondere Rolle.

Vielfach interessiert nur die Energieänderung $\Delta W(t)$ (Anfangswert gleich Null gesetzt). Bei zeitlich *konstanter Leistung P* beträgt sie

$$\Delta W = P\,\Delta t\,. \tag{4.5}$$

[1] Gl. (2.43) $P = W/t$ bezog sich auf den Gleichstromkreis

Tafel 4.2. Energie- und Leistungsbeziehungen im Strömungs- und magnetischen Feld

	Stationäres Strömungsfeld	Elektrostatisches Feld	Stationäres Magnetfeld
1. Energie (allgemein)	$W = \int ui\,\mathrm{d}t = \int p\,\mathrm{d}t$[a]		
2. Leistung	$P = \frac{\mathrm{d}W}{\mathrm{d}t}$		
Energieinhalt des Feldes im Schaltelement	—	$W = \int Cu\,\mathrm{d}u = \frac{CU^2}{2}$[b]	$W = \int Li\,\mathrm{d}i = \frac{LI^2}{2}$[b]
Wärmeleistung des Feldes	$P = IU = \frac{U^2}{R} = I^2 R$	—	—
3. Energiedichte	—	$\frac{\mathrm{d}W}{\mathrm{d}V} = \int \boldsymbol{E}\cdot\mathrm{d}\boldsymbol{D} = \frac{\boldsymbol{E}\cdot\boldsymbol{D}}{2}$[c] $= \frac{\varepsilon E^2}{2}$	$\frac{\mathrm{d}W}{\mathrm{d}V} = \int \boldsymbol{H}\cdot\mathrm{d}\boldsymbol{B} = \frac{\boldsymbol{B}\cdot\boldsymbol{H}}{2}$[c] $= \frac{\mu H^2}{2}$
Leistungsdichte	$\frac{\mathrm{d}P}{\mathrm{d}V} = \boldsymbol{S}\cdot\boldsymbol{E} = \varkappa E^2 = \frac{S^2}{\varkappa}$[c]	—	—
4. Kraftwirkung auf Ladungen bzw. Ströme	$\boldsymbol{F} = Q\boldsymbol{E}$		$\boldsymbol{F} = Q(\boldsymbol{v}\times\boldsymbol{B}) = I(\boldsymbol{s}\times\boldsymbol{B})$
5. Mechanische Spannung auf Grenzflächen	—	$\sigma = \frac{F}{A} = \frac{\varepsilon_1 - \varepsilon_2}{2}\boldsymbol{E}_1\cdot\boldsymbol{E}_2$	$\sigma = \frac{F}{A} = \frac{1}{2}\left(\frac{1}{\mu_1} - \frac{1}{\mu_2}\right)\boldsymbol{B}_1\cdot\boldsymbol{B}_2$

[a] Anfangsenergie gleich Null gesetzt [b] Bei konstantem Schaltelement [c] Bei homogener Materialgröße

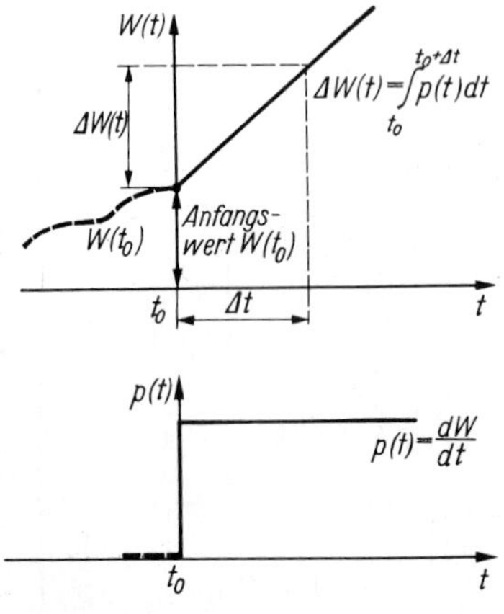

Bild 4.3. Zusammenhang Energie und Leistung

Die Energie steigt proportional zur Zeit. Deshalb heißt es im täglichen Leben

Leistung = Arbeit je Zeitspanne $\quad P = \Delta W/\Delta t$ und

Energie = Leistung über eine bestimmte Zeit: $\quad \Delta W = P\,\Delta t$.

Die Energie sagt bezüglich der Beanspruchung und konstruktiven Abmessungen eines elektrischen Gerätes relativ wenig aus. Die Leistung ist dagegen eine für die technische Auslegung des Gerätes sehr wichtige Größe, vor allem für den langfristigen Energieumsatz.

Die Leistung $p(t)$ an einem Zweipol ausgedrückt durch Strom $i(t)$ und Spannung $u(t)$ lautet (Gl. (4.3a)):

$$p(t) \equiv \frac{\mathrm{d}W(t)}{\mathrm{d}t} = \frac{\mathrm{d}}{\mathrm{d}t}\left[\int_{t_0}^{t_0+\Delta t} u(t)\,i(t)\,\mathrm{d}t\right] = u(t)\,i(t) \qquad (4.3b)$$

Leistung am Zweipol in Klemmengrößen $i(t)$, $u(t)$ ausgedrückt.

Zu jedem Zeitpunkt ist die Leistung das Produkt der Strom- und Spannungswerte in diesem Zeitpunkt. Deshalb heißt sie später *Momentanleistung* (s. Abschn. 6.4.2). Abhängig vom Verbraucher- und Erzeugerpfeilsystem unterscheiden wir zwischen verbrauchter und erzeugter Leistung. Deshalb ist der Energie- und Leistungsumsatz in jeder Quelle (Spannungs-, Stromquelle) durch Umkehr der Strom- oder Spannungsrichtung *umkehrbar*:

ΔW (Gl. 4.5)) ist dann die im Zweipol während der Zeitspanne Δt umgesetzte ($P > 0$) bzw. erzeugte ($P < 0$) elektrische Energie (VPZ).

Als Beispiel betrachten wir das Zusammenspiel Batterie — Motor (versehen mit einer Handkurbel) (Bild 4.4). Ohne zusätzlichen Kurbelantrieb (von Hand) dreht sich der Motor, er wirkt als elektrischer Energieverbraucher mit einer Kennlinie im rechten Bildteil.

Die Quelle U_{Q1} treibt den Strom I an. Im laufenden Motor entsteht nach dem Induktionsgesetz eine induzierte Spannung, im Ersatzschaltbild durch die Quellspannung U_{Q2} ausgedrückt. Ohne Handantrieb ist $U_{Q1} > U_{Q2}(\sim n)$, und es fließt der Kreisstrom $I = (U_{Q1} - U_{Q2})/R_{ges}$. Mit zusätzlicher Handdrehung (in gleicher Drehrichtung) wächst U_{Q2}, schließlich ist $U_{Q2} = U_{Q1}$ (kein Strom im Kreis, Kompensation) und bei noch

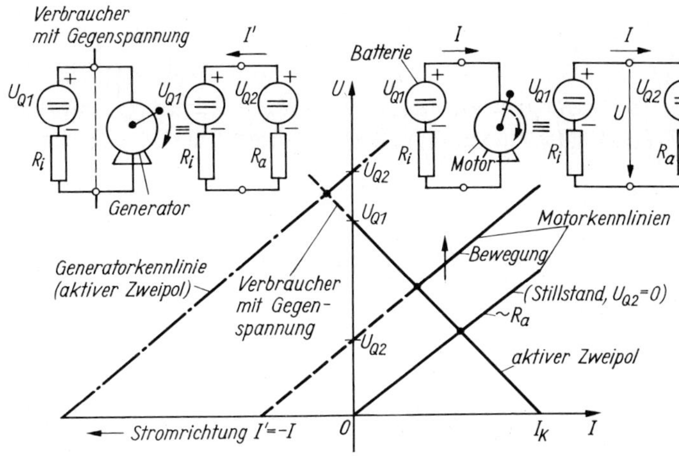

Bild 4.4. Zur Wechselrolle aktiver-passiver Zweipol in Verbrauchern mit Gegenspannung

schnellerer Drehung wird $U_{Q2} > U_{Q1}$: Umkehr der Stromrichtung. Der Motor wirkt als Generator (Energieumformung mechanisch → elektrisch), die bisherige Quelle als „Verbraucher mit Gegenspannung U_{Q1}". Die Batterie (U_{Q1}) wird dabei geladen: Umsatz elektrischer Energie in chemische. So sind die beiden Quellspannungen Orte, an denen eine umkehrbare Energieumformung erfolgt. Die umgekehrte Stromrichtung I' deutet diese vertauschten Rollen an.

Wir wenden jetzt den Energie- und Leistungsbegriff auf Strömungs-, elektrostatisches und magnetisches Feld bzw. die Bauelemente Widerstand, Kondensator und Spule an, betrachten aber vorher noch die Leistungsdichte.

Leistungsdichte. Aus der Energiedichte $w(t)$ (Gl. (4.2)) läßt sich über Gl. (4.3a) auch eine *Leistungsdichte*

$$P = \int_{\text{Volumen}} p'(t)\,\mathrm{d}V \quad \text{mit} \quad p'(t) = \frac{\mathrm{d}w}{\mathrm{d}t} \tag{4.6}$$

Leistungsdichte p' (Definitionsgleichung)

ableiten. Sie kennzeichnet anschaulich den Leistungsanteil ΔP, der in einem Volumenelement ΔV entsteht oder verbraucht wird

$$p' = \lim_{\Delta V \to 0} \frac{\Delta P}{\Delta V} = \frac{\mathrm{d}P}{\mathrm{d}V}\,.$$

Dabei geht das Volumenelement ΔV im Grenzfall gegen Null.

Die Leistungsdichte hat die Dimension (Leistung/Volumen), und so z. B. die Einheit W/cm^3.

4.1.2 Strömungsfeld

Leistungsdichte. Bewegt eine Kraft $\boldsymbol{F} = Q\boldsymbol{E}$ herrührend von einem elektrischen Feld (das von anderen Ladungen erzeugt wurde) die Ladung Q mit der Geschwindigkeit $\boldsymbol{v}$, so erhalten wir nach dem Leistungsbegriff der Mechanik die Leistung

$$P = \boldsymbol{F} \cdot \boldsymbol{v} = Q\boldsymbol{E} \cdot \boldsymbol{v}\,.$$

Besitzt die Ladung Q die Ladungsdichte $\varrho = \mathrm{d}Q/\mathrm{d}V$ (Gl. (1.2)), ergibt sich als Leistungsdichte im Strömungsfeld (Gl. (4.6))

$$p' = \frac{\mathrm{d}P}{\mathrm{d}V} = \boldsymbol{E} \cdot \boldsymbol{v} \frac{\mathrm{d}Q}{\mathrm{d}V} = \boldsymbol{E} \cdot \boldsymbol{v}\varrho = \boldsymbol{E} \cdot \boldsymbol{S} = E^2 \varkappa \tag{4.7}$$

Leistungsdichte im Strömungsfeld.

Im Strömungsfeld wird die Leistungsdichte eines Punktes durch Feldstärke und Stromdichte im gleichen Punkt bestimmt.

Gesamtleistung. In einem Strömungsfeld vom Volumen V wird die Gesamtleistung

$$P = \int_{\text{Volumen}} p' \,\mathrm{d}V = \int_V \boldsymbol{S} \cdot \boldsymbol{E} \,\mathrm{d}V = \frac{1}{\varkappa} \int_V S^2 \,\mathrm{d}V = \varkappa \int E^2 \,\mathrm{d}V \tag{4.8a}$$

Gesamtleistung eines Strömungsfeldes

umgesetzt. Mit dem Volumenelement $\mathrm{d}V = \mathrm{d}\boldsymbol{A} \cdot \mathrm{d}\boldsymbol{s}$ wird daraus (Bild 4.5)

$$P = \int_A \int_s \boldsymbol{S} \cdot \boldsymbol{E} \,\mathrm{d}\boldsymbol{A} \cdot \mathrm{d}\boldsymbol{s} = \int_A \int_{s_A}^{s_B} \boldsymbol{S}(\boldsymbol{E}\,\mathrm{d}\boldsymbol{s})\,\mathrm{d}\boldsymbol{A} = \int_A \boldsymbol{S} U_{\mathrm{AB}} \cdot \mathrm{d}\boldsymbol{A} = U_{\mathrm{AB}} I$$

$$= \frac{U_{\mathrm{AB}}^2}{R_{\mathrm{AB}}} = I^2 R_{\mathrm{AB}} \tag{4.8b}$$

(Strom I durch Gesamtquerschnitt A, Spannung U_{AB} zwischen Potentialflächen A, B).

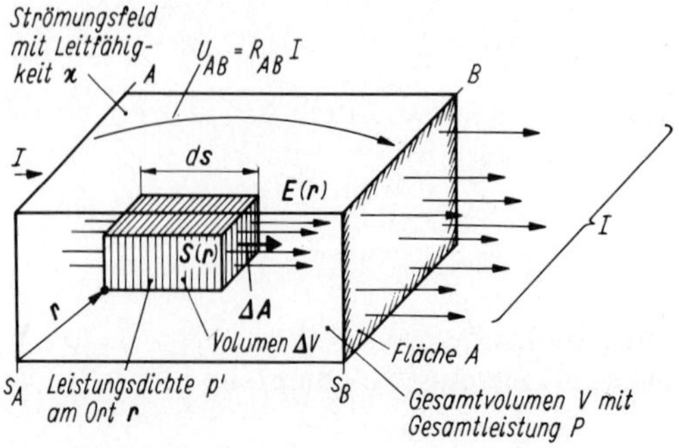

Bild 4.5. Leistungsdichte p' und Leistung P im Strömungsfeld

Die in einem Strömungsfeld (Volumen V) in Wärme umgesetzte elektrische Leistung ist gleich derjenigen Leistung, die im Widerstand R_{AB} dieser Anordnung umgesetzt wird.

Im Strömungsfeld wird die zugeführte elektrische Energie irreversibel in Wärmeenergie umgesetzt, diese erhöht zunächst die Temperatur des Leiters, die schließlich einen Wärmestrom an die Umgebung erzeugt, dessen Leistung im Gleichgewicht mit der zugeführten elektrischen Leistung übereinstimmt. Das elektrische Strömungsfeld ist kein Energiespeicher.

4.1.3 Elektrostatisches Feld

Energiedichte. Wir betrachten ein Teilvolumen $\Delta V = \Delta A \cdot \Delta s$ (Bild 4.6) im elektrostatischen Feld. In ihm sei die Energie ΔW_e gespeichert. Bei genügend kleinem Volumen herrscht dort näherungsweise ein homogenes Feld, und es gilt:

$$\Delta W_e = \frac{\Delta Q \Delta U}{2} = \frac{\boldsymbol{D} \cdot \Delta \boldsymbol{A}}{2} \boldsymbol{E} \cdot \Delta \boldsymbol{s} = \frac{\boldsymbol{D} \cdot \boldsymbol{E}}{2} \Delta V .$$

Die Gesamtenergie eines Volumens V beträgt dann mit dem Übergang $\Delta V \to \mathrm{d}V$

$$W_e = \int_{\text{Volumen}} w_e \,\mathrm{d}V = \int_V \frac{\boldsymbol{D} \cdot \boldsymbol{E}}{2} \mathrm{d}V \qquad (4.9a)$$

Energie des elektrostatischen Feldes im Dielektrikum vom Volumen V.

In die *Energiedichte* (Gl. (4.2))

$$w_e = \frac{\mathrm{d}W}{\mathrm{d}V} = \frac{\boldsymbol{D} \cdot \boldsymbol{E}}{2} = \frac{\varepsilon E^2}{2} = \frac{D^2}{2\varepsilon} \qquad (4.9b)$$

Energiedichte des elektrostatischen Feldes im Dielektrikum

des elektrostatischen Feldes gehen Feldstärke und Verschiebungsflußdichte gleichberechtigt ein (Tafel 4.2).

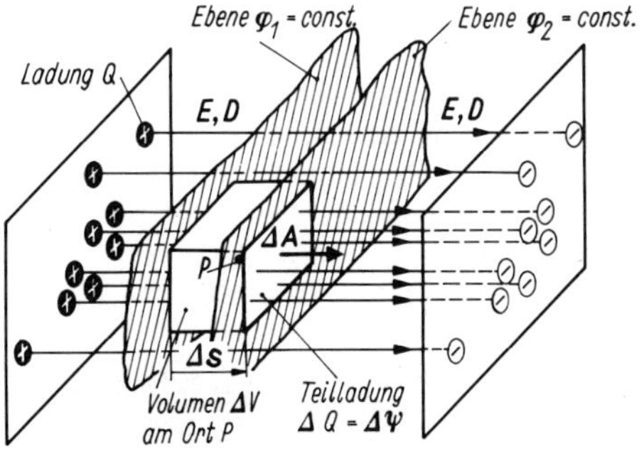

Bild 4.6. Energiedichte w_e im elektrostatischen Feld

Kondensatorenergie. Die im Dielektrikum eines Kondensators[1] (Volumen V) gespeicherte Energie W folgt aus Gl. (4.1a) mit der Strom-Spannungs-Relation

$$\begin{aligned} W_e &= \int_0^t u_C(t')\, i_C(t')\, dt' = \int_0^t u_C(t')\, dQ(t') \\ &= C \int_{u_C(0)}^{u_C(t)} u_C(t)\, du_C = \frac{C}{2}[u_C^2(t) - u_C^2(0)]\,, \end{aligned} \tag{4.10a}$$

ohne Anfangsladung ($u_C(0) = 0$) wird

$$W_e = \frac{C}{2} u_C^2(t) = \frac{Q(t) u_C(t)}{2} = \frac{Q^2(t)}{2C} = W_C \tag{4.10b}$$

im Kondensator ohne Anfangsladung gespeicherte Energie nach Aufladen mit der Spannung u_C.

Zusammen mit der Haupteigenschaft des Kondensators, (s. Abschn. 2.5.6) der Ladungsspeicherung = Energiespeicherung, erkennen wir:

Das elektrische Feld im Dielektrikum ist Träger der dielektrischen Energie[2]. Sie wird überall dort im Dielektrikum *gespeichert*, wo eine Feldstärke $\boldsymbol{E}$ herrscht.

Beispiel. Im Kondensator können nur vergleichsweise kleine Energien gespeichert werden, z. B. im Fotoblitz-Kondensator ($C = 100\,\mu F$) bei einer Ladespannung $U_C = 2\,kV$, $W_e = CU_C^2/2 = 200\,Ws$. Ein Akkumulator kann wesentlich mehr Energie speichern: Autobatterie $Q = 84\,A \cdot h$, $U = 6\,V \to W = QU = 1{,}81 \cdot 10^6\,W \cdot s$.

Hat der Kondensator eine Zylinderbauform (Höhe 20 cm, Durchmesser 5 cm, Volumen 196 cm³), so beträgt die mittlere Energie bezogen auf das Volumen $w_e = W/V = 1{,}02\,Ws/cm^3$. Der Akkumulator (Abmessung $20 \cdot 25 \cdot 20\,cm^3$) besitzt demgegenüber die (größere) mittlere Energiedichte $w_e = W/V = 181\,Ws/cm^3$.

Energieumformung elektrische — dielektrische Energie. Beim Kondensator (bzw. Feld im Dielektrikum) wird elektrische Energie in dielektrische umgewandelt (und umgekehrt):

— Beim *Aufladen* erfolgte eine Zufuhr elektrischer Energie (Stromfluß- und Spannungsrichtung übereinstimmend, Verbraucherpfeilsystem), sie wird als dielektrische Energie im Feld gespeichert (Kondensator als Verbraucher elektrischer Energie).

— Beim *Entladen* fließt die dielektrische Energie wieder als elektrische ab (Entladestrom fließt der Spannung entgegen, Erzeugerpfeilsystem).

Gegenüber dem Widerstand hat der Kondensator nicht nur eine andere Strom-Spannungs-Relation (s. Gl. (2.87)), sondern einen grundverschiedenen Energieumsatz (Tafel 4.2). Beim Widerstand setzt unmittelbar mit Stromfluß ein nichtumkehrbarer Energieumsatz elektrischer Energie in Wärme ein. Er wirkt als (einseitige) *Energiedurchgangsstelle* an die Umgebung.

---

[1] Linear- und zeitunabhängig

[2] Wir vermeiden den Ausdruck elektrische Energie, er wird nur für den Term $\int ui\,dt$ vorbehalten. Im Unterschied zur dielektrischen Energie gibt es noch magnetische

Im Kondensator erfolgt Energieaufnahme (-abgabe) nur, sobald sich der Verschiebungsfluß, d. h. also die Ladung, *ändert*. Weil das elektrostatische Feld aber durch ruhende Ladungen gekennzeichnet ist, bleibt die Energie vom Ende der Aufladung an ($\mathrm{d}Q/\mathrm{d}t = 0, \rightarrow I = 0$) als dielektrische Energie im Feld gespeichert. Das drückt sich durch die Spannung U_C aus, auf die der Kondensator am Ende des Ladevorganges geladen ist. Der Kondensator gibt keinen Energiestrom an die Umgebung ab, er speichert sie vielmehr. Beim Entladen ($\mathrm{d}Q/\mathrm{d}t < 0, I < 0$) wird sie vollständig in den elektrischen Kreis zurückgeführt. Ursache des Stromantriebes ist die Kondensatorspannung, auf die der Kondensator zu Beginn des Entladevorganges geladen war.

Haupteigenschaften der dielektrischen Energie: Stetigkeit. Die dielektrische Energie ändert sich — wie jede Energie — nie sprunghaft (s. Bild 4.3). Sonst würde sie ohne Zeitverzug von einem zum anderen Ort transportiert werden können. Das ist physikalisch unmöglich. Energie verhält sich vielmehr wie eine „träge Masse", bedarf also einer gewissen „Transportzeit". Damit gilt:

Die Kondensatorenergie $W_C = Cu_C^2/2$ ist aus physikalischen Gründen (Trägheitscharakter der Energie) immer stetig. Darauf basiert die Stetigkeit der Kondensatorspannung u_C (s. Abschn. 2.5.6.1).

Anderenfalls würde eine sprungförmige Energieänderung $p = \mathrm{d}W/\mathrm{d}t \rightarrow \infty$ ($\mathrm{d}u_C/\mathrm{d}t \rightarrow \infty$) eine augenblicklich unendlich hohe Leistung p erfordern, also einen unendlich großen Strom $i_C \sim \mathrm{d}u_C/\mathrm{d}t$. Dies ist aus physikalischen Gründen undenkbar. Darüber hinaus haben technische Schaltkreise stets von Null verschiedene Widerstände. Bild 4.7 veranschaulicht diese Verhältnisse am Beispiel des Einschaltens eines Kondensators. Im Abschn. 10 befassen wir uns mit diesem Problem eingehender.

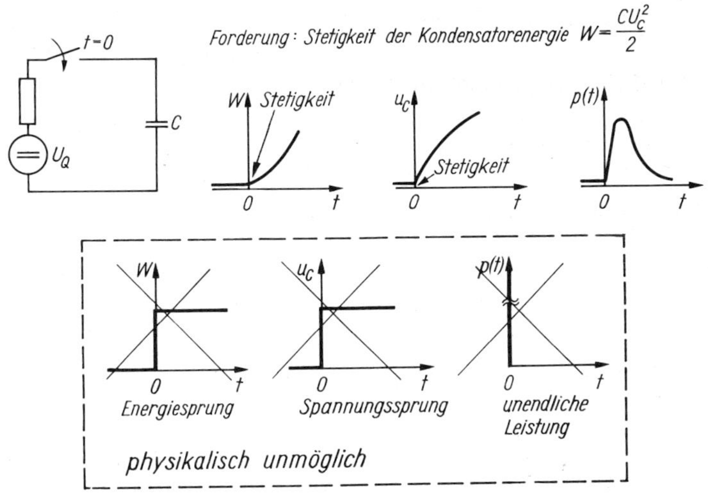

Bild 4.7 Stetigkeit der Energie und Spannung am Kondensator

4.1.4 Magnetisches Feld

Energiedichte. Wir betrachten ein Teilvolumen $\Delta V = \Delta A \cdot \Delta s$ (Bild 4.8) z. B. um einen stromdurchflossenen Draht im magnetischen Feld. Im Volumen ΔV sei die magnetische Energie ΔW_m gespeichert. Bei genügend kleinem Volumen ΔV kann das magnetische Feld als homogen vorausgesetzt werden. Längs der Länge $\Delta \boldsymbol{s}$ fällt die magnetische Spannung $V_{AB} = \boldsymbol{H}(B) \cdot \Delta \boldsymbol{s}$ ab, der Querschnitt $\Delta \boldsymbol{A}$ wird vom magnetischen (Teil-)fluß $\Delta \Psi = \Delta \boldsymbol{B} \cdot \Delta \boldsymbol{A}$ durchsetzt. Dann speichert das Volumen ΔV die magnetische Energie $\Delta W_m = V_{AB} \Delta \Psi = \boldsymbol{H}(B) \Delta \boldsymbol{B} \underbrace{\Delta \boldsymbol{A} \, \Delta \boldsymbol{s}}_{\Delta V} = \boldsymbol{H}(B) \cdot \Delta \boldsymbol{B} \Delta V$.

Die Gesamtenergie beträgt

$$W_m = \int \mathrm{d}W_m = \int_{\text{Volumen}} \left[\int_{B=0}^{B_{max}} \boldsymbol{H}(B) \cdot \mathrm{d}\boldsymbol{B} \right] \mathrm{d}V \tag{4.11}$$

magnetische Energie, die ein Volumen V in den magnetischen Zustand (B_{max}) versetzt.

Hängen Feldstärke und Flußdichte nicht vom Ort (und damit Volumen ab, das ist z. B. im Raumpunkt der Fall), so kann die Integration über das Volumen $[\int_{\text{Volumen}} \mathrm{d}V = V]$ durchgeführt werden: $W_m = V \int_0^{B_{max}} \boldsymbol{H}(B) \cdot \mathrm{d}\boldsymbol{B}$. Bild 4.8b veranschaulicht den Ausdruck $H \, \mathrm{d}B$. Die Größe

$$w_m = \left(\frac{\mathrm{d}W_m}{\mathrm{d}V} \right) = \int_0^{B_{max}} \boldsymbol{H}(B) \cdot \mathrm{d}\boldsymbol{B} = \frac{W_m}{V} \tag{4.12a}$$

Energiedichte des magnetischen Feldes mit nichtlinearem H-B-Zusammenhang

heißt *Energiedichte* des magnetischen Feldes (Tafel 4.2).

In Stoffen mit $\mu = \text{const}$, also linearem H-B-Zusammenhang (z. B. Nichtferromagnetika), gilt $\boldsymbol{H} = \boldsymbol{B}/\mu = \text{const}\ \boldsymbol{B}$. Dann ergibt das Integral Gl. (4.12a)

$$w_m = \int_0^{B_{max}} \frac{\boldsymbol{B}}{\mu} \cdot \mathrm{d}\boldsymbol{B} = \frac{\boldsymbol{H} \cdot \boldsymbol{B}}{2} = \frac{\mu H^2}{2} = \frac{B^2}{2\mu} \tag{4.12b}$$

Energiedichte des magnetischen Feldes ($\mu = \text{const}$).

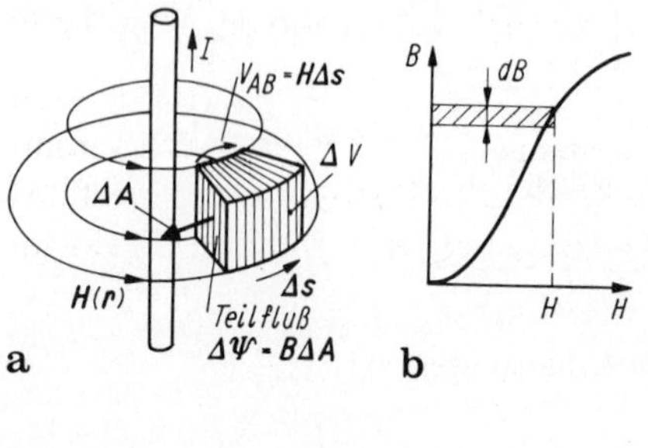

Bild 4.8a, b. Energiedichte w_m im magnetischen Feld

Beispiel. Innere Energie W_{mi}: Auch im Innern eines stromdurchflossenen Leiters entsteht ein Magnetfeld, wird also Energie (W_{mi}) gespeichert. Daraus folgt umgekehrt (s. Gl. (4.14b)) eine *innere Induktivität* L_i:

$$L_i = \frac{2W_{mi}}{I^2}.$$

Beim geraden Leiter (Radius r_0) beträgt die innere Feldstärke (s. Abschn. 3.1.3, Bild 3.15) $H_i = Ir/2\pi r_0^2$. Damit wird nach Gl. (4.11a) mit $\mu = \mu_0$:

$$W_{mi} = \int \frac{\mu_0 H_i^2 \,\mathrm{d}V}{2} = \frac{\mu_0 I^2 \pi l}{(2\pi r_0^2)^2} \int_0^{r_0} r^3 \,dr = \frac{\mu_0 I^2 l}{16\pi} \to L_i = \frac{\mu_0 l}{8\pi},$$

da das Volumenelement $\mathrm{d}V = 2\pi r l dr$ ein Hohlzylinder der Länge l und Wandstärke dr mit konstanter Feldstärke H_i ist.

Zahlenbeispiel. Im Vergleich zum elektrischen Feld hat das magnetische Feld eine große Energiedichte. Im Luftspalt eines Elektromagneten (Hubmagnet) (angenommen homogenes Feld) beträgt die Induktion etwa $B = 2\,\mathrm{V \cdot s/m^2}$, es herrscht somit die Energiedichte $w_m = B^2/2\mu_0 \approx 1{,}6\,\mathrm{W \cdot s/cm^3}$. Im elektrischen Feld eines Plattenkondensators mit einer Feldstärke $E = 30\,\mathrm{kV/cm}$ (Durchschlagsfeldstärke in Luft) hingegen ergibt sich (Gl. (4.9b)) $w_e = \varepsilon_0 E^2/2 \approx 0{,}4 \cdot 10^{-4}\,\mathrm{W \cdot s/cm^3}$. Die um rd. 4 Größenordnungen höhere Energiedichte des magnetischen Feldes erklärt die erheblich größere technische Bedeutung dieses Feldes gegenüber dem elektrischen.

Diskussion: *Nichtferromagnetika.* Gemäß $B = \mu_0 H$ ist die Energiedichte $\int H \,\mathrm{d}B$ gleich dem schraffierten Flächeninhalt Bild 4.8b. Somit ergibt sich für eine lineare B-H-Kennlinie (Bild 4.9a):

Aufmagnetisieren: $B = 0 \ldots B_{max}$: $$\frac{W_m}{V} = \int_0^{B_{max}} H \,\mathrm{d}B = \frac{H_{max} B_{max}}{2},$$

Entmagnetisieren: $B = B_{max} \ldots 0$: $$\frac{W_m}{V} = \int_{B_{max}}^{0} H \,\mathrm{d}B = -\frac{H_{max} B_{max}}{2}.$$

Die beim Aufmagnetisieren zugeführte Energie wird beim Entmagnetisieren voll zurückerhalten. Zwischenzeitlich ist sie im magnetischen Feld gespeichert.

Ferromagnetika. Bei nichtlinearer B-H-Kurve ist das Integral Gl. (4.12) nicht mehr allgemein lösbar. Wir erkennen aber aus Bild 4.9b durch graphische Integration:

— Beim *Aufmagnetisieren* (Bild 4.9b) längs der Neukurve (I) wird an das Ferromagnetikum die Energie

$$W_{m\,auf} = VA_0$$

geliefert. $A_0 \approx \int_0^{B_{max}} H \,\mathrm{d}B$ ist die zur B-H-Kurve gehörige senkrecht schraffierte Fläche.

— Beim *Entmagnetisieren* (Kurve (2)) wird die magnetische Energie VA_1 entnommen ($\mathrm{d}B < 0, H > 0$, waagerecht schraffiert), die Energie VA_2 zugeführt ($\mathrm{d}B < 0, H < 0$, waagerecht schraffiert). Insgesamt gewinnt man beim Entmagnetisieren die Energie

$$W_{m\,ent} = V(A_1 - A_2)$$

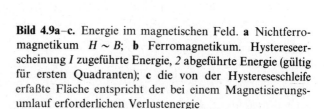

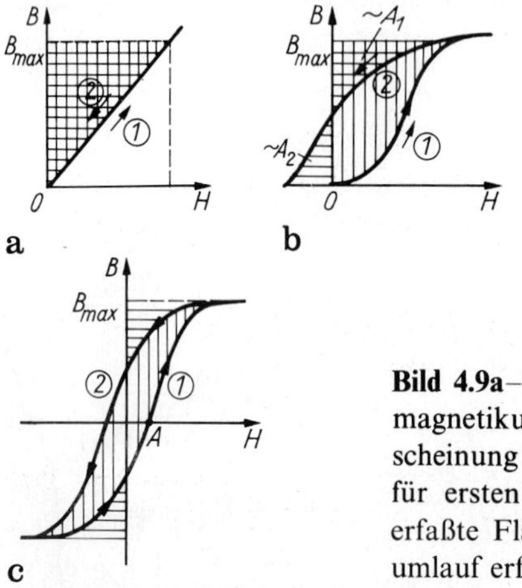

Bild 4.9a–c. Energie im magnetischen Feld. **a** Nichtferromagnetikum $H \sim B$; **b** Ferromagnetikum. Hystereseerscheinung *1* zugeführte Energie, *2* abgeführte Energie (gültig für ersten Quadranten); **c** die von der Hystereseschleife erfaßte Fläche entspricht der bei einem Magnetisierungsumlauf erforderlichen Verlustenergie

zurück, also *weniger* als dem Material beim Aufmagnetisieren zugeführt wurde. Die Differenz beider Energiewerte heißt „Hysteresearbeit". Physikalisch ist sie zum Umklappen der Weißschen Bezirke erforderlich und stellt eine Verlustarbeit dar (in Wärme überführt).

Für den vollen Umlauf der Hysteresekurve (A von $+B_{\max}$ bis $-B_{\max}$ und zurück zu A (wie für die Wechselstromtechnik von Bedeutung)) ist die Differenz zwischen zugeführter und rückgewonnener Energie gerade gleich der von der Hysteresekurve umschlossenen Fläche (Bild 4.9c):

$$W_{\mathrm{Hyst}\oint} = V\oint \boldsymbol{H}\cdot \mathrm{d}\boldsymbol{B} = VA_{\oint} \tag{4.13a}$$

Hysteresearbeit bei einmaligem Umlauf der Hysteresekurve.

Bei f-maligem Ummagnetisieren je Zeitspanne entsteht die Verlustleistung ($f = 1/T$)

$$P_{\mathrm{Hyst}} = fW_{\mathrm{Hyst}} = \frac{W_{\mathrm{Hyst}}}{T} \tag{4.13b}$$

Hystereseverlust bei der Frequenz f.

Ferromagnetische Materialien mit kleinen Hystereseverlusten müssen damit eine möglichst schlanke Hysteresekurve haben. Mit wachsender Frequenz steigen die Verluste an.

Spulenenergie. Die im Magnetfeld einer Spule (Induktivität L) (linear zeitunabhängig) gespeicherte magnetische Energie W_{m} folgt aus ihrer Strom-Spannungs-Relation Gl. (3.56a) zu

$$\begin{aligned} W_{\mathrm{m}} &= \int_0^t u_{\mathrm{L}}(t')\,i_{\mathrm{L}}(t')\,\mathrm{d}t' = L\int_0^t i_{\mathrm{L}}(t')\frac{\mathrm{d}i_{\mathrm{L}}}{\mathrm{d}t'}\mathrm{d}t' \\ &= L\int_{i(t=0)}^{i(t)} i_{\mathrm{L}}(t')\,\mathrm{d}i = \frac{L}{2}[i_{\mathrm{L}}^2(t) - i_{\mathrm{L}}^2(0)] = W_{\mathrm{m}}. \end{aligned} \tag{4.14a}$$

Ohne Anfangsstrom ($i_L(0) = 0$) wird daraus (Tafel 4.2)

$$W_m = \frac{L}{2} i_L^2(t) = \frac{\Psi(t) i_L(t)}{2} = \frac{\Psi^2(t)}{2L} = W_L \tag{4.14b}$$

in Spule ohne Anfangsstrom gespeicherte magnetische Energie.

Zusammen mit der Haupteigenschaft der Spule, ein konzentriertes magnetisches Feld zu erzeugen, formulieren wir:

Das magnetische Feld ist Träger der magnetischen Energie. Sie wird überall dort, wo eine magnetische Feldstärke herrscht, gespeichert.

Zahlenbeispiel. $L = 20\,\mathrm{H}$, $i_L = 100\,\mathrm{A}$, $W_m = LI^2/2 = 10^5\,\mathrm{Ws}$.
Im Magnetfeld lassen sich — übereinstimmend mit dem eben erläuterten Zahlenbeispiel — wesentliche höhere Energien als im dielektrischen Feld speichern.

Energieumformung elektrische — magnetische Energie. Die Spule ist ein Umformorgan elektrischer in magnetische Energie und umgekehrt:

— Beim *Aufbau* des Magnetfeldes (Stromfluß durch Spule) wird die elektrische Energie $W_{el} = LI^2/2$ *zugeführt* und als magnetische Energie W_m (während des Stromflusses) im Magnetfeld gespeichert. Die Spule wirkt als Verbraucher elektrischer Energie.

— Beim *Abbau* wird sie in gleicher Größe wiedergewonnen (Spule als Energieerzeuger). Zwischenzeitlich bleibt sie als magnetische Energie im Magnetfeld um die Spule gespeichert[1].

Damit hat die Spule — wie der Kondensator (s. Tafel 4.2) — einen gegenüber dem Widerstand R völlig andersartigen Energieumsatz: Sie ist ein *Energiespeicher*.

Die dabei umgesetzte Leistung beträgt

$$p(t) = u(t)i(t) = Li\frac{\mathrm{d}i}{\mathrm{d}t}\,. \tag{4.15}$$

Bei Stromerhöhung ($\mathrm{d}i/\mathrm{d}t > 0$) wirkt die Induktivität als *Leistungsverbraucher*, bei Strom*verringerung* ($\mathrm{d}i/\mathrm{d}t < 0$) hingegen als *Leistungsgenerator*. Bei zeitlich konstantem Strom ($\mathrm{d}i/\mathrm{d}t = 0$) nimmt die Induktivität keine Leistung auf. Daß eine *technische Spule* auch für $I = \mathrm{const}$ Leistung verbraucht, ist allein auf ihren Verlustwiderstand R (Wicklungswiderstand) zurückzuführen (s. Bild 3.55). Sie dient zur Erwärmung der Spule und hat ihrem Wesen nach nichts mit der Leistung zu tun, die zum Aufbau des Magnetfeldes erforderlich ist und (abzüglich der Hystereseverluste) voll rückgewonnen werden kann.

Haupteigenschaft der magnetischen Energie: Stetigkeit. Aus den gleichen Gründen, die bei der dielektrischen Energie bereits diskutiert wurden (s. Abschn. 4.1.3) ist auch die magnetische Energie W_m (Gl. (4.14)) immer stetig. Dies drückt sich in der *Stetigkeit des Spulenstromes* i_L aus (s. Abschn. 3.4.1), er kann nie springen.

---

[1] Bei Ferromagnetika treten durch die Hysterese Energieverluste auf, die in Form von Wärme an die Umgebung abfließen

Gekoppelte Spulen. Zwei gekoppelte Spulen (Induktivitäten L_1, L_2, Gegeninduktivität M, $R_1 = R_2 = 0$) mit der Strom-Spannungsrelation Gl. (3.64c) nehmen insgesamt die Leistung (Verbraucherpfeilrichtung, s. Bild 3.59)

$$p = i_1 u_1 + i_2 u_2 = L_1 i_1 \frac{\mathrm{d}i_1}{\mathrm{d}t} + L_2 i_2 \frac{\mathrm{d}i_2}{\mathrm{d}t} + M\left(i_1 \frac{\mathrm{d}i_2}{\mathrm{d}t} + i_2 \frac{\mathrm{d}i_1}{\mathrm{d}t}\right)$$

$$= \frac{\mathrm{d}}{\mathrm{d}t}\left[\frac{L_1}{2} i_1^2(t) + \frac{L_2}{2} i_2^2(t) + M i_1(t)\, i_2(t)\right] = \frac{\mathrm{d}W_\mathrm{m}(t)}{\mathrm{d}t}$$

auf. Da die Leistung nach Gl (4.3) die zeitliche Änderung der Energie war, stellt

$$W_\mathrm{m}(t) = \frac{1}{2}[L_1 i_1^2(t) + L_2 i_2^2(t) + 2M i_1(t) i_2(t)] > 0 \tag{4.16}$$

magnetische Energie in zwei gekoppelten Spulen

die im Magnetfeld gespeicherte Energie dar. Sie ist wegen $M^2 \leqq L_1 L_2$ stets positiv.

Beim idealen Übertrager (mit $M = \pm\sqrt{L_1 L_2}$ und $i_1/i_2 = w_2/w_1$) verschwindet die insgesamt (also von der Primär- und Sekundärseite) zugeführte Leistung stets. Deshalb muß die primär zugeführte gleich der sekundär abgegebenen Leistung sein.

4.2 Energieübertragung

Das Modell des Grundstromkreises (s. Abschn. 2.4.3.3) hinterläßt den Eindruck, als ob die Energieübertragung nur durch eine strömende Ladung (Stromfluß im Kreis) erfolgen kann und das elektromagnetische Feld keine Rolle spielt. Wir zeigen jetzt, daß der eigentliche Träger des Energietransportes der *Feldraum* ist. Dann scheint es zwingend, dem Energietransport eine Feldgröße — die *Energiestromdichte* — zuzuordnen. Ausgang dafür ist der Energiesatz.

4.2.1 Energieströmung

Energiesatz. Die Erhaltung der Gesamtenergie W eines abgeschlossenen Systems ist ein physikalisches Grundgesetz:

$$W = \text{const.} \rightarrow \frac{\mathrm{d}W}{\mathrm{d}t} = 0 \tag{4.17a}$$

Erhaltungssatz der Energie eines abgeschlossenen Systems.

Besteht ein abgeschlossenes System mit $W_\mathrm{ges} = W_1 + W_2 + W_3$ dagegen aus nicht abgeschlossenen Teilsystemen (z. B. drei), so führt der Energiesatz wegen $\mathrm{d}W_\mathrm{ges}/\mathrm{d}t = 0$ auf die im Bild 4.10a gegebene Darstellung, wobei sich die Energieänderung $\mathrm{d}W/\mathrm{d}t = \mathrm{d}W_2/\mathrm{d}t$ des Systems 2 aus der Bilanz zwischen Zu- $(-\mathrm{d}W_1/\mathrm{d}t =$

$+ \mathrm{d}W/\mathrm{d}t|_{\mathrm{zu}}$) und Abfuhr ($\mathrm{d}W_3/\mathrm{d}t = \mathrm{d}W/\mathrm{d}t|_{\mathrm{ab}}$) ergibt:

$$-\frac{\mathrm{d}W}{\mathrm{d}t} = \left.\frac{\mathrm{d}W}{\mathrm{d}t}\right|_{\mathrm{ab}} - \left.\frac{\mathrm{d}W}{\mathrm{d}t}\right|_{\mathrm{zu}} = P_{\mathrm{ab}} - P_{\mathrm{zu}} = I_{\mathrm{Wab}} - I_{\mathrm{Wzu}}\,. \tag{4.17b}$$

Die rechts auftretende Größe I_{W} heißt *Energiestrom*. Sie soll jetzt für einen felderfüllten Raum näher erläutert werden.

Die Gesamtenergie eines abgeschlossenen, vom elektromagnetischen Feld ausgefüllten Raumes besteht aus

1. elektrischer und magnetischer Feldenergie;
2. dem Energiezustrom oder -abstrom bei zeitlicher Feldänderung;
3. der an Ladungsträgern verrichteten Arbeit.

Betrachten wir die Anteile einzeln.

Zu 1. Die elektromagnetische Feldenergie W_{F} beträgt mit Gln. (4.9b), (4.12)

$$W_{\mathrm{F}}(t) = \int\limits_{\mathrm{Volumen}} [w_{\mathrm{e}} + w_{\mathrm{m}}]\,\mathrm{d}V\,.$$

Die Feldenergie verhält sich somit wie eine substanzartige, räumlich verteilte Größe.

Zu 2. Zeitveränderliche Felder ändern die Energiedichte im gesamten Raum. Es entsteht eine *Engieumverteilung*, ein *Energietransport*. Er läßt sich ähnlich wie der Transport von Massen oder Ladungen durch eine *Strömungsgröße* (Feldgröße) beschreiben: die *Energiestromdichte* $\boldsymbol{S}_{\mathrm{W}}$. Zu dieser Feldgröße gehört — wie bei Stromdichte $\boldsymbol{S}$, Induktion $\boldsymbol{B}$ und Verschiebungsflußdichte $\boldsymbol{D}$ — noch eine *Flußgröße* durch eine Fläche A, der *Energiestrom* I_{W}

$$I_{\mathrm{W}} = \int\limits_{A} \boldsymbol{S}_{\mathrm{W}} \cdot \mathrm{d}\boldsymbol{A} \tag{4.18}$$

$\boldsymbol{S}_{\mathrm{W}}$ Energiestromdichte in einem Volumen.

Enthält ein Volumen V (mit der Oberfläche A) die Energie W, so kann sich diese nur ändern, wenn *Energie durch eine gedachte oder materielle Oberfläche transportiert* wird: Es muß ein Energiestrom I_{W} durch die Hüllfläche fließen (Bild 4.10a).

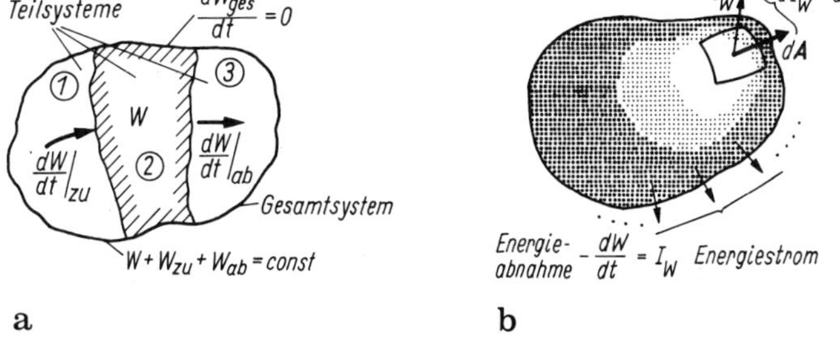

Bild 4.10a, b. Energieerhaltung und Energiestrom I_{W}. **a** Energieerhaltung in einem abgeschlossenen System 1, in dem sich ein Teilsystem 2 befindet; **b** Energieströme I_{W}

Den gleichen Gedankengang lernten wir bereits beim Zusammenhang Ladung — Strom kennen (s. Abschn. 1.4.2 und 2.3.3.3). Auch für die Ladung galt ein Erhaltungssatz. Aus der zeitlichen Ladungsänderung wurde der Strom definiert.

Man definiert den Energiestrom positiv, wenn er aus dem Volumen nach außen fließt. Dann gibt das System Energie ab und es gilt

$$-\frac{\mathrm{d}W}{\mathrm{d}t} = I_\mathrm{W}\,. \tag{4.19}$$

Energieabnahme je Zeit im abgeschlossenen System — **Nettoenergiestrom aus dem Volumen nach außen**

Anschaulich gibt es keine andere Möglichkeit der Energieänderung als durch Energietransport.

Zu 3. Energie kann aus dem Feld auch auf Ladungsträger (Teilchen) übertragen werden (z. B. Beschleunigung im elektrischen Feld). Dabei leistet das Feld je Zeiteinheit an Ladungsträgern Arbeit. Es tritt die Leistung P_Teil auf, z. B. $P = \int \boldsymbol{E}\cdot\boldsymbol{S}\,\mathrm{d}V$ (Gl. (4.8a)) im Strömungsfeld. Zusammengefaßt lautet der Energiesatz (aus Gl. (4.19)) dann mit seinen Bestandteilen:

$$\frac{\mathrm{d}W}{\mathrm{d}t} + I_\mathrm{W} + P_\mathrm{Teil} = 0$$

$$\frac{\mathrm{d}}{\mathrm{d}t}\left\{\int_V (w_\mathrm{e} + w_\mathrm{m})\,\mathrm{d}V\right\} + \oint_A \boldsymbol{S}_\mathrm{W}\cdot\mathrm{d}\boldsymbol{A} + P_\mathrm{Teil} \tag{4.20a}$$

Zunahme der elektromagnetischen Gesamtenergie im Volumen je Zeit	Energiestrom durch die Oberfläche des Volumens	Arbeit des Feldes an den Ladungsträgern (in Wärme umgewandelte Leistung)

Energiesatz im elektromagnetischen Feld (Integralform).

Diese sog. *Integralform des Energiesatzes* für ein Volumen V läßt sich auch für den Raumpunkt (mit Feldgrößen) angeben. Dies ist Gegenstand der Feldtheorie.

Anschaulich besagt Gl. (4.20a):

Die durch eine Oberfläche in ein Volumen *eindringende* Energieströmung ist gleich der auf die Zeit bezogenen und in Wärme umgewandelten Energie[1] ergänzt um die im Volumen je Zeitspanne dt gespeicherte elektromagnetische Energie[2] oder gleichwertig (Tafel 3.8).

$$P_\mathrm{W} + \int_A \boldsymbol{S}\,\mathrm{d}\boldsymbol{A} = -\frac{\partial}{\partial t}(W_\mathrm{m} + W_\mathrm{e})\,. \tag{4.20b}$$

Die Abnahme der Feldenergie innerhalb eines felderfüllten Volumens erfolgt stets durch Erwärmung in den Leitern. Jeder Leiter bildet für die Energieströmung eine Senke (Verlust).

[1] Später gleich der Wirkleistung, s. Abschn. 6.4.1

[2] Später gleich der Blindleistung, s. Abschn. 6.4.2

Energiestromdichte. Die *Energiestromdichte* S_W Gl. (4.18) wird in der Elektrotechnik als sog. *Poynting-Vektor* bezeichnet. Aus den Maxwellschen Gleichungen läßt sich für ihn herleiten:[1]

$$\boldsymbol{S}_W = \boldsymbol{E} \times \boldsymbol{H} = \frac{1}{\mu}(\boldsymbol{E} \times \boldsymbol{B}) \tag{4.21}$$

Energiestromdichte (Poynting-Vektor).

Als Dimension ergibt sich:

$$\dim(S_W) = \dim(EH) = \dim \frac{\text{Spannung} \cdot \text{Strom}}{\text{Länge} \cdot \text{Länge}} = \dim\left(\frac{\text{Energie}}{\text{Fläche} \cdot \text{Zeit}}\right).$$

Der Dimension nach heißt S_W häufig auch *Leistungsdichte*, *Intensität* oder *Strahlungsvektor*[2].

Die *Einheit* beträgt

$$[S_W] = [E][H] = \frac{1\,\text{V}}{\text{m}}\frac{1\,\text{A}}{\text{m}} = \frac{1\,\text{W}}{\text{m}^2}.$$

Die Energiestromdichte $\boldsymbol{S}_W$ ist an jedem Raumpunkt gleich dem Vektorprodukt der dort herrschenden elektrischen ($\boldsymbol{E}$) und magnetischen ($\boldsymbol{H}$) Feldstärke. Sie kennzeichnet den Transport der elektromagnetischen Feldenergie durch die Oberfläche eines Volumens.

$\boldsymbol{E}$, $\boldsymbol{H}$ und $\boldsymbol{S}_W$ bilden ein Rechtssystem. $\boldsymbol{S}_W$ gibt somit die Leistung an, die durch eine Fläche $\boldsymbol{A}$ senkrecht zur Richtung der Energieströmung hindurchfließt. Der *Energiestrom* I_W ist die zu $\boldsymbol{S}_W$ gehörende *Integralgröße* (Gl. (4.18)). Er wird wegen seiner Dimension üblicherweise *Leistung P* genannt. Anschaulich kennzeichnet er die in der Zeiteinheit durch eine Fläche A hindurchtretende Energie.

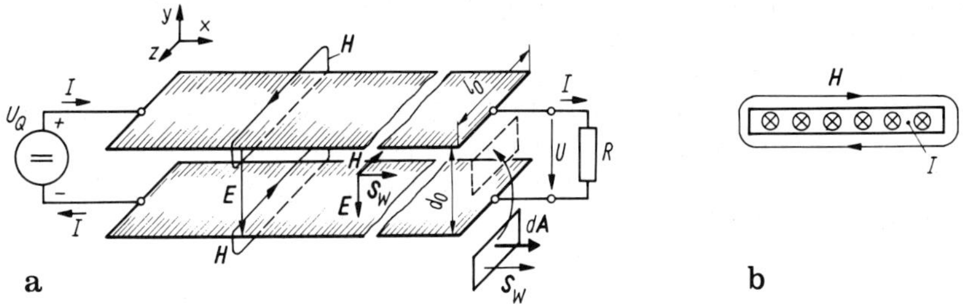

Bild 4.11a, b. Energiestromdichte. Poynting-Vektor im Grundstromkreis. **a** Anordnung: **b** Strom und magnetische Feldstärke der Leiterplatte

[1] Beweis folgt in der Feldtheorie

[2] Vor allem bei der Ausbreitung elektromagnetischer Wellen

4.2.2 Energietransport. Quelle — Verbraucher

Leistung einer Stromquelle. Wir führen jetzt dem vorher als abgeschlossen betrachteten System, z. B. einem Zweipol, Energie aus einer äußeren Stromquelle zu. Damit ist die Anordnung nicht mehr abgeschlossen. Auf der rechten Seite des Energiesatzes Gl. (4.20a) ist deshalb die *zugeführte Leistung UI* zu ergänzen. Wir wollen dieses Zusammenspiel Quelle — Verbraucher nach Bild 4.11 jetzt über eine *Feldbetrachtung* mit der Energiestromdichte S_W diskutieren. Die Verbindungsleitung sei durch eine widerstandslose Parallelplattenanordnung (aus Vereinfachungsgründen) ersetzt. In der oberen Platte fließt der Strom flächenhaft, d. h. gleichmäßig über den Querschnitt verteilt, von der Quelle zum Verbraucher, in der unteren zurück. Im Widerstand R wird ständig die Leistung $P = IU$ umgesetzt. Die Spannungsquelle erzeugt zwischen beiden Platten ein annähernd homogenes elektrisches Feld (E unabhängig von y für $l_0 \gg d_0$): $\boldsymbol{E} = -\boldsymbol{e}_y \mathrm{d}\varphi/\mathrm{d}y = -\boldsymbol{e}_y U/d_0$. Zwischen den Platten ist auch die magnetische Feldstärke $\boldsymbol{H}$ annähernd konstant. Aus dem Durchflutungssatz Gl. (3.12a) folgt[1] $\boldsymbol{H} \approx -\boldsymbol{e}_z I/l_0$.

Dann hat die Energiestromdichte $\boldsymbol{S}_W = \boldsymbol{E} \times \boldsymbol{H}$ (Gl. (4.21)) die Richtung $\boldsymbol{e}_x$, und wir erhalten das überraschende Ergebnis:

Der Energiestrom fließt *im Feldraum zwischen den Platten* von der Quelle zum Verbraucher, also außerhalb der Leiter!

$$\boldsymbol{S}_W = \boldsymbol{E} \times \boldsymbol{H} = \boldsymbol{e}_x \frac{UI}{d_0 l_0}.$$

Da $\boldsymbol{S}_W$ wegen $\boldsymbol{E}, \boldsymbol{H}$ (homogenes Feld) über den Querschnitt zwischen den Platten konstant ist, ergibt sich die Gesamtleistung durch Integration über die von S_W durchsetzte Fläche zwischen beiden Platten:

$$P = \int_A \boldsymbol{S}_W \cdot \mathrm{d}\boldsymbol{A} = \int \frac{UI}{d_0 l_0} \boldsymbol{e}_x \cdot \boldsymbol{e}_x \mathrm{d}A = \frac{UI}{d_0 l_0} d_0 l_0 = UI .$$

Diese, an den Verbraucher R transportierte Leistung stimmt mit dem Ergebnis des Grundstromkreises völlig überein! Aus der Sicht der Energiestromdichte beurteilt, ist das Dielektrikum sowohl Sitz gespeicherter Energie wie auch Transportraum des Energiestromes. Die Platten (der Leiter) haben dann nur die Aufgabe, den Energiestrom zu „führen", ihn also zu zwingen, dem Leiter räumlich zu folgen! Im allgemeineren Fall der Ausbreitung elektromagnetischer Wellen entfällt der Leiter. Dann erfolgt der Energietransport frei durch den Raum und wird wieder durch die Energiestromdichte beschrieben.

Die gewonnenen Ausdrücke UI und $EHd_0 l_0$ sind zwar dimensionsmäßig gleich, doch müssen wir sie physikalisch verschieden deuten. Der Term $EHd_0 l_0$ beschreibt den Energietransport durch das Feld von der Quelle zum Verbraucher. Der Term UI beschreibt die *materiegebundene* Energieströmung: Stromtransport durch Ladungsträger (Strom I!). Zwischen zwei Klemmen mit den Werten I und U wird dann die Leistung UI umgesetzt.

---

[1] Feldstärke einer Leiterplatte $H = I/2l_0$, Überlagerung von Hin- und Rückfeld ergibt $H = I/l_0$

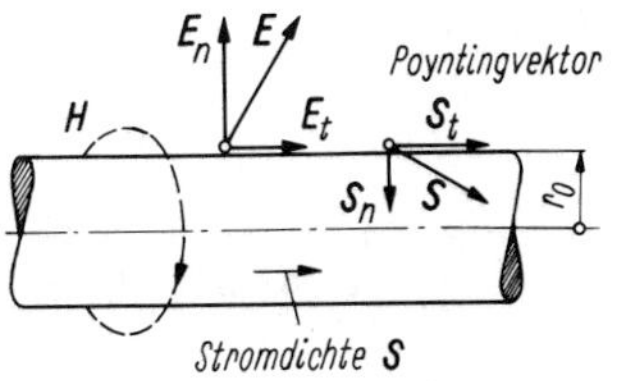

Bild 4.12. Energieströmung längs zylindrischer Leiter mit endlicher Leitfähigkeit

Gleichungsstromdurchflossener Draht (Bild 4.12). Hier zeigt der Poynting-Vektor auf der Oberfläche des Leiters schräg in den Leiter hinein. An der Leiteroberfläche gilt (Drahtlänge l) für die Tangentialkomponente der Feldstärke $E_t = U/l = IR/l$, $H = I/2\pi r_0$ und damit für die Normalkomponente des Poynting-Vektors $S_n = E_t H = I^2 R/2\pi r_0 l$ Das ist aber die Verlustleistung $P = I^2 R$ bezogen auf die Leitoberfläche $A = 2\pi l r_0$. Die Normalkomponente S_n auf der Leitoberfläche ergibt somit die je Zeitspanne in Wärme umgesetzte Leistung. Die Energie stammt aus dem Dielektrikum um den Leiter!

Die Tangentialkomponente S_t des Poynting-Vektors

$$\boldsymbol{S}_t = \boldsymbol{E}_n \times \boldsymbol{H}$$

stellt die Energieströmung zum Verbraucher dar (s. Bild 4.11). Mit wachsendem Abstand vom Leiter sinkt die transportierte Energiedichte, weil E und H abnehmen. Der Energietransport erfolgt deshalb in einem „Schlauch“ um den Leiter und *stets im Dielektrikum*. Es ist sowohl *Sitz* (= gespeicherte Feldenergie) als auch „Leiter“ der Energie!

Im Leiter selbst gibt es *keinen* Energietransport zum Verbraucher, weil der Poynting-Vektor nur eine radiale, in den Leiter zeigende Komponente hat (→ Leistungsdichte, Erwärmung).

Kondensatorladung. Die Energieströmung im elektromagnetischen Feld soll jetzt beim Laden und Entladen des Kondensators untersucht werden (Bild 4.13), wenn eine sinusförmige Kondensatorspannung anliegt. Während der ersten Viertelperiode des Ladens (Zeit 0 . . . t_1) strömt elektromagnetische Energie zwischen die Kondensatorplatten zum Feldaufbau. Das läßt sich aus der Zuordnung von $\boldsymbol{E}$, $\boldsymbol{A}$ und $\boldsymbol{S}_W$ ersehen. Während der Entladung (Zeit t_1 . . . t_2) flie ßt die im Kondensatorfeld gespeicherte Energie zur Quelle zurück (Richtungsumkehr des Stromes und Magnetfeldes). Mit der Änderung des Vorzeichens der Kondensatorspannung ändern sich die Richtungen von $\boldsymbol{E}$ und damit $\boldsymbol{S}_W$ und die Ladung beginnt von neuem.

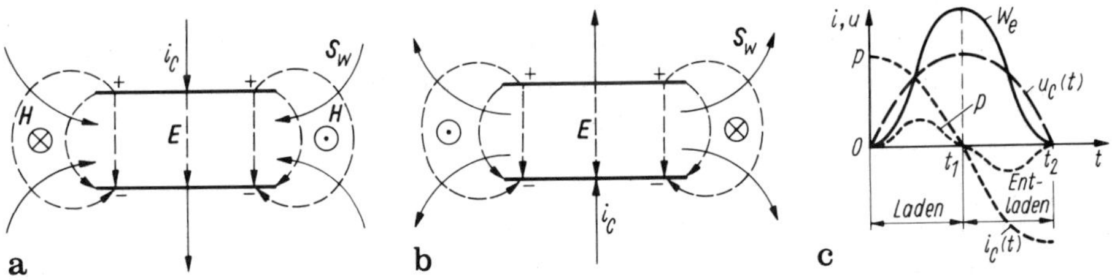

Bild 4.13a–c. Energieströmung im Feld des Kondensators. **a** Kondensatorladung bis zur Zeit t_1; **b** Kondensatorentladung im Zeitbereich t_1 . . . t_2; **c** Zeitverlauf der Spannung, des Stromes, der Energie W_e und der Leistung $p = \dfrac{dW_e}{dt}$

4.3 Umformung elektrischer in mechanische Energie

Ziel. Nach Durcharbeit des Abschnittes 4.3 sollen beherrscht werden
- die Kraftwirkung im elektrostatischen Feld auf Grenzflächen und ihre Anwendungen
- Prinzip des elektrostatischen Spannungsmessers;
- Kraftwirkung auf bewegte Ladungen und Leiter im magnetischen Feld;
- der Begriff Lorentz-Kraft, erläutert am Beispiel des Hall-Effekts;
- das elektrodynamische Kraftgesetz und seine Anwendung (Beispiele: Drehmoment auf eine Stromschleife u. a. m.);
- Motorprinzipien und Grundgleichungen;
- Kraftwirkung im magnetischen Feld auf Grenzflächen und ihre Anwendungen.

Für die Energieformung elektrischer in mechanische Energie ist das Auftreten von Kräften im Zusammenhang mit dem *elektrischen* und/oder *magnetischen* Feld typisch. Grundlage dieser Kraftwirkungen ist die im Abschn. 4.1.3 ermittelte jeweilige Energiedichte w. Sie bringt die Fähigkeit eines vom Feld erfüllten Volumenelementes zum Ausdruck, Arbeit zu leisten. Die Umformung in mechanische Energie wird in einer Reihe technisch wichtiger Anwendungen genutzt.

4.3.1 Kräfte im elektrischen Feld

Kraftwirkungen treten im elektrischen Feld in vier typischen Formen auf:
- Kräfte auf *ruhende Ladungen*;
- Kräfte aufgrund *räumlicher Änderung* der Dielektrizitätskonstanten. Ein besonders wichtiger Fall ist der einer *Grenzfläche*, die zwei Gebiete mit verschiedenen $\varepsilon_1, \varepsilon_2$ trennt (Kraft auf Grenzfläche);
- Kräfte, die auftreten, wenn sich ε mit der Stoffdichte ändert. Auf diesen Teil gehen wir nicht näher ein;
- Kräfte auf elektrische Dipole, die ebenfalls nicht näher behandelt werden sollen.

4.3.1.1 Kraft auf ruhende Ladungen

Die Kraftwirkung auf Ladung im elektrischen Feld lag bereits der Definition der Feldstärke $\boldsymbol{E}$ zugrunde (Gl. (2.5)). Umgekehrt erfährt eine Ladung Q im Feld $\boldsymbol{E}$ (herrührend von einer anderen Ladung) die Kraft $\boldsymbol{F}$

$$\boldsymbol{F} = Q \cdot \boldsymbol{E} \tag{4.22a}$$

$$\boldsymbol{F} = \int_Q \boldsymbol{E}\,\mathrm{d}Q = \int_V \boldsymbol{E}\varrho\,\mathrm{d}V = \int_V \boldsymbol{f}\,\mathrm{d}V \tag{4.22b}$$

$$\boldsymbol{f} = \boldsymbol{E}\varrho \quad \text{Kraftdichte}$$

$$\boldsymbol{F} = \int_Q \boldsymbol{E}\,\mathrm{d}Q = \int_A \sigma \boldsymbol{E} \cdot \mathrm{d}\boldsymbol{A} \tag{4.22c}$$

Dabei kann die Ladung auch aus einer Ladungsverteilung, z. B. der Raumladung ϱ (Gl. (1.2)) oder einer Flächenladung σ (Gl. (1.3)) bestehen (rechts).

Beispiele: 1. Coulombsches Gesetz. Eine Punktladung Q_2 befinde sich im Feld einer anderen (Q_1) im Abstand a entfernt (s. Abschn. 2.2.1). Am Ort von Q_2 herrscht die Feldstärke $E_1 = Q_1/4\pi\varepsilon a^2$, herrührend von Q_1. Dann beträgt die Kraft zwischen beiden

$$F = Q_2 E_1 = \frac{Q_1 Q_2}{4\pi\varepsilon a^2} \tag{4.23}$$

(s. Gl. (2.2)).

2. Umwandlung mechanischer in elektrische Energie. Im Kondensator mit der Feldstärke $\boldsymbol{E}$ bewege sich eine (positive) Ladung Q mit der Geschwindigkeit $\boldsymbol{v}$ *gegen das Feld* (Bild 4.14a). Innerhalb der Zeit dt wird die Arbeit $\boldsymbol{F}\cdot \mathrm{d}\boldsymbol{s} = \boldsymbol{F}\cdot\boldsymbol{v}\,\mathrm{d}t = Q\boldsymbol{E}\cdot\boldsymbol{v}\,\mathrm{d}t$ geleistet. Sie ist negativ (da $\boldsymbol{E}$ und $\boldsymbol{v}$ entgegengesetzt gerichtet sind). Das Teilchen leistet Arbeit und seine kinetische Energie sinkt. Die bewegte Ladung influenziert im äußeren Stromkreis den Strom I. Nach dem Energiesatz gilt UI und mit $UI\,\mathrm{d}t = Q\boldsymbol{E}\cdot\boldsymbol{v}\,\mathrm{d}t$,

$$UI = Q\boldsymbol{E}\cdot\boldsymbol{v}\,. \tag{4.24}$$

Der sich negativ ergebende Wert rechts symbolisiert *Leistungsabgabe* des Kondensators: Gewinnung elektrischer Energie auf Kosten der kinetischen Teilchenenergie.

War der Kondensator anfangs spannungslos und wird in ihn die Ladung Q mit $\boldsymbol{v}$ eingeschlossen, so erreicht das geladene Teilchen die Platte ungehindert und lädt sie auf die Spannung Q/C auf (Abgabe der kinetischen Energie). Insgesamt wird schließlich die kinetische Energie gleich der potentiellen $mv^2/2 = QU \to U = mv^2/2Q$.

Verbindet man die Kondensatorplatten mit einem Widerstand R (Bild 4.14b), so fließt im Kreis ein Leitungsstrom. Die gleiche Situation liegt vor, wenn eine negativ Ladung mit entgegengesetzt gerichteter Geschwindigkeit in diesen Kondensator geschossen wird ($Q < 0, \boldsymbol{E}\parallel\boldsymbol{v}$).

Zusammengefaßt: Bewegung von positiven Ladungen *gegen* ein elektrisches Feld wandelt mechanische Energie in elektrische um. Im sog. *Laufzeitprinzip* verschiedener elektronischer Bauelemente (Halbleiterlaufzeit-Bauelemente) wird dieser Vorgang ausgenutzt.

3. Umwandlung elektrischer in mechanische Energie. Bewegt sich eine (positive) Ladung Q im Kondensator (mit der Spannung U) in Feldrichtung (Bild 4.14c), so verrichtet die Spannungsquelle am Teilchen Arbeit, gibt also die Leistung UI ab. Dadurch erhöht sich seine kinetische Energie je Zeitspanne um

$$UI = Q\boldsymbol{E}\cdot\boldsymbol{v} = \frac{\mathrm{d}}{\mathrm{d}t}\left(\frac{mv^2}{2}\right).$$

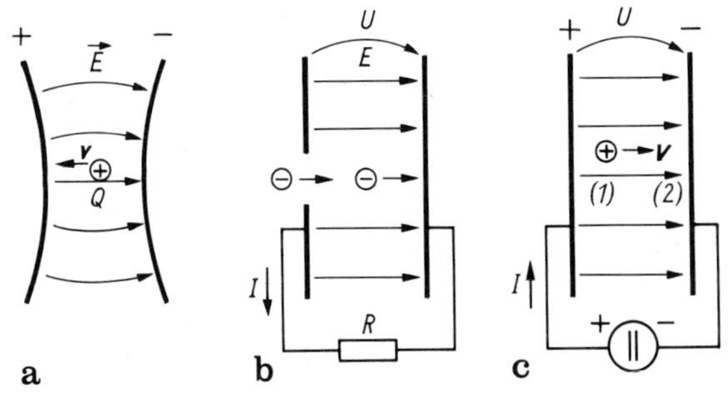

Bild 4.14a–c. Energiewandlung elektrisch-mechanisch bewegter Ladungen. **a** bewegte Ladung im Kondensator; **b** Umwandlung kinetischer Energie geladener Teilchen in elektrische; **c** Erhöhung der kinetischen Energie von Ladungen im elektrischen Feld

Bei Bewegung von Punkt *1* nach *2* leistet das Feld die Arbeit

$$W_{12} = \int_1^2 \boldsymbol{F} \cdot \mathrm{d}\boldsymbol{s} = \int_1^2 Q\boldsymbol{E} \cdot \mathrm{d}\boldsymbol{s} = -Q(\varphi_2 - \varphi_1) = QU_{12} = Q\Delta U$$

$$= \int_1^2 m \frac{\mathrm{d}\boldsymbol{v}}{\mathrm{d}t} \cdot \mathrm{d}\boldsymbol{s} = \int_1^2 m \frac{\mathrm{d}\boldsymbol{s}}{\mathrm{d}t} \cdot \mathrm{d}\boldsymbol{v} = \int_1^2 m\boldsymbol{v} \cdot \mathrm{d}\boldsymbol{v} = \frac{m}{2}(v_2^2 - v_1^2)\,,$$

also

$$QU_{12} = \frac{m}{2}(v_2^2 - v_1^2) \quad \text{oder} \quad Q\varphi_1 + \frac{mv_1^2}{2} = Q\varphi_2 + \frac{mv_2^2}{2} = \text{const}\,. \tag{4.25}$$

Dies ist der Energiesatz (Konstanz der Summe von potentieller und kinetischer Energie eines Teilchens). Für die Anfangsgeschwindigkeit $v_1 = 0$ hat das Teilchen an der Elektrode *2* die kinetische Energie $QU_{12} = mv^2/2$ oder als zugeschnittene Größengleichung (mit $Q \equiv q$ Elementarladung, m Ruhemasse des Elektrons, ΔU durchlaufene Spannung U_{12})

$$\boldsymbol{v} \approx 600 \sqrt{\frac{\Delta U}{V}} \frac{\mathrm{km}}{\mathrm{s}}\,. \tag{4.26}$$

Für $\Delta U = 100$ (10 kV) ergibt sich $v = 6 \cdot 10^3$ km/s resp. $60 \cdot 10^3$ km/s, wobei im letzteren Fall die stillschweigend angenommene Bedingung $v \ll c$ nur noch bedingt gilt (Tendenz zum relativistischen Fall).

Im elektrischen Feld werden Ladungsträger beschleunigt, also elektrische Energie in mechanische umgesetzt. Sie wird bei Aufprall auf die Elektroden in Wärme umgewandelt. Hätte die rechte Elektrode ein Loch, so würden die Träger in den feldfreien Raum weiterfliegen. Mit einer Anordnung nach Bild 4.14b kann die elektrische Energie zurückgewonnen werden.

Energiewandlung dieser Art findet in Kathodenstrahlröhren, Röntgenröhren, Elektronenröhren, in elektronischen Linsen, Beschleunigern u. a. m. statt. Deshalb stellt Gl. (4.25) eine grundlegende Beziehung für den Bewegungsablauf von geladenen Teilchen in elektrostatischen Feldern im Vakuum dar.

Ein weiteres Beispiel der Energiewandlung elektrisch-mechanisch ist die Braunsche Röhre (Bild 4.15). Hier emittiert eine Katode Elektronen, die durch ein elektrisches Feld zwischen Anode und Katode beschleunigt werden und durch ein Loch in der Anode mit der Geschwindigkeit v_x austreten. Anschließend wirkt auf sie zwischen den *Ablenkplatten* ein zu v_x senkrechtes Feld $\boldsymbol{E}_y$ (v_x = const, da $E_x = 0$). Dort ändert sich v_x nicht, doch erfolgt eine y-Ablenkung durch die Feldkraft und so eine Richtungsänderung der Bewegung: $v_y = a_y t = qE_y t/m$. In y-Richtung wirkt die konstante Beschleunigung $a_y = F_y/m = qE_y/m$, wenn das Teilchen zur Zeit $t = 0$ in das Ablenkfeld eintritt. Zur Zeit t beträgt die y-Ablenkung

$$y = \int_0^1 v_y \,\mathrm{d}t = a_y \frac{t^2}{2}\,.$$

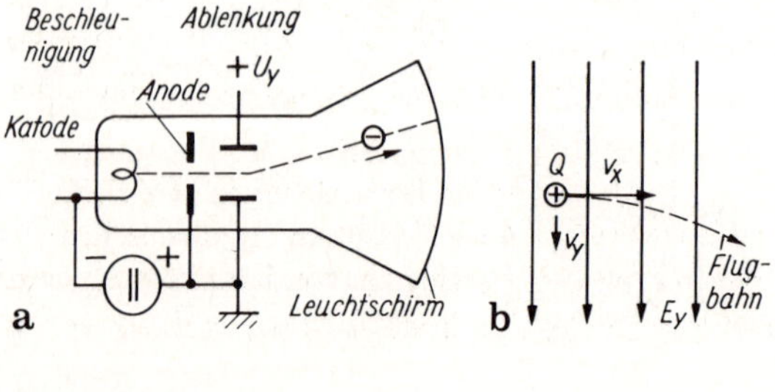

Bild 4.15a, b. Braunsche Röhre. **a** Prinzip. Elektrostatische Ablenkung; **b** Feld- und Geschwindigkeitsverhältnisse zwischen den Ablenkplatten (positive Ladung, bei negativer Ladung erfolgt die Ablenkung in entgegengesetzter Richtung)

Gleichzeitig wurde der Weg $x = v_x t$ zurückgelegt. Daraus ergibt sich durch Eliminierung von t die Ablenkung $y = a_y x^2/2v_x^2 = qE_y x^2/2mv_x^2$. Sie ist proportional der Ablenkplattenspannung $U_y \sim E_y \sim y$. Damit kann ein Elektronenstrahl über den Leuchtschirm gelenkt werden. Auf ihm befindet sich ein Leuchtstoff, der von dem auftreffenden Elektronenstrahl zum Leuchten angeregt wird.

Die Ablenkung der Ladungsträger kann auch durch ein Magnetfeld erfolgen, was bei der Fernsehbildröhre ausgenutzt wird.

4.3.1.2 Kraft auf Grenzflächen

1. Kraft auf räumlich ausgedehnte Leiter. Die Kraftwirkung zwischen verschiedenen Ladungen nach Gl. (4.23) verursacht stets Kräfte zwischen *geladenen Elektroden*. Ein Kondensator mit einer beweglichen Elektrode (Bild 4.16) besitze die Ladung Q ($\rightarrow$ Feldenergie W_F durch Aufladen mit der Spannungsquelle U_Q). Nach Abschn. 4.3.1.1 entsteht durch die ungleichnamigen Ladungen eine Feldkraft auf die Platte. Sie verringern ihren Abstand um ds. Eine Feder kompensiert die Feldkraft. Dabei wird an ihr mechanische Arbeit $\mathrm{d}W_{mech}$ geleistet. Da das System abgeschlossen sein soll (Q = const, kein Ladungsausgleich mit einer Batterie möglich), besteht die Gesamtenergie der Anordnung aus

— der *Feldenergie* W_F, herrührend von der Ladung;
— der *mechanischen Energie* W_{mech} der Leiteranordnung, die die Ladungsverteilung im Raum aufrechterhält. Unter Einfluß elektrostatischer Kräfte allein kann die Ladungsverteilung nicht im stabilen Gleichgewicht gehalten werden. Im Bild kompensiert eine Feder die Feldkraft.

Nach dem Energiesatz bleibt die Gesamtenergie eines abgeschlossenen Systems (d. h. Q = const) erhalten:

$$\frac{\mathrm{d}}{\mathrm{d}t}\,(W_{F/Q} + W_{mech}) = 0\,.$$

Da die Ladungsverteilung (Plattenabstand) durch die Feldkraft $\boldsymbol{F}$ eine Verschiebung d$\boldsymbol{s}$ erfährt, gilt $\mathrm{d}W_{mech} = \boldsymbol{F}\,\mathrm{d}\boldsymbol{s} = -\,\mathrm{d}W_F$. Daraus folgt

$$\boldsymbol{F} = -\frac{\mathrm{d}W_F}{\mathrm{d}s}\,\boldsymbol{e}_s\bigg|_{Q=\mathrm{const}}\,. \tag{4.27}$$

Mechanische Arbeit wird aus der Abnahme (Minuszeichen!) der elektrischen Energie gewonnen. Die mechanische Arbeit kann dabei Längs- (wie hier) oder Drehbewegung ($\mathrm{d}W_{mech} = M_d\,\mathrm{d}\alpha$) sein.

Im *abgeschlossenen* System (Q = const) ist der Gewinn an mechanischer Energie gleich der Abnahme der Feldenergie. Die Kraft auf die Grenzfläche ist immer so gerichtet, daß eine Verschiebung der Grenzfläche in dieser Richtung den Energieinhalt des Feldes verkleinert: Abnahme des Volumens des felderfüllten Raumes.

Mit dem *Feldlinienbild* läßt sich der gleiche Sachverhalt wie folgt erklären: Bei Vergrößerung des Plattenabstandes werden die Feldlinien „gedehnt“. Die Feldenergie *wächst* durch Zufuhr mechanischer Energie. Nach dem Prinzip actio = reactio haben deshalb Feldlinien ($\boldsymbol{E}$, $\boldsymbol{D}$) die Tendenz, sich zu verkürzen und

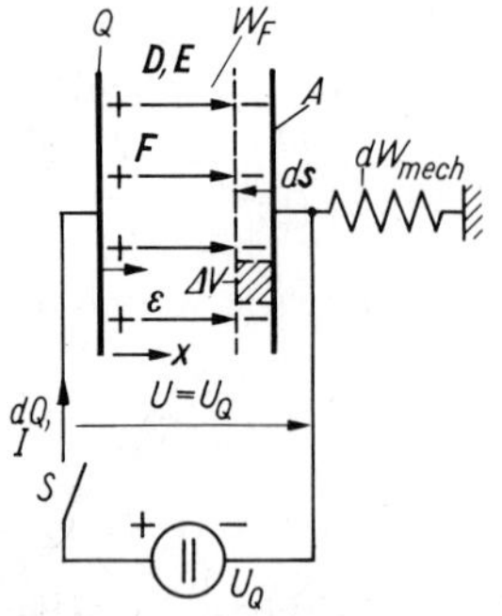

Bild 4.16. Energieänderung in einem Kondensator mit einer beweglichen Elektrode unter der Bedingung konstanter Ladung Q (Schalter nach dem Aufladen geöffnet) und konstanter Spannung U_Q (Schalter geschlossen)

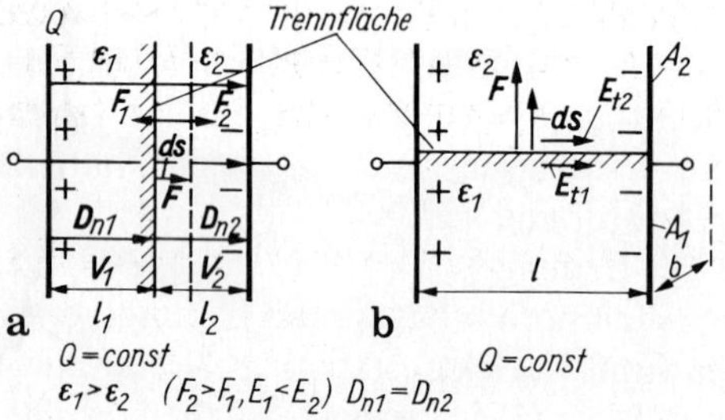

Bild 4.17a, b. Kräfte auf Trennflächen verschiedener Dielektrika. **a** quergeschichtetes Dielektrikum; **b** längsgeschichtetes Dielektrikum

dabei Kräfte zwischen den Trennflächen zu erzeugen, zwischen denen sie verlaufen (Tendenz zur Vergrößerung der Kapazität).

Sie besitzen auch einen Querdruck. Dadurch stoßen sie sich gegenseitig ab.

Für eine Kapazität mit Längen- bzw. Drehwinkeländerung ergibt sich bei *konstanter Ladung Q* mit $W_F = Q^2/(2C)$ (Gl. (4.10b))

$$F = -\left.\frac{dW_F}{ds}\right|_Q = -\left.\frac{dW_F}{dC}\frac{dC}{ds}\right|_Q = +\left.\frac{Q^2}{2C^2}\frac{dC}{ds}\right|_Q . \tag{4.28a}$$

Der *Kraftbetrag* ist der räumlichen Kapazitätsänderung proportional.

Bei konstant gehaltener Spannung U (Bild 4.16), Schalter S bleibt geschlossen, liefert auch die (jetzt notwendige) Spannungsquelle elektrische Energie W_{e1} in die Anordnung. Es gilt

$$\frac{dW_{e1}}{dt} = P = UI = \frac{d}{dt}\,(W_F + W_{mech}) \tag{4.29}$$

bzw. $dW_{e1} = UI\,dt = U\,dQ = dW_F|_U + dW_{mech}$. Mit

$$dW_F|_{Q=const} = d\left.\left(\frac{Q^2}{2C}\right)\right|_Q = -\frac{Q^2}{2C^2}dC = -d\left.\left(\frac{CU^2}{2}\right)\right|_{U=const}$$
$$= -dW_F|_{U=const}$$

wird daraus allgemein

$$F = -\left.\frac{dW_F}{ds}\right|_{Q=\text{const}} e_s = +\left.\frac{dW_F}{ds}\right|_{U=\text{const}} e_s . \tag{4.30}$$

Angewendet auf den Plattenkondensator folgt daraus

$$F = \frac{Q^2}{2C^2}\frac{dC}{ds} = \frac{U^2}{2}\frac{dC}{ds} \tag{4.28b}$$

Kraft ausgedrückt durch die Kapazitätsänderung des Kondensators.

In beiden Fällen vergrößert die Kraftwirkung die Kapazität durch Abstandsverringerung der Platten.

Bei $Q = \text{const}$ sinkt jedoch die Feldenergie (keine Energieaufnahme von der Quelle), bei $U = \text{const}$ steigt sie (Energiezufuhr aus der Quelle). Stets wirkt die Kraft senkrecht zu den Trennflächen. Wir werden dieses allgemeine Ergebnis auch in allen folgenden Fällen bestätigt finden. Die von der Kraft F geleistete mechanische Arbeit $F\,dx$ kann graphisch mit der Q-U-Kennlinie des Kondensators veranschaulicht werden (s. Abschn. 5.1.6).

Beispiel. Wir vertiefen die Ergebnisse für die Anordnung Bild 4.16. Die Feldenergie beträgt im felderfüllten Volumen V

$$W_F = \frac{\boldsymbol{E}\cdot\boldsymbol{D}}{2}V = \frac{\varepsilon E^2 V}{2} = \frac{\varepsilon}{2}\left(\frac{U}{x}\right)^2 xA = \frac{\varepsilon U^2 A}{2x} = \frac{1}{2\varepsilon}\left(\frac{Q^2}{A}\right)x \tag{4.31}$$

mit $C = \varepsilon A/x$, $Q = CU$ (homogenes Feld). Daraus ergeben sich

a) $Q = \text{const}$. Mit Gl. (4.31) und (4.30) wird

$$F = -\left.\frac{dW_F}{dx}e_x\right|_Q = -\frac{Q^2}{2\varepsilon A}e_x .$$

(Kraft nach links gerichtet).

b) $U = \text{const}$. Mit Gl. (4.31) und (4.30) wird

$$F = +\left.\frac{dW_F}{dx}e_x\right|_U = -\frac{\varepsilon U^2 A}{2x^2}e_x .$$

Wegen $\frac{Q^2}{\varepsilon A} = \frac{(CU)^2}{\varepsilon A} = \varepsilon\left(\frac{U}{x}\right)^2 A$ stimmen beide Ergebnisse überein. Anschaulich erfordert $U = \text{const}$ durch die Kapazitätsvergrößerung eine Ladungsvergrößerung: Es fließt ein Strom i im Kreis, d. h., es erfolgt eine Zufuhr elektrischer Energie. Aus Gl. (4.29) wird

$$dW_{mech} = dW_{el} - \left.dW_F\right|_U = Ud(CU) - \left.\frac{U^2}{2}dC\right|_U = +\frac{U^2}{2}dC$$

und damit (s. Gl. (4.28b) $F = +\,U^2 dC/2dx = +\frac{U^2}{2}\frac{dC}{ds}$.

2. Mechanische Spannungen an Grenzflächen. Wir betrachten zwei Dielektrika $\varepsilon_1, \varepsilon_2$ mit einer Grenzfläche a) senkrecht und b) waagerecht zu den Feldlinien. In allen Fällen gilt $Q = \text{const}$. Die Änderung ΔW_F der Feldenergie im Volumenelement $\Delta V = \Delta \boldsymbol{A} \cdot \Delta \boldsymbol{s}$ (Bild 4.16) beträgt nach Gl. (4.9a) allgemein

$$\Delta W_F = \frac{\boldsymbol{E}\cdot\boldsymbol{D}}{2}\Delta V = \frac{\boldsymbol{E}\cdot\boldsymbol{D}}{2}\Delta\boldsymbol{A}\cdot\Delta\boldsymbol{s} = \Delta\boldsymbol{F}\cdot\Delta\boldsymbol{s}$$

oder ausgedrückt durch die mechanische Spannung

$$\sigma = \frac{\Delta F}{\Delta A} = \frac{\boldsymbol{E}\cdot\boldsymbol{D}}{2} = \frac{D^2}{2\varepsilon} = \frac{\varepsilon E^2}{2} \tag{4.32}$$

Kraft je Fläche (mechanische Spannung) im elektrostatischen Feld.

Im elektrostatischen Feld ist die Kraft je Fläche — die mechanische Spannung σ — gleich der Energiedichte $\boldsymbol{E}\cdot\boldsymbol{D}$ Gl. (4.9b), also dem Quadrat einer Feldgröße ($\boldsymbol{D}$, $\boldsymbol{E}$) proportional.

Es treten relativ kleine mechanische Spannungen auf. In einem Luftplattenkondensator mit $A = 1\,\text{m}^2$(!), $d = 1\,\text{mm}$ und $U = 100\,\text{V}$ wirkt die Kraft $F = U^2A/2d^2 = 4{,}4\cdot 10^{-2}\,\text{N}$, d. h. $\sigma = F/A = 4{,}4\cdot 10^{-2}\,\text{N/m}^2$.

Bei der Durchbruchsfeldstärke $E \approx 500\,\text{kV/cm}$ eines Isolators und $\varepsilon_r = 20$ wird hingegen $\sigma = \varepsilon E^2/2 = 22\,\text{N/cm}^2$. Im magnetischen Feld sind die Spannungen erheblich größer (höhere Energiedichte).

a) Quergeschichtete Dielektrika. Hier treten nach den Grenzflächenbedingungen Gl. (2.25 ff.) keine Tangentialkomponenten von $\boldsymbol{E}$ uand $\boldsymbol{D}$, sondern nur Normalkomponenten D_n, E_n auf (Bild 4.17a). Die Verschiebung der Grenzfläche um ds ändert die gesamte Feldenergie um $\mathrm{d}W = w_1\,\mathrm{d}V_1 + w_2\,\mathrm{d}V_2$.

Die *Energiedichten* $w_n = D_n^2/(2\varepsilon)$ (Gl. (4.9b)) werden durch die Verschiebung wegen $Q = \text{const}$ ($D_n = \text{const}$) nicht beeinflußt. Da die Volumenzunahme $\mathrm{d}V_1 = \boldsymbol{A}\cdot\mathrm{d}\boldsymbol{s}$ gleich der Abnahme von $\mathrm{d}V_2 = -\boldsymbol{A}\cdot\mathrm{d}\boldsymbol{s}$ ist, gilt

$$\mathrm{d}W = w_1 A\,\mathrm{d}s - w_2 A\,\mathrm{d}s = (w_1 - w_2) A\,\mathrm{d}s = \frac{D_n^2}{2}\left(\frac{1}{\varepsilon_1} - \frac{1}{\varepsilon_2}\right) A\,\mathrm{d}s$$

und wegen $\boldsymbol{F} \parallel \mathrm{d}\boldsymbol{s}$ mit $F = -\mathrm{d}W/\mathrm{d}s$ für die mechanische Spannung σ

$$\sigma = \frac{\mathrm{d}F}{\mathrm{d}A} = \frac{D_n^2}{2}\left(\frac{1}{\varepsilon_2} - \frac{1}{\varepsilon_1}\right) = \frac{E_{n1}E_{n2}}{2}(\varepsilon_1 - \varepsilon_2)\,. \tag{4.33}$$

Sie ist für $\varepsilon_1 > \varepsilon_2$ positiv.

Die mechanische Spannung σ an der Grenzfläche quergeschichteter Medien ist eine Normalspannung und gleich der Differenz der Energiedichten beider Medien. σ zeigt stets in den Raum mit kleinerm ε. Dieses Material wird auf Druck, das mit größerem ε auf Zug beansprucht.

Die Volumenvergrößerung auf der Seite des Dielektrikums mit dem größeren ε ist gleichbedeutend mit einer Kapazitätserhöhung durch die Kraftwirkung (s. o.).

Anschaulich treten an der Grenzfläche zwei entgegenwirkende Kräfte $\boldsymbol{F}_1$ und $\boldsymbol{F}_2$ auf. Dabei ist die Kraft im Material mit kleinerem ε (wegen der höheren Feldstärke) größer.

b) Längsgeschichtetes Dielektrikum. Jetzt verschwinden alle Normalkomponenten der Feldgrößen an der Grenzfläche (Bild 4.17b). Die Gesamtenergie der Anordnung beträgt

$$W = \int w' \mathrm{d}V = \varepsilon_1 \frac{E_{t1}^2}{2} A_1 l + \varepsilon_2 \frac{E_{t2}^2}{2} A_2 l = \frac{Q^2 l}{2(\varepsilon_1 A_1 + \varepsilon_2 A_2)}. \tag{4.35}$$

Die Feldstärke E_t hängt bei konstanter Ladung Q vom Flächenverhältnis A_1/A_2 ab. Wir setzen daher $Q = \oint \boldsymbol{D} \cdot \mathrm{d}\boldsymbol{A} = D_{t1} A_1 + D_{t2} A_2 = E_t(\varepsilon_1 A_1 + \varepsilon_2 A_2)$ und erhalten den rechten Term in Gl. (4.35). Mit

$$\frac{\mathrm{d}W}{\mathrm{d}s} = \frac{\mathrm{d}W}{\mathrm{d}A_1} \cdot \frac{\mathrm{d}A_1}{\mathrm{d}s} + \frac{\mathrm{d}W}{\mathrm{d}A_2} + \frac{\mathrm{d}A_2}{\mathrm{d}s} \quad \text{und} \quad \frac{\mathrm{d}A_1}{\mathrm{d}s} = -\frac{\mathrm{d}A_2}{\mathrm{d}s}$$

wird daraus mit $F = -\mathrm{d}W/\mathrm{d}s$ schließlich

$$\sigma = \frac{\mathrm{d}F}{\mathrm{d}A} = \frac{E_t^2}{2}(\varepsilon_1 - \varepsilon_2) = \frac{1}{2} D_{t1} D_{t2} \left(\frac{\varepsilon_1 - \varepsilon_2}{\varepsilon_1 \varepsilon_2} \right). \tag{4.36}$$

Auch hier zeigt die mechanische Spannung an der Grenzfläche stets in den Raum mit kleinerem ε. Deshalb werden z. B. im flüssigen Dielektrikum (Isolieröl) Luftblasen ($\varepsilon_0 < \varepsilon_{\ddot{o}l}$) durch das Feld zusammengedrückt und im inhomogenen Feld aus ihm herausgeschleudert.

Zusammengefaßt ist die mechanische Spannung in a) und b) stets proportional der Differenz der beiden Energiedichten der Dielektrika, die *Kraft* also durch ($\varepsilon_1 > \varepsilon_2$)

$$\boldsymbol{F} = \frac{1}{2} \int_A (\boldsymbol{E}_2 \boldsymbol{D}_1 - \boldsymbol{E}_1 \boldsymbol{D}_2) \mathrm{d}\boldsymbol{A} = \frac{(\varepsilon_1 - \varepsilon_2)}{2} \int_A \boldsymbol{E}_1 \cdot \boldsymbol{E}_2 \mathrm{d}\boldsymbol{A}$$

$$= \frac{(\varepsilon_1 - \varepsilon_2)}{2} (E_t^2 + E_{n1} E_{n2}) \boldsymbol{A}. \tag{4.37}$$

gegeben (Grenzfläche ladungsfrei angenommen). Daraus kann Gl. (4.34) bzw. (4.36) hergeleitet werden. Die Kraft an der Grenzfläche von Materialien mit verschiedener Dielektrizitätskonstante wirkt stets senkrecht zur Grenzfläche und weist in den Raum mit kleinerem ε.

Beispiele und Anwendungen

1. Eine ungeladene Kugel (z. B. Metallkugel) erfährt in einem inhomogenen Feld (Bild 4.18a) durch Influenz (s. Abschn. 2.5.5.1) eine Ladungsverschiebung. Da die Feldstärke (Inhomogenität!) auf beiden Kugelseiten unterschiedlich ist, wird sie wegen $\Delta F \sim E^2$ nach der Seite der größeren (Netto) Feldstärke verschoben, also in *das Feld hineingezogen.*

2. Kräfte zwischen geladenen Elektroden werden z. B. in *elektrostatischen* Voltmetern verwendet (Bild 4.18b). Je nach Ausführungsform werden z. B. Goldplättchen oder leichte Zeiger (oberhalb des Schwerpunktes aufgehängt) durch das elektrische Feld bewegt, am Ausschlag läßt sich die Spannung messen. Im Bild wird die Plättchenverschiebung eines Plattenkondensators angezeigt. Solche Spannungsmesser erfordern zur Aufrechterhaltung des Ausschlages nur eine Ladung im Gegensatz zu stromdurchflossenen Instrumenten (z. B. Drehspulinstrument). Sie eignen sich nur für höhere Spannungen und sind heute durch elektronische leistungslose Spannungsmesser ablösbar.

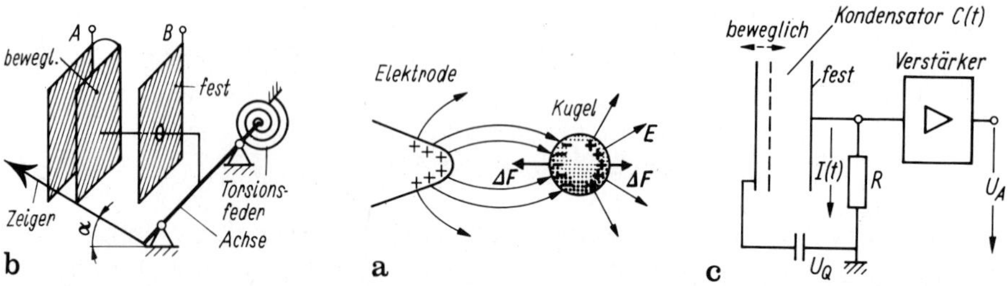

Bild 4.18a–c. Anwendung elektrostatischer Kräfte. **a** Anziehung einer ungeladenen Metallkugel ins Gebiet größerer Feldstärke im inhomogenen Feld ($\Delta F \sim E^2$); **b** elektrostatisches Voltmeter, Drehmoment durch Kraftwirkung auf Trennflächen

3. Auf der Wechselwirkung zwischen der mechanischen Bewegung einer Kondensatorplatte und dem elektrischen Feld beruht auch das *Kondensatormikrofon* (Bild 4.18c). Der auf die bewegliche Kondensatorelektrode fallende Schalldruck erzeugt eine Abstandsänderung der Kondensatorplatten, also ein $\mathrm{d}C/\mathrm{d}t$ resp. $\mathrm{d}C/C$. Durch die anliegende Gleichspannung U_Q entsteht dann nach Gl. (2.87) ein Strom $I(t)$ im Kreis, dessen Spannungsabfall am Widerstand R verstärkt wird.

4. Eine Kraftwirkung auf isolierende Teilchen (z. B. Staubteilchen) läßt sich auch dadurch erreichen, daß man die Teilchen mit Ladungen „besprüht" und sie dann dem Kraftgesetz des elektrischen Feldes unterstehen. Nach diesem Prinzip arbeiten z. B. elektrostatische Drucker (Xerox-Verfahren, Elektrographie, direkte elektrostatische Übertragung). Auch Elektrofilter nutzen dieses Prinzip, das in einer vereinfachten Form auf der Oberfläche eines jeden Fernsehschirmes abläuft (Staubteilchen werden durch Influenz beladen und schlagen sich auf der Bildröhre nieder).

In diese Kategorie gehört auch der Tintenstrahldrucker. Ein Tintenstrahl verläßt dabei unter hohem Druck mit einer Geschwindigkeit von 20 . . . 25 m/s tröpfenweise eine Düse, wobei die Tröpfenbildung durch einen Piezoschwinger erfolgt. Im Zerfallszeitpunkt werden die Tröpfchen signalabhängig durch eine Ladeelektrode beladen. Anschließend durchlaufen sie ein elektrostatisches Ablenksystem (vgl. Bild 4.15b), um dann auf ein Papierblatt zu gelangen und eine Punktfolge zu hinterlassen.

4.3.2 Kräfte im magnetischen Feld

Im magnetischen Feld treten, wie im elektrostatischen, vier typische Formen von Kraftwirkungen auf:

— Kräfte durch das Magnetfeld auf *bewegte* Ladungen, oder auf *Ströme* bzw. *zwischen* Strömen über das Magnetfeld;
— Kräfte aufgrund räumlicher Änderungen der Permeabilität μ_1, μ_2: *Kraft auf Grenzfläche.* Technisch besonders wichtig sind Grenzflächen zwischen Ferromagnetika und Nichtferromagnetika (Eisen-Luft);
— Kräfte, die auftreten, wenn sich μ mit der Stoffdichte ändert. Darauf gehen wir nicht ein;
— Kräfte auf magnetische Dipole.

4.3.2.1 *Kraft auf bewegte Ladungen*

Nach Abschn. 3.3.3 gibt es mehrere Möglichkeiten, wie Kräfte auf bewegte Ladungen wirken können:
- Kraft auf (frei) bewegte Ladungen;
- Kraft auf Ströme (bewegte Ladungen im Leiter);
- Kraft durch induzierte Ströme.

Bewegt sich eine Ladung Q (positiv) im Magnetfeld der Induktion $\boldsymbol{B}$ mit der Geschwindigkeit $\boldsymbol{v}$, so wirkt die Kraft (s. Gl. (3.4)) und Bild 3.7

$$\boldsymbol{F} = Q(\boldsymbol{v} \times \boldsymbol{B}) \tag{4.38a}$$

Lorentz-Kraft.

$\boldsymbol{v}$, $\boldsymbol{B}$ und $\boldsymbol{F}$ bilden damit bei positiver Ladung ein Rechtssystem (Bild 4.19a), deshalb steht $\boldsymbol{F}$ auch senkrecht zum Wegelement $\mathrm{d}\boldsymbol{s} = \boldsymbol{v}\,\mathrm{d}t$. Sie leistet so wegen $\int \boldsymbol{F} \cdot \mathrm{d}\boldsymbol{s} = 0$ keine Arbeit und steht senkrecht zur Beschleunigung $\dot{\boldsymbol{v}}$: $m\dot{\boldsymbol{v}} = Q(\boldsymbol{v} \times \boldsymbol{B}), (Q > 0)$. Deshalb bewirkt die Kraft nur eine Ablenkung, nie eine Geschwindigkeitserhöhung (keine Änderung der kinetischen Energie!). Aus dem gleichen Grunde bewegt sich eine ins homogene Magnetfeld senkrecht zu $\boldsymbol{B}$ geschossene Ladung ($\boldsymbol{v} \perp \boldsymbol{B}$) auf einem Kreisbogen in der Zeichenebene (Bild 4.19). Bei beliebigen Winkeln zwischen $\boldsymbol{v}$ und $\boldsymbol{B}$ entsteht als Bahnkurve eine Schraubenlinie (Bild 4.19b). Für ihre Kreisbewegung ist $v_\perp$, für die fortschreitende Bewegung $v_{||}$ maßgebend, denn $\boldsymbol{v}//\boldsymbol{B}$ ergeben keinen Anteil der Lorentzkraft

Da die Lorentz-Kraft $\boldsymbol{F}$ immer senkrecht zur Geschwindigkeit $\boldsymbol{v}$ steht, erfährt eine (bewegte) elektrische Ladung im (statischen) Magnetfeld stets nur eine Richtungsänderung der Geschwindigkeit, keine Betragsänderung und damit Energieaufnahme.

Dies ist ein prinzipieller Unterschied zur Kraftwirkung zum elektrischen Feld. Das elektrische Feld wirkt nach Gl. (4.25) in Richtung von $\boldsymbol{E}$ geschwindigkeitserhöhend.

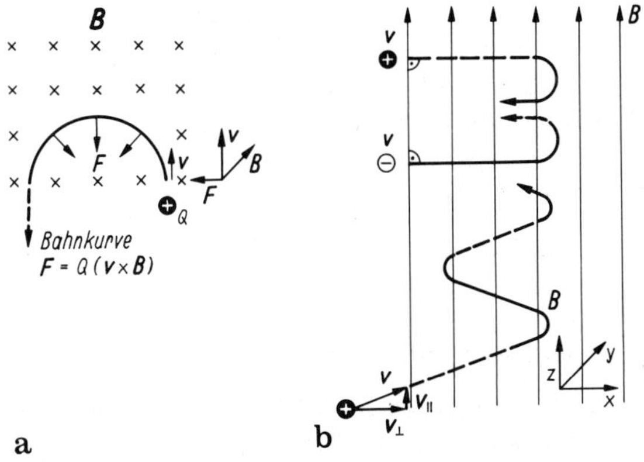

Bild 4.19a, b. Kraftwirkung des Magnetfeldes auf bewegte Ladungen. **a** Kreisbahn im homogenen Feld gemäß Rechtsdreibein (positive Ladung); **b** Ladungsbewegung bei unterschiedlicher Ladung oder schrägem Einschuß in ein homogenes Magnetfeld

Bewegung im elektrischen und magnetischen Feld. Bewegt sich die (positive) Ladung Q im elektrischen und magnetischen Feld ($\boldsymbol{E}$, $\boldsymbol{B}$), so wirkt die Gesamtkraft

$$\boldsymbol{F} = Q[\boldsymbol{E} + (\boldsymbol{v} \times \boldsymbol{B})] \,. \tag{4.38b}$$

Beide Feldeinwirkungen treten z. B. bei *zeitveränderlichem* Magnetfeld auf. Nach dem Induktionsgesetz (Abschn. 3.3) entsteht nun ein elektrisches Wirbelfeld, das auch ruhende Ladungen beschleunigen kann. Der Wirbelstrom (s. Abschn. 3.3.2.2) war auf diesen Mechanismus zurückzuführen.

Die magnetische Kraftwirkung auf bewegte Ladungsträger findet breite Anwendung: Ablenkung von Elektronen in Katodenstrahlröhren, Führung von Ladungsträgern auf bestimmten Bahnen (Zyklotron, Betatron, Magnetron), Ladungstrennung durch den Halleffekt (Flußdichtemessung), magnetohydrodynamischer Generator u. a. m.

Beispiele und Anwendungen: *Bahnkurve einer positiven Ladung im homogenen Magnetfeld im Vakuum.* In ein homogenes (zeitlich konstantes) Magnetfeld *im Vakuum* wird eine positive Ladung $Q = q$ mit der Geschwindigkeit $\boldsymbol{v} = v_x\boldsymbol{e}_x + v_y\boldsymbol{e}_y$ eingeschossen. $\boldsymbol{B}$ hat nur die Komponente $\boldsymbol{B}_z$. Die Kraft beträgt s. u. $\boldsymbol{F} = q(v_y\boldsymbol{e}_x - v_x\boldsymbol{e}_y)B_z = qv_\perp B_z$. Diese Kraft wirkt radial zum Mittelpunkt einer Kreisbahn (Zentripedalkraft, Bild 4.20). Sie wird in jedem Punkt durch die Zentrifugalkraft $\mathrm{m}^2 v_\perp/R$ kompensiert (R Krümmungsradius des Kreises). Aus dem Gleichgewicht beider Kräfte ergibt sich als *stabile Bahn*:

$$qv_\perp B = \frac{mv_\perp^2}{R} \to R = \frac{mv_\perp}{qB}\,, \text{ Umlaufzeit } t = \frac{l}{v} = \frac{2\pi R}{v_\perp} = \frac{2\pi m}{qB} = \frac{2\pi}{\omega_z}\,.$$

Quantitativ gilt z. B. für Elektronen (v-Richtung entgegengesetzt!) mit $q = 1.6 \cdot 10^{-19}\,\mathrm{A \cdot s}$, $m_0 = 9{,}11 \cdot 10^{-35}\,\mathrm{W \cdot s^3/(cm^2)}$ (Ruhemasse) und $B = 1\,\mathrm{T} = 1\,\mathrm{V \cdot s \cdot m^{-2}}$ eine Zyklotronkreisfrequenz $\omega_z = qB/m$ von $1{,}76 \cdot 10^{11}\,\mathrm{s}^{-1}$.

Das Zyklotron wird zur Beschleunigung geladener Teilchen auf sehr hohe Energien ($\approx$ 10 bis 100 MeV) für Kernreaktionen benutzt. Eine derartige Energie würde eine Potentialdifferenz von 10 bis 100 MV erfordern. Sie wird im Zyklotron dadurch erzeugt, daß das Teilchen eine kleine Spannung mehrfach durchläuft. Zwischen zwei Metallelektroden (Bild 4.20a) liegt ein elektrisches Beschleunigungsfeld, senkrecht dazu ein konstantes Magnetfeld.

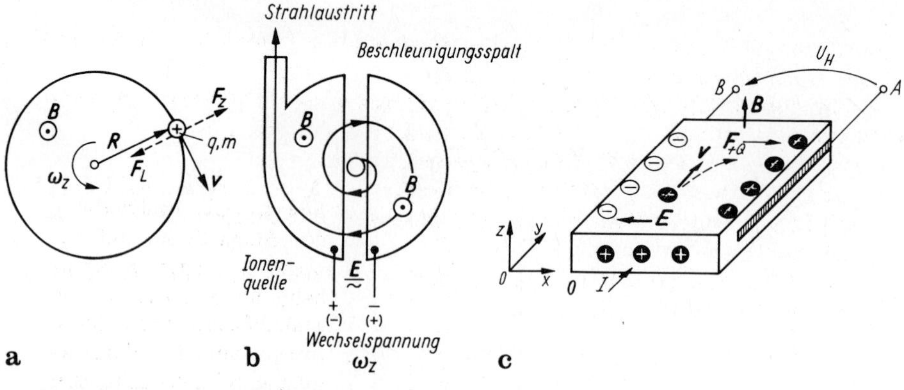

Bild 4.20 a–c. Lorentz-Kraft. **a** Bahnkurve eines Teilchens (q, m) im homogenen Magnetfeld; **b** Prinzip des Zyklotrons; **c** Halleffekt an einem Leiter mit positiven Ladungsträgern

Ein positives Teilchen (Proton) wird in der Mitte aus einer Ionenquelle emittiert. Das *E*-Feld zwischen den Metallelektroden beschleunigt das Teilchen, im Bereich der Metallelektrode wird es nicht beschleunigt (da $E = 0$), wohl aber durch das Magnetfeld kreisförmig abgelenkt. Nach der halben Umlaufzeit ($\tau/2$) erreicht es den Spalt erneut, wird durch das *E*-Feld wieder beschleunigt, weil sich das Feld (Wechselspannung!) inzwischen umgepolt hat (Frequenz $f = 1/\tau$). Wieder erfolgt durch das Magnetfeld eine Halbkreisablenkung nur mit größerem Radius. Da die Zyklotronkreisfrequenz ω_z nicht von der Geschwindigkeit abhängt, benötigen alle gleichen Teilchen (gleiche, konstante Masse) für die halbe Kreisbahn die gleiche Zeit π/ω_z. Insgesamt wird das Teilchen bei n Umläufen $2n$-mal beschleunigt. Beträgt die Elektrodenspannung $U = 10^4$ V, so ergibt sich nach 50 Umläufen insgesamt eine Beschleunigungsspannung von $2 \cdot 50 \cdot 10^4\,\text{V} = 10^6\,\text{V}$. Die Bahnkurve ist eine Spirale. Bei sehr hoher Spannung ($\sim$ Geschwindigkeit) muß die Massenkorrektur berücksichtigt werden. An der Peripherie des Zyklotrons werden die hochbeschleunigten Teilchen schließlich elektrisch ausgelenkt.

Eine Anwendung findet die Zyklotronresonanz auch in Halbleitermaterialien zur Messung der sog. effektiven Massen m^*. Darunter versteht man eine Größe, die neben der Ruhemasse m_0 noch den Einfluß der Gitterkräfte berücksichtigt und deswegen von m_0 abweichen kann. Man läßt auf das Halbleitermaterial ein Magnetfeld $\boldsymbol{B}$ und ein Wechselfeld mit der Kreisfrequenz ω einwirken. Bei $\omega = \omega_z$ tritt eine Absorption des Wechselfeldes auf, die sich feststellen läßt. Dann gilt $\omega_z = Bq/m^*$. Das Experiment erfordert hohe Frequenzen ($\approx 10^{10}$ Hz) und sehr tiefe Probentemperaturen.

Der Zusammenhang zwischen Radius und Masse läßt sich auch zur Trennung von Teilchen mit verschiedener Masse verwenden (sog. *Massentrenner*).

Hall-Effekt. Lorentz-Kraft auf Ladungsträger in Leitern (Halbleiter). Bei der Herleitung des Ohmschen Gesetzes (räumlich Gl. (2.19) bzw. global Gl. (2.33)) war die Wirkung eines Magnetfeldes $\boldsymbol{B}$ (entweder eigenes, vom Strom selbst erzeugt oder Fremdfeld) vernachlässigt worden. Wie ändern sich die Ergebnisse unter Magnetfeldeinfluß?

Dies sei für einen p-(Halb-)Leiter untersucht, durch den die Ladungsträger mit der Stromdichte $\boldsymbol{S}$ bzw. Geschwindigkeit $\boldsymbol{v}$ (Gl. (2.19))

$$\boldsymbol{S} = \varrho \cdot \boldsymbol{v} = \varkappa_p \boldsymbol{F}/q = \varkappa_p[\boldsymbol{E} + (\boldsymbol{v} \times \boldsymbol{B})] = \boldsymbol{E}\varkappa_p + \varkappa_p(\boldsymbol{S}/\varrho \times \boldsymbol{B}) = \varkappa_p \boldsymbol{E} + \mu_p(\boldsymbol{S} \times \boldsymbol{B}) \tag{4.39a}$$

strömen mögen, wobei die Feldstärke $\boldsymbol{E} = \boldsymbol{F}/q$ durch die Lorentz-Kraft $\boldsymbol{F}$ (Gl. (4.38b)) ersetzt wurde ($\varrho = q \cdot p$, $\varkappa_p = qp\mu_p$, s. Gl. (2.19)).

Man erkennt, daß jetzt durch das (homogen angenommene) Magnetfeld $\boldsymbol{B}$ die Stromdichte $\boldsymbol{S}$ nicht mehr parallel zur elektrischen Feldstärke $\boldsymbol{E}$ orientiert ist.

Zur Interpretation von Gl. (4.39a) gibt es verschiedene Wege:

— man löst in der Form $\boldsymbol{E} = f(\boldsymbol{S}, \boldsymbol{B})$ auf und erhält dann eine Lösung der Art $\boldsymbol{E} = \varrho(\boldsymbol{B})\boldsymbol{S}$, wobei der spezifische Widerstand ϱ jetzt vom Magnetfeld abhängig wird (sog. *Magnetowiderstand*).

— Man zerlegt die Feldstärke $\boldsymbol{E} = \boldsymbol{E}_{||} + \boldsymbol{E}_{\perp}$ in Komponenten parallel und senkrecht zu $\boldsymbol{S}$ und erhält die beiden Gleichungen

$$\boldsymbol{S} = \varkappa_p \boldsymbol{E}_{||}$$

$$0 = \varkappa_p \boldsymbol{E}_{\perp} + \mu_p(\boldsymbol{S} \times \boldsymbol{B}) \quad \text{d. h.}$$

$$\boldsymbol{E}_{\perp} = -\frac{\mu_p}{\varkappa_p}(\boldsymbol{S} \times \boldsymbol{B}) = -\frac{\mu_p}{\varkappa_p}(\varrho \boldsymbol{v} \times \boldsymbol{B}) = -(\boldsymbol{v} \times \boldsymbol{B})\,. \tag{4.39b}$$

Das Auftreten einer zu $\boldsymbol{S}$ und $\boldsymbol{B}$ senkrechten Komponente $\boldsymbol{E}_\perp$ heißt *Halleffekt* und die Größe $\boldsymbol{E}_\perp$ selbst *Hallfeldstärke*. Sie stellt sich ein, solange $\boldsymbol{S}$ und $\boldsymbol{B}$ nicht parallel verlaufen. Die Größe $R_H = \mu_p/\varkappa_p$ wird als *Hallkonstante* (Materialgröße) bezeichnet.

Am Beispiel eines linienhaften rechteckförmigen Leiters (Bild 4.20b), p-leitend, Dicke d), der von einer Stromdichte $\boldsymbol{S} = \boldsymbol{S}_y$ durchflossen werde und in dem das Magnetfeld $\boldsymbol{B} = \boldsymbol{B}_z$ herrscht, beträgt die Hallfeldstärke

$$\boldsymbol{E}_\perp = -R_H(\boldsymbol{S}_y \times \boldsymbol{B}_z) = -R_H S_y B_z \boldsymbol{e}_x\,.$$

Sie ist nach links gerichtet, so daß positive Ladungsträger am rechten Leiterrand im Überschuß sitzen müssen. Zwischen den Flächen B und A an den Seitenrändern des Leiters stellt sich dann zufolge der Hallfeldstärke $\boldsymbol{E}_\perp$ die Spannung

$$U_{BA} = \int_B^A \boldsymbol{E}_\perp \boldsymbol{e}_x \, dx = -R_H S_y B_z \cdot a = -\frac{IB_z}{dqp} \tag{4.39c}$$

ein, d. h. die Spannung ist nach links (in Richtung von $U_H = -U_{BA}$ gerichtet. (Dabei wurde vorausgesetzt, daß S_y nicht von x abhängt). Mit $S_y = I/ad$ und $R_H = \mu_p/\varkappa_p$ folgt das rechts stehende Ergebnis.

Die Hall-Spannung U_H wächst mit sinkender Trägerkonzentration, steigendem Magnetfeld und sinkender Plättchendicke. Halbleiter (mit geringer Trägerkonzentration) ergeben besonders große Hall-Spannung, z. B. $B = 1\,\text{V}\cdot\text{s/m}^2$, $d = 1\,\text{mm}$, $p \approx 10^{16}\,\text{cm}^{-3}$, $I = 1\,\text{A}$, $U_H \approx 0{,}6\,\text{V}$.

Anordnungen ähnlich zu Bild 4.20b, die den Halleffekt technisch ausnutzen, werden als *Hallelemente*, *Hallsonden* oder *Hallgeneratoren* bezeichnet.

Richtwerte des Hallkoeffizienten betragen (n-Halbleiter, p-Halbleiter ähnlich)

Material	Metalle (gute Leiter)	Wismut	Si	Ge	Indium-Antimonid	Indium-Arsenid
R_H cm_3/As	$-5\cdot10^5$	$-0{,}5$	$-1\cdot10^8$	$-3{,}5\cdot10^4$	$-6\cdot10^2$	$-9\cdot10^3$

Deshalb werden Hallelemente heute durchweg aus Indium-Antimonid oder dem preiswerteren Silizium hergestellt. Sind Elektronen und Löcher am Stromfluß beteiligt, so kann eine Kompensation des Halleffektes erfolgen.

Die nach Gl. (4.39c) bestimmte Hallspannung setzt eine Schichtdicke d voraus, die erheblich größer als die sog. freie Weglänge λ der Elektronen ist (Richtwert: Metalle $\lambda \sim 50\,\text{nm}$, Halbleiter $\lambda \approx 50 \ldots 500\,\text{nm}$). Gilt dies nicht, wie z. B. in sog. Inversions-oder Anreicherungsrandschichten an der Grenzfläche Isolator-Halbleiter (Bild 2.70b) oder zwischen zwei Halbleitern wie beim Feldeffekttransistor, so sind die Elektronen in dieser „Dickenrichtung“ nicht mehr frei beweglich und man spricht von einem zweidimensionalen Elektronengas. Dann ist die Hallspannung bei tiefen Temperaturen nicht mehr proportional zu $\boldsymbol{B}$, sondern hat einen stufenförmigen Verlauf. Ihre Plateaus liegen bei $U = hI/q^2 \cdot i$ ($i = 1, 2, 3$, auch einfache Brüche bei bestimmten Halbleitern). Man bezeichnet dieses Phänomen als Quanten-Hall-Effekt. Die Größe $U/I = h/q^2 = 25812{,}8\,\Omega$ wird nur durch Naturkonstanten bestimmt und dient zunehmend als Widerstandsnormal.

Hallelemente werden eingesetzt zur Magnetfeldmessung, als magnetfeldgesteuerte Bauelemente (Signalabgabe $= f(\boldsymbol{B})$), zur Multiplikation ($U_H I \cdot \boldsymbol{B}(I)$), in kontaktlosen Schaltern, wobei ein Permanentmagnet am Hallelement vorbeigeführt wird (z. B. für Tastaturen) sowie in großem Maße bei der Analyse von Halbleitermaterialien u. a. m.

Anschaulich erfahren die mit dem Strom I geführten positiven Ladungsträger durch das Magnetfeld $\boldsymbol{B}_z$ eine Ablenkung nach rechts, so daß am rechten Leiterrand eine Trägeranhäufung, am linken ein Defizit (= Überschuß an negativer Ladung) kommt solange, bis das sich aufbauende Feld $\boldsymbol{E}_\perp$ die Wirkung des Magnetfeldes kompensiert (s. Gl. (4.39b)). Dies ist der Inhalt der Hallspannung U_H. [Prinzip: Entstehung einer Quellenspannung durch Ladungstrennung].

Insgesamt ist mit diesem Vorgang nicht nur die Trägerkonzentrationsänderung an den beiden Leiterrändern verbunden (→ Halleffekt), sondern auch eine Verlängerung des Weges durch den Leiter, was sich als Erhöhung des Widerstandes durch das Magnetfeld (→ Magnetowiderstand, s. o.) äußert.

Man kann leicht zeigen, daß sich für negative Träger das Vorzeichen der Hallkonstante umkehrt ($R_H = -\mu_n/|q|n\mu_n$) und damit auch die Hallspannung. So ist ein Rückschluß auf die dominierende Ladungsträgerart möglich, was zur Leitungstypbestimmung bei Halbleitern verwendet wird.

MHD-Generator. Führte der entgegengesetzte Fluß positiver und negativer Ladungen im Strom I beim Hall-Effekt zur Verringerung der Hall-Spannung, so entsteht bei *gleicher* Flußrichtung der Träger (entgegenlaufende Trägerströme I_n, I_p) eine besonders intensive Ablenkspannung. Technisch wird dazu ein ionisierter (neutraler) Gasstrom in ein Plattensystem gedrückt (Bild 4.21). Das Magnetfeld lenkt die Ladungen nach den Platten hin ab. Dann fließt durch einen angeschlossenen Verbraucher ein Strom durch *Ladungstrennung* im Magnetfeld. Dies ist der Grundgedanke des *magnetohydrodynamischen Generators* (MHD-Generator). Er hat Aussicht, für die Energiegewinnung interessant zu werden da in ihm Wärme direkt in elektrische Energie umgesetzt wird.

Zur Größenvorstellung möge $v = 1000\,\text{m/s}$, $B = 2\,\text{V}\cdot\text{s/m}^2$ gelten. Dann stellt sich eine Feldstärke $E_i = |\boldsymbol{v} \times \boldsymbol{B}| \approx v \cdot B = 2\,\text{kV/m}$ ein. Beim Plattenabstand $d = 10\,\text{cm}$ entsteht die Spannung $U_i = 200\,\text{V}$.

4.3.2.2 Kraft auf stromdurchflossene Leiter im Magnetfeld

Elektrodynamische Kraft. Gl. (4.38) beschreibt die Kraftwirkung auf bewegte freie Ladungen im Raum (z. B. Elektronenröhre). Häufiger interessiert aber die Kraftwirkung auf stromdurchflossene Leiter. Sie heißt *elektrodynamische Kraft* und kann für einen geraden Stromfaden im homogenen Magnetfeld $\boldsymbol{B}$ (Bild 4.22a) qualitativ leicht eingesehen werden. Die vektorielle Überlagerung des Feldes $\boldsymbol{B}$ und des vom Strom erzeugten Feldes ergibt rechts wegen der gleichen Richtung der Einzelfelder ein größeres, links wegen entgegenwirkender Richtungen ein kleineres resultierendes Feld. Da Feldlinien — wie im elektrostatischen Feld — die

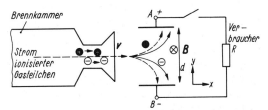

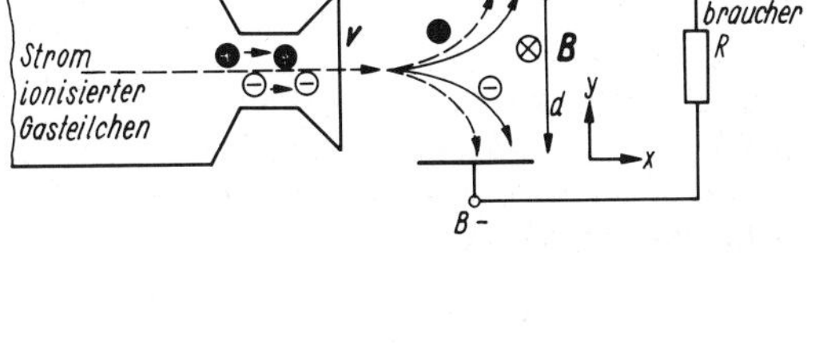

Bild 4.21. Magnetohydrodynamischer Generator

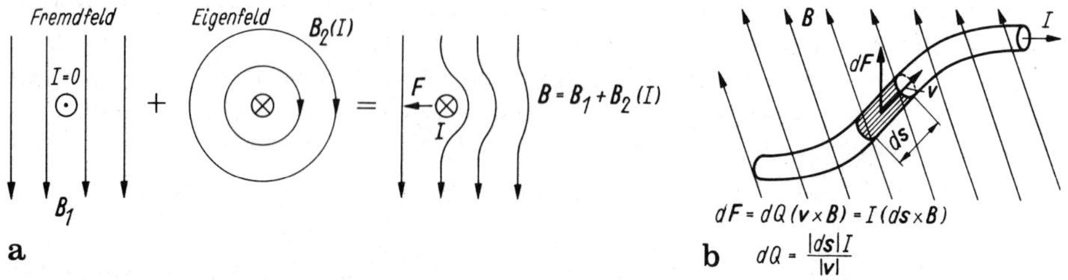

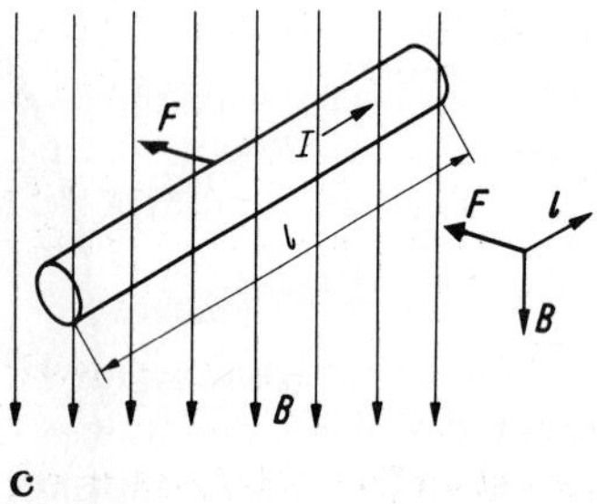

Bild 4.22a–c. Kraft auf Ströme im Magnetfeld. **a** Veranschaulichung der Kraftwirkung im Magnetfeld durch die Tendenz der Feldlinien, sich zu verkürzen; **b** Kraft auf ein Leiterelement (Stromelement $I\,\mathrm{d}\boldsymbol{s} = \boldsymbol{v}\,\mathrm{d}Q$; **c** Kraft auf einen stromdurchflossenen Leiter der Länge l

Tendenz zum Querdruck (Linienverkürzung) haben, entsteht die dargestellte Kraftwirkung zwischen Strom und Magnetfeld.

Quantitativ folgt aus Gl. (3.4) mit dem *Stromelement* $\mathrm{d}Q\,\boldsymbol{v} = I\,\mathrm{d}\boldsymbol{s}$ (s. Abschn. 3.1.1) die Teilkraft $\mathrm{d}\boldsymbol{F}$ auf das Leiterstück der Länge $\mathrm{d}\boldsymbol{s}$ $\mathrm{d}\boldsymbol{F} = I(\mathrm{d}\boldsymbol{s} \times \boldsymbol{B})$.

Dabei ist $\mathrm{d}\boldsymbol{s}$ in Richtung von $\boldsymbol{v}$ (bzw. Stromdichte $\boldsymbol{S}$), also in Richtung des Zählpfeiles I gerichtet angenommen worden (Bild 4.22b). Die *Gesamtkraft* $\boldsymbol{F}$ ergibt sich durch Integration der Teilkräfte $\mathrm{d}\boldsymbol{F}$ längs des Leiters der Länge l

$$\boldsymbol{F} = \int_l I(\mathrm{d}\boldsymbol{s} \times \boldsymbol{B}) \qquad (4.40\text{a})$$

elektrodynamisches Kraftgesetz

$\boldsymbol{B}$, I beliebig.

Ein beliebiges Magnetfeld übt auf einen vom Strom $\boldsymbol{I}$ durchflossenen Leiter eine Kraft $\boldsymbol{F}$ aus. Sie ist das Integral über das Vektorprodukt $\mathrm{d}\boldsymbol{s} \times \boldsymbol{B}$ längs der Leiterlänge l multipliziert mit I. Die Kraft wirkt stets senkrecht zur Ebene ($\mathrm{d}\boldsymbol{s}$, $\boldsymbol{B}$) (Bild 4.22c).

Für $\boldsymbol{B}$ ist die Induktion bei stromlosem Leiter einzusetzen, sofern das Medium linear ist (also die Nichtlinearität der B–H-Kurve etwa in Eisen keine Rolle spielt).

Die für beliebig geformte Leiter und inhomogene Magnetfelder $\boldsymbol{B}$ gültige Gl. (4.40a) läßt sich für den praktisch verbreiteten Fall des *geraden Leiters* im *homogenen Magnetfeld* ($\boldsymbol{B}$ = const) vereinfachen. Dabei geht das Integral in eine Multiplikation über

$$\boldsymbol{F} = I(\boldsymbol{l} \times \boldsymbol{B}) \qquad (4.40\text{b})$$

elektrodynamisches Kraftgesetz für geraden Leiter, homogenes Feld

Betrag: $F = IlB \sin \sphericalangle (\boldsymbol{l}, \boldsymbol{B})$, Richtung: Rechtssystem.

Daraus ergibt sich die uvw-Merkregel (Abschn. 3.1.1, Bild 3.7), nur muß dort $Q \cdot \boldsymbol{v}$ durch $I \cdot \boldsymbol{l}$ ersetzt werden.

Die Kraft ist proportional der elektrischen Stromstärke und Flußdichte. Sie hängt vom Sinus des Winkels zwischen $\boldsymbol{l}$ und $\boldsymbol{B}$ ab und wirkt maximal, wenn $\boldsymbol{l}$ und $\boldsymbol{B}$ *senkrecht* aufeinanderstehen.

Leiter parallel zu B erfahren keine Kraftwirkung.

Elektrodynamische Kraftdichte. Aus Gl. (4.40) läßt sich eine Formulierung für den Raumpunkt unter Benutzung der sog. *Kraftdichte* $\boldsymbol{f}$ (Gl. (4.22)) gewinnen. Dazu wird der Strom $\Delta I \approx \mathrm{d}I$ einer Stromröhre eingeführt und durch die Stromdichte $\boldsymbol{S}$ ausgedrückt: $\mathrm{d}I = \boldsymbol{S} \cdot \mathrm{d}\boldsymbol{A}$.

Dann gilt (mit gleicher Richtung von $\boldsymbol{S}$ und $\mathrm{d}\boldsymbol{s}$) $\mathrm{d}\boldsymbol{F} = \mathrm{d}I(\mathrm{d}\boldsymbol{s} \times \boldsymbol{B}) = \boldsymbol{S} \cdot \mathrm{d}\boldsymbol{A}(\mathrm{d}\boldsymbol{s} \times \boldsymbol{B}) = \mathrm{d}\boldsymbol{A} \cdot \mathrm{d}\boldsymbol{s}(\boldsymbol{S} \times \boldsymbol{B}) = (\boldsymbol{S} \times \boldsymbol{B})\mathrm{d}V$. Die Gesamtkraft ergibt sich durch Integration über das Volumen V:

$$\boldsymbol{F} = \int_V (\boldsymbol{S} \times \boldsymbol{B})\mathrm{d}V = \int \boldsymbol{f}\,\mathrm{d}V, \quad \boldsymbol{f} = (\boldsymbol{S} \times \boldsymbol{B})\,. \tag{4.41}$$

Mit diesem Ergebnis kann z. B. das Eigenmagnetfeld eines stromführenden Leiters mit erfaßt werden. Bild 4.23a stellt Stromdichte $\boldsymbol{S}$ und Eigenmagnetfeld eines stromführenden Leiters dar: Da stets $\boldsymbol{S} \perp \boldsymbol{B}$, entsteht eine Druckkraft senkrecht zur Leiterachse nach innen. So hat der Strom die Tendenz, einen möglichst kleinen Querschnitt einzunehmen: *Einschnürung* oder *Pinch-Effekt*. Sie entsteht aus dem Bestreben der Kraft, den Energieinhalt des Feldes stets zu erhöhen (L-Erhöhung → R_m Verkleinerung). Die Querschnittsabnahme des Stromes erhöht die Selbstinduktion des Leiters. Der Einschnüreffekt entzieht sich im Leiter wegen der großen Festigkeit desselben der unmittelbaren Beobachtung, nicht aber im Strom freier Ladungsträger (z. B. ein Strom durch ein hoch erhitztes Gas (Plasma)). Dort können so große Kräfte entstehen, daß sich das Plasma auf viele Millionen Grad aufheizt.

Elektromagnetische Pumpe für leitende Flüssigkeiten. Durch ein isoliertes Rohr mit zwei Metallelektroden (Fläche sb) ströme eine leitende Flüssigkeit. Sie werde quer vom Strom I durchströmt (Bild 4.23b). Senkrecht zu I und $\boldsymbol{v}$ wirke die Induktion $\boldsymbol{B}$. Dadurch wirkt die Kraft $\boldsymbol{F} = I(\boldsymbol{l} \times \boldsymbol{B})$ auf die Flüssigkeit und erzeugt den Druck p, der die Geschwindigkeit $\boldsymbol{v}$ bedingt: $p = F/sd = BId/sd = BI/s$.

Er treibt die Flüssigkeit durch das Rohr. Beispiel: $s = 1$ cm, $B = 1\,\mathrm{T}$, $I = 10\,\mathrm{A} \rightarrow p = 0{,}1\ \mathrm{N/cm^2}$.

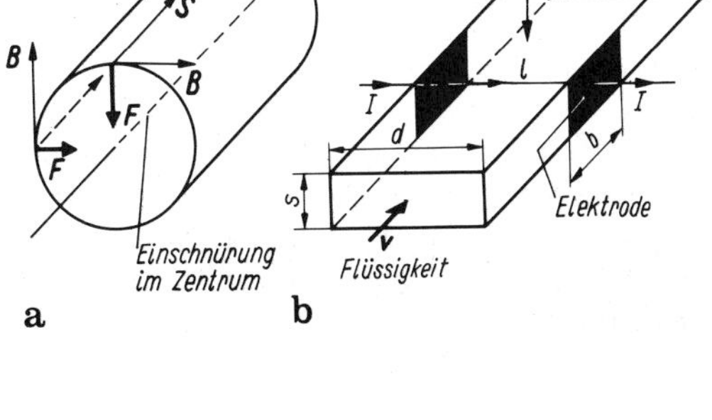

Bild 4.23a, b. Anwendung der Kraftwirkung. **a** Einschnüreffekt; **b** elektromagnetische Pumpe für elektrisch leitende Flüssigkeiten

Das auf verschiedene Arten formulierte elektrodynamische Kraftgesetz ist die Grundlage vielfältiger Erscheinungen und Anwendungen der Kraftwirkungen zwischen Strömen in elektromechanischen Energiewandlern (Motor), Meßgeräten, dynamischer Lautsprecher u. a. m. Wir greifen die Kraftwirkung zwischen Strömen und auf eine Stromschleife sowie den Leistungsumsatz als wichtige Beispiele heraus.

Kraftwirkung zwischen Strömen. Bild 4.24 zeigt zwei parallele gerade Stromfäden (mit vernachlässigbarem Querschnitt). Am Ort P wirkt dann das resultierende Magnetfeld beider Ströme. Anschaulich gilt wegen der Tendenz der Feldlinien zum Längszug- und Querdruck:

Gleichsinnig fließende Ströme ziehen einander an (Verkürzungstendenz der Feldlinien), gegensinnig fließende stoßen einander ab (Querdrucktendenz der Feldlinien, s. auch Rechtssystem $\boldsymbol{l}$, $\boldsymbol{B}$, $\boldsymbol{F}$).

Quantitativ fließt der Strom I_2 im Magnetfeld des Stromes I_1. Er erzeugt in der Entfernung a das Feld $B_1 = \mu H_1 = \mu I_1/2\pi a$ senkrecht zur Ebene, in der die Stromleiter I_1, I_2 liegen. Der Strom I_2 erfährt im Feld B_1 nach Gl. (4.40) die Kraft

$$F = I_2 B_1 l = \mu \frac{I_1 I_2 l}{2\pi a} \tag{4.42}$$

Kraftwirkung zweier paralleler Ströme aufeinander im Abstand a, Länge l, Medium μ

(Richtung s. Bild 4.24).

Größenvorstellung:

1. Für die Einheit Ampere der Stromstärke I wurde festgelegt: Zwei sehr lange, sehr dünne parallele Drähte (Abstand $r = 1$ m) üben bei gegensinnigen Strömen $I_1 = I_2 = I = 1$ A die Kraft $F = 2 \cdot 10^{-7}$ N pro Länge $l = 1$ m aufeinander aus. Daraus folgt für μ_0 (s. Gl. 3.2)

$$\mu_0 = \frac{2\pi r F}{l I_1 I_2} = \frac{2\pi\, 1\,\text{m}\, 2 \cdot 10^{-7}\,\text{N}}{1\,\text{m}\, 1\,\text{A}\, 1\,\text{A}} = 4\pi\, 10^{-7} \frac{\text{N}}{\text{A}^2} = 4\pi\, 10^{-7} \frac{\text{V} \cdot \text{s}}{\text{A} \cdot \text{m}}\,.$$

Die Definition der Einheit der Stromstärke mit Bezug auf die Kraftwirkung der Ströme fußt letztlich auf dem Zahlenwert der Feldkonstante μ_0 (Naturkonstante, Gl. (3.2)).

2. Für $I = I_1 = I_2 = 100$ A, $r = 1$ cm (Luft) üben zwei Leiter der Länge $l = 1$ m die Kraft $F = 0{,}2$ N($\approx$ 20p) aus. Sie ist relativ klein, kann aber wegen des quadratischen

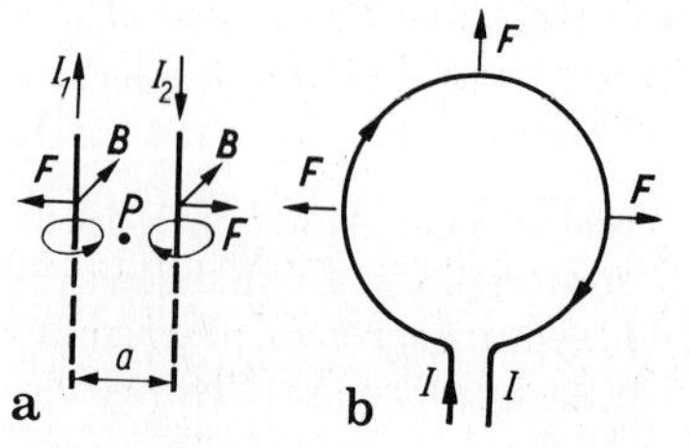

Bild 4.24a, b. Kraftwirkung zwischen Strömen. **a** zwei Gegenströme stoßen sich ab (Mitströme ziehen sich an); **b** Vergrößerung einer Stromschleife durch das Eigenmagnetfeld (Vergrößerung der Induktivität)

Einflusses von I bei größeren Strömen ($I > 10^4$ A, Kurzschlußströme in Elektrizitätswerken) außerordentlich rasch anwachsen. Für $I = 10^4$ A entsteht im obigen Beispiel die 10^4fache Kraft: $F = 200$ kp. Die abstoßende Wirkung entgegengesetzt fließender Ströme vergrößert z. B. auch eine Leiterschleifte (Bild 4.24b) und erhöht damit die Induktivität.

Kraftwirkung und Drehmoment auf eine Stromschleife im Magnetfeld. Wir wenden Gl. (4.40c) auf eine Stromschleife an. Solange sie sich im *homogenen* Magnetfeld befindet, tritt *keine* translatorische Bewegung ein. Die Kräfte des Fremdfeldes versuchen die Schleife — abhängig von dessen Richtung — vielmehr auszuweiten oder zusammenzudrücken. Das Eigenfeld weitet sie stets aus (vgl. Bild 4.24b). Im *inhomogenen* Feld tritt dagegen eine *Nettokraft* auf. Die Schleife erfährt eine translatorische Bewegung. Bilden $I(\boldsymbol{S})$, $\boldsymbol{B}$ und $\boldsymbol{F}$ ein Rechtsdreibein nach Gl. (4.40b), so wird die Schleife zum dichteren Magnetfeld hin bewegt. Die Situation ändert sich jedoch, wenn sich die Stromschleife drehbar gelagert in einem homogenen Magnetfeld befindet. Wirkt das Magnetfeld senkrecht zur Achse der Drehschleife, so erfahren nur noch die Leiterstücke parallel zur Achse eine Kraftwirkung $\boldsymbol{F}$ und es entsteht ein Drehmoment (Bild 4.25a)

$$\boldsymbol{M} = \boldsymbol{r} \times \boldsymbol{F} \,. \tag{4.43a}$$

Die Kraft $\boldsymbol{F}$ greift im Abstand $\boldsymbol{r}$ vom Drehpunkt am Hebelarm an, sie beträgt (Gl. (4.40b) $\boldsymbol{F} = I(\boldsymbol{l} \times \boldsymbol{B})$ und damit das Drehmoment (pro Leiter

$$\boldsymbol{M} = I[\boldsymbol{r} \times (\boldsymbol{l} \times \boldsymbol{B})] = I[(\boldsymbol{r} \times \boldsymbol{l}) \times B] \,. \tag{4.43b}$$

Durch die Zuordnung von $\boldsymbol{l}$ und $\boldsymbol{B}$ im Rechtssystem erfährt der rechte Leiter (Bild 4.25b) eine nach oben weisende, der linke eine nach unten weisende Kraft. Insgesamt entsteht eine Drehbewegung der Rechteckspule mit dem Moment

$$\boldsymbol{M} = I[2\boldsymbol{r} \times (\boldsymbol{l} \times \boldsymbol{B})] = I[(2\boldsymbol{r} \times \boldsymbol{l}) \times \boldsymbol{B} = I[\boldsymbol{A} \times \boldsymbol{B}] \tag{4.43c}$$

Drehmoment auf Stromschleife im homogenen Magnetfeld

entgegen dem Uhrzeigersinn. Im letzten Fall wurde der Flächenvektor der Rahmenfläche $\boldsymbol{A} = 2\boldsymbol{r} \times \boldsymbol{l}$ eingeführt. Sinngemäß hat eine Spule mit w-Windungen (die man sich aus w Einzelspulen zusammengesetzt und in Reihe geschaltet vorstellen kann), das Drehmoment

$$\boldsymbol{M} = w\, I(\boldsymbol{A} \times \boldsymbol{B}) \tag{4.43d}$$

mit dem Betrag

$$M = w \cdot \mathrm{I} \cdot A \cdot B \text{ sind } \sphericalangle\, (\boldsymbol{A}, \boldsymbol{B}) \,.$$

Das winkelabhängige Drehmoment sucht die Stromschleife stets so zu stellen, daß $\sin \sphericalangle\, (\boldsymbol{A}, \boldsymbol{B}) = 0$ ($n\pi$, n ganz), also $\boldsymbol{A}$ und $\boldsymbol{B}$ parallelgerichtet sind und damit die *Spulenebene senkrecht zur Richtung* von B steht.

Diskussion. Wegen $M \sim \sin\alpha \sim \sin \sphericalangle\, (\boldsymbol{A}, \boldsymbol{B})$ dreht sich die Schleife jeweils bis zum Winkel $\alpha = n\pi$. Dabei stellt sich für $\alpha = \pi$ ($\rightarrow M = 0$) ein *labiles* Gleichgewicht ein, denn eine kleine Lageänderung *vergrößert* die entstehende Kraft und damit die Änderung (Bild 4.25d). Im Gegensatz dazu stellt $\alpha = 0$ bei gleicher Stromrichtung eine stabile Lage dar: jede

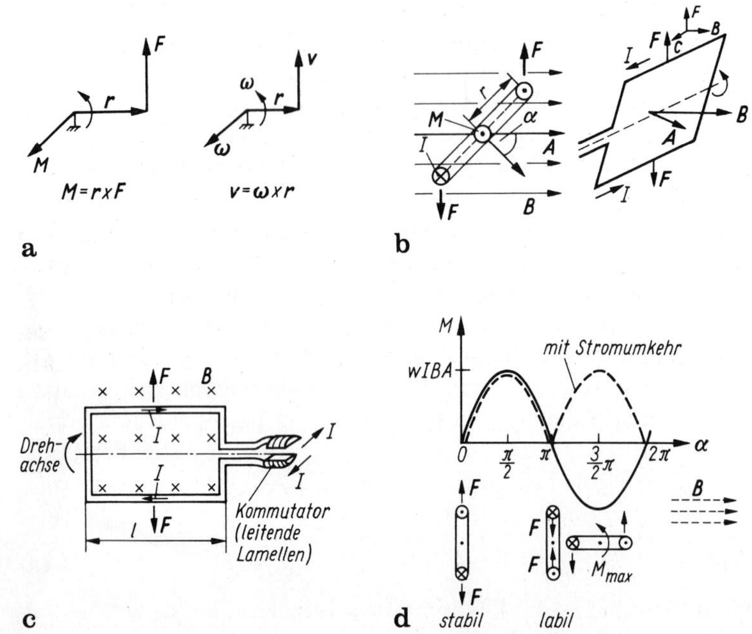

Bild 4.25a–d. Drehmoment und Kraft der stromdurchflossenen Drehspule. **a** Zusammenhang Kraft, Drehmoment sowie Geschwindigkeit und Winkelgeschwindigkeit; **b** Drehschleife im homogenen Magnetfeld; **c** Leiterschleife mit Kommutator; **d** Winkelabhängigkeit des Drehmomentes ohne und mit Stromumkehr. Spulenstellung bei stabilem und labilem Gleichgewicht

Lageänderung erzeugt Kräfte, die der Lageänderung entgegenwirken. Stromumkehr schafft die gleiche Situation wie vorher. Um die Schleife deshalb bei $\alpha = 0$ aus der stabilen Lage zu bewegen, ist Stromumkehr erforderlich, so daß diese Stellung jetzt labil wird. Die Schleife dreht sich bis $\alpha = \pi$ zu einem neuen stabilen Zustand. Erneutes Umpolen macht diese Stellung labil und die Drehung wird fortgesetzt. Eine fortwährende Drehbewegung erfordert nach einer halben Umdrehung jeweils Stromumkehr durch Umpolung. Diese Umpolung besorgt der sog. Kommutator (Bild 4.25c) automatisch. Weil das Drehmoment über α im homogenen Magnetfeld sinusförmig verläuft, übt folglich ein *radiales* (homogenes) Magnetfeld mit $\alpha = 90° = \text{const}$ stets maximales Drehmoment auf die Schleife aus. Deshalb wird die Schleife im Motor auf einen Eisenkern gewickelt (sog. Anker).

Die durch das Drehmoment $\boldsymbol{M}$ erzeugte Leistung $P = \boldsymbol{F}\cdot\boldsymbol{v}$ ergibt sich mit $\boldsymbol{v} = \boldsymbol{\omega} \times \boldsymbol{r}$ ($\boldsymbol{\omega}$ vektor der Winkelgeschwindigkeit in Richtung der Drehachse, Bild 4.25a) zu

$$P = (\boldsymbol{\omega} \times \boldsymbol{r})\cdot\boldsymbol{F} = \boldsymbol{\omega}(\boldsymbol{r} \times \boldsymbol{F}) = \boldsymbol{\omega}\cdot\boldsymbol{M}\,. \tag{4.44a}$$

Wirkt die Kraft $\boldsymbol{F}$ senkrecht zu Hebelarm und Drehachse (stehen also $\boldsymbol{r}$, $\boldsymbol{l}$ und $\boldsymbol{B}$ stets senkrecht zueinander), so wird aus Gl. (4.44a) mit $\omega = 2\pi n$ (Umdrehungszahl n)

$$P = 2\pi n M\,. \tag{4.44b}$$

Leistungsumsatz. Durch das Zusammenspiel von

— Kraftwirkung eines stromdurchflossenen Leiters im Magnetfeld und

— Induktionsgesetz am bewegten Leiter im Magnetfeld

entstehen in der Anordnung „Leiter im Magnetfeld" *antreibende* und *bremsende* Kräfte. Sie bilden das Fundament des elektromechanischen Energieumsatzes (Bild 4.26) Der erste Fall betrifft den Leistungsumsatz elektrisch mechanisch, der letzte seine Umkehrung.

Für die Betrachtung legen wir eine offene Leiteranordnung zugrunde (Bild 4.26a), wobei ein Leiter beweglich ist und durch die „Schleifenfläche" zeitlich konstante B-Linien treten (sog. Gleitschienenanordnung im Magnetfeld).

Leistungsumsatz elekytrisch-mechanisch. Wird einem Leiter ein *Strom* als Ursache eingeprägt (z. B. durch eine Spannungsquelle U_{21} im Leiterkreis, Bild 4.26a1),

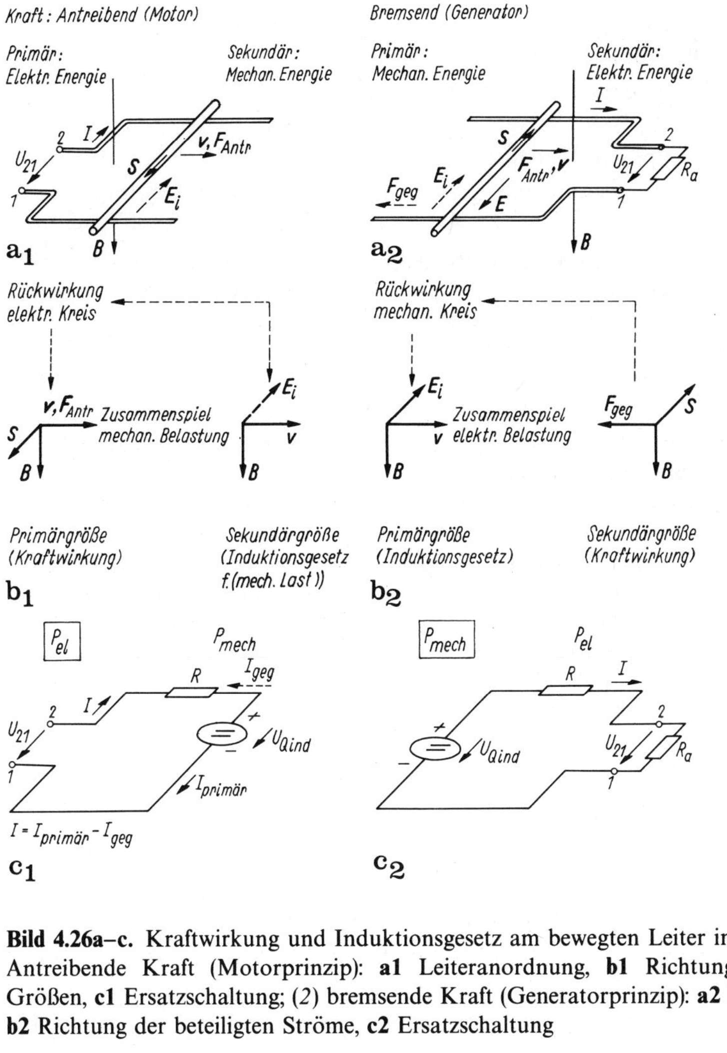

Bild 4.26a–c. Kraftwirkung und Induktionsgesetz am bewegten Leiter im Magnetfeld. (*1*) Antreibende Kraft (Motorprinzip): **a1** Leiteranordnung, **b1** Richtung der beteiligten Größen, **c1** Ersatzschaltung; (*2*) bremsende Kraft (Generatorprinzip): **a2** Leiteranordnung, **b2** Richtung der beteiligten Ströme, **c2** Ersatzschaltung

so entsteht die antreibende Kraft $\boldsymbol{F}_{\text{Antr}} = I \int_l (\mathrm{d}\boldsymbol{s} \times \boldsymbol{B})$ (s. Gl. (4.40)). Sie bewegt den Leiter nach rechts und es findet das Energiespiel: Zufuhr elektrischer Energie — Abgabe mechanischer Energie (Motorwirkung) statt. Durch die Leiterbewegung (Geschwindigkeit $\boldsymbol{v}$) wird eine Feldstärke $\boldsymbol{E}_\text{i}$ induziert. Die ihr zugeordnete Quellenspannung wirkt der äußeren Spannung den Richtungsregeln nach *entgegen* (Generatorwirkung):

Rückwirkung des mechanisch bewegten Leiters auf den elektrischen Stromkreis. Damit sind Motor- und Generatorwirkung in der gleichen Leiterschleife stets miteinander verknüpft!

Dem Grundstromkreis (Bild 4.26c1) entnimmt man

$$U_{21} = IR + \int(\boldsymbol{v} \times \boldsymbol{B}) \cdot \mathrm{d}\boldsymbol{s} = IR + vBl = IR + U_{\text{Qind}} \,. \tag{4.45a}$$

(rechts bei geradem Leiter im Radialfeld, $v \perp B$, $B = \text{const}$). Daraus ergibt sich die an die Zweipolklemmen gelieferte Leistung zu

$$P_{\text{el}} = U_{21} I = I^2 R + vIBl \,. \tag{4.45b}$$

Der erste Teil ist Verlustleistung (Wärme) der Anordnung, der letzte $P_{\text{mech}} = vIBl$ die abgegebene mechanische Leistung. Da anstelle von vBl auch die induzierte Quellenspannung U_{Qind} geschrieben werden kann, wirkt die Anordnung wie ein Stromkreis „mit Gegenspannung U_{Qind}" mit einer entsprechenden Ersatzschaltung Bild 4.26c1 „der Motorwirkung". Dann kann der Gesamtstrom I auch verstanden werden als Nettosumme des durch U_{21} (bei $U_{\text{Qind}} = 0$) eingeprägten Stromes $I_{\text{primär}}$ und eines von U_{Qind} verursachten „Gegenstromes I_{geg}".

Leistungsumsatz mechanisch-elektrisch. Wirkt auf die Leiterschleife, die an den Klemmen 21 durch einen Widerstand R_a abgeschlossen sei, eine antreibende Kraft $\boldsymbol{F}_{\text{Antr}}$, so daß sie sich mit der Geschwindigkeit $\boldsymbol{v}$ nach rechts bewegt, so entsteht in ihr die induzierte Feldstärke $\boldsymbol{E}_\text{i} = (\boldsymbol{v} \times \boldsymbol{B})$ (Gl. (3.50a)): Zufuhr mechanischer Energie, Abgabe elektrischer Energie (Generatorwirkung). Dadurch fließt im geschlossenen Kreis ein Strom.

Er verursacht im Magnetfeld eine *Kraft* $F = I\,|\mathrm{d}\boldsymbol{s} \times \boldsymbol{B}|$ (Motorwirkung), die der primär einwirkenden stets *entgegenwirkt: Gegenkraft* mit der Tendenz, *die Relativgeschwindigkeit zwischen Leiter- und Magnetfeld herabzumindern* (Bild 4.26a): Elektrische Rückwirkung des im Magnetfeld bewegten Leiters auf sein mechanisches Verhalten. Die Gegenkraft beträgt:

$$\boldsymbol{F}_{\text{geg}} = I \int (\mathrm{d}\boldsymbol{s} \times \boldsymbol{B}) \quad \text{bzw} \quad F_{\text{geg}} = IBl = \frac{vB^2 l^2}{R_{\text{ges}}} \,. \tag{4.46}$$

Diese Bremskraft ist proportional B^2 und damit um so stärker, je größer der Strom und je kleiner der Kreiswiderstand ist. Durch Änderung des Kreiswiderstandes $R_{\text{ges}}(I)$ kann die Bremskraft bequem geregelt werden:

Jeder im Magnetfeld bewegte geschlossene Leiterkreis wird so gebremst, als bewege er sich in einem zähen Medium.

In der Ersatzschaltung (Bild 4.26c2) ist die induzierte Spannung durch die Quellenspannung U_{Qind} dargestellt, die aufgeprägte mechanische Leistung beträgt $P_{\text{mech}} = vBl = U_{\text{Qind}} I$ und am Verbraucher tritt die Leistung $I\,U_{21}$ auf. Man erkennt zusammenfassend:

Zum Energieumsatz elektrisch → magnetisch durch einen beweglichen Leiter im Magnetfeld müssen Kraft- und Induktionswirkung gleichzeitig auftreten. Je nach der Betriebsart kann die gleiche Anordnung als Motor oder Generator wirken.

Anwendungen. Die elektromechanische Energieumformung wird in der Elektrotechnik außerordentlich umfangreich angewendet. Dabei dienen antreibende Kräfte sowohl zur Erzeugung *translatorischer* als auch *rotatorischer* Bewegungen.

Linearmotor. Ein mit zwei Leiterschienen leitend verbundener Querstab bewegt sich im Magnetfeld $\boldsymbol{B}$ mit der Geschwindigkeit $\boldsymbol{v}$ nach rechts (Bild 4.27). Dabei wird eine Spannung induziert, die insgesamt die Bewegung zu hemmen sucht. Die Nettospannung in der Leiterschleife beträgt (Gl. (4.45a)) $U_g(t) = U - B \cdot v \cdot d$, der letztere Anteil entsteht durch Induktion. Im Kreis fließt der Strom $I(t) = U_g/R$. Die Gesamtkraft $F = d \cdot B \cdot I(t)$ muß die Trägheit der Stabmasse überwinden. Aus der Bewegungsgleichung

$$m\frac{\mathrm{d}v}{\mathrm{d}t} = F = dBI(t) = \frac{\mathrm{d}B}{R}U_g(t)$$

ergibt sich mit dem Anfangswert zur Zeit $t = 0$ ($v(0) = 0$) die Geschwindigkeit

$$v(t) = v_\infty(1 - \exp^{-t/\tau}) \quad \text{mit} \quad \tau = \mathrm{m}R/(\mathrm{Bd})^2 \tag{4.47a}$$

und damit für die nach der Zeit t zurückgelegte Strecke ($t = 0 = 0$):

$$x(t) = v_\infty t - v_\infty \tau \exp^{-t/\tau}. \tag{4.47b}$$

Die Leiterschleife bewegt sich im stationären Fall mit konstanter Geschwindigkeit $v = U/\mathrm{Bd}$ nach rechts.

Dieser Linearmotor erzeugt die translatorische Bewegung ohne Umformung über eine rotatorische Bewegung. Er wird hauptsächlich für Transportsysteme verwendet, vor allem in Form des Asynchron-Linearmotors.

Dynamischer Lautsprecher. Im Luftspalt eines Topfmagneten (Dauermagnet) wird ein radiales Magnetfeld (z. B. Innenzapfen N-Pol, äußerer Kreis S-Pol) erzeugt (Bild 4.28). Im Feld befindet sich eine mit einer Membran starr verbundene Leiterschleife (Schwingspule). Wird sie von einem die akustische Information enthaltenden Strom (wechselnder Stärke und Frequenz) durchflossen, so bewegt sich die Membran entsprechend $F \sim I$ im Rhythmus der Information.

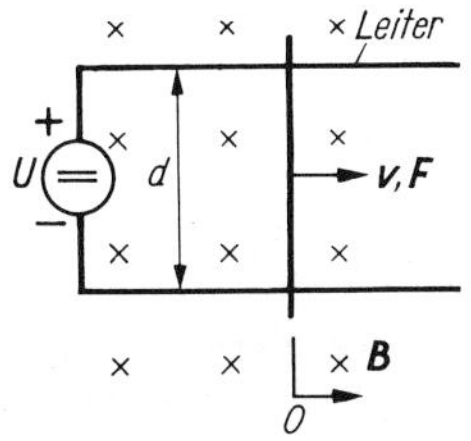

Bild 4.27. Prinzip des Linearmotors

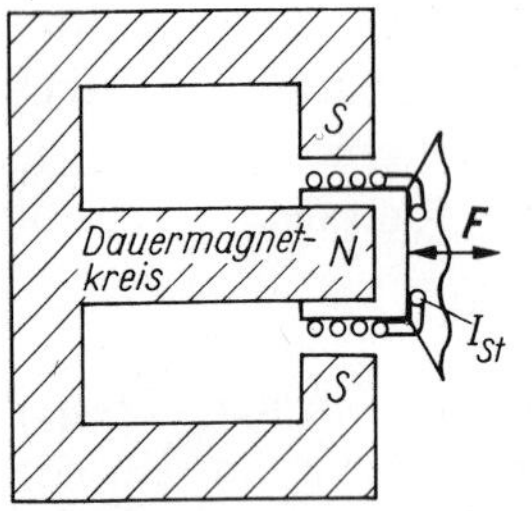

Bild 4.28. Dynamischer Lautsprecher mit Dauermagnetkreis

Schwingtisch. Auf dem gleichen Prinzip beruht der Schwingtisch zur Prüfung der Schwingungsfestigkeit von Geräten. Hier wird anstelle der Membran eine Platte (Schwingplatte) befestigt, auf der sich das zu prüfende Gerät befindet.

Das typische Beispiel der rotatorischen Bewegung ist der Motor.

Das **Motorprinzip** ist die wichtigste Anwendung des elektrodynamischen Kraftgesetzes in der Leistungselektronik. Je nach Ausführung gibt es Gleich- oder Wechselstrommotoren. Wir beschränken uns auf ersteren. Aufbaumäßig entspricht er prinzipiell dem *Gleichstromgenerator* (Bilder 3.49b, 3.50). So wird das gleiche Grundprinzip in der gleichen Einrichtung verwirklicht. Im magnetischen Erregerfluß Φ_{err} befindet sich eine drehbare Schleife (Anker), die den Ankerstrom $I = I_A$ über den Komutator (Bild 3.49b) zugeführt bekommt. Die Schleife besteht zur Verstärkung der Kraftwirkung aus w-Windungen. Folgende Gesetzmäßigkeiten bestimmen das Motorverhalten:

1. Drehmomenten-Gleichung. Auf die Leiterschleife (mit w-Windungen) wird die Kraft $F = wI_A Bl$ also das Moment (A Schleifenfläche, radiales Magnetfeld)

$$M = wI_A BA = I_A \Phi_{\text{err}} \,\text{const} \tag{4.48}$$

Drehmomentgleichung, 1. Grundgleichung

ausgeübt (Bild 4.29a). Es wächst streng proportional zum Ankerstrom und Fluß, spiegelt also über dem Erregerstrom I_{err} des Magnetfeldes die Hysteresekurve wider.

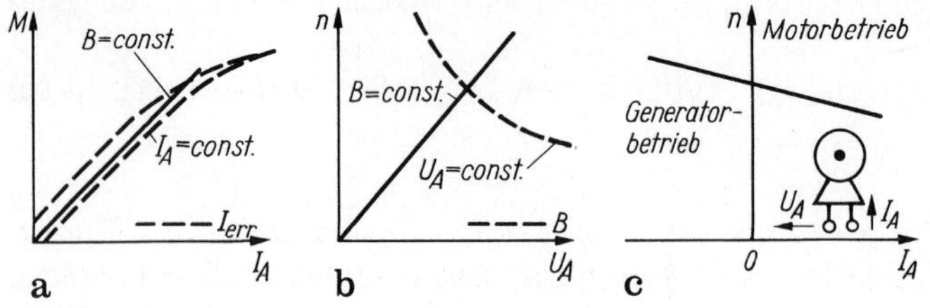

Bild 4.29a–c. Motorkennlinien. **a** Abhängigkeit des Drehmomentes M vom Ankerstrom I_A (——) und Erregerstrom I_{err} (– – –); **b** Abhängigkeit der Drehzahl n von der Ankerspannung U_A (——) bzw. von der Induktion B (– – –); **c** Abhängigkeit der Drehzahl n vom Ankerstrom I_A bei Motor- und Generatorbetrieb

2. Drehzahlgleichung. Für die Ankerspannung gilt (unter Beachtung der Gegenspannung U_{Qi} und des Ankerwiderstandes R_A)

$$U_A = U_{Qi} + I_A R_A = vBlw + I_A R_A, \; U_{Qi} = vBlw = \text{const}\, nB \,. \tag{4.49}$$

Damit lautet die *Drehzahl n*

$$n = \frac{U_{Qi}}{B} c_2 = c_2 \frac{U_A - I_A R_A}{B} \,. \tag{4.50a}$$

Nach Gl. (4.49) und Bild 4.26 erhält man für den

Motorbetrieb: $U_A > U_{Qi}$ $\quad (I_A > 0)$,

Generatorbetrieb: $U_A < U_{Qi}$ $\quad (I_A < 0)$,

Normalerweise gilt $I_A R_A \ll U_A$ und somit

$$n \approx \frac{U_{Qi}}{B} \tag{4.50b}$$

Drehzahlgleichung für Motor, 2. Grundgleichung.

Der Motor läuft näherungsweise so schnell, daß die induzierte Gegenspannung etwa mit der Ankerspannung (= anliegende Spannung) übereinstimmt, daher $n \sim U_A$ und $n \sim 1/B$. Bei stärkerem Magnetfeld läuft der Motor langsamer (Bild 4.29). Die Drehzahl sinkt bei $B = \text{const}$ mit wachsender Belastung, weil dann der Spannungsabfall $I_A R_A$ stärker eingeht. Im Einschaltmoment ($n = 0$) fehlt die Gegenspannung U_{Qi} noch und es fließt ein großer Strom. Er wird durch Einschalten eines Vorwiderstandes (Anlasser) herabgesetzt.

3. Ankerleistung P_A. Als Energiewandler besitzt der Motor die Grundgleichung (Gl. (4.45a)) $U_A = U_{Qi} + I_A R_A$ mit $U_{Qi} = vBl$, woraus

$$P_{el} = I_A U_A = I_A U_{Qi} + I_A^2 R_A = P_{mech} + P_{Wärme} \,. \tag{4.51}$$

folgt. Hierbei ist $P_{mech} = I_A lBv = Fv$ die erzeugte mechanische Leistung. Es gilt $P_{mech} \lesssim P_{el}$ und als Wirkungsgrad (bei Motorbetrieb)

$$\eta = \frac{P_{mech}}{P_{el}} = \frac{\text{mechanische Nutzleistung}}{\text{elektr. Gesamtleistung}} = \frac{U_{Qi} I_A}{U_A I} = \frac{U_{Qi}}{U_A} \leqq 1 \tag{4.52}$$

Wirkungsgrad, 3. Grundgleichung.

Es lassen sich Wirkungsgrade über 90% erzielen, bei großen Motoren eher als bei kleineren.

Motorarten. Zwei Motorarten sind — wie beim Generator — im Einsatz: *Haupt- und Nebenschlußmotoren.* Bild 4.30 enthält ihre wesentlichen Eigenschaften. Sie lauten zusammengefaßt:

Hauptschlußmotor: Stark lastabhängige Drehzahl (Motor paßt sich der mechanischen Belastung an, großes Anzugsmoment). Bei mechanischem Leerlauf strebt die Drehzahl $n \to \infty$, Motor geht durch! (Zerstörungsgefahr). Anwendung daher dort, wo Leerlauf nie möglich ist.

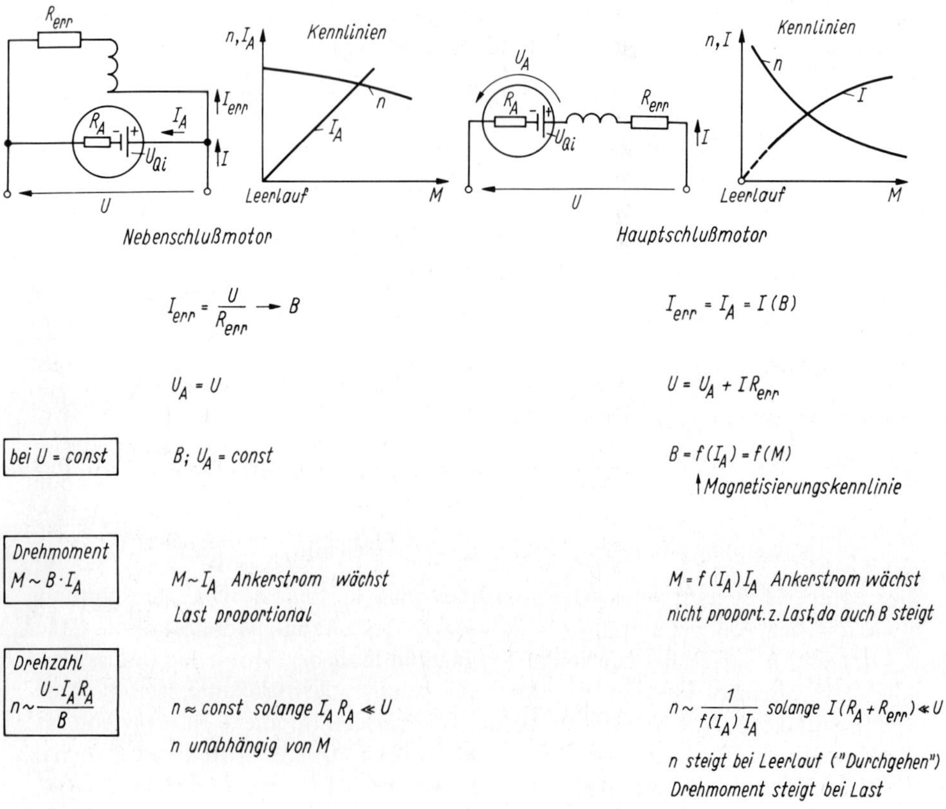

Bild 4.30. Wichtigste Eigenschaften des Neben- und Hauptschlußmotors

Nebenschlußmotor: Im wesentlichen starre Drehzahl, Stromaufnahme etwa proportional dem Moment: Drehzahl weitgehend unabhängig vom Moment. Anwendung dort, wo annähernd konstante Drehzahl verlangt wird.

Weitere Anwendungen der Kraftwirkung. *Drehspule mit winkelbegrenztem Ausschlag und mechanischer Rückstellkraft* durch eine Feder: *Drehspulinstrument.* Eine im homogenen Radialfeld eines Permanentmagneten befindliche Drehspule (Bild 4.31a) erfährt bei Stromfluß ein Drehmoment (Spulenfläche $A_W = wA$) $M_{Antr} = IBA_w$. Es wird durch eine Spiralfeder (Moment $M_{ges} = c\alpha$, α Winkelausschlag) kompensiert $M_{ges} = c\alpha = M_{Antr} = IBA_w$. Damit gilt

$$\alpha = \text{const}\; IB \tag{4.53}$$

Ausschlag eines Drehspulinstruments (lineare Skalenteilung).

Beachte: Wegen $\alpha \sim I$ hängt der Ausschlag von der Stromrichtung ab, es ist daher nur für *Gleichstrom* verwendbar. Benutzt wird das Drehspulinstrument zur

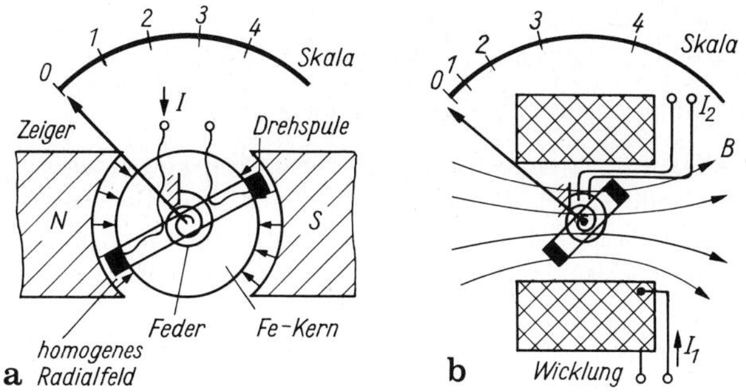

Bild 4.31a,b. Ausnutzung der Kraftwirkung in Meßinstrumenten. **a** Drehspulinstrument; **b** Dynamometer

Gleichstrom — bzw. Spannungsmessung, wenn es einen Vorwiderstand R_V besitzt.

Bei zeitveränderlichem Strom $i(t)$ zeigt das Drehspulinstrument den arithmetischen Mittelwert $i = \int_T i(t)\mathrm{d}t$ an. Zur Messung von Wechselstrom ist deshalb eine Gleichrichtung erforderlich. Dann mißt man $\overline{|i(t)|}\, I2/\pi = 0{,}64\ \hat{I}$, wobei die Skala üblicherweise in Effektivwerten ($I = \hat{I}/\sqrt{2}$) geeicht ist.

Dynamometer. Hier befindet sich eine drehbare Spule (mit Zeiger) im homogenen Feld einer Luftspule, die von einem Strom I_1 durchflossen wird ($B \sim I_1$, keine Nichtlinearität durch Eisen). Beträgt der Spulenstrom I_2, so gilt für den Ausschlag α

$$\alpha = \mathrm{const}_1\, I_2 B = \mathrm{const}_2\, I_2 I_1\,. \tag{4.54}$$

Beim Dynamometer ist der Ausschlag dem Produkt zweier Ströme proportional.

Folgende Schaltungsmöglichkeiten der Spule bestehen:

$I_1 = I_2 = I$	beide Spulen in Reihe geschaltet:
$\alpha \sim I^2$	Gleich- und Wechselstromanzeige (Ausschlag unabhängig von der Stromrichtung)
$I_1 = I,\ I_2 = U_2/R_2$	beide Spulen unabhängig betrieben:
$\alpha = \mathrm{const}\ IU = P$	*Leistungsanzeige:* Wattmeter

Hierbei ist z. B. der Feldstrom I_1 gleich dem Verbraucherstrom und der Drehspulstrom I_2 gleich der Verbraucherspannung.

Anwendungen bremsender Kräfte. Die *Wirbelstrombremsung* ist ein weiteres Beispiel für bremsende Kräfte. Eine von außen angetriebene Metallscheibe zwischen den Polen eines Magneten wird durch die induzierten Wirbelströme gebremst. Wir verwiesen darauf bereits (s. Bild 3.46a). Wird umgekehrt der Magnet bewegt und ruht die Scheibe, so ziehen Wirbelströme die Scheibe hinterher.

Ein Beispiel dafür ist der *Energiezähler*, wie er zur Messung der Wechselstromwirkleistung über eine bestimmte Zeit verwendet wird. Er besteht aus einer Al-Scheibe, die durch zwei Flüsse, die u und i proportional sind, angetrieben und durch einen Permanentmagnet, zwischen dessen Polen die Scheibe läuft, gebremst wird. Dann ist die Drehzahl $n \sim UI \cos \varphi$. Die Zahl der Umläufe $\int_0^t n \mathrm{d}t \sim \int_0^t p \mathrm{d}t$ zeigt die verbrauchte Energie an.

Umgekehrt ist das *Wirbelstromtachometer* aufgebaut. Ein Permanentmagnet dreht sich proportional der zu messenden Drehzahl, er erzeugt in einem umgebenden Aluminiumzylinder durch Induktion ein Drehmoment, das durch eine rückstellende Spiralfeder kompensiert wird. Der Ausschlag des Aluminiumzylinders ist proportional der Geschwindigkeit.

Dieses Prinzip der Triebscheibe wird im *Asynchronmotor* verwendet (Bild 4.32). Durch dreiphasigen Wechselstrom (Drehstrom) entsteht bei geeigneter Spulenanordnung (Stator) ein sog. *Drehfeld* (s. Abschn. 9.1). Es kann in erster Näherung durch einen *umlaufenden* $\boldsymbol{B}$-Vektor veranschaulicht werden. In den Kurzschlußwindungen des Rotors (Läufers) entstehen so induzierte Ströme, die den Läufer hinter dem Drehfeld herziehen. Die Ankerdrehzahl ist nicht synchron (= asynchron) zur Drehzahl des Magnetfeldes (sonst würde im Anker keine Spannung induziert werden), sondern etwas kleiner. Am Widerstand R kann der Rotorstrom und damit die Drehzahl geregelt werden.

Motorbremsung. Wird der Anker eines laufenden Motors (bei eingeschalteter Erregung) von der Spannung abgeschaltet und an einen Widerstand gelegt, so wirkt er zunächst als Generator (durch seine Trägheit (Bild 4.32b). Der Strom durch den Widerstand R bremst den Anker ab: Bewegungsenergie wird in Wärme umgewandelt. Sehr anschaulich kann diese „Motorbremsung" an empfindlichen *Drehspulinstrumenten* (mit kleiner Rückstellkraft) beobachtet werden. Beim Transport werden die Anschlußklemmen kurzgeschlossen. Dadurch werden bei Zeigerbewegungen (z. B. durch Erschütterungen) in der Drehspule eine Spannung und damit im Kreis ein hoher Strom induziert, wodurch die bremsende Kraft F entsteht.

Der Drehspulenausschlag $\alpha(t)$ genügt der Schwingungsgleichung $J\,\mathrm{d}^2\alpha/\mathrm{d}t^2 = cIB - D\alpha - c_2\,\mathrm{d}\alpha/\mathrm{d}t$, wobei J das Trägheitsmoment, $-D\alpha$ das winkelproportionale Gegendrehmoment (D Richtmoment der Spiralfeder) und $c_2\,\mathrm{d}\alpha/\mathrm{d}t$ ein geschwindigkeitsproportionales Bremsmoment ist, das durch die Spulenbeschaltung beeinflußt wird. Der Dämpfungswiderstand wird dann meist so bemessen, daß sich der aperiodische Grenzfall einstellt.

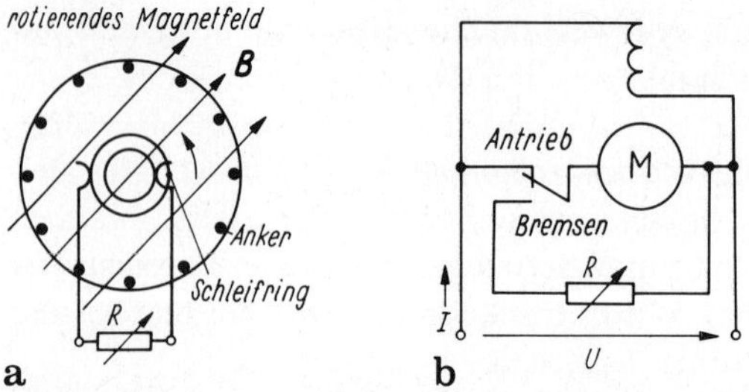

Bild 4.32a, b. Ausnutzung bremsender Kräfte. **a** Prinzip des Asynchronmotors; **b** Prinzip der Motorbremsung

Kraftwirkungen auf induzierte Ströme lassen sich auch zur Verformung von Metallhohlkörpern bei der sog. *magnetomechanischen* oder *Impulsmagnetfeldverformung* verwenden. Bringt man beispielsweise ins Innere einer Spule (Bild 4.24b) den zu verformenden Metallzylinder und erzeugt einen Stromimpuls mit steilem Anstieg ($\mathrm{d}i_1/\mathrm{d}t$), so entsteht im Metallzylinder ein induzierter Strom entgegengesetzter Richtung. Auf den Innenzylinder wirkt allseitig von außen eine Kraft nach innen, die den Zylinder im Spulenbereich eindrückt (bzw. ausbeult), wenn sich die zu verformende Spule außen befindet. Das Verfahren erfordert sehr steil ansteigende Ströme, erlaubt dann aber Umformgeschwindigkeiten von mehreren 1000 m/s.

4.3.2.3 Kraft auf Grenzflächen

1. Kraft auf räumlich ausgedehnte Leiter. Die im vorigen Abschnitt behandelten Kraftwirkungen auf Ströme können immer mit den bereits beim elektrischen Feld festgestellten Erscheinungen veranschaulicht werden:

Feldlinien sind stets bestrebt, sich zu verkürzen und zum anderen gegenseitig abzustoßen (Tendenz zum Längszug und Querdruck). Die im Bild 4.33 dargestellten Beispiele verdeutlichen das:

— Ein Eisenstück wird an eine stromdurchflossene Spule gezogen, weil sich dadurch der Feldlinienweg verkürzt (Bild 4.33a).
— Zwei stromdurchflossene Leiter (gleiche Richtung) ziehen sich an (Verkürzung der Feldlinien, Bild 4.33b).
— Ein Stück Eisen wird in eine stromdurchflossene Spule „gezogen", weil sich dadurch der Feldlinienweg verkürzt (Bild 4.33c).

In allen Beispielen ändert sich die Energie W_{m} des Magnetfeldes, also auch die Induktivität L. Wir wollen den allgemeinen Zusammenhang zwischen der Kraft und der Induktivitätsänderug der betreffenden Anordnung untersuchen und betrachten dazu die im Bild 4.34 dargestellte gleichstromdurchflossene Spule mit wenigen, weit abstehenden Windungen. Durch die Kraftwirkung zwischen benachbarten Windungen verringert sich die Spulenlänge um ds. Eine Feder kompensiert die Feldkraft. Dabei wird mechanische Arbeit W_{mech} geleistet. Die Gesam-

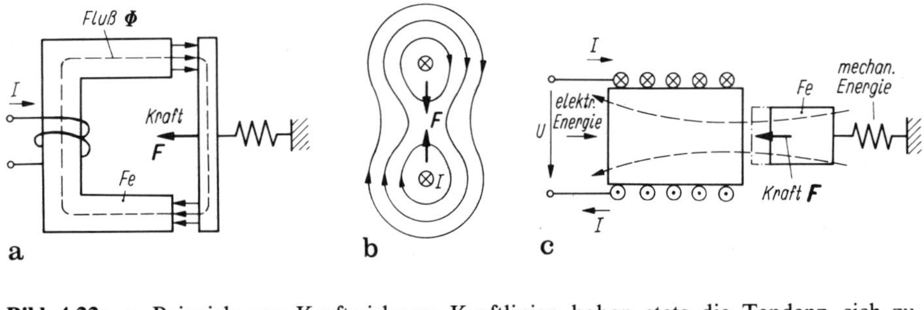

Bild 4.33a–c. Beispiele zur Kraftwirkung. Kraftlinien haben stets die Tendenz, sich zu verkürzen. Dabei entstehen Kräfte in der eingezeichneten Richtung. **a** Verringerung des Luftspaltes im beweglichen Eisenkreis; **b** Zusammenziehung paralleler Leiter bei gleicher Stromrichtung; **c** ein Eisenstück wird in die Spule gezogen

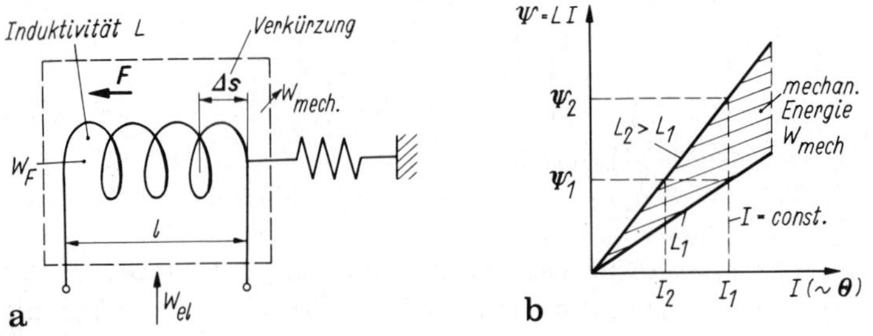

Bild 4.34a,b. Kraftwirkung in der stromdurchflossenen Spule, zurückgeführt auf eine Induktivitätsänderung. **a** Spule; **b** Fluß-Erregungs-Kennlinie (Ψ-I-Kennlinie). Die mechanische Energie W_{mech} entspricht der schraffierten Fläche zwischen beiden Kennlinien

tenergie der Anordnung besteht im abgeschlossenen System (Induktionfluß $\Psi = \text{const.}$) aus der
— Feldenergie W_{F} des Magnetfeldes und
— mechanischen Energie W_{mech} der Leiteranordnung.
Beim nichtabgeschlossenen System muß die Gesamtenergie $W_{\text{mech}} + W_{\text{Feld}}$ von einer Stromquelle (elektrische Energie W_{el}) aufgebracht werden. Ganz analoge Verhältnisse lagen beim Kondensator vor.

Im *abgeschlossenen* System ($\Psi = \text{const} = LI$) gilt für die Kraft mit $W_{\text{F}} = LI^2/2 = \Psi^2/2L/\Psi \quad W_{\text{F}} = LI^2/2 = \Psi^2/2L|_{\Psi}$ (analog Gl. (4.28a))

$$\boldsymbol{F} = -\left.\frac{\mathrm{d}W_{\text{F}}}{\mathrm{d}s}\right|_{\Psi} \boldsymbol{e}_{\text{s}} = -\left.\frac{\mathrm{d}W_{\text{F}}}{\mathrm{d}L}\frac{\mathrm{d}L}{\mathrm{d}s}\right|_{\Psi} \boldsymbol{e}_{\text{s}} = \frac{\Psi^2}{2L^2}\frac{\mathrm{d}L}{\mathrm{d}s}\boldsymbol{e}_{\text{s}} \tag{4.55a}$$

wegen $\frac{\mathrm{d}W_{\text{F}}}{\mathrm{d}L} = \frac{\mathrm{d}}{\mathrm{d}L}\left(\frac{\Psi^2}{2L}\right) = -\frac{\Psi^2}{2L^2}$.

Beim *Stromfluß* ($I = \text{const}$) ist das System nicht mehr abgeschlossen. Die Längenänderung bewirkt eine Induktivitäts- ($\mathrm{d}L$) und damit Flußänderung, wodurch sich nach dem Induktionsgesetz die Klemmenspannung u ändert. Deshalb tritt eine Änderung der elektrischen Energie $\mathrm{d}W_{\text{el}}$ ein: $\mathrm{d}W_{\text{el}} = IU\,\mathrm{d}t = I\,\mathrm{d}(LI) = I^2\,\mathrm{d}L$. Dabei wurde die Strom-Spannungsrelation der Induktivität benutzt. Aus dem Energiesatz ergibt sich (wie bei der Kapazität) $\mathrm{d}W_{\text{el}} = \mathrm{d}W_{\text{F}}|_{\text{I}} + \mathrm{d}W_{\text{mech}}$ und damit

$$\mathrm{d}W_{\text{mech}} = \boldsymbol{F}\cdot\mathrm{d}\boldsymbol{s} = \mathrm{d}W_{\text{el}} - \mathrm{d}W_{\text{F}}|_I = I^2\,\mathrm{d}L - \frac{1}{2}I^2\,\mathrm{d}L = \frac{I^2}{2}\mathrm{d}L = +\mathrm{d}W_{\text{F}}|_I\,,$$

$$\boldsymbol{F} = -\left.\frac{\mathrm{d}W_{\text{F}}}{\mathrm{d}s}\right|_{\Psi}\boldsymbol{e}_{\text{s}} = +\left.\frac{\mathrm{d}W_{\text{F}}}{\mathrm{d}s}\right|_I \boldsymbol{e}_{\text{s}} = \frac{I^2}{2}\frac{\mathrm{d}L}{\mathrm{d}s}\boldsymbol{e}_{\text{s}}\,. \tag{4.55b}$$

Dabei wurde $\mathrm{d}W_{\text{F}}|_{\Psi} = \mathrm{d}\left.\left(\frac{\Psi^2}{2L}\right)\right|_{\Psi} = -\frac{\Psi^2}{2L^2}\mathrm{d}L = \frac{-I^2}{2}\mathrm{d}L = -\mathrm{d}\left.\left(\frac{LI^2}{2}\right)\right|_I = -\mathrm{d}W_{\text{F}}\Big|_I$ beachtet (ein analoges Ergebnis galt für die Kapazität, Gl. (4.28b)). Die

Kraftwirkung ist stets bestrebt, die Induktivität zu vergrößern. Dies kann erfolgen durch Zusammenziehen des Windungsabstandes (Verkürzung der Spulenlänge l, $L \sim 1/l$ Gl. (3.34ff.) oder Verkleinerung des magnetischen Widerstandes:

— Vergrößerung des den Fluß umfassenden Querschnittes (z. B. Stromschleife im homogenen Magnetfeld (vgl. Bild 4.24b));
— Verkürzung der Spulenlänge;
— ein Eisenstück wird in die Spule gezogen.

Die von der Kraft F geleistete mechanische Arbeit $F\,\mathrm{d}s$ läßt sich graphisch an der Ψ-I-Kennlinie der Spule veranschaulichen (Bild 4.34b). Die Kraft vergrößert die Induktivität, dadurch steigt der Fluß Ψ bei gleichem Strom I an:

Eine Energieumformung magnetisch-mechanisch verursacht eine Kennlinienänderung des magnetischen Kreises. Dabei ist die Fläche zwischen beiden Kennlinien ein Maß für die mechanisch umgesetzte Energie. Wir werden das später im Abschn. 5 in analoger Form beim Kondensator vorfinden.

— Aus der Kennlinie kann man ablesen
— die verschiedenen Flüsse Ψ_2, Ψ_1 bei konstantem Strom;
— die verschiedenen Ströme I_1, I_2 bei konstant gehaltenem Fluß Ψ.

Beispiel. Ein Parallelplattenkondensator Bild 4.35 sei ein Stromleitersystem von der Quelle zum Verbraucher. Durch die Kapazität der Anordnung entsteht eine Kraftwirkung, ebenso entgegengesetzt durch das Magnetfeld ($H = I/l$) parallel im Feld. Wir untersuchen, wann beide Kräfte gleich sind.

a) Die magnetische Energie zwischen den Leitern beträgt nach Gl. (4.12b)

$$W_\mathrm{m} = \frac{\mu_0 H^2 l^2 x}{2} = \mu_0 \frac{I^2 x}{2}$$

und die zugehörige Kraft $\boldsymbol{F}_\mathrm{mag} = \left.\dfrac{\mathrm{d}W_\mathrm{m}}{\mathrm{d}x}\boldsymbol{e}_\mathrm{x}\right|_{I=\mathrm{const}} = \dfrac{\mu_0 I^2}{2}\boldsymbol{e}_\mathrm{x} = \dfrac{\mu_0 U^2}{2R^2}\boldsymbol{e}_\mathrm{x}$ (auseinanderziehend).

b) Im Kondensator herrscht das Feld $E = U/x$, ist also die Feldenergie $W_\mathrm{el} = \dfrac{\varepsilon_0 E^2 l^2 x}{2}$ $= \dfrac{\varepsilon_0 U^2 l^2}{2x}$ gespeichert. Auf die obere Platte wirkt die Kraft $\boldsymbol{F}_\mathrm{el} = \left.\dfrac{\mathrm{d}W_\mathrm{m}}{\mathrm{d}x}\boldsymbol{e}_\mathrm{x}\right|_{U=\mathrm{const}} =$ $-\dfrac{\varepsilon_0 U^2 l^2}{2x^2}\boldsymbol{e}_\mathrm{x}$ (zusammenziehend).

Gleichgewicht beider Kräfte herrscht für $\boldsymbol{F}_\mathrm{el} + \boldsymbol{F}_\mathrm{mag} = 0$ dh. $\dfrac{\mu_0 U^2}{2R^2} = \dfrac{\varepsilon_0 U^2 l^2}{2x^2}$ oder

$$R_0 = \sqrt{\frac{\mu_0}{\varepsilon_0}}\frac{x}{l} = 377\,\Omega\frac{x}{l}.$$

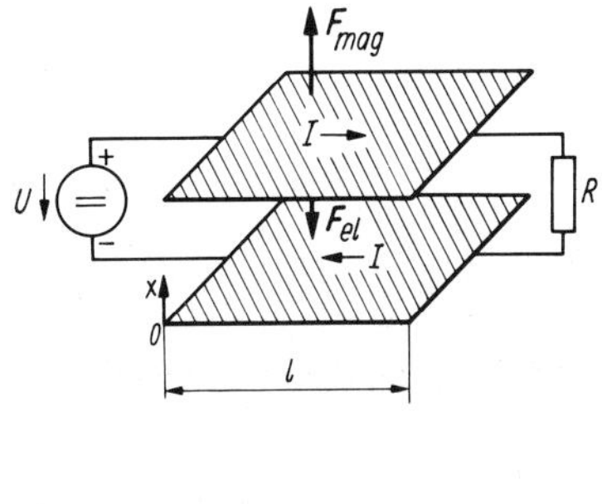

Bild 4.35. Leiteranordnung zur Veranschaulichung eines Kräftegleichgewichtes (quadratische Platte)

Für $R > R_0$ ziehen sich beide Platten zusammen, für $R < R_0$ werden sie auseinandergedrückt.

2. Mechanische Spannungen an Grenzflächen. An der Grenzfläche zweier magnetischer Materialien mit den Permeabilitäten μ_1, μ_2 entsteht wie im elektrostatischen Feld eine mechanische Spannung. Sie geht wie dort (Gl. (4.32)) aus der Kraft über die Änderung der Feldenergie hervor $\Delta W_m = \frac{\boldsymbol{B} \cdot \boldsymbol{H}}{2} \Delta V = \frac{\boldsymbol{B} \cdot \boldsymbol{H}}{2} \Delta A \cdot \Delta \boldsymbol{s}$ $= \Delta \boldsymbol{F} \cdot \Delta \boldsymbol{s}$ oder

$$\sigma = \frac{\Delta F}{\Delta A} = \frac{\boldsymbol{B} \cdot \boldsymbol{H}}{2} = \frac{B^2}{2\mu} = \frac{\mu H^2}{2} \tag{4.56}$$

Kraft je Fläche (mechanische Spannung) im magnetischen Feld.

Wie im elektrostatischen Feld ist die mechanische Spannung gleich der Energiedichte.

Hier treten aber viel höhere Spannungen als im elektrostatischen Feld auf. Für $B = 1{,}5\ \mathrm{V \cdot s\,m^{-2}}$ und Luft wird $\sigma \approx 0{,}9 \cdot 10^6\ \mathrm{N/m^2}$. Darin liegt die große technische Bedeutung der elektromechanischen Energiewandlung über das Magnetfeld begründet.

Die Bestimmung der mechanischen Spannung bei allgemeiner Lage der Grenzfläche erhalten wir nach der gleichen Methode wie beim elektrostatischen Feld. Deshalb können wir uns auf die Angabe der Ergebnisse beschränken.

a) Grenzfläche senkrecht zur Feldrichtung. Hier (Bild 4.36a) gilt wegen verschwindender Tangentialkomponenten H_t und gleicher Normalkomponenten der Induktion

$$\sigma = \frac{\Delta F}{\Delta A} = \frac{1}{2}(\mu_1 - \mu_2) H_{n1} \cdot H_{n2}$$

$$= \frac{1}{2} B_n^2 \left(\frac{1}{\mu_2} - \frac{1}{\mu_1} \right) = \frac{1}{2}(B_{n2} H_{n2} - B_{n1} H_{n1}) . \tag{4.57}$$

Die mechanische Spannung an der Grenzfläche quergeschichteter Medien ist eine Normalspannung und gleich der Differenz der Energiedichte beider Medien. σ zeigt stets ins Gebiet mit kleinerem μ. Es wird auf Druck, das mit großem μ auf Zug beansprucht.

b) Grenzfläche parallel zur Feldrichtung. Jetzt werden $H_{n1} = 0$ und $H_{n2} = 0$ (Bild 4.36b), also die Tangentialkomponenten von H gleich und damit

$$\sigma = \frac{1}{2}(\mu_1 - \mu_2) H_t^2 = \frac{1}{2}(B_{t1} H_t - B_{t2} H_t) . \tag{4.58}$$

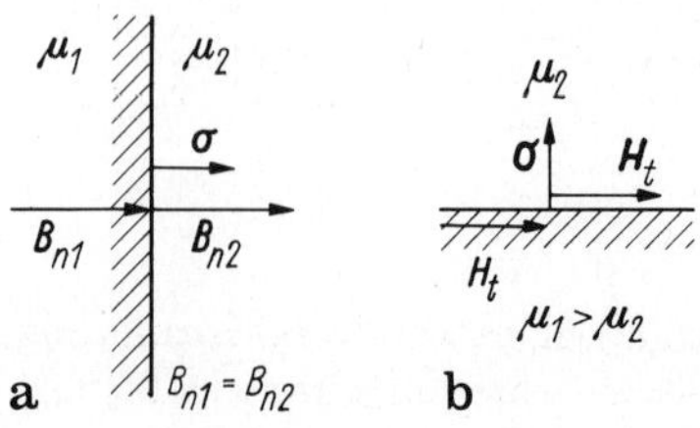

Bild 4.36a, b. Mechanische Spannung (Kraft je Fläche) an Grenzflächen. **a** quergeschichtetes Medium; **b** längsgeschichtetes Medium

Auch die Spannung an der Grenzfläche zweier längsgeschichteter Medien ist eine Normalspannung. Sie weist in den Raum mit kleinerem μ.

c) Eine Grenzfläche mit beliebigem Winkel zu den Feldlinien hat die mechanische Spannung

$$\rho = \frac{1}{2}[H_t(B_{t1} - B_{t2}) + B_n(H_{n2} - H_{n1})] = \frac{1}{2}(\mu_1 - \mu_2)(H_{n1}H_{n2} + H_t^2)$$
$$= \frac{1}{2}(\mu_1 - \mu_2)\boldsymbol{H}_2 \cdot \boldsymbol{H}_1 \,. \tag{4.59}$$

Sie ergibt sich aus der Übertragung der Ergebnisse der Gln. (4.57) und (4.58).

Die mechanische Spannung an der Grenzfläche verschiedener Permeabilitäten ist stets in Richtung auf das Medium mit der kleineren Permeabilität und *senkrecht* zur Grenzfläche gerichtet, unabhängig vom Feldverlauf.

Für den praktisch wichtigen Fall Eisen-Luft gilt mit Gl. (4.59) ($\mu_1 = \mu_r\mu_0$)

$$\sigma = \frac{(\mu_r - 1)}{2\mu_r\mu_0}\left[B_n^2 + \frac{B_{t1}^2}{\mu_r}\right] \approx \frac{B_n^2}{2\mu_0} \,. \tag{4.60a}$$

Wir erhalten daraus speziell die Kraft, mit der eine ferromagnetische Fläche zur nichtferromagnetischen gezogen wird

$$F = \frac{B_L H_L}{2} A = \frac{\Phi_L^2}{2\mu_0 A} = \frac{B_L^2 A}{2\mu_0} \,. \tag{4.60b}$$

Man beachte: An der Kraft sind maßgebende Feldstärke (H) und Flußdichte (B) des magnetischen Feldes (wie für das Dielektrikum!) gleichberechtigt beteiligt.

Da somit $F \sim B^2$ bzw. Φ^2, ist F unabhängig von der *Flußrichtung stets anziehend*!

Anwendungen. Die Kraftwirkung des Magnetfeldes wird sehr vielfältig genutzt. Wir betrachten dazu einige Beispiele.

1. Dreheisenmeßwerk. In einer stromdurchflossenen Spule befinden sich zwei Eisenplättchen: ein feststehendes und ein anderes an einer Drehachse mit Zeiger und einer Spiralfeder (Bild 4.37a). Bei Stromfluß werden beide Plättchen voneinander abgestoßen. Die Kraftwirkung ist nach Gl. (4.60b) proportional I^2, der Zeiger-

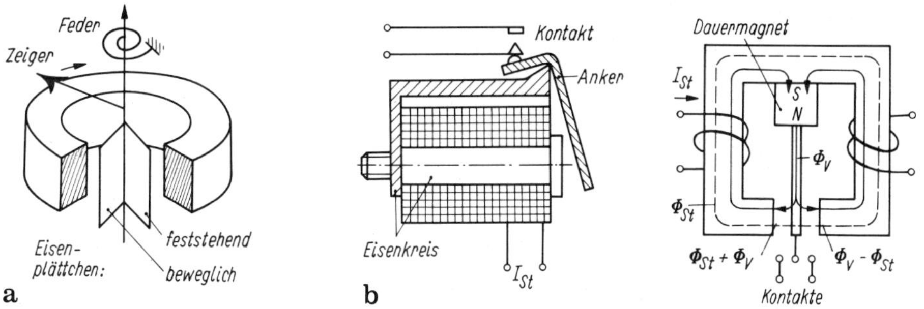

Bild 4.37a, b. Kraftwirkung des Magnetfeldes. **a** Dreheiseninstrument; **b** Relais (ungepolt und gepolt)

ausschlag also unabhängig von der Stromrichtung. Deshalb wird das Instrument zur Messung von Wechselstrom (Effektivwert, s. Abschn. 5.2.3) benutzt (Meßstrom durchfließt Spule).

2) Relais. Das ist eine Wicklung auf einem Eisenkern, wobei der Eisenweg über ein bewegliches Eisenteil — den Anker — verkürzt werden kann. Der Anker betätigt Kontakte (Bild 4.37b). Wegen $F \sim I^2$ zieht der Anker bei Stromfluß unabhängig von der Stromrichtung stets an. Eine Vorzeichenbewertung des Stromes ist durch *Vormagnetisierung* möglich: *polarisiertes* Relais. Dazu wird dem magnetischen Fluß am Anker durch den Spulenstrom (Steuerfluß Φ_{St}) noch ein Fluß aus einem *Permanentmagnet* (Dauerfluß Φ_V) überlagert. Abhängig von der Stromrichtung addieren oder subtrahieren sich dann beide Flußanteile. Das kann z. B. bei der Auslegung des magnetischen Kreises als Differentialkreis dazu benutzt werden, den Anker nach der einen oder anderen Richtung abzulenken.

Das Prinzip der Vormagnetisierung (Bild 4.38) ist z. B. auch für *Schallwandler* (Kopfhörer, Lautsprecher) erforderlich. Beim Lautsprecher z. B. befindet sich eine Spule (mit der Membran) beweglich im Feld eines Permanentmagneten. Bei sinusförmigem Spulenstrom entsteht zunächst ein Ton der doppelten Frequenz:

$$F \sim \Phi^2(t) \sim (\hat{\Phi} \sin \omega t)^2 \sim \frac{\hat{\Phi}^2}{2}(1 - \cos 2\omega t) .$$

Das läßt sich durch Vormagnetisierung mit dem Fluß Φ_0 vermeiden:

$$F \sim (\Phi_0 + \hat{\Phi} \sin \omega t)^2 \approx \Phi_0^2 + 2\Phi_0 \hat{\Phi} \sin \omega t .$$

Dabei ist $\Phi_0 \gg \hat{\Phi}$ zu wählen, wenn die (hier weggelassenen Verzerrungen $\sim \cos 2\omega t$) nicht stören sollen.

Dieses Prinzip der Arbeitspunkteinstellung durch eine „Gleichgröße" wird in der Elektrotechnik häufig verwendet, um einen an sich nichtlinearen Zusammenhang zwischen Ursache und Wirkung bereichsweise zu linearisieren. Die Bedingung $\hat{\Phi} \ll \Phi_0$ heißt „Kleinsignalsteuerung" (s. Abschn. 5.1.2), sie wird beispielsweise in der Transistortechnik breit verwendet.

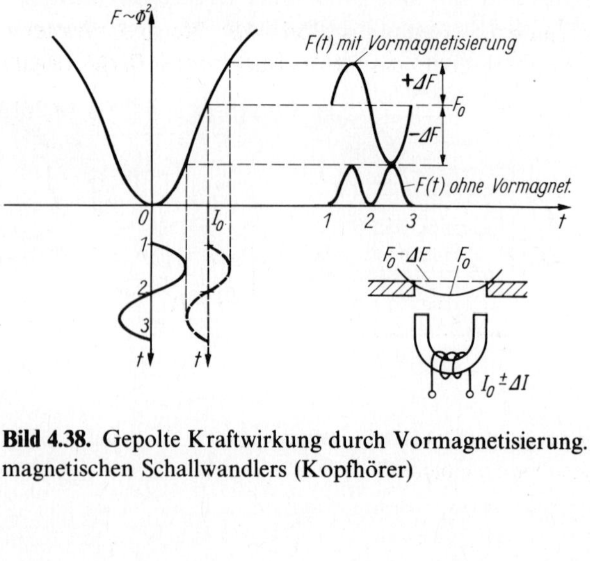

Bild 4.38. Gepolte Kraftwirkung durch Vormagnetisierung. Kraftverlauf und Prinzip eines magnetischen Schallwandlers (Kopfhörer)

4.3.2.4 *Mechanisches Drehmoment von Dipolen*

Ein System zweier gleich großer Punktladungen $\pm Q$ entgegengesetzten Vorzeichens $\boldsymbol{l}$ heißt *Doppelladung* oder (elektrischer) *Dipol* (vgl. Bild 3.1b1). Ein solcher Dipol ist stets neutral. Er wird nicht durch die Einzelladung, sondern sein *Dipolmoment*

$$\boldsymbol{m}_{\mathrm{el}} = Q \cdot \boldsymbol{l} \tag{4.61a}$$

gekennzeichnet.

Das Moment $\boldsymbol{m}_{\mathrm{el}}$ eines elektrischen Dipols ist ein Vektor, der von der negativen zur positiven Ladung zeigt und in der Dipolachse liegt und bei vektorieller Multiplikation mit dem (ungestörten) elektrischen Feld ein mechanisches Drehmoment ergibt, das das Feld auf den Dipol ausübt.

Man sieht leicht ein, daß auf einen Dipol im homogenen elektrischen Feld $\boldsymbol{E}$ keine Kraft wirkt, sondern nur ein *mechanisches Drehmoment* entsteht (Bild 4.39b)

$$\boldsymbol{M} = \boldsymbol{m}_{\mathrm{el}} \times \boldsymbol{E}\,. \tag{4.61b}$$

Nach Abschnitt 3.1.1 erfuhr auch eine Magnetnadel oder ein Magnet im Magnetfeld ein Drehmoment, und es bietet sich an, diese Anordnung als *magnetischen Dipol* aufzufassen. Im Gegensatz zum elektrischen Fall, wo außer dem Dipol auch die Einzelladung existiert, fehlte diese im magnetischen Feld. Deshalb kann ein magnetischer Dipol auch nicht durch räumlich getrennte, entgegengesetzt gleich große Ladungen dargestellt werden, dennoch besitzt er ein *magnetisches Dipolmoment* $\boldsymbol{m}_{\mathrm{mag}}$.

Nach Abschnitt 3.1.1 bildet jeder (stabförmige) Magnet (oder die lange stromdurchflossene Spule) einen magnetischen Dipol mit einem Nord- und Südpol (Bild 4.40). Dabei ist der Polabstand $\boldsymbol{l}$ stets etwas kleiner als die geometrische Länge des Magneten . Hat der Stabmagnet den gesamten magnetischen Fluß (auch Polfluß genannt, bei N aus- und S eintretend), so kann man analog zum elektrischen Dipol Gl. (4.61a) ein magnetisches Moment

$$\boldsymbol{m}_{\mathrm{m}} = \Phi \cdot \boldsymbol{l} \tag{4.62a}$$

des magnetischen Dipols definieren, gerichtet vom Süd- zum Nordpol. Im (externen) Magnetfeld H erfährt der magnetische Dipol das *mechanische Drehmoment*

$$\boldsymbol{M} = \boldsymbol{m}_{\mathrm{m}} \times \boldsymbol{H}\,. \tag{4.62b}$$

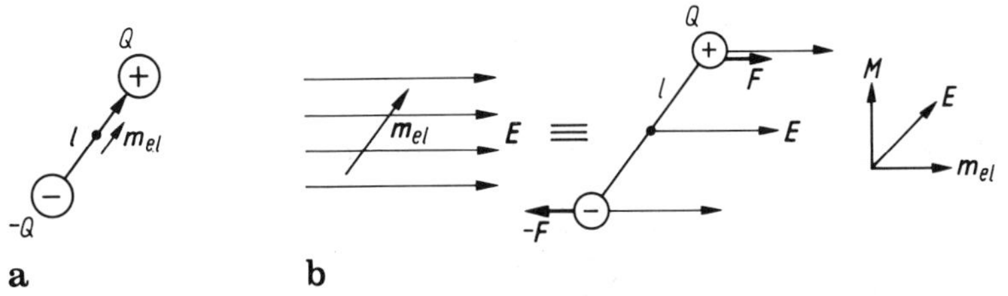

4.39a, b. Elektrischer Dipol. **a** Anordnung; **b** Elektrischer Dipol im homogenen elektrischen Feld, Entstehung des mechanischen Drehmomentes

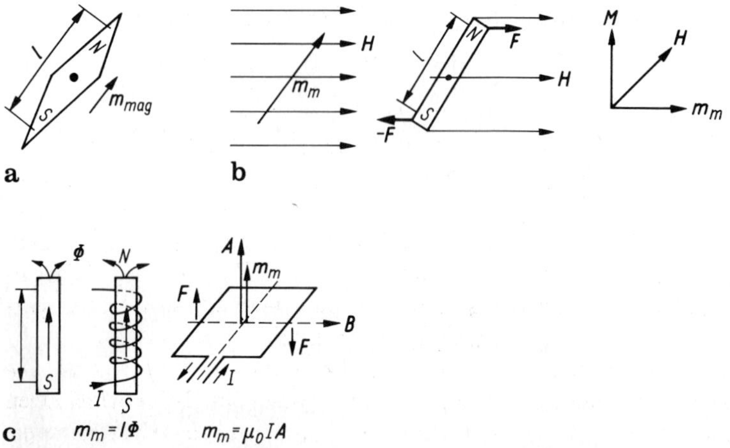

Bild 4.40 a, b. Magnetischer Dipol. **a** Anordnung; **b** Magnetischer Dipol im homogenen magnetischen Feld, Entstehung des mechanischen Drehmomentes; **c** magnetisches Moment verschiedener Anordnungen

Damit kann das magnetische Moment des magnetischen Dipols sinngemäß wie das des elektrischen Dipols verstanden werden.

Im Bild 4.40b erkennt man die Entstehung des mechanischen Drehmomentes. Da das $\boldsymbol{H}$-Feld z. B. einem Dauermagneten (nicht dargestellt) entstammen kann, bei dem die $\boldsymbol{H}$-Linien am Nordpol aus- und Südpol eintreten, erkennt man, daß sich der magnetische Dipol stabil so einzustellen sucht, daß $\boldsymbol{m}_\mathrm{m} \parallel \boldsymbol{H}$: Ungleichnamige Pole ziehen einander an, gleichnamige stoßen ab.

Ein mechanisches Drehmoment verursachte nach Gl. (4.43) auch eine stromdurchflossene Leiterschleife im Magnetfeld. Es liegt nahe, durch Vergleich auch ihr einen magnetischen Dipol zuzuordnen. Man erkennt

$$\boldsymbol{m}_\mathrm{m} = \mu_0 I w \boldsymbol{A} \,. \tag{4.62c}$$

Das magnetische Moment $\boldsymbol{m}_\mathrm{m}$ einer stromdurchflossenen Leiterschleife ist definiert als ein Vektor, der in die Richtung des Flächenvektors zeigt.

Eine lange Zylinderspule (mit der Feldstärke $H = IW/l$) besitzt dann das magnetische Moment

$$\boldsymbol{m}_\mathrm{m} = \boldsymbol{l} \cdot \Phi \approx \mu_0 I w A_\square \boldsymbol{l}_\mathrm{e} \tag{4.62d}$$

$$\text{mit } \Phi = \int \mu_0 H \, \mathrm{d}A = \mu_0 \cdot IW/l \cdot A_\square \,.$$

Vorstellungsmäßig übt die Horizontalkomponente des Erdfeldes ($B \approx 0{,}5 \cdot 10^{-4}\,T$) auf eine Magnetnadel der Länge $\mathrm{d} = 4\,\mathrm{cm}$ ($\approx l$) bei einem Polfluß $\Phi = 0{,}2 \cdot 10^{-6}$ Vs ein mechanisches Drehmoment

$$M_\mathrm{mech} = \frac{\Phi \cdot l \cdot B}{\mu_0} = 0{,}32 \cdot 10^{-6}\,\mathrm{Nm}$$

aus. Das Dipolmoment selbst beträgt $\boldsymbol{m}_\mathrm{m} = 1 \cdot \Phi = 0{,}8 \cdot 10^{-6}$ Vs cm.

4.4 Umformung elektrischer Energie in Wärme und umgekehrt

Ziel. Nach Durcharbeit von Abschn. 4.4 sollen beherrscht werden
— die Grundlagen der Umformung elektrischer Energie in Wärme;
— Wärmeersatzschaltungen und ihre Anwendung;
— Anwendungen des Wärmeumsatzes.

Übersicht. Wärme ist eine Energieart, die durch Umwandlung aus anderen Energiearten entstehen und in andere umgewandelt sowie durch einen Wärmeenergiestrom (wie jede andere Energieart) transportiert werden kann. Die *Umformung elektrischer Energie in Wärme* tritt teils gewollt, teils ungewollt auf:

1. Umwandlung elektrischer Energie → Wärmeenergie als sog. *Joulesche Wärme*, auch *Stromwärme* genannt. Sie erfolgt immer, wenn ein Strom durch einen Leiter mit endlicher Leitfähigkeit fließt. Das Umformorgan *elektrische Energie → Wärme* ist somit der *Widerstand* schlechthin. Diese Joulesche Wärme kann

— *unerwünscht* sein (meist der Fall), weil sich dadurch die Temperatur (= Betriebstemperatur) eines Bauelementes, Motors, Transformators mehr oder weniger gegenüber der Umgebungstemperatur T_U erhöht, u. U. sogar bis zu seiner thermischen Zerstörung. Um die Zerstörung einer elektrischen Einrichtung durch sog. *thermische Überlastung* zu verhindern, müssen konstruktive Maßnahmen für eine gute Wärmeabfuhr (Kühlung) getroffen werden:
— *erwünscht* sein: Wärme soll in gewünschtem Umfang an einem gewollten Ort aus elektrischer Energie erzeugt werden: *Nutzwärme.* Meist strebt man die Erzeugung einer möglichst hohen Temperatur an. Beispiele: elektrische Heizgeräte (Kochplatte, elektrische Öfen, Bügeleisen), Industrieeinrichtungen (Schmelzöfen, elektrisches Schweißen).

2. Umwandlung Wärmeenergie → elektrische Energie auf direktem Wege. Durch Ausnutzung des sog. *Thermoeffektes* in einem Leiter oder Halbleiter entstehen bei Erwärmung eines Leiterendes Ladungsverschiebungen, die zu einem inneren elektrischen Feld und somit einer Quellenspannung, der sog. *Thermospannung* führen. Dieses Prinzip wird in der Meßtechnik und zur Stromversorgung von Geräten mit kleiner Spannung und Leistung verwendet. Betrachten wir die einzelnen Erscheinungen näher.

Das Zusammenspiel zwischen der einer elektrotechnischen Anordnung (Gerät, Bauelement usw.) zugeführten *elektrischen Leistung*, dem *Wärmeumsatz* und der *Wärmeabgabe* an die Umgebung wird vorteilhaft durch eine *Analogie* (Vergleichbarkeit) der elektrischen und thermischen Vorgänge beschrieben. Die Begründung für solche Analogiebetrachtung zwischen zwei Systemen kann allgemein gegeben sein

— wenn gleichartige oder ähnliche *physikalische Grundprinzipien* vorliegen, wie sie z. B. bei thermischen, Strömungs- und elektrischen Problemen durch Bilanzgleichungen für Strömungsgrößen (Masse-, Ladungs-, Leistungsströme) gegeben sind,
— wenn ineinander überführbare *mathematische Modelle* vorliegen,
— wenn *generelle Ähnlichkeiten* z. B. im Systemkonzept, im Verhalten u. a. beobachtet werden können.

Eine Analogie ermöglicht immer, Kenntnisse, Beschreibungsmethoden und Lösungen eines Gebietes auf ein anderes zu übertragen. So konnte beispielsweise mit Erfolg das Stromkreismodell auf den magnetischen Kreis übertragen werden.

Gerade die frühe Entwicklung der Elektrotechnik schöpfte durch Analogievorstellungen — z. B. vom Konzept der Punktladung im Feld aus der Punktmechanik — und profitierte in der Beschreibung von Elektronenkollektiven stark von der Statistik (beispielsweise bei der Beschreibung von Rauschvorgängen). Auf der anderen Seite konnte der hoch entwickelte Stand der System- und Netzwerktheorie und entsprechender Analysemethoden durch Analogiebetrachtungen zur Lösung thermischer, mechanischer und strömungstechnischer Probleme herangezogen werden. Auch die Akustik, Schwingungsmeßtechnik und z. T. Optik bedienen sich durch Analogievorstellungen mit Erfolg elektrotechnischer Verfahren.

Typische analoge physikalische Systeme zur Elektrotechnik sind thermische, Strömungssysteme (pneumatische, hydraulische, akustische) und mechanische Systeme (translatorische und rotatorische), für die gut ausgebaute Analogien zu elektrischen Stromkreisen und z. T. Feldern existieren.

Wir betrachten hier die thermische Analogie näher.

4.4.1 Elektrische Energie. Wärme

Die entscheidende, sich im Zusammenspiel zwischen elektrischer Energie und Wärme einstellende Zustandsgröße ist die *Temperatur*[1]. Sie bestimmt sich aus der Bilanzgleichung der Wärmezu- und -abfuhr. Letztere erfolgt prinzipiell auf drei Arten: *Wärmeleitung*, *Konvektion* und *Strahlung*.

Wärmebilanz. Wird einem Körper der Masse m und der spezifischen Wärme c eine Wärmemenge zugeführt, so erhöht sich seine Temperatur um ΔT gegenüber einem Bezugswert. Während des Zeitintervalls $\Delta t(\to \mathrm{d}t)$ ist so der *Wärmestrom* (Energiestrom), oder die *Wärmeleistung* p_W[2]

$$p_\mathrm{W} = \frac{\mathrm{d}W_\mathrm{th}}{\mathrm{d}t} = mc\frac{\mathrm{d}T}{\mathrm{d}t} \tag{4.63a}$$

erforderliche Wärmeleistung zur Erwärmung eines Körpers der Masse m erforderlich. Die spezifische Wärme hat für elektrotechnisch verbreitet genutzte Materialien typische Werte (Tafel 4.3). Anschaulich stellt c diejenige Wärmemenge dar, die zur Erwärmung von 1 g des Materials um 1 K erforderlich ist.

Soll beispielsweise 1l Wasser von $T_1 = 20\,°\mathrm{C}$ auf $T_2 = 100\,°\mathrm{C}$ in einer Zeitspanne $\Delta t = 10$ min erwärmt werden, so ist die Wärmeleistung

$$p_\mathrm{W} \approx mc\frac{\Delta T}{\Delta t} = mc\frac{(T_2 - T_1)}{\Delta t} = 4.18\frac{\mathrm{W\cdot s\cdot 10^3\,g\,(100-20)\,K}}{\mathrm{g\cdot K\;10\cdot 60\,s}} = 0{,}55\,\mathrm{kW}$$

[1] Betriebstemperatur

[2] In der Physik wird $W_\mathrm{th} \equiv Q$ als Wärmemenge oder Wärme bezeichnet

Tafel 4.3. Spezifische Wärme c und Wärmeleitfähigkeit verschiedener Materialien

Material	Wärmeleitfähigkeit $\varkappa_W$ (W/m·K)	spez. Wärme c (J/kg·K)·10^3
Silber	421	0,23
Aluminium	210	0,92
Kupfer	340	0,38
Eisen	7,5	0,48
Messing	≈ 10	0,38
Zinn	67	0,23
Germanium	60	0,31
Silizium	80	0,70
Galiumarsenid	50	0,33
Wasser	0,58	4,18
Isolieröl	0,15	1,88
Keramik	0,1 ... 0,2	
Stoff	0,15	
Luft	$3 \cdot 10^{-2}$	
Holz	0,1 ... 0,4	≈ 2,5
Glas	0,42 ... 0,84	0,33 ... 0,96
Glimmer	0,84	0,84
Glaswolle	0,06	
Kork	0,035 ... 0,06	

erforderlich. Dabei darf keine Energie vom Wasser an die Umgebung abgegeben werden. Durch Wärmeabfuhr an die Umgebung wird aber eine höhere Leistung benötigt, es dauert länger oder es wird die Temperatur $T_2 = 100\,°\mathrm{C}$ überhaupt nicht erreicht (s. u.)

Wird umgekehrt dem Körper während der Zeitspanne $0 \ldots t$ die Wärmeleistung $p_W(t)$ zugeführt, so erhöht sich seine Wärmeenergie auf

$$W_{th}(t) = \int_0^t p_W(t')\mathrm{d}t' + W_{th}(0)\,. \tag{4.63b}$$

Vergleicht man Gl. (4.63a) mit der allgemeinen Energiebilanz (Gl. (4.17b)) eines abgeschlossenen Systems (Bild 4.10), so kann eine Zunahme der im Körper gespeicherten Wärmemenge (pro Zeit) nur erfolgen, wenn die dem Körper zugeführte Wärmeleistung

$$\left.\frac{\mathrm{d}W_{th}}{\mathrm{d}t}\right|_{\mathrm{Zufuhr}} \left(\text{in Form elektrischer Leistung, } p_{el} = \left.\frac{\mathrm{d}W_{th}}{\mathrm{d}t}\right|_{\mathrm{Zufuhr}}\right),$$

die über Wärmeleitung (usw.) an die Umgebung abgeführte

$$p_{\mathrm{W/Abfuhr}} = \left.\frac{\mathrm{d}W_{\mathrm{th}}}{\mathrm{d}t}\right|_{\mathrm{Abfuhr}}$$ überwiegt, oder als Bilanz geschrieben:

elektrisch zugeführte Wärmeenergie W_{el} je Zeitspanne		Erhöhung der Wärmemenge W_{th} je Zeitspanne		Abgabe von Wärme W_{th} Abfuhr je Zeitspanne (Wärmestrom an Umgebung)
	=		+	

$$p_{\mathrm{el}} = \left.\frac{\mathrm{d}W_{\mathrm{th}}}{\mathrm{d}t}\right|_{\mathrm{Zufuhr}} = + \frac{\mathrm{d}W_{\mathrm{th}}}{\mathrm{d}t} + \left.\frac{\mathrm{d}W_{\mathrm{th}}}{\mathrm{d}t}\right|_{\mathrm{Abfuhr}}$$

$$= \mathrm{mc}\frac{\mathrm{d}T}{\mathrm{d}t} + p_{\mathrm{W/Abfuhr}} \qquad (4.63\mathrm{c})$$

Bilanzgleichung elektrische Leistung — Wärmeleistung

Die elektrisch zugeführte Leistung (elektrischer Energiestrom)

$$p_{\mathrm{el}} = \frac{\mathrm{d}W_{\mathrm{el}}}{\mathrm{d}t} = \int_V \boldsymbol{ES}\,\mathrm{d}V = UI \qquad \text{Joulesche Wärmeleistung}$$

kann aus dem Strömungsfeld bzw. der Klemmenbeziehung des Schaltelementes (Widerstand, Transistor u. a. m.) berechnet werden. Bild 4.41 veranschaulicht die Bilanz Gl. (4.63).

Die dem Schaltelement zugeführte elektrische „Verlustleistung" wird vollständig in Wärme umgesetzt und strömt als Wärmeenergiestrom an die Umgebung. Dabei stellt sich seine „Betriebstemperatur" T ein.

Im stationären Fall ($\mathrm{d}T/\mathrm{d}t = 0$) gilt

$$P_{\mathrm{el}} = P_{\mathrm{W}}/_{T=\mathrm{const}}\,. \qquad (4.63\mathrm{d})$$

Die Bilanzgleichung ist — da sie auf dem Energiesatz basiert — völlig analog aufgebaut zu anderen Bilanzgleichungen, z. B. für die Ladung (s. Gl. (1.8 und Bild 1.6)).

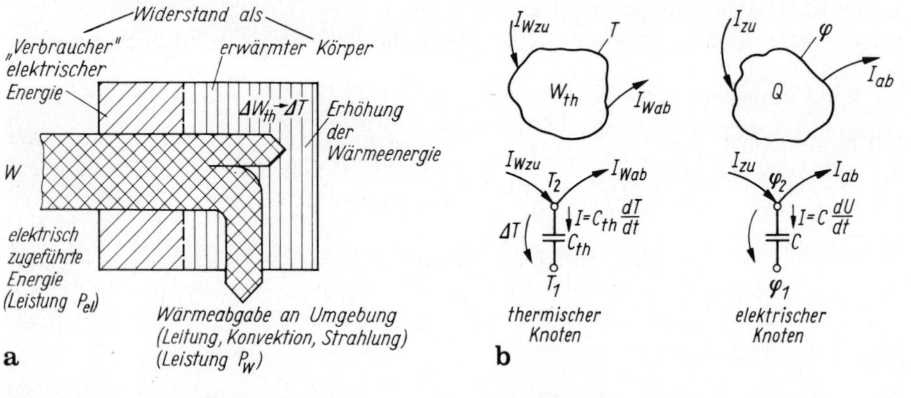

Bild 4.41a, b. Elektrisch-thermische Analogie. **a** Wärmeumsatz in einem Bauelement; **b** Bilanzgleichungen für Wärmemenge W_{th} und elektrische Ladung Q innerhalb einer abgeschlossenen Hülle und ihre Darstellung als „Stromknoten"

Betrachtet man Wärme als unzerstörbare Substanz, so gilt für sie eine Bilanz-(Kontinuitäts-) Gleichung wie für die elektrische Ladung Gl. (1.8).
Deshalb liegt es nahe,

Wärmestrom p_W und elektrischen Strom i

als zueinander *analoge Strömungsgrößen* zu betrachten.

Das in Gl. (4.63) auftretende Produkt $m \cdot c = C_{th}$ ist die *Wämekapazität* C_{th} eines Körpers

$$\frac{dW_{th}}{dt} = C_{th}\frac{dT}{dt} = \text{mit } C_{th} = \frac{dW_{th}}{dt}.$$

Dann kann die Bilanzgleichung (4.63c) nach Bild 4.41b so verstanden werden, daß sich die zeitliche Temperaturänderung des Körpers aus der Nettodifferenz zwischen zu- und abströmendem Wärmestrom nach Maßgabe seiner Wärmekapazität ergibt.

Ein völlig analoges Verhalten zeigt aber im elektrischen Fall ein Stromknoten.[1] Auch hier führt die Differenz zwischen Zu- und Abstrom zu einer Ladungsänderung — oder wegen $Q = CU$ – zu einer Spannungsänderung bzw. einer Potentialdifferenzänderung. Legt man einen der beiden Potentialwerte fest, so kann dem elektrischen Knoten auch das Potential φ zugeordnet werden. Zudem gilt

$$\frac{dQ}{dt} = C\frac{dU}{dt} \quad \text{mit } C = \frac{dQ}{dU}.$$

Bedenkt man noch (s. Abschn. 2.1.1), daß auch das Temperaturfeld — wie das Potentialfeld — ein Skalarfeld ist, so liegt es nahe,

Temperatur T und Potential φ

als weitere analoge Größen aufzufassen und damit auch

Temperaturdifferenzen $\Delta T = T_2 - T_1$ und Spannung U = Potentialdifferenz $\varphi_2 - \varphi_1$.

Damit ist Grundlage einer Analogie zwischen thermischen und elektrischen Größen gegeben.

Wäremeabgabemechanismen. Der Transport von Wärme, gekennzeichnet durch die *Wärmestromdichte*, erfolgt prinzipiell durch *Wärmeleitung*, *Konvektion und Wärmestrahlung*. Deshalb ist der abführende Wärmestrom p_{ab} im Bild 4.41b weiter zu unterteilen.

a) Wärmeleitung heißt der Wärmestrom innerhalb eines Körpers, der durch Weitergabe der Wärmeenergie von Molekül zu Molekül durch Stoß in Richtung eines *Temperaturgefälles* vermittelt wird (also nicht durch einen Massenstrom!), (Bild 4.42).

---

[1] Aufgefaßt als Inhalt einer Hüllfläche, die die Ladung Q enthält

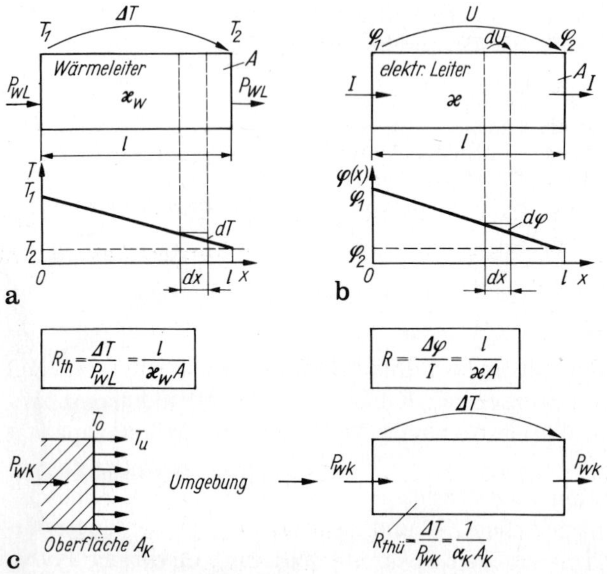

Bild 4.42a–c. Wärmewiderstand. **a** örtlich konstantes Temperaturgefälle — $\mathrm{d}T/\mathrm{d}x$ und proportionale Wärmeströmung P_{WL} durch Leitung. R_{th} Wärmewiderstand; **b** örtlich konstantes Potentialgefälle — $\mathrm{d}\varphi/\mathrm{d}x$ und proportionaler elektrischer Strom I durch Leitung. Definition des Widerstandes R; **c** Wärmeübergang durch Konvektion und zugeordneter Wärmewiderstand

Der *Wärmestrom* $I_{\mathrm{W}} = P_{\mathrm{WL}}$ (Dimension Leistung, W_{th} transportierte Wärmemenge)

$$I_{\mathrm{W}} = P_{\mathrm{WL}} = \frac{\mathrm{d}W_{\mathrm{th}}}{\mathrm{d}t}$$

(Index L durch Leitung) ist proportional der von ihm durchsetzten Fläche und dem Temperaturglefälle (d. h. der Temperaturabnahme ΔT) je Länge Δx bei eindimensionaler Betrachtung

$$P_{\mathrm{WL}} = -\varkappa_{\mathrm{W}} A \frac{\mathrm{d}T}{\mathrm{d}x} \tag{4.64}$$

Wärmestrom bei linienhafter Wärmeleitung.

Die Größe $\varkappa_{\mathrm{W}}$ heißt *Wärmeleitfähigkeit oder Wärmeleitzahl* (s. u.) und ist eine Materialkonstante. Gl. (4.64) ist das *Fouriersche Gesetz* der *Wärmeleitung* im Eindimensionalen. Es entspricht formal der Beschreibung der Teilchendiffusion. Antreibende Kraft des Wärmestromes ist ein Temperaturgefälle (genau so wie ein Potentialgefälle einen elektrischen Strom durch einen elektrischen Leiter verursacht).

Herrscht längs der Strecke l konstantes Temperaturgefälle (homogene Wärmeströmung), so folgt durch Integration von Gl. (4.64)

$$P_{WL}\, l = \varkappa_W A (T_1 - T_2)\,, \qquad T_1 > T_2,\ T_1 - T_2 = \Delta T\,. \tag{4.65}$$

Wir bemerken durch Vergleich mit dem Strömungsfeld:

Die Globalgröße *Wärmestrom* P_W (Strömungsgröße) und *Temperaturdifferenz* ΔT (Potentialdifferenz, Spannungsgröße) sowie ihr Zusammenhang Gl. (4.65) legen die Einführung des Begriffes *Wärme-* oder *thermischer Widerstand* (durch Leitung) nahe:

$$R_{thL} = \frac{\Delta T}{P_{WL}} \qquad \left(R = \frac{U}{I}\right) \tag{4.66a}$$

Wärmewiderstand (Definitionsgleichung)

Einheit: $[R_{th}] = \dfrac{[\Delta T]}{[P_W]} = \dfrac{1\,\mathrm{K}}{1\,\mathrm{W}}$.

Für linienhafte Wärmeleiter ergibt sich damit

$$R_{thL} = \frac{l}{\varkappa_W A} \tag{4.66b}$$

Wärmewiderstand (Bemessungsgleichung).

Die *Wärmeleitfähigkeit* $\varkappa_W$ kennzeichnet das Material. Ihre Dimension lautet

$$\dim(\varkappa_W) = \dim\left(\frac{P_L L}{\Delta T A}\right) = \mathrm{dam}\left(\frac{\text{Leistung}}{\text{Länge Grad}}\right)$$

mit der Einheit

$$[\varkappa_W] = \frac{1\,\mathrm{W}}{\mathrm{cm}\cdot\mathrm{K}}\,.$$

Zahlenwerte der Wärmeleitfähigkeit und spezifischen Wärme enthält Tafel 4.3.

Die Wärmeleitfähigkeit $\varkappa_W$ fester Stoffe wird z. T. vom Wärmetransport durch Leitungselektronen und Kopplung der Gitteratome getragen (bei Metallen dominierend durch die Elektronen). Daher haben Metalle mit guter elektrischer Leitfähigkeit $\varkappa$ auch zugleich gute Wärmeleitfähigkeit $\varkappa_W$ und es gilt das *Wiedemann-Franz-Lorenzsche-Gesetz* $\varkappa_W = \mathrm{const}\ \varkappa$ in einem bestimmten Temperaturbereich.

Schlechte Wärmeleiter sind Glas (Wärmedämmung), Gase, Luft (Wärmeisolation, Kleidung, Stoffe). Auf der guten Wärmeleitfähigkeit der Metalle beruht ihre Anwendung als Kühlbleche, Kühlrippen u. a. in elektrischen Geräten zur besseren Wärmeableitung.

Die Größe $R_{thL} \cdot A = 1/\kappa_W$ bezeichnet man (vor allem außerhalb der Elektrotechnik) als *Wärmedämmung*.

So hat eine Schicht Glaswolle der Dicke $d = 1$ cm die gleiche Wärmedämmung wie kompaktes Aluminiumgebilde der Dicke $d = 35$ m! Dies unterstreicht, wie wichtig gute Wärmeleitung, aber auch gute Wärmeisolation sein kann.

b) Konvektion (Wärmeströmung) bindet den Wärmestrom an einen *Massenstrom*, nämlich strömende Flüssigkeiten oder den bewegten Gasstrom. Grenzt an die Oberfläche Teil A_K (Kontaktfläche) einer Wärmequelle ein räumlich großes flüssiges oder gasförmiges Medium, so nehmen dessen Moleküle die Wärme von der Oberfläche auf und führen sie durch ihre eigene Lageänderung ab. Die Massenströmung kann

— *selbständig* erfolgen (als Folge von Dichteunterschieden infolge räumlich verschiedener Temperatur), dann spricht man von *Eigenkonvektion*;
— *künstlich* erzwungen werden (Wasserumlauf, Gebläseluft): *Fremdkonvektion, erzwungene Konvention* (Beispiele sind der Wärmetransport durch Heißdampf und Wasser in Rohrleitungen, der Wind, die Luftbewegung u. a. m.).

Der abgeführte Wärmestrom P_{WK} bei Konvektion beträgt

$$P_{WK} = \alpha_K A_K (T_0 - T_U) \tag{4.67}$$

abgeführte Wärmeleistung bei Konvektion mit der Wärmeübergangszahl α_K.

Sie ist proportional der Kontaktfläche des festen Körpers und dem Unterschied zwischen Oberflächen-(T_0) und Umgebungstemperatur (T_U) (in genügendem Abstand von der Quelle), α_K ist die Warmeübergangszahl:

$$\alpha_K \approx (0{,}5 \ldots 1) \cdot 10^{-3}\ \mathrm{W/cm^2 \cdot K} \quad \text{Eigenkonvektion}$$
$$\approx 10^{-2}\ \mathrm{W/cm^2 \cdot K} \quad \text{Luftstrom, } v = 10\ \mathrm{m/s}$$
$$\approx 10^{-1}\ \mathrm{W/cm^2 \cdot K} \quad \text{Wasserkühlung, } v \approx 0{,}01\ \mathrm{m/s}$$

α_K hängt in recht komplizierter Weise von der Oberflächengestalt, Strömungsgeschwindigkeit und dem strömenden Medium ab.

Analog zum thermischen Widerstand Gl. (4.66a) läßt sich auch hier ein *Wärmeübergangswiderstand* $R_{thü}$ definieren

$$R_{thü} = \frac{1}{\alpha_K A_K}. \tag{4.68}$$

c) Bei der Wärmestrahlung fehlt der direkte Kontakt zwischen wärmerem und kälterem Körper. Der Energieaustausch vollzieht sich vielmehr durch *Emission* und *Absorption elektromagnetischer Wellen* (übrigens die einzige Wärmeabgabemöglichkeit bei Körpern im Vakuum, z. B. Anodensystemen von Elektronenröhren). Nach dem *Stefan-Boltzmannschen-Gesetz* sendet ein (schwarzer) Körper mit der Oberfläche A und der absoluten Temperatur T die Strahlungsleistung

$$P_s = \sigma A T^4 \tag{4.69}$$

abgestrahlte Leistung des schwarzen Körpers (Temperatur T in K)

aus. Die Strahlungskonstante σ beträgt — abhängig von der Oberfläche — beim schwarzen Körper $\sigma = 5{,}7 \cdot 10^{-12}\ \mathrm{W/cm^2 \cdot K^4}$. Bekanntestes Beispiel einer Wärmestrahlung ist die Sonneneinstrahlung auf die Erde. Sie erreicht ständing eine Energiestromdichte (bei heller Sonne) $S_W = \mathrm{d}P_W/\mathrm{d}A = 0{,}136\ \mathrm{kW/m^2}$. Andere Beispiele sind: Infrarotstrahler (Sonnendach, Ofenschirm!), in gewisser Weise auch die Glühlampe.

Einer Fläche von 1 km² führt die Sonne damit die Leistung $P_W = 10^6 \cdot 0{,}136\,\mathrm{kW\,m^{-2}\,m^2} = 136\,\mathrm{MW}$ (!)zu. Könnte diese Leistung z. B. durch Anwendung von Solarzellen (Umformeinrichtungen Licht — elektrische Energie auf Halbleiterbasis) mit einem Wirkungsgrad von 10% in elektrische Energie umgeformt werden, so würde auf diese Weise eine bedeutende umweltfreundliche Energiereserve verfügbar sein.

4.4.2 Thermische Ersatzschaltung

Analogie. Soweit *Wärmeleitungs- und Konvektionsvorgänge* im Spiel sind, ist der Wärmestrom proportional der Temperaturdifferenz zwischen Betriebs- und Umgebungstemperatur (bzw. Oberflächentemperatur). Ganz analog war im Strömungsfeld der Strom proportional der Potentialdifferenz. Bei genauer Betrachtung findet man zwischen den Vorgängen im elektrischen Strömungsfeld und der *Wärmeströmung* im *Wärmefeld* weitgehende *Analogien*, soweit sich dies auf das *Bildungsgesetz* zugeordneter Größen bezieht[1]. Tafel 4.4 enthält diese Analogie.

Dem elektrischen Widerstand (mit der Einheit Ω) entspricht der Wärmewiderstand (mit der Einheit K/W), dem elektrischen Strom I der Wärmestrom P_W

Tafel 4.4. Analogie zwischen der Elektrizitätsleitung und der Wärmeleitung sowie der wichtigsten zugehörigen Größen

Elektrischer Kreis	Einheit	Wärmekreis	Einheit
Ladung Q	As	Wärmemenge W_{th}	W_S
Elektrischer Strom I	A	Wärmestrom (Wärmeleistung P_W)	W
Potential φ	V	Temperatur T	K
Spannung $U = \varphi_1 - \varphi_2$ (Potentialdifferenz)	V	Temperaturdifferenz $T = T_1 - T_2$	K
Elektrische Feldstärke $E = U/\Delta l$	V/m	Temperaturgefälle $\Delta T/\Delta l$	K/m
Widerstand R (linienhafter Leiter) $R = 1/\varkappa A$	Ω	Wärmewiderstand R_{th} (linienhafter Leiter) $R_{th} = 1/\varkappa_W A$	K/W
Leitfähigkeit $\varkappa$	$(\Omega \cdot \mathrm{m})^{-1}$	Wärmeleitfähigkeit $\varkappa_W$	W/K · m
Kapaziät C	A · s/V	Wärmekapazität C_{th}	W · s/K
Plattenkondensator $C = \varepsilon A/d$		Körper der Masse m, spez. Wärme c: $C_{th} = mc$	s
Zeitkonstante $\tau = 1/RC$	s	thermische Zeitkonstante $\tau_{th} = 1/R_{th}C_{th}$	—
Maschensatz $\Sigma\, U_v = 0$		Maschensatz für Temperaturdifferenzen $\Sigma\, \Delta T_v = 0$	
Kontensatz $\Sigma\, I_\mu = 0$		Knotensatz für Wärmeströme $\sum P_{W_\mu} = 0$	

[1] Man denke jedoch stets daran, daß es sich um physikalisch wesensverschiedene Größen handelt

(Dimension der Leistung!), der Kapazität C die Wärme- oder thermische Kapazität C_{th} usw. Sie steigt mit der Masse des Körpers: Größere Massen erwärmen sich langsamer als kleinere aus gleichem Material.

Ersatzschaltbildmäßig kann man sich so den Wärmetransport und die sich damit einspielende Temperaturdifferenz zwischen zwei Punkten vorstellen als fließe der Wärmestrom P_W durch den Wärmewiderstand R_{th} und erzeuge darüber den Temperaturunterschied ΔT. Der nichtlinear von der Temperatur abhängige Strahlungsanteil muß sinngemäß durch einen nichtlinearen d. h. temperaturabhängigen Wärmewiderstand erfaßt werden. Wir wollen jedoch darauf verzichten.

Bild 4.43 enthält eine Zusammenstellung der Netzwerkelemente. Thermische Induktivitäten existieren dabei nicht.

Durch Anwendung der Analogie und der Kenntnisse von RC-Schaltungen läßt sich die gesamte Wärmebilanzgleichung durch eine *thermische Ersatzschaltung* anschaulich interpretieren. In ihr treten thermische Widerstände als elektrische, Wärmekapazitäten als elektrische und der Wärmestrom als elektrischer Strom auf. Die Temperaturdifferenz entspricht der Spannung. Charakteristische Temperaturen sind dabei:

— die *Betriebstemperatur* T_i eines Bauelementes oder Gerätes (einschließlich eines Höchstwertes $T_{i\,max}$, der nicht überschritten werden darf (Zerstörungsgefahr));
— eventuell die Oberflächentemperatur T_0 eines Bauelementes oder Gerätes;
— die Umgebungstemperatur T_u.

Die Wahl der Umgebungstemperatur als Bezugswert entspricht der Vorstellung, daß die Wärmekapazität der Umgebung unendlich groß ist und sich somit T_u nicht ändert.

Mit dieser thermisch-elektrischen Analogie können u. U. komplizierte Wärmeleitungsvorgänge durch ein eindimensionales Netzwerk genähert und mit den Verfahren der Netzwerkanalyse bestimmt werden. Voraussetzungen sind dabei ein linearer Zusammenhang zwischen Wärmestrom und Temperaturdifferenz sowie

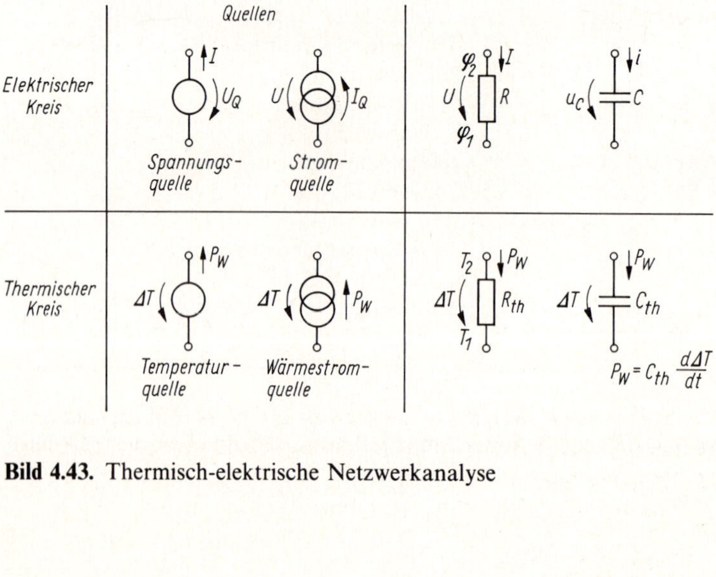

Bild 4.43. Thermisch-elektrische Netzwerkanalyse

die generellen Annahmen, mit denen räumliche Erscheinungen (z. B. auch im elektrischen Fall) durch Netzwerkelemente nachgebildet werden können.

Wärmequellenbereiche werden dabei als Punktquellen mit einer mittleren Temperatur angenommen und durch eine „thermische Strom- oder Spannungsquelle" nach Bild 4.43 ersetzt.

Wärmebilanzgleichung und Ersatzschaltung. Wir übernehmen die Wärmebilanz Gl. (4.63c) und setzen sie unter Anwendung der Analogien Tafel 4.4 in eine Ersatzschaltung um:

elektrisch zugeführte Leistung	=	Erhöhung der Wärmemenge des Körpers je Zeiteinheit	+	Energiestrom an Umgebung
P_{el}	=	P_{th}	+	P_W

$$P_{el} = \frac{C_{th}\,d(\Delta T)}{dt} + \overbrace{\frac{(T_i - T_O)}{R_{th}} + \frac{(T_O - T_U)}{R_{th}} + P_{Strahl}}^{P_W} \qquad (4.70)$$

Damit steht eine (nichtlineare) Bilanzgleichung für die interessierende Betriebstemperatur des Bauelementes zur Verfügung. Sie wird bei vernachlässigbarer Wärmestrahlung besonders einfach und dann auch durch die im Bild 4.44 dargestellte thermische *Ersatzschaltung* leicht verständlich:

Die elektrisch zugeführte und in Joulesche Wärme umgesetzte Energie erhöht die Wärmemenge des Körpers (so daß sich ΔT erhöht), gleichzeitig setzt mit steigender Temperatur ein *Wärmestrom* an die Umgebung ein.

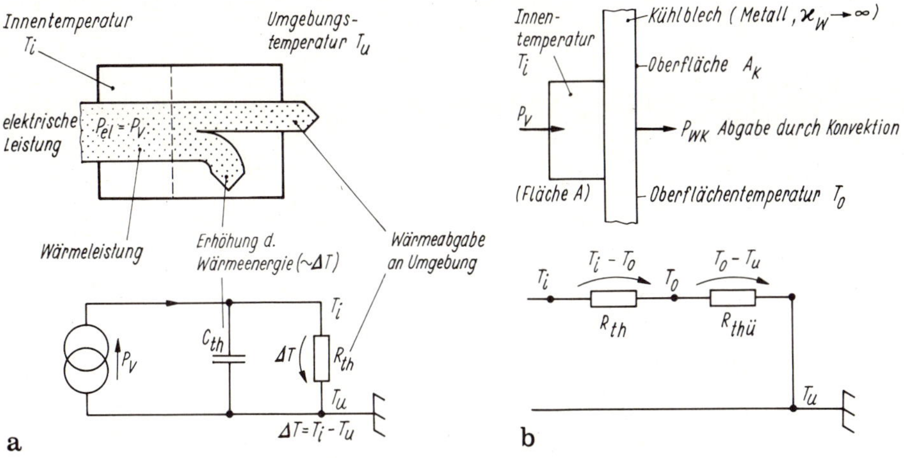

Bild 4.44a, b. Thermische Ersatzschaltung. **a** Anordnung mit Wärmewiderstand und Wärmekapazität nach Gl. (4.70); **b** Aufteilung des Wärmewiderstandes bei Kühlung durch Wärmeleitung und Konvektion

Anwendung: Zeitverlauf der Temperatur bei zeitbegrenzter elektrischer Energiezufuhr. Wir betrachten ein elektrisches Bauelement, etwa einen Ohmschen Widerstand (Masse m, spezifische Wärme c), an den plötzlich eine konstante elektrische Leistung $P_{el} = P_v = IU$ zur Zeit $t = 0$ angelegt wird. Zur Zeit $t < 0$ befand er sich im Temperaturgleichgewicht mit der Umgebung ($\Delta T = 0$, d. h. $P_W = 0$). Die Wärmeableitung erfolge durch Konvektion und werde durch den Wärmewiderstand R_{th} beschrieben. Dann gilt die Bilanzgleichung (4.70) (für $t > 0$)

$$P_{el} = C_{th}\frac{d\Delta T}{dt} + \frac{\Delta T}{R_{th}}\,. \tag{4.71}$$

$\Delta T = \Delta T_Ü$ heißt häufig *Übertemperatur*. Das ist die Differenz der Beitriebstemperatur T_i des Widerstandes und der Umgebungstemperatur T_U: $\Delta T = T_i - T_U$.

Die Lösung der Bilanzgleichung mit dem Anfangswert $\Delta T = 0$ zur Zeit $t = 0$ (die Temperatur kann in einem Körper nie springen) lautet[1]

$$\Delta T(t) = P_{el}\cdot R_{th}\left[1 - \exp - \frac{t}{\tau_{th}}\right]; \quad \tau_{th} = \frac{1}{R_{th}C_{th}}; \tag{4.72}$$

$$T_i(t) = T_U + P_{el}R_{th}\left[1 - \exp - \frac{t}{\tau_{th}}\right].$$

Bild 4.45 enthält den Verlauf. Wir wollen die Lösung qualitativ erarbeiten. Zu Beginn der Erwärmung ($t = 0$) unterscheidet sich die Körpertemperatur noch nicht von der Umgebungstemperatur ($\Delta T = 0$), also *verschwindet* der an die Umgebung abgeführte Wärmestrom ($P_W = \Delta T/R_{th} = 0$). Damit gilt

$$P_{el} = C_{th}\left.\frac{d\Delta T}{dt}\right|_0 \tag{4.73}$$

Temperaturanstieg zu Beginn der Erwärmung bei vorherigem Gleichgewicht.

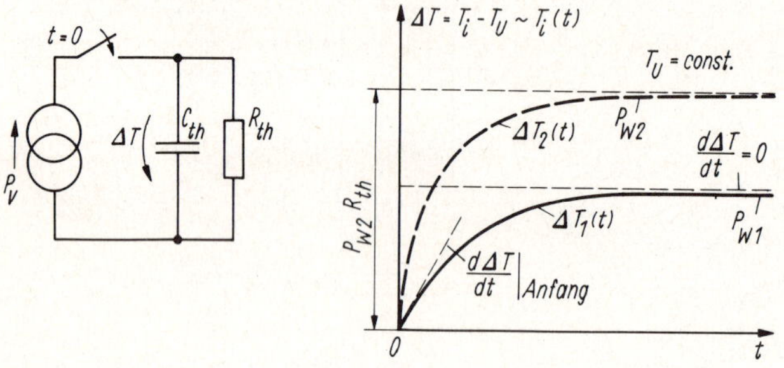

Bild 4.45. Temperaturverlauf im Falle des plötzlichen Einschaltens einer Leistung $P_{el} = P_W$ an ein Bauelement

---

[1] Man überzeuge sich durch Einsetzen dieser Lösung in die Differentialgleichung von der Richtigkeit der Lösung

Die elektrische Leistung wird zunächst nur zur Erwärmung verwendet. Daher wächst die Temperatur zeitproportional (s. Bild 4.45) $\mathrm{d}\Delta T = P_{\mathrm{el}}/C_{\mathrm{th}}\,\mathrm{d}t$. Der Temperaturanstieg erfolgt um so schneller, je größer die zugeführte Leistung und je kleiner die Wärmekapazität ist (gestrichelte Gerade im Bild).

Für $t > 0$ steigt die Temperatur ΔT allmählich und somit setzt ein Wärmestrom vom Körper an die Umgebung ein. In Gl. (4.71) wächst der zweite Summand rechts. In dem Maße, wie die Wärmeabfuhr $\Delta T/R_{\mathrm{th}}$ zunimmt, muß wegen $P_{\mathrm{el}} = \mathrm{const}$ der erste Summand und damit $\mathrm{d}\,\Delta T/\mathrm{d}t$ *sinken*. Dadurch verlangsamt sich der Anstieg rechts und zwar um so mehr, je größer die Temperatur ΔT wird. Das Ende der Erwärmung ist für $\mathrm{d}\Delta T/\mathrm{d}t|_{\mathrm{End}} \approx 0$ erreicht: $P_{\mathrm{el}} \approx P_{\mathrm{W}}$.

Alle zugeführte elektrische Leistung wird als Wärmestrom an die Umgebung abgeführt. Folglich stellt sich die Übertemperatur

$$\Delta T_{\ddot{\mathrm{U}}} = R_{\mathrm{th}} P_{\mathrm{el}} = \frac{P_{\mathrm{el}}}{\alpha A_{\mathrm{K}}} \tag{4.74}$$

konstante Übertemperatur am Ende der Erwärmung

ein.

Die Endtemperatur wächst mit der zugeführten Leistung und dem Wärmewiderstand!

Man erkennt sehr deutlich, daß die Endtemperatur um so eher erreicht wird, je

— größer die eingespeiste Wärmeleistung (= zugeführte elektrische Leistung) ist;
— kleiner die Wärmezeitkonstante (Wärmekapazität!) ist.

Das stimmt voll mit der Erfahrung überein, wie sie beispielsweise mit Tauchsiedern verschiedener „Heizleistung" und unterschiedlichem Wasservolumen gemacht werden kann.

4.4.3 Anwendungen des Wärmeumsatzes

Anwendungsbeispiele. *Kühlung.* Eine der wichtigsten Aufgaben der konstruktiven Gestaltung elektrischer Geräte, Bauelemente u. a. m. ist die Abfuhr der beim Betrieb entstehenden Wärmeleistung. *Betriebstemperatur, elektrische Leistung und Wärmeableitungsmaßnahmen* (*Wärmewiderstand*!) stehen nach Gl. (4.74) in *direktem Zusammenhang.*

Die höchstzulässige Betriebstemperatur T_{i} liegt für die betreffende Einrichtung gewöhnlich fest (materialabhängig), damit muß der Wärmewiderstand möglichst klein gewählt werden. Maßnahmen sind

— *große Oberfläche A* (dazu dienen Metallkühlfahnen mit guter Wärmeleifähigkeit, Kühlrippen);
— *Erhöhung der Konvektion* durch einen Luftstrom (Ventilator beim Motor, umlaufendes Wasser oder Öl (Kühlschlangen));
— Materialien mit großer *Wärmeleitfähigkeit* (Metall oder Isolatoren, Magnesium, Berylliumoxid);
— Erhöhung der *Abstrahlung*: schwarze rauhe Oberfläche.

Nutzwärme. Für die Verwendung der elektrischen Energie zur Wärmeerzeugung sei zunächst die *Wirtschaftlichkeit* vorangestellt. Wir vergleichen die Kosten für 1 kW · h elektrischer Energie mit denen der Wärmemenge, die beim Verbrennen von Kohle entsteht:

elektrische Energie 1 kW · h kostet etwa 15 bis 40 Pf.[1]
Wärme 1 kW · h kostet etwa 8,6 Pf.

Beim Verbrennen von 1 kg · Braunkohle (etwa zwei Briketts) (Heizwert $H \approx 4000$ kcal pro kg) $= 16{,}72 \cdot 10^3$ kW · s/kg entsteht die Wärmemenge $W = mH$ $= 1$ kg · 4000 kcal/kg $= 16{,}72 \cdot 10^3$ kW · s $= 4{,}65$ kW · h. Mit einem Kohlepreis von 40 pf./kg[2] ergeben sich dann die obigen Kosten.

Die elektrische Wärmeerzeugung ist meist teurer und sollte deshalb nur dort angewendet werden, wo ihre Vorteile (sofortige Betriebsbereitschaft, Regelbarkeit, Umweltfreundlichkeit) unbedingt genutzt werden müssen.

Bekannte *Wärmeerzeuger* sind: Tauchsieder, Kochplatte, Radiator, Grill, Bügeleisen, Lötkolben u. a. m. mit Anschlußleistungen von einigen 100 W (Lötkolben ab 15 W) bis 2 kW. Das sind vergleichsweise hohe Anschlußwerte mit einem entsprechend hohen Stromverbrauch: 2 kW $\triangleq$ 9 A(!) bei $U = 220$ V.

Die Wärmequelle dieser Geräte ist gewöhnlich ein stromdurchflossener Widerstandsdraht mit hohem spezifischem Widerstand (z. B. Chromnickel, Tantal $\varrho_{20} \approx 1{,}22\,\Omega\,\text{mm}^2/\text{m}$ [Draht darf nicht beliebig lang sein] und hoher Betriebstemperatur ($T_i \approx 1000 \ldots 1200$ ′C) auf einen Isolierkörper, der mit den zu erwärmenden Stellen, z. B. Boden eines Bügeleisens, einen guten Wärmekontakt haben muß.

Eine zweite große Anwendungsgruppe nutzt die Ausdehnung von Körpern durch Erwärmung bei Stromfluß aus. Beispiele sind

— *Hitzdrahtstrommesser*, in dem die Längenänderung eines erwärmten Drahtes auf ein Anzeigewerk übertragen wird (Ausschlag $\alpha \sim P \sim I^2$);
— *Bimetallstreifen*, die sich infolge der verschiedenen Ausdehnungskoeffizienten zweier Metalle bei Temperaturerhöhung „strecken“ und z. B. einen Schalterkontakt öffnen können (z. B. ausgenutzt in Sicherungsautomaten).

Thermische Rückkopplung. Wir wollen jetzt die Wirkung der Stromwärme auf einen Leiter (Widerstand) mit einem Temperaturkoeffizienten α (s. Gl. (2.41)) betrachten (s. Bild 2.41). Wäre seine Temperatur konstant, so würde sich R nicht ändern: Es gilt die lineare U-I-Kennlinie.

Bei positivem Temperaturkoeffizienten z. B. wächst der Widerstand mit steigender Temperatur, also steigender elektrischer Belastung: nichtlineare Kennlinie. Anders gesprochen wirkt die strombedingte Erwärmung über dem Temperaturkoeffizienten auf die Kennlinie *zurück*. Dies ist das Prinzip der *thermischen Rückkopplung*. Es kann bei großem Temperaturkoeffizienten sogar zur *Selbstzerstörung* (sog. „thermischer Selbstmord“) eines Bauelementes durch Überhitzung führen. Fließt durch den Widerstand mit positivem Temperaturkoeffizienten stets ein konstanter Strom, so steigt die Verlustleistung $R(T)\,I^2$ ständig. Die Temperaturerhöhung vergrößert R und damit wieder die Verlustleistung, die Temperatur steigt erneut und ebenso der Widerstand usw. Würde der gleiche Widerstand dagegen

[1] Tarifabhängig für Haushaltszwecke
[2] Richtwerte

mit konstanter Spannung betrieben ($P = U^2/R(T)$), so bestünde diese Gefahr des unbegrenzten Aufheizens nicht.

Der Gefahr der thermischen Selbstzerstörung sind besonders Bauelemente mit großem Temperaturkoeffizienten ausgesetzt (Halbleiterbauelemente). Dort werden wir dann Kriterien kennenlernen, die diese Selbstzerstörung verhindern. Diese thermische Rückkopplung ist auch der tiefere Grund dafür, daß *Heiß-* und *Kaltleiterelemente* (s. Abschn. 2.4.2.4) eine ausgeprägt nichtlineare Kennlinie haben.

Direkte Umwandlung Wärme — elektrische Energie. Wird ein Leiter an einem Ende erwärmt, so stellt sich ein *Temperaturgefälle* zum anderen Ende hin ein (Bild 4.42). Da die Ladungsträger an der heißeren Stelle eine größere thermische Geschwindigkeit haben als an der kalten, setzen sie sich im Mittel nach dem kalten Ende zu in Bewegung. Dieser Vorgang heißt *Wärmediffusion* (Bild 4.46a). Als Folge entsteht eine Ladungsträgeranhäufung am kalten Ende, ein Mangel (= Überschuß an entgegengesetzter Ladung) am heißen. Zwischen diesen Ladungsträgerüberschüssen bildet sich ein elektrisches Feld $\bar{E}_{th}$, das der Wärmediffusion schließlich

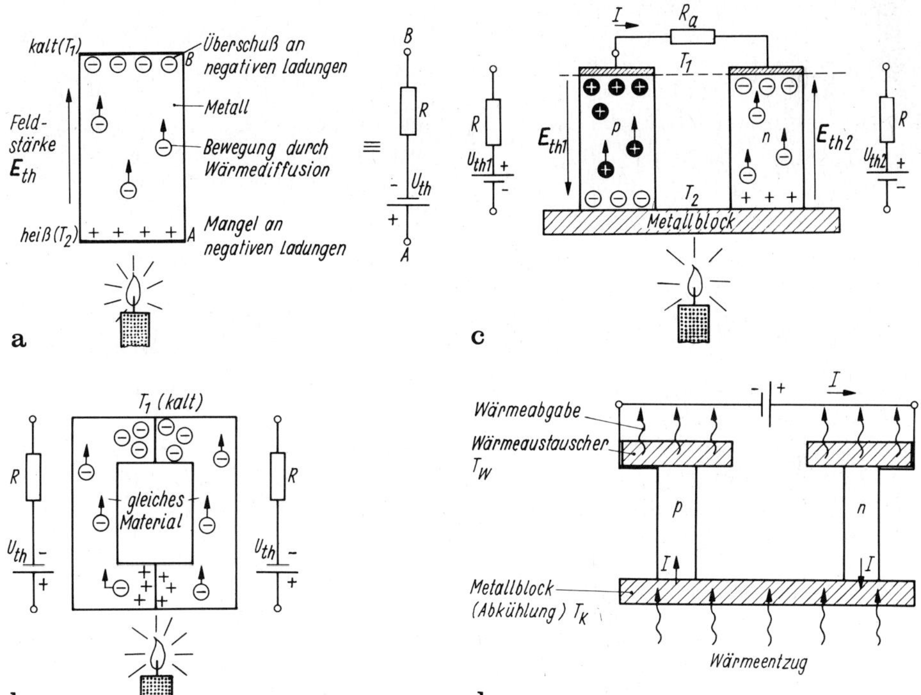

Bild 4.46a–d. Direkte Umwandlung Wärme — elektrische Energie (Seebeck- und Peltier-Effekt). **a** Entstehung einer Gleichgewichtsfeldstärke $\boldsymbol{E}_{th}$ durch Wärmediffusion (Seebeck-Effekt); **b** Kompensation des Seebeck-Effektes im Stromkreis aus gleichen Materialien; **c** Seebeck-Effekt mit *pn*-Übergang: Addition der Seebeck-Spannungen; **d** Peltier-Effekt. Bei Stromfluß entsteht an der Übergangsstelle zwischen zwei Materialien eine Wärmeströmung vom Übergang weg (Wärmeabgabe, Aufheizen der Umgebung) oder zu ihm hin (Wärmeaufnahme, Abkühlung der Umgebung)

das Gleichgewicht hält. Dieses Feld ist Ursache einer elektromotorischen Kraft, der sog. *Thermospannung* U_{th} (als Spannungsabfall)

$$U_{th} = \varepsilon_{th} \Delta T = \frac{dU_{th}}{dT} \Delta T . \tag{4.75}$$

Thermospannung.

Sie ist dem Temperaturunterschied ΔT proportional, die Größe ε_{th} heißt *differentielle Thermospannung* (angegeben in V/K). Sie hängt vom Material ab.

Um durch diese Thermospannung einen Strom anzutreiben, ist der Kreis zu schließen. Erfolgt dies mit einem Leiter gleichen Materials, so würde in jedem Leiterteil zwischen heißem und kaltem Ende die gleiche Thermospannung entstehen und sich kompensieren ($U_{th1} = U_{th2}$, Bild 4.46b). Bei *verschiedenen* Leitern ergibt sich hingegen

$$U_{th} = U_{th1} - U_{th2} = \int_{T_2}^{T_1} (\varepsilon_{th1} - \varepsilon_{th2}) dT = \int_{T_2}^{T_1} \varepsilon_{th12} \, dT . \tag{4.76}$$

Jetzt wirkt nur noch die *relative* differentielle Thermospannung ε_{th12} oder der sog. *Seebeck-Effekt.*

Er liegt bei Metallpaarungen im Bereich 10^{-5} bis 10^{-4} V/K, bei Halbleitern um etwa zwei Größenordnungen darüber, bedingt durch die geringere Ladungsträgerkonzentration. Zusätzlich läßt sich die unterschiedliche Richtung der Thermospannung zwischen *p*- und *n*-Leiter ausnutzen (Bild 4.46c). Im *p*-Halbleiter diffundieren positive Ladungen von der heißen Stelle weg (dort Überschuß an negativen Ladungen), im n-Halbleiter wandern negative Ladungen weg (Überschuß an positiven Ladungen). So addieren sich die beiden Thermospannugen, weil eine von ihnen (in Gl. (4.76)) stets negativ ist. Die Thermoelemente sind also elektrisch in Reihe und thermisch parallel geschaltet. Bild 4.46c veranschaulicht diesen Sachverhalt.

Ausgesnutzt werden Thermoelemente z. B. in der Meßtechnik sowie zur Erzeugung kleiner Spannungen (z. B. Thermoelemente in einer elektronischen Armbanduhr zum Nachladen der Batterie aus der Körperwärme u. a. m.). Ein Thermoelement zeigt noch einen anderen Effekt. Wird ein Strom durch das Element geschickt (Bild 4.46d), so erwärmt sich die eine Konatakstelle, während die andere kühlt. Bei Umkehr der Stromrichtung kühlt sich die vorher erwärmte ab usw. Dieser von *Peltier* erkannte Effekt gestattet einen Wärmetransport von einer kalten zur warmen Kontaktfläche durch den elektrischen Strom. Auf diese Weise kann eine *Kühlbatterie* aufgebaut werden, wie sie mit kleinem Kühlvolumen (wenige Liter aus Wirtschaftlichkeitsgründen) bereits zahlreiche Einsatzfälle hat (Medizin, Biologie, Kühlung von Bauelementen zur Herabsetzung des sog. Rauschens, transportable Kühlbox, Thermostat, Kühfalle u. a. m.).

Zur Selbstkontrolle: Abschnitt 4

4.1 Wie lautet die Definition von Leistung und Energie am Verbraucherzweipol?

4.2 Wie groß sind Energie und Energiedichte im geladenen Kondensator, der stromdurchflossenen Spule und im Widerstand *R*? Welcher prinzipielle Unterschied besteht im letzten Fall?

4.3 Begründen Sie physikalisch welche Größen in der Spule bzw. dem Kondensator stetig sein müssen!

4.4 Was drückt der Begriff „Energiestrom“ anschaulich aus? Besteht ein Vergleich mit dem „elektrischen Strom“?

4.5 Veranschaulichen Sie den Begriff „Energiestromdichte“ (Poytingscher Vektor) am Beispiel einer Spannungsquelle, die über eine Doppelleitung mit einem Verbraucherwiderstand verbunden ist!

4.6 Welche Kraftwirkungen treten im elektrischen Feld grundsätzlich auf? Nennen Sie Beispiele!

4.7 Mit welcher Kraft ziehen sich zwei parallele Platten (Spannung $U = 100$ V, Dielektrikum $\varepsilon_r = 1$, Abstand $d = 1$ cm, Fläche $A = 30\,\text{cm}^2$) an?

4.8 Warum wird eine dielektrische Platte in einen geladenen, im Vakuum befindlichen Plattenkondensator hineingezogen?

4.9 Welche Kraftwirkungen treten im magnetischen Feld grundsätzlich auf (Beispiele)?

4.10 Was vesteht man unter
a) Lorentz-Kraft b) elektrodynamischem Kraftgesetz?

4.11 Welches Feld überträgt Energie auf Ladungsträger: elektrisches, magnetisches (kurze Begründung)?

4.12 Unter welcher Bedingung ist in einem Halbleiter (positive und negative Ladungsträger) keine Hall-Spannung zu erwarten?

4.13 Welche Kraftwirkung tritt zwischen zwei parallelen Drähten (Abstand a, Länge l) im Vakuum auf, wenn beide (gleich großen) Ströme in einer Richtung bzw. entgegengesetzt fließen?

4.14 Erläutern Sie das Drehmoment, das eine stromdurchflossene Spule (w Windungen, Strom I, Spulenfläche A) im homogenen Magnetfeld (Induktion $\boldsymbol{B}$) erfährt! Wie kann daraus ein Motor hergestellt werden?

4.15 Welche Grundgleichungen bestimmen das Verhalten eines Motors?

4.16 Erläutern Sie das Prinzip der Wirbelstrombremsung durch elektrotechnische Gesetze!

4.17 Welche Kräfte treten an magnetischen Grenzflächen auf (Beispiele)?

4.18 Warum muß der Lautsprecher eine Vormagnetisierung haben?

4.19 Warum zeigt ein Drehspulinstrument keine Wechselspannung an?

4.20 Wie lautet die Wärmebilanzgleichung?

4.21 Erläutern Sie die Analogie zwischen Wärmeausbreitungsvorgängen und dem elektrischen Stromkreis! Wie ist der Wärmewiderstand definiert?

Literaturverzeichnis

AEG-Hilfsbuch 1: Grundlagen der Elektrotechnik, 3. Aufl. Heidelberg: Hüthig 1981.

Handbuch der Informationstechnik und Elektronik (Hrg. bisher C. Rint, neu herausgg. von Lacroix, A.; Motz, T.; Paul, R.; Reuber, C). Band 1: Mathematik. Heidelberg: Hüthig 1988.

Phillipow, E.: Taschenbuch Elektrotechnik. Bd. 1: Allgemeine Grundlagen. 3. Aufl. München: Hanser 1986.

Ameling, W.: Grundlagen der Elektrotechnik, Bd. 1.: 3. Aufl. Bd. 2: 2. Aufl. Braunschweig: Vieweg 1984.

Bosse, G.: Grundlagen der Elektrotechnik. Bd. I: Elektrostatisches Feld und Gleichstrom; Bd. II: Magnetisches Feld und Induktion. 2. Aufl.; Bd. III: Wechselstromlehre, Vierpol- und Leitungstheorie, 2. Aufl.; Bd. IV: Drehstrom, Ausgleichsvorgänge in linearen Netzen. Mannheim: Bibliogr. Instit. 1966/1978/1978/1973.

Clausert, H.; Wiesmann, G.: Grundgebiete der Elektrotechnik. Bd. I, Bd. II. 3. Aufl. München: Oldenbourg 1988.

Fricke, H.; Vaske, P.: Grundlagen der Elektrotechnik. Teil 1: Elektrische Netzwerke. 17. Aufl. Stuttgart: Teubner 1982.

Frohne, H.: Einführung in die Elektrotechnik. Bd. I: Grundlagen und Netzwerke, 5. Aufl.; Bd. II: Elektrische und magnetische Felder, 4. Aufl.; Bd. III: Wechselstrom, 4. Aufl. Stuttgart: Teubner 1983–1987.

Hofmann, H.: Das elektromagnetische Feld, 3. Aufl. Wien: Springer 1986.

Küpfmüller, K.: Einführung in die theoretische Elektrotechnik, 12. Aufl. Berlin: Springer 1988.

Phillipow, E.: Grundlagen der Elektrotechnik, 8. Aufl. Heidelberg: Hüthig 1988.

Pregla, R.: Grundlagen der Elektrotechnik. Bd. I: 3. Aufl., Bd. I: 2. Aufl. Heidelberg: Hüthig 1986/1985.

Schüßler, H.W.: Netzwerke, Signale und Systeme. Bd. I: Systemtheorie linearer Netzwerke. 2. Aufl. Berlin: Springer 1988.

Simonyi, K.: Physikalische Elektronik. Stuttgart: Teubner 1972.

Unbehauen, R.: Elektrische Netzwerke, 3. Aufl. Berlin: Springer 1987.

Unbehauen, R.; Honeker, W.: Elektrische Netzwerke — Aufgaben, 2. Aufl. Berlin: Springer 1987.

v. Weiß, A.: Die elektromagnetischen Felder. Braunschweig: Vieweg 1983.

Sachverzeichnis

Abgleichbedingung 136
Abschirmung, magnetische 235
Ähnlichkeitssatz 153
Äquipotentialfläche 61, 168
Äquipotentiallinie 61, 88, 94
Aluminium-Elektrolytkondensator 190
Ampere 28, 41
Analogie, thermisch-elektrische 385
Anfangsladung 44, 194ff
–, Stetigkeit der 195
Anfangswert 194ff, 291, 326
Anion 27
Anker 284
Anpassung 130
Arbeit 42
Arbeitspunkt 131
Asynchronmotor 368
Außenpolmaschine 284

Barlowsches Rad 281
Basiseinheiten 9
Basisgrößen 7, 9
Bauelement 97
Bauelementetechnik 2
Bemessungsgleichung 103
Betriebstemperatur 381ff
Beweglichkeit 79
Bewegung, gerichtete 35
Bewegungsinduktion 263, 277
Bezugspfeil 20
Bezugspfeilsysteme 21
Bezugssinn 279
Bezugstemperatur 264
Bimetallstreifen 390
Biot-Savartsches Gesetz 219, 222, 253
Bohrsches Atommodell 27
Brechungsgesetz, des Dielektrikums 177
–, des magnetischen Feldes 235
–, des Strömungsfeldes 94
Bremswirkung 361

Coulomb 28
Coulombsches Gesetz 52, 343

Dauermagnetkreis 259
Defektelektron 28
Definitionsgleichung 7
Dielektrikum 30
Dielektrizitätskonstante 167, 191
Diffusionsstromdichte 79
Dimension 8
Durchflutung 220, 239, 303, 310ff
Durchlaßbereich 113
Dynamoelektrisches Prinzip 286
Dynamometer 367

Eigenerwärmung 114
Einheit 8
–, abgeleitete 9
Einheitensystem, internationales 9
Einheitsvektor 16
Eisenkreis 230, 244
–, nichtlinearer 248
Elektrolytkondensator 190
Elektron 23, 27ff
Elektronenhülle 27
Elektronenkonzentration 28
Elementarladung 28
Elementarmagnete 260
Energie 1, 305ff
–, elektrische 117
–, elektromagnetische 321
–, innere 333
–, Stetigkeit der 331
Energiebegriff 4, 319
Energiedichte 261, 329, 332
Energiefluß 37, 319
Energieformen 323
Energiesatz, Integralform 338
Energieströmung 319

Energiestrom 37, 322, 336
Energiestromdichte 337 ff
Energietechnik 136
Energietransport 322, 340
Energieübertragung 37, 321, 336
Energieumformung 2, 4, 123
–, elektrische — magnetische 335
–, elektrische — mechanische 342
–, elektrische — Wärme 378
–, mechanische — elektrische 280
Entmagnetisierungskennlinie 231, 260
Erhaltungssatz 37
–, der Ladung 35
–, der Masse 36
Ersatzinnenwiderstand 154
Ersatzschaltung 118, 120
—, thermische 385
Erzeugerpfeilsystem 118, 297

Faraday 262
Faradayscher Käfig 179
Feld, elektrisches 51, 52
–, elektromagnetisches 2
–, elektrostatisches 60, 159, 169, 229, 301
–, magnetisches 4, 51, 215, 228
–, magnetisches, Integralform 235
–, magnetisches, Kraftwirkung 206
–, quellenfreies 51
–, wirbelfreies 51
Feldbegriff 47
Feldbild, ausgewähltes 48
Feldeffekt 175
Felder, ebene 63
Feldgrößen 24, 48
–, skalare 48
–, vektorielle 49
Feldlinie 24, 49, 89
Feldlinienbild 49, 345
Feldmodell 4, 24
Feldstärke 52, 78, 89, 97, 159, 166
–, induzierte 262, 269, 277
–, magnetische 215
–, Tangentialkomponente der 94
–, Umlaufintegral der elektrischen 59
–, Umlaufintegral der magnetischen 220
Feldstärkefeld 161
Feldstromdichte 79
Feldtheorie 3
Feldüberlagerung 217

Ferromagnetika 230 ff, 333
Festkörper 79
Festkondensator 190
Festwiderstand 115
Figuren, quadratähnliche 63
Flächenladungsdichte 33, 178
Flächenvektor 18
Fluß 18
–, magnetischer 20, 236, 250, 313
Flußdichte, magnetische 209, 212
Flußintegral 18 ff, 26
Flußkennlinie 255, 298
Flußröhre 20, 52, 72
Fremderwärmung 114

Gaußsches Gesetz 165, 169, 182, 309
Gedächtniswirkung des Kondensators 194
Gegeninduktion 297 ff
Gegeninduktivität 250, 254
Gegenspannung 131
Generatorprinzip 282, 361
Generatorwirkung 282, 361
Generatorzweipol 97
Gleichstrom 39, 89
Gleichstromgenerator 284
Gleichstromkreis 97, 145
Gleichstrommaschine, fremderregte 285
Gleichung 5
–, physikalische 6
Globalgröße 52, 71
Globalverhalten 24
Gradient 66
Grenzflächen 84, 91, 175, 347 ff
Grenzschichteffekte 99
Größe, integrale 52
–, physikalische 5
–, Verkopplung elektrischer und magnetischer 289
Größengleichung 14
–, zugeschnittene 14
Grundeinheit 9
Grundgleichung 6
Grundgrößen 7, 9
Grundstromkreis 98, 117

Halbleiter 29, 78, 80, 174
Halbleiterdiode 141

Halbwertzeit 296
Hall-Effekt 353
Hauptschlußmotor 366
Haut-Effekt 274
Heißleiter 83, 114
Hitzdrahtstrommesser 390
Hysteresearbeit 333
Hysteresekurve 231, 334
Hystereseverlust 334

IEC-Normzahlreihen 106
Induktion 209, 228
–, elektromagnetische 99
–, Normalkomponente der 234
Induktionsfaktor 251
Induktionsfluß 262
Induktionsgesetz 261, 268, 277
Induktionskonstante 211
Induktivität 236, 251, 314
–, Bemessungsgleichung 253
–, Zusammenschaltung 293
Influenz 177, 179
Informationstechnik, Grundaufgaben der 137
Innenleitwert 123
Innenpolmaschine 284
Innenwiderstand 123
Integralbeziehungen 314
Integralgröße 95
Ion 27
Isolator 30

Joulesche Wärme 377

Kaltleiter 83, 114, 115
Kapazität 162, 183, 197, 314
Kapazitätsberechnung, Lösungsmethodik 191
Kation 27
Kennlinie, fallende 114
Kennliniengleichungen 124
Keramikkondensator 190
Kirchhoffsches Gesetz 1, 2, 71, 92
Klemme 97
Klemmenspannung 128
Klemmenstrom 128
Knoten 97
Knotengleichung 145
–, unabhängige 146
Knotensatz 92, 98, 145, 247
Koerzitivfeldstärke 232
Koerzitivkraft 259
Kommutator 284
Kommutierungskurve 232
Kondensator 185, 193
–, Ladungs-Strom-Relation 194
–, Zusammenschaltung 187
Kondensatorenergie 330
Konstantspannungsquelle 125
Konstantstromquelle 125
Kontinuität 41
Kontinuitätsbedingung 91
Kontinuitätsgleichung 36, 42, 89
Konvektion 384
Konvektionsstrom 37, 227
Konvektionsstromdichte 73
Kopplung 299ff
–, vollständige 301
Kraft
–, auf Grenzflächen 345, 369
–, auf ruhende Ladungen 342
–, elektrodynamische 355
–, magnetomotorische 221
–, primär antreibende 361
Kraft, zwischen Strömen 358
Kraftdichte, elektrodynamische 357
Kraftfeld 17, 99
Kraftgesetz, elektrodynamisches 356
Kraftwirkungen 24
–, im elektrischen Feld 342
–, im magnetischen Feld 209, 350
Kreis, magnetischer 236, 247
–, magnetischer Lösungsmethodik 248
Kurzschluß, praktischer 130
Kurzschlußstrom 123, 156
Kurzschlußversuch 125

Ladung 24, 44, 55
–, bewegte 35, 205
–, elektrische 8, 44
–, magnetische 206
Ladungsdichte 30
Ladungsfeld 163
Ladungsfluß 161, 175
Ladungsspeicherung 192
Ladungstrennung 177

Ladungsverteilung 30
Lastwiderstand 128ff
Lautsprecher, dynamischer 363
Leerlauf 121
–, praktischer 130
Leerlaufspannung 100, 154
Leerlaufversuch 125
Leistung 319, 322ff
–, angebotene 137ff
–, maximale 99
–, verfügbare 137ff
Leistungsbilanz 309
Leistungsdichte 327, 339
Leistungselektronik 2
Leistungsübersetzung 304
Leistungsumsatz 286, 361
–, im Grundstromkreis 136
Leiter, linienhafter 71, 103
–, metallischer 78
–, temperaturabhängiger 82
Leiterschleife 263, 283
Leitfähigkeit 79, 94, 96
Leitungsmechanismus 78
Leitwert 101
–, magnetischer 236, 245
–, Zusammenschaltung von 106
Lenzsche Regel 269, 291
Linearmotor 363
Liniendichte 57
Linienintegral 18, 26, 58, 68, 99
Linienladungsdichte 34
Linienquelle 87
Loch 28
Lorentzkraft 212, 351
Lorentztransformation 265
Luftweg, äquivalenter 246

Magnetfeld 205
–, stationäres 313
Magnetisierungskennlinie 285
Magnetnadel, Kraftwirkung auf 205
Maschengleichung 123
–, unabhängige 146
Maschensatz 71, 98, 100, 145, 247
Masse 7
Materialgleichung 307
Maxwellsche Gleichung 6, 227, 307
– –, Gleichung I 309
– –, Gleichung II 262, 309
Meßbereichserweiterung 131
Metall 78
Metall-Isolator-Halbleiter-Kapazität 173
Metallpapierkondensator 190
MHD-Generator 355
Mikroelektronik 2
MK-Kondensator 190
Moment, magnetisches 375
Momentanleistung 326
Motorarten 356
Motorprinzip 286, 364
Motorwirkung 359, 364

Naturgesetz 5, 35, 37
Naturkonstante 7
Nebenschlußgenerator 287
Nebenschlußmotor 366
Nennwiderstand 116
Neutron 23, 27
Nichtferromagnetikum 232, 333
Nichtleiter 30, 78, 159, 162
Normalelement 135
Norton-Theorem 155
NTC-Material 83
NTC-Widerstand 114

Ohm, Georg Simon 102
Ohmsches Gesetz 96, 102
– –, des Strömungsfeldes 79

Pegel 13
Permeabilität 229
–, absolute 211
Pinch-Effekt 357
Plattenkondensator 160, 179, 186
Poissonsche Gleichung 171
Pol 97
Potential 58, 97
–, elektrisches 59
–, magnetisches 228, 239
Potentialabnahme 62
Potentialbegriff 60
Potentialdifferenz 68
Potentialfeld 48, 60, 84
Potentiallinie 88
Potentialschwelle 173
Potentialüberlagerung 67, 86

Primärwicklung 302
Protonen 23, 27
PTC-Material 83
PTC-Widerstand 114
Punktelektrode 84
Punktladung 23, 34, 55
Punktmasse 23

Quellenfeld 49, 169, 228, 310
Quellenspannung 98, 100, 123 ff
Quellenstrom 123 ff
Quellenversetzung 153

Randspannung 243
Raumladungsdichte 170
Raumladungsdoppelschicht 172
Raumladungsfreiheit 78
Raumladungszone 173
Rauschen 181
Rechtsschraubenregel 16
Regelheißleiter 115
Regeltransformator 306
Relais 373
Relativbewegung 263
Relaxationszeit 192
Richtungsableitung 66
Richtungssinn 15, 52, 70
–, physikalischer 17, 40
Ringspannung 243
Rückkopplung 288
–, thermische 390
Ruheinduktion 263 ff, 273
Ruhemasse 28

Schaltelement 97
–, technisches 292
Schutztransformator 306
Schwebemagnet 276
Sekundärwicklung 302
Selbsterregung 287
Selbstmord, thermischer 390
Siemens 104
Skalar 17
Skalarprodukt 17
Skineffekt 274
Spannung 68, 95, 100, 314
–, induzierte 262 ff, 277
–, magnetische 236, 239, 247
–, mechanische an Grenzflächen 372
Spannungsabfall 98, 100
Spannungskompensation 131
Spannungsmesser 131
Spannungsnormal 135
–, elektronisches 135
Spannungsquelle 97, 100
–, Versetzungssatz idealer 153
Spannungs-Stromquellen Ersatzschaltung 120
Spannungsteilerregel 108
Spannungsteilerschaltung 134
Spannungsübersetzung 303
Spartransformator 306
Sperrbereich 113
Spulen 290 ff
–, gekoppelte 255, 299, 336
– –, Gesamtfluß 255
Spulenenergie 334
Stefan-Boltzmannsches Gesetz 384
Steigkeitsbedingung 309
Stern-Dreieck-Umwandlung 111
Störstellen 29, 174
Stoffe, diamagnetische 230
–, ferromagnetische 230
–, paramagnetische 230
Strömungsfeld 75, 84, 91, 96, 102, 177, 325, 328
–, elektrisches 71
–, Gesamtleistung 328
–, homogenes 103
–, stationäres 313
Strömungslinien 72
Strom 41 ff, 313 ff
–, dielektrischer 198, 267
–, Einheit 41
–, raumladungsbegrenzter 78
–, Wirkung 42
Strombegriff 42, 313 ff
Stromdichte 71, 86, 91, 97
–, Normalkomponente der 93
Stromelement 211
Stromkennzeichen 42
Stromknoten 91 ff, 146
Stromkreis 3
Stromliniendichte 72
Strommesser 131
Strommessung 45
Stromquellen, Teilungssatz idealer 154

Stromrichtung 40, 45
Stromröhre 71, 89ff
Stromstärke 20, 38
–, elektrische 38
Stromstoß 44
Stromteilerregel 108
Stromverdrängung 274
Stromwender 284
Strom-Zeit-Fläche 45
Superpositionsprinzip 57
Supraleiter 83

Teilchenkollektiv 24
Teilchenmodell 24, 52
Temperatur 381
Temperaturbeiwert 81
Temperaturgefälle 391
Temperaturkoeffizient 81
Thermistor 114
Thermospannung 391
Thevinscher Satz 155
Trägheitscharakter 296
Transformator 300, 301ff
–, idealer 302
Transformatorgleichung 298, 302ff
Transportvorgang 35
Trenntransformator 306
Trog, elektrolytischer 88

Überlagerung 57
Überlagerungsprinzip 58
Überlagerungssatz, Lösungsmethodik 151
Überlastung, thermische 377
Übertemperatur 388
Übertrager 301
–, idealer 302, 336
Umlaufintegral 58, 70
–, der Feldstärke 59
–, der magnetischen Feldstärke 220
Umspanner 301
Umwandlung, direkte 332
Urspannung 98, 100

Varistor 114
Vektor 16
–, Richtung 16
Vektoranalysis 4
Verbraucherpfeilsystem 118, 298
Verbraucherzweipol 98
Verschiebungsfluß 20, 161
Verschiebungsflußdichte 161, 163, 166, 171, 178, 183
Verschiebungsstrom 197
Verschiebungsstromdichte 200
Volt 62
Vormagnetisierung 374
Vorsätze 12

Wärmediffusion 391
Wärmekapazität 385
Wärmekonvektion 378, 384
Wärmeleistung 118, 378
Wärmeleitfähigkeit 383
Wärmeleitung 378, 383
–, Analogie Elektrizitätsleitung 385
Wärmestrahlung 378, 384
Wärmestrom 378, 382
Wärmeübertragungswiderstand 384
Wärmewiderstand 383
Wandler 301
Wegintegral 60
Weißsche Bezirke 334
Wheatstonesche Brückenschaltung 135
Widerstand 97, 101, 113, 314
–, einstellbarer 116
–, linearer 101
–, magnetischer 236, 245
–, nichtlinearer 112
–, ohmscher 101
–, spannungsabhängiger 113
–, spezifischer 80
–, thermischer 383
–, Zusammenschaltung 106
Widerstandsänderung, magnetische 84
Widerstandsberechnung, Lösungsmethodik 105
Widerstandsbestimmung 133
Widerstandstransformation 304
Wiedemann-Franz-Lorenzsches-Gesetz 383
Windungszahl 263, 271, 304
Wirbel 205, 310
Wirbelfeld 51, 208, 270, 310
–, elektrisches 270, 289, 310
Wirbelfreiheit 234, 310

Wirbelkern 208
Wirbelstärke 208
Wirbelströme 274
Wirbelstrombremse 276, 368
Wirkung, chemische 42
–, magnetische 42
–, thermische 42
Wirkungsgrad 136, 138

Zählpfeil 20
Zahlenwert 9
Zahlenwertgleichung 14
Zeit 7
Zeitkonstante 296
Zener-Diode 135
Zustandsgröße 321
Zweig 97
Zweigbeziehung 145
Zweiggleichung, unabhängige 146
Zweigstromanalyse 145
–, Lösungsmethodik 146
Zweipol 97
–, aktiver 100, 117, 124, 154
–, nichtlinearer 140
–, passiver 117, 154
Zweipolgleichung 119
Zweipolkennlinie 99, 124, 129
Zweipoltheorie 154
–, Lösungsmethodik 156
Zyklotron 352
Zylinderspule 226, 258